AF842214

Ernst Mach

Die Prinzipien der Wärmelehre

SEVERUS

Mach, Ernst: Die Prinzipien der Wärmelehre
Hamburg, SEVERUS Verlag 2014.
Nachdruck der Originalausgabe, Leipzig 1896.

ISBN: 978-3-86347-862-9
Druck: SEVERUS Verlag, Hamburg, 2014
Textbearbeitung: Mathias Munstermann

Bibliografische Information der Deutschen Nationalbibliothek:
Die Deutsche Nationalbibliothek verzeichnet diese Publikation in der Deutschen Nationalbibliografie; detaillierte bibliografische Daten sind im Internet über http://dnb.d-nb.de abrufbar.

Die digitale Ausgabe (eBook-Ausgabe) dieses Titels trägt die ISBN 9783942382076 und kann über den Handel oder den Verlag bezogen werden.

SEVERUS

Vorwort.

Das vorliegende Buch stellt sich eine analoge Aufgabe wie meine „Mechanik“.[1]) Dasselbe strebt nach *erkenntnisskritischer Aufklärung der Grundlagen der Wärmelehre*, legt die Thatsachen dar, unter deren Eindruck die Begriffe der Wärmelehre entstanden sind, und zeigt wie weit und warum erstere von letzteren durchleuchtet werden. Auch in Bezug auf dieses Gebiet habe ich meinen Standpunkt bereits in ältern Schriften angedeutet.[2])

Das Buch ist, so wie die „Mechanik“, einerseits das Ergebniss und anderseits die Grundlage meiner Vorlesungen. Es mag wohl schon manchem Lehrer vorgekommen sein, dass er, hergebrachte allgemein angenommene Ansichten mit einer gewissen Begeisterung vorbringend, plötzlich merkte, dass die Sache nicht mehr recht von Herzen ging. Stille nachträgliche Ueberlegung führt dann gewöhnlich sehr bald zur Entdeckung logischer Ungehörigkeiten, die, einmal erkannt, unerträglich werden. So entstanden allmählich viele der hier vorgebrachten Einzelerörterungen, mit welchen ich meinem principiellen Streben, auch aus diesem Kapitel der Physik müssige, überflüssige Vorstellungen und unberechtigte metaphysische Ansichten zu entfernen, zu entsprechen hoffe.

Man suche in dieser Schrift, obgleich sehr zahlreiche Quellen benutzt wurden, kein Ergebniss der *Archivforschung*; es handelt

---

[1]) Die Mechanik in ihrer Entwicklung. Leipzig 1883.

[2]) Die Geschichte und die Wurzel des Satzes der Erhaltung der Arbeit. Prag 1872. — Ueber den Unterricht in der Wärmelehre. Zeitschr. f. phys. und chem. Unterricht. Berlin, Springer. 1887. I.

sich hier viel mehr um den *Zusammenhang* und das *Wachsthum der Gedanken*, als um interessante Curiositäten. Auch *biographische* Einzelheiten wird man hier nur wenige finden. Wo von Personen die Rede ist, kommen diese lediglich als *intellectuelle* und allenfalls als *ethische Individualitäten* in Betracht, und ich denke, das historische Bild, das sich hierbei vor uns entwickelt, kann dadurch nur gewinnen.

Sollte ein zulässiger Umfang des Buches nicht überschritten werden, so musste ich mich auf Principielles beschränken. Gegenstände, welche von Anderen ausführlich behandelt sind, und über die ich Förderliches nicht mitzutheilen wüsste, wie die dynamische Gastheorie und die Thermochemie, sind hier übergangen oder nur gestreift worden. Es ist begreiflich, dass die neuesten Schriften nicht mehr berücksichtigt werden konnten. So kam namentlich die Schrift von Maneuvrier über die Geschichte des Verhältnisses C/c für mich zu spät, doch stimmt meine historische Darstellung mit der seinigen im Wesentlichen überein.

Die historischen und kritischen Kapitel habe ich in die Reihenfolge gebracht, in welcher mir die mannigfaltigen Wechselbeziehungen der behandelten Fragen am besten hervorzutreten schienen. Nur einige Kapitel allgemeinern und abstraktern erkenntnisstheoretischen Inhaltes, die ich als zusammenhängende erkenntnisspsychologische Skizzen bezeichnen möchte, sind zur Bequemlichkeit jener Physiker, welchen solche Lektüre weniger zusagt, an den Schluss gestellt worden. In letzteren musste des Zusammenhanges wegen manches wieder berührt werden, was in den „populär-wissenschaftlichen Vorlesungen“ behandelt ist, deren Publikation bei Abfassung dieser Schrift nicht in Aussicht genommen, und von mir nicht beabsichtigt war. Die hier und dort gegebenen Ausführungen ergänzen sich gegenseitig.

Wien, August 1896.

E. Mach.

Inhalt.

Einleitung.

Es ist durch die Geschichte längst erwiesen, dass die einer gegebenen Zeit geläufigen, durch frühere Arbeit erworbenen Denkweisen dem wissenschaftlichen Fortschritt *nicht immer förderlich* sind, sondern oft genug auch *hemmend* im Wege stehen. Wiederholt sehen wir ganz ausserhalb der Schule stehende Männer, wie Black, Faraday, J. R. Mayer u. A. ohne Hülfe der Schule, ja gegen dieselbe, mächtige wissenschaftliche Fortschritte herbeiführen, die ganz oder grossentheils ihrer *Unbefangenheit*, ihrer Freiheit von hergebrachten Schulanschauungen zuzuschreiben sind.

Wenngleich die psychische Stärke und Freiheit, welche zu solchen Leistungen nöthig ist, kein Kunstproduct, kein Erziehungsergebniss, sondern gewiss nur ein Naturproduct und nur die Gabe Einzelner ist, so kann doch die freie Beweglichkeit der Gedanken sehr bedeutend durch die wissenschaftliche *Erziehung* gefördert werden, wenn dieselbe sich nicht auf Entwicklung der zur Bewältigung von *Tagesfragen* nöthigen Fähigkeiten beschränkt. Historische Studien gehören sehr wesentlich mit zur wissenschaftlichen Erziehung. Wir lernen hierbei andere Aufgaben, andere Voraussetzungen, andere Anschauungen, deren Entstehen, Wandlung und Verschwinden, sowie die Bedingungen solcher Vorgänge kennen. Unter dem Eindruck anderer Thatsachen, welche ehemals im Vordergrund standen, bildeten sich andere Begriffe als heute, wurden andere Aufgaben gestellt und gelöst, wonach *neue* an deren Stelle traten. Gewöhnen wir uns, einen Begriff lediglich als Mittel zu einem bestimmten Zweck zu betrachten, so sind wir auch geneigt im gegebenen Fall die nöthigen Wandlungen in unserm Denken eintreten zu lassen.

Eine Ansicht, deren Entstehungsgeschichte wir kennen, ist uns wie eine mit Bewusstsein *selbst erworbene* Ansicht vertraut, und doch in ihrem *Werden* erinnerlich. Sie gewinnt nie dieselbe Unveränderlichkeit und Autorität, als jene, die uns anerzogen ist, die wir fertig übernommen haben. Wir ändern die selbsterworbene Ansicht leichter.

Diese Art der Forschung bietet noch einen andern Vortheil. Die Entwicklung, Wandlung, das Vergehen der Ansichten lehrt uns unsere eigenen *unbewusst* sich bildenden Meinungen in Bezug auf ihren Bildungsvorgang entschleiern, beobachten und kritisiren. Diese stehen uns, so lange wir ihre Bildung nicht begriffen haben, wie eine *fremde* Macht gegenüber, sie erscheinen uns *unüberwindlich*.

Es soll hier ähnlich, wie es in Bezug auf Mechanik in einer andern Schrift geschehen ist[1]), die Entwicklung der Begriffe der Wärmelehre dargelegt werden. Die Aufgabe ist zwar durch einige Vorarbeiten erleichtert, doch im Ganzen weitaus verwickelter, als in dem vorher erwähnten Falle. Während drei Männer in etwa einem Jahrhundert die Mechanik, in den Principien wenigstens, ausgebaut haben, nahm die Wärmelehre einen andern Weg. Viele Forscher betheiligten sich an dem Ausbau. Langsam, suchend, vermuthend, vielfach fehlend fügten sie einen kleinen Fortschritt zum andern, und nur sehr allmälig erreichten unsere Kenntnisse ihre heutige Ausdehnung und relative Festigkeit.

Der Grund liegt auch auf der Hand. Die Bewegungen der Körper sind dem Gesichts- und Tastsinn zugänglich, und können ihrem ganzen Verlauf nach beobachtet werden. Die Wärmevorgänge sind viel weniger anschaulich. Zunächst nur einem Sinn direct zugänglich, und nur mit Unterbrechungen in besonderen Fällen wahrnehmbar, meist nur, wenn sie absichtlich verfolgt werden, spielen sie in unserm ganzen psychischen Leben, in unserer Phantasie eine geringere Rolle. Erst mittelbar und umständlich werden dieselben dem herrschenden Gesichts- und Raumsinn zugänglich gemacht. Die *intellektuellen* Mittel der Untersuchung fallen deshalb hier schon in den Anfängen mehr ins Gewicht, und mit diesen schleichen sich darum schon in die ersten Beobachtungen unbewusst gewonnene, unaufgeklärte, scheinbar der Erfahrung vorausgehende und über dieselbe hinausreichende (metaphysische) Ansichten und Vorurtheile ein.

[1]) Die Mechanik in ihrer Entwicklung. Leipzig. Brockhaus 1883.

Historische Uebersicht der Entwicklung der Thermometrie.

1. Unter den Empfindungen, als deren Erregungsbedingungen wir die uns umgebenden Körper ansehen, bilden die *Wärmeempfindungen* eine besondere Reihe (kalt, kühl, lau, warm, heiss), oder eine besondere Classe unter einander verwandter Elemente. Die Körper, welche als Erreger solcher Empfindungen auftreten, zeigen ein an diese Empfindungsmerkmale gebundenes eigenthümliches physikalisches Verhalten, sowohl für sich, als gegenüber andern Körpern. Ein sehr heisser Körper glüht, leuchtet, schmilzt, verdampft oder verbrennt in der Luft, ein kalter erstarrt. An einer heissen Eisenplatte verdampft ein Wassertropfen zischend, während an einer kalten derselbe friert u. s. w. Den Inbegriff dieses an das Wärmeempfindungsmerkmal gebundenen physikalischen Verhaltens des Körpers (die Gesammtheit dieser Reaktionen) nennen wir seinen *Wärmezustand.*

2. Wir würden die hierher gehörigen physikalischen Vorgänge nur schwer und unvollkommen verfolgen, wenn wir auf die Wärmeempfindung als Merkmal des Wärmezustandes beschränkt wären. Mischen wir (Fig. 1) in einem Gefäss *B* kaltes Wasser aus *A* mit heissem Wasser aus *C*, halten die linke Hand einige Sekunden lang in das Gefäss *A*, die rechte ebenso in *C* und führen dann beide Hände nach *B*, so erscheint *dasselbe* Wasser der linken Hand warm, der rechten aber kalt. Die Luft eines tiefen Kellers erscheint im Sommer kalt, im Winter warm, während man sich

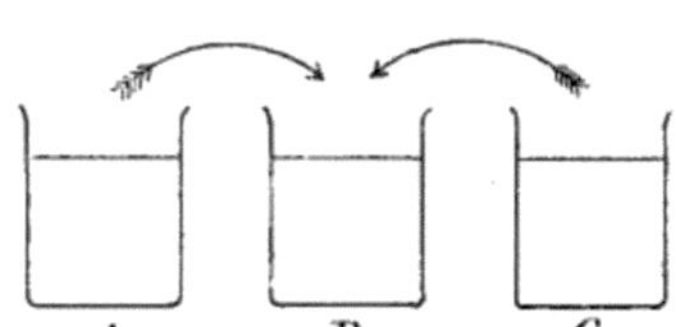

Fig. 1.

doch überzeugen kann, dass ihre physikalische Wärmereaktion in beiden Fällen nahezu die gleiche ist.[1])

Die Empfindung ist nämlich nicht nur bestimmt durch den Körper, der dieselbe erregt, sondern auch durch den Zustand des Organs, auf welchen auch die vorausgegangenen Zustände desselben Einfluss haben. So erscheint uns dasselbe Lampenlicht hell, wenn wir aus einem dunkeln Raum, dagegen matt, wenn wir aus dem Sonnenschein kommen. Die Sinnesorgane sind eben nicht der Förderung der physikalischen Erkenntniss, sondern der Erhaltung günstiger Lebensbedingungen angepasst.

So lange es sich nur um unsere Empfindung handelt, hat diese *allein* zu entscheiden. Es ist dann zweifellos, dass ein physikalisch gleich reagirender Körper uns einmal *warm,* ein andermal *kalt* erscheint. Es hätte auch gar keinen Sinn, zu sagen, dass der Körper, den wir *warm* empfinden, eigentlich *kalt* ist. Wo es sich aber um das *physikalische* Verhalten eines Körpers (gegen andere Körper) handelt, müssen wir uns nach einem *Merkmal* dieses Verhaltens umsehen, welches von der veränderlichen, schwer und umständlich controlirbaren Beschaffenheit unseres Sinnesorganes *unabhängig* ist. Ein solches Merkmal ist gefunden worden.

3. Es ist seit langer Zeit bekannt, das derselbe Körper, je nachdem er unter sonst gleichen Umständen kälter oder wärmer erscheint, auch ein kleineres oder grösseres *Volum* annimmt. Insbesondere ist diese Volumsänderung sehr auffallend an der Luft. Sie war schon Heron von Alerandrien bekannt[2]). Doch scheint erst Galilei, der grosse Begründer der Dynamik, den glücklichen Gedanken gefasst zu haben, das *Volum* der Luft als *Merkmal* ihres *Wärmezustandes* zu benutzen, und auf diese Weise ein *Thermoskop,* beziehungsweise ein *Thermometer* zu construiren. Als selbstverständlich wurde angenommen, dass ein solcher Apparat auch den Wärmezustand der berührten Körper angiebt auf Grund der naheliegenden Beobachtung, nach welcher ungleich warme sich berührende Körper alsbald sich gleich warm anfühlen.

4. Heron verwendet die ihm bekannte Luftausdehnung

---

[1]) Derartige Bemerkungen macht schon Sagredo in einem Brief an Galilei vom 7. Februar 1615. Vergl. Burckhardt, Erfindung des Thermometers. Basel 1867.

[2]) Heronis Alexandrini spiritalium liber. Amstelodami 1680.

durch Wärme vorzugsweise zur Herstellung von Kunststücken. Die Figur 2, welche der Amsterdamer Ausgabe von 1680, S. 53, entlehnt ist, stellt ein solches Kunststück vor. Sobald auf dem hohlen Altar Feuer entzündet wird, treibt die Erwärmung Luft in die Kugel, aus dieser Wasser in das aufgehängte Gefäss, welches durch sein Gewicht die Thüre des Tempels öffnet. Nach dem Erlöschen des Feuers schliesst sich die Thüre wieder.

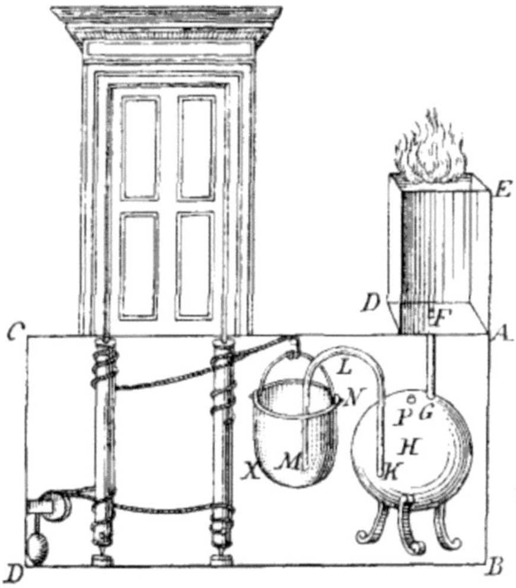

Fig. 2.

Aehnliche Experimente waren ganz im Geschmack Drebbels von Alkmar, der seiner Zeit den Ruf eines Tausendkünstlers genoss, und 1608 einen „Traktat von der Natur der Elemente" publicirt hat.[1]) In letzterem wird auch ein in Fig. 3 dargestelltes Experiment beschrieben. Aus der erhitzten Retorte tritt die Luft in Blasen aus der unter Wasser befindlichen Mündung und wird nach Abkühlung der Retorte durch das eindringende Wasser ersetzt. Porta beschreibt dasselbe Experiment schon früher[2]), und bestimmt sogar den Grad der Ausdehnung der Luft, indem er die Grenze des Luftraums vor der Erhitzung und nach der Abkühlung durch einen Strich bezeichnet, ohne aber

Fig. 3.

[1]) Nach Burckhardt a. a. O. existirt eine deutsche Ausgabe vom Jahre 1608.

[2]) I tre libri de Spiritali di Giambattista della Porta. Napoli 1606.

an die Construction eines Thermoscopes zu denken. In einer Schrift von Ensl[1]), welche eine Uebersetzung der „Récréation mathématique"[2]) ist, wird S. 132 durch die Unterschrift der in Fig. 4 wiedergegebenen Abbildung die Erfindung des Thermometers Drebbel zugeschrieben. Aus den Untersuchungen von E. Wohlwill[3]) und F. Burckhardt[4]) geht jedoch hervor, dass diese Annahme ganz unbegründet ist. Auch Sanctorius in Padua, dem mit Recht wichtige Anwendungen des Thermoskopes zugeschrieben werden, ist nicht der Erfinder desselben.[5]) Viviani giebt in seiner Biographie Galilei's an, dass dieser nach 1592 das Thermometer erfunden habe. Galilei selbst schreibt sich diese Erfindung zu, und diese Meinung wird von Sagredo, welcher auch Sanctorius kennt, in einem Brief an Galilei vom 15. März 1615 getheilt.

PROBLEMA LXXXIII.

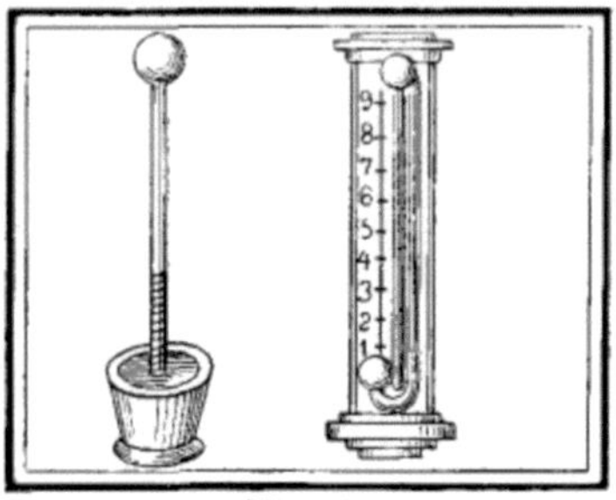

Fig. 4.

De Thermometro, sine instrumento Drebiliano, quo gradus caloris frigoris a aera occupantis explorantur.

5. Nach Burckhardt's Untersuchungen, welchen wir hier mehrfach folgen, kann nicht wohl gezweifelt werden, dass Galilei zuerst die Ausdehnung der Luft zur Kennzeichnung der Wärmezustände benutzt hat, dass er also der Erfinder des Thermometers ist. Die Form dieses Thermometers, und jene der demselben nachgebildeten, ist im Wesentlichen durch die Fig. 5 dargestellt. Ein Hauptmangel der Vorrichtung besteht in der Abhängigkeit der Angaben derselben vom Luftdruck, in Folge welcher nur unmittelbar nacheinander angestellte Versuche vergleichbare Resultate geben. Die Eintheilung ist meist ganz willkürlich. Hier beginnt nun die eigentliche Entwicklungsgeschichte der wissenschaftlichen

Fig. 5.

[1]) Thaumaturgus mathematicus. Coloniae 1651.
[2]) In erster Auflage 1624 erschienen.
[3]) Pogg. Ann. Bd. 124, S. 163.
[4]) Burckhardt, Die Erfindung des Thermometers.
[5]) Vergl. Burckhardt a. a. O.

Thermometrie, deren Skizze wir im Folgenden geben wollen. Hierbei soll die Anordnung der Thatsachen so gewählt werden, dass es durch diese selbst schon ersichtlich wird, wie ein Gedanke durch den andern angeregt, ein Schritt durch den vorausgehenden vorbereitet war.

Die Form des Luftthermometers ist mannigfaltig verändert worden. Das von Guericke construirte Thermometer weicht eigentlich nur äusserlich durch einen grösseren mechanischen Aufwand von der oben beschriebenen Grundform ab[1]). Dagegen ist das von Sturm beschriebene Instrument[2]) ein ganz geschlossenes Differentialthermometer, welches vom Luftdruck schon unabhängig ist. Die Luft in der Kugel (Fig. 6a) ist durch eine Flüssigkeitssäule abgeschlossen, welche bei Erwärmung in den längeren Schenkel ausweicht, dessen Luftraum aber gegen die äussere Luft abgesperrt ist.

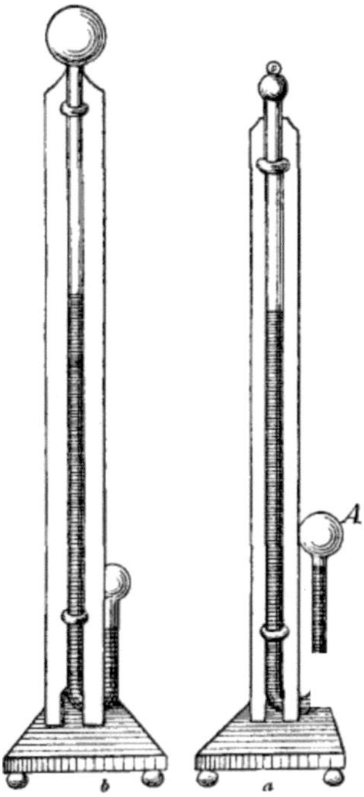

Fig. 6.

Ein heberförmiges, beiderseits geschlossenes Luftthermometer, welches dem Differentialthermometer in der Gestalt ähnlich war, jedoch nur mit *einer* luftgefüllten und einer *leeren* Kugel, hat der Franzose Hubin[3]) erfunden (Fig. 6b). Eine ähnliche, weniger vollkommene Anordnung rührt von Dalencé[4]) her.

6. Ganz neue Gedanken werden von Amontons[5]) in die Thermometrie eingeführt. Seine Thermometer bestehen aus einer grössten Theils mit Luft gefüllten Glaskugel *A* (Fig. 7) von ungefähr 8 *cm* Durchmesser. Diese Luft ist gegen die äussere durch

[1]) Guericke, Experimenta Magdeburgica 1672.
[2]) Collegium Experimentale sive Curiosum. Nürnberg 1676.
[3]) Vgl. Reyher, Pneumatica 1725, S. 193.
[4]) Traité des barometres et thermometres.
[5]) Histoire de l'Acadamie des sciences. Paris, Année 1699, 1702, 1703.

Quecksilber abgesperrt, welches noch einen Theil der Kugel *A* und der ungefähr 1 *mm* weiten vertikalen Röhre *BC* erfüllt. Bei Erwärmung der Kugel *A* ändert sich das Volum der in derselben ·haltenen Luft nur unbedeutend, wohl aber die Spannkraft ...selben und hiermit die Höhe der getragenen Quecksilbersäule *mn*.

Amontons, der die Arbeiten von Mariotte kennt und sich auf dieselben beruft, findet, dass der Gesammtdruck (mit Einschluss des Atmosphärendruckes), welchen die in kaltes Wasser eingetauchte Luft (in *A*) trägt, sich um *ein Drittel* vermehrt, wenn *A* in *siedendes* Wasser ngetaucht wird. Diese Druckvermehrung beträgt immer ein *Drittel* des gesammten Anfangsdruckes, ob dieser gross oder klein, ob viel oder wenig Luft in der Kugel enthalten ist. Die Siedetemperatur betrachtet Amontons eben auf Grund dieses Versuches schon als unveränderlich. Um ausgiebigere Druckvariationen zu erhalten, füllt er die Kugel *A* mit Hülfe einer einfachen Vorrichtung so mit Luft, dass dieselbe bei der Siedehitze einen Gesammtdruck von 73 Zoll Quecksilber trägt. Bei „temperirter" Luft ist dann die Säule um 19 Zoll kürzer.

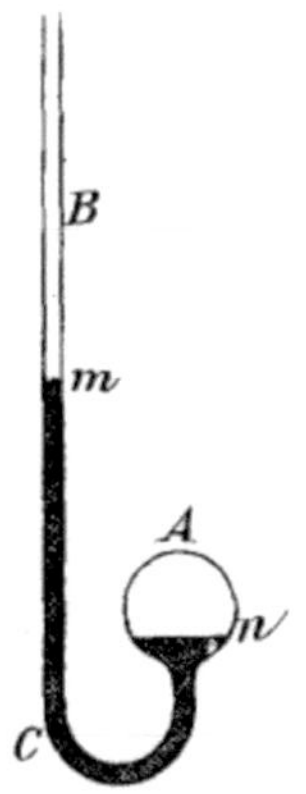

Fig. 7.

Diese Luftthermometer sind zwar nicht unabhängig vom Luftdruck, der Einfluss derselben lässt sich aber durch Berücksichtigung des Barometerstandes immer in Abrechnung bringen. Amontons kommt dann auf die geringe Vergleichbarkeit der damals gebräuchlichen Weingeistthermometer zu sprechen, und unternimmt es, dieselben nach seinem Thermometer zu graduiren. Auch höhere Temperaturen versucht er zu bestimmen, indem an einer Eisenstange das *eine* Ende glühend gemacht, die Stelle des eben schmelzenden Talgs aufgesucht, deren Temperatur mit dem Luftthermometer bestimmt, und die Temperaturen der übrigen Stellen nach einem allerdings nicht einwurfsfreien Intra- und Extrapolationsverfahren ermittelt werden.

In einer seiner Abhandlungen[1]) sieht Amontons die *Ex-*

[1]) Mémoires de l'Academie. Paris, Année 1703. S. 50 u. f. f.

pansivkraft der Luft geradezu als Maass des Wärmezustandes (der Temperatur) an, und spricht den Gedanken aus, dass die *grösste Kälte* der *Spannkraft Null* der Luft entspricht. Nach seiner Auffassung verhält sich hiernach die grösste Sommerhitze zur grössten Winterkälte in Paris nur ungefähr wie 5 : 6.

Eine merkwürdige Befangenheit zeigt Amontons darin, dass er trotz seiner geistvollen Aufstellung des absoluten Nullpunktes der Temperatur, neben dem Siedepunkt des Wassers in der Praxis noch immer das kalte Wasser als sehr unverlässliches und nunmehr unnöthiges Mittel zur Angabe eines *zweiten* Fundamentalpunktes benutzt.

Auch interessante Nebengedanken äussert Amontons. Da er die Spannkraftvermehrung bei Temperaturerhöhung als der Luftdichte proportional erkannt hat, denkt er an eine Erklärung der Erdbeben durch sehr dichte erwärmte Luft in den Tiefen der Erde. Er berechnet, dass die Luft in 18 lieues Tiefe die Dichte des Quecksilbers haben müsste. Die Compressibilität der Luft kann seiner Meinung nach übrigens nur so weit gehen, bis die „Federn", aus welchen die Luft besteht, sich berühren. Die Wärme besteht aus „bewegten Theilchen".

Es wird sich zeigen, dass die Gedanken von Amontons insofern einen sehr wesentlichen Fortschritt bedeuten, als man auf Grund derselben wirklich vergleichbare Thermometer herstellen kann. Für dieselben ist später noch Lambert in wirksamer Weise eingetreten. Die gegenwärtig gebräuchliche Temperaturscale fällt in der That im Wesentlichen mit der Amontons'schen zusammen.

Lambert[1]) verwendet das Luftthermometer vielfach. Er betrachtet wie Amontons die Spannung der Luft als Maass der Temperatur und nimmt wie dieser einen *absoluten* Kältepunkt entsprechend der Nullspannung an. Doch wählt er Renaldini folgend den Eisschmelzpunkt und Wassersiedepunkt als Fundamentalpunkte seiner Scale, setzt die Luftspannung bei ersterem 1000 und findet sie bei letzterem 1417, woraus demnach der Ausdehnungscoefficient 0,417 (gegenüber dem Gay-Lussac'schen 0,375) folgen würde. Durch einen späteren Versuch findet Lambert[2]) 0,375. Lambert hat auch schon Wein-

[1]) Lambert, Pyrometrie. Berlin 1779. S. 29, 40, 74.

[2]) A. a. O. S. 47.

geistthermometer nach dem Luftthermometer graduirt, und mit Rücksicht auf den variablen Barometerstand an letzterem eine *bewegliche* Scale angebracht.

Mehr als ein Jahrhundert nach Amontons (1819) haben Clement und Desormes, ohne Amotons' Arbeiten zu kennen, *wieder auf dessen absoluten Nullpunkt* hingewiesen (Journal de Physique T. 89).

In neuerer Zeit sind sehr vollkommene Luftthermometer von Jolly u. A. construirt worden. Die sinnreichsten und originellsten Formen rühren von Pfaundler her. Dieselben liegen jedoch ausserhalb des Planes dieser Untersuchung, die sich auf Principielles beschränkt.

8. Es ist nicht zu verwundern, dass die bedeutenden Volumsänderungen der Luft bei Erwärmung zuerst die Aufmerksamkeit auf sich zogen, und dass die viel geringeren Volumsänderungen der Flüssigkeiten erst später Beachtung fanden. Die Umständlichkeit der Handhabung der ersten Luftthermometer, sowie deren Abhängigkeit vom Luftdruck mussten bald den Wunsch nach einem practischeren Instrument rege machen. Das philosophische Streben, das Ergebniss einer Einzelbeobachtung auch auf andere Fälle anzuwenden, dasselbe zu verallgemeinern, war stets vorhanden. So sagt Galilei: „Nach den Schulen der Philosophen ist es als wahres Princip erwiesen, dass es die Eigenschaft der Kälte ist zusammenzuziehen, und der Wärme auszudehnen"[1]). Solche Ueberlegungen mussten denn auch dazu bewogen haben zu versuchen, ob die an der Luft beobachtete Eigenschaft nicht auch an Flüssigkeiten nachgewiesen werden kann. Möglicher Weise ist der französische Arzt T. Rey (1631) der Erfinder des Flüssigkeitsthermometers[2]). Viviani schreibt die Erfindung dem Grossherzog Ferdinand II. von Toscana zu (1641). Derselbe stellte geschlossene Weingeistthermometer her. Die ältesten dieser Instrumente zeigten im Schnee 20, in der Sommerhitze 80 Grad. Die Grade waren durch Emailtropfen an der Glasröhre bezeichnet. Die Form ist durch Fig. 8 dargestellt.

Die Gestalt und Theilung dieser Thermometer wurde durch die Florentiner Akademie mannigfaltig abgeändert. In England

---

[1]) Burckhardt a. a. O. S. 19.

[2]) Burckhardt a. a. O. S. 37.

empfiehlt zuerst Rob. Boyle[1]) geschlossene Thermometer, weist auf die Wichtigkeit einer vergleichbaren Thermometerscale hin, deutet die Unveränderlichkeit des Gefrierpunktes des Wassers an, zieht aber doch den Erstarrungspunkt des Anisöls als Fundamentalpunkt vor, den Halley vielfach verwendet zu haben scheint. Als rationellste Theilung erscheint Boyle die, welche unmittelbar angiebt, um welchen Bruchtheil die Volums sich der Weingeist vom Fixpunkte aus ausgedehnt hat, durch welche Festsetzung in der That ein zweiter Fundamentalpunkt entbehrlich würde.

In Frankreich beobachtete de la Hire (1670) mit einem von Hubin verfertigten geschlossenen Thermometer. Dalencé (1688) wählt *zwei* Fundamentalpunkte, auf deren Wichtigkeit Fabri aufmerksam gemacht hatte. Dalencé theilt nämlich den Abstand zwischen Eisschmelzpunkt und Butterschmelzpunkt in 20 Theile.

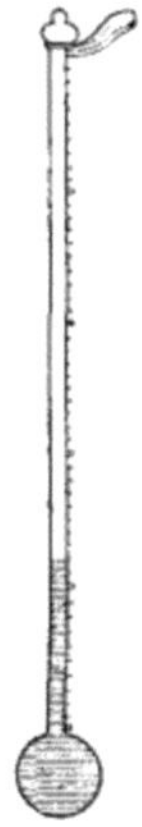

Fig. 8.

Halley[2]) bestimmt die Ausdehnung zwischen der Winterkälte und der Siedehitze des Wassers für Wasser, Quecksilber und Luft. Er beobachtet bei dieser Gelegenheit die Unveränderlichkeit des Siedepunktes und empfiehlt das Quecksilber als thermometrische Substanz. Die gleichzeitige Benutzung des Eis- und Siedepunktes zur Graduirung der Thermometer findet sich zuerst bei Renaldini.[3]) Derselbe hat auch die Mischung von kaltem und siedendem Wasser in gewogenen Mengen zur Graduirung vorgeschlagen.

9. Die ersten wirklich gut vergleichbaren Weingeistthermometer hat nach einer Anzeige von Ch. Wolf[4]) im Jahre 1714 Fahrenheit hergestellt, welcher alsbald auch Quecksilber zur Füllung anwendete und 1724 seine Methode bekannt machte. Er bezeichnete die Temperatur einer Mischung von Wasser, Eis und Salmiak mit 0, jene des schmelzenden Eises mit 32, jene

[1]) Exper. touch. Cold. 1665.
[2]) Philos. Trans. 1693.
[3]) Philosophia naturalis. Patav. 1694.
[4]) Acta Eruditorum 1714.

des Blutes mit 96. Die Benutzung des constanten Wassersiedepunktes hat er wahrscheinlich verschwiegen.

Réaumur[1]) benutzt den Gefrierpunkt und den Siedepunkt bei Herstellung seiner Weingeistthermometer und theilt den betreffenden Abstand, auf welchen bei Fahrenheit 180 Theile fallen, in 80 Theile. Deluc ersetzt mit Beibehaltung der Réaumur'schen Scale den Weingeist durch Quecksilber. Celsius (1742) theilt den Fundamentalabstand des Quecksilberthermometers in 100 Theile, wobei er den Siedepunkt mit 0, den Eispunkt mit 100 bezeichnet. Strömer endlich kehrt die Zähl- ıtung um, und gelangt hiermit zu der jetzt gebräuchlichen ıle.

10. Am schwierigsten ist die Ausdehnung fester Körper ·ch die Wärme zu beobachten. Die ersten Versuche hierüber rden wohl von der *Academia del Cimento*[2]) angestellt. Es gte sich, dass Körper, welche genau in Oeffnungen passten, erwärmtem Zustande nicht mehr hindurch gebracht werden ınten. Die Schwierigkeit, die Längenausdehnung mit dem assstab zu bestimmen, war Dalencé (1688), Richer (1672) u. A. bekannt. Muschenbrock hat (1729) den bekannten Fühlhebelapparat zum Zwecke dieser Messung hergestellt und s'Gravesand hat die Experimente der Florentiner Akademie (Kugel und Ring) in die noch heute gebräuchliche Form gebracht. Lowitz mass noch (1753) die Verlängerung einer 20 Fuss langen Eisenstange, welche in die Mittagssonne gelegt wurde, in sehr roher Weise, und fand dieselbe um $^1/_{2500}$ verlängert[3]). Bei festen Körpern liegt es nahe, die Längenausdehnung zu bestimmen, während bei Flüssigkeiten und Gasen bequemer die Volumausdehnung bestimmt wird, welche bei geringer Aus- hnung dem dreifachen Betrage der Längenausdehnung gleich mmt.

11. Eine Vergleichung der Volumausdehnung, welche allein ıur *alle* Körper einen Sinn hat, lässt die grossen Unterschiede in dem Verhalten der Körper erkennen. Vom Wärmezustand des schmelzenden Eises bis zu jenem des siedenden Wassers

---

[1]) Mémoires de l'Academie de Sciences. Paris 1730, 1731.

[2]) Saggi di naturali esperienze fatte nell' Academia del Cimento. Firenze 1667.

[3]) Lambert, Pyrometrie. Berlin 1779. S. 121.

dehnt sich die Luft (und ein Gas überhaupt) um rund $^1/_3$, das Wasser um $^4/_{100}$, das Quecksilber um $^2/_{100}$, das Blei um nicht ganz $^1/_{100}$, das Glas um $^2/_{1000}$ aus. Hierdurch wird es erklärlich, warum zuerst die Ausdehnung der Luft, dann jene der Flüssigkeiten, zuletzt jene der festen Körper eingehender untersucht wurde.

12. Die bisher besprochenen Arbeiten zeigen deutlich, wie mühsam, und auf welchen Umwegen, nach und nach die für die Thermometrie wichtigen Thatsachen gefunden worden sind. Ein Forscher erkennt einen, der andere nur einen andern wichtigen Umstand. Bereits Gefundenes wird wieder vergessen und muss nochmals gefunden werden, um endlich einen sichern Besitz

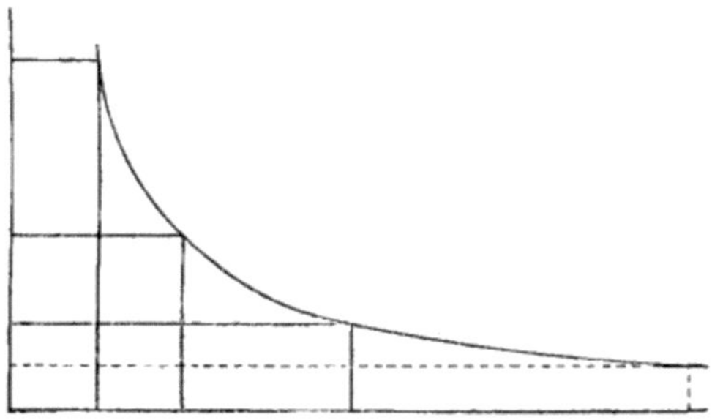

Fig. 9.

darzustellen. Mit den bisher dargestellten Arbeiten schliesst nun aber die Periode der vorläufigen, orientirenden Untersuchungen ab, und es folgt eine Reihe *kritischer* Arbeiten, zu deren Besprechung wir nun übergehen.

13. Boyle hat 1662 und Mariotte 1679 auf Grund von Versuchen den Satz ausgesprochen, dass bei unveränderlichem Wärmezustand das Produkt aus dem Volum und der Expansivkraft (dem Druck auf die Oberflächeneinheit) für dieselbe Luftmasse unveränderlich ist. Steht eine Luftmasse beim Volum V unter dem Druck P, so nimmt dieselbe bei Steigerung des letzteren auf $P' = nP$ das Volum $V' = \frac{V}{n}$ an; es ist also $P \cdot V = nP \cdot \frac{V}{n} = P' \cdot V'$. Stellt man V als Abscisse, das zugehörige P als Ordinate dar, so ist die Fläche des aus beiden ge-

bildeten Rechteckes unveränderlich. Die Gleichung $PV = \text{const}$ stellt eine gleichseitige Hyperbel dar, welche das Boyle'sche Gesetz veranschaulicht. (Fig. 9 a. v. S.)

Die Versuche, auf Grund welcher dieses Gesetz gefunden wurde, sind sehr einfacher Art. Ein Luftvolum v ist in einer bei a geschlossenen, bis b offenen Heberröhre durch Quecksilber abgesperrt. Der Druck, unter welchem dasselbe steht, ist durch die Barometersäule *und* den Niveauunterschied $m\,n$ der absperrenden Quecksilbersäule gegeben, und kann durch Zugiessen oder Abnehmen von Quecksilber geändert werden.

Fig. 10.

14. Versuche zur Prüfung des Boyle'schen Gesetzes (welches schon Boyle selbst nicht als ganz genau ansieht) innerhalb weiter Druckgrenzen und für verschiedene Gase wurden ausgeführt von Oerstedt und Schwendsen, Depretz, Pouillet, Arago und Dulong, Mendelejeff, am genauesten von Régnault[1]), innerhalb der weitesten Grenzen aber von Amagat[2]).

Verdoppelt man den Gesammtdruck bei dem in Fig. 10 dargestellten Apparat, so wird das Volum v auf die Hälfte, bei nochmaliger Verdopplung auf ein Viertheil verringert. Der Einfluss des Volumablesungsfehlers wird immer bedeutender. Régnault hat diesen Fehler in geistreicher Weise dadurch vermieden, dass er bei a einen Hahn anbringt, durch welchen Luft unter *verschiedenem* Druck immer mit dem *gleichen* Volum v eingeführt und nachher immer auf $\frac{v}{2}$ durch Verlängerung der Quecksilbersäule $m\,n$ zusammengedrückt wird. Die Messung bleibt hierbei immer *gleich genau*. So zeigt es sich, dass das Volum Eins unter dem Gesammtdruck einer Quecksilbersäule von 1 m bei Reduction auf $^1/_{20}$ bei Gehalt an Luft, Kohlensäure, Wasserstoff beziehungsweise trägt 19,7198, 16,7054, 20,2687 m Quecksilber. Für höhere Drucke nimmt also PV ab für Luft und Kohlensäure, hingegen zu für Wasserstoff. Die beiden erstern Gase sind also

---

[1]) Mémoires de l'Academie T. XXI.
Annales de chimie et de physique (5) XIX (1880).

compressibler, letzteres weniger compressibel als es dem Boyle-Mariotte'schen Gesetz entspricht.

Amagat führte seine Versuche in einem Schacht von 400 *m* Tiefe aus und steigerte den Druck bis 327 *m* Quecksilber. Er fand, dass PV bei zunehmendem Druck zuerst abnimmt und nach dem Durchgang durch ein Minimum wieder zunimmt. Bei Stickstoff ist für $P = 20{,}740$ *m* Quecksilber $PV = 50989$, für $P = 50$ *m* ist $PV = 50800$ ungefähr ein Minimum, und für $P = 327{,}388$ *m* wieder $PV = 65428$. Eben solche Minima zeigen andere Gase. Wasserstoff zeigte kein Minimum, doch vermuthet Amagat die Existenz eines solchen bei geringem Druck.

Auf die Versuche einer Auslegung dieser Erscheinungen nach den Ansichten der Molekulartheorie, wie sie von Van der Waals, E. und H. Dühring u. A. unternommen worden sind, gehen wir hier nicht ein. Es genügt für uns zu erkennen, dass das Boyle-Mariotte'sche Gesetz zwar nicht genau, für viele Gase aber sehr angenähert innerhalb weiter Grenzen gilt.

15. Das Vorhergehende musste angeführt werden, weil das Verhalten der Gase gegen Druck auch bei deren Wärmeausdehnung in Betracht kommt, welche letztere eingehender zuerst von Gay-Lussac[1]) untersucht worden ist. Derselbe erwähnt die Arbeiten von Amontons und benutzt die Beobachtungen von Lahire (1708) und Stancari, aus welchen die Wichtigkeit des Trocknens der Gase hervorgeht. Gay-Lussac's Verfahren besteht darin, dass ein wohl getrockneter mit einem Hahn versehener mit Gas gefüllter Kolben in einem Bad von siedendem Wasser erhitzt wird. Nachdem das überschüssige Gas ausgetreten, wird der Hahn geschlossen und der Kolben in schmelzendem Eis abgekühlt. Beim Oeffnen des Hahns unter Wasser füllt sich ein Theil des Kolbens mit Wasser. Die Wägung des Kolbens in diesem Zustand, des *ganz* mit Wasser gefüllten Kolbens, und des leeren Kolbens, ergiebt den Ausdehnungscoefficienten vom Eisschmelzpunkt zum Wassersiedepunkt. Es ergeben 100 Volumina von 0° von Luft, Wasserstoff, Stickstoff beziehungsweise 137,5, 137,48, 137,49 Volumina bei 100° C. Auch für andere Gase und selbst für Aetherdampf erhält Gay-

[1]) Annales de Chimie. Bd. 43 (1802).

Lussac nahezu denselben Ausdehnungscoefficienten 0,375. Die gleiche Wärmeausdehnung verschiedener Gase war nach seiner Angabe schon Charles (1787) bekannt, der jedoch nichts hierüber veröffentlicht hat. Auch Dalton[1]) hat sich schon etwas früher als Gay-Lussac mit dieser Frage beschäftigt, die gleiche Wärmeausdehnung verschiedener Gase beobachtet und hat 0,376 als Ausdehnungscoefficienten angegeben. Zur Vergleichung verschiedener Gase verwendet Gay-Lussac noch zwei vollkommen gleiche durch Quecksilber abgesperrte getheilte Glocken, welche mit gleichen Volumtheilen verschiedener Gase einmal gefüllt unter gleichen Druck- und Wärmeumständen stets bis zu demselben Theilstrich gefüllt erscheinen. (Fig. 11.)

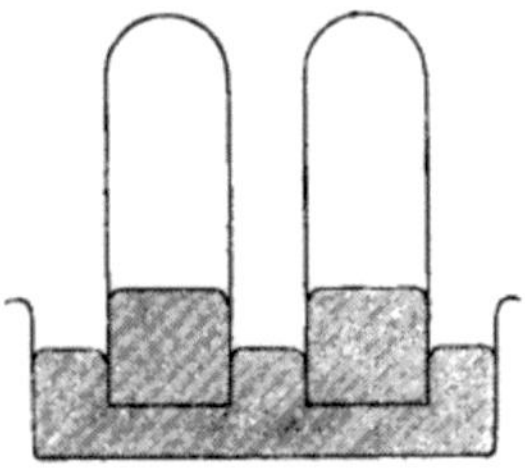

Fig. 11.

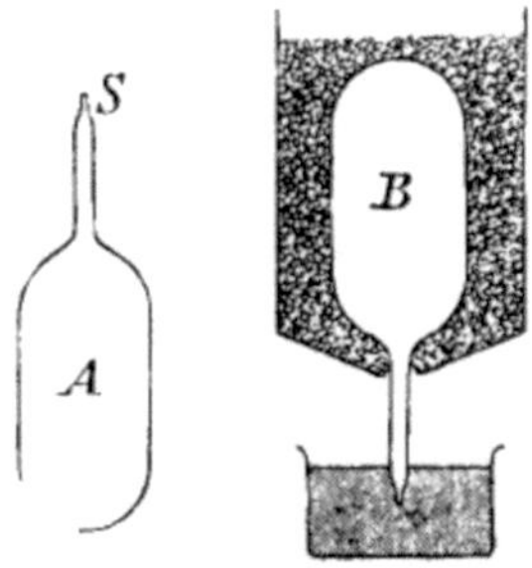

Fig. 12.

In einer anderen Arbeit verwendet Gay-Lussac[2]) ein thermometerartiges Gefäss mit horizontalem Rohr, dessen Luftinhalt durch einen Quecksilbertropfen abgesperrt ist, welches mit Quecksilberthermometern zugleich erwärmt wird. Zwischen dem Eisschmelzpunkt und Wassersiedepunkt ist die Luftausdehnung sehr nahe proportional den Angaben des Quecksilberthermometers.

16. Die beschriebenen Versuche werden in umfassender Weise mit sorgfältiger Berücksichtigung der Fehlerquellen nochmals vorgenommen von Rudberg[3]), Magnus[4]), Régnault[5]), Jolly[6]) u. A. Es werden hauptsächlich zwei Methoden ange-

---

1) Nicholsons Journal V. (1801).
2) Biot, Traité de physique I. p. 182. Paris 1816.
3) Pogg. Ann. 41, 44.
4) Pogg. Ann. 45.
5) Mémoires de l'Acad. T. XXI.
6) Pogg. Ann. Jubelband.

wendet. Die eine besteht darin, dass ein Glasgefäss A unter Erhitzung auf die Siedetemperatur wiederholt ausgepumpt, und mit durch Chlorcalcium streichender Luft gefüllt wird. Dann wird die Spitze S bei der Siedetemperatur unter Notirung des Barometerstandes zugeschmolzen und das Gefäss in die Lage B in ein Bad von schmelzendem Eis mit der Spitze unter Quecksilber gebracht. Nach eingetretener Abkühlung wird die Spitze abgebrochen. Das Quecksilber dringt ein, man notirt den Niveauunterschied innen und aussen, und nimmt die nöthigen Wägungen vor. Es ist die Methode von Gay-Lussac nur mit den nötigen Verfeinerungen.

Die zweite Methode besteht darin, dass ein mit dem trockenen Gas gefülltes Gefäss A bis zur Rohrbiegung a einmal in ein Eisbad, einmal in ein Dampfbad gebracht wird, während man das Niveau n des absperrenden Quecksilbers immer so regulirt, dass dasselbe auf eine Glasspitze s einsteht. Hier bleibt also das Luftvolum dasselbe, und man misst den *Spannungszuwachs* bei Erwärmung.

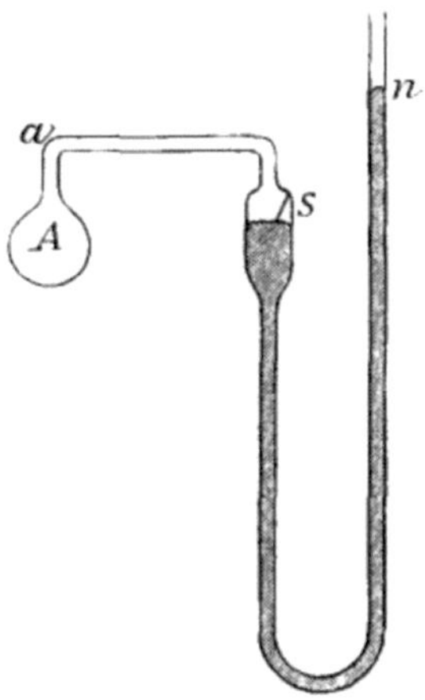

Fig. 13.

Erwärmt man ein Gasvolum v von 0° auf 100° C bei unverändertem Druck p, so dehnt es sich auf $v(1 + \alpha)$ aus, wobei α der Ausdehnungscoefficient heisst. Würde nun das Gas bei 100° C auf das ursprünglicke Volum zusammengedrückt, so müsste es nun nach dem Boyle-Mariotte'schen Gesetz den Druck p' ausüben, wobei $v \,.\, p' = v\,(1 + \alpha)\,p$, demnach $p' = p\,(1 + \alpha)$ wäre. Bei *genauer* Gültigkeit des Boyle'schen Gesetzes wäre also dasselbe α auch der *Spannungszuwachs*coefficient oder kürzer der *Spannungscoefficient*. Da das erwähnte Gesetz nicht vollkommen genau ist, sind auch beide Coefficienten nicht identisch. Bezeichnen wir den Ausdehnungscoefficienten mit α, den Spannungscoefficienten mit β, so ist nach Régnault für das Intervall 0°—100° C und den Druck von ungefähr 1 Atmosphäre für

	α	β
Wasserstoff	0,36613	0,36678
Luft	0,36706	0,36645
Kohlensäure	0,37099	0,36871

Die Ausdehnungscoefficienten der Gase wachsen nach Régnault ein wenig mit der Zunahme der Gasdichte. Ferner zeigt sich auch, dass die Ausdehnungscoefficienten der Gase, welche stark vom Boyle'schen Gesetze abweichen, etwas *abnehmen*, wenn die mit dem Luftthermometer gemessene Temperatur steigt.

Gay-Lussac hat gezeigt, dass zwischen 0° und 100° C die *Ausdehnung* der Gase den Angaben des Quecksilberthermometers *proportional* ist. Bezeichnen wir mit t die Grade des Quecksilberthermometers, mit α den hundertsten Theil des oben bestimmten Ausdehnungscoefficienten, so ist bei constantem Druck $v = v_0 (1 + \alpha t)$, und bei constantem Volum $p = p_0 (1 + \alpha t)$, wobei v_0, p_0, v, p beziehungsweise Volum und Druck des Gases bei 0 und t Graden bezeichnet, und wobei der Ausdehnungs- und der Spannungscoefficient als gleich angesehen werden. Jede dieser beiden Gleichungen drückt das Gay-Lussac'sche Gesetz aus.

Man fasst gewöhnlich das Mariotte'sche Gesetz mit dem Gay-Lassac'schen zusammen. Für eine gegebene Gasmasse hat das Produkt $p_0 v_0$ bei der bestimmten Temperatur 0° einen unveränderlichen Werth. Steigern wir die Temperatur bei unveränderlichem Volum auf t° C, so wird die Spannung $p' = p_0$ $(1 + \alpha t)$, daher $p' v_0 = p_0 v_0 (1 + \alpha t)$, und wenn nun die Spannung p und das Volum v bei t° beliebig abgeändert werden, so bleibt ihr Produkt $p v = p' v_0$ oder $p v = p_0 v_0 (1 + \alpha t)$. Die letzte Gleichung heisst das vereinigte Mariotte-Gay-Lussac'sche Gesetz.

Das Mariotte'sche Gesetz wurde durch eine gleichseitige Hyperbel veranschaulicht. Das proportionale Anwachsen des Volums oder Drucks mit der Temperatur nach dem Gay-Lussac'schen Gesetz kann durch eine Gerade Fig. 14 dargestellt werden. Berücksichtigt man, dass sehr nahe $\alpha = \frac{1}{273}$ ist, so kann man sagen:

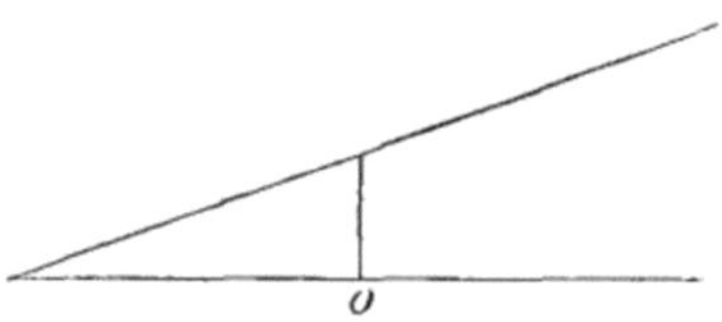

Fig. 14.

Für jeden Grad Celsius Zuwachs steigt das Volum oder die Expansivkraft um $\frac{1}{273}$ des Werthes bei 0^0, und in gleicher Weise findet mit jedem Grad Celsius eine Abnahme statt. Das Anwachsen ist ohne Grenze denkbar. Nimmt man aber 273 mal $\frac{1}{273}$ weg, so ist man bei der Expansivkraft Null (oder dem Volum Null) angelangt. Würde sich also das Gas *unbegrenzt* nach dem Mariotte-Gay-Lussac'schen Gesetze verhalten, so würde es bei -273^0 C des Quecksilberthermometers *keine* Expansivkraft zeigen und den Amontons'schen „grössten Kältegrad" darstellen. Man hat deshalb die Temperatur -273^0 C den *absoluten Nullpunkt*, und die von da an gezählte Temperatur in Celsiusgraden, d. i. $273 + t = T$, die *absolute* Temperatur genannt.

Auch wenn man diese Auffassung nicht ernst nimmt — und es wird sich zeigen, dass viel gegen dieselbe einzuwenden ist —, ergiebt sich doch durch dieselbe eine Vereinfachung der Darstellung. Wir schreiben das Mariotte-Gay-Lussac'sche Gesetz

$$pv = p_0 v_0 (1 + a\, t) = p_0 v_0 a \left(\frac{1}{a} + t\right) = p_0 v_0 a\, T,$$

berücksichtigen, dass $p_0 v_0 a$ constant ist, dann ist $\frac{p\, v}{T} = \text{const}$ der einfache Ausdruck des Gesetzes.

18. Das Mariotte-Gay-Lussac'sche Gesetz lässt sich geometrisch darstellen. Wir denken uns (Fig. 15) in die Zeichnungsebene eine grosse Anzahl sehr langer gleicher dünner mit demselben Gas und derselben Gasmasse gefüllter Röhren gelegt, die einerseits bei $O\,T$ fest, und anderseits durch bewegliche Kolben verschlossen sind. Die erste Röhre bei $O\,V$ hat die Temperatur 0^0 C, die nächste 1^0 C, die folgende 2^0 u. s. f., so dass die Temperatur von O gegen T gleichmässig zunimmt. Wir denken uns alle Kolben allmälig hineingeschoben, über jedem Ort des Kolbens senkrecht zur Zeichnungsebene die den Druck p messende Quecksilbersäule aufgesetzt und durch die obern Enden dieser Säulen eine Fläche gelegt. Dieselbe ist in Fig. 16 dargestellt und enthält nur eine Zusammenfassung der Darstellungen Fig. 9 und Fig. 14. Jeder Schnitt der Fläche parallel der Ebene $T\,O\,P$

ist eine Gerade, entsprechend dem Gay-Lussac'schen Gesetz. Jeder Schnitt parallel *P O V* ist eine gleichseitige Hyperbel entsprechend dem Boyle-Mariotte'schen Gesetz. Die vollständig gedachte Fläche giebt eine Uebersicht der Spannungen *derselben* Gasmasse bei jedem beliebigen Volum und jeder beliebigen Temperatur.

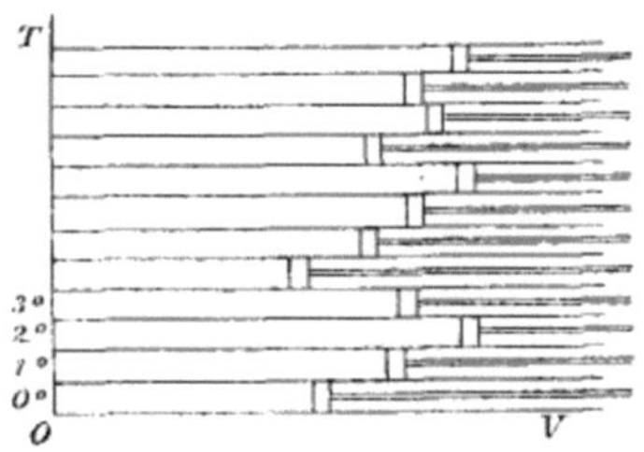

Fig. 15.

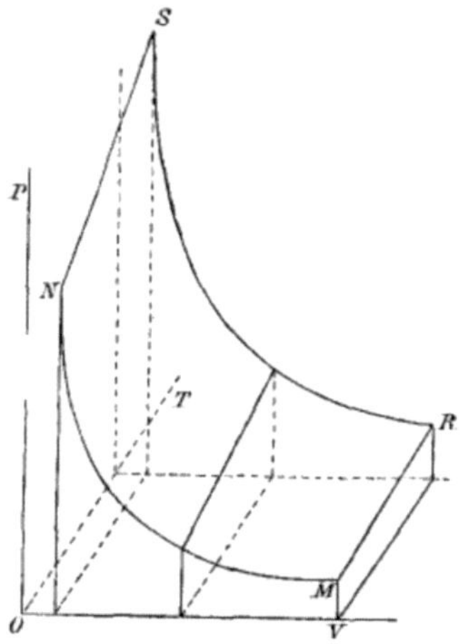

Fig. 16.

19. Die besprochenen Gesetze finden theilweise auch Anwendung auf die Dämpfe. Nach Biots[1]) Angabe scheint J. A. Deluc[2]) der Erste gewesen zu sein, der sich eine annähernd richtige Vorstellung von dem Verhalten der Dämpfe gemacht hat. H. B. Saussure[3]) wusste bereits aus seinen Beobachtungen, dass das Maximum der Dampfmenge welches ein gegebener Raum aufnehmen kann, nicht von der Natur oder Dichte des diesen Raum erfüllenden Gases, sondern nur von der Temperatur abhängt. Dies brachte wohl Dalton[4]) auf den Gedanken, zu untersuchen, ob das Gas überhaupt als *Auflösungsmittel* des Wassers, wie man

---

[1]) Biot, Traité de physique. Paris 1816.
[2]) Idées sur la Météorologie. Paris 1787.
[3]) Essai sur l'hygrometrie. Neufchatel 1783.
[4]) On the constitution of mixed gases ect. Mem. Manchest. Soc. V. 1801.

John Dalton.

damals dachte, eine Rolle spielt. Er liess die Flüssigkeit im Torricelli'schen Vacuum verdampfen und erhielt bei gegebener Temperatur *dieselbe* Spannung wie in der Luft. Die *Luft* spielte also bei der Verdampfung keine Rolle. Die Beobachtung von Priestley, nach welcher Gase von dem verschiedensten specifischen Gewicht sich gleichmässig mischen, mit der vorigen zusammengehalten, führte Dalton zu der Auffassung, dass in einem Gemenge von Gasen und Dämpfen, die einen Raum erfüllen, *jeder Bestandtheil sich so verhält, als ob derselbe allein vorhanden wäre.* Dalton spricht dies so aus, dass er sagt, die Theilchen eines Gases oder Dampfes könnten nur auf die gleichartigen Theilchen drücken.

Die Erkenntniss, dass die Gase sich so zu sagen wie *leere Räume gegeneinander* verhalten[1]), ist eine der wichtigsten und folgenreichsten, welche Dalton gewonnen hat. Dieselbe war durch die vorher erwähnten Beobachtungen vorbereitet, und stellt eigentlich nur einen klaren, begrifflichen Ausdruck der Thatsachen dar, wie dies die Naturwissenschaft im Newton'schen Sinne verlangt. Allein auch hier zeigt sich das Uebergewicht des speculativen Elementes, der willkürlichen Construction bei Dalton, welches in den später zu besprechenden Arbeiten so verhängnissvoll wird. Er kann nicht umhin, neben dem Ausdruck der Thatsache eine ganz unnöthige, die Klarheit störende, von der Hauptsache ablenkende Vorstellung mit einzuführen: „Den Druck der Theilchen verschiedener Gase aufeinander"[2]). Natürlich vermag diese hypothetische, einer experimentellen Prüfung ganz unzugängliche Vorstellung die *unmittelbar beobachtbare* Thatsache nicht *klarer* zu machen; sie verwickelt ihn im Gegentheil in unnöthige Controversen.

20. Gay-Lussac[3]) hat schon durch seinen Fig. 11 dargestellten Versuch dargethan, dass Aetherdampf *über dem Siedepunkt* des

[1]) Manchester Memoirs. Vol. V (1801) p. 535. — Vergl. Henry, life of Dalton p. 32. Dalton sagt: and consequently (the particles) arrange themselves just the same as in a void space.

[2]) A. a. O. Der Ausdruck lautet: When two elastic fluids, denoted by *A* and *B*, are mixed together, there is no mutual repulsion amongst their particles; that is, the particles of *A* do not repel those of *B*, as they do one another. Consequently, the pressure or whole weight upon any one particle arises solely from those of its own kind.

[3]) Ann. de Chim. et de Phys. XLIII (1802) p. 172.

Aethers sich bei Temperaturänderungen wie Luft verhält. Die in dem vorigen Artikel erwähnten Beobachtungen Saussures und Daltons mit der eben erwähnten zusammengenommen lehren, dass der Dampf in zweierlei Zuständen vorkommen kann, als *gesättigter* und als *nicht gesättigter* oder *überhitzter* Dampf.

Diese Verhältnisse lassen sich durch einen Versuch erläutern, welcher uns rasch nacheinander und übersichtlich die verschiedenen Fälle vorführt, welche vorher gesondert betrachtet wurden. Wir stellen den Torricelli'schen Versuch an, und lassen mit Hülfe eines gekrümmten Röhrchens etwas Aether in das Vacuum der Torricelli'schen Röhre aufsteigen (Fig. 17). Ein Theil des Aethers verdampft sofort, und die Quecksilbersäule wird (bei 20° C um 435 *mm*) durch die Dampfspannung herabgedrückt. Steigert man die Temperatur in der Barometerröhre durch ein Wasserbad z. B. auf 30° C, so beträgt die Depression 637 *mm*, dagegen nur 182 *mm* in einem Bad von schmelzendem Eis. Die Spannkraft der Dämpfe steigt also mit der Temperatur. Wird die Aether enthaltende Röhre tiefer in das Quecksilber eingetaucht, so dass der Dampfraum sich verkleinert, so ändert sich der Spiegel des Quecksilbers in der Röhre dennoch nicht. Die Spannkraft des Dampfes bleibt also dieselbe. Man bemerkt jedoch, dass der flüssige Aether sich etwas vermehrt hat, dass also ein Theil des Dampfes verflüssigt wurde. Beim Herausziehen der Röhre vermindert sich der flüssige Aether und die Spannung bleibt wieder dieselbe.

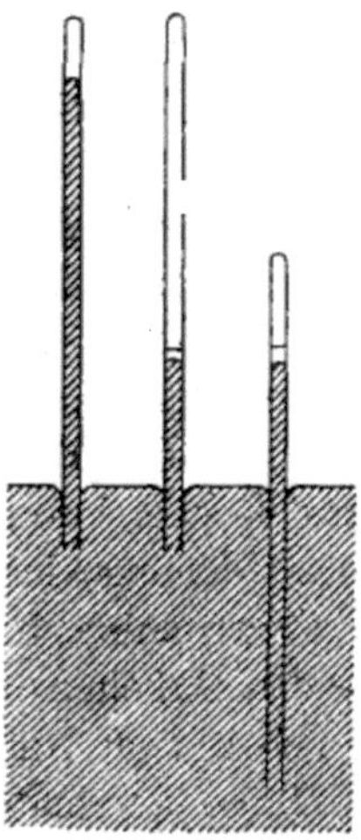

Fig. 17.

Eine kleine Menge Luft, welche man in das Toricelli'sche Vaccum aufsteigen lässt, bewirkt auch ein Herabdrücken der Barometersäule z. B. um 200 *mm*. Wird aber nun die Röhre so weit eingetaucht, dass der Luftraum auf die Hälfte verkleinert ist, so beträgt (nach dem Boyle'schen Gesetz) die Depression 400 *mm*. Ebenso verhält sich, der Gay-Lussac'schen Beobachtung entsprechend, der Aetherdampf, wenn man so wenig Aether in die Röhre bringt, dass *aller* Aether verdampft und noch *mehr* verdampfen *könnte*. Hat man z. B. bei 20° C durch Aether eine Depression von nur 200 *mm* erzeugt, so enthält die Röhre *keinen* flüssigen Aether. Verkleinerung des Torricellischen Raumes auf die Hälfte steigert die Depression auf das Doppelte. Die Depression lässt sich bis 435 *mm* durch Eintauchen steigern. Bei weiterem Eintauchen der Röhre ändert sich jedoch die Depression nicht mehr und es kommt *flüssiger* Aether zum Vorschein.

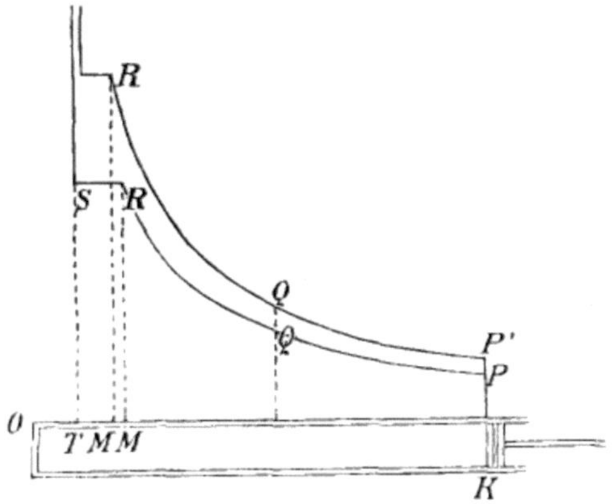

Fig. 18.

21. Die vorgeführten Beobachtungen über die Dämpfe lassen sich in eine einfache Darstellung zusammenfassen. Ein langes bis *O* geschlossenes Rohr enthalte genügend verdünnten Dampf. Treibt man den Kolben *K* allmälig hinein und setzt an jeder Stelle, welche der Kolben einnimmt, die druckmessende Quecksilbersäule auf, so liegen die Enden der Säulen in der Hyperbel *P Q R*. Von einer gewissen Stellung *M* des Kolbens an tritt jedoch keine Drucksteigerung, sondern nur mehr Verflüssigung des Dampfes ein. Ist bei der Kolbenstellung *T* nur mehr Flüssigkeit im Rohr, so erhält man bei der geringsten weitern Kolbenverschiebung wieder eine sehr bedeutende Drucksteigerung. Wiederholt man den Versuch bei höherer Temperatur, so erhält man dem Gay-Lussac'schen Gesetz und dem Spannungscoefficienten (0,00367) entsprechende Drucksteigerungen, wie dies die Curve *P' Q' R'* andeutet. Die Verflüssigung der Dämpfe beginnt erst bei höherem Druck und bei höherer Dichte.

Dämpfe von genügend kleiner Dichte befolgen also (nahezu) das Mariotte-Gay-Lussac'sche Gesetz. Man nennt solche Dämpfe eben nicht gesättigte oder überhitzte. Bei fortgesetzter Verdichtung der Dämpfe gelangen dieselben zu einem *Maximum* der *Spannkraft und Dichte*, welches bei gegebener Temperatur nicht überschritten werden kann, indem jede weitere Verkleinerung des Dampfraumes theilweise Verflüssigung des Dampfes r Folge hat. Dämpfe im Maximum der Spannkraft heissen *gesättigte* Dämpfe. Bei genügender Flüssigkeitsmenge und hinreichender Zeit stellt sich in einem geschlossenen Raum dieses Spannkraftsmaximum immer he:

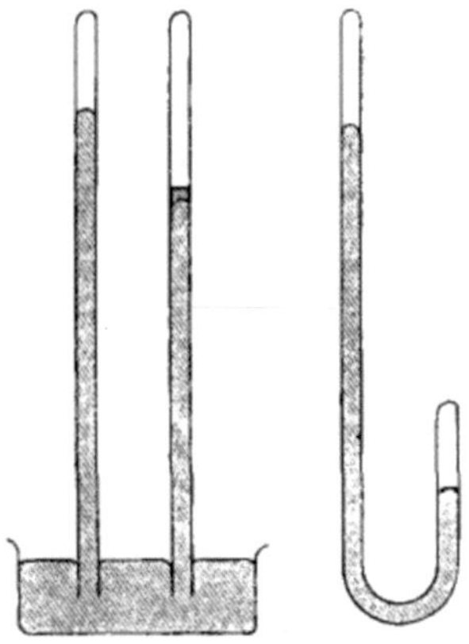

Fig. 19.

22. Der Zusammenhang zwischen Temperatur und Spannkraft der gesättigten Dämpfe oder Temperatur und Maximalspannkraft wurde für verschiene Dämpfe von vielen Forschern nach Methoden untersucht, welche sich auf zwei Grundformen zurückführen lassen. Die eine derselben besteht darin, dass man die zu untersuchende Flüssigkeit in den Torricelli'schen Raum, diesen aber in ein Bad von bestimmter Temperatur bringt. Aus der Depression gegenüber der Barometersäule ergiebt sich die Spannkraft der Dämpfe. Wird der offene Schenkel eines Heberbarometers nach Beschickung mit der zu untersuchenden Flüssigkeit und Entleerung von Luft geschlossen und in ein Bad von gegebener Temperatur gebracht, so giebt die Quecksilbersäule, ohne Rücksicht auf den Luftdruck, den Dampfdruck an. Dieses Verfahren ist nur eine Modification des vorigen. Diese Methode wird gewöhnlich die *statische* genannt.

An der freien Oberfläche einer Flüssigkeit entwickeln sich stets Dämpfe. Soll aber eine Flüssigkeit in ihrer ganzen Masse wallen, *sieden*, d. h. in ihrem Innern Dampfblasen bilden, die sich ausdehnen, aufsteigen und an der Oberfläche *bersten*, so muss die Spannung des Dampfinhaltes dieser Blasen dem Luftdruck mindestens das Gleichgewicht halten können. Die *Siedetemperatur* ist also diejenige, für welche die Spannkraft des gesättigten Dampfes (die Maximalspannkraft) dem Luftdruck gleich ist. Lässt man also eine Flüssigkeit unter dem Recipienten einer Luftpumpe *sieden*, durch welche man einen beliebig kleinen oder grossen Druck herstellt, den man constant hält, indem man die sich entwickelnden Dämpfe durch Kühlung wieder verflüssigt so giebt die Siedetemperatur der Flüssigkeit die Temperatur an, zu welcher der Luftdruck als Maximalspannkraft ihrer Dämpfe gehört. In der Figur 20 stellt B einen grossen Ballon vor, in welchem durch die Luftpumpe ein beliebiger Druck hergestellt werden kann. Die in dem Siedegefäss G entwickelten Dämpfe werden durch Kühlung des geneigten Rohrtheiles R wieder verflüssigt. Diese Methode heisst gewöhnlich die *dynamische*.

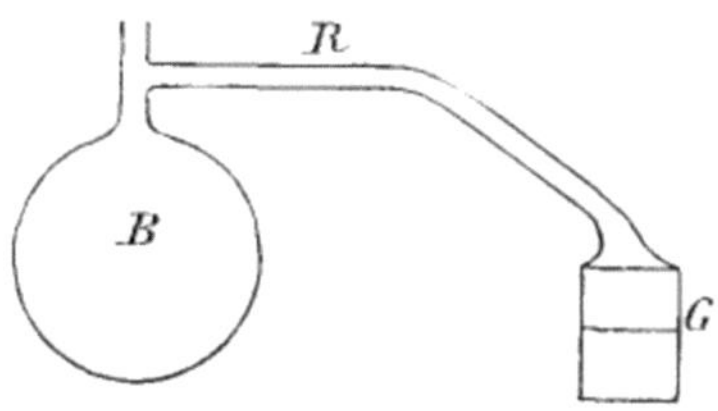

Fig. 20.

Nach diesen Methoden wurden von Ziegler (1759), Betancourt (1792), G. G. Schmidt (1797), Watt[1]), Dalton[2]) (1801), Noe (1818), Gay-Lussac[3])(1816), Dulong und Arago (1830), Magnus[4]) (1844), Régnault[5]) (1847) u. A. Versuche angestellt. Für dieselbe Temperatur ist die Maximalspannkraft je nach der Flüssigkeit sehr verschieden, und diese Maximalspannkraft steigt mit der Temperatur rasch an. Schon Dalton hat nach einem allgemeinen Gesetz der Abhängigkeit der Maximalspannkräfte von der Temperatur *gesucht.* Seine Untersuchungen sind in neuerer Zeit von E. und H. Dühring u. A. weitergeführt worden. Ein Eingehen auf dieselben ist durch den Zweck und Umfang unserer Darstellung ausgeschlossen.

Die ausgedehntesten Untersuchungen wurden wegen ihrer praktischen Bedeutung für den Betrieb der Dampfmaschine über den *Wasserdampf* ausgeführt. Régnault fand folgenden Zusammenhang zwischen den Temperaturen und Maximalspannkräften (in *mm* Quecksilber):

---

[1]) Referirt in Brewsters Encyclopaaie (1810—1830).
[2]) Mem. Manchest. Soc. V. 1801.
[3]) Biot, Traite de physique. Paris 1816.
[4]) Pogg. Ann. LXI.
[5]) Mém. de l'Acad. T. XXI.

° C	*mm*	° C	*mm*
0,00	4,54	111,74	1131,60
52,16	102,82	131,35	2094,69
100,74	777,09	148,26	3359,54

Aus diesem Auszug der Régnault'schen Tabelle sieht man, dass die Spannkraft des Wasserdampfes von 0°—100° C um rund eine Atmosphäre, von 100°—150° aber um mehr als drei Atmosphären steigt. Die rasch zunehmende Steigung der Spannkraftscurve beim Wachsen der Temperatur in der graphischen Darstellung, welche Régnault ausgeführt hat, macht diese Verhältnisse noch deutlicher ersichtlich.

Eine ausführlichere Tabelle in der Nähe des Dampfdruckes von 760 *mm* kann zur Beurtheilung des Einflusses des Luftdruckes bei Bestimmung des Siedepunktes am Thermometer dienen.

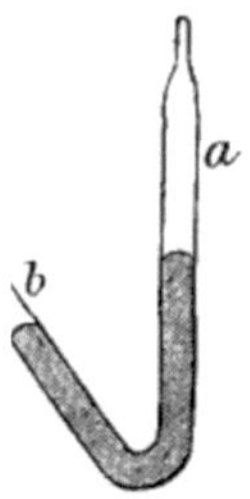

Fig. 21.

23. Das rasche Ansteigen der Spannkraft (und Dichte) der gesättigten Dämpfe brachte Cagniard de la Tour[1]) auf den Gedanken, dass sich bei hohem Druck und hoher Temperatur Dämpfe darstellen lassen müssten, deren Dichte nur wenig von jener der Flüssigkeit verschieden wäre. Er füllte ein Stück eines Flintenlaufs fast zur Hälfte mit Alcohol, und verschloss denselben nach Einbringen einer Feuersteinkugel. Bei ausgiebigem Erhitzen änderte sich plötzlich das Geräusch, welches die Kugel bei Erschütterung des Laufes durch ihr Anschlagen verursachte. In einer von Luft befreiten Glasröhre verschwand Alcohol, der als Flüssigkeit die Hälfte der Röhre eingenommen hatte, bei Erhitzung für das Gesicht vollständig. Bei Abkühlung kam er als dichter Regen wieder zum Vorschein. Die Versuche wurden dann mit der Röhre Fig. 21 fortgesetzt. In *a* wurde Flüssigkeit (Aether) eingebracht und durch Quecksilber gegen Luft in *b* abgeschlossen. Die Compression der Luft ergab den Druck, das Thermometer des Bades, in welches die Röhre eingebracht wurde, die Temperatur. Aether verschwand bei 38 Atmosphären und 160° C, Alcohol bei 119 At-

[1]) Ann. de Chim. XXI (1822) p. 127, 178, XXII (1823) p. 410.

mosphären und 207° C, wobei die Dämpfe etwas mehr als den doppelten Raum der Flüssigkeit einnahmen. Wasser verschwand bei der Temperatur des schmelzenden Zinks und nahm dann den vierfachen Raum der Flüssigkeit ein. Da die Röhren, wenn ihr Volum zu klein war, nicht sofort sprangen, schloss Latour schon richtig auf eine hohe Compressibilität, beziehungsweise auf einen hohen Ausdehnungscoefficienten der Flüssigkeiten in diesem Zustand.

Fig. 22.

Faraday[1]) versuchte durch Davy, vielleicht auch durch Latour's Arbeit, angeregt in geschlossenem Raum chemisch entwickelte Gase zu verflüssigen, was auch in Bezug auf mehrere Gase gelang. In der That war dieser Versuch nahe gelegt, einerseits durch den von Gay-Lussac gelieferten Nachweis des ähnlichen Verhaltens von *Gasen* und nicht *gesättigten Dämpfen*, anderseits durch den Latour'schen Versuch, bei welchem hochgespannter Dampf durch eine geringe Temperaturerniedrigung flüssig und ebenso durch eine geringe Temperaturerhöhung wieder dampfförmig wird. Als einfaches Beispiel diene die Verflüssigung von *Cyangas*, welche stattfindet, wenn man das bei *a* in der Röhre Fig. 22 enthaltene Cyanquecksilber erwärmt, und das Ende *b* in Wasser kühlt. Das entwickelte Gas verflüssigt sich bei *b*. Die Versuche wurden in grösserem Maassstabe mit Kohlensäure von Thilorier und Natterer[2]) fortgeführt, namentlich gelang es letzterem durch eine zweckmässig construierte Druckpumpe grosse Mengen Kohlensäure zu verflüssigen. Es blieben jedoch mehrere Gase übrig, die sogenannten permanenten Gase, deren Verflüssigung nicht gelang.

24. Erst die Versuche von Andrews[3]) zeigten den Weg, der nachher Cailletet und Pictet (1877) zur Verflüssigung sämmtlicher Gase führte. Andrews comprimirte getrocknete und von Luft gereinigte Kohlensäure durch Quecksilber mit Hülfe einer Schraube in einer Glasröhre *G*, welche in einen

---

[1]) Ann. de Chim. XXII (1823) p. 323, XXIV (1823) p. 397, 401, 403.
[2]) Pogg. Ann. Bd. 67 (1844).
[3]) Philosoph. Transact. 1869 p. 575.

capillaren Theil *g* ausgezogen war. Die Vorgänge in dem Theil *g*, der in ein Bad von beliebiger Temperatur eingebracht wurde, konnten bequem beobachtet werden, während die Luft in einer ganz gleichen Röhre, die unter demselben Druck stand, als Manometer diente. Hierbei fand nun Andrews, dass Kohlensäure bei einer Temperatur über 30,92° C in keiner Weise durch Druck verflüssigt werden konnte, während dies *unter* dieser Temperatur gelang. Er nannte diese Temperatur die *kritische* Temperatur und es gelang nun der Nachweis, dass für jeden Dampf und jedes Gas eine solche Temperatur besteht, welche nur bei den sogenannten Dämpfen und den leicht condensirbaren Gasen *hoch*, bei den sogenannten permanenten Gasen sehr tief liegt. Durch Verwendung dieser Erfahrung, durch Anwendung hoher Kältgrade gelang nun Cailletet und Pictet die Verflüssigung aller Gase.

Fig. 23.

Luftförmige Körper über der kritischen Temperatur derselben sind also nach Andrews' Auffassung *Gase*, unter der kritischen Temperatur hingegen *Dämpfe*. Schon das rasche Ansteigen der Curve der Maximalspannkraft der Dämpfe legt die Vermuthung nahe, dass über einer gewissen Temperatur diese Maximalspannkraft unerreichbar gross, oder unendlich gross wird. Die betreffende Grenze existirt wirklich, es ist die Andrews'sche kritische Temperatur.

Mendelejeff nennt die kritische Temperatur den „absoluten Siedepunkt". Steigt der Druck, so steigt die Siedetemperatur so weit, dass die Maximalspannkraft jenem Druck gleich wird. Bei der kritischen Temperatur ist aber der Druck, der die Flüssigkeit am Sieden hindern könnte, unerreichbar gross; sie siedet unter jedem Druck. Mendelejeff hat auch gezeigt, das die mit zunehmender Temperatur abnehmende Oberflächenspannung der Flüssigkeit bei der kritischen Temperatur *verschwindet*.

Das von Andrews gefundene Verhalten der Kohlensäure, deren Abweichung vom Mariotte-Gay-Lussac'schen Gesetz wird durch die Fig. 24 dargestellt. Die Curven entsprechen unserer Fig. 18. Die Abscisse stellt die Volumina dar. Die Curven der Figur reichen von 2 bis 14 Tausendtheilen des Volums der Kohlensäure bei 1 Atmosphäre und 0° C. Die punktirte Linie grenzt die Region des theilweise gasförmigen, theilweise flüssigen Zustandes der Kohlensäure ab.

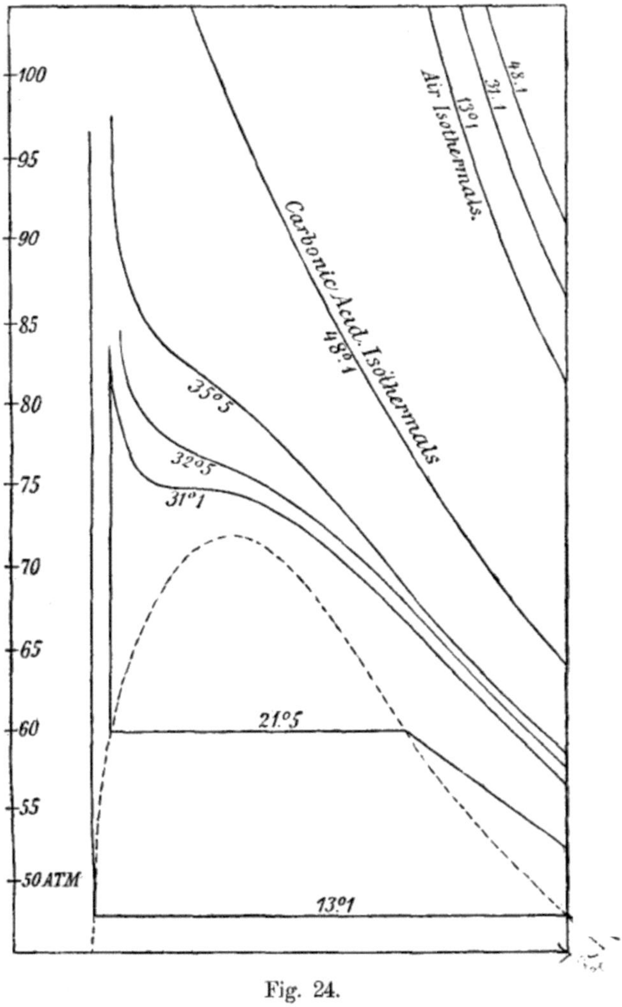

Fig. 24.

25. Die Fig. 16 kann mit einer geringen Veränderung zur Veranschaulichung des Verhaltens der *Gase und Dämpfe* dienen. Diese Veränderung ist in Fig. 25 angebracht. Der Druck des Dampfes steigt bei einer gegebenen Temperatur nach der

Curve *m n*; bei *n* beginnt aber die Verflüssigung. Der Dampfdruck bei höherer Temperatur steigt nach *p g* bis zu dem höhern Maximum *g* u. s. f. Rechts von der Curve *n g r s* verhalten sich die Dämpfe wie Gase, links von derselben beginnt die Verflüssigung. Denkt man sich durch ein fernes Licht, dessen Strahlen parallel *V O* sind, von der Curve *n g r s* auf die Ebene *P O T* einen Schatten geworfen, so ist dieser die Régnault'sche Curve, und veranschaulicht das Ansteigen der Maximalspannkraft mit der Temperatur. Die *niederste* Temperatur, bei welcher die Curve *u t*, nach welcher der Druck bei Volumverkleinerung ansteigt, die Curve *n g r s nicht mehr schneidet*, ist die kritische Temperatur. Genau genommen sind die Schnitte der Fläche Fig. 25 parallel *P O V* sowohl für Gase wie für Dämpfe keine genauen Hyperbeln. Dies gilt nur annähernd rechts von *n g r s* in einiger Entfernung von dieser Curve. In der Nähe derselben und zur linken Seite treten die Formen auf, welche die Darstellung von Andrews Fig. 24 zeigt.

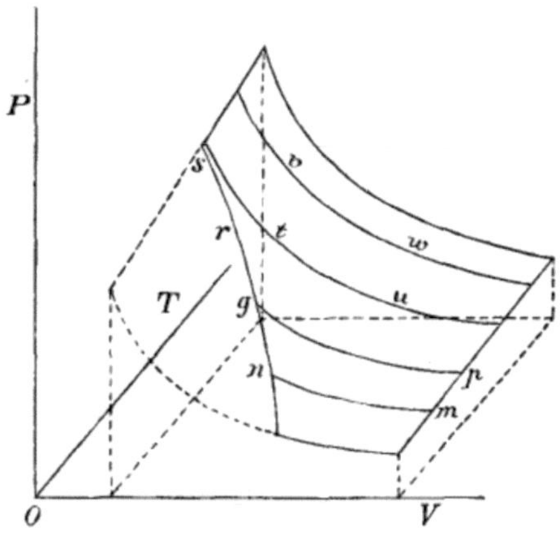

Fig. 25.

26. Wenngleich die Untersuchung der Flüssigkeiten keine so allgemeinen Ergebnisse geliefert hat als die der Gase, so müssen doch auch in Bezug auf jene einige Beobachtungen erwähnt werden. Schon der *Academia del Cimento* soll es bekannt gewesen sein, dass Wasser, vom Gefrierpunkte an erwärmt, sich zuerst verdichtet und erst bei weiterer Erwärmung wieder ausdehnt[1]). Deluc[2]) erkannte, dass der eigenthümliche Gang eines Wasserthermometers von einer Anomalie des Wassers selbst herrührte, und bestimmte ohne Rücksicht auf die Glasausdehnung

[1]) Ich konnte mich hiervon nicht überzeugen.

[2]) Sur les modifications de l'atmosphere. Paris 1772.

+ 5° C als den Punkt der grössten Dichte. Hüllstrom[1]) hat diesen Vorgang zuerst genauer untersucht, indem er den Gewichtsverlust eines Glaskörpers von gemessenem Ausdehnungscoefficienten in Wasser von verschiedenen Temperaturen bestimmte. Hagen und Matthiessen haben dieselbe Methode befolgt. Despretz[2]) beobachtete in einem sich abkühlenden Wassergefäss die Temperatur in verschiedenen Schichten. Das Wasser von geringster Dichte bildet die oberste Schicht, also bei Beginn der Abkühlung das Wasser von der höchsten Temperatur. Beim Durchschreiten der Temperatur der Maximaldichte kehrt sich jedoch dieses Verhältniss um. F. Exner[3]) hat diese Methode durch Anwendung von Thermoelementen an Stelle der Thermometer verfeinert. Plücker und Geissler verwendeten ein thermometerartiges Gefäss theilweise mit Wasser gefüllt zu dieser Beobachtung. Die genaueste Bestimmung der Temperatur der Maximaldichte dürfte jene von F. Exner sein, welcher für dieselbe + 3,945° C fand. Die hier erwähnten Untersuchungen waren von principieller Wichtigkeit, da sie den nahe liegenden Glauben an ein regelmässiges, allen Körpern gemeinsames und paralleles Verhalten in Bezug auf die Wärmeausdehnung zerstörten.

27. Der Methoden wegen sollen noch die Messungen der Ausdehnung fester Körper erwähnt werden, welche Lavoisier und Laplace gemeinsam und Roy nach dem Verfahren von Ramsden ausgeführt haben. Lavoisier und Laplace[4]) verbanden mit dem Fühlhebel Muschenbroek's, welcher durch den sich ausdehnenden Stab gedreht wurde, ein Fernrohr, das auf eine ferne Scale eingestellt war. Die Ablesung wurde dadurch bedeutend vergrössert, doch kam allerdings auch jede Ungenauigkeit des Apparates in vergrössertem

Fig. 26.

[1]) Gilb. Ann. 1802.
[2]) Ann. de Chim. LXX (1839), LXXIII (1840).
[3]) Wiener. Academ. (1873).
[4]) Biot, Traité de physique 1816.

Maassstab zum Ausdruck. Roy[1]) verwendet drei Stäbe, welche sämmtlich in Eis liegen; der eine trägt zwei beleuchtete Fadenkreuze F, F', der zweite, der zu *untersuchende*, zwei Mikroskopobjektive AA', der dritte zwei Oculare mit Fadenkreuz B, B'. Die Bilder der Fadenkreuze FF' werden mit den Ocularfadenkreuzen zur Coïncidenz gebracht. Kommt hierauf der mittlere Stab in ein Bad von höherer Temperatur, so wird die Entfernung AA' grösser. Durch Verschiebung des Stabes nach AA' kann man das Bild von F wieder auf den Ocularfaden, und durch mikrometrische Verschiebung von A' *auf* dem Stab auch das Bild von F' auf den Ocularfaden stellen. Letztere Verschiebung misst die Verlängerung des mittleren Stabes.

28. Dulong und Petit haben die thermometrischen Erfahrungen ihrer Vorgänger durch eigene sorgfältige Experimente bereichert, und haben dann die gesammte Thermometrie ihrer Zeit in einer classischen, von der Pariser Akademie gekrönten Arbeit kritisch dargestellt[2]). Die Arbeit der genannten Physiker besteht im Wesentlichen aus einer *genauen* Vergleichung verschiedener Thermometerscalen innerhalb *weiter* Grenzen. In gleichen Wärmezuständen zeigt ein Quecksilberthermometer und ein bezüglich der Glasausdehnung corrigirtes Luftthermometer folgendes Verhalten:

Wenn das Quecksilberthermometer angiebt	zeigt das Luftthermometer
—36	—36
0	0
100	100
360	350

Zur Reduktion der Angaben des Quecksilberthermometers auf jene des Luftthermometers würde diese Bestimmung genügen. Um jedoch die wirklichen Ausdehnungen von Luft und Quecksilber zu vergleichen, mussten weitere Versuche angestellt werden. Eine Heberröhre AB Fig. 27 wurde mit Quecksilber gefüllt, der eine Schenkel B blieb in einem Bad von schmelzendem Eis, während der andere A in einem Oelbad auf höhere Temperaturen gebracht wurde. Die Höhen der beiden Queck-

[1]) Philos. Transact. 1785.

[2]) Sur la mesure des températures et sur les lois de la communication de la chaleur. Ann. de Chim. VII (1817) p. 113.

silbersäulen (mit dem Kathetometer gemessen) verhielten sich dann direkt wie die Volumina derselben Quecksilbermasse bei den betreffenden Temperaturen. Die Temperaturen des Oelbades wurden mit einem Luftthermometer und mit einem *Quecksilbergewichtsthermometer* bestimmt. Letzteres bestand aus einem in eine umgebogene capillare Spitze ausgezogenen, bei 0° C ganz mit Quecksilber gefüllten Gefäss, aus welchem bei höheren Temperaturen eine durch das Gewicht bestimmbare Quecksilbermenge ausfloss. Diese ausgeflossene Menge war wie die *scheinbare* Volumausdehnung am gewöhnlichen Quecksilberthermometer durch den *Ausdehnungsunterschied* von Quecksilber und Glas bestimmt. Die Colonne *A* giebt die aus der absoluten Luftausdehnung, *C* die aus der scheinbaren Quecksilberausdehnung (im Gewichtsthermometer) abgeleitete Temperatur, *B* aber den mittlern absoluten Ausdehnungscoefficienten des Quecksilbers zwischen 0° und jener Temperaturangabe.

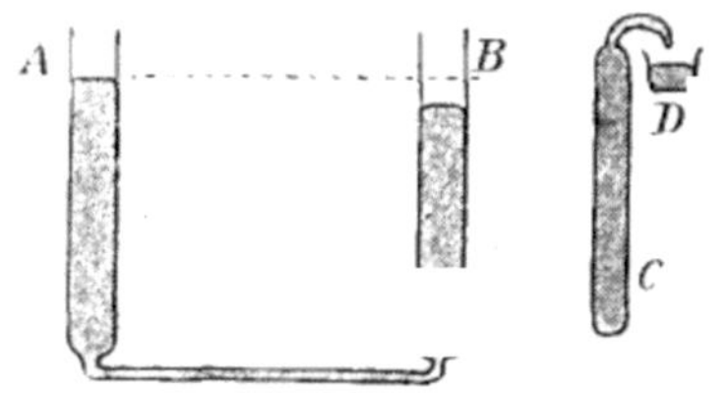

Fig 27.

A	*B*	*C*
0	0	0
100	$\frac{1}{5550}$	100
200	$\frac{1}{5425}$	204,61
300	$\frac{1}{5300}$	313,15

Bezeichnet man die absolute Volumausdehnung des Quecksilbers mit α, jene des Glases mit β, und die scheinbare Ausdehnung des Quecksilbers im Glasgefäss mit γ, so ist $\gamma = \alpha - \beta$. Es ist somit durch die Tabelle auch die Glasausdehnung gegeben. Bezeichnet man die aus der Luftausdehnung bestimmte Temperatur mit *A,* die aus der Glasausdehnung für denselben Wärmezustand abgeleitete mit *D,* wobei die Scalen bei 0° und 100° übereinstimmen mögen, so würde sich ergeben:

A	*D*
100	100
200	213,2
300	352,0

Ist die Glas- und Quecksilberausdehnung bekannt, so steht nichts im Wege in ein Glasthermometer ein Eisenstäbchen einzubringen und den Rest des Gefässes mit Quecksilber zu füllen. Behandelt man die Vorrichtung als Gewichtsthermometer, so ergiebt sich in leicht ersichtlicher Weise die Volumausdehnung des Eisens und ebenso eines andern Metalles, das man durch eine Oxydschicht vor der Amalgamirung geschützt hat. Ist v das Volum des Glasgefässes und v_1 das Volum des Metallstabes bei 0^0, ferner α, β, γ der Volumausdehnungscoefficient von 0^0 bis t^0 beziehungsweise für Quecksilber, Glas und das Metall, so ist das bei t^0 ausgeflossene Quecksilbervolum $\omega = v\alpha - v\beta + v_1\gamma$, woraus sich γ bestimmt.

Durch solche Versuche fanden nun Dulong und Petit:

1. Leitet man die Temperatur aus den Angaben des Luftthermometers ab, so nehmen die Ausdehnungscoefficienten aller übrigen Körper mit der Temperatur zu.

   Bestimmt man die Temperaturen an einem Eisenthermometer, so nehmen die Ausdehnungscoefficienten aller anderen Körper mit wachsender Temperatur ab.

3. Wird die Temperatur durch die reine Volumausdehnung des Quecksilbers gemessen, so wachsen die Ausdehnungscoefficienten für Eisen und Kupfer, nehmen aber für Platin und Luft mit zunehmender Temperatur ab.

Für Luft, Eisen, Kupfer, Platin würden nämlich die gleichen Wärmezuständen entsprechenden Ausdehnungen durch folgende Tabelle dargestellt:

Luft	Eisen	Kupfer	Platin
100	100	100	100
300	372,6	328,8	311,6

Unterwirft man also mehrere verschiedene Körper *denselben* irmezustandsänderungen, so sind deren Volumsänderungen neswegs *einander* proportional, sondern jeder Körper zeigt ein *lividuelles* Verhalten. Nur die Gase befolgen, wie schon Gayssac dargethan hat, dasselbe Ausdehnungsgesetz. Dieses Ergebniss der Dulong-Petit'schen Arbeit ist von *principieller* Wichtigkeit für die Auffassung der Thermometrie.

29. Schon Deluc und Crawford haben nach einem Körper gesucht, dessen *Ausdehnungen* den aufgenommenen *Wärmemengen* proportional wären. Auch Dulong und Petit halten eine Temperaturscale, deren Grade zugleich die von dem thermometrischen Körper aufgenommenen Wärmemengen[1]) messen würden, für rationell. Derselbe Gedanke tritt in etwas anderer Form schon bei Renaldini auf. (Vergl. S. 11.) Allein sie bemerken ganz wohl, dass dieselbe nur dann Werth hätte, wenn die Unabhängigkeit der Wärmecapacität von dieser Temperaturscale auch für die anderen Körper bestünde, oder was auf dasselbe hinauskäme, wenn die Wärmecapacitäten aller Körper mit derselben Aenderung des Wärmezustandes sich *einander proportional* ändern würden. Die letztere Frage wird nun experimentell erörtert.

Auch hier werden die Wärmecapacitäten genauer und innerhalb weiterer Temperaturgrenzen untersucht, als es bisher geschehen war. Zur Erwärmung der zu untersuchenden Körper auf eine bestimmte Temperatur wird *siedendes Wasser* und *siedendes Quecksilber* verwendet. Die Körper kommen dann in gewogener Menge in eine grosse bekannte Wassermasse, deren Temperaturerhöhung die von den Körpern abgegebene Wärmemenge bestimmt. Aus diesen Versuchen ergab sich:

	Mittlere Capacität zwischen 0° und 100°	Mittlere Capacität zwischen 0° und 300°
Quecksilber	0,0330	0,0350
Zink	0,0927	0,1015
Antimon	0,0507	0,0549
Silber	0,0557	0,0611
Kupfer	0,0949	0,1013
Platin	0,0355	0,0355
Eisen	0,1098	0,1218
Glas	0,177	0,190

[1]) Die Begriffe Wärmemenge, specifische Wärme, Wärmecapacität müssen hier, obgleich dieselben erst in einem spätern Kapitel kritisch besprochen werden können, wegen des Zusammenhangs der Darstellung anticipirt werden.

Die Capacitäten wachsen also mit den Temperaturgraden des Luftthermometers und zwar in verschiedenem Maasse für verschiedene Körper und würden auch mit jenen des Quecksilberthermometers wachsen. Es ist demnach auch das Gesetz der Aenderung der Wärmecapacität *individuell.*

30. Dalton[1]) meinte seiner Zeit mehrere eigenthümliche Temperaturgesetze aufstellen zu können, welche er folgendermaassen ausspricht:

1. Alle reinen homogenen Flüssigkeiten, wie Wasser und Quecksilber, dehnen sich über ihrem Gefrierpunkt, oder Punkt der grössten Dichte, stets um eine dem Quadrate der Temperaturerhöhung über diesen Punkt proportionale Grösse aus.
2. Die Spannkraft des Dampfes reiner Flüssigkeiten, wie Wasser, Aether u. s. w. wächst in geometrischer Progression, beim Wachsen der Temperatur in arithmetischer Progression.
3. Die Spannkraft permanenter Gase wächst in geometrischer Progression bei gleichen Incrementen der Temperatur.
4. Die Abkühlung der Körper erfolgt in geometrischer Progression bei gleichen Incrementen der Zeit.

Seinen Anschauungen entsprechend hat Dalton eine neue Temperaturscale aufgestellt, deren Grade mit steigender Temperatur grösser werden. Der Grad 122 seiner neuen Scale entspricht dem Grade 110 der Fahrenheit'schen. *Nimmt ein Luftvolum durch Erwärmung im Verhältniss 1:1,0179* zu, *so rechnet* Dalton *nach seiner neuen Scala 10 Grade zu, bei der Abnahme im Verhältniss 1,0179:1 hingegen 10 Grade ab.* Die Punkte 32 und 212 fallen in der Dalton'schen und Fahrenheit'schen Scale zusammen.

Wenn man den betreffenden Theil der Dalton'schen Schrift unbefangen studirt, so findet man, das Dalton bei seinen Annahmen und Construktionen mit einer unverantwortlichen Willkürlichkeit vorgeht. Durch die Einführung unnöthiger hypothetischer Elemente leidet auch die Klarheit und Präcision seiner Darstellung so sehr, dass es gar nicht leicht ist, darüber klar zu werden, was er meint. Er vergleicht den Körper mit einem Gefäss, den

[1]) A new system of chemical philosophy. 1808. — Vergl. auch Henry, Memoirs of the life and sccentific rechearches of Dalton. London 1854, p. 66.

Wärmeinhalt mit einem Flüssigkeitsinhalt, die Temperatur mit der Flüssigkeitshöhe. Es ist für ihn unzweifelhaft, dass gleichen Zunahmen des Wärmestoffes in einem Körper gleiche Zunahmen der Temperatur entsprechen. Da aber mit der Volumzunahme der Körper seiner Ansicht nach die Capacität wächst, so ist diese Aufstellung wieder hinfällig. Eine präcise Definition dessen, was er unter Temperatur versteht, findet sich im Text überha nirgends. Die Eigenschaften seiner neuen Scale lassen sich nur aus der Tabelle entnehmen.

Wie Dalton vor den *verwegensten* Construktionen nicht zurückschreckte, mag folgendes Beispiel lehren. Die höheren dünneren Schichten der Atmosphäre sind *kälter*. Bei der Verdünnung kühlt sich die Luft ab, gewinnt also nach Dalton's Meinung an Wärmecapicität. Dalton nimmt nun zur Erklärung der Kälte in der Höhe ruhig an, dass sich berührende Luftschichten *nicht nach Gleichheit der Temperatur, sondern nach gleichem Wärmestoffgehalt* (pro Volumseinheit) streben[1]).

In der That sehen sich Dulong und Petit[2]) genöthigt, alle von Dalton aufgestellten oben angeführten Gesetze auf Grund ihrer Beobachtungen, welche ein individuelles Verhalten der Körper nachweisen, das sich keinem allgemeinen Gesetz fügt, als hinfällig zu bezeichnen. Dalton selbst hat sich übrigens später selbst von der Unhaltbarkeit seiner Gesetze überzeugt[3]).

31. Die Dulong-Petit'sche Arbeit hat also, wie die Verfasser am Schlusse hervorheben, die Abhängigkeit der Thermometerscalen von der Wahl der thermometrischen Substanz unzweifelhaft dargethan. Nur in Bezug auf die Gasthermometer wird eine allgemeine Vergleichbarkeit constatirt, und diese werden — ohne deshalb alle anderen Thermometer als unnütz anzusehen — als die vorzüglichsten empfohlen. Hiermit ist im Wesentlichen der Standpunkt erreicht, den wir im Folgenden einnehmen werden. Es ist für unsern Zweck, die Behandlung von Principienfragen, nicht nöthig, ja nicht einmal zuträglich, auf die neueren feinen Arbeiten über Thermometrie, wie jene von Pernet u. A. in ihren Einzelheiten einzugehen.

---

1) System der Chemie. Berlin 1812. I. S. 142.
2) Ann. de Chim. VII. (1817) p. 150 u. ff.
3) Henry, life of Dalton p. 67.

32. Die Entwicklung der Thermometrie von der ersten Anwendung des Luftthermometers (muthmasslich 1592) bis zu grösserer principieller Klarheit in diesem Gebiet (1817) nimmt ungefähr 225 Jahre in Anspruch. Wiederholt werden hierbei verschiedene Wege eingeschlagen, wieder verlassen, von Neuem aufgenommen, bis endlich die aufgesammelten Kenntnisse sich zu einem Gesammtbild vereinigen. Das Luftthermometer wird erfunden; seine Mängel führen dazu sich den Flüssigkeitsthermometern zuzuwenden. Die geringe Vergleichbarkeit der letztern drängt wieder zu neuen Anstrengungen, durch welche erst die Frage nach einer *rationellen* Temperaturscale zum vollen Bewusstsein und zur Klarheit gelangt. Das Suchen nach fixen Punkten und nach der rationellen Scale erfordert viel Zeit und viele Versuche, welche schliesslich das einstweilen verbesserte Luftthermometer als Normalinstrument wieder in seine Rechte einsetzen. Wir sind nun in der Lage die Ergebnisse unserer historischen Uebersicht kritisch zu betrachten, was in dem Folgenden geschehen soll.

Kritik des Temperaturbegriffes.

1. Es hat sich gezeigt, dass das *Volum* eines Körpers als *Merkmal* oder Zeichen des *Wärmezustandes* dieses Körpers (vergl. S. 4) dienen kann, und dass dann die Aenderung des Volums als Zeichen der Aenderung des Wärmezustandes anzusehen ist. Es versteht sich, dass hier nur solche Volumsänderungen in Betracht kommen, welche nicht durch Druckänderungen, Aenderung elektrischer Kräfte und andere das Volum in bekannter Weise beeinflussende, vom Wärmezustand der Erfahrung gemäss unabhängige Umstände bedingt sind. Mit der Wärmeempfindung, welche uns ein Körper verursacht, ändern sich auch andere Eigenschaften desselben, z. B. sein Leitungswiderstand, seine Dilektricitätsconstante, seine thermoelektromotorischen Kräfte, sein Brechungsexponent u. s. w. Alle diese Eigenschaften könnten als Merkmale des Wärmezustandes verwendet werden, und haben thatsächlich gelegentliche Verwendung gefunden. Es liegt also in der Bevorzugung des Volums der Körper als Wärmezustandmerkmale eine, wenn auch durch nahe liegende praktische Gründe geleitete, *Willkürlichkeit*, und in der Annahme dieser Wahl eine *Uebereinkunft*.

2. Zunächst zeigt ein Körper, den wir uns thermoskopisch eingerichtet denken, nur seinen *eigenen* Wärmezustand an. Die rohe Beobachtung lehrt aber, dass zwei Körper A, B, welche uns *ungleiche* Wärmeempfindungen erregen, nach längerer gegenseitiger Berührung unser Wärmeempfindungsorgan in gleicher Weise reizen, dass diese Körper ihre Wärmezustandsdifferenz ausgleichen. Wird diese Erfahrung nach der Analogie auf die zustandsanzeigenden Volumina übertragen, so nehmen wir an, dass ein thermoskopischer Körper nicht nur seinen eigenen Zustand, sondern auch den eines anderen Körpers, welchen er hin-

reichend lange berührt hat, anzeigt. Diese Uebertragung ist ohne weitere Prüfung nicht zulässig. Denn die Wärmeempfindung und das Volum sind zwei *verschiedene* Beobachtungselemente. Dass sie überhaupt zusammenhängen, hat die Erfahrung gelehrt; wie, und wie weit sie zusammenhängen, kann wieder nur die Erfahrung lehren.

3. Man überzeugt sich nun leicht, dass Volum und Wärmeempfindung Merkmale von sehr verschiedener *Empfindlichkeit* und überhaupt von verschiedener *Art* sind. Mit Hülfe des Volums können wir noch Zustandsänderungen bemerken, die der Wärmeempfindung schon gänzlich entgehen. Und wegen der verschiedenen Eigenschaften des Thermoskopes und des Wärmesinnorgans können beide gelegentlich auch ganz verschiedene, sogar entgegengesetzte Anzeigen geben. Die S. 30 angeführten Beispiele erläutern dies schon hinlänglich. Aber auch in Bezug auf den Zustandsausgleich können die Anzeigen verschieden ausfallen. Zwei Stücke *Eisen* geben nach längerer Berührung wirklich *gleiche* Wärmeempfindungen. Ein Stück Holz und ein Stück Eisen in genügend dauernder Berührung geben am Thermoskop *dieselbe* Anzeige. Fühlen sich beide Körper *warm* an, so erscheint jedoch trotz beliebig langer Berührungsdauer das Eisen der *Hand* stets *wärmer*, und wenn beide sich *kalt* anfühlen, stets *kälter* als das Holz. Es liegt dies bekanntlich daran, dass Eisen als besserer Leiter seinen eigenen Wärmezustand schneller der Hand mittheilt.

Da nun das Volum ein viel empfindlicheres Merkmal des Wärmezustandes ist als die Wärmeempfindung, so ist es *vortheilhafter* und *rationeller* alle Erfahrungen aus Volumbeobachtungen zu schöpfen, und alle Definitionen auf diese zu gründen. Die Beobachtungen über Wärmeempfindungen dürfen uns zwar leiten, doch ist nach dem Gesagten eine einfache kritiklose Anwendung derselben ganz unzulässig. Wir nehmen mit dieser Einsicht einen ganz neuen Standpunkt ein, welcher von jenem der ersten Begründer der Thermometrie wesentlich verschieden ist. Die mangelhafte Sonderung beider Standpunkte, welche wegen des allmählichen Ueberganges des älteren in den neueren unvermeidlich war, hat, wie sich zeigen wird, mannigfaltige Unklarheiten in die Wärmelehre eingeführt.

Dass das Thermoskop an einem merklich wärmeren Körper

eine Volumvergrösserung, an einem merklich kälteren eine Volumverkleinerung zeigt, ist ja unzweifelhaft. Unsere *Wärmeempfindung* kann uns aber nicht sagen, dass dies bis zum vollen Ausgleich der Wärmezustände geht. Hingegen können wir dem neuen Standpunkt entsprechend ganz willkürlich festsetzen: *Als gleiche Wärmezustände verschiedener Körper sollen jene gelten, in welchen die Körper* (von Druckkräften, elektrischen Kräften u. s. w. abgesehen) *keine Volumänderungen aneinander bestimmen.* Diese Definition kann sofort auch auf das Thermoskop Anwendung finden. Dasselbe wird den Zustand des berührten Körpers anzeigen, sobald durch die Berührung keine gegenseitige Volumänderung mehr bedingt ist.

Wenn zwei Körper *A, B* im gewöhnlichen Sinne (also in Bezug auf die Wärmeempfindung) ebenso *warm* sind, als ein dritter *C*, so sind sie auch unter einander *gleich* warm. Dies ist eine *logische* Nothwendigkeit, und wir sind ausser Stand uns das anders zu denken. Das Gegentheil würde ja einschliessen, dass wir zwei *Empfindungen* zugleich für *gleich* und für *verschieden* halten. Wir dürfen aber nach unserer obigen Definition *nicht* einfach annehmen, dass wenn *A* auf *C* und *B* auf *C* nicht volumändernd wirkt, auch *A* auf *B* nicht volumändernd wirken wird. Denn das letztere ist eine *Erfahrung*, die abgewartet werden muss, und die durch die beiden vorhergenannten Erfahrungen nicht schon mitgegeben ist. Dies ist einfach eine Folge des oben bezeichneten Standpunktes.

Nun lehrt wirklich einerseits die Erfahrung, wenn eine Reihe von Körpern *ABCD*...., vorliegt, von welchen jeder vorausgehende mit jedem nachfolgenden in genügend lang dauernder Berührung ist, dass dann das Thermoskop an jedem der Körper dieselbe Anzeige giebt. Und anderseits würde man zu sonderbaren Widersprüchen mit den alltäglichen Wärmeerfahrungen geführt, wenn man annehmen wollte, dass mit der Zustandsgleichheit von *A* und *B*, und *B* und *C* (nach der obigen Definition) die Zustandsgleichheit von *A* und *C* (physikalisch) nicht mitbestimmt ist. Die Umstellung der Ordnung der Körper, welche keine Volumänderungen mehr an einander bedingen, müsste nun wieder Volumänderungen zur Folge haben. So weit als unsere thermoskopischen Erfahrungen reichen, findet dies nirgends statt.

Meines Wissens hat Maxwell zuerst auf diesen Punkt aufmerksam gemacht. Es ist vielleicht nicht unnütz zu bemerken, dass Maxwell's Betrachtung ganz analog ist derjenigen, welche ich über den Massenbegriff angestellt habe[1]). Es ist durchaus wichtig zu bemerken, dass überall, wo wir der Natur eine Definition auf den Leib setzen, wir abwarten müssen, ob sie derselben entsprechen will. Wir können ja unsere Begriffe willkürlich schaffen, mit Ausnahme der reinen Mathematik aber, schon in der Geometrie und noch mehr in der Physik, müssen wir immer untersuchen, ob und wie diesen Begriffen das Wirkliche entspricht.

Die widerspruchlose Auffassung der bekannten *Erfahrungen* fordert also die Annahme, dass zwei Körper *A*, *B*, die nach obiger Definition mit einem dritten *C* im gleichen Wärmezustand sind, auch unter einander im gleichen Wärmezustand sind.

4. Der stärkeren Wärmeempfindung entspricht ein grösseres Volum der thermoskopischen Substanz. Es soll demnach wieder willkürlich (nach der Analogie) festgesetzt werden: *Höhere Wärmezustände sollen jene heissen, in welchen die Körper am Thermoskop eine grössere Volumanzeige bedingen.* Nach Analogie der durch die Empfindung beobachtbaren Wärmevorgänge müssen wir dann erwarten, dass von zwei Körpern *A*, *B* derjenige, welcher am Thermoskop eine grössere Volumanzeige giebt, bei gegenseitiger Berührung an dem andern eine Volumvergrösserung, an sich selbst eine Volumverkleinerung bestimmt. Die Analogie stimmt im Allgemeinen, kann aber in besonderen Fällen doch auch *irre führen.* Ein Beispiel hierfür (vgl. S. 30) ist das Wasser. Zwei Wasserkörper von $+3^0$ und $+5^0$ C *verkleinern* gegenseitig ihr Volum. Zwei Wasserkörper von 10^0 und 15^0 C stellen den Normalfall dar. Zwei Wasserkörper von 1^0 und 3^0 C· verhalten sich der Analogie gerade entgegengesetzt.

[1]) Maxwell, theory of heat. 9th ed. London 1888. Ich vermuthe, dass die Betrachtung schon in der ersten Ausgabe von 1871 enthalten ist, doch kann ich dies nicht constatiren, da ich nur die Auerbach'sche Uebersetzung nach der vierten Ausgabe (1877) noch einsehen konnte. Meine Ausführung über die Masse gab ich 1868 im 4. Band von Carl's Repertorium, dann 1872 in meiner Schrift über die „Erhaltung der Arbeit" und 1883 in „Mechanik in ihrer Entwicklung".

Man sieht hieraus, dass Wasser als thermoskopische Substanz unter Umständen für zwei Wärmezustände, welche von andern Thermoskopen als *verschieden* angezeigt werden, *dasselbe* Zeichen geben könnte. Deshalb wird man die Anwendung des *Wassers* als thermoskopische Substanz, wenigstens in dem in Betracht gezogenen Wärmezustandsgebiet, *vermeiden.*

5. Die *Wärmeempfindungen*, sowie die thermoskopischen Volumina bilden eine einfache Reihe, *eine einfache stetige Mannigfaltigkeit*; hieraus folgt nicht ohne weiteres, dass auch die *Wärmezustände* eine solche bilden. Die Eigenschaften des Zeichensystems entscheiden noch nicht über jene des Bezeichneten. Hätte man z. B. den Zug, den ein Eisenkügelchen E an einer Wage durch einen untergelegten Körper K erfährt, als Zeichen eines Zustandes dieses Körpers gewählt, so würden diese Züge, deren Gesammtheit auch eine einfache Mannigfaltigkeit darstellt, durch elektrische, magnetische und Gravitationseigenschaften von K, also durch eine *dreifache* Mannigfaltigkeit bestimmt. Die Untersuchung muss erst lehren, ob das Zeichensystem glücklich gewählt ist.

Es sei $ABCDE$ eine Reihe von Körpern, von welchen jeder folgende einen höhern Wärmezustand darstellt. So weit die Erfahrung reicht, kann man einen Körper aus dem Zustand von A in jenen von E nur auf einem einzigen Wege, durch die Zustände von BCD, wobei alle zwischenliegenden passirt werden müssen, überführen. Es

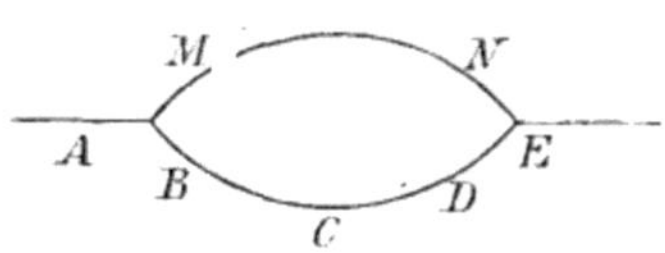

Fig. 28.

liegt gar keine Erfahrung vor, welche zu der Auffassung nöthigen würde, dass dies auch über ausserhalb dieser Reihe liegende Zustände MN geschehen könnte. Die Annahme einer *einfachen stetigen Mannigfaltigkeit der Wärmezustände ist ausreichend.*

6. Es wurde oben bemerkt, dass in der Wahl des *Volums* als thermoskopischen Mittels eine *willkürliche Uebereinkunft* liegt. Eine weitere Willkür liegt in der Wahl der thermoskopischen *Substanz.* Wäre aber eine solche Wahl einmal allgemein angenommen, so könnte das betreffende Thermoskop im Wesentlichen alles leisten, was von demselben zu verlangen ist. Man würde das Thermoskop einer möglichst grossen Zahl von

Wärmezuständen aussetzen, die eben durch die feste Einstellung des Thermoskopes selbst sich als unveränderlich herausstellen, und würde die betreffenden Einstellungen durch *Marken* und *Namen* bezeichnen: Erstarrungspunkt des Quecksilbers, Schmelzpunkt des Eises, Erstarrungspunkt des Leinöls, des Anisöls, Schmelzpunkt der Butter, Blutwärme, Siedepunkt des Wassers, Siedepunkt des Quecksilbers u. s. w. *Diese Marken würden uns befähigen, nicht nur einen wiederkehrenden Wärmezustand wieder zu erkennen, sondern auch einen bekannten Wärmezustand wieder herzustellen.* Darin besteht aber die wesentliche Leistung eines Thermoskopes.

Fig. 29.

7. Die Uebelstände eines solchen Systems, welches ja thatsächlich eine Zeit lang geherrscht hat, würden sich bald herausstellen. Je feiner die Untersuchung würde, desto mehr solcher Fixpunkte wären nöthig; schliesslich wären sie gar nicht mehr aufzutreiben. Zudem würde die Menge der zu merkenden Namen sich in unangenehmer Weise vermehren, und ausserdem wäre diesen Namen gar nicht anzusehen, in welcher *Ordnung* die betreffenden Wärmezustände auf einander folgen. Diese Ordnung müsste besonders gemerkt werden.

Es giebt ein System von Namen, welches *zugleich* ein System von *Ordnungszeichen* ist, das sich ins Unbegrenzte vermehren und verfeinern lässt; es sind dies die *Zahlen.* Durch Zuordnung von *Zahlen* als *Namen* für die thermoskopischen Merkmale werden alle eben bezeichneten Uebelstände behoben. Zahlen lassen sich ohne neue Anstrengung ins Unbegrenzte fortsetzen; zwischen zwei Zahlen lassen sich beliebig viele neue nach einem fertigen System einschalten; jeder Zahl sieht man sofort an, zwischen welchen andern sie liegt. Dies konnte auch schon den Erfindern der Thermoskope nicht entgehen; die Bemerkung wurde nur in verschiedener Ausdehnung und Zweckmässigkeit verwerthet.

8. Um das eben bezeichnete vortheilhafte System in Anwendung zu bringen, ist eine neue *Uebereinkunft* nöthig, eine Uebereinkunft über das *Zuordnungsprincip* der Zahlen zu den thermoskopischen Zeichen. Hiermit ergeben sich aber neue Schwierigkeiten.

Ein Verfahren, welches eingeschlagen wurde, bestand darin, an der Capillarröhre des thermoskopischen Gefässes *zwei* Fixpunkte (Eisschmelzpunkt, Wassersiedepunkt) zu bezeichnen. Der *scheinbare* Volumzuwachs der thermometrischen Substanz (also ohne Rücksicht auf die Gefässausdehnung) wurde in 100 Theile (Grade) getheilt, und *diese* Theilung wurde über dem Siedepunkt und unter dem Eispunkt fortgesetzt. Durch die beiden Fixpunkte und das Zuordnungsprincip *scheint* nun jede Zahl an einen physikalisch bestimmten Wärmezustand *eindeutig* gebunden.

9. Dieser Zusammenhang wird jedoch sofort gestört durch die Wahl einer andern thermoskopischen Substanz oder eines andern Gefässmaterials. Trägt man nämlich die Volumina einer Substanz als Abscissen und jene einer andern bei demselben Wärmezuständen als Ordinaten auf, so erhält man nach Dulong und Petit die Endpunkte der Ordinaten verbindend keine Gerade, sondern wie dies die schematische Fig. 30 veranschaulicht, eine Curve, welche für jedes Par von Substanzen eine *andere* ist. Die Substanzen dehnen sich eben bei gleichen Wärmezustandsänderungen *nicht* einander proportional aus, wie dies ja dargelegt wurde. Für jede thermoskopische Substanz entfallen also bei *demselben* Zuordnungsprincip auf dieselben Wärmezustände merklich andere Zahlen.

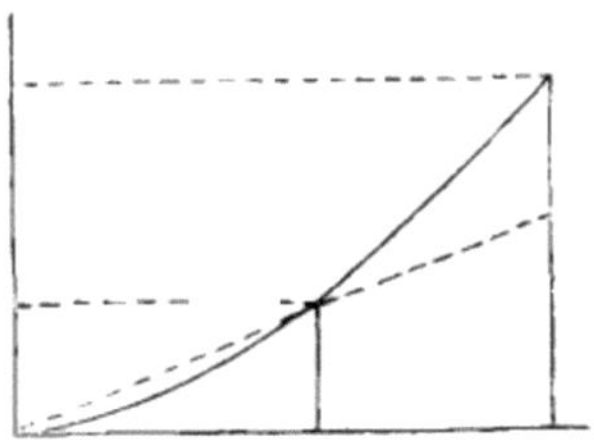
Fig. 30.

Bleibt man aber auch bei dem Quecksilber als thermoskopischer Substanz, so hat auf den Gang der scheinbaren Ausdehnung die gegen die Quecksilberausdehnung nicht verschwindende Ausdehnung des Glasgefässes Einfluss, welche für jede Glassorte ein individuelles Gesetz befolgt. Trotz des gleichen Zuordnungsprincipes ist *genau* genommen der Zusammenhang zwischen Zahl und Wärmezustand wieder jedem Thermoskop eigenthümlich.

10. Als die Aufmerksamkeit auf das *gleiche* Verhalten der *Gase* bei gleichen Wärmezustandsänderungen gelenkt wurde, erschien dieser Eigenschaft wegen die Wahl eines *Gases* als

thermoskopische Substanz als weniger *conventionell*, als in der *Natur* begründet. Es wird sich zwar zeigen, dass diese Ansicht ein Irrthum ist, doch sprechen noch andere Gründe für diese Wahl, und die letztere war eine glückliche, obgleich zur Zeit als sie geschah dies Niemand wissen konnte.

Einer der grössten Vorzüge, die das *Gas* darbietet, ist dessen *grosse* Ausdehnung und die hierdurch bedingte grosse Empfindlichkeit der Thermoskope. Durch diese grosse Ausdehnung tritt aber auch der *störende* Einfluss des variablen Gefässmaterials sehr in den *Hintergrund*. Das Quecksilber dehnt sich ungefähr nur siebenmal stärker aus als das Glas. Die Glasausdehnung und deren Variation kommt also in der scheinbaren Quecksilberausdehnung sehr merklich zum Ausdruck. Das Gas dehnt sich aber 146 mal stärker aus als Glas[1]). Auf die scheinbare Gasausdehnung hat also die Glasausdehnung nur einen geringen, und die Aenderung derselben von Sorte zu Sorte einen verschwindenden Einfluss. Bei Gasthermometern sind also bei gegebenen Fixpunkten und einmal gewähltem Zuordnungsprincip die Zahlen viel *genauer* an die Wärmezustände gebunden, als bei irgend einem andern Thermoskop. Die Wahl des Gefässmaterials, kurz die Individualität des Thermoskopes kann dies Verhältniss nur unbedeutend stören; die Thermoskope werden in hohem Grade *vergleichbar*. Hierin liegt die Begründung des Urtheiles von Dulong und Petit. Wir wollen in dem Folgenden ein Luftthermoskop der Betrachtung zu Grund legen.

11. Die Zahl, welche nach irgend einem Zuordnungsprincip der thermoskopischen Volumanzeige und folglich einem *Wärmezustand eindeutig zugeordnet ist, nennen wir die Temperatur,* und bezeichen dieselbe in dem Folgenden gewöhnlich mit t. Demselben Wärmezustand wird dann eine sehr verschiedene von dem Zuordnungsprincip $t = f(v)$ abhängige Temperaturzahl zu kommen, wobei v das thermoskopische Volum bedeutet.

12. Es ist belehrend zu bemerken, dass in der That verschiedene Zuordnungsprincipien vorgeschlagen worden sind, wenn auch im Wesentlichen nur *eines* wirklich praktisch-wissenschaftliche Bedeutung erlangt hat, und im Gebrauch geblieben ist.

---

[1]) Vergl. Pfaundler, Lehrbuch der Physik II. 2. Vergl. auch S. 13 dieser Schrift.

Ein Princip können wir das Galilei'sche nennen. Dasselbe setzt die Temperaturzahlen proportional den wirklichen oder scheinbaren Volumzuwüchsen von einem bestimmten Anfangsvolum v_0 an, das einem bestimmten Wärmezustand entspricht.

Dem Volum: v_0, $v_0(1+\alpha)$, $v_0(1+2\alpha)$, ... $v_0(1+t\alpha)$, entspricht die

Temperatur: 0, 1, 2, ... t.

Hierbei wählt man für $\alpha = \frac{1}{273}$, den hundertsten Theil des Volumzuwachscoefficienten vom Eisschmelzpunkt zum Wassersiedepunkt, auf welchen letztern demnach die Temperaturzahl 100 entfällt. Dasselbe Princip lässt man auch über dem Siedepunkt und unter dem Eispunkt gelten, wobei die letzteren Temperaturzahlen natürlich negativ werden.

Ein ganz anderes Zuordnungsprincip ist das Dalton'sche. Es besteht in Folgendem:

Dem Volum: ... $\frac{v_0}{(1,0179)^2}$, $\frac{v_0}{1,0179}$, v_0, $v_0 \times 1,0179$, $v_0 \times (1,0179)^2$, ...

entspricht die

Temperatur: ... —20, —10, 0, 10, 20, ...

Wählt man mit Amontons und Lambert die Spannung einer Gasmasse von unveränderlichem Volum als thermoskopische Anzeige und setzt die Temperaturzahl *proportional* der Gasspannung, so liegt darin genau genommen wieder ein anderes Princip. Die Gültigkeit des Mariotte-Gay-Lussac'schen Gesetzes innerhalb weiter Grenzen, die geringe Abweichung des Spannungscoefficienten vom Ausdehnungscoefficienten — Umstände, die zur Zeit der Aufstellung dieser Scale nur unvollständig bekannt waren — hat zur Folge, dass die Eigenschaften der Amontons'schen Scale von jenen der Galilei'schen nicht merklich verschieden sind.

Nennen wir p den Druck einer Gasmasse von unveränderlichem Volum, p_0 den Druck derselben beim Eispunkt, k eine Constante, so ist das Amontons'sche Zuordnungsprincip durch die Gleichung $t = \frac{kp}{p_0}$ gegeben. Ein *zweiter* Fundamentalpunkt ist hier unnöthig (vgl. S. 9). Da p_0, p von den Wärmezuständen in derselben Weise abhängen wie v_0, v, so hat die neue

Scale auch die schon bekannten Eigenschaften. Für $p = o$, wird $t = o$. Setzt man $k = 273$, so erhalten die Grade die übliche Grösse; auf den Eispunkt fällt $t = 273$, auf den Siedepunkt $t = 373$. Die Scale fällt *ganz* mit der schon bekannten zusammen, wenn man den Nullpunkt auf den Eispunkt legt, und die Temperaturzahlen abwärts negativ zählt.

13. Der Gebrauch des Luftthermometers, ob nun Volumina oder Drucke als thermoskopische Anzeigen dienen, schliesst eine *Temperaturdefinition* ein. Von den Gleichungen $p = p_0 (1 + \alpha t)$ oder $v = v_0 (1 + \alpha t)$ ausgehend, setzt man *willkürlich* fest, *dass die Temperatur t durch die Gleichung*

$$t = \frac{p - p_0}{\alpha p_0} \text{ oder } t = \frac{v - v_0}{\alpha v_0}$$

gegeben sein soll.

Die Amontons'sche Temperatur, welche man zum Unterschiede die *absolute Temperatur* nennt, und mit T bezeichnet, ist durch die Gleichung definirt

$$T = \frac{273\, p}{p_0};$$

sie steht zu der vorher definirten in der dargelegten Beziehung.

14. Es ist merkwürdig wie lange es gedauert hat, bis die Einsicht, dass die Bezeichnung des Wärmezustandes durch eine *Zahl* auf einer *Uebereinkunft* beruht, sich Bahn gebrochen hat. Es giebt Wärmezustände in der Natur, der Begriff Temperatur existirt aber nur durch unsere willkürliche *Definition*, die auch anders hätte ausfallen können. Bis in die neueste Zeit scheinen aber die Arbeiter auf diesem Gebiete mehr oder weniger unbewusst nach einem natürlichen Temperaturmaass, nach einer wirklichen Temperatur, nach einer Art Platonischer Idee der Temperatur zu suchen, von welcher die am Thermometer abgelesenen Temperaturen nur ein unvollkommener, ungenauer Ausdruck wären.

Vor Black und Lambert werden die Begriffe Temperatur und Wärmemenge überhaupt nicht klar gesondert, so z. B. bei Richmann, welcher in beiden Fällen, die wir in der bezeichneten Weise unterscheiden, einfach „*calor*“ sagt. Da dürfen wir also Klarheit nicht erwarten. Die Unsicherheit reicht aber weiter, als man vermuthen sollte. Ueberzeugen wir uns zunächst vom Thatbestand.

Lambert[1]) bezeichnet den Zustand der Meinungen seiner Zeitgenossen sehr gut mit den Worten: „Man stund an, ob die *eigentliche* Grade der Wärme den Graden der Ausdehnung wirklich proportional seien. Und wenn auch dieses stattfinden sollte, so war noch ebenfalls die Frage, bei welchem Grade man anfangen müsse zu zählen.“ Er bespricht dann Renaldini's Vorschlag durch Wassermischungen die Thermometer zu graduiren, und es scheint, dass er eine solche Scale für eine natürliche hält.

Bei Dalton[2]) findet sich folgende Stelle: „Man machte den Versuch mit Flüssigkeiten, fand aber, dass sie sich *ungleichförmig* ausdehnten. Alle dehnten sich stärker in den höhern als in den niedern Temperaturen aus. — — — Unter allen schien das Quecksilber die geringste Abweichung darzubieten, oder sich am meisten einer gleichförmigen Ausdehnung zu nähern.“

Gay-Lussac[3]) sagt: „Le thermomètre, tel qu'il est aujourd'hui ne peut servir à indiquer des rapports exacts de la *chaleur,* parce que l'on ne sait pas encore quel rapport il y a entre les degrés du thermomètre et les *quantités* de chaleur qu'ils peuvent indiquer. On croit, il est vrai, généralement, que des divisions égales de son échelle représentent des *tensions* égales de calorique; mais cette opinion n'est fondée sur aucun fait bien positif.“ Ersichtlich ist Gay-Lussac auf dem Wege die Unklarheit seiner Zeitgenossen in dieser Frage zu überwinden, doch ist ihm dies noch nicht gelungen.

Sehr befremdend ist es, dass so exakte Forscher, welche wie Dulong und Petit auf diesem Gebiete die erste Klarheit geschaffen haben, doch, in den Ausdrücken wenigstens, immer wieder rückfällig werden. Wir lesen an einer Stelle[4]): „On voit, par l'écart qui a déja lieu à 300°, combien la dilatation du verre s'eloigne d'être *uniforme.*“ Wir fragen verwundert, wonach die „Gleichförmigkeit“ oder „Ungleichförmigkeit“ der Glasausdehnung gemessen und beurtheilt werden soll? Bezeich-

---

[1]) Lambert, Pyrometrie S. 52.

[2]) Dalton, Neues System d. chemisch. Theiles d. Naturwissenschaft. Deutsch von Wolf. Berlin 1812. S. 12.

[3]) Ann. de Chim. XLIII (1802) p. 139.

[4]) Ann. de Chim. VII (1817) p. 139.

nend ist noch folgende Stelle[1]: „. . . nous devons dire cependant que l'uniformité bien connue dans les principales proprietés physiques de tous les gaz, et sourtout l'identité parfaite de leurs lois de dilatation, rendent *très-vraisemblable* que, dans cette classe de corps, les causes *perturbatrices* n'ont plus la même influence que dans les solides et liquides; et que par conséquent les changemens de volume produits par l'action de la chaleur y sont dans une *dépendance plus immédiate de la force qui les produit.*"

Dieses Schwanken zwischen einem physikalischen und metaphysischen Standpunkt ist auch heute noch nicht ganz überwunden. In einem vorzüglichen von einem hervorragendem Wärmeforscher herrührenden modernen Lehrbuch lesen wir: „Die Angaben des Luftthermometers sind also jedenfalls vergleichbar. Damit ist aber noch nicht bewiesen, dass das Luftthermometer wirklich das messe, was wir uns unter *Temperatur vorstellen*; es ist nämlich nicht erwiesen, ob die Drucksteigerung der Gase ihrer *Temperaturerhöhung proportional sei*, denn wir haben dies bisher nur *angenommen.*"

Kein Geringerer als Clausius spricht sich in folgender Weise aus: „Man kann aus gewissen Eigenschaften der Gase schliessen, dass bei ihnen die gegenseitige Anziehung der Moleküle in ihren mittleren Entfernungen sehr gering ist, und daher der Ausdehnung der Gase einen sehr kleinen Widerstand entgegensetzt, so dass der Widerstand, welchen die Wände des einschliessenden Gefässes leisten, fast der ganzen Wirkung der Wärme das Gleichgewicht halten muss. Demnach bildet der äusserlich wahrnehmbare Druck des Gases ein *angenähertes* Maass für die aus einander treibende Kraft der im Gase enthaltenen Wärme, und somit muss dem vorigen Gesetze nach dieser Druck der absoluten Temperatur *angenähert* proportional sein. Die Richtigkeit dieses Resultates hat in der That so viele innere Wahrscheinlichkeit für sich, dass viele Physiker seit Gay-Lussac und Dalton jene Proportionalität ohne Weiteres vorausgesetzt und zur Berechnung (!) der absoluten Temperatur benutzt haben."[2])

[1]) Ann. de Chim. VII (1817) p. 153.

[2]) Mechanische Wärmetheorie 1864. I. S. 248.

In einer schätzbaren Schrift über Pyrometer findet sich Folgendes[1]): Nachdem Gay-Lussac bereits im Jahre 1802 gefunden hatte, dass alle Gase durch die Wärme bei gleichen Temperatursteigerungen gleich stark ausgedehnt werden, ist die *Hypothese* wohl gerechtfertigt, dass die Ausdehnung für alle *Temperaturgrade* eine *gleichförmige* ist, da es *wahrscheinlicher* ist, dass die Ausdehnung eine gleichförmige, als dass alle Gase *dieselbe Veränderlichkeit* zeigen sollten."

Hingegen ist hervorzuheben, dass W. Thomson schon 1848 bei Aufstellung seiner absoluten thermodynamischen Temperaturscale diese Verhältnisse mit voller kritischer Klarheit durchschaut, was in einem folgenden Kapitel näher erörtert wird.

Nach diesen Proben wird die obige Ausführung, so selbstverständlich dieselbe einzelnen Physikern vorkommen möchte, im Allgemeinen doch nicht als überflüssig erscheinen. Es sei hier wiederholt, dass es sich immer nur um eine sicher und genau *herstellbare,* allgemein *vergleichbare*, niemals aber um eine „wahre", oder „natürliche" Temperaturscale handeln kann.

15. Es liesse sich leicht durch analoge Beispiele aus andern Gebieten der Physik darthun, dass die Menschen überhaupt die Neigung haben, ihre selbstgeschaffenen abstrakten Begriffe zu hypostasiren, ihnen Realität ausserhalb des Bewusstseins zuzuschreiben. Platon hat von dieser Neigung in seiner Ideenlehre nur einen etwas freien Gebrauch gemacht. Selbst Forscher wie Newton waren, ihren Grundsätzen zum Trotz, nicht immer vorsichtig genug. Es verlohnt sich also wohl der Mühe, zu untersuchen, worauf dieser Vorgang in diesem besonderen Falle beruhen mag. Wir gehen bei unsern Beobachtungen von der *Wärmeempfindung* aus, sehen uns aber später genöthigt *dieses Merkmal* des Verhaltens der Körper durch *andere Merkmale* zu ersetzen. Diese Merkmale, welche nach Umständen verschiedene sind, gehen aber einander nicht *genau parallel.* Gerade deshalb bleibt insgeheim und unbewusst die ursprüngliche Wärmeempfindung, welche durch jene unter einander nicht genau übereinstimmenden Merkmale ersetzt wurde, der *Kern* unserer Vorstellungen. Wird es uns auch theoretisch klar, dass diese Wärmeempfindung auch nichts anderes ist, als ein Zeichen für das

---

[1]) Bolz, Die Pyrometer. Berlin 1888. S. 38.

gesammte Verhalten des Körpers, das wir schon kennen und noch weiter kennen lernen werden[1]), so sind wir für unser Denken doch genöthigt, alles dies in eine *Einheit* zusammen zu fassen und durch *ein* Symbol: *Wärmezustand* zu bezeichnen. Prüfen wir uns genau, so entdecken wir wieder als schattenhaften Kern dieses Symbols die *Wärmeempfindung*, als den ersten und natürlichsten *Repräsentanten* der ganzen Gruppe von Vorstellungen. Es scheint uns, dass wir diesem Symbol, das doch nicht ganz unsere willkürliche Schöpfung ist, Realität zuschreiben müssten. So entsteht also der Eindruck einer „wirklichen Temperatur", von welcher die abgelesene nur ein mehr oder weniger ungenauer Ausdruck ist.

Newton's Vorstellungen von einer „absoluten Zeit", einem „absoluten Raum" u. s. w., die ich anderwärts erörtert habe[2]), entstehen auf eine ganz analoge Weise. In den Vorstellungen der Zeit spielt die *Empfindung der Dauer* den verschiedenen Zeitmaassen gegenüber dieselbe Rolle, wie in dem obigen Fall die Wärmeempfindung.[3]) Aehnlich verhält es sich mit dem Raume.

16. Hat man sich einmal klar gemacht, dass mit der Einführung eines neuen willkürlich festgesetzten, empfindlicheren, feineren Merkmals des Wärmezustandes ein ganz *neuer* Standpunkt eingenommen ist, und dass nunmehr nur das neue Merkmal der Untersuchung zu Grunde liegt, so verschwindet die ganze Täuschung. Dieses neue Merkmal ist die *Temperaturzahl*, oder kürzer die *Temperatur*, welche auf willkührlicher Uebereinkunft beruht in Bezug 1. auf die Wahl des Volums als Zeichen, 2. auf die thermoskopische Substanz und 3. auf das Zuordnungsprincip der Zahl zum Volum.

17. Eine Täuschung anderer Art liegt in einer eigenthümlichen fast allgemein angenommenen Schlussweise, die wir nun besprechen wollen. Nimmt man die Temperaturzahl proportional der Spannung einer Gasmasse von unveränderlichem Volum, so sieht man, dass die Spannungen und Temperaturen zwar beliebig

---

[1]) Vergl. Mach, Beiträge zur Analyse der Empfindungen S. 155 und Popper, Elektrische Kraftübertragung. Wien 1884. S. 16.

[2]) Die Mechanik etc. S. 209.

[3]) Analyse der Empfindungen. S. 101 u. f. f.

steigen, aber die Spannung und Temperatur ni unter Null sinken kann. Die Gleichung

$$p = p_0 (1 + a t)$$

sagt, dass für je ein Grad Temperaturzuwuchs die Spannung um $\frac{1}{273}$ der Spannung beim Eispunkt zunimmt, oder vielmehr umgekehrt, dass wir für je $\frac{1}{273}$ Spannungszuwuchs eine um 1^0 höhere Temperatur *zählen wollen*. Für Temperaturen unter dem Eispunkt hätte man

$$p = p_0 (1 - a t),$$

und man sieht, dass wenn man 273 mal $\frac{1}{273}$ der Spannung p_0 abgenommen hat, und bei — 273° C angelangt ist, die Spannung Null ist. Man stellt sich nun mit Vorliebe vor, dass ein Gas, welches so weit abgekühlt wäre, gar keine „Wärme" mehr enthalten würde, dass also eine Abkühlung unter diese Temperatur nicht möglich wäre, oder mit anderen Worten: Die Reihe der Wärmezustände scheint nach *oben* unbegrenzt, nach *unten* erreicht sie aber eine Grenze bei — 273° C.

Das Dalton'sche Zuordnungsprincip (S. 47) ist zwar nicht im Gebrauch geblieben, doch ist an sich gegen dessen Zulässigkeit nicht das Geringste einzuwenden. Multiplicirt sich, diesem Princip entsprechend, die Gasspannung mit 1,0179, so haben wir die Temperatur 10 Dalton'sche Grade höher zu rechnen. Wird die Spannung entsprechend der Division durch 1,0179 herabgesetzt, so sinkt die Temperatur um 10 Grade. Den letzteren Vorgang können wir so oft wiederholen, als wir wollen, ohne zu einer Gasspannung Null zu gelangen. Bei Gebrauch der Dalton'schen Scale brauchten wir also nie auf den Gedanken zu kommen, dass es einen Wärmezustand mit der Gasspannung Null geben könne, und dass die Reihe der Wärmezustände nach unten *begrenzt* sei. Dies würde allerdings an der Möglichkeit einer Gasspannung Null nichts ändern, denn Dalton erreicht sie nur nicht, weil er sie, wie Achilles seine Schildkröte in dem berüchtigten Paradoxon, mit Schritten von abnehmender Grösse verfolgt. Es soll hier zunächst nur bemerklich gemacht werden, wie bedenklich es ist, ohne Weiteres Eigenschaften eines *Zeichensystems* für Eigenschaften der bezeichneten *Sache* zu halten.

18. Amontons ging bei Aufstellung seiner Scale von der Meinung aus, dass die Gasspannung durch die „Wärme“ hervorgebracht wird. Sein absoluter Nullpunkt ist aber nicht der einzige, welcher aufgestellt wurde, noch weniger der einzige, welcher auf Grund ebenso berechtigter Auffassungen aufgestellt werden könnte. Verfährt man mit den Ausdehnungscoefficienten des Quecksilbers ebenso, wie man mit jenem der Luft zu verfahren pflegt, so erhält man einen absoluten Nullpunkt — 5000° C Man kann natürlich beim Quecksilber wie bei der Luft und jedem andern Körper den *Spannungs*coefficienten anstatt des Ausdehnungscoefficienten verwenden, um die unbehagliche Vorstellung eines mit dem absoluten Wärmeverlust zugleich volumlosen Körpers zu vermeiden.

Dalton[1]) stellt sich vor, dass ein Körper eine gewisse Menge Wärmestoff enthält. Die Vermehrung des letzteren erhöht die Temperatur, die vollständige Entfernung führt den Körper auf den absoluten *Nullpunkt.* Die Stoffvorstellung ist Black entlehnt, doch war dieser kein Freund solcher Conjekturen, wie wir sie jetzt besprechen. Wenn Eis von 0° C in Wasser von 0° C umgewandelt wird, und hierbei per *kg* 80 Kilogrammcalorieen absorbirt, so lässt sich dies nach Gadolin[2]) und Dalton so auffassen, dass wegen der Verdoppelung der Wärmecapacität bei Verflüssigung des Wassers, der ganze Abgang des Wärmestoffes vom absoluten Nullpunkt bis 0° C durch jene 80 Wärmeeinheiten gedeckt wird. Daraus folgt, dass der absolute Nullpunkt $2 \times 80 = 160$° C unter dem Eispunkte liegt. Denselben Nullpunkt erhält man durch dieselbe Ueberlegung noch für eine ganze Reihe von Körpern. Für Quecksilber jedoch, welches eine kleine Schmelzwärme und einen sehr geringen Unterschied der specifischen Wärmen im festen und flüssigen Zustand aufweist, ergiebt sich der absolute Nullpunkt 2021° C unter dem Eispunkt.

Mischt man zwei Körper A, B von gleicher Temperatur und zeigt das Gemenge $A + B$ eine Temperaturänderung, so kann man in analoger Weise nach Bestimmung der specifischen Wärmen von A, B und $A + B$ aus der Temperaturänderung auf den absoluten Nullpunkt schliessen. Durch Mischungen von Wasser

[1]) Neues System der Chemie.

[2]) Von Dalton a. a. O. mitgetheilt.

und Schwefelsäure fand Gadolin den absoluten Nullpunkt zwischen 830° und 1720° C unter dem Eispunkt. Andere Mischungen, chemische Verbindungen sind, ähnlich aufgefasst worden, und haben wieder andere Ergebnisse geliefert.

19. Da haben wir also eine ganze Anzahl verschiedener „*absoluter Nullpunkte*". Heute ist nur mehr der Amontons-sche im Gebrauch, den man jetzt, der dynamischen Gastheorie entsprechend, mit der vernichteten Bewegungsgeschwindigkeit der Gasmoleküle im Zusammenhang bringt. *Alle* Ableitungen beruhen aber in *gleicher* Weise auf Hypothesen über die Vorgänge, durch welche wir uns die Wärmeerscheinungen hervorgebracht denken. Welchen Werth wir auch diesen hypothetischen Vorstellungen beilegen mögen, müssen wir doch zugeben, dass sie unbewiesen und unbeweisbar sind, und nicht im Voraus über Thatsächliches entscheiden können, das von der Beobachtung einmal erreicht werden kann.

20. Wir kommen nun auf den vorher berührten Punkt zurück. Die Gasspannungen sind *Zeichen* des Wärmezustandes. Verschwinden die Gasspannungen, so kommen uns die gewählten Zeichen abhanden, das Gas wird als Thermoskop unbrauchbar, wir müssen uns nach einem andern umsehen. Dass die bezeichnete Sache mit verschwindet, folgt *nicht*. Wenn z. B. eine thermoelektromotorische Kraft bei Annäherung an eine gewisse hohe Temperatur abnimmt, beziehungsweise Null wird, so würde die Vermuthung wohl sehr kühn gefunden werden, dass die betreffende Temperatur eine *obere* Grenze der Wärmezustände anzeigt.

Die Temperaturzahlen sind Zeichen der Zeichen. Aus der Begrenztheit des zufällig gewählten Zeichensystems folgt nichts über die Grenze des Bezeichneten. Ich kann die *Tonempfindungen* durch die *Schwingungszahlen* bezeichnen. Dieselben haben als wesentlich positive Zahlen eine untere Grenze bei Null, hingegen keine obere Grenze. Ich kann die Tonempfindungen durch die *Logarithmen* der Schwingungszahlen bezeichnen, was ein viel besseres Bild der musikalischen Intervalle giebt. Dann ist das Zeichensystem nach unten ($-\infty$) und nach oben ($+\infty$) *unbegrenzt*. Das System der Tonempfindungen kehrt sich daran natürlich nicht; es ist nach unten und oben begrenzt. Wenn ich mit meinem Zeichensystem einen unendlich hohen oder unendlich tiefen Ton *definiren* kann, folgt noch nicht, dass derselbe *existirt*.

Die ganze Schlussweise erinnert lebhaft an den sogenannten Ontologischen Beweis für das Dasein Gottes; sie ist eminent scholastisch. Man definirt einen Begriff, zu dessen *Merkmalen* die Existenz gehört, und somit folgt auch die Existenz des Definirten. Man wird zugeben, dass eine analoge logische Ungenirtheit in der heutigen Physik unstatthaft ist.

Wir können also sagen: Wenn auch die Gasspannung durch blosse Abkühlung auf Null gebracht werden könnte, so würde nur die Unbrauchbarkeit des Gases als Thermoskop von diesem Punkt an zu Tage treten. Ueber die Begrenztheit oder Unbegrenztheit der Reihe der Wärmezustände nach *unten* würde aber hieraus noch nichts folgen.

Ebensowenig folgt aber die Unbegrenztheit der Reihe der Wärmezustände nach *oben* aus dem Umstande, dass wir uns die Gasspannungen beliebig wachsend *denken* können, beziehungsweise dass die Reihe der Temperaturzahlen nach oben keine Grenze hat. Ein Körper schmilzt, siedet bei einer bestimmten Temperatur. Es frägt sich, ob ein Gas beliebig hohe Temperaturen erlangen kann, ohne seine Eigenschaften wesentlich zu ändern.

21. *Ob die Reihe der Wärmezustände nach unten oder oben begrenzt ist, kann nur durch die Erfahrung entschieden werden. Kann man zu einem Körper von bestimmtem Wärmezustand keinen auftreiben, der sich als wärmerer oder kälterer verhält, so ist damit allein eine Grenze nachgewiesen.*

Die dargelegte Auffassung schliesst nicht aus, dass man den Amontons'schen Nullpunkt als *Fiktion* gelten lässt, und dem Mariotte-Gay-Lussac'schen Gesetz den oben (S. 19) angegebenen einfachen Ausdruck giebt, wodurch viele der später auszuführenden Betrachtungen ganz wesentlich vereinfacht werden.

22. Die *Temperatur* ist nach dem bisher Ausgeführten, wie man unschwer erkennen wird, nichts als die *Charakterisirung, Kennzeichnung* des Wärmezustandes durch eine *Zahl*. Diese *Temperaturzahl* hat lediglich die Eigenschaft einer *Inventarnummer*, vermöge welcher man denselben Wärmezustand wieder erkennen, und wenn es nöthig ist, aufsuchen und wiederherstellen kann. Diese Zahl lässt zugleich erkennen, in welcher

Ordnung die bezeich..eten Wärmezustände sich folgen, und *zwischen* welchen andern Zuständen ein gegebener Zustand liegt. Bei den folgenden Untersuchungen wird es sich allerdings zeigen, dass die Temperaturzahlen uns noch weitere, ja sogar sehr weitgehende Dienste leisten können. Dies haben sie aber nicht dem Scharfblick der Physiker zu danken welche das System der Temperaturzahlen aufgestellt haben, sondern es ist dies das Ergebniss mehrerer glücklicher Umstände, die Niemand vorhersehen, und über die Niemand verfügen konnte.

23. Der *Temperaturbegriff* ist ein *Niveaubegriff* wie die Höhe eines schweren, die Geschwindigkeit eines bewegten Körpers, das elektrische, das magnetische Potential, die chemische Differenz. Thermische Beeinflussung findet zwischen Körpern von verschiedener Temperatur in ähnlicher Weise statt wie elektrische Beeinflussung zwischen Körpern von verschiedenem Potential. Während aber der Potentialbegriff mit Bewusstsein seines Zweckes von vorn herein vortheilhaft aufgestellt worden ist, ist dies beim Temperaturbegriff nur zufällig und ungefähr vortheilhaft gerathen.

In den meisten Gebieten der Physik spielen nur die *Differenzen* der *Niveauwerthe* eine maassgebende Rolle. Die Temperatur *scheint* mit dem chemischen Niveau das gemein zu haben, dass der Niveauwerth als solcher maassgebend ist. Die festen Schmelzpunkte, Siedepunkte, kritischen Temperaturen, Verbrennungstemperaturen, Dissociationstemperaturen sind hierfür naheliegende Beispiele.

Ueber die Bestimmung hoher Temperaturen.

1. Anschliessend an die Ausführungen über den Temperaturbegriff muss hier der *pyrometrischen* Methoden, der Mittel zur Bestimmung *hoher* Temperaturen, gedacht werden. Eine solche Methode ist zuerst von Newton[1]) ersonnen worden, und wir wollen dessen Gedanken zunächst ohne kritische Bemerkungen darlegen.

Newton beobachtete mit Hülfe eines Leinölthermometers, dass der Temperaturwerth eines erhitzten Körpers in gleichmässigem Luftzug in derselben Zeit proportional war dessen Temperaturüberschuss über die Luft, und *nahm an*, dass eine allgemeine und unbegrenzte Gültigkeit dieses Satzes für beliebig hohe Temperaturen bestehe. Denken wir uns zwei sonst ganz gleich beschaffene Körper A und A', von welchen der *zweite* den *doppelten* Temperaturüberschuss über die Luft hat wie der erste. Lassen wir beide durch das Zeitelement τ_1 abkühlen; dann verliert A' doppelt so viel als A, und sein Temperaturüberschuss am Ende von τ_1 ist wieder doppelt so gross als jener von A. Dasselbe gilt für ein folgendes Zeitelement τ_2 u. s. w. Bei Abkühlung durch eine beliebig lange für beide Körper gleiche Zeit t verliert demnach A' doppelt so viel als A. Die Verallgemeinerung liegt auf der Hand.

Lassen wir nun einen Körper A von einer sehr hohen Temperatur an abkühlen, und nennen die *gleichen* Abschnitte der Abkühlungszeit von Beginn an $t_1, t_2, \ldots t_{n-1}, t_n$. Gesetzt der Körper hätte bei Beginn des letzten Abschnittes t_n den Tempe-

---

[1]) Newtoni Opuscula. Lausannae et Genevae 1744 T. II. p. 419. Scala graduum caloris et frigoris. — Philos. Trans. Y. 1701.

raturüberschuss $2u$, zu Ende desselben aber u gehabt, so folgt nach obiger Ueberlegung, dass er zu Anfang der gleichen Abschnitte t_{n-1}, t_{n-2}, t_{n-3} .... beziehungsweise die Temperaturüberschüsse $4u = 2^2u$, $8u = 2^3u$, $16u = 2^4u$... aufweisen musste. Newton ermittelte die Zeit (t_n) und den Werth u durch Beobachtung eines Leinölthermometers, und war nun im Stande für jeden frühern Zeitpunkt des Abkühlungsvorganges die Temperatur anzugeben.

Der Körper A war ein glühendes dem Luftzug ausgesetztes Eisenstück, auf welches kleine Stückchen von Metallen und deren Legirungen gelegt waren, für welche man den *Zeitpunkt* der Erstarrung zur Ermittelung der *Erstarrungstemperatur* beobachteten. Vom Schmelzpunkt des Zinns abwärts konnte der Abkühlungsvorgang mit dem Leinölthermometer verfolgt werden. Die *Temperaturzahlen* des letzteren nimmt Newton dem Volumzuwachs des Leinöls über dem Schmelzpunkt des Eises *proportional.*

Nach Newton ist die Temperatur des siedenden Wassers nicht ganz die dreifache (2,83) der Körperwärme des Menschen (37° C), woraus für die Siedetemperatur 104° C folgt. Für den Schmelzpunkt des Zinns (5,83 × 37) folgt 215° C (nach neuen Bestimmungen 230), für jenen des Bleis (8 × 37) erhält man 296° C (nach neuen Bestimmungen 326), für die Temperatur der Rothgluth (16,25 × 37) 600° C.

Am Schlusse des Artikels bemerkt Newton, dass in Folge des gleichmässigen Luftzuges in gleichen Zeiten gleich viele Lufttheile am Eisen der Eisenwärme proportional sich erwärmen, und daher die Wärmeverluste des Eisens seiner Wärme proportional sein mussten. Da diese Verluste aber in der That auch den Angaben des Leinölthermometers proportional ware so sei es hiermit gerechtfertigt, die Wärme eines Körpers dem Volumzuwachs des Leinölthermometers *proportional* zu setzen.[1])

[1]) Die betreffende Stelle lautet: Locavi autem ferrum, non in aere tranquillo, sed in vento uniformitor spirante, ut aer a ferro calefactus semper abriperetur a vento, et aer frigidus in locum ejus uniformi cum motu succederet. Sic enim aeris partes aequalibus temporibus calefactae sunt, et calorem conceperunt calori proportionalem. Calores autem sic inventi eandem habuerunt rationem inter se, cum caloribus per thermometrum inventis; et propterea rarefactiones olei ipsius Caloribus proportionales esse recte assumpsimus.

Aus dieser Ausführung, in welcher nebenbei bemerkt eine Trennung der Begriffe Wärmemenge und Temperatur noch fehlt, scheint hervorzugehen, dass Newton hier wie anderwärts bei seinen Aufstellungen sich theils durch den Instinkt, theils durch die Beobachtung leiten liess, stets die eine Anregung durch die andere corrigirend. Es schien ihm von *vornherein* einleuchtend, dass die „*Wärmeverluste*“ der „*Wärme*“ proportional seien, ebenso, dass die „*Ausdehnung*“ der „*Wärme*“ proportional sei. Die Beobachtung *stimmt* mit diesen Auffassungen, und diese wurde somit festgehalten.

2. Bei kritischer Betrachtung der Sache stellt sich Folgendes heraus. Die Temperaturzahlen beruhen auf einer *willkürlichen* Festsetzung. Man kann dieselben den Volumzuwüchsen proportional nehmen, oder auch nicht. Ist über dieselben verfügt, so kann nur die *Beobachtung* entscheiden, ob die Verluste den Temperaturen proportional sind. Anderseits könnte man die Temperaturzahlen so *wählen*, dass die Verluste auch bei einem andern als dem thatsächlichen Abkühlungsgesetz den Temperaturen proportional würden.

Zwischen den Newton'schen Aufstellungen besteht also kein nothwendiger Zusammenhang. Aus seinen Beobachtungen folgt nichts über die Richtigkeit oder Unrichtigkeit seiner Temperaturscale. Dulong und Petit haben auch, wie dies später erörtert wird, gezeigt, dass das friedliche Verhältniss zwischen den beiden Newton'schen Aufstellungen sofort gestört wird, wenn man die Beobachtungen über die Abkühlung mit dem Thermometer innerhalb etwas weiterer Temperaturgrenzen und etwas genauer verfolgt als es Newton gethan hat. Beide Newton'sche Annahmen enthalten so zu sagen zwei verschiedene Temperaturscalen.

Es würde jedoch nichts im Wege stehen, das Newton'sche pyrometrische Princip zur *Definition* einer *Temperaturscale* zu benutzen, indem man die rückwärts gezählten Zeiten nach irgend einem Zuordnungsprincip als *Inventarnummern* der zugehörigen Wärmezustände eines abkühlenden Körpers betrachten würde. Ob diese Definition von der Natur der Körper unabhängig, und in welcher Beziehung diese Scale zu irgend einer andern gebräuchlichen steht, könnte jedoch nur durch besondere Versuche ermittelt, und nur in dem Umfang entschieden werden, in welchem *beide* zu vergleichende Scalen wirklich (ohne Extrapolation) dem Experiment zugleich zugänglich wären.

3. Eine andere pyrometrische Methode, die in mangelhafter Form schon von Amontons[1]) erdacht ist, wurde von Biot angewendet. Biot[2]) hat durch das Experiment und durch theoretische Betrachtungen gezeigt, dass in einer sehr langen Metallstange, von welcher ein Ende genügend lange Zeit einer constanten Wärmquelle ausgesetzt ist, von diesem Ende an die Temperaturüberschüsse über die Luft nach dem Gesetze einer geometrischen Progression abfallen, wenn man in arithmetischen Schritten von dem erhitzten Ende sich entfernt, so weit man dieses Verhalten mit dem Thermometer verfolgen kann. Ermittelt man den Exponenten der Progression an dem kälteren Ende, und nimmt das Gesetz auch für beliebig hohe Temperaturen als *unbegrenzt gültig* an, so kann man auf die Temperatur jener Stellen schliessen, welche ihrer Hitze wegen der Untersuchung mit dem Thermometer nicht zugänglich sind. Amontons hatte angenommen, dass die Temperaturen vom kalten gegen das heisse Ende der Stange nach dem Gesetz einer geraden Linie ansteigen. Da nun der Exponent der obigen Progression von den Dimensionen und dem Material der Stange abhängt, so sieht man, dass die nach dem Amontons'schen Princip gewonnenen Temperaturzahlen von Fall zu Fall in verschiedener Weise sehr beträchtlich von den nach dem Biot-schen Princip gefundenen abweichen würden. Untersucht man aber den Biot'schen Fall innerhalb weiterer Temperaturgrenzen und genauer mit dem Thermometer, wie dies in neuerer Zeit Forbes[3]) gethan hat, so zeigt es sich, dass schon innerhalb der dem Thermometer zugänglichen Grenzen der Exponent der geometrischen Progression von der Temperatur selbst *abhängt.* Also auch das Biot'sche pyrometrische Princip, wenn man es aufrecht halten will, enthält eigentlich eine *neue Temperaturdefinition*, und es gilt von demselben im Wesentlichen das über das Newton'sche Princip Gesagte. Das Verhältniss beider Methoden ist übrigens einfach. Bei der Newton'schen Methode

[1]) Histoire de l'Academie. Année 1703. p. 6.
[2]) Journal de Mines (1804) T. 17. S. 203.
[3]) Vergl. das Kapitel über Wärmeleitung.

treten die zu bestimmenden Temperaturen *nach einander*, bei der Biot'schen *neben einander* auf. Die als *Inventarnummern* verwendbaren Temperaturzahlen werden im ersteren Fall durch *Zeitmaasse*, in letzterem durch *Längenmaasse* gewonnen. Der Newton'sche Gedanke dürfte den Biot'schen angeregt haben. Ein Correktur des Amontons'schen Princips im Sinne Biot's hat schon Lambert[1]) vorgenommen.

4. Auch Black[2]) hat eine *pyrometrische* Methode erdacht, die sich auf seine calorimetrischen Untersuchungen gründet. Wird ein Körper von der Masse m in einer Wassermasse M von der Temperatur u_1 auf u abgekühlt, so ist, wie thermometrische Beobachtungen lehren, die Erwärmung der Wassermasse proportional dem Produkt $m\,s\,(u_1 - u)$, wobei s eine für den gekühlten Körper charakteristische Constante (die specifische Wärme) ist. Bedeutet M die Wassermasse und u_2 deren Anfangstemperatur, so besteht die Gleichung

$$m\,s\,(u_1 - u) = M\,(u - u_2),$$

aus welcher für die Anfangstemperatur u_1 des gekühlten Körpers folgt

$$u_1 = u + \frac{M\,(u - u_2)}{m\,s}$$

Wählt man $m\,s$ klein, und M gross, so bleiben u und u_2 im Bereich der gebräuchlichen Thermometerscale, auch wenn der zu kühlende Körper weit über dieselbe hinaus erhitzt ist. Nimmt man mit Black die unbegrenzte Gültigkeit des Princips an, so kann man auch dann noch die Anfangstemperatur u_1 aus der obigen Gleichung bestimmen. Man kann z. B. ein einem Ofen entnommenes gewogenes Eisenstück von bekannter specifischer Wärme in einer grossen Wassermasse kühlen und dadurch die Temperatur jenes Ofens ermitteln. Da sorgfältige Beobachtungen von Dulong und Petit gelehrt haben, dass s schon im Bereich der gebräuchlichen Temperaturscale von der Temperatur abhängt, und da eine Untersuchung von s darüber hinaus nicht möglich ist, so enthält auch das Black'sche pyrometrische Princip eine neue *Temperaturdefinition*. Es gilt also

---

Pyrometrie S. 184—187.

[2]) Black, Vorlesungen über Chemie 1804. Bd. I. S. 108, 277.

über diese Methode im Wesentlichen dasselbe, was über die vorher besprochenen Methoden gesagt wurde.

5. Auf irgend eine Eigenschaft der Körper, welche sich mit dem Wärmezustand ändert, lässt sich eine pyrometrische Methode gründen. Es sind Pyrometer erdacht worden, welche auf Volum- oder Druckänderungen beruhen, Pyrometer, welche durch Schmelzung, Sieden, Dissociation, Aenderungen der Zähigkeit, den Wärmezustand anzeigen. Das Spektralphotometer, das Polaristrobometer ist ebenfalls pyrometrisch verwerthet worden. Auf der Aenderung der Tonhöhe und Schallwellenlänge mit der Temperatur beruhen die akustischen Pyrometer. Endlich hat man auch an die Aenderung des magnetischen Momentes mit der Temperatur gedacht, und war bestrebt die Abhängigkeit des elektrischen Leitungswiderstandes von der Temperatur, so wie die Aenderung der thermoelektromotorischen Kraft mit der Temperatur pyrometrisch zu verwenden. Die Schriften von Weinhold[1]), Bolz[2]), Holborn und Wien[3]), so wie die neueste von Barus[4]) enthalten ausführliche Mittheilungen hierüber und eine reiche Literatur.

Nach dem Ausgeführten kann es nicht zweifelhaft sein, dass jede pyrometrische Methode nur ein Merkmal eines Wärmezustandes liefert, an welchem derselbe wieder erkannt, und nach welchem dieser wieder hergestellt werden kann. Für viele praktische Zwecke ist dies schon sehr werthvoll und oft allein ausreichend. Die Zahl, welche aus der pyrometrischen Beobachtung hervorgeht, hat durchaus nur die Bedeutung einer *Inventarnummer*. Gewinnen wir durch drei Beobachtungen drei Zahlen $a < b < c$, so erfahren wir durch dieselben lediglich, dass jener Wärmezustand, dem b zugehört, *zwischen* den beiden Zuständen liegt, welchen a und c zugehört. Auf eine Uebereinstimmung zwischen den Zahlen, welche durch *verschiedene* pyrometrische Methoden gewonnen werden, dürfen wir von vornherein nicht rechnen,

---

1) A. Weinhold, Pyrometrische Versuche. Poggendorff's Annalen Bd. 149 (1873) S. 186.

2) C. H. Bolz, Die Pyrometer. Berlin, Springer 1888.

3) L. Holborn und W. Wien, Ueber die Messung hoher Temperaturen. Wiedemann's Annalen Bd. 47 (1892) S. 107.

4) C. Barus, Die physikalische Behandlung und die Messung hoher Temperaturen. Leipzig, J. A. Barth 1892.

da im Allgemeinen jede pyrometrische Methode eine *besondere* Temperaturdefinition enthält. Die Reduktion einer pyrometrischen Zahl auf die Celsiusscale kann nur in dem Umfange ausgeführt werden, in welchem diese Methode mit dem Luftthermometer zugleich verwendbar ist. Solche Reduktionen sind insbesondere von Weinhold, ferner von Holborn und Wien vorgenommen werden[1]). Sir William Siemens[2]) berichtet über Temperaturberechnungen der Sonne, welche von Secchi, Zöllner u. A. ausgeführt worden sind, und 10 000 000° C beziehungsweise 27 700° C ergeben haben. Ausser den daselbst gegen die Voraussetzungen der Rechnung und gegen die Berechnungsweise vorgebrachten Einwendungen muss bemerkt werden, dass Angaben in *Graden Celsius*, weit über den möglichen Anwendungsbereich des Luftthermometers hinaus, durchaus keinen Sinn haben.

---

[1]) A. a. O.

[2]) Sir William Siemens, Ueber die Erhaltung der Sonnenenergie. Berlin, Springer 1885. S. 144.

Namen und Zahlen.

1. Ein Wissensgebiet wie die Physik hat in der Erfahrungscontrole ein unausgesetzt wirksames Läuterungsmittel seiner Lehren. Nach den Ergebnissen der vorausgehenden Untersuchungen wird man aber wohl auch in diesem Gebiete psychologische und hierauf gegründete logische Analysen nicht für ganz überflüssig halten. Es sei deshalb gestattet, einige Fragen der letztern Art hier besonders zu erörtern, welche, ausführlicher vorgebracht, den Zusammenhang der vorigen Untersuchung nur gestört hätten. Die Bedeutung der Namen und Zahlen, ihr Gemeinsames, ihr Unterschied, hat sich bei Untersuchung der Thermometerscalen fühlbar gemacht. Was sind die *Namen?* Was sind die *Zahlen?*

2. Der *Name ist ein* (akustisches) *Merkmal*, das ich zu den übrigen sinnlichen Merkmalen eines Dinges oder Erscheinungscomplexes *hinzufüge*, in mein Gedächtniss *eingrabe*. Schon für sich allein ist der Name wichtig als das *unveränderlichste* Merkmal des ganzen Complexes, als der bequemste *Repräsentant* des Ganzen, um den sich die übrigen mehr oder weniger veränderlichen Merkmale wie um einen Kern im Gedächtniss anhängen.

Wichtiger ist noch die leichte *Uebertragbarkeit* und grosse *Verbreitungsfähigkeit* des *Namenmerkmals*. Jeder kann an einem Ding *verschiedene* Merkmale auffassen, dem einen fällt dies, dem andern jenes auf, ohne dass sie sich darüber verständigen müssen, oder auch immer nur verständigen können. In aller Gedächtniss ist aber derselbe Name als *gemeinsames* Merkmal eingegraben; er ist wie eine den Dingen zugetheilte für alle verständliche Etiquette. Sie ist nur den Dingen nicht angeheftet, sondern im Gedächtniss der Menschen aufbewahrt, und leuchtet beim Anblick der Dinge von selbst hervor.

3. Ueber die Bedeutung des Namens für die Techik ist niemand im Zweifel. Die Möglichkeit Dinge zu finden, herbei zu schaffen, die nicht im unmittelbaren Bereich unserer Hände liegen, die technische Fernwirkung durch eine Kette von Menschen, liegt am Namen. Die ethische Leistung des Namens ist vielleicht noch grösser. Er fixirt das Individuum und schafft die Person. Ohne Namen kein Ruhm und keine Schmach, kein verfechtbares persönliches Recht, kein verfolgbares Verbrechen. Und alles das wird durch den geschriebenen Namen noch grossartig gesteigert.

Wenn ein Mensch den andern verlässt, schrumpfen sie für einander physisch alsbald zu perspektivischen Punkten zusammen. Ohne Namen sind sie einander unfindbar. Dass wir von manchen Menschen mehr wissen, als von andern, dass sie uns mehr sind, liegt am Namen. Ohne Namen sind wir alle Fremdlinge für einander wie die Thiere.

Wie müsste ich eine gesuchte Sache, einen gesuchten Menschen, nachahmen, karrikiren, portraitiren, damit ein kleiner Kreis, dem alles ebenso geläufig wäre, mir beim Suchen helfen könnte. Weiss ich, dass der Gesuchte F. M. heisst, in Frankreich lebt, und zwar in Paris Rue S. 17, so bin ich jederzeit im Stande mit Hülfe dieser Reihe von Namen, welche die verschiedenen zahllosen Menschen an *dieselben* Objekte knüpfen, die sie von den verschiedensten Seiten, in verschiedenem Grade, oft *nur* dem Namen nach kennen, den Gesuchten zu finden. Welche Wunderleistung hierin liegt, kann ich ermessen, wenn ich einen solchen Versuch ohne Namenskenntniss ausdenke. Ich reise dann wie in ‚Tausend und einer Nacht', „von Land zu Land, von Stadt zu Stadt" bis ich, was nur im Mährchen glückt, den Gesuchten finde. Ich verhalte mich dann wie das verlorene Kind, das nicht mehr zu sagen wusste, als dass es der „Mutter" gehöre, welche in der „Stube wohne".

Der Name geht hervor aus einer unwillkürlichen durch zufällige Umstände begünstigten Uebereinkunft einer kleinen Gesellschaft enger Verbundener, und überträgt sich von da auf weite Kreise.

Diese Bedeutung des Namens im engsten fachlichen Gebiet wird Punkt für Punkt erläutert durch das über die Aufstellung der Thermometerscale Ausgeführte.

4. Was sind die Zahlen? Die Zahlen sind ebenfalls Namen. Die Zahlen würden nicht entstehen, wenn wir die Fähigkeit hätten, die Glieder einer beliebigen Menge gleichartiger Dinge mit voller Deutlichkeit *unterschieden* vorzustellen. Wir zählen, wo wir die Unterscheidung gleicher Dinge festhalten wollen, d. h. wir geben jedem einzelnen einen Namen, ein Zeichen. Misslingt die Unterscheidung der Dinge dennoch, so haben wir uns „verzählt". Soll der Zweck erreicht werden, so müssen uns die Zeichen *geläufiger, bekannter* und *unterscheidbarer* sein, als die bezeichneten Dinge. Das Zählen beginnt deshalb mit dem Zuordnen der wohlbekannten Finger, deren Namen auf diese Weise allmälig Zahlen werden[1]). Die Zuordnung der Finger zu den Dingen ergiebt sich ohne Anstrengung und Absicht in einer bestimmten *Ordnung.* Die Zahlen werden dadurch ganz unwillkürlich wesentlich zu *Ordnungszeichen*[2]). Vermöge dieser festen Ordnung und *nur* vermöge dieser enthält das *letzte* zugeordnete Zeichen die ganze Reihe der Zuordnungen angedeutet; es ist die *Anzahl*[3]) der gezählten Dinge.

Reichen die Finger zur Zuordnung nicht aus, so wird die Reihe derselben Zuordnungen einfach wiederholt, und die einzelnen *Zuordnungsreihen* selbst werden nach demselben Princip mit den geläufigen Ordnungszeichen versehen. So entwickelt sich das Zahlensystem zu einem *System von Ordnungszeichen*, das beliebig *ausgedehnt* werden kann. Sind an den gezählten Objekten gleichartige Theile unterscheidbar, an jedem solchen Theil abermals gleichartige Theile wahrnehmbar u. s. w., so kann auf die Zählung dieser Theile wieder dasselbe Princip angewendet werden. Das System der Ordnungszeichen kann demnach auch beliebig *verfeinert* werden. Die Zahlen stellen ein geordnetes System von *Namen* vor, das ohne Mühe und ohne neue Erfindung jede beliebige Ausdehnung und Verfeinerung zulässt.

5. Wo wenige leicht unterscheidbare Objecte von besondern Eigenschaften zu bezeichnen sind, werden gewöhnlich Eigen-

---

[1]) Cantor, Mathem. Beiträge zum Culturleben der Völker. — Cantor, Geschichte der Mathematik. — Tylor, Anfänge der Cultur. — Tylor, Urgeschichte der Menschheit.

[2]) Mach, Mechanik S. 458.

[3]) Kronecker, Zahlbegriff. (Philosoph. Aufs. Zeller gewidmet.)

ıen vorgezogen. Die Länder, die Städte, die Freunde numerirt man nicht. Alle Objekte aber, die in grosser Anzahl vorhanden sind, und die selbst in irgend einer Beziehung ein System mit *abgestuften* Eigenschaften der Glieder darstellen, werden *numerirt.* So theilt man den Häusern einer Strasse, bei regelmässig angelegten Städten wohl auch den Strassen selbst, statt der Eigennamen Nummern zu; man numerirt die Grade des Thermometers und giebt nur dem Eis- und Siedepunkt gewöhnliche Eigennamen. Der Vortheil liegt dann, nebst der mnemotechnischen Einfachheit, darin, dass man an dem Zeichen eines jeden Gliedes sofort die Stellung desselben in dem System erkennt, ein Vortheil, den Kleinstädter noch nicht begriffen haben, die dem Fremden, der sich mit Hülfe der Stadtcoordinaten zurecht finden will, keine Hausnummer anzugeben wissen.

6. Dadurch, dass man auf die Zahlen selbst die Zähloperation nochmals anwendet, entwickelt sich nicht nur das Zahlensystem aus seiner ursprünglichen Einfachheit, indem z. B. so das dekadische System sich bildet, sondern es entsteht so die ganze Arithmetik, beziehungsweise die ganze Mathematik. Die Einsicht z. B., dass $4 + 3 = 7$, entsteht dadurch, dass man auf die Zahlen der obern Horizontalreihe des Schemas jene der untern

$$\begin{matrix} 1 & 2 & 3 & 4 & 5 & 6 & 7 \\ 1 & 2 & 3 & 4 & 1 & 2 & 3 \end{matrix}$$

eihe als Ordnungszeichen anwendet. Ich fasse die Sätze der rithmetik als Erfahrungssätze auf, wenn auch als solche, welche ıs der innern Erfahrung geschöpft werden, und habe die Matheıatik vor langer Zeit bezeichnet als *ökonomisch geordnete zum ebrauch bereit liegende Zählerfahrung,* deren Zweck es ist, ıs direkte oft unausführbare Zählen durch bereits ausgeführte ählоperationen zu ersetzen und zu *ersparen*[1]). Hiermit stehe h im Wesentlichen auf dem Standpunkt, den v. Helmholtz in iner Arbeit von 1887 einnimmt[2]). Allerdings ist hiermit noch eine Theorie der Mathematik, sondern nur ein Programm einer

[1]) Vergl. Ueber die ökonomische Natur der physikalischen Forschung. lmanach der Wiener Akademie 1882. S. 167. — Ferner: Mechanik (1883) 458. — Ferner: Analyse der Empfindungen 1886. S. 165.

[2]) Helmholtz, „Zählen und Messen" in „Philosophische Aufsätze, duard Zeller gewidmet". Vergl. insbesondere S. 17 und 20.

solchen gegeben. Was für interessante psychologische Frage hier zu behandeln sind, sieht man aus der Arbeit vo E. Schroeder[1]), welcher zuerst untersucht, wie so die *Anzah* der Objekte von der *Ordnung* der Zählung unabhängig is Wie v. Helmholtz[2]) ausführt, durch dessen Citat (S. 19) m das Schroeder'sche auf Grassmann'schen Grundlagen weiter bauende Buch bekannt geworden ist, können bei einer Folge von Objekten, die in einer bestimmten Ordnung gezählt wurden, je zwei benachbarte vertauscht werden, wodurch schliesslich eine beliebige Reihenfolge der Objekte entsteht, ohne dass an der Folge der Zahlen etwas geändert wird, ohne dass Objekte oder Zahlen ausfallen. Hieraus lässt sich die Unabhängigkeit der Summe von der Ordnung der Summanden ableiten. Diese Untersuchungen können hier nicht weiter verfolgt werden.

7. Wenn auch das Zählen *zunächst* dem Bedürfniss entspricht an sich schwer unterscheidbare Objekte zu unterscheiden, wird es doch nachher auf Objekte angewendet, welche zwar deutlich unterscheidbar, für uns aber in irgend einer beliebigen Beziehung *gleich* sind, d. h. welche sich in *dieser* Beziehung vertreten können. Die Eigenschaften, in Bezug auf welche sich die Objekte gleichen, können höchst mannigfaltig sein, und von dem blossen *Vorhandensein*, der Deckung eines Ortes (oder Zeitmomentes), bis fast zur *Nichtunterscheidbarkeit* variiren. Wir zählen Objekte nur zusammen, *insofern* sie gleich sind. Mark-, Gulden- und Francstücke zählen wir nicht als *solche* zusammen, wohl aber als Münzstücke, Thermometer und Induktionsapparate nicht als solche, wohl aber als physikalische Apparate oder Inventarstücke.

8. Die Zählobjekte, die in irgend einer Beziehung *gleich* sind, und sich in *dieser* Beziehung vertreten können[3]), heissen *Einheiten*. Was wird nun durch die Temperaturzahl gezählt? Es sind zunächst die Theilstriche der Scale, die wirklichen oder scheinbaren Volumzuwüchse oder Spannungszuwüchse der thermometrischen Substanz. Diese Objekte können sich *zwar* in *geometrischem* oder *dynamischem* Sinne vertreten; dieselben sind aber wieder nur *Zeichen* des Wärmezustandes und nicht

[1]) Schroeder, Lehrbuch der Arithmetik und Algebra. Leipzig 1873. S. 14.
[2]) A. a. O. S. 30 u. f. f. Vergl. auch: Kronecker a. a. O. S. 268.
[3]) Helmholtz a. a. O. S. 37.

zählbare gleiche Theile einer *allgemeinen* Eigenschaft des Wärmezustandes *selbst.*

Dies wird sofort klar, wenn wir bedenken, dass die Maasszahl des *Potentials* z. B. in ganz anderer Weise eine allgemeine Eigenschaft desselben quantitativ bestimmt. Lasse ich das elektrische Potential eines geladenen Körpers von 51 auf 50, oder von 31 auf 30 *sinken,* so kann ich hierdurch einen beliebigen andern Körper derselben Capacität um *einen* beliebigen Potentialgrad von 10 auf 11, oder von 24 auf 25 in der Ladung erhöhen. Die verschiedenen einzelnen Potentialgrade können sich gegenseitig *vertreten.*

9. Ein so einfaches Verhältniss besteht für die Temperaturscalen nicht. Ein Thermometer erwärmt sich *ungefähr* um *einen* Grad dadurch, dass ein anderes von derselben Capacität sich um *einen* Grad in anderer Lage der Scale abkühlt. Allein diese Beziehung besteht nicht *genau*; die Abweichungen ändern sich mit der Wahl der thermometrischen Substanz des einen oder beider Thermometer, und mit der Lage der Grade in der Scale. Die Abweichungen sind ferner individuell je nach der Substanz und Lage in der Thermometerscale. Verschwindend klein sind sie nur für die Gasscale. Man kann sagen, dass durch Abkühlung eines Gasthermometers um *einen* Grad in beliebiger Lage der Scale ein beliebiger anderer Körper immer *dieselbe* Wärmezustandsänderung erfahren kann. Diese Eigenschaft hätte zur Definition *gleicher* Temperaturgrade dienen können. Bemerkenswerth ist jedoch, dass diese Eigenschaft *nicht von beliebigen Körpern getheilt wird*, welche die vom Gasthermometer angezeigte Temperaturänderung durchmachen, denn deren specifische Wärme ist eben im Allgemeinen von der Temperatur abhängig. Bemerkenswerth ist ferner, dass auch hier dieses Princip nicht absichtlich in die Construktion der Temperaturscale hineingelegt worden ist, sondern sich später zufällig als nahezu erfüllt erwiesen hat. Eine bewusste rationelle Aufstellung einer allgemein gültigen Temperaturscale analog der Potentialscale ist erst von Sir William Thomson ausgeführt worden, wovon später die Rede sein wird. Die Temperaturzahlen der Scalen, deren historische Entwicklung bisher besprochen wurde, sind, wie bereits bemerkt, im Wesentlichen nur *Inventarnummern* der Wärmezustände.

Das Continuum.

Unter einem *Continuum* versteht man ein System (oder eine Mannigfaltigkeit) von Gliedern, welche eine oder mehrere Eigenschaften A in verschiedenem Maasse besitzen, derart, dass zwischen je zwei Glieder, die einen *endlichen* Unterschied von A darbieten, sich eine *unendliche* Anzahl von Gliedern einfügt, von welchen die auf einander folgenden *unendlich kleine* Unterschiede in Bezug auf A zeigen. Gegen die *Fiktion* oder die willkürliche begriffliche Construktion eines solchen Systems ist nichts einzuwenden.

Der Naturforscher, der nicht bloss reine Mathematik treibt, hat sich aber die Frage vorzulegen, ob einer solchen Fiktion auch in der *Natur* etwas *entspricht?* Der Raum, im einfachsten Falle die Folge der Punkte einer Geraden, die Zeit, die Folge der Elemente eines gleichmässigen dauernden Tones, die Folge der Farben eines Spektrums (mit verwischten Fraunhofer'schen Linien), werden als Fälle in der Natur gegebener Continua angesehen. Betrachten wir ein solches „Continuum" unbefangen, so sehen wir, dass von einer *unendlichen* Anzahl von Gliedern, so wie von *unendlich kleinen* Unterschieden der *Sinnlichkeit* nichts gegeben ist. Wir können nur sagen, dass beim Durchlaufen einer solchen Reihe mit der Entfernung der Endglieder die Unterscheidbarkeit *wächst*, endlich *sicher* wird, dagegen mit Annäherung zweier Glieder *abnimmt*, abwechselnd (nach zufälligen Umständen) gelingt und misslingt, endlich *unmöglich* wird. Raum- und *Zeitpunkte* giebt es für die sinnliche Wahrnehmung nicht, sondern nur Räume und Zeiten, die so klein sind, dass weitere Bestandtheile nicht mehr unterschieden werden, oder von deren Ausdehnung man *willkürlich absieht*, obgleich die Auflösung in Bestandtheile durch Anspannung der Aufmerksamkeit noch gelingen mag. Die Möglichkeit von einer Eigenschaft A zu einer *deutlich unterscheidbaren* A' *in unmerklicher* Weise ohne wahrnehmbaren Sprung zu gelangen, ist das Wesentliche. Zwei gegebene Glieder sind bei jedem Einzelversuch einfach unterscheidbar, oder nicht unterscheidbar.

Man kann aus einem sinnlichen „Continuum" eine grosse Anzahl Glieder entfernen, ohne dass das System aufhört den *Eindruck* eines Continuums zu machen. Denkt man sich aus dem Spektrum *eine grosse Anzahl schmaler* äquidistanter Farbenstreifen herausgeschnitten und den Rest bis zur Berührung zusammengnschoben, so wird trotz der Sprünge in den Wellenlängen das Spektrum doch den Eindruck eines Farbencontiuums machen. Ebenso kann ein aufwärts schleifender Ton bei genügend kleinen Sprüngen in der Schwingungszahl als Continuum, eine durch hinreichend zahlreiche stroboskopische Einzelbilder dargestellte (ruckweise) Bewegung als continuirliche Bewegung erscheinen.

Würden die Glieder eines sinnlichen „Continuums" als mit voller Deutlichkeit unterscheidbare Individuen vor uns stehen, so wären *künstliche Mittel*, wie das Anlegen von Maassstäben zur Vergleichung gleichartiger Continua, das Anbringen von Theilstrichen, um unmerkliche Raumunterschiede durch auffallende Farbenunterschiede sicher kenntlich zu machen u. s. w., unnöthig. Sobald wir aber solche Mittel als in physikalischer Beziehung brauchbarere *Zeichen* der Unterschiede einführen, *verlassen* wir das Gebiet der unmittelbaren sinnlichen Wahrnehmung, und verhalten uns ganz ähnlich wie bei Substitution des *Thermometers* für die *Wärmeempfindung*. Und alle dort für den besondern Fall ausgeführten Betrachtungen liessen sich hier für den allgemeinen durchführen. Der 2, 3 . . . fache Abstand ist dann jener, in dem 2, 3...mal der Maassstab aufgeht, während dem hundertsten Theil des Unterschiedes der hundertste Theil des Maassstabes entspricht, womit keineswegs behauptet wird, dass dies auch für die *direkte sinnliche* Wahrnehmung gilt. Durch Anwendung des Maassstabes ist eben eine *neue Definition* des *Abstandes*, oder des *Unterschiedes* eingeführt. Die Entscheidung über einen Unterschied wird nun nicht mehr durch die blosse sinnliche Betrachtung, sondern durch die *complicirtere Reaktion der Anlegung des Maassstabes* gefällt, deren

Erfahrungsergebniss abgewartet werden muss. Dies möchten auch jene noch immer zahlreichen Gelehrten bedenken, welche nicht zugeben wollen, dass die Grundsätze der *Geometrie* Erfahrungsergebnisse sind, welche mit der direkten Anschauung *nicht* gegeben sind, sobald *Maassbegriffe* eingeführt werden.

Mit der Anwendung des *Maassstabes* liegt die Anwendung der *Zahl* zwar nahe, ergiebt sich aber erst mit Nothwendigkeit, sobald man mit *einem* Maassstab auskommen will, den man vervielfältigt, oder theilt, je nach dem man ein grösseres oder kleineres *Vergleichscontinuum* braucht. Bei Zusammensetzung eines *Maasses* aus durchaus gleichen Theilen kommen uns alle an diskreten Objekten erworbenen *Zählerfahrungen* zu Hülfe. Es soll hier nicht ausführlich erörtert werden, wie durch die Zähloperationen selbst das *Bedürfniss* nach neuen das ursprüngliche System der (ganzen, positiven) Zahlen überschreitenden *Zahlbegriffen* auftritt, wie allmälig die negativen, die gebrochenen, schliesslich das ganze System der *rationalen* Zahlen entsteht.

Soll eine Einheit getheilt werden, so muss dieselbe entweder natürliche Theile darbieten, wie z. B. manche Früchte, oder sich wenigstens als aus gleichartigen, gleichwerthigen Theilen bestehend *auffassen* lassen. Wie es durch das frühe Auftreten der *Stammbrüche* wahrscheinlich wird, hat man die *Theilung* durch Fälle der ersten Art *gelernt*, und hat dann diese Fertigkeit auf Fälle der zweiten Art, auf Theilung der Continua *angewendet*. Hier zeigt sich schon in sehr einfachen Fällen, wie das durch Betrachtung des *Diskreten* entstandene Zahlensystem zur Darstellung des *Fliessenden* (Continuirlichen) nicht zureicht. Es ist z. B. $\frac{1}{3} = 0{,}3333 \ldots$ Ein Dreitheilungspunkt kann also durch die feinste *dekadische* Theilung niemals getroffen werden. Gewisse Längenverhältnisse, wie jenes der Diagonale und Seite eines Quadrates, sind, wie Pythagoras gefunden hat[1]), durch (rationale) Zahlen *überhaupt* nicht darstellbar, und führen eben zum Begriff des *Irrationalen*[2]). Solcher Fälle giebt es aber un-

---

[1]) Den geistreichen Beweis Euklids hierfür findet man in dessen Elementen X 117. — Vergl. Cantor's Ansicht über denselben in dessen „Geschichte der Mathematik" I 154 u. f. f.

[2]) Die Irrationalzahl $\sqrt{p}$ ist die *Grenze* zwischen allen Rationalzahlen, deren Quadrat *kleiner* und deren Quadrat grösser ist als p. In der ersten

endlich viele. Man kann dies so ausdrücken, dass man sagt, „die Gerade ist unendlich viel reicher an Punkt-Individuen, als das Gebiet der rationalen Zahlen an Zahl-Individuen"[1]). Dies trifft aber, wie es durch das obige Beispiel des Dreitheilungspunktes erläutert wurde, schon ohne Rücksicht auf das Irrationale, jedem *besondern* Zahlensystem gegenüber zu. Man könnte sagen, $\frac{1}{3}$ sei dem *dekadischen* System gegenüber eine *relative* Irrationalzahl.

Die *Zahl*, zunächst zur Bewältigung des Diskreten geschaffen, ist also dem als *unerschöpflich* gedachten Continuum gegenüber, sei dies ein wirkliches oder fingirtes, kein zureichendes Mittel. Zeno's Behauptung von der Unmöglichkeit der Bewegung wegen der *unendlichen* Zahl von Punkten, welche zwischen zwei Stationen durchlaufen werden müssten, wies demnach Aristoteles treffend ab mit der Bemerkung: „Das Bewegte aber bewegt sich nicht *zählend*"[2]). Die Vorstellung, alles zählend erschöpfen zu müssen, beruht auf der *unzweckmässigen* Anwendung einer für viele Fälle *zweckmässigen* Uebung. Es giebt sogar eine hierher gehörige psychopathische Erscheinung: die Zählwuth. Man wird darin kein Problem sehen wollen, dass die Zahlenreihe nach oben beliebig fortgesetzt werden, und folglich nicht vollendet werden kann. So ist es auch nicht nöthig darin, dass die Theilung einer Zahl in kleinere Theile beliebig weit fortgesetzt, und folglich nicht vollendet werden kann, ein Problem zu sehen.

Zur Zeit der Begründung der Infinitesimalrechnung und auch noch später beschäftigte man sich viel mit hierher gehörigen Paradoxieen. Man fand eine Schwierigkeit darin, dass der Ausdruck für ein Differential nur dann *genau* ist, wenn dieses wirklich unendlich klein wird, wozu man aber nie in Wirklichkeit gelangen kann. Die Summe aus solchen *nicht* unendlich kleinen Elementen aber, dachte man, müsste nur ein *angenähert* richtiges Ergebniss liefern. Diese Schwierigkeit

---

Classe kann keine grösste, in der zweiten keine kleinste Zahl angegeben werden. Ist $\sqrt{p}$ rational, so ist die betreffende Zahl die grösste der ersten und die kleinste der zweiten Classe. Vgl. Tannery, Theorie des Fonctions. Paris 1886.

[1]) Dedekind, Stetigkeit und irrationale Zahlen. Braunschweig 1892.

[2]) Hankel, Geschichte der Mathematik. Leipzig 1874. S. 149.

suchte man auf die mannigfaltigste Weise zu lösen. Der *wirkliche* Gebrauch, den man von der Infinitesimalrechnung macht, ist jedoch, wie das einfachste Beispiel zeigt, ein *ganz anderer*, und wird von jener eingebildeten Schwierigkeit durchaus nicht berührt.

Wenn $y = x^m$, so finde ich für einen Zuwachs dx von x den Zuwachs

$$dy = mx^{m-1} \cdot dx + \frac{m(m-1)}{1 \cdot 2} x^{m-2} \cdot dx^2 + \frac{m(m-1)(m-2)}{1 \cdot 2 \cdot 3} x^{m-3} \cdot dx^3 + \ldots\ldots$$

Mit diesem Ergebniss *reagirt* die Funktion x^m auf eine *bestimmte* Operation, die des Differentiirens. Diese Reaktion ist ein *Kennzeichen* von x^m, gerade so wie die blaugrüne Farbe auf die Lösung von Kupfer in Schwefelsäure. Wie viele Glieder der Reihe stehen bleiben, ist an sich gleichgültig. Die Reaktion *vereinfacht* sich jedoch, wenn man dx so klein wählt, dass die spätern Glieder gegen das *erste* zurücktreten. Nur wegen dieser *Vereinfachung* denkt man sich *dx sehr klein.*

Begegnet uns nun eine Curve mit der Ordinate $z = m \cdot x^{m-1}$, so erkennen wir, dass die *Quadratur* derselben mit Zunahme von x um dx um ein kleines Flächenstück wächst, dessen Ausdruck für ein sehr *kleines* dx sich zu $m \cdot x^{m-1}\, dx$ *vereinfacht.* Auf *dieselbe Operation* wie zuvor, unter *denselben vereinfachenden* Umständen, reagirt also die Quadratur wie die uns bekannte Funktion x^m. *Wir erkennen also die Funktion an ihrer Reaktion wieder.*

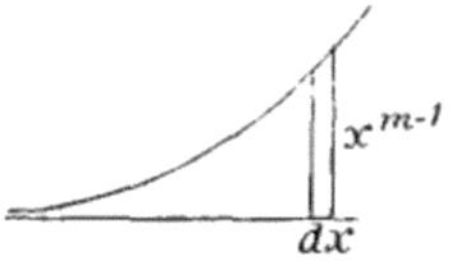

Fig. 31.

Würde die Reaktionsweise der Quadratur *keiner uns bekannten* Funktion entsprechen, so würde uns die ganze Methode im Stich lassen. Wir wären dann auf *mechanische* Quadraturen angewiesen, müssten wirklich bei *endlichen* Elementen stehen bleiben, dieselben in endlicher Zahl summiren, und das Ergebniss würde *wirklich ungenau.*

Der doppelte salto mortale aus dem Endlichen ins unendlich kleine und aus diesem wieder in das Endliche wird also nirgends wirklich ausgeführt. *Vielmehr verhält es sich hier wie in jedem andern Forschungsgebiet. Man lernt mathematische und geometrische Thatsachen durch Beschäftigung mit denselben kennen, erkennt sie bei neuerlichem Vorkommen wieder, und ergänzt die theilweise gegebenen in Gedanken, soweit sie eindeutig bestimmt sind*[1]).

Der Weg, auf dem die Vorstellung eines Continuums entsteht, dürfte nun klar sein. In einem sinlichen System, dessen Glieder schwer unterscheidbare *fliessende* Merkmale darbieten, können wir die einzelnen Glieder sinnlich und in der Vorstellung nicht mit Sicherheit festhalten. Um die Beziehungen der Theile solcher Systeme zu erkennen, wenden wir deshalb künstliche Mittel, Maassstäbe an. Das Verhalten dieser Maassstäbe tritt an die Stelle des Verhaltens der Sinne. Der unmittelbare Contakt mit jenem System geht dadurch schon verloren. Da ferner die Technik des Messens auf der Technik des *Zählens* beruht, so *vertritt* die *Zahl* das *Maass* ebenso, wie das *Maass* die direkte sinnliche Wahrnehmung vertritt. Hat man den Vorgang der Theilung einer Einheit einmal ausgeführt, und bemerkt, dass der Theil ähnliche Eigenschaften hat wie die ursprüngliche Einheit, so steht einer fortgesetzten endlosen Theilung der *Maasszahl* in Gedanken nichts mehr im Wege. *Man meint nun aber ebenso den betreffenden Maassstab und das gemessene System ins Unendliche theilen zu können.* Dies führt uns zur Vorstellung eines Continuums von den eingangs bezeichneten Eigenschaften.

Man darf jedoch nicht ohne weiters glauben, dass alles, was mit dem *Zeichen, der Zahl* vorgenommen werden kann, nothwendig auch auf das *Bezeichnete* Anwendung finden muss. Man denke nur an die bei Kritik des Temperaturbegriffes ausgeführten Betrachtungen. Kann man auch die *Zahl*, die zur Bezeichnung der Entfernung dient, ins Unendliche theilen, ohne gewiss jemals auf eine Schwierigkeit zu stossen, so muss dies noch nicht für die Entfernung selbst gelten. Alles, was als Continuum *erscheint,* könnte ganz wohl aus *diskreten*

[1]) Es ist übrigens bekannt, dass man die Differentiale vermeiden kann, indem man mit den Differentialquotienten, den *Grenzwerthen* der Differenzenquotienten operirt. Aengstliche Gemüther, welche hierin eine Beruhigung finden, mögen sich die hieraus zuweilen folgende Schwerfälligkeit gefallen lassen.

Elementen bestehen, wenn dieselben nur unsern kleinsten praktisch angewendeten Maassen gegenüber hinreichend klein, beziehungsweise hinreichend zahlreich wären.

Ueberall, wo wir ein Continuum vorzufinden glauben, heisst das nur, dass wir an den kleinsten wahrnehmbaren Theilen des betreffenden Systems noch analoge Beobachtungen anstellen und ein analoges Verhalten bemerken können, wie an grösseren. Wie weit sich dies fortsetzt, wird nur die Erfahrung entscheiden können. So weit die *Erfahrung* noch keine Einsprache erhoben hat, können wir die in keiner Weise schädliche, sondern nur *bequeme* Fiktion des Continuums aufrecht halten. In *diesem Sinne* nennen wir auch das System der *Wärmezustände* ein *Continuum.*

Historische Uebersicht der Lehre von der Wärmeleitung.

1. Die Thatsache der Wärmeleitung, oder der Wechselwirkung der Temperaturen der Theile eines Körpers, bietet sich der Beobachtung von selbst dar. Die Klärung der betreffendsn quantitativen Vorstellungen geht aber sehr langsam vor sich. Amontons[1]) bringt *ein* Ende einer dicken Eisenstange zum Glühen, und bestimmt die Temperaturen einzelner Punkte in der Nähe des andern Endes mit dem Luftthermometer. Indem er *annimmt*, dass die Temperatur *proportional* der Entfernung vom kälteren Ende gegen das heissere Ende hin zunimmt, sucht er die Stellen auf, an welchen Zinn, Blei u. s. w. eben schmilzt, berechnet nach diesem Princip die Schmelztemperaturen und bestreitet auf Grund dieser Versuche die Richtigkeit der Angaben Newton's über die betreffenden Schmelzpunkte. In ähnlicher Weise schliesst Amontons auf die Temperatur des erhitzten Endes. Hierin spricht sich die *erste quantitative*, jedoch unzutreffende, Vorstellung über den Leitungsvorgang aus.

2. Ueber denselben Fall einer mit einem Ende im Feuer liegenden Stange hat Lambert[2]) schon eine principiell klare Vorstellung. „Diese Stange wird also nur an dem einem Ende erhitzt. Die Hitze dringt aber nach und nach auch in die entfernteren Theile, geht aber auch aus jedem Theile endlich in die Luft weg. Wenn nun das Feuer lange genug mit gleicher Stärke brennt und unterhalten wird, so erhält jeder Theil der Stange endlich einen *bestimmten* Grad von Wärme, weil er immer wieder so viel Wärme von den näher beim Feuer liegen-

---

[1]) Histoire de l'Academie. Paris, Année 1703. S. 6.

[2]) Lambert, Pyrometrie. Berlin 1778. S. 184.

den Theilen erhält, als er den entfernteren *und* der Luft mittheilt. Diesen Beharrungszustand werde ich nun eigentlich betrachten."

In der nun folgenden Rechnung Lambert's spricht sich nicht mehr dieselbe Klarheit aus. Den Temperaturabfall du, welcher der Stangenlänge dx entspricht, hält Lambert für den Wärmeverlust dieses Stangenstückes an die Luft, und setzt denselben proportional dem Temperaturüberschuss u über die Luft. In der That folgt aus der Gleichung $\frac{du}{dx} = \varkappa u$, dass u nach einer Exponentiellen abfällt, was Lambert auch durch den Versuch bestätigt findet. Das Ergebniss ist also richtig, nicht aber die Ableitung, indem das Temperaturgefälle an einer Stelle nur die *Wärmestromstärke* durch den Stangenquerschnitt bestimmt.

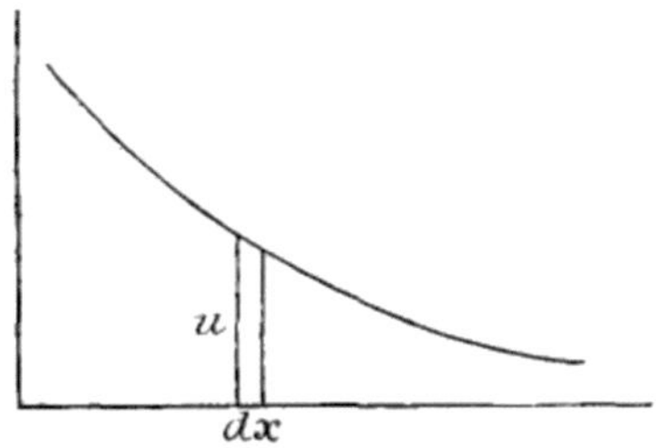

Fig. 32.

3. Franklin[1]) dachte daran, die Wärmeleitungsfähigkeit verschiedener Metallstäbe nach der Strecke zu messen, auf welche in einer bestimmten Zeit bei gleicher Erwärmung des einen Endes die Schmelztemperatur des Wachses vordringt. Ingenhouss[2]) führte den Versuch aus. Indem J. T. Mayer[3]) jenen Körper für den besten Leiter hielt, welcher seinen Wärmeüberschuss an die Luft am schnellsten abgiebt, leitete er aus den eben erwähnten Versuchen das Gegentheil von dem ab, was Ingenhouss gefolgert hatte. Es beruhte dies darauf, dass die beiden Begriffe „innere Leitungsfähigkeit" und „äussere Leitungsfähigkeit" noch nicht getrennt, sondern vielmehr verwechselt wurden.

4. Den stationären Zustand in einer einseitig erwärmten Stange hat zuerst Biot experimentell und theoretisch richtig be-

---

[1]) Nach Riggenbach, Historische Studie über die Grundbegriffe der Wärmefortpflanzung. Basel 1884. S. 17.

[2]) Ingenhouss, Nouvelles experiences. Paris 1785.

[3]) J. T. Mayer, Gesetze und Modificationen des Wärmestoffes. Erlangen 1791.

handelt.[1]) Er legt das Newton'sche Abkühlungsgesetz zu Grunde. „Pour établir le calcul d'après cette loi, il faut considérer que chaque point de la barre reçoit de la chaleur de celui qui précède, et en communique à celui qui le suit. La différence est ce qui lui reste à raison de sa distance au foyer, et il s'en perd une partie dans l'air, soit par le contact immédiat de ce fluid, soit par le rayonnement." — „Ainsi, dans l'état d'équilibre, lorsque la température de la barre est devenue stationnaire, l'acroissement de la chaleur que chaque point, de la barre reçoit en vertu de sa position, est égal à ce qu'elle perd par le contact de l'air, et par le rayonnement, perte qui est proportionelle à sa temperature"[2]). Auf Grund dieser Bemerkung, sagt Biot, lasse sich eine Differentialgleichung aufstellen, deren Integrale über alle in diesem Fall bestehende Verhältnisse Auskunft gebe. In der eben erwähnten Abhandlung führt Biot diese Gleichung nicht an, sondern beschränkt sich auf Mittheilung von Experimenten und bemerkt nur, dass er bei dieser ganzen Untersuchung von Laplace unterstützt worden sei. An einem andern Orte[3]) aber sagt Biot, dass man nach Laplace's Bemerkung zu der Differentialgleichung nur gelangen kann, wenn man eine Wärmemittheilung zwischen Punkten *endlicher* (wenn auch sehr kleiner) Entfernung in der Stange annimmt. Bei Betrachtung unendlich naher Punkte wird selbstverständlich deren Temperaturdifferenz und die zwischen denselben ausgetauschte Wärmemenge *unendlich klein,* während doch die an die nächst kältere Schichte abgegebene Wärmemenge der ganzen *endlichen* Wärmemenge *gleich* sein muss, welchen *alle* folgenden kältern Theile der Stange an die Luft verlieren. Zur Stütze dieser Annahme weist Laplace auf die schon von Newton beobachtete Durchsichtigkeit, also Durchstrahlbarkeit, sehr dünner Metallblättchen hin. Fourier hat später diese Betrachtungen weiter ausgeführt[4]).

An einer Eisenstange, welche bis zu zehn Stunden an dem einen Ende in einem Bad von Wasser oder Quecksilber auf einer bestimmten Temperatur (60 oder 82° R) gehalten worden war,

---

[1]) Biot, Journal de Mines. An. XIII (1804) T 17. S. 203.

[2]) A. a. O. S. 209.

[3]) Biot, Traité de physique. Paris 1816.

[4]) Fourier, Theorie analytique de la chaleur. Paris 1822. S. 63, 64.

weist Biot nach, dass in *arithmetischer* Progression gegen das kältere Ende der Stange erfolgenden Schritten eine Abnahme des Temperaturüberschusses über die Umgebung in *geometrischer* Progression entspricht. Wie Amontons und Lambert verwerthet Biot diesen Satz zu *pyrometrischen* Zwecken, und bestimmt z. B. auf diesem Wege den Schmelzpunkt des Bleis zu 210° R.

5. Man vergegenwärtigt sich leicht, wie man zu dem von Biot ausgesprochenen Gesetz durch ganz einfache Betrachtungen gelangen kann, durch Betrachtungen, wie sie zweifellos auch Fourier bei seinen Versuchen, die Lehre von der Wärmeleitung zu begründen, angestellt hat.[1]) Man denke sich eine Reihe von *gleichen* kleinen Körperchen (z. B. Elemente einer Stange), deren Temperaturüberschuss über die Umgebung nach dem Gesetz einer geometrischen Progression abnimmt, in einer Reihe angeordnet. Es sei

$$u,\ au,\ a^2u,\ a^3u\ldots\ldots a^nu$$

die Folge der Temperaturüberschüsse, wobei u den Temperaturüberschuss des ersten Körpers über die Umgebung, a einen constanten echten Bruch bezeichnet. Fasst man irgend drei auf einander folgende Körperchen in Gedanken heraus, z. B. jene mit den Temperaturüberschüssen

$$a^{m-1}\cdot u,\ a^m\cdot u,\ a^{m+1}\cdot u,$$

so gewinnt das *mittlere* in der Zeiteinheit von links her eine Wärmemenge proportional $(1-a)\,a^{m-1}u$ und erleidet nach rechts einen $a(1-a)\,a^{m-1}\cdot u$ proportionalen Verlust. Sein Gesammtgewinn ist also proportional der Differenz $(1-a)^2\,a^{m-1}\cdot u$. Für das Körperchen mit dem Ueberschuss $a^p\cdot u$ ist analog der Gesammtgewinn $(1-a)^2\,a^{p-1}\cdot u$. Das Verhältniss der Gesammtgewinne ist also

$$\frac{(1-a)^2\,a^{m-1}\cdot u}{(1-a)^2\,a^{p-1}\cdot u}=\frac{a^m u}{a^p u},$$

demnach derselbe wie jener der Temperaturüberschüsse. In demselben Verhältniss stehen aber die Verluste an die umgebende Luft. Demnach werden die Temperaturen so lange steigen, bis die Gesammtgewinne durch die Verluste an die Luft

---

[1]) Fourier, Théorie analytique. S. 282 u. f. f.

eben ausgeglichen sein werden, wobei dann das Gesetz der geometrischen Progression der Temperaturüberschüsse erfüllt sein wird. Das Gesetz der geometrischen Progression in der obigen Reihe ist selbstverständlich an die Grösse der Schritte nicht gebunden. Lässt man z. B. je zwei Körperchen aus, so hat man die Reihe

$$u, \beta u, \beta^2 u, \beta^3 u \ldots.$$

wobei $\beta = \alpha^3$.

Nennt man die Entfernung der Mittelpunkte je zweier unmittelbar auf einander folgender Körperchen l, so bilden die *Temperaturgefälle* zwischen je zwei Körperchen

$$\frac{(1-\alpha)u}{l}, \alpha \cdot \frac{(1-\alpha)u}{l}, \alpha^2 \frac{(1-\alpha)u}{l} \ldots\ldots$$

wieder eine geometrische Reihe (mit demselben Exponenten). Nennt man die Glieder der vorigen Reihe $u_1, u_2, u_3 \ldots\ldots$ und bildet die Ausdrücke $\frac{u_1-u_2}{l}, \frac{u_2-u_3}{l}, \ldots\ldots$, welche die Geschwindigkeiten der Abnahme des Gefälles messen, so bilden diese wieder eine geometrische Reihe

$$\frac{(1-\alpha)^2 u}{l^2}, \alpha \cdot \frac{(1-\alpha)^2 u}{l^2}, \alpha^3 \cdot \frac{(1-\alpha)^2 u}{l^2}, \ldots\ldots$$

mit demselben Exponenten. Die Eigenschaften des Biot'schen stationären Temperaturzustandes lassen sich also sehr einfach ableiten.

6. Fourier's Arbeiten über die Wärmeleitung beginnen 1807 und schliessen im Wesentlichen 1822 mit der Veröffentlichung seines schon genannten Hauptwerkes ab. In demselben werden die Erscheinungen der Wärmeleitung aus der Annahme abgeleitet, dass die einander sehr nahe liegenden Theile im Innern eines leitenden Körpers Wärmemengen austauschen, welche den Temperaturunterschieden derselben proportional sind. Letzterer Satz liegt nach den Beobachtungen über die Wärmemittheilung sehr nahe, und kann umgekehrt durch die quantitative Uebereinstimmung der aus demselben abgeleiteten Folgerungen mit der Erfahrung als nachgewiesen angesehen werden.

Die ganze Fourier'sche Theorie ist hiernach lediglich eine übersichtliche mathematische Darstellung der *Thatsachen* der Wärmeleitung.

7. Fourier geht von einer sehr einfachen Vorstellung aus. Ein wärmeleitender Körper (Kupfer) fülle den Raum zwischen zwei unendlichen parallelen Ebenen (I, II) vollständig aus. Denkt man sich die Ebene I unausgesetzt von Dämpfen siedenden Wassers bespült, und auf der unveränderlichen Temperatur u_1 (100° C) gehalten, während die Ebene II stets in Berührung mit schmelzendem Eis und auf der Temperatur u_2 (0° C) verbleibt, und nimmt man an, dass sich in der leitenden Platte eine Temperaturvertheilung hergestellt hat, vermöge welcher die

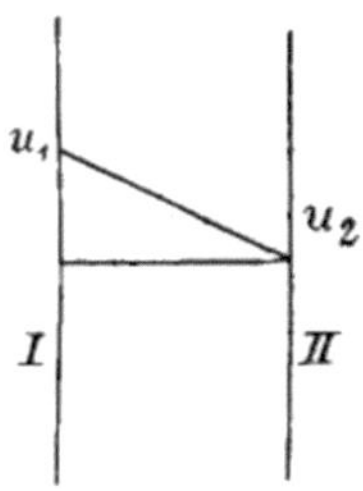

Fig. 33.

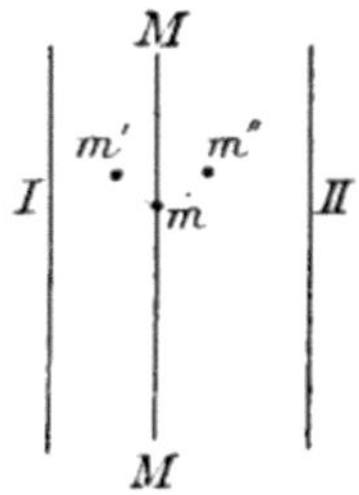

Fig. 34.

Temperatur *proportional* der Entfernung von I gegen II hin (nach dem Gesetz einer graden Linie) abfällt, von u_1 bis u_2 abnimmt, so *bleibt dieser Zustand stationär*, so lange I auf u_1 und II auf u_2 erhalten wird. Denn denkt man sich in dem leitenden Körper eine zu I II parallele dünne Schichte M herausgefasst und in derselben ein Theilchen m, so existirt zu jedem links liegenden wärmeren Theilchen m' ein in Bezug auf m symmetrisch rechts liegendes eben so viel kälteres Theilchen m'', so dass m von m' in derselben Zeit dieselbe Wärmemenge empfängt, die es an m' abgiebt. Deshalb kann sich die Temperatur von m und von der ganzen Schichte M, und so auch von jeder andern Schichte nicht ändern. In dieser Ueberlegung ist nur von Theilchen die Rede, welche m nahe genug liegen, um mit diesem einen Wärmeaustausch einzugehen.

Bleibt aber auch die Temperatur der in der Ebene M liegenden Theilchen unverändert, so geht doch Wärme durch die

Ebene hindurch. Die Wärmemenge w, welche durch das Flächenstück q der Ebene M in der Zeit t hindurchfliesst, ist

$$= k \cdot q \frac{u_1 - u_2}{l} \cdot t$$

..ird nämlich bei derselben Dicke l der Platte (I II) die Differenz $u_1 - u_2$ verdoppelt, so steigen alle maassgebenden Temperaturdifferenzen der den Austausch eingehenden Theilchen auf das Doppelte. Die Verdopplung von l hat den umgekehrten Erfolg. Selbstredend wächst die hindurchgehende Wärmemenge proportional mit t und q, und ist unter sonst gleichen Umständen vom Material der Platte (Kupfer, Eisen) abhängig, was durch den Coefficienten k ersichtlich gemacht ist, welchen Fourier als *innere Wärmeleitungsfähigkeit* bezeichnet hat. Der Ausdruck $\frac{u_1 - u_2}{l}$ heisst das *Temperaturgefälle.* Auf diese Vorstellung vom *Wärmefluss,* auf welche alle weitern Entwicklungen sich gründen, legt Fourier mit Recht grossen Werth.

8. Um die Bedeutung von k klar zu legen, zieht man aus der obigen Gleichung

$$k = \frac{w}{q \cdot \frac{u_1 - u_2}{l} \cdot t}$$

Setzt man $q = 1$, $\frac{u_1 - u_2}{l} = 1$, und $t = 1$, so bedeutet also k die Wärmemenge, welche in dem betreffenden Material in der Zeiteinheit die Flächeneinheit durchsetzt, falls das Temperaturgefällesenkrecht zu dieser *Eins* ist.

9. Mit Hülfe der Vorstellung vom Wärmefluss ergiebt sich nun auch, dass die oben angenommene stationäre Temperaturvertheilung sich wirklich herstellt, falls nur I und II auf constanten Temperaturen gehalten werden. Gesetzt das Temperaturgefälle wäre nicht durchaus gleich, sondern links von M Fig. 35 kleiner, so strömt M weniger Wärme zu als gleichzeitig abströmt; die Temperatur von M sinkt. Das Umgekehrte tritt ein, wenn das Gefälle links von M grösser ist als rechts. Wird die Temperaturvertheilung durch irgend eine Curve Fig. 36 dargestellt, so sieht man, an den eben ausgesprochenen Gedanken anknüpfend, dass an allen gegen die Abscissenachse convexen Kurvenstellen die

Temperatur zunimmt, an allen concaven Stellen abnimmt, so dass sich die Curve von selbst abflacht und in eine gerade Linie übergeht, womit der oben angenommene stationäre Temperaturzustand erreicht ist. Man kann auch sagen, dass hierbei jede Stelle das *Temperaturmittel* der Umgebung annimmt, was nach den bekannten Eigenschaften der Wärme zu erwarten ist.

Setzt man so geringe Krümmungen der Temperaturcurve voraus, dass man das Curvenstück, welches auf eine eben noch

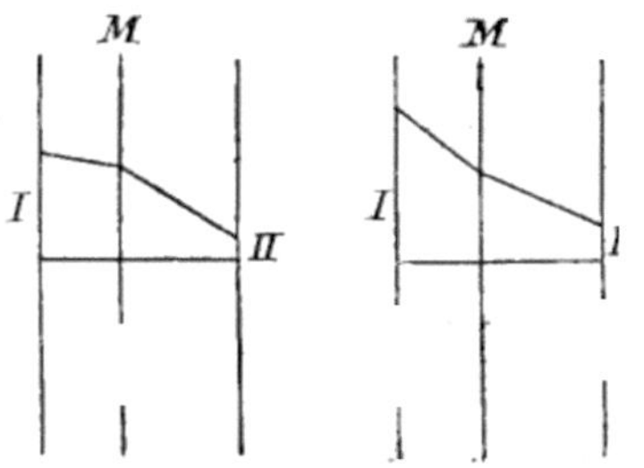

Fig. 35.

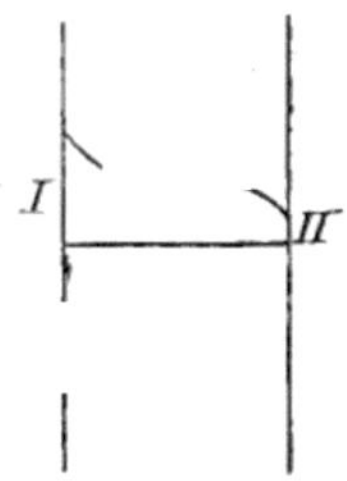

Fig. 36.

merklich durchstrahlbare Strecke des wärmeleitenden Mediums entfällt, als *gerade* ansehen kann, so lässt sich der Ausdruck für den Wärmefluss, auf die *Zeiteinheit* bezogen, schreiben

$$w = -k\,q\,\frac{du}{dx}$$

wobei k, q die obige Bedeutung haben, x die Richtung bedeutet, nach welcher die Temperatur variirt, und wobei $\frac{du}{dx}$ das Temperaturgefälle an der betrachteten Stelle ist. Das Zeichen (—) zeigt an, dass der Wärmestrom im Sinne der abnehmenden Temperaturen fliesst.

10. Betrachten wir nun einen veränderlichen (nicht stationären) Temperaturzustand. Die Temperatur variirt also nach x (senkrecht zu I II) nach einem beliebigen Gesetz, nicht nach dem einer geraden Linie. Wir fassen irgendwo eine (zu I II parallele) Schichte M von der Dicke dx heraus. (Fig.37.) Von links tritt durch die Fläche q in der Zeit dt die Wärmemenge ein $-k\,q\,\frac{du}{dx}dt$,

während nach rechts, weil $\frac{du}{dx}$ mit x variirt, austritt die Wärmemenge $-kq\left(\frac{du}{dx}+\frac{d^2u}{dx^2}dx\right)dt.$[1]) Die Wärmemenge, welche in M in dt zuwächst, ist demnach $kq\frac{d^2u}{dx^2}dx\,dt.$ Das Volum der auf die Fläche q entfallenden Schicht ist $q\,dx$, ϱ deren Dichte und c deren specifische Wärme, demnach $q\,dx\varrho c$ deren Wärmecapacität. Nennt man $\frac{du}{dt}dt$ die Temperatursteigerung in der Zeit dt, so ist die zugewachsene Wärmemenge auch $q\,dx\varrho c\frac{du}{dt}dt.$ Demnach besteht die Gleichung

$$q\,dx\varrho c\frac{du}{dt}dt=kq\frac{d^2u}{dx^2}dx\,dt, \text{ oder}$$

$$\frac{du}{dt}=\frac{k}{c\varrho}\frac{d^2u}{dx^2}$$

wobei also u eine Funktion von x und t ist, deren Eigenschaften diese partielle Differentialgleichung ausdrückt.

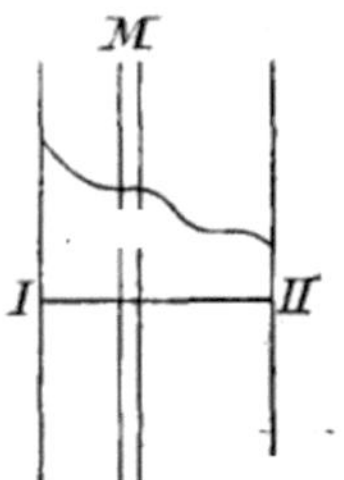

Fig. 37.

11. Denkt man sich in einem unendlichen wärmeleitenden Körper die Temperatur von Punkt zu Punkt verschieden, also im Allgemeinen nach allen drei Coordinatenrichtungen x, y, z variirend, so ergiebt sich die betreffende Gleichung in ganz analoger Weise. Wir fassen ein unendlich kleines Parallelepiped $dx \cdot dy \cdot dz$ heraus. Nach jeder Coordinatenrichtung tritt ein Strom ein und aus. Für die Ströme nach der x Richtung tritt $dy \cdot dz$ an die Stelle von q. Vermöge dieser Ströme ist der Wärmemengenzuwachs in der Zeit dt in dem Volumelement $dx\,dy\,dz$

$$k\,dy\,dz\frac{d^2u}{dx^2}dx\,dt,$$

und analog für die beiden andern Stromrichtungen

---

[1]) Es sind dies die beiden ersten Glieder der Entwicklung von $kq\frac{du}{dx}$ nach der **Taylor**'schen Reihe.

$$k\,dx\,dz\,\frac{d^2u}{dy^2}\,dy\,dt,$$

$$k\,dy\,dx\cdot\frac{d^2u}{dz^2}\,dz\,dt.$$

Anderseits ist der Wärmemengenzuwachs in dem Volumelement auch

$$dx\,dy\,dz\,\varrho c\,\frac{du}{dt}\,dt.$$

Demnach ergiebt sich die Gleichung

$$\frac{du}{dt}=\frac{k}{c\varrho}\left(\frac{d^2u}{dx^2}+\frac{d^2u}{dy^2}+\frac{d^2u}{dz^2}\right)$$

Hier ist also u eine Funktion von x, y, z und t, deren Eigenschaften durch diese Gleichung bestimmt sind.

Für eine Kugel, deren Temperatur u nur mit dem Abstand r vom Mittelpunkt variirt, nimmt diese Gleichung die Form an

$$\frac{du}{dt}=\frac{k}{c\varrho}\left(\frac{d^2u}{dr^2}+\frac{2}{r}\,\frac{du}{dr}\right)$$

und für einen Cylinder, dessen Temperatur u vom Achsenabstand r abhängt, ist

$$\frac{du}{dt}=\frac{k}{c\varrho}\left(\frac{d^2u}{dr^2}+\frac{1}{r}\,\frac{du}{dr}\right)$$

Beide Gleichungen lassen sich sowohl aus der allgemeinen, sowie auf analogem Wege wie diese auch unmittelbar leicht ableiten.

12. In Wirklichkeit hat man nicht mit Körpern zu thun, welche einseitig oder allseitig unbegrenzt sind. Die leitenden Körper sind vielmehr begrenzt und in der Regel in ein anderes wärmeleitendes Mittel (die Luft) eingetaucht. Die Vorgänge an der Oberfläche der wärmeleitenden Körper erfordern daher eine besondere Betrachtung. Die Wärmemenge w, welche ein Körper durch ein Oberflächenstück ω, welches auf dem Temperaturüberschuss u über der Umgebung (der Luft) gehalten wird, in der Zeit t verliert, ist

$$w=h\,\omega\,u\,t,$$

also proportional ω, u, t. Der Proportionalitätsfactor h hängt von dem wärmeleitenden Körper und von dem umgebenden Medium ab, und heisst nach Fourier *äussere Leitungsfähigkeit.* Zieht man aus der obigen Gleichung

$$h = \frac{w}{\omega u t},$$

und setzt ω, u und t gleich *Eins*, so ist die *äussere Wärmeleitungsfähigkeit durch die Wärmemenge bestimmt, welche bei der Einheit des Temperaturüberschusses durch die Einheit der Oberfläche in der Zeiteinheit an die Umgebung verloren geht.*

13. Um die Wärmeleitung in einem begrenzten Körper darzustellen, verwendet Fourier eine höchst sinnreiche Betrachtungsweise. Statt des begrenzten Körpers denkt er sich zunächst einen unbegrenzten, durch welchen die Grenzfläche des erstern in Gedanken hindurchgezogen ist. Da die *Temperatur* von Punkt zu Punkt variiren kann, kann auch das *Temperaturgefälle* an jeder Stelle nach *einer* Richtung ein beliebiges sein. Fourier denkt sich nun an jeder Stelle jener Grenzfläche das *Temperaturgefälle* normal auswärts (in dem unbegrenzten Körper) so gewählt, dass durch die Oberflächenelemente dieselben Wärmeströme hindurchgehen, welche den Abkühlungen durch das umgebende Medium entsprechen würden. Dann finden in dem in Gedanken herausgefassten *Theil* des unbegrenzten Körpers dieselben Vorgänge statt, wie in dem entsprechenden begrenzten Körper. Diese Ueberlegung führt zur Gleichung

$$-k w \frac{du}{dn} = h w u, \text{ oder}$$

$$\frac{du}{dn} + \frac{h}{k} u = 0,$$

in welcher n die Normalenrichtung des Oberflächenelementes bedeutet. Hierbei ist

$$\frac{du}{dn} = \frac{du}{dx}\frac{dx}{dn} + \frac{du}{dy}\frac{dy}{dn} + \frac{du}{dz}\frac{dz}{dn} \text{ oder}$$

$$\frac{du}{dn} = \frac{du}{dx}\cos\alpha + \frac{du}{dy}\cos\beta + \frac{du}{dz}\cos\gamma.$$

Die Winkel der Normalen mit den Coordinatenachsen sind hierbei durch α, β, γ bezeichnet. Ist die Oberflächengleichung

$F(x, y, z) = 0$ gegeben, so lassen sich die Cosinuse sofort in bekannter Weise durch $\frac{dF}{dx}, \frac{dF}{dy}, \frac{dF}{dz}$ ausdrücken. Hiermit ist der principielle Theil der Fourier'schen Arbeit erledig

14. Fourier hat zuerst darauf hingewiesen, dass die Glieder einer Gleichung, wenn dieselbe nicht bloss eine numerische Zufälligkeit sein, sondern eine wirkliche geometrische oder physikalische Beziehung ausdrücken soll, *Grössen gleicher Art*, oder wie er sagt, Grössen gleicher *Dimension* sein müssen.[1]) Nur dann ist das Bestehen der Gleichung von der zufälligen Wahl der Einheiten unabhängig. Die Lehre von den Dimensionen habe ich anderwärts dargestellt, und dieselbe soll hier nicht wieder zur Sprache kommen.[2])

15. Nach klarer Aufstellung des Begriffes „innere Wärmeleitungsfähigkeit" konnte man daran gehen, die betreffende Constante k in rationeller Weise zu bestimmen. Dies ist von Fourier[3]) und Peclet[4]) versucht worden. Beide Methoden beruhen auf der experimentellen Ermittlung der Wärmemenge, welche durch eine Platte von gegebener Dicke und Fläche, bei Erhaltung einer bestimmten Temperaturdifferenz auf beiden Flächen in bestimmter Zeit hindurchgeht. Denkt man sich zwei gegen Wärmeverluste nach aussen wohl geschützte grosse bekannte Wassermassen von verschiedener Temperatur, welche durch eine Metallplatte von gegebenen Dimensionen getrennt sind, so ergiebt sich die hindurch geflossene Wärmemenge unmittelbar aus den eintretenden Temperaturänderungen. Auf die Einzelheiten dieser im Princip einfachen, in der Durchführung aber schwierigen und deshalb unvollkommenen Versuche soll hier nicht eingegangen werden.

Dagegen soll der Biot'sche Fall, welcher zugleich ein gutes Beispiel für die Fourier'sche Theorie ist, näher erörtert werden. Für eine Platte (I II), in welcher die Temperatur nur nach einer Richtung (x) variirt, gilt die Gleichung:

---

[1]) Fourier a. a. O. S. 152.
[2]) Mach, Mechanik. S. 260.
[3]) Fourier, Ann. de Chim. XXXVII (1828).
[4]) Peclet, Ann. de Chim. 3e Serie T II (1848).

$$\frac{du}{dt} = \frac{k}{c\varrho} \frac{d^2u}{dx^2}.$$

Ist ein stationärer Zustand erreicht, so ist $\frac{du}{dt} = 0$, also auch

$$\frac{d^2u}{dx^2} = 0.$$

Das Integrale dieser Gleichung

$$u = ax + b$$

giebt die bereits bekannte Temperaturvertheilung nach dem Gesetz einer geraden Linie. Die beiden Integrationsconstanten a, b bestimmen sich durch die Bedingungen $u = u_1$ für $x = 0$, und $u = u_2$ für $x = l$ (Plattendicke), woraus folgt

$$u = \frac{u_2 - u_1}{l} \cdot x + u_1.$$

Für einen nach *aussen gegen Wärmeableitung geschützten* einseitig erwärmten Stab würde dasselbe Gesetz der stationären Temperaturvertheilung gelten, wie dies Amontons irrthümlich für *jeden* Stab angenommen hat.

Für den Biot'schen Fall ist eine umständlichere Betrachtung nöthig, selbst wenn wir der Einfachheit wegen die Temperatur in dem ganzen Querschnitt des (dünnen) Stabes als gleich betrachten. Nach Fourier's Grundsätzen ergiebt sich

$$q\,dx\,\varrho c \frac{du}{dt} dt = kq \frac{d^2u}{dx^2} dx\,dt - hp\,dx \cdot u\,dt \text{ oder}$$

$$\frac{du}{dt} = \frac{kq}{c\varrho} \frac{d^2u}{dx^2} - \frac{hp}{c\varrho} u,$$

worin p den Umfang des Stangenquerschnittes bedeutet, während alle andern Buchstaben die bekannte Bedeutung haben. Für den stationären Zustand ist $\frac{du}{dt} = 0$ oder

$$\frac{d^2u}{dx^2} - \frac{hp}{kq} u = 0.$$

Das allgemeine Integrale ist

$$u = A\,e^{x\sqrt{\varkappa}} + B\,e^{-x\sqrt{\varkappa}},$$

worin A, B die Integrationsconstanten bedeuten, und der Kürze wegen $\varkappa = \frac{hp}{kq}$ gesetzt ist. Durch die Bedingung, dass $u = 0$ für $x = \infty$, und $u = U$, der Temperatur des Bades gleich wird für $x = 0$, folgt die Form

$$u = Ne^{-x \cdot} \quad ,$$

womit die geometrische Progression der Temperaturüberschüsse gegeben ist. Für Schritte von der Grösse $x = 1$ ist $\left(\frac{1}{e}\right)^{\sqrt{\varkappa}}$ der Exponent der Progression. Bestimmt man diesen durch den Versuch, so ergiebt sich $\varkappa = \frac{hp}{kq}$. Nimmt man Stangen von verschiedenem Material, aber von gleichen Dimensionen und mit demselben Ueberzug (Firniss oder Versilberung), um h gleich zu machen, wie es Despretz[1]) gethan hat, so ist für verschiedenes Material $\frac{\varkappa}{\varkappa'} = \frac{k'}{k}$.

17. Eine *absolute* Bestimmung von k führte Forbes[2]) aus auf einem durch Fourier's[3]) Ableitung angedeuteten Wege. Derselbe beruht auf folgendem Gedanken. Hat man den Exponenten für den stationären Zustand bestimmt, so kennt man an allen Punkten der Stange die Temperatur und auch das Temperaturgefälle. An irgend einer bestimmten Stelle sei das Gefälle $\frac{du}{dx}$, so fliesst daselbst durch den Querschnitt q die Wärmemenge $kq \frac{du}{dx}$ in der Zeiteinheit durch. Dieselbe ist ebenso gross als der Wärmeverlust der ganzen im Stromsinne hinter dem betrachteten Schnitt liegenden Stange.

Letzterer wird durch einen besondern zweiten Versuch unmittelbar bestimmt. Es sei die ganze Stange auf u erwärmt, und hernach der Abkühlung ausgesetzt. Man beobachte den Temperaturabfall von Minute zu Minute, so kennt man den zu jeder Temperatur u gehörigen Temperaturverlust u' in der Zeit-

---

1) Despretz, Ann. de Chim. XIX (1822), XXXVI (1853).

2) Forbes, Philos. Trans. Edinb. T XXIII, XXIV.

3) Fourier a. a. O. S. 61.

einheit. Hierbei ist u' proportional u. Ist l die sehr kleine Länge eines Stangenstückes, so ist $q\,l\,c\,\varrho\,u'$ die in der Zeiteinheit von demselben verlorene Wärmemenge. Da nun die Temperaturvertheilung in der ganzen Stange gegeben ist, lässt sich auch der Wärmemengenverlust eines beliebigen Stangenstückes in der Zeiteinheit für den beobachteten stationären Zustand leicht angeben.

Bei dem Verfahren von Forbes erhält man für k einen etwas verschiedenen Werth, je nachdem man den Schnitt durch eine Stelle höherer oder tieferer Temperatur führt. Hiernach hängt also k, statt constant zu sein, in geringem Maasse von der Temperatur ab, wie dies schon Fourier[1]) für möglich gehalten hat. Die Theorie bedarf also mit Rücksicht auf diesen Umstand einer Modification.

Wählt man als Längeneinheit 1 *cm*, als Temperatureinheit 1° C, als Zeiteinheit 1 Minute, als Wärmemengeneinheit eine Grammcalorie, so ist nach Forbes bei 0° C für Eisen $k = 12{,}42$, bei 275° aber $k = 7{,}44$. In denselben Einheiten hat F. Neumann[2]) ebenfalls im Anschlusse an Fourier'sche Entwicklungen gefunden

Kupfer	66,47
Zink	18,42
Eisen	9,82.

18. So wichtig auch die Klärung der Anschauungen über die Wärmeleitung und die Lösung einer grossen Reihe von Aufgaben war, welche sich durch die Fourier'schen Arbeiten ergeben hat, so war doch noch viel wichtiger die durch diese Arbeiten herbeigeführte *Entwicklung und Umgestaltung der Methode der mathematischen Physik.* Um diese letztere, welche schon einigermassen *vorbereitet* war, darzustellen, müssen wir etwas weiter ausholen.

19. Durch die vorausgehenden Untersuchungen über die *Saitenschwingungen* hatte man klarere Vorstellungen über die Natur der *partiellen Differentialgleichungen* gewonnen, und mathematische Erfahrungen gesammelt, welche Fourier in der

---

1) Fourier, a. a. O. S. 599.

2) F. Neumann, Ann. de Chim. 3e Serie T 56.

fruchtbarsten Weise zu verwerthen wusste. Der erste Versuch, die Saitenschwingungen mathematisch zu behandeln rührt von Brook Taylor[1]) her. Taylor betrachtet eine gespannte Saite, der die sehr schwache Ausbiegung $y = a \operatorname{Sin} \frac{\pi x}{l}$ ertheilt wurde.[2]) Alle Saitenelemente erhalten dann Beschleunigungen gegen die Gleichgewichtslage, welche der Entfernung von dieser *proportional* sind, und zwar für alle Elemente nach *demselben* Proportionalitätsfactor. Alle Elemente führen also *pendelförmige* und *synchrone* Schwingungen aus, passiren gleichzeitig die Gleichgewichtslage und erreichen gleichzeitig ihr Excursionsmaximum. Bestimmt man für ein Element die zu einer bestimmten Excursion gehörige Beschleunigung, so kann man die Schwingungsdauer der Saite angeben.

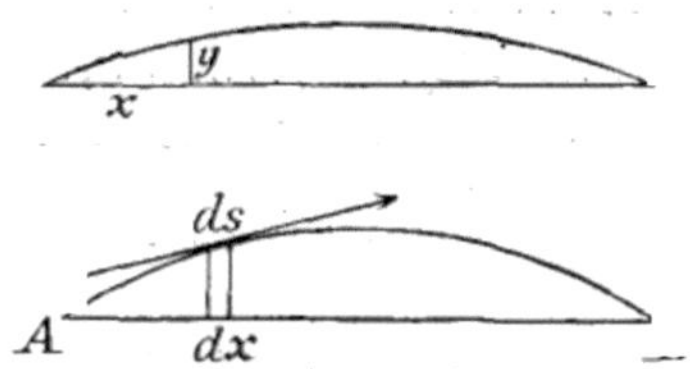

Fig. 38.

Um die Verhältnisse zu übersehen, betrachten wir ein Saitenelement $d s$, welches nach der Voraussetzung als $d x$ gleich angesehen werden kann. Ist p (in absolutem Maasse) die Spannung der Seite, so erfährt das Element nach links den Zug p, dessen Componente vertikal abwärts, weil y dadurch verkleinert wird, $-p \frac{d y}{d s}$, oder $-p \frac{d y}{d x}$ ist. Nach rechts hin wirkt ebenfalls der Zug p, seine Verticalcomponente ist aber

$$+ p \left(\frac{dy}{dx} + \frac{d^2 y}{dx^2} d x \right).$$

Demnach ist die das Element $d s$ (oder $d x$) ergreifende Verticalcomponente $p \frac{d^2 y}{d x^2} d x$, oder weil $y = a \operatorname{Sin} \frac{\pi x}{l}$ und $\frac{d^2 y}{d x^2} = - \frac{\pi^2 a}{l^2} \operatorname{Sin} \frac{\pi x}{l} = - \frac{\pi^2}{l^2} y$, so ist die Kraft $- d x \, p \frac{\pi^2}{l^2} \cdot y$, also *proportional der Excursion.* Nennen wir m die Masse der ganzen Saite, also $\frac{m d x}{l}$ jene des Elementes, so ist für die Ex-

[1]) Taylor, Methodus incrementorum. Londini 1717. S. 89.
[2]) Die schwerfällige Darstellung Taylors ist hier etwas modernisirt.

cursionseinheit die Beschleunigung (Kraft: Masse) jedes Elementes $\frac{p\pi^2}{m\,l} = f$.[1]) *Die Dauer* einer *ganzen* Schwingung ist $T = 2\pi\sqrt{\frac{1}{f}}$ oder $T = 2\sqrt{\frac{m\,l}{p}}$.[2])

Taylor hielt die oben beschriebene Saitenbewegung für die *einzige*. War die Anfangsform der Saite eine andere, so glaubte Taylor irrthümlich — er bringt sogar einen Beweis dafür vor — dass sich alsbald von selbst die Sinusform herstellen, und die oben beschriebene Schwingungsform einstellen würde[3]). D'Alembert[4]) unterlag dieser Täuschung nicht; er erkannte vielmehr, dass die Bewegung einer Saite ebenso wie die derselben ertheilte *Anfangsform unendlich mannigfaltig* sein muss. Da nach dem vorigen die ein Saitenelement angreifende Kraft $p \cdot dx \cdot \frac{d^2u}{dx^2}$ ist, während dieselbe auch durch $\frac{m\,dx}{l}\,\frac{d^2u}{dt^2}$ dargestellt werden kann, wobei $\frac{d^2u}{dt^2}$ die Beschleunigung bedeutet, so findet D'Alembert die Gleichung

$$\frac{d^2u}{dt^2} = \frac{p\,l}{m}\,\frac{d^2u}{dx^2},$$

in welcher Euler[5]) kürzer $\frac{pl}{m} = c^2$ geschrieben hat. Bei passender Wahl der Maasseinheiten kann man sogar $c = 1$ setzen. Dieser letztere Fall ist es, den D'Alembert eigentlich betrachtet. Die Excursion u eines Saitenpunktes hängt sowohl von der Entfernung des Punktes x vom Ende der Saite, als auch von der Zeit t ab, sie ist eine Funktion *beider* Variablen. Durch besondere Betrachtungen gewinnt D'Alembert die Einsicht[6]), dass

---

1) Mach, Mechanik. S.

2) Taylor, a. a. O. S. 92 giebt den Ausdruck in anderer Form.

3) Taylor, a. a. O. S. 90, 91.

4) D'Alembert, Recherches sur la courbe que forme une corde tendue mise en vibration. Mém. de l'Acad. de Berlin. Année 1747. S. 214.

5) Euler, Mém. de l'Acad. de Berlin. Année 1753. S. 208.

6) D'Alembert, a. a. O. schliesst in folgender Weise:

$$du = \frac{du}{dt}\,dt + \frac{du}{dx}\,dx = p\,dt + q\,dx, \text{ ferner}$$

$$u = \varphi(x + t) + \psi(x - t)$$

das allgemeine Integrale der Gleichung

$$\frac{d^2u}{dt^2} = \frac{d^2u}{dx^2}$$

darstellt, worin φ und ψ *unbestimmte* Funktionen von $x + t$ und $x - t$ sind. Euler hat nachher für die allgemeinere Gleichung das Integrale $u = \varphi(x + ct) + \psi(x - ct)$ angegeben, und hat dasselbe in seiner Weise abgeleitet[1]). Es sind also *unendlich mannigfaltige* Bewegungszustände der Saite denkbar.

$$dp = \frac{dp}{dt}dt + \frac{dp}{dx}dx = \alpha\,dt + \beta\,dx$$

$$dq = \frac{dq}{dt}dt + \frac{dq}{dx}dx = \beta\,dt + \alpha\,dx.$$

Es ist nämlich $\beta = \frac{d^2u}{dx\,dt} = \frac{d^2u}{dt\,dx}$ und

$$\alpha = \frac{d^2u}{dt^2} = \frac{d^2u}{dx^2}$$

nach seiner Ausgangsgleichung. Demnach ist

$dp + dq = (\alpha + \beta)(dt + dx)$ eine Funktion von $t + x$ und

$dp - dq = (\alpha - \beta)(dt - dx)$ eine Funktion von $t - x$,

woraus weiter für u selbst folgt

$$u = \varphi(x + t) + \psi(x - t).$$

[1]) Euler, a. a. O. stellt die Gleichung auf

$$\frac{d^2u}{dt^2} = c^2\frac{d^2u}{dx^2}$$

und macht nun den (unzulässigen) Schluss, der zufällig zu einem richtigen Ergebniss führt, dass *auch*

$$\frac{du}{dt} = k\frac{du}{dx}.$$

Durch Differentiiren findet sich

$$\frac{d^2u}{dt^2} = k\frac{d^2u}{dt\,dx} \text{ und } \frac{d^2u}{dx\,dt} = k\frac{d^2u}{dx^2}, \text{ daher}$$

$$\frac{d^2u}{dt^2} = k^2\frac{d^2u}{dx^2} \text{ und } k = \pm c.$$

Demnach genügt ein Integrale der Hauptgleichung auch einer der beiden Gleichungen

$$\frac{du}{dt} = +c\frac{du}{dx} \text{ und } \frac{du}{dt} = -c\frac{du}{dx}.$$

21. Dan. Bernoulli meinte die Taylor'sche und D'Alembert'sche Auffassung in einfacher Weise in Einklang bringen zu können. Sauveur hatte nämlich schon experimentell gezeigt, dass eine Saite nicht nur als Ganzes ihren Grundton schwingend, sondern auch in 2, 3, 4... gleiche Theile getheilt, mit 2, 3, 4... facher Schwingungszahl schwingend sich bewegen kann, und dass ferner alle diese Bewegungen auch *gleichzeitig* eintreten können[1]. Theoretische Schwierigkeiten standen der Erklärung der Sauveur'schen Erscheinungen nicht im Wege. Man sah, dass die Knoten (k), wenn die Saite sinusförmige Ausbiegungen erhielt, stets von gleichen entgegengesetzten Spannungen ergriffen waren, sich also wie feste Punkte verhielten. Dachte man sich eine sehr schwache sinusförmige Ausbiegung des Grundtons, so wurde an den Spannungsverhältnissen der Saite durch dieselbe fast nichts geändert. Die sinusförmige Ausbiegung der Oktave erschien als Abweichung von jener des Grundtons und man durfte sich vorstellen, dass sie um diese wie um eine (veränderliche) Gleichgewichtsform ihre Bewegung ausführe. Bernoulli dachte sich also eine ganze Reihe von Sinusausbiegungen in die Saite gelegt, von welchen 1, 2, 3, 4.... Halbperioden in der Saitenlänge aufgingen, so dass die Anfangsausbiegung u dargestellt war durch

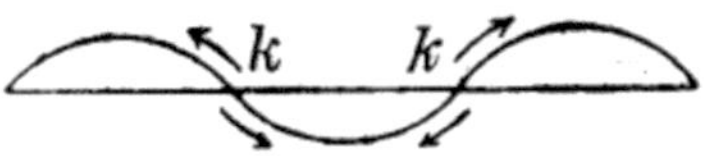

Fig. 39.

$$u = a_1 \sin \frac{\pi x}{l} + a_2 \sin \frac{2\pi x}{l} + a_3 \sin \frac{3\pi x}{l} + \ldots,$$

und er meinte hierdurch jede beliebige Anfangsausbiegung der Saite darstellen zu können. Nach seiner Meinung hatte also Taylor die richtige Lösung, und aus dem *gleichzeitigen* Auftreten solcher Taylor'schen Bewegungen erklärte sich *mathe-*

Da nun $du = \frac{du}{dt} dt + \frac{du}{dx} dx$, so ist $du = \frac{du}{dx}(dx + k\,dt)$, demnach u eine Funktion von $x + kt$, oder auch analog von $x - kt$ u. s. w.

A. a. O. S. 209 führt Euler aus, dass der *linearen* Differentialgleichung mit den particulären Integralen $P, Q, R\ldots$ auch $u = \alpha P + \beta Q + \gamma R + \ldots$ genügt, wobei $\alpha, \beta, \gamma\ldots$ beliebige Constanten sind. Vergl. auch Euler, Mém. de l'Acad. de Berlin Année 1748. S. 69.

[1] Sauveur, Mém. de l'Acad. Paris. Année 1701, 1702.

matisch und *physikalisch* die unendliche Mannigfaltigkeit der D'Alembert'schen Lösungen[1]). Euler gab den Wert der Bernoulli'schen Auffassung zu, stellte aber die Möglichkeit in Abrede, *jede* Anfangsform der Saite, z. B. eine aus *gebrochenen* Geraden zusammengesetzte, durch periodische Reihen darzustellen. Hiernach schien ihm die D'Alembert'sche Lösung, welche auch solche Anfangsformen zuliess, noch immer als die *allgemeinere*[2]). In der angedeuteten Diskussion liegen, wie wir sehen werden, alle Keime der Fourier'schen Entwicklungen.

22. Nachdem nun die Umstände erörtert sind, unter welchen die hier in Betracht kommenden Fragen auftraten, wollen wir in die letztern näher eingehen, und zunächst den wesentlichen Unterschied der Integrale einer *gewöhnlichen* und einer *partiellen* Differentialgleichung untersuchen.

Wenn eine gewöhnliche Diffe....ialgleichung $\frac{dy}{dx} = f(x)$ gegeben ist, in welcher wir uns die Variablen gleich gesondert denken, so giebt diese das *Wachsthumsgesetz* der y für Veränderungen von x an. Die Integration besteht in der Rekonstruktion der Funktion aus diesem Wachsthumsgesetz. Das *Wachsthumsgesetz* enthält aber seiner Natur nach nichts über den *Anfangswerth* der Funktion, und somit bleibt auch dieser, die „Integrationskonstante" *unbestimmt.* Ist z. B. die Steigung eines Eisenbahnprofils von Meter zu Meter der Horizontalprojektion bekannt, so kann hieraus das Profil, nicht aber die *absolute* Höhe des Anfangspunktes (oder eines anderen Punktes) reconstruirt werden.

Eine *partielle* Differentialgleichung giebt in dem einfachsten Fall die Abhängigkeit der beiden ersten partiellen Differentialquotienten *einer* Funktion *zweier* Variablen *voneinander* an. Wenn z. B. $u = f(x, y)$, und gesetzt wird

$$\frac{du}{dx} = a\frac{du}{dy},$$

so ist $\frac{du}{dx}$ durch $\frac{du}{dy}$ besimmt, *oder* umgekehrt, die Werthe de:

[1]) D. Bernoulli, Reflexions et eclaircissements sur les nouvelles vibrations des cordes exposées dans les mémoires de l'Academie 1774, 1748 Mém. de l'Acad. de Berlin. Année 1853. S. 147.

[2]) Euler, a. a. O. Année 1753.

einen *oder* des andern bleiben aber ganz *unbestimmt.* Dadurch bleibt aber auch die Art der Abhängigkeit des u von x *oder* von y ganz unbestimmt. Nur zwischen dem *Abhängigkeitsgesetz* des u von x und des u von y besteht eine *Beziehung*, welche eben durch die Gleichung ausgedrückt wird.

Dies wird noch deutlicher durch Betrachtung besonderer Beispiele, welche zu partiellen Differentialgleichungen führen. Auf ein rechtwinkliges Coordinatensystem bezogen ist $y = b - a\,x$ die Gleichung einer Geraden in der $X\,Y$-Ebene, oder die Glei-

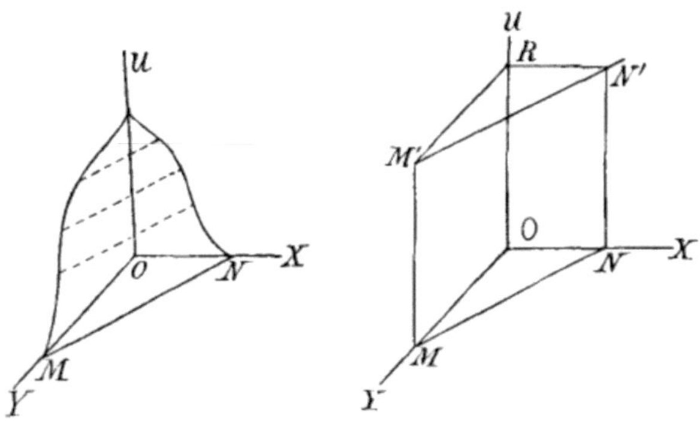

Fig. 40.

chung einer zu dieser senkrechten Ebene, welche durch jene Gerade hindurchgeht (wobei $b = O\,M$), während $u = c$ (wobei $c = O\,R$) eine zur U-Achse parallele Ebene bedeutet. Beide Gleichungen zusammen stellen eine zu jener Geraden ($M\,N$) parallele Gerade ($M'\,N'$) vor. Bleibt a constant, während b und c sich nach einem gewissen Gesetz $c = \varphi\,(b)$ ändern, so bewegt sich die Gerade parallel zu sich selbst, und beschreibt eine Cylinderfläche. Betrachten wir $b = O\,M$ und $c = O\,R$ als Coordinaten y, u einer in der $Y\,U$-Ebene gelegenen *Leitlinie* $c = \varphi(b)$, so erhalten wir u für c und $y + a\,x$ für b aus obigen Gleichungen einsetzend

$$u = \varphi\,(y + a\,x)$$

als Gleichung der mit der ganz beliebigen Leitlinie $u = \varphi\,(y)$ (in der Ebene $Y\,U$) beschriebenen *Cylinderfläche.* Ueberall wo $y + a\,x$ denselben Werth hat, hat auch u denselben Werth;

darin liegt der Charakter dieser Cylinderfläche. Bilden wir die Ausdrücke $\frac{du}{dx} = \varphi' \cdot a$ und $\frac{du}{dy} = \varphi'$, so zeigt es sich, dass zwischen beiden die Relation

$$\frac{du}{dx} = a \frac{du}{dy}$$

besteht, welche die (partielle) *Differentialgleichung* der Cylinderfläche vorstellt, aus der die Funktion, welche die Form der Leitlinie bestimmt, ganz *ausgefallen* ist, welche daher auch umgekehrt aus der Differentialgleichung nicht *abgeleitet* werden kann.

Die Funktion φ der Integralgleichung $u = \varphi(y + a x)$ ist also eine *unbestimmte*, doch kann dieselbe x und y nicht in *beliebiger* Weise sondern nur in der *Verbindung* $y + a x$ enthalten, wenn die Differentialgleichung erfüllt sein soll. Die Eigenheit solcher Integrale ist es also, dass sie sich in der Form $u = \varphi[f(x, y)]$, als *unbestimmte* Funktionen φ von *bestimmten* Funktionen f von x und y darstellen. Die beiden Differentialquotienten sind

$$\frac{du}{dx} = \varphi' \cdot \frac{df}{dx} \text{ und } \frac{du}{dy} = \varphi' \cdot \frac{df}{dy}.$$

Die *feste* Beziehung derselben ist durch die bestimmte Funktion f mit ihren Quotienten $\frac{df}{dx}, \frac{df}{dy}$ gegeben, welche nicht ausfallen. Die Differentialgleichung des obigen Beispiels sagt, dass $\frac{du}{dx}$ an jeder Stelle a mal grösser ist als $\frac{du}{dy}$. Ueber den Verlauf der Fläche in dem Schnitt XU oder YU ist hierdurch nichts bestimmt. Erst wenn der eine gewählt ist, ist auch der andere an eine Bedingung gebunden. Für die totale Aenderung von u finden wir

$$du = \frac{du}{dx} dx + \frac{du}{dy} dy = \frac{du}{dy}(a\,dx + dy).$$

Es wird $du = 0$, wenn $a\,dx + dy = 0$, oder $dy = -a\,dx$ d. h. wenn dy stets a mal grössere Schritte macht als dx und zwar in entgegengesetztem Sinne. Darin liegt eben die Eigenschaft der *Cylinderfläche* von dieser bestimmten Achsenrichtung.

Als zweites Beispiel diene eine *Rotationsfläche*, welche U zur Achse hat. Der Meridianschnitt sei $u = \varphi(r^2)$. Dann ist die Gleichung der Rotationsfläche

$$u = \varphi(x^2 + y^2),$$

und weil $\frac{du}{dx} = \varphi' \cdot 2x$, $\frac{du}{dy} = \varphi' \cdot 2y$, so ist

$$y \frac{du}{dx} = x \frac{du}{dy}$$

die (partielle) Differentialgleichung der Rotationsfläche, von welcher die obige die Integralgleichung ist. Hier ist φ eine *unbestimmte* Funktion der *bestimmten* Funktion $x^2 + y^2$ von x und y. Der Meridianschnitt ist ganz unbestimmt. Der Charakter der Fläche liegt aber darin, dass u unverändert bleibt, so lange $x^2 + y^2$ constant, oder $x\,dx + y\,dy = 0$ ist.

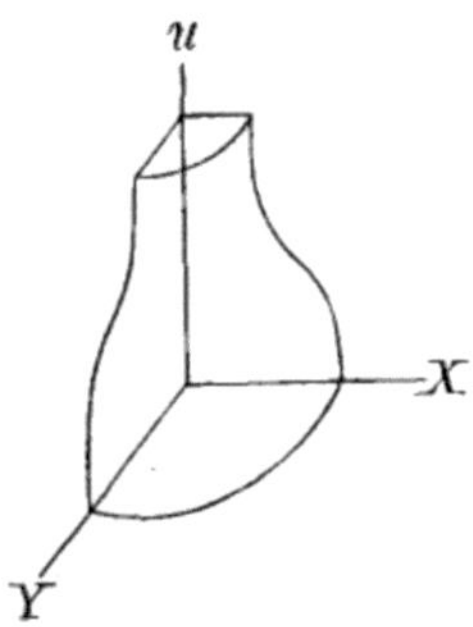

Fig. 41.

23. Das allgemeine Integrale der partiellen Differentialgleichung

$$\frac{d^2u}{dt^2} = c^2 \frac{d^2u}{dx^2}$$

ist, wie dies schon angeführt wurde,

$$u = \varphi(x + ct) + \psi(x - ct)$$

Dasselbe enthält *zwei unbestimmte* Funktionen φ, ψ je *einer bestimmten* Funktion $x + ct$, $x - ct$ der beiden Variablen x, t. Dass dieses Integrale der Gleichung genügt, lehrt ohne weiters die Substitution, beziehungsweise die Ausführung der Differentiation. Betrachtet man x, t, u als geometrische Coordinaten, so sind $u = \varphi$ und $u = \psi$ zwei *Cylinderflächen* von verschiedener zur xt-Ebene paralleler und zur t-Achse symmetrischer Achsenrichtung, aber von unbestimmten Leitlinien. In denselben bleibt u unverändert, so lange $x + ct$, beziehungsweise $x - ct$ unverändert, oder $dx + c\,dt = 0$, $dx - c\,dt = 0$ bleibt. Setzt man also dx, dt in das Verhältniss $\frac{dx}{dt} = -c$, $\frac{dx}{dt} = c$, d. h. bewegt man sich im *physikalischen* Sinn auf x

mit der Geschwindigkeit $-c$, $+c$, so bleibt man bei *denselben* Werthen von u. *Physikalisch* sind also φ, ψ Wellen von beliebiger Form, welche längs x mit den Geschwindigkeiten $-c$, $+c$ fortschreiten. Für eine Saite mit festen Punkten müssen φ und ψ besondern leicht angebbaren Bedingungen entsprechen, die hier nicht weiter untersucht werden sollen.

Die genauere Betrachtung der obigen Differentialgleichung lässt erkennen, *warum* das Integrale derselben *zwei* unbestimmte Funktionen enthält. Da $\frac{d^2u}{dt^2}$ durch $\frac{d^2u}{dx^2}$ *bestimmt* ist, so bleibt $\frac{d^2u}{dx^2}$ und damit auch $\frac{du}{dx}$ und $u = F(x)$ für alle Werthe von x *unbestimmt*. Ist $\frac{d^2u}{dt^2}$ mittelbar $\left(\text{durch } \frac{d^2u}{dx^2}\right)$ bestimmt, so lässt sich zwar daraus der allgemeine Ausdruck von $\frac{du}{dt}$, nicht aber der *Anfangswerth* von $\frac{du}{dt} = f(x)$ (in seinem ganzen Verlauf mit x) ableiten. Um bezüglich F *und* f verfügen zu können, muss das Integrale *zwei* Funktionen φ und ψ enthalten. *Physikalisch* ergiebt sich die Nothwendigkeit von *zwei* unbestimmten Funktionen aus dem Umstand, dass man der ganzen Reihe von Saitenpunkten sowohl beliebige *Anfangsexcursionen*, als auch von diesen ganz unabhängige *Anfangsgeschwindigkeiten* ertheilen kann.

24. Eine *specielle* Funktion, welche einer Differentialgleichung genügt, ein sogenanntes *particuläres* Integrale, ist verhältnissmässig leicht zu finden. Die Exponenzielle hat die bekannte Eigenschaft, beim Differenziren die ursprüngliche Funktion mit einer Constanten multiplicirt zurückzugeben. Man kommt also leicht auf den Gedanken $u = e^{\alpha t + \beta x}$ in die Gleichung zu substituiren. Dieselbe zeigt sich in der That erfüllt für $\alpha = \pm \beta c$. Es genügt also $u = e^{\beta(x+ct)}$ und $u = e^{\beta(x-ct)}$. Wählt man β imaginär, so findet man, dass auch $u = \cos\beta(x \pm ct)$ und $u = \sin\beta(x \pm ct)$, sowie die Ausdrücke $\sin\beta x \cos\beta ct$, $\cos\beta x \cdot \sin\beta ct$, $\cos\beta x \cdot \cos\beta ct$, $\sin\beta x \sin\beta ct$, in welche jene zer-

fallen, ebenfalls genügen. Nach Euler's[1]) Bemerkung genügt auch der Ausdruck

$$a_1 u_1 + a_2 u_2 + a_3 u_3 + \ldots.$$

wenn $u_1, u_2, u_3 \ldots.$ particuläre Integrale und $a_1, a_2, a_3 \ldots.$ beliebige Constanten sind, sobald die Differentialgleichung *linear* ist. In Folge der letzteren Eigenschaft kann man aus particulären Integralen in sehr mannigfaltiger Weise *allgemeinere* Integrale zusammensetzen. Auch auf die obige *allgemeinste* Form des Integrales leitet die eben ausgeführte Betrachtung hin.

25. Das allgemeine Intergrale der Gleichung

$$\frac{d^2u}{dx^2} + \frac{d^2u}{dy^2} = 0,$$

welche die Grundlage wichtiger Untersuchungen bildet, ist

$$u = \varphi\left(x + y\sqrt{-1}\right) + \psi\left(x - y\sqrt{-1}\right),$$

da dieselbe aus der frühern hervorgegangen ist, indem y für t und $c^2 = -1$ gesetzt wurde.

26. Die eben dargelegten verschiedenen Gedanken hat Fourier vereinigt, entwickelt und verwerthet. Fourier hat zunächst bemerkt, dass analoge einfache Verhältnisse, wie sie Taylor seiner Untersuchung der Saitenbewegung zu Grunde gelegt hat, auch im Gebiete der Wärmeleitung denkbar sind. In einem unendlich ausgedehnten wärmeleitendem Körper variire die Temperatur u nur nach der einen Richtung x und zwar nach dem Gesetz $u = a \sin rx$. Dann lässt sich leicht nachweisen, dass die Aenderungsgeschwindigkeit der Temperaturen überall den Temperaturen selbst proportional ist, und zwar überall nach demselben Proportionolitätscoefficienten. Die Temperaturen werden sich zwar ausgleichen, doch wird die Vertheilung stets sinusförmig bleiben und ihre Periode beibehalten, ähnlich wie dies für die Excursionen bei der Taylor'schen Saite gilt. Während aber die Saite, weil durch die Excursionsdifferenzen der Nachbar-

Fig. 42.

[1]) Euler, Mém. de l'Acad. de Berlin. Année 1735. S. 209.

punkte *Beschleunigungen* bestimmt sind, Schwingungen eingeht, werden die Temperaturen, weil durch die Differenzen *Ausgleichsgeschwindigkeiten* bestimmt sind, die mit den Temperaturen selbst proportional abnehmen, nach dem Gesetz einer *geometrischen* Progression der mittleren Endtemperatur zustreben, welche sie erst nach unendlich langer Zeit erreichen.

In der That ist, wenn

$$u = a \sin r x,$$

nach Fouriers Gleichung (S. 90)

$$\frac{du}{dt} = \varkappa \frac{d^2 u}{dx^2},$$

worin $\varkappa = \frac{k}{c\varrho}$, d. h. es ist

$$\frac{du}{dt} = -\varkappa r^2 a \sin r x, \text{ oder}$$

$$\frac{du}{dt} = -r^2 \varkappa u$$

also die Aenderungsgeschwindigkeit *proportional* der Temperatur. Durch Integration nach t folgt

$$u = A e^{-r^2 \varkappa t},$$

wobei A den Anfangswerth von u bedeutet, demnach stellt

$$u = e^{-r^2 \varkappa t} a \sin r x$$

den ganzen Verlauf der Erscheinung dar, wie derselbe oben in Worten ausgesprochen wurde. Man überzeugt sich, dass der letzte Ausdruck, welchen Werth auch a und r annehmen mag, der Differentialgleichung genügt.

27. Denkt man sich einen unendlich langen dünnen Stab zunächst gegen Wärmeableitung nach aussen *geschützt*, so befolgt die Temperatur, dieselbe Variation nach der Längsrichtung angenommen, dasselbe Gesetz. Wird der Stab von endlicher Länge genommen und in einen Ring zusammengebogen, so bleibt die Erscheinung noch immer dieselbe, falls nur eine Anzahl Perioden (des Sinus), z. B. *eine*, in dem Ringumfang gerade aufgehen. Trägt man in letzterem Falle die Temperaturordinaten senkrecht zur Ebene des Kreisringes auf, so liegen deren Endpunkte in

einer durch den Ringdurchmesser der Nulltemperaturen gelegten Ebene, welche während des Temperaturausgleichs ihren Winkel mit der Ringebene allmälig verkleinert, und schliesslich, nach unendlich langer Zeit, mit dieser zusammenfällt (Fig. 43).

Nimmt man die Temperatur des umgebenden Mittels als Null an, so kann auch der Wärmeaustausch mit diesem, weil die Ausgleichsgeschwindigkeiten den Temperaturen proportional sind, die Form des Vorganges nicht ändern. Nur der Fall der geometrischen Progression wird grösser. Dasselbe gilt auch für einen Stab, der nicht gegen Wärmeableitung nach aussen geschützt ist.

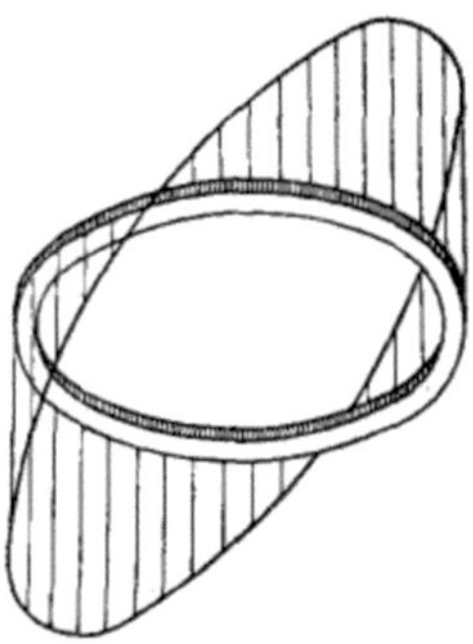

Fig. 43.

28. Sehen wir vom Wärmeverlust nach aussen ab, und kehren wir zu der Temperaturvariation nach der x-Richtung in einem leitenden Körper von unendlicher Ausdehnung zurück. Indem Fourier den Gedanken der Zusammensetzung der Lösung einer Differentialgleichung aus particulären Integralen, dem Vorgang Dan. Bernoulli's und Euler's entsprechend aufnimmt, gelangt er schon zu *sehr mannigfaltigen Temperaturenvertheilungen.* Setzt man nämlich

$$u = e^{-r_1^2 \varkappa t} a_1 \sin r_1 x + e^{-r_1^2 \varkappa t} a_2 \sin r_2 x + e^{-r_3^2 \varkappa t} a_3 \sin r_3 x + \ldots .$$

wobei $a_1, a_2, a_3 \ldots$ l. und $r_1, r_2, r_3 \ldots$ beliebige Werthe haben, und die Zahl der Glieder beliebig gross sein kann, so genügt auch dieser Ausdruck der obigen Differentialgleichung, und stellt den ganzen Vorgang dar, welcher mit der Anfangsvertheilung

$$u = a_1 \sin r_1 x + a_2 \sin r_2 x + a_3 \sin r_3 x + \ldots$$

beginnt. Allein Bernoulli war es noch nicht gelungen eine *beliebige* Funktion darzustellen, er konnte sich noch nicht zur vollen Allgemeinheit der D'Alembert'schen Lösung erheben, was auch Euler auf diesem Wege unerreichbar schien. Dies gelang jedoch Fourier durch Anwendung *unendlicher* periodischer Reihen. Den Weg, welchen Fourier zu diesem Zwecke einschlug, wollen wir, um die Darstellung der Hauptsache nicht zu unterbrechen, *nachher* betrachten. Hier soll zunächst Fourier's Leistung an Beispielen, an Ergebnissen seiner Arbeit, veranschaulicht werden.

29. Fourier versucht in der unendlichen Reihe

$$1 = a \cos x + b \cos 3x + c \cos 5x + d \cos 7x + \ldots .$$

die Coefficienten a, b, c, $d \ldots .$ so zu bestimmen, dass die angeschriebene Gleichung erfüllt ist. Dies gelingt ihm zunächst bei successiver Vermehrung der Glieder durch Induktion[1]), und es ergiebt sich

$$1 = \frac{4}{\pi}\left(\cos x - \frac{1}{3}\cos 3x + \frac{1}{5}\cos 5x - \frac{1}{7}\cos 7x + \ldots .\right),$$

welche Gleichung für Werthe von x zwischen $\pm\frac{\pi}{2}$ richtig ist.

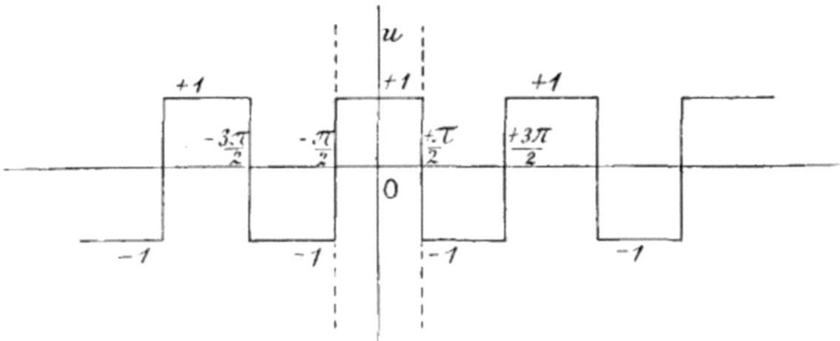

Fig. 44.

Vermöge der periodischen Natur der Glieder wechselt der Werth der rechten Seite in der durch die Figur angedeuteten Weise zwischen $+1$ und -1. Multiplicirt man beide Seiten der Gleichung mit u, so kann man ein Schwanken zwischen den Werthen $\pm u$ darstellen. Soll der Wechsel nicht in Perioden von der Länge π, sondern von der Länge l stattfinden, so ist an die Stelle von x einfach $\frac{\pi x}{l}$ zu setzen. Mit Bezug auf die (S. 102) ausgeführte Betrachtung sieht man, dass die Gleichung

1) Fourier, a. a. O. S. 167.

$$u = \frac{4u_1}{\pi}\left(e^{\frac{-\varkappa\pi^2}{l^2}t} \cdot \cos\frac{\pi x}{l} - \frac{e^{\frac{-9\varkappa\pi^2}{l^2}t}}{3} \cdot \cos\frac{3\pi x}{l}\right.$$

$$\left. + \frac{e^{\frac{-25\varkappa\pi^2}{l^2}t}}{5} \cdot \cos\frac{5\pi x}{l} - \ldots\ldots\right),$$

welche für $t = 0$ eine (Fig. 44 entsprechende) Temperaturvariation nach der x-Richtung mit Sprüngen zwischen $\pm u_1$ und in Perioden von der Länge l darstellt, für wachsend t den ganzen Verlauf des Temperaturausgleichs angiebt. Es steht nun nichts im Wege, sich aus dem leitenden Körper eine unendliche planparallele Platte von der Dicke l senkrecht zu x herausgeschnitten zu denken. Ist diese auf die Anfangstemperatur u_1 erwärmt und in schmelzendes Eis versenkt, so stellt die Gleichung den ganzen Wärmeleitungsvorgang, beziehungsweise Abkühlungsvorgang in derselben vor. Dass die Gleichung über $x = \pm l$ hinaus noch eine *analytische* Bedeutung hat, braucht uns nicht zu beirren. Der Vorgang verläuft in der Platte in gleicher Weise, ob wir dieselbe als Theil eines unendlichen Körpers oder als isolirt in Eis versenkt ansehen, gerade so wie eine schwingende *Abtheilung* einer Saite sich so verhält, als ob die Enden derselben *fest* wären.

30. Construirt man die der Reihe entsprechende Kurve, indem man ein Glied nach dem andern hinzufügt, so entstehen der Reihe nach die Curven 1, 2, 3 . . ., welche sich, wie man sieht der Curve Fig. 46, 1 nähern, wobei sie die letztere so zu sagen in Schwingungen von abnehmender Weite und Periode umspielen. Fügt man nun die Exponentiellen hinzu, so sieht man, dass die Glieder von kürzerer Periode viel rascher verschwinden als jene von längerer Periode, so dass bei wachsender Zeit das Glied von der längsten Periode allein überwiegende Geltung bekommt, wie dies Fig. 46, 2 veranschaulicht. Es kommt dies auf eine Abrundung der Ecken der Curve hinaus. Dies Verhältniss entspricht ganz jenem bei den schwingenden Saiten, deren höheren Partialtöne eine kürzere Schwingungsdauer haben als die tieferen. Fourier hat sich, dem Beispiel Galilei's folgend, bemüht, den Vorgang in Theilvorgänge zu zerlegen, welche unmittelbar durchschaut werden können.

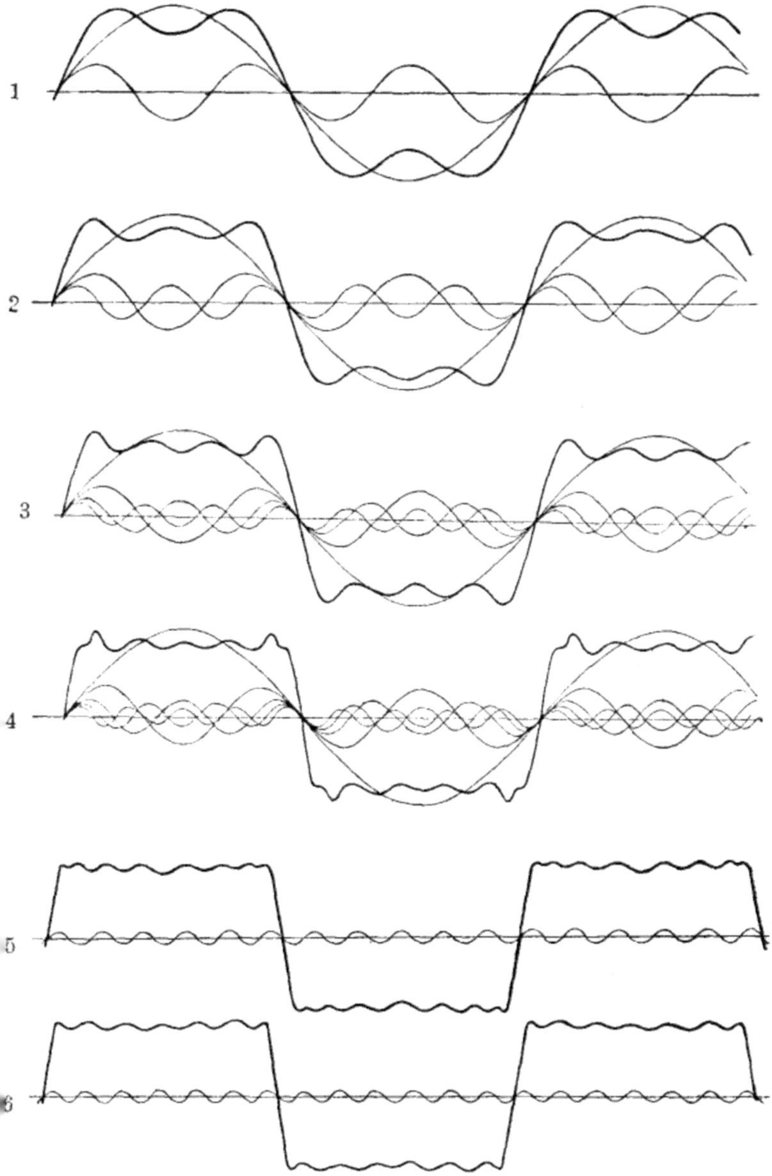

Fig. 45.

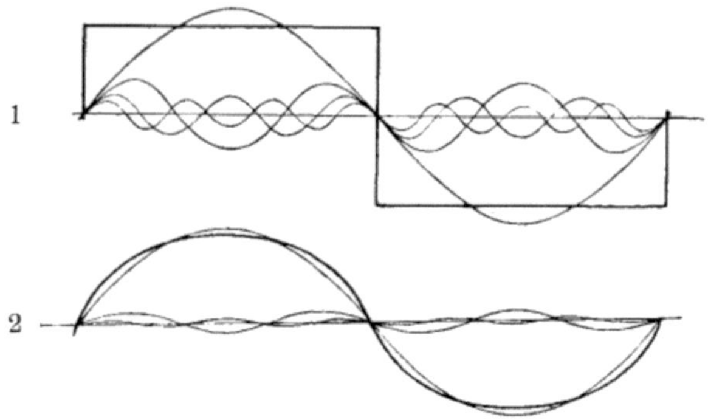

Fig. 46.

31. Als zweites Beispiel mag eine stationäre Temperaturvertheilung behandelt werden. Wir denken uns einen leitenden Körper durch drei zur XY-Ebene senkrechte Ebenen begrenzt. Davon seien zwei parallel X (im Schnitt durch AC, BD dargestellt) gegen X hin unbegrenzt, die dritte (AB) gehe durch die Y-Achse. Die ganze Ebene AB werde von Dämpfen siedenden Wassers bespült, während AC, BD mit schmelzendem Eis in Berührung bleiben. Der stationäre Temperaturzustand hat der Gleichung zu genügen

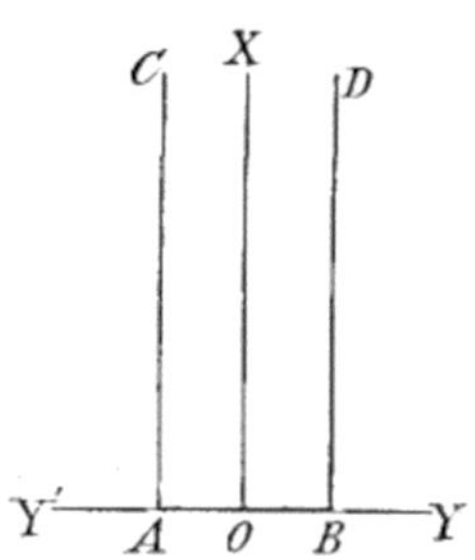

Fig. 47.

$$\frac{d^2u}{dx^2} + \frac{d^2u}{dy^2} = 0.$$

Ein particuläres Integrale ist

$$u = e^{-\mu x} \cdot \cos \mu y,$$

und demnach ein allgemeineres

$$u = a_1 e^{-\mu_1 x} \cos \mu y + a_2 e^{-\mu_2 x} \cos \mu_2 y$$
$$+ a_3 e^{-\mu_3 x} \cos \mu_3 y + \ldots$$

Mit Rücksicht auf das frühere Beispiel kann dieses Integrale den Bedingungen der Aufgabe angepasst werden, indem man setzt

$$u = \frac{4u_1}{\pi}\left(e^{\frac{-\pi x}{l}} \cdot \cos\frac{\pi y}{l} - \frac{e^{\frac{-3\pi x}{l}}}{3} \cdot \cos\frac{3\pi y}{l}\right.$$
$$\left. + \frac{e^{\frac{-5\pi x}{l}}}{5} \cdot \cos\frac{5\pi y}{l} - \ldots\right)$$

Hierbei ist $AB = l$ und die Temperatur an AB gleich u_1 gesetzt. Auch hier kann der stationäre Strömungszustand in mehrere leicht übersehbare Theile zerlegt werden, und es lassen sich analoge Betrachtungen wie in dem vorigen Falle anknüpfen.

32. Es ist hier nicht nöthig alle Probleme im Einzelnen zu behandeln, die Fourier gelöst hat. Die angeführten Beispiele genügen den Charakter dieser Untersuchungen zur Anschauung zu bringen. Ueberall ist es Fourier's offen ausgesprochenes Streben[1]), nicht nur die Erscheinungen in Formeln darzustellen, sondern in solchen Formeln, welche *Einsicht* in die Vorgänge und *numerische* Berechnung derselben gestatten. Formeln, welche diese Vortheile nicht gewähren, erscheinen ihm als müssige Transformationen, unter welchen die Vorgänge nicht minder verborgen bleiben, als unter den Differentialgleichungen, welche den Ausgangspunkt bildeten.

33. Nicht unerwähnt sollen aber die Sätze bleiben, welche die bequeme Handhabung der periodischen Reihen ermöglichen. Die grundlegenden Gedanken sind folgende. Es seien in der folgenden Reihe die Coefficienten so zu bestimmen, dass

$$f(x) = a_1 \sin x + a_2 \sin 2x + a_3 \sin 3x + \ldots.$$

Haben wir n Glieder der Reihe, so können wir die n Coefficienten $a_1, a_2, a_3 \ldots.$ so wählen, dass für n Werthe von x der Werth der Reihe in der That die betreffenden Werthe von $f(x)$ darstellt. Es ist aber klar, dass für $x = 0$ und $x = \pi$ der Werth der Reihe nothwendig Null ist. Nimmt die Reihe für von 0 bis π wachsende Werthe von x die Werthe $+p, +q, +r \ldots.$ an, so folgen über π hinaus bis 2π vermöge der *periodischen* Natur der Glieder die Werthe $\ldots. -r, -q, -p$, mit entgegengesetztem Zeichen und in umgekehrter Ordnung, und diese ganze Folge von Werthen wiederholt sich, so oft x um 2π wächst.

[1]) Fourier, a. a. O. S. 580.

Wir können also durch Wahl der Coefficienten $a_1, a_2, a_3 \ldots$ nur über die Werthe zwischen $x = 0$ bis $x = \pi$ *verfügen.*

Theilen wir die Strecke π in n Theile, so haben wir für die $n-1$ Theilungspunkte

$$f\left(\frac{\pi}{n}\right) = a_1 \sin\frac{\pi}{n} + a_2 \sin\frac{2\pi}{n} + \ldots + a_{n-1} \sin(n-1)\frac{\pi}{n}$$

$$f\left(\frac{2\pi}{n}\right) = a_1 \sin\frac{2\pi}{n} + a_2 \sin 2\frac{2\pi}{n} + \ldots + a_{n-1} \sin(n-1)\frac{2\pi}{n}$$

. . . .

$$f\left(\frac{\overline{n-1}\cdot\pi}{n}\right) = a_1 \sin\frac{\overline{n-1}\cdot\pi}{n} + a_2 \sin 2\frac{\overline{n-1}\cdot\pi}{n} + \ldots$$
$$+ a_{n-1} \sin(n-1)\frac{\overline{n-1}\cdot\pi}{n}.$$

Aus diesen $n-1$ Gleichungen können $n-1$ der Coefficienten a_1, a_2, a_3 bestimmt werden. Dies geschieht nach dem Lagrange'schen[1]) Verfahren am bequemsten, indem man jede Gleichung mit einem Coefficienten $\lambda_1, \lambda_2, \ldots \lambda_{n-1}$ multiplicirt, alle Gleichungen addirt und die Coefficienten nachher so wählt, dass alle Faktoren von $a_1, a_2 \ldots a_{n-1}$ bis auf einen z. B. jenen von a_m verschwinden. Hiermit ist nun a_m bestimmt. Nach Lagrange bestimmt sich nun a_m, indem man

$$\lambda_1 = 2 \sin m\frac{\pi}{2}$$

$$\lambda_2 = 2 \sin m\frac{2\pi}{2}$$

$$\lambda_3 = 2 \sin m\frac{3\pi}{2}$$

. . . .

$$\lambda_{n-1} = \sin m\frac{\overline{n-1}\pi}{2}$$

setzt, wobei also jede Gleichung mit dem doppelten Coefficienten multiplicirt wird, welchen a_m in *derselben* schon hat.

---

[1]) Lagrange, Miscell. Taur. I. III.

In der That lehrt nun eine etwas umständliche, im Princip aber einfache Rechnung[1]), dass alle Coefficienten von $a_1, a_2 \dots a_{n-1}$ mit Ausnahme desjenigen von a_m verschwinden. Für a_m folgt aber dann ersichtlich

$$a_m = \frac{2}{n}\left[f\left(\frac{\pi}{n}\right)\sin\frac{m\pi}{n} + f\left(\frac{2\pi}{n}\right)\sin\frac{m2\pi}{n}\right.$$
$$\left. + f\left(\frac{3\pi}{a}\right)\sin\frac{m3\pi}{n} + \dots + f\left(\frac{\overline{n-1}\pi}{n}\right)\sin m\frac{\overline{n-1}\pi}{n}\right].$$

34. Fourier[2]) hat nun zuerst daran gedacht, diesen Vorgang für eine *unendliche* Anzahl von Reihengliedern auszuführen, wodurch also eine unendliche Anzahl von Werthen von $f(x)$ durch die Reihe dargestellt werden kann, selbst wenn die $f(x)$ darstellende Curve aus *gebrochenen* Linien besteht. Schreibt man in diesem Fall für den Faktor $\frac{2}{n}$ vor der Klammer $\frac{2}{\pi}\cdot\frac{\pi}{n}$ und setzt $\frac{\pi}{n} = dx$, $\frac{2\pi}{n} = 2dx$ u. s. w., so ist der ganze Ausdruck rechts ein bestimmtes Integrale. Es ist

$$a_m = \frac{2}{\pi}\int_0^\pi f(x)\sin mx \cdot dx.$$

Macht $f(x)$ in dem Intervall von 0 bis π Sprünge, so muss natürlich das Integral in mehrere Theile zerlegt werden.

In analoger Weise findet man die Entwicklung

$$f(x) = \frac{1}{2}b_0 + b_1\cos x + b_2\cos 2x + b_3\cos 3x + \dots.$$

wobei

$$b_m = \frac{2}{\pi}\int_0^\pi f(x)\cos mx \cdot dx.$$

---

[1]) Vgl. z. B. Riemann-Hattendorff, Partielle Differentialgleichungen. Braunschweig 1869. S. 46 u. f. f.

[2]) Fourier, a. a. O. S. 225, 248.

Ein noch allgemeinerer Ausdruck ist[1])

$$f(x) = \frac{1}{2} b_0 + b_1 \cos x + b_2 \cos 2x + b_3 \cos 3x + \dots$$
$$+ a_1 \sin x + a_2 \sin 2x + a_3 \sin 3x + \dots$$

in welchem zu setzen ist

$$b_m = \frac{1}{\pi} \int_{-\pi}^{\pi} f(x) \cos mx \cdot dx$$

$$a_m = \frac{1}{\pi} \int_{-\pi}^{+\pi} f(x) \sin mx \cdot dx.$$

Ist die Funktion $f(x)$ von der Beschaffenheit, dass $f(-x) = f(x)$, so verschwinden die Coefficienten a, ist hingegen $f(-x) = -f(x)$, so verschwinden die Coefficienten b, so dass also diese letzte Reihe die beiden vorigen als specielle Fälle in sich enthält.

Die Reihe ist zunächst nur innerhalb der Grenzen $x = -\pi$ bis $x = +\pi$ brauchbar. Soll $f(x)$ innerhalb eines *weiteren* Werthintervalls von x dargestellt worden, so denke man sich mit x eine Variable u durch die Gleichung verbunden $x = \frac{cu}{\pi}$, dann variirt u nur von $-\pi$ bis $+\pi$, während x von $-x$ bis $+x$ variirt. Es gelten nun die Gleichungen für $u = -\pi$ bis $u = +\pi$

$$f\left(\frac{cu}{\pi}\right) = \frac{1}{2} b_0 + b_1 \cos u + b_2 \cos 2u + b_3 \cos 3u + \dots$$
$$+ a_1 \sin u + a_2 \sin 2u + a_3 \sin 3u + \dots$$

$$b_m = \int_{-\pi}^{+\pi} f\left(\frac{cu}{\pi}\right) \cos mudu$$

$$a_m = \int_{-\pi}^{+\pi} f\left(\frac{cu}{\pi}\right) \sin mudu.$$

[1]) Fourier, a. a. O. S. 260.

Daher gilt für $x = -c$ bis $x = +c$ die Gleichung

$$f(x) = \frac{1}{2} b_0 + b_1 \cos \frac{\pi x}{c} + b_2 \cos \frac{2\pi x}{c} \cdot$$

$$+ a_1 \sin \frac{\pi x}{c} + \ \cdot \sin \frac{2\pi}{c}$$

Auf den Namen der Variablen in den bestimmten Integralen a und b kommt es nicht an, setzt man aber $\frac{cu}{\pi} = \lambda$ als neue Variable in dieselben ein, so übergehen dieselben in die Form

$$b_m = \frac{1}{c} \int_{-c}^{+c} f(\lambda) \cos \frac{m\pi\lambda}{c} \cdot d$$

$$\ = \frac{1}{c} \int_{-c}^{+c} f(\lambda) \sin \frac{m\pi\lambda}{c} \cdot d$$

35. Sind die Gültigkeitsgrenzen der Entwicklung in dieser Weise erweitert, so entsteht leicht der Gedanke, dieselben ins Unendliche zu erweitern. Es gelang **Fourier** in der That eine Funktion $f(x)$, deren Werthe von $x = -\infty$ bis $x = +\infty$ gegeben waren, durch periodische Funktionen darzustellen. Man denke sich die Coefficienten a, b in die obige Reihe eingesetzt, so sieht man, die bekannte Entwicklung von $\cos(\alpha - \beta)$ beachtend, dass die Reihe in folgender Weise geschrieben werden kann:

$$f(x) = \frac{1}{c} \left[\frac{1}{2} \int_{-c}^{+c} f(\lambda)\, d\lambda + \sum_{m=1}^{m=\infty} \int_{-c}^{+c} f(\lambda) \cos \frac{m\pi}{c} (\lambda - x) \cdot d\lambda \right]$$

oder, wenn man m in den Grenzen von $m = 0$ bis $m = \infty$ nimmt

$$f(x) = \frac{1}{c} \left[-\frac{1}{2} \int_{-c}^{+c} f(\lambda)\, d\lambda + \sum_{m=0}^{m=\infty} \int_{-c}^{+c} f(\lambda) \cos \frac{m\pi}{c} (\lambda - x) \cdot d\lambda \right].$$

Wird c sehr gross, so wird $\frac{\pi}{c}$ sehr klein. Wächst dann m um eine Einheit, so kann man $\frac{m\pi}{c} = p$ als stetig wachsend ansehen und $\frac{\pi}{c} = dp$ setzen. Ist der erste Integralausdruck des rechten Gliedes endlich, so verschwindet derselbe wegen Multiplikation mit $\frac{1}{2c}$. Für $\frac{1}{c}$ schreiben wir $\frac{1}{\pi} \cdot \frac{\pi}{c} = \frac{1}{\pi} dp$ und erhalten statt des Summenausdruckes das bestimmte Integral

$$f(x) = \frac{1}{\pi} \int_0^{\infty} dp \int_{-\infty}^{+\infty} f(\lambda) \cos p(\lambda - x)\, d\lambda.$$

Die genauere *mathematische* Untersuchung der Fourierschen Ausdrücke, so wie weitere Beispiele, welche immerhin etwas weitläufige Rechnungen erfordern würden, müssen anderwärts nachgesehen werden.[1]) Hier hat es sich wesentlich darum gehandelt, zu zeigen, in welcher Weise Fourier an die Arbeiten der Vorgänger angeknüpft, und welche wichtige Gesichtspunkte er hierdurch für seine eigenen Untersuchungen gewonnen hat.

---

[1]) Fourier, a. a. O. S. 445 u. f. f. — Dirichlet, Dove's Repertor. d. Physik. Berlin 1837. Bd. I, S. 152.

Rückblick auf die Entwicklung der Lehre von der Wärmeleitung.

1. Die Fourier'sche Theorie der Wärmeleitung kann als eine physikalische *Mustertheorie* bezeichnet werden. Dieselbe gründet sich nicht auf eine *Hypothese*, sondern auf eine beobachtbare *Thatsache*, nach welcher die Ausgleichsgeschwindigkeit (kleiner) Temperaturdifferenzen diesen Differenzen selbst proportional ist. Eine solche Thatsache kann zwar durch feinere Beobachtungen genauer festgestellt oder corrigirt werden, sie kann aber als solche weder unmittelbar noch in ihren richtigen mathematischen Folgerungen mit anderen Thatsachen in Widerspruch treten. Diese Grundlage der Theorie mit dem ganzen darauf gestützten Bau bleibt gesichert, während z. B. eine Hypothese wie jene der kinetischen Gastheorie, welche mit grossen Geschwindigkeiten nach allen Richtungen bewegte Moleküle *annimmt*, die in verschwindender Wechselwirkung stehen, jeden Augenblick des Widerspruchs mit neuen Thatsachen gewärtig sein muss, so viel dieselbe auch bisher zur Uebersicht der Eigenschaften der Gase beigetragen haben mag.

2. Die ganze Fourier'sche Theorie besteht eigentlich nur in einer widerspruchslosen quantitativ genauen begrifflichen Auffassung der Wärmeleitungsthatsachen, in einem übersichtlichen systematisch geordneten *Inventar* von Thatsachen, oder vielmehr in einer Anleitung dieses Inventar aus der obigen Grundeigenschaft zu *entwickeln* und jede vorkommende Thatsache in dasselbe *einzuordnen*.[1])

[1]) Vgl. Mach, Mechanik. S. 135.

Galilei hat die ganze Mechanik der schweren Körper auf die Thatsache der *constanten* Fallbeschleunigung zurückgeführt, welche letztere Newton als von den gegenseitigen Entfernungen der Körper *abhängig* erkennt. In analoger Weise ruht die Fourier'sche Theorie auf dem Newton'schen Satze der Proportionalität zwischen Temperaturdifferenz und Ausgleichsgeschwindigkeit. Die Leitungsfähigkeiten und Wärmecapacitäten bestimmen die Proportionalitätsfaktoren, so wie in dem mechanischen Falle die Massen. Bei gegeneinander gravitirenden Körpern streben sich die Entfernungen, bei ungleich temperirten Körpern die Temperaturen auszugleichen, nur sind in dem erstern Fall durch die Entfernungsdifferenzen Ausgleichs*beschleunigungen*, in dem letzteren durch die Temperaturdifferenzen Ausgleichs*geschwindigkeiten* bestimmt.

3. Das Ergebniss der Fourier'schen Theorie lässt sich so ausdrücken, dass es als fast selbstverständlich und unserer instinktiven Auffassung sehr nahe liegend erscheint, indem man sagt, *dass jeder materielle Punkt dem Temperaturmittel der umgebenden Punkte zustrebt.* Es liegt dies ebenso nahe, als die Ansicht, dass alle schweren Körper, sich selbst überlassen, sinken. Die Wissenschaft bestätigt in beiden Fällen eine offenkundige Thatsache, nur genauer und vollständiger nach allen Seiten hin, als dies die unwillkürliche und ungeschulte Beobachtung zu thun vermag. Es ist in der Mechanik und in der Wärmeleitungstheorie eigentlich nur je *eine* grosse Thatsache, welche ermittelt wird.

Zwei sich berührende ungleich temperirte Körper streben ihrem (durch die Wärmecapacitäten mitbestimmten) Temperaturmittel zu. Die Aenderungsgeschwindigkeit $\frac{du}{dt}$ der Temperatur u des Punktes eines Körpers, dessen Temperatur nur nach x variirt, ist durch

$$\frac{u}{t} = \left(\frac{k}{c\varrho}\right)\frac{d^2 u}{dx^2}$$

bestimmt, also durch die Abweichung vom *Temperaturmittel* der Umgebung (S. 85). Je nachdem die Temperatur u über oder unter diesem Temperaturmittel liegt, sinkt oder steigt sie proportional der Abweichung von demselben. Bei beliebig von

Stelle zu Stelle im Raume variirender Temperatur denken wir uns durch den Punkt x, y, z drei den Coordinatenachsen parallele Gerade gezogen, und setzen senkrecht auf jede die Temperaturordinaten auf. Die Werthe $\frac{d^2u}{dx^2}, \frac{d^2u}{dy^2}, \frac{d^2u}{dz^2}$ entsprechen den Krümmungen der drei Temperaturcurven, oder den Abweichungen der Temperatur u des Punktes x, y, z vom Temperaturmittel nach den drei Richtungen. Die Gleichung

$$\frac{du}{dt} = \frac{k}{c\varrho}\left(\frac{d^2u}{dx^2} + \frac{d^2u}{dy^2} + \frac{d^2u}{dz^2}\right)$$

sagt also wieder nur, dass u dem Temperatur*mittel* der Umgebung *zustrebt* mit einer Geschwindigkeit, welche der Abweichung von demselben proportional ist. Für den stationären Zustand ist

$$\frac{d^2u}{dx^2} + \frac{d^2u}{dy^2} + \frac{d^2u}{dz^2} =$$

d. h. derselbe tritt dann ein, wenn die genannte Abweichung vom Mittel Null ist, oder wenn jeder Punkt die *Mitteltemperatur* der Umgebung *erreicht* hat. Der stationäre (dynamische) Zustand geht in einen vollkommenen (statischen) Gleichgewichtszustand über, wenn der Wärmefluss verschwindet, also

$$\frac{du}{dx} = \frac{du}{dy} = \frac{du}{dz} = 0$$

oder $u = \text{const}$ ist.

4. Die vorletzte Gleichung, welche den Namen der Laplaceschen führt, hat bekanntlich nicht nur im Gebiete der Wärmeleitung, sondern in fast allen Gebieten der Physik eine hohe Bedeutung. Dies liegt an folgendem Umstand. Denken wir uns u als eine physikalische *Zustandscharakteristik* eines materiellen Punktes (Temperatur, Potential, Concentration einer Lösung, Geschwindigkeitspotential u. s. w.), so ist jede Aenderung des Zustandes, das Beharren eines stationären Vorganges, das Gleichgewicht, durch die *Werthdifferenzen* des u an der Stelle x, y, z und den Nachbarstellen bestimmt. In einem *physikalischen Continuum* wird das Verhalten eines jeden Punktes durch die Abweichung des Werthes seiner physikalischen Charakteristik von einem gewissen Mittelwerth der Charakteristik der Nachbarpunkte bestimmt.

5. Es sei allgemein $u = f(x, y, z)$. Für einen Nachbarpunkt von x, y, z ist u gegeben durch $f(x + h, y + k, z + l)$. Wenn $\varphi\left(\sqrt{h^2 + k^2 + l^2}\right)$ eine in jedem besondern Fall zu ermittelnde Funktion der Entfernung bedeutet, welche das *Gewicht* der Nachbarpunkte im *Mittelwerth* bestimmt, und die im Allgemeinen mit wachsender Entfernung sehr rasch abnimmt, so erhält der maassgebende Mittelwerth die Form

$$\frac{\iiint\limits_{-\infty}^{+\infty} f(x + h, y + k, z + l)\, \varphi \sqrt{h^2 + k^2 + l^2} \cdot dh \cdot dk \cdot dl}{\iiint\limits_{-\infty}^{+\infty} \varphi \sqrt{h^2 + k^2 + l^2} \cdot dh \cdot dk \cdot dl}$$

Entwickelt man f nach der Taylor'schen Reihe bis zu den zweiten Potenzen von h, k, l und integrirt durch alle 8 Oktanten um den Punkt x, y, z herum, so fallen wegen des Zeichenwechsels alle mit ungeraden Potenzen von h, k, l behafteten Glieder aus, und es bleibt als Ausdruck des Mittelwerthes

$$u + \frac{m}{2}\left(\frac{d^2u}{dx^2} + \frac{d^2u}{dy^2} + \frac{d^2u}{dz^2}\right) \quad . \; . \; . \; . \; . \; . \quad \dagger)$$

Hierbei hat m den Werth

$$m = \frac{\iiint\limits_{0}^{\infty} \varphi\left(\sqrt{h^2 + k^2 + l^2}\right) h^2 \cdot dh\, dk\, dl}{\iiint\limits_{0}^{\infty} \varphi\left(\sqrt{h^2 + k^2 + l^2}\right) \cdot dh\, dk\, dl}$$

der lediglich von dem Verhalten von φ abhängt. Für den Fall der Wärmeleitung ist eben $m = \frac{2k}{c\varrho}$. Die Abweichung des u an der Stelle x, y, z von dem Mittelwerth der Umgebung ist, wie man sieht, durch den zweiten Theil des Ausdruckes † gegeben. Man erkennt zugleich, dass die Verwendung der Form † auf einer Näherung beruht. Nimmt der Werth von φ mit wachsender Entfernung langsamer ab, so genügt die Entwicklung bis zu den zweiten Differentialquotienten *nicht*; man muss dieselbe dann weiter führen. Weitere Complicationen ergeben sich, wenn die Werthe von u *selbst* auf jene von φ Einfluss nehmen, wie dies Fourier schon für möglich gehalten und Forbes experimentell nachgewiesen[1]) hat (vergl. S. 91). Hiermit ist die allgemeine *phänomenologische* Bedeutung der Laplace'schen Gleichung dargelegt. Dass dieselbe nicht auf das engere Gebiet der Physik beschränkt ist, habe ich anderwärts schon kurz ausgeführt.[2])

6. Eine naturwissenschaftliche Theorie, wie die eben behandelte Theorie der Wärmeleitung, kommt durch einen doppelten Vorgang zu Stande: Durch Aufnehmen von *Sinneswahrnehmungen* (durch Beobachtung und Versuch), und durch *selbstthätige Nachbildung* der Thatsachen der Wahrnehmung in Gedanken. Diese Nachbildung muss, wenn dieselbe wissenschaftlichen Charakter haben soll, *mittheilbar* sein. Gedanken sind aber nur übertragbar, indem sie durch die Sprache als Abbilder allgemein bekannter Thatsachen bezeichnet werden. Es kommt also immer darauf an, die Ergebnisse der Beobachtung mit Hülfe allgemein bekannter und geläufiger Thätigkeiten aus allgemein bekannten Wahrnehmungsthatsachen nachzubilden. Nur selten wird sich dieser Process rein in der Phantasie abspielen können, wie z. B., wenn man sich die Abkühlung eines warmen Körpers in kalter Umgebung, die Bildung des rothen Zinnober aus weissem metallisch glänzendem Quecksilber und gelbem Schwefel vorstellt. Bei Bestimmung der Lichtbrechung durch eine geometrische Construction ahmt man die *physikalische* Thatsache durch *geometrische* Thatsachen nach, welche bei einer geläufigen muskulären Thätigkeit an bekannten geometrischen Objekten auftreten. Ebenso beruht die Darstellung des Abkühlungsprocesses durch eine geometrische Progression in letzter Linie auf einer geläufigen Rechnungs-, beziehungsweise Zähloperation, welche mit den Graden des Thermometers vorgenommen wird, also ebenfalls auf einer muskulären Thätigkeit (Richtung des Blickes, Bezeichnung, Benennung des Grades u. s. w.) beruht.

---

[1]) Man sieht, in welcher Weise bei Annahme des dargelegten Standpunktes *molekulartheoretische* Untersuchungen über die Bedeutung von *m*, über dessen Zusammenhang mit dem *Absorptions-* und *Emissionsvermögen* des wärmeleitenden Körpers einzuleiten wären.

[2]) Mach, über Guébhard's Darstellung der Aequipotentialcurven. Sitzungsber. d. Wiener Akademie. Math.-naturw. Cl. II. Abth. Bd. 86, S. 10 (1882). — Vgl. auch Mach, über die physiologische Wirkung räumlich vertheilter Lichtreize. Sitzungsberichte der Wiener Akad. Math.-naturw. Cl. II. Abth. Bd. 57 (1868). — Ferner: „Analyse d. Empfindungen" S. 92 und „Mechanik" S. 221.

7. Unser Verhalten im Gebiete der Wissenschaft ist lediglich ein Abbild desjenigen im organischen Leben überhaupt. Wir reagiren auf qualitativ verschiedene bestimmte Reize mit qualitativ verschiedenen Empfindungen und Bewegungen, welche letztere zum Theil organisch vorgebildet sind (Geschmack und Schlingbewegung), zum Theil durch persönliche Erfahrung (Erinnerung) erworben werden (Zurückweichen vor einem glühenden Körper). In der Association und dem Widerstreit solcher Reaktionen, welche in ihren *Elementen* organisch vorgebildete Reflexreaktionen sind, besteht das organische und geistige Leben. Die Natur des Vorganges wird nicht geändert, wenn die Vorstellungsbilder der Reaktionen in Bewegungen umgesetzt werden; nur die Intensität und das Bereich des Vorganges hat sich in diesem Fall vergrössert.

Bei den einfachsten Organismen dienen alle Reaktionen *unmittelbar* zur Erhaltung günstiger Lebensbedingungen; was die entsprechende Geschmacksempfindung erregt, wird verschlungen. Bei reicherer Entwicklung kann eine Reaktion als Mittel zu einem weitern Zweck dienen. Der Anblick eines Objektes erinnert an dessen Geschmack; der Geschmack erregt die Begierde das Objekt zu ergreifen. Dieses Ziel ist aber oft nur durch eine Reihe von Zwischenreaktionen erreichbar.

Alle Vorgänge, durch welche *wissenschaftliche* Ergebnisse gewonnen werden, haben die Natur solcher zur Erreichung eines (intellektuellen) Lebenszweckes nothwendiger (intellektueller) *Mittelglieder.* In den einfachsten Fällen handelt es sich darum, dass durch das Merkmal A einer sinnlichen Thatsache die Vorstellung oder Erwartung eines andern Merkmals B wachgerufen wird, welche letztere unser weiteres praktisches oder intellektuelles Verhalten bestimmt. In der fortschreitenden Association solcher zusammengehöriger Merkmale im Gedächtniss besteht die geistige Entwicklung. In vielen Fällen kann diese Association, wegen der Complication der Umstände, nicht von selbst und unwillkürlich stattfinden, sondern die Auffindung der zusammengehörigen (sinnlichen) Merkmale ist selbst das Ergebniss einer Reaktion, welche durch das Interesse an dem *Zweck* ausgelöst wird; die Merkmale werden *gesucht.*

Jene sinnlichen Merkmale, welche durch eine solche intellektuelle oder praktische Reaktion zu Tage treten, sind die Merkmale eines *Begriffes*. Die prüfende oder constructive Anwendung des Begriffes besteht in der Ausführung jener ganz concreten Reaktion, durch welche die betreffenden Merkmale an einer gegebenen Thatsache bemerklich werden, oder durch welche eine Thatsache mit jenen Merkmalen dargestellt wird. Als Beispiel diene der Begriff „statisches Moment".[1])

8. Isolirten Thatsachen gegenüber bleibt nichts übrig, als dieselben einfach im Gedächtniss zu behalten. Kennt man jedoch ganze Gruppen von untereinander verwandten Thatsachen von der Art, dass die beiden zusammengehörigen Merkmale A und B derselben je eine *Reihe* bilden, deren Glieder sich nur durch die Zahl der gleichen Theile unterscheiden, in welche sich dieselben zerlegen lassen, so kann man eine bequemere Uebersicht und gedankliche Darstellung gewinnen. Sowohl die Einfallswinkel (A) als auch die Brechungswinkel (B) einer Reihe von einfallenden Strahlen, sowohl die Temperaturüberschüsse (A) als die Temperaturverluste per Minute (B) abkühlender Körper, lassen sich in gleiche Theile zerlegen, und jedem Gliede der Reihe A ist ein Glied der Reihe B zugeordnet. Eine systematisch geordnete Tabelle kann nun die Uebersicht erleichtern, das Gedächtniss unterstützen oder vertreten. Hier beginnt die *quantitative* Forschung, welche, wie man sieht, ein *Specialfall* der *qualitativen* Untersuchung ist, der nur auf Thatsachenreihen von einer *besondern* Art der Verwandtschaft anwendbar ist.

9. Eine neue Erleichterung tritt ein, wenn die ganze Tabelle durch eine compendiöse *Herstellungsregel* ersetzt werden kann, wenn man z. B. sagen kann: Multiplicire den Temperaturüberschuss u des abkühlenden Körpers mit dem Coefficienten μ, so erhältst du den Temperaturverlust μu per Minute. Sieht man eine solche Herstellungsregel oder Formel genau an, so enthält dieselbe lediglich einen Impuls zu einer ganz *concreten* Reaktion, welche durch A angeregt B ergiebt, deren Qualität immer dieselbe, deren Ausdehnung aber durch A bestimmt ist, so dass also auch die Reaktionen selbst eine analoge (wohlbekannte und eingeübte) Reihe bilden wie A und B. Die Formel $a + b$ erhält den Impuls zum konkreten Weiterzählen von a an, und nur

---

[1]) In Bezug auf das Beispi[illegible] d die [illegible]e [illegible] erung [illegible] man: Analyse d. Empf. S. 149.

die Ausdehnung dieser Thätigkeit ist durch b bestimmt. Analog und nicht wesentlich anders verhält es sich bei complicirten Formeln.

10. Nach den obigen Ausführungen kann es nicht befremden, dass scheinbar fernliegende Thatsachen und Gedanken, die von andern Untersuchungen her *geläufig* waren, zur gedanklichen Darstellung der Erscheinungen der Wärmelehre herbeigezogen wurden. Die wichtigste Rolle spielen hierbei die bei Betrachtung der Saitenschwingungen gewonnenen Vorstellungen. Die Beobachtung eines in einfachster Weise langsam schwingenden Seils musste Taylor auf den Gedanken bringen, die einzelnen Seilpunkte als *synchrone* Pendel zu betrachten, und eine *schwache* Sinusausbiegung als Bedingung dieses Verhaltens zu ermitteln. Die Beschleunigungen und Geschwindigkeiten je zweier Seilpunkte stehen dann in demselben Verhältnisse wie die zugehörigen Excursionen, und alle Excursionen ändern sich daher einander *proportional.* Für eine sinusförmige Temperaturvertheilung besteht ein analoges einfaches Verhältniss; auch hier ändern sich alle Temperaturen einander proportional. Hiermit führt aber Fourier einen durchsichtigen und ihm schon vertrauten Fall in die Wärmelehre ein.

Sanveur beobachtet die Knotentheilung der Saite, Dan. Bernoulli stellt diesen Fall analytisch dar als Zusammensetzung von Taylor'schen Schwingungen, und erkennt die Formmannigfaltigkeit der Bewegungen, welche sich hieraus ergiebt. Auch diese Erfahrung benutzt Fourier und denkt sich complicirtere Temperaturvertheilungen aus einfachen (Taylor'schen) zusammengesetzt, deren Verhalten nun ebenso durchsichtig wird, wie in dem einfachern Fall.

Nur das Studium der Saitenschwingungen konnte den Gedanken nahe legen, die Form der Saite zwischen zwei Knoten von dem Abstand l durch eine Reihe von der Form

$$a_1 \sin \frac{\pi x}{l} + a_2 \sin \frac{2\pi x}{l} + a_3 \sin \frac{3\pi x}{l} + \dots$$

darzustellen, wobei *dieselbe* Form zwischen dem $0'$ und $1'$, $2'$ und $3'$, $4'$ und $5'$ .... Knoten sich genau, zwischen dem $1'$ und $2'$, $3'$ und $4'$ .... Knoten in centrisch symmetrischer *Umkehrung* sich wiederholen musste. Solcher Reihen mit unendlicher Gliederzahl bediente sich Fourier zur Darstellung beliebiger Funktionen. Funktionen mit gleichem Werth für gleiche positive und negative Werthe des Argumentes werden naturgemäss durch Cosinusreihen und Funktionen mit allgemeinern Eigenschaften durch die Summe von Sinus- und Cosinusreihen dargestellt. Dadurch, dass sich Fourier den Abstand zweier Knoten (bis ins Unendliche) wachsend denkt, vermag er eine beliebige Funktion in beliebiger Ausdehnung durch seine Doppelintegrale darzustellen, in welche nun seine Reihen übergehen.

11. Durch die Auffassung einer beliebigen complicirteren Temperaturvertheilung als abgebraische Summe einfacherer Vertheilungen gewinnt die Fourier'sche Darstellung eine ungemeine Durchsichtigkeit, auf welche Fourier selbst den höchsten Werth legt. Hiermit verbindet sich die Ueberzeugung, dass dieses Verfahren allgemein anwendbar ist, um jeden vorkommenden Fall mit genügender Genauigkeit zu behandeln, dass es überall zureichend und erschöpfend ist. Alles dies wird erreicht, indem man die Wärmethatsache in Gedanken durch eine uns besser als diese bekannte *Funktion* vertreten lässt, welche die wesentlichen Eigenschaften dieser Thatsache aufweist.

Auch Fourier befolgt die Methode, welche Galilei zum Verständniss der Wurfbewegung geführt hat. Er versucht einen Vorgang, welchen auf einmal zu begreifen nicht gelingen will, *schrittweise* zu verstehen, indem er denselben in *leichter übersichtliche Bestandtheile zerlegt.*

12. Der günstige Einfluss, welchen Untersuchungen auf verschiedenen Gebieten aufeinander üben, tritt in den besprochenen Theorien besonders deutlich hervor. Physikalische Beobachtungen wirken auf mathematische Untersuchungen anregend, und diese wirken wieder auf jene zurück. Die Wärmetheorie wird durch die Theorie der schwingenden Saiten gefördert. Der Theorie der Wärmeleitung werden wieder die Vorstellungen über den elektrischen Strom durch Ohm und jene über Hydrodiffusion durch Fick nachgebildet, so dass man heute eine ganz allgemeine Theorie der Strömung entwickeln kann, in welcher hydrodynamische, thermische, elektrische, Diffusionsvorgänge u. a. als specielle Fälle enthalten sind.

13. Jedem, der die Fourier'sche Theorie kennen lernt, wird dieselbe als eine *grosse Leistung* erscheinen. Bedenkt man

aber, aus was für einfachen Elementen sich dieselbe zusammensetzt, welche von verschiedenen bedeutenden Menschen in dem Zeitraume von mehr als einem Jahrhundert mühsam und unter vielfachen Irrthümern herbeigeschafft worden sind, so darf man wohl glauben, dass dieses Gebäude unter günstigern äussern und psychologischen Umständen wohl auch in recht kurzer Zeit hätte zu Stande kommen können. Man lernt hieraus, dass auch der bedeutende Intellekt mehr dem Leben als der Forschung angepasst ist.

Historische Uebersicht der Lehre von der Wärmestrahlung

Die Bemerkung, dass eine *Wechselwirkung* der *Temperaturen* benachbarter Körper besteht, ergiebt sich so unmittelbar und ist so naheliegend, dass ein Nachweis, wann und wo diese Einsicht zuerst in klarer Weise auftritt, kaum denkbar ist. Wärmere Körper kühlen ab, indem dieselben an die kühlere Umgebung „Wärme“ *mittheilen.* Ueber diese Mittheilung hat Newton zuerst ein später zu erörterndes *Gesetz* ausgesprochen. Erst allmälig hat man erkannt, dass in dieser Mittheilung mehrere sehr verschiedenartige Vorgänge vereinigt sind. Sich *berührende* Körper ändern gegenseitig ihre Temperatur, wir wollen *diesen* Vorgang insbesondere *Mittheilung* nennen. Handelt es sich um verschieden temperirte Theile eines und desselben homogenen Körpers, so nennen wir diese Mittheilung *„Leitung“*, und bemerken, dass eine genauere Untersuchung dieses letzteren Vorganges verhältnissmässig spät stattgefunden hat. Ist der wärmere Körper in eine Flüssigkeit eingetaucht, deren den ersteren berührende Theile sich durch Mittheilung erwärmen, ihre Dichte und ihr specifisches Gewicht ändern, so treten durch Störung des Schweregleichgewichtes *Strömungen* in der Flüssigkeit auf, welche die Wechselwirkung der Temperaturen fördern. Man nennt letzteren Vorgang Wärmeverbreitung durch *Convektion.* Die Convektion hat Black[1]) schon in ganz klarer Weise behandelt.

Die Verbreitungsweise der Wärme aber, welche zu allererst aufgefallen sein muss, ist jene, welche wir *Strahlung* nennen.

---

[1]) Black, Vorlesungen über Chemie. Deutsch von Crell. Hamburg 1804. I. S. 125.

Die sofortige Erwärmung durch die hinter einer Wolke hervortretende Sonne, sowie die ebenso schnelle Abkühlung beim Vorbeiziehen einer Wolke vor der Sonne, lassen an der *grossen Geschwindigkeit* der Wärmeverbreitung dieser Art keinen Zweifel aufkommen. Hierzu kommt, dass die sicherlich zufällig beobachteten Eigenschaften der Brennspiegel und Brenngläser den innigen Zusammenhang zwischen Licht und Wärme so deutlich vor Augen legen, dass die Erkenntniss desselben nur durch theoretische Befangenheit später wieder getrübt werden kann. Kircher[1]) erwähnt den antiken Brennspiegel und erzählt hierbei die bekannte Sage von den Brennspiegeln des Archimedes.

Bemerkenswerthe systematische Versuche mit grossen Brennspiegeln und Brennlinsen hat Tschirnhausen[2]) angestellt. Die Linsen, welche er zu diesem Zwecke durch Giessen anfertigte, hatten 100—130 *cm* Durchmesser. Die Verdichtung der Sonnenstrahlen wird durch Anwendung zweier Linsen hintereinander vergrössert. In dem Brennpunkt wird nasses Holz verbrannt, Wasser in einem kleinen Gefäss geräth ins Sieden, Blei und Eisen schmelzen, Mineralien werden verglast. Schwefel und Pech schmilzt unter Wasser. Holz unter Wasser verkohlt innerlich. In *Kohle eingeschlossene* Körper zeigen viel heftigere Wirkungen, und es gelingt so Metalle zu verflüchtigen. Dies führt auf die stärkere Wärmeaufnahme *schwarzer* Körper. In dieser Weise geschmolzenes Kupfer, ins Wasser geworfen, zersprengt die thönernen Gefässe durch die eingeleitete Explosion. Gefärbte Glasflüsse werden mit Hülfe der Brenngläser hergestellt. Endlich wird der Nachweis geliefert, dass das *Mondlicht* im Brennpunkt keine merkliche Wärme erzeugt.

Der Name *„strahlende Wärme“* scheint von Scheele herzurühren. Er bemerkt, dass Rauch in 10 Fuss Entfernung von einem Feuer aufsteigt. Die Strahlung aus einer offenen Ofenthür, welche man auf diese Entfernung empfindet, wird durch einen zwischen durchgehenden *Luftzug* nicht beeinflusst. Eine zwischengestellte Glasplatte hält diese Wärme, aber nicht das Licht, ab. Der Brennspiegel brennt ohne sich *selbst* zu erwärmen; letzteres geschieht jedoch, wenn derselbe *berusst* wird.

---

[1]) Kircher, Ars magna lucis et umbrae 1671. S. 757.

[2]) Tschirnhausen, Histoire de l'Académie Année 1699. S. 90.

Die durch den Kamin aufsteigende Wärme ist von der durch die Ofenthüre ausstrahlenden zu unterscheiden, und erstere ist in der Luft ganz anders enthalten als letztere. Von Wärme *durchstrahlte* Luft zeigt auch in der Sonne keine *Schlieren*, so wie *erwärmte* Luft.[1])

Viele Versuche über Erwärmung der Körper am Feuer, die Wirkung der „*Feuerstrahlen*“ und Sonnenstrahlen hat Lambert[2]) angestellt, auf dessen mathematische Behandlung des Vorganges wir noch zurückkommen. Die Gesetze der Fortpflanzung und Reflexion der Feuerstrahlen sind nach seiner Auffassung dieselben wie für die Lichtstrahlen.[3]) Er entwickelt dem entsprechend seine Sätze über die Wirkung der Brennspiegel nach optischen Grundsätzen.[4]) Ausdrücklich bemerkt Lambert, dass auch die „*dunkle Wärme*“ reflektirt werden kann. Er verwendet schon 2 conaxiale Hohlspiegel zu Strahlungsversuchen. Der Einfluss der schwarzen Farbe auf die Strahlung ist ihm bekannt.[5])

Fig. 48.

Pictet[6]) stellte zwei grosse Hohlspiegel aus Zinn einander conaxial gegenüber, brachte in den Brennpunkt des einen einen heissen Körper, in den Brennpunkt des andern ein Thermometer mit berusster Kugel. Selbst bei 23 *m* Entfernung der beiden Spiegel, fing das Thermometer *sofort* an zu steigen, ohne dass man eine zur Fortpflanzung nöthige Zeit bemerken konnte. Er unterscheidet demnach die *strahlende* (*rayonnante*) Wärme von der *geleiteten* (*propagée*), und meint, dass nur die letztere langsam von Theilchen zu Theilchen fortschreitet, während die erstere, welche auf die *Zwischenräume* der Körper trifft, in gerader Linie und in jedem Fall mit beträchtlicher Geschwindigkeit, vielleicht ebenso schnell wie der *Schall*, oder gar wie das *Licht* fortschreitet.

---

1) Vergl. hierüber Prevost, Du calorique rayonnant. Paris 1809. ~ 1, 2.
2) Lambert, Pyrometrie. Berlin 1779. S. 151, 152.
3) Lambert, a. a. O. S. 201.
4) Lambert, a. a. O. S. 208.
5) Lambert, a. a. O. S. 152.
6) Pictet, Essai sur le feu. Geneve 1790. S. 83.

Eine *klare Vorstellung* über den Unterschied von Strahlung und Leitung hat sich aber Pictet nicht erworben. Da es ihm nicht glückt, die Wärme eines mit siedendem Wasser gefüllten Gefässes durch eine *Glaslinse* in wirksamer Weise zu sammeln, hofft er, dass dies mit einer *Metalllinse* gelingen werde. Er meint also, dass *gute Leiter* auch für die Wärmestrahlen gut *durchgängig* seien.

Durch ein Gespräch mit Bertrand wurde Pictet[1]) veranlasst, auch einen Versuch über *Kältestrahlung* anzustellen. Es wurde einfach der heisse Körper des vorigen Versuches durch ein Gefäss mit Schnee oder einer Kältemischung (Schnee und Salpetersäure) ersetzt, worauf zur *Verwunderung* Pictet's das Thermometer plötzlich fiel. Doch legte sich Pictet die Sache bald zurecht, und erkannte, dass hier das *Thermometer* der wärmere Körper ist, welcher seine *Wärme* an den kälteren Körper, die Kältemischung, verliert. Ein ähnlicher Versuch war schon von der Academia del Cimento angestellt worden, doch haben die Urheber selbst denselben als nicht entscheidend betrachtet. Der Versuch ist historisch wichtig, weil Prevost durch denselben zu einer ganz neuen Auffassung des Wärmegleichgewichts angeregt worden ist, auf die wir noch zu sprechen kommen. Durch die folgenden Untersuchungen von Hutton (1794), Rumford (1796), Leslie (1799), Herschel (1800), Nobili (1830), Melloni (1832), Forbes (1835), Knoblauch (1847) u. A. wurde die *Idendität* der Licht- und Wärmestrahlen, die Uebereinstimmung derselben in allen physikalischen Eigenschaften immer deutlicher und vollständiger nachgewiesen.

Pictet meint, dass sich das *Feuer* dem Licht sehr ähnlich verhalte, doch käme das Licht auch *allein* vor (Mondlicht) und ebenso die Wärme *allein* (die dunkle Wärme Lambert's). Höher temperirte Körper enthalten die Wärme in einem „höheren Spannungszustand“. Der Ausgleich durch Strahlung ist ein Ausgleich der Wärmespannungen. Nach Prevost's Vorstellung, die noch weiter zur Sprache kommt, werfen sich die warmen Körper gegenseitig die Wärmetheilchen mit grosser Geschwindigkeit in geradlinigen Bahnen zu. Nach Hutton[2]) ist die strahlende

---

[1]) Pictet, a. a. O. S. 82.

[2]) Hutton, Edinburgh Transactions 1794.

Wärme vom Licht nicht verschieden. Er weiss, dass ein rothglühender Körper ein Thermometer stärker erwärmt, als das weisse Licht der Kerzenflamme. Nach ihm setzt auch ein dunkler Körper die Strahlung fort, wenn wir dieselbe auch nicht durch das Auge wahrnehmen. Der heisse Körper *verwandelt* seine Wärme in Licht, welches durch Absorption wieder zu Wärme werden kann. Hutton zeigt in seinen Ausführungen überhaupt grosse Klarheit. Für Rumford[1]) besteht die Wärme in Schwingungen; er vergleicht den wärmestrahlenden Körper mit einer Glocke, vergleicht aber in schwer verständlicher Weise den wärmeren Körper mit einem schneller, der kälteren mit einem langsamer vibrirenden Körper. Die *Temperatur* würde hiernach von der *Schwingungsdauer* abhängig sein. Leslie[2]) führt die strahlende Wärme auf *Luftpulsationen* zurück. Die den Körper berührenden Luftschichten nehmen die Wärme auf, und geben sie *stossweise* an die folgenden Schichten ab. Diese Vorstellung ist deshalb auffallend, weil schon Boyle (1680) die Wirksamkeit des Brennglases im Vacuum der Luftpumpe beobachtet hat. Leslie liess sich zu dieser Ansicht durch den Umstand bestimmen, dass er durch einen *dünnen* Metallschirm die strahlende Wärme abhalten konnte, was ihm mit einer subtileren Natur der Wärme unvereinbar schien. Herschel[3]) entdeckt die Wärmewirkung im *ultrarothen* Theil des Sonnenspektrums, indem er das letztere auf eine Linse fallen lässt, den sichtbaren Theil abblendet und in den Sammelpunkt ein Thermometer bringt. Da also die optische und thermische Wirkung durchaus nicht parallel gehen, entsteht bei Herschel der Gedanke, dass jeder Strahl aus einem *Lichtstrahl* und einem *Wärmestrahl* besteht. Allmälig zeigen Nobili, Melloni[4]) und deren Nachfolger die völlige Uebereinstimmung der Licht- und Wärmestrahlen in Bezug auf Reflexion, Brechung, Interferenz und Polarisation. Es giebt hiernach nur Strahlen *einer* Art, die von verschiedener Wellenlänge und Intensität sein können, und lediglich dadurch bald mehr in der optischen, mehr in der

---

1) Rumford, Ueber die Wärme. Berlin 1805.

2) Leslie, An experimental inquiry into the nature and propugation of heat. London 1804.

3) Herschel, Philosoph. Transactions. 1800.

4) Melloni, Pogg. Ann. XXIV (1832) S. 640.

thermischen oder chemischen Wirkung hervortreten, und auch in ihren *physiologischen* Eigenschaften bestimmt werden.

Die allgemeinen Ansichten, zu welchen die genannten Forscher gelangt sind, wurden eben angeführt. Nun müssen aber die wichtigeren besonderen Erfahrungen besprochen werden, welche dieselben bei ihren Untersuchungen gewonnen haben. Rumford[1]) arbeitete, wie er angiebt, und wie es nach seinen Ausführungen wohl glaublich ist, ungefähr gleichzeitig mit Leslie und *unabhängig* von diesem. Rumford setzte mit Thermometern versehene Büchsen von gleichem Metallinhalt aber von verschiedener Wandbeschaffenheit der Sonne aus. Eine Büchse mit schwarzer rauher Blechwand erwärmte sich stärker als eine mit blanker Blechwand. In einen kälteren Raum gebracht kühlte aber, zu Rumford's[2]) Verwunderung, die erstere auch rascher ab. Die Versuche wurden statt an der Sonne am Ofen wiederholt und gaben dasselbe Resultat. Nach mehrfacher Abänderung der Versuche mit verbesserten Apparaten, worunter auch das *Differential-Luftthermometer*,[3]) bleibt Rumford bei der Ansicht, das es nicht nur erwärmende (die Schwingungen beschleunigende) sondern auch erkältende (die Schwingungen verzögernde) Strahlen gebe.[4]) Seine Ergebnisse lassen sich in folgende Sätze zusammenfassen.[5]) 1. Alle Körper strahlen bei jeder Temperatur. 2. Die Strahlungsintensität ist verschieden bei derselben Temperatur (sie steht z. B. bei blankem, oxydirtem und berusstem Messing in dem Verhältniss 1 : 4 : 5). 3. Bei *gleicher* Temperatur beeinflussen sich die Körper durch die gegenseitige Strahlung nicht.

Eine grosse Anzahl guter Experimente hat Leslie ausgeführt. Er stellte den nach ihm benannten *Würfel* her, ein Zinngefäss, an dem drei vertikale Seitenflächen mit Russ, Papier, Glas bedeckt waren, während nur eine blank gelassen wurde. Zur Reflexion der Wärme dienten ihm grosse parabolische Zinnspiegel, zum Abfassen derselben verschiedene Schirme. An einem *Differential-Luftthermometer*, dessen eine Kugel in den Focus

---

[1]) Rumford, Ueber die Wärme. Berlin 1805.
[2]) A. a. O. S. 42.
[3]) A. a. O. S. 84.
[4]) A. a. O. S. 110.
[5]) A. a. O. S. 199.

der Wärmestrahlen gestellt wurde, beobachtete er die Temperaturerhöhung. Die bestrahlte Kugel wurde gelegentlich in Staniol gehüllt oder mit Tusche geschwärzt. In eine Glasröhre eingeschlossen diente dieses Luftthermometer auch als *Photometer*. Die von einer Würfelfläche ausgehenden Strahlen fielen auf den Zinnhohlspiel und sammelten sich nach der Reflexion auf der Thermometerkugel. Hierbei verhielten sich die von der Russ-, Papier-, Glas- und Zinnfläche des mit heissem Wasser gefüllten Würfels ausgehenden Wärmewirkungen wie 100 : 98 : 90 : 12. Analoge Experimente gelingen auch mit der *Kälte* und die Kältestrahlungen stehen dann in demselben Verhältniss. Hieraus folgt für Leslie, dass Wärmeabsorption und Wärmeemission zugleich wachsen und abnehmen.[1]) Lässt man eine gegen die Hohlspiegelachse schief gestellte Würfelfläche durch die Spalte eines Schirmes von Zinn (Weissblech) strahlen, so ist die Wirkung von der Schiefstellung unabhäng.[2]) Da nun bei gegebener Spaltenbreite bei schiefer Stellung die in Betracht kommende strahlende Fläche *grösser* ist, so muss die Intensität der *schief* abgehenden Strahlen *geringer* sein. An einer spätern Stelle[3]) erwähnt Leslie, dass die Helligkeit einer leuchtenden Fläche durch ihre Schiefstellung gegen die Visirlinie nicht geändert wird, ebenso wie eine rothglühende Kugel am Rande nicht heller erscheint als in der Mitte, und zieht hieraus den Schluss, dass die Intensität der ausgesendeten *Lichtstrahlen* dem *Cosinus* des Abgangswinkels gegen das Perpendikel der strahlenden Fläche proportional ist. Es sind dies Betrachtungen, die Lambert in seiner „Photometrie" angestellt hat, welche Leslie bekannt ist.[4]) Leslie bemerkt ferner, dass *Reflexion* und *Emission* der Wärme sich gegenseitig ergänzen, indem stark reflektirende Flächen eine geringe Wärmeemission zeigen. Interessante Beob-

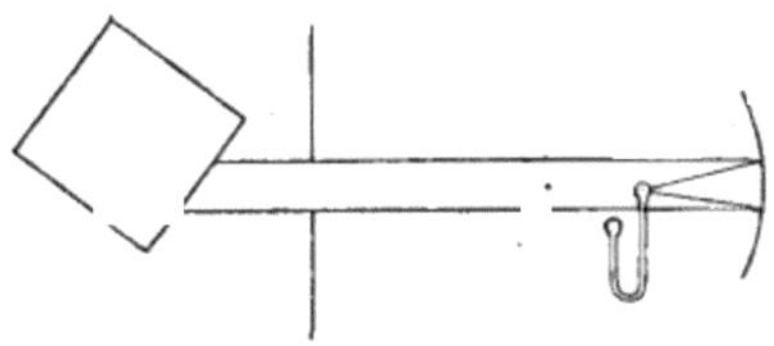

Fig. 49.

---

[1]) Leslie, a. a. O. S. 24.

[2]) A. a. O. S. 66, 67.

[3]) A. a. O. S. 186.

[4]) Vergl. Leslie, a. a. O. S. 405.

achtungen betreffen noch die starke Herabsetzung der Beweglichkeit der Luft in dünnen Schichten[1]) zwischen ineinander geschachtelten Cylindern und die damit zusammenhängende geringe Durchgängigkeit für die Wärme, und endlich die aus der raschen Abkühlung in Wasserstoff hervorgehende besondere Leitungsfähigkeit dieses Gases.[2]) Prevost hat nicht viele eigene Beobachtungen angestellt, hat aber dafür die bisher angeführten Erfahrungen in der später zu besprechenden Schrift theoretisch vorzüglich verwerthet. Ein beträchtlicher Theil der letzteren besteht aus Uebersetzungen und Auszügen der Arbeiten Rumford's, Leslie's u. A.

Eine theoretische Ansicht über den Verlauf der Wärmemittheilung hat zuerst Newton geäussert, bei Gelegenheit seines Versuches hohe Temperatur zu schätzen, indem er sagt: „Denn die Wärme, welche das erhitzte Eisen den dasselbe berührenden kalten Körpern in einer gegebenen Zeit *mittheilt*, d. i. die Wärme, welche das Eisen in der gegebenen Zeit *verliert*, verhält sich wie die *ganze* Wärme des Eisens. Daher, wenn die Abkühlungszeiten gleich genommen werden, werden die Wärmen im geometrischen Verhältnisse stehen und sind deshalb mit Hülfe einer Logarithmentafel leicht aufzufinden.“[3]) Diese Stelle kann nach dem ganzen Zusammenhang nur so verstanden werden, dass Newton die Temperatur*verluste* in gleichen Zeiten den Temperatur*überschüssen* des warmen Körpers über die Umgebung proportional setzt. Von einer Trennung der Begriffe Temperatur und Wärmemenge, Strahlung und Leitung findet sich noch keine Andeutung. Die Correktur, welche Dulong und Petit an dem Gesetz angebracht haben, kommt später zur Sprache.

Lambert[4]) hat verschiedene Aufgaben nach dem Newton-schen Princip zu lösen versucht. Ist u der Temperaturüberschuss eines Körpers über die Umgebung, t die Zeit, so setzt er

$$du = -a \cdot dt,$$

woraus durch Integration folgt

$$u = Ue^{-at},$$

[1]) Leslie, a. a. O. S. 273.

[2]) A. a. O. S. 483.

[3]) Newton, Scala graduum caloris et frigoris. Opuscula math. Lausannae et Genevae (1744) T II. S. 422.

[4]) Lambert, Pyrometrie. S. 141.

wobei U der der Zeit $t = 0$ entsprechende (Anfangs-)Temperaturüberschuss ist. Die Grösse $1/a$ nennt Lambert nach ihrer geometrischen Bedeutung die *Subtangente* der Erhaltung. Dieselbe ist der Erhaltungs*geschwindigkeit* umgekehrt proportionirt und stellt die *Zeit* vor, in welcher der Körper seinen ganzen Temperaturüberschuss verlieren würde, wenn derselbe durchaus die Erkaltungsgeschwindigkeit des ersten Zeittheilchens behalten würde. Lambert weiss, dass a von der Wärmecapacität, dem umgebenden Medium und der Oberflächenbeschaffenheit des Körpers abhängt. (Vergl. die folgenden Kapitel.)

Für einen Körper, welcher der Erwärmung durch eine unveränderliche Wärmequelle und zugleich der Abkühlung an das umgebende Medium ausgesetzt ist, besteht nach Lambert die leicht verständliche Gleichung

$$du = k\,dt - a\,u\,dt,$$

welche durch Integration giebt

$$u = \frac{k}{a} - \left(\frac{k}{a} - U\right)e^{-at},$$

in welcher U wieder die Anfangsdifferenz der Temperatur des untersuchten Körpers gegen die Umgebung bedeutet.

Mit Hülfe dieser Gleichung lässt sich auch der *Maximalwerth* von u finden. In analoger Weise wird auch der Verlauf der Temperaturveränderungen untersucht, welche durch Wechselwirkung mehrerer Körper entstehen. Ein derartiges Beispiel wird später berührt. Nach den hier in Fage kommenden Formeln findet jeder Temperaturausgleich genau genommen erst nach unendlich langer Zeit statt.

Lambert hatte eine sehr bewegliche constructive Phantasie, und gab auf allen Gebieten durch seine geistvolle Behandlung des Stoffes Anregungen. Hierbei war er immer bestrebt, alle Erscheinungen durch *mathematische* Vorstellungen zu reconstruiren. Als Beispiel sei angeführt, dass er versuchte die *Zerreissungsfestigkeit* von Saiten aus dem *Ton* zu bestimmen, welchen dieselben unmittelbar vor dem *Reissen* gaben. Hierbei rechnete er nach der Formel $p = \frac{q\,l\,n^2}{2\,g}$, in welcher p die Spannung, q das Saitengewicht,

l die Saitenlänge, n die Schwingungszahl und g die Fallbeschleunigung bedeutet.[1])

An einer andern Stelle vergleicht er das *Schmelzen* mit dem *Zerreissen* und schliesst von der zum Zerreissen nöthigen Belastung, aus der zugehörigen *Dehnung*, und der bekannten Verlängerung bei bekannter Temperaturerhöhung, auf die *Schmelztemperatur*, welche die *Zerreissungsdehnung* erzeugen würde.[2]) Lambert's Trieb zu *schematisiren* führt ihn auch auf Abwege. So nimmt er z. B. an, dass der Schall in Bezug auf Brechung und Reflexion sich *genau* wie das Licht verhält, gründet hierauf eine falsche Theorie des Sprachrohrs, und verwischt hiermit einen schon von Newton klar erkannten Unterschied. Indem Leslie die glückliche Begabung Lambert's anerkennt, bedauert er doch, dass dieser so häufig auf mangelhafte Beobachtungen hin weitgehende Folgerungen aufbaut.[3]) Lambert's Universalität führt ihn auch auf das Gebiet philosophischer Betrachtungen,[4]) wobei sein Trieb, alles durch blosse Ueberlegung erledigen zu wollen, noch nachtheiliger wirkt. Die *Undurchdringlichkeit* der Materie meint er da z. B. einfach aus dem Satz des *Widerspruches* ableiten zu können, worauf Kant bemerkt: „Allein der Satz des Widerspruchs treibt keine Materie zurück, welche anrückt, um in einen Raum einzudringen, in welchem eine andere anzutreffen ist.“[5]) In der That kann man durch diesen Satz wohl Gedanken aus dem Kopf, aber nicht Körper aus dem Raum vertreiben. Dies diene zur Charakterisirung Lambert's, dem wir auch im Folgenden noch als Förderer der Wärmelehre begegnen werden.

P. Prevost unterscheidet in klarer Weise die *Wärmestrahlung* von der *Wärmeleitung*. Nach einer kurzen Erörterung der Stoff- und Bewegungstheorie der Wärme überhaupt, der Emissions- und Wellentheorie der strahlenden Wärme insbesondere, erklärt er, mit Erörterung dieser *Systeme* sich nicht

---

[1]) Lambert, a. a. O. S. 236.

[2]) A. a. O. S. 244.

[3]) Leslie, a. a. O. S. 405.

[4]) Lambert, Architektonik, Theorie des Ersten und Einfachen u. s. w. Riga 1771.

[5]) Kant, Metaphysische Anfangsgründe der Naturwissenschaft. Leipzig 1794. S. 32.

beschäftigen zu wollen.[1]) Es handle sich ihm um Aufklärung der Thatsachen, soweit dies möglich sei. Er ziehe für *seinen* Gebrauch die Ausdrucksweise der *Emissionstheorie* vor. Seine Vorstellungen über die von warmen Körpern *ausgeworfenen* Wärmestofftheilchen bildet er der Gastheorie von Daniel Bernoulli und G. L. Le Sage nach. Durch die Bemerkung Végobre's veranlasst, dass der Pictet'sche Kältestrahlungsversuch nicht genügend erklärt sei, versucht er seine Vorstellungsweise auf diesen Fall anzuwenden, und gelangt so zu seinem Gedanken des *beweglichen Gleichgewichtes* (équilibre mobile) *der Wärme*, welchen er in drei verschiedenen Schriften dargelegt hat.[2])

Die Wärme denkt er sich aus discreten Theilchen bestehend, welche verglichen mit ihrem gegenseitigen Abstand sehr klein sind, die sich in den verschiedensten Richtungen mit sehr grosser Geschwindigkeit bewegen, und sehr selten treffen. Jeder Punkt Raumes, oder der Oberfläche eines warmen Körpers, kann als ein Centrum angesehen werden, von welchem Wärmetheilchen nach allen Richtungen ausgehn, und auf welches solche aus allen Richtungen zukommen. In jedem Punkt durchkreuzen sich also Fäden (filets) oder Strahlen von Wärmestofftheilchen.[3]) Zwei Räume sind im Wärmegleichgewicht, wenn sie sich gegenseitig in gleichen Zeiten gleich viel Wärmetheilchen zusenden. Aendert sich der Wärmezustand eines Körpers nicht, so liegt dies nach Prevost's Vorstellung daran, dass derselbe ebenso viele Wärmetheilchen gewinnt, als er in derselben Zeit abgiebt. *„Derselbe verhält sich wie ein See, in welchen es regnet, während gleichzeitig eine gleiche Quantität Wasser verdunstet.*[4])

Der Pictet'sche Doppelspiegelversuch erklärt sich sowohl im Fall der Wärme- als der Kältestrahlung nach Prevost in gleich einfacher Weise. Zwei *gleichwarme* Körper in den beiden Brennpunkten tauschen gleiche Wärmemengen aus. Wird einer von beiden wärmer als der andere, so sendet ersterer dem letztern eine grössere Wärmemenge zu, als er von diesem

[1]) Prevost, Du Calorique rayonnant. Paris 1809. S. 9.

[2]) Ausser der angeführten Schrift noch: Mémoire sur l'equilibre du Feu 1781 und Exposition élementaires etc. Genève 1832

[3]) Du Calorique. S. 23.

[4]) A. a. O. S. 26.

empfängt, *welcher letztere fortfährt* seine vorher ausgesendete Wärme auszustrahlen.[1])

Man hat also nicht nöthig, sich bald den einen, bald den andern Körper als strahlend vorzustellen, sondern stellt sich stets *beide*, ob sie gleich oder ungleich warm sind, als strahlend vor. Auch Hutton hat darauf hingewiesen, dass die Annahme *einer* Strahlung unzureichend ist, da man sich diese auch von dem Zustand des *bestrahlten* Körpers abhängig denken müsste.[2])

Diese Auffassung sucht Prevost auf alle ihm bekannten von Pictet, Rumford, Leslie u. A. constatirten Thatsachen anzuwenden. Den Parallelismus zwischen Emission und Absorption bringt er mit der Reflexion in Zusammenhang. Alle nicht aufgenommene Wärme fasst er als *reflektirte* auf. Gute Reflektoren, d. h. Körper, welche wenig absorbiren, halten auch durch Reflexion an ihrer Oberfläche die Eigenwärme gut zurück, sind also solche Körper, welche auch wenig Wärme aussenden.[3])

Da Glas die dunkle Wärme abhält das Licht aber hindurchlässt, vermuthet Prevost, dass es *zwei* oder *mehrere* Arten von Wärmetheilchen gebe, ahnt also die später von Melloni u. A. constatirten Thatsachen.[4])

Die gefundenen Grundsätze werden in folgender Weise zusammengestellt:[5])

1. Jeder Punkt der Oberfläche eines Körpers ist ein Mittelpunkt von demselben ausgehender und in demselben zusammentreffender Strahlen.
2. Das Wärmegleichgewicht besteht in der Gleichheit des Wärmeaustausches.
3. Wachsen die Zeiten in arithmethischer Progression, so ändern sich die Temperaturdifferenzen in geometrischer Progression.
4. In einem Raume von gleichförmiger Temperatur hat eine reflektirende Fläche (da sie nur Flächenelemente von wieder

---

[1]) A. a. O. S. 92.
[2]) Hutton, Roy. Soc. Edinbgh. Trans. 1794.
[3]) Prevost, Du Calorique. S. 115.
[4]) A. a. O. S. 99.
[5]) Prevost, Du Calorique. S. 259.

gleicher Temperatur spiegelt) keinen die Temperatur ändernden Einfluss.

5. Wird jedoch ein wärmerer oder kälterer Körper eingeführt, so wird die Temperatur jener Körper geändert, auf welche die von demselben ausgehenden Strahlen durch die reflektirende Fläche geleitet werden.
6. Ei *gut* reflektirender Körper nimmt *langsamer* die Temperatur der Umgebung an.
7. Ein *gut* reflektirender warmer oder kalter Körper beeinflu *weniger* einen andern benachbarten Körper.

Ein Theil des Prevost'schen Buches ist meteorologischen und klimatologischen Untersuchungen gewidmet, die hier nicht in Betracht kommen.

Fourier, der Begründer der Lehre von der Wärmeleitung, scheint auch *zuerst* die verschiedenen *Specialerfahrungen* über die strahlende Wärme in einen stärkeren *theoretischen* Zusammenhang gebracht zu haben, indem er dieselben als *nothwendige* Bedingungen des Strahlungs*gleichgewichtes* erkannte.[1]) Ohne in alle Einzelheiten der weitläufigen Fourier'schen Betrachtungen einzugehn, lässt sich doch dieser Zusammenhang in folgender Weise darlegen.

Das Strahlungsgleichgewicht benachbarter Körper von *gleicher* Temperatur ist eine der *bestconstatirten* Thatsachen. Wird die Temperatur des *einen* Körpers auf irgend eine Art erhöht, so steigen allmälig auch die Temperaturen der andern Körper. Die Ausstrahlung steigt also mit der Temperatur des strahlenden Körpers. (Pictet, Prevost.)

Da die Flächeneinheit verschiedener Körper von derselben Temperatur eine sehr verschiedene Strahlungsintensität hat (Lambert, Leslie, Rumford), so könnte die thatsächliche Temperaturgleichheit zweier verschiedener z. B. mit parallelen ebenen Oberflächen einander gegenüberstehender Körper nicht bestehen, wenn nicht der Körper von halber Strahlungsintensität auch nur die Hälfte der (auffallenden) Wärme in derselben Zeit und bei derselben Temperatur aufnehmen würde. Die Proportionalität von „Emission" und „Absorption" ist also eine noth-

---

[1]) Fourier, Ann. de Chim. III (1816) S. 363 u. f. f., IV (1817) S. 146 u. f. f., VI (1817) S. 259 u. f. f.

wendige Bedingung des Strahlungsgleichgewichtes bei Temperaturgleichheit.

Dieses Verhältniss ist später durch einen Versuch von Ritchie erläutert worden.[1] Zwischen zwei gleichen Gefässen *A*, *B*, welche *einem* Differential-Luftthermometer angehören, steht ein drittes mit heissem Wasser gefülltes Gefäss *C*. Die einander zugekehrten Flächen sind, wie es in der Fig. 50 angedeutet ist, mit Russ bedeckt (----) oder von blankem Metall (——). Das Thermometer zeigt keine Differenz, woraus folgt, dass die stärkere Strahlung von *C* gegen *B* durch eine schwächere Absorption von *B*, die schwächere Strahlung von *C* gegen *A* durch eine stärkere Absorption von *A* *compensirt* wird.

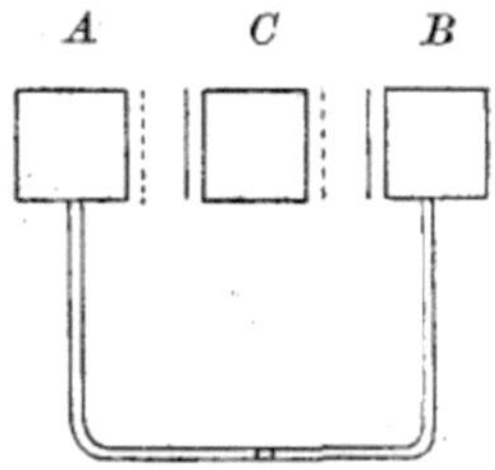

Fig. 50.

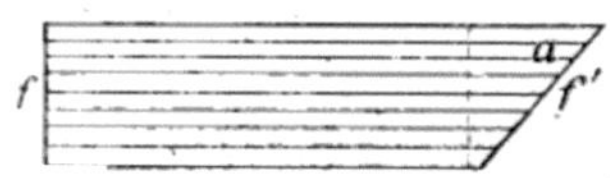

Fig. 51.

Das Gesetz, nach welchem die Strahlungsintensität einer Fläche proportional dem *Cosinus* des Abgangswinkels der Strahlen gegen das Flächenloth oder proportional dem *Sinus* des Neigungswinkels der Strahlen gegen die Fläche (des Ausstrahlungswinkels) ist (Lambert, Leslie), zeigt sich ebenfalls als eine nothwendige Bedingung des Strahlungsgleichgewichtes. Man denke sich zwei gleichartige Körper von gleicher Temperatur, welche sich lediglich durch die beiden *kleinen* Flächenstücke *f*, *f'* aus grosser Entfernung bestrahlen. Hierbei soll der ganze Querschnitt des von *f* normal abgehenden Strahlenbündels durch *f'* genau ausgefüllt werden. Bestände das erwähnte Gesetz nicht, so müsste, falls die Strahlungsintensität nach allen Richtungen gleich wäre, *f mehr* Wärme empfangen, als es an *f'* gleichzeitig abgiebt. Das Temperaturgleichgewicht würde sofort gestört. Es bleibt aber bestehen, wenn *f'* in schiefer Richtung ebenso strahlt, wie

[1] Ritchie, Pogg. Ann. XXVIII (1833).

dessen Projektion $f' \cdot \sin \alpha$ (auf die zur Strahlenrichtung senkrechte Ebene) nach der Lothrichtung. Die Intensität des von einem Flächenelement eines bestimmten Körpers von gegebener Temperatur nach beliebiger Richtung abgehenden Bündels ist dann lediglich durch den *Querschnitt dieses Bündels bestimmt.* Es ist dann klar, dass dann die Bestrahlung einer kleinen Kugel *K* die in eine Hülle *H* von gegebener Temperatur und gegebenem Stoff eingeschlossen ist, ersetzt werden kann durch die Strahlung einer mit *K* concentrischen Hohlkugel *S S* von derselben Temperatur und demselben Stoff wie *H*. Die Kugel *K* wird demnach an jeder Stelle des Hohlraums *H* in *gleicher* Weise bestrahlt. Nehmen wir hingegen die Strahlungsintensität der Oberflächenpunkte von *H* von der Richtung *unabhängig* an, so ist, wie man mit Fourier leicht findet, die *Bestrahlungsintensität*, welche *K* erfährt, somit dessen Gleichgewichtstemperatur, von dem *Orte* von *K* innerhalb des Raumes *H* abhängig.

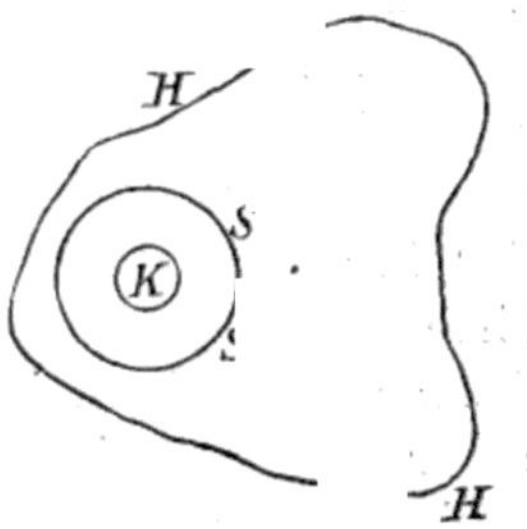

Fig. 5

Fourier hat auch *physikalisch* zu erklären versucht, warum die Strahlenintensität dem Sinus des Ausstrahlungswinkels proportional ist. Er nimmt an, dass auch aus einer gewissen Tiefe Strahlen die Oberfläche durchdringen. Bei gegebener Tiefe des strahlenden Theilchens haben aber dessen Strahlen eine desto dickere absorbirende Schichte zu durchdringen, je schiefer gegen die Normale sie abgehen. Dieser Punkt soll hier nicht weiter erörtert werden. Nach *Zöllner* (Photometrie) stellt die eine Gasflamme umgebende Michglaskugel, welche in ihrer ganzen Ausdehnung gleich hell erscheint, eine gute experimentelle Erläuterung der Fourier'schen Ansicht vor. Die in gleicher Tiefe unter der Oberfläche gleich durchleuchteten Theilchen strahlen hier auch durch ein absorbirendes Medium aus.

Eine schärfere Ausbildung der Vorstellungen über das Strahlungsgleichgewicht ist durch eine Reihe eigenthümlicher Beobachtungen herbeigeführt worden. Fraunhofer[1]) entdeckte

---

[1]) Fraunhofer, De chr. Mün Al V (1814, 1815

die nach ihm benannten Linien im Sonnenspektrum. Brewster[1]) die *Einfarbigkeit* des Lichtes der Kochsalzflamme, die Absorptionsstreifen der Untersalpetersäure, kurz die elektive Emission und Absorption in Bezug auf verschiedenfarbiges Licht. Durch die Untersuchungen von Ångström, Plücker u. A. wurden die hierher gehörigen Beobachtungen noch vielfach vermehrt. Zu den älteren Beobachtungen über die Undurchlässigkeit des Glases für die *dunkle* Wärme kamen die neuern Erfahrungen von Melloni[2]) über die Durchlässigkeit der Körper für verschiedene „Wärmefarben". Man konnte nicht mehr zweifeln, dass jeder Körper in Bezug auf jede Wellenlänge der Strahlung sich individuell verhält.

Schon Foucault hatte bemerkt, dass der galvanische Lichtbogen das der Fraunhofer'schen Linie D entsprechende Licht aussendet, und *dasselbe* Licht auch vorzugsweise absorbirt. Kirchhoff[3]) bemerkte, als er die Coincidenz der dunklen D-Linie des Sonnenspektrums mit der hellen Linie der Kochsalzflamme durch Vorschieben der letztern vor den Spektroskopspalt näher prüfen wollte, eine bedeutende Verstärkung und Verdunklung der D-Linie des Sonnenspektrums. Aufs Neue trat also die Thatsache hervor, dass ein Körper dasselbe Licht, welches er leuchtend aussendet, auch vorzugsweise absorbirt. Während aber verschiedene Forscher diese und ähnliche Thatsachen, an Euler anknüpfend, nach dem Princip der *Resonanz* zu erklären versuchten (Stokes, Ångström), vermuthete Kirchhoff in denselben die Spur eines *allgemeinen und wichtigen Wärmegesetzes.* Dies ist, abgesehen von der Anwendung des erkannten Princips auf die Analyse des Sternlichtes, der wesentliche Unterschied seines intellektuellen Verhaltens gegenüber jenem der Vorgänger. Kirchhoff hat sich nämlich überzeugt, dass die Proportionalität zwischen Absorption und Emission in Bezug auf *jede einzelne* Wellenlänge besonders gelten muss, wenn das Strahlungsgleichgewicht der Körper von gleicher Temperatur soll bestehen können.

Ohne uns in grosse Weitläufigkeiten einzulassen, können wir uns durch folgende Ueberlegung mit der Denkweise Kirchhoff's

---

[1]) Brewster, Pogg. Ann. II (1824), XXVIII (1833).

[2]) Melloni, Ann. de Chim. LIII (1833).

[3]) Kirchhoff, Pogg. Ann. CIX (1860).

vertraut machen.[1]) Ein Körper M soll einem Körper N von gleicher Temperatur gegenüberstehen, so dass sich beide unendliche parallele Grenzebenen zuwenden. Die abgewendeten Flächen der Körper seien durch Spiegel S, S' gedeckt, welche *alle* Strahlen zurück werfen. Die gesammte Wärmemenge, welche die Oberflächeneinheit von M in der Zeiteinheit ausstrahlt, nennen wir das Emissionsvermögen von M und bezeichnen dasselbe mit e. Jenen Bruchtheil der strahlenden auf M fallenden Wärme, welcher aufgenommen wird, nennen wir das Absorptionsvermögen von M, und bezeichnen dasselbe mit a. Die analogen Grössen für N mögen ε und α heissen.

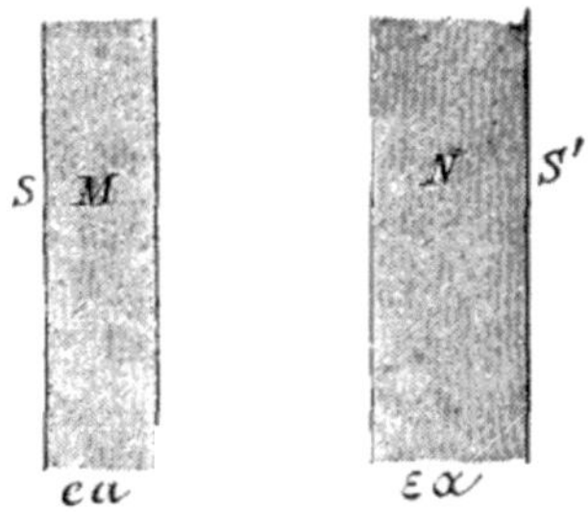

Fig. 53.

M sendet von der Flächeneinheit e aus, wovon $e\,\alpha$ durch N aufgenommen, und $e\,(1-\alpha)$ nach M zurückgesendet wird, welches hiervon $e\,(1-\alpha)\,a$ *aufnimmt*, und $e\,(1-\alpha)\,(1-a)$ nach N zurücksendet. Von N kommt wieder $e\,(1-\alpha)\,(1-a)\,(1-\alpha)$ nach M zurück, welches $e\,(1-\alpha)\,a\cdot(1-a)\,(1-\alpha)$ aufnimmt. Setzt man die Betrachtung fort, und bezeichnet den Faktor $(1-a)\,(1-\alpha)$ mit dem Namen k, so zeigt es sich, dass M von der eigenen Strahlung den Betrag

$$e\,(1-\alpha)\,a\,[1+k+k^2+k^3+\ldots] = \frac{e\,(1-\alpha)\,a}{1-k}$$

wieder zurück erhält.

Die Austrahlung von N ist ε, wovon M den Betrag $\varepsilon\,a$ aufnimmt, $\varepsilon\,(1-a)$ an N sendet, welches letztere $\varepsilon\,(1-a)\,\alpha$ aufnimmt, $\varepsilon\,(1-a)\,(1-\alpha)$ an M zurücksendet, das $\varepsilon\,a\cdot(1-a)\,(1-\alpha)$ behält. Die Fortsetzung der Betrachtung lehrt, dass M von N im Ganzen erhält

$$\varepsilon\,a\,(1+k+k^2+k^3+\ldots) = \frac{\varepsilon\,a}{1-k}.$$

---

[1]) Ann. de Chim. LIX (1860). S. 124. — Ausführlicher Pogg. Ann. CIX (1860). S. 293. — Für ein eingehenderes Studium ist zu vergleichen: Kirchhoff, gesammelte Abhandlungen 1882. S. 566 und 571.

oll die Temperatur von M unverändert bleiben, so muss die Gesammtaufnahme der Eigenstrahlung gleich sein, d. h.

$$\frac{e(1-a)\,a+\varepsilon\,a}{1-k}=e.$$

Führt man für k den obigen Werth ein, so folgt

$$\varepsilon\,a=e\,\alpha,\ \text{oder}\ \frac{e}{\varepsilon}=\frac{a}{\alpha},\ \text{oder}\ \frac{e}{a}=\frac{\varepsilon}{\alpha}.$$

Dieselbe Bedingung folgt selbstverständlich, wenn man von der Annahme der Unveränderlichkeit der Temperatur von N ausgeht. Betrachtet man die strahlende Wärme im *Ganzen*, so muss zur Erhaltung des Strahlungsgleichgewichtes das Absorptionsvermögen dem Emissionsvermögen proportional sein.

Nehmen wir nun an, der Körper M sei für alle Wellenlängen mit Ausnahme von λ' vollkommen durchsichtig. Hingegen werde λ' von demselben absorbirt und auch ausgestrahlt. Dass Körper von solchen Eigenschaften existiren, lehrt die Erfahrung. In diesem Fall wird N wegen der Spiegel S, S' seine eigene Strahlung mit Ausnahme jener von λ' vollständig zurück erhalten. Für M kommt aber nur die Wellenlänge λ' in Betracht. Soll also das Temperaturgleichgewicht zwischen M und N fortbestehen, so muss die oben entwickelte Bedingung für die Strahlung von der Wellenlänge λ' *besonders* gelten. Man sieht überhaupt, dass jede *einzelne* Strahlenart das Temperaturgleichgewicht stören könnte, wenn nicht für jede einzelne die Proportionalität zwischen Absorptions- und Emissionsvermögen für alle Körper (derselben Temperatur) bestehen würde. Sind also eine Reihe von Körpern mit den Emissionsvermögen e, e', e'' .... und den Absorptionsvermögen a, a', a'' .... gegeben, so ist für dieselbe Wellenlänge und Temperatur

$$\frac{e}{a}=\frac{e'}{a'}=\frac{e''}{a''}=\ldots.$$

Kirchhoff hat seine Betrachtungen noch weiter specialisirt. Da das Absorptionsvermögen für *polarisirte* Strahlen bei manchen Körpern von der Stellung der Polarisationsebene abhängt, so könnte durch polarisirte Strahlen eine Störung des Temperaturgleichgewichtes eintreten, wenn nicht das Emissionsvermögen in derselben Weise vom Polarisationsazimut abhängig wäre. Kirchhoff und Stewart[1]) haben auch durch das Experiment nachgewiesen, dass der Turmalin, welcher *senkrecht* zur Achse *polarisirte* Strahlen absorbirt, in glühendem Zustande auch diese aussendet.

Wird die Temperatur eines Körpers K, der bisher mit andern im Strahlungsgleichgewicht war, erhöht, so steigen auch die Temperaturen der Nachbarkörper. Nach der Theorie des beweglichen Gleichgewichtes wird dies verständlich durch die Annahme, dass das Emissionsvermögen (und demnach auch das Absorptionsvermögen) von K mit der Temperatur wächst.

Denken wir uns mit Kirchhoff einen „vollkommen schwarzen Körper", d. h. einen solchen, der *alles* auffallende Licht absorbirt, wie dies Russ nahezu thut, nennen dessen Emissions- und Absorptionsvermögen e, a, und für einen beliebigen andern Körper K beziehungsweise E, A, so besteht für dieselbe Wellenlänge und Temperatur die Gleichung

$$\frac{E}{A} = \frac{e}{a} = e,$$

weil a für den schwarzen Körper $= 1$ zu setzen ist. Schreiben wir dieselbe in der Form

$$\frac{E}{e} = A.$$

Nehmen wir e als Maasseinheit, und nennen $\frac{E}{e}$ das relative Emissionsvermögen des Körpers K (bezogen auf das eines schwarzen Körpers für dieselbe Wellenlänge und Temperatur), so ist dieses stets *gleich* dem Absorptionsvermögen des Körpers K. Da $e = F(u, \lambda)$, indem die Emission des schwarzen Körpers von der Temperatur u und Wellenlänge λ abhängt, so ist für *jeden* andern Körper

$$E = F(u, \lambda) \cdot A.$$

Wie die Beobachtung der Absorptionsspektren lehrt, hängt A von der Wellenlänge ab. Dagegen scheint die Temperatur nur einen geringen Einfluss auf A zu haben. Durchsichtige farblose Körper behalten diese Eigenschaft in der Regel auch bei *hohen* Temperaturen, farbige Körper bleiben farbig, undurchsichtige undurchsichtig. Im Allgemeinen ist also $A = \varphi(u, \lambda)$,

[1]) Stewart, on heat. Oxford 1888.

wobei Aenderungen von u nur geringe Aenderungen von A herbeiführen, von welchen wir zunächst ganz absehen wollen. Erhitzen wir ein Platinstück allmälig, so sendet es erst dunkle, dann rothe Strahlen aus. Bei weiterer Temperatursteigerung wächst das Spektrum des ausgesendeten Lichtes nach der violetten Seite zu; es treten immer kürzere Wellenlängen in der Strahlung merklich hervor. Da Platin wie Russ für alle Wellenlängen bei

Fig. 54.

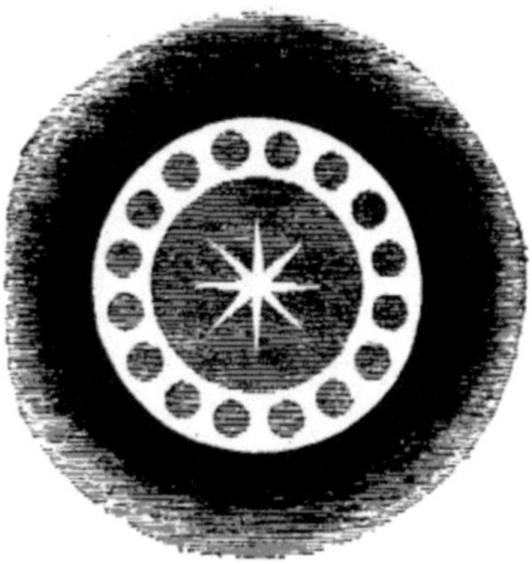

Fig. 55.

jeder Temperatur undurchsichtig ist, d. h. da dessen A durchaus von Null verschieden, beziehungsweise gross ist, so müssen die Werthe von E und e unter gleichen Umständen zugleich von Null verschieden sein. Beginnt der erhitzte Russ eine Wellenlänge auszusenden, so muss dies auch Platin thun, und ebenso alle andern gleich erhitzten undurchsichtigen Körper.

Diese Folgerung wird durch eine Beobachtung von Draper[1]) bestätigt. Die verschiedensten in einen Flintenlauf eingeschlossenen Körper senden bei allmäliger Erwärmung zuerst nur *dunkle* Wärme aus. Bei genügender Temperaturerhöhung beginnen alle gleichzeitig zu *leuchten* (zu glühen). Bei fortgesetzter Temperatursteigerung verlängert sich für alle das Spektrum ihres Lichtes nach der violetten Seite zu.

Für durchsichtige Körper ist $A = 0$ oder doch sehr klein. Diese glühen daher bei derselben Temperatur schwächer als undurchsichtige Körper. Glas und Eisen kommen bei derselben Temperatur in Rothgluth, doch leuchtet ersteres viel schwächer.

Ein schwarzer Körper hat für das sichtbare Licht ein viel

[1]) Draper, Philos. Magaz. XXX (1847).

höheres Absorptionsvermögen, als ein *weisser*, welcher sehr wenig von dem auffallenden Licht aufnimmt. Bleibt diese Eigenschaft bei höherer Temperatur bestehen, so muss der schwarze Körp stärker glühen als der weisse. Ein Tintenfleck auf einem Platinblech glüht heller als dieses, ein Kalkfleck auf einem schwarzen Schüreisen weniger hell. Lässt man einen Teller mit schwarzweisser Zeichnung glühen, Fig. 54, 55, so kehrt sich die Helligkeit um, und es erscheint in der Gluth das Negativbild der Zeichnung.[1])

Würde das Emissionsvermögen der Körper proportional der Temperatur steigen, so wäre hiermit das (S. 132 erwähnte) Newton'sche Abkühlungsgesetz gegeben. Nach den Versuchen von Dulong und Petit[2]) ist aber die Abkühlungsgeschwindigkeit nur bei *kleinen* Temperaturüberschüssen über die Umgebung diesen *proportional*, wächst hingegen bei grösseren Temperaturüberschüssen rascher als diese. Hieraus zogen Dulong und Petit den Schluss, dass die Strahlungsintensität eine andere Funktion $F(u)$ der Temperatur u ist. Heisst ϑ die Temperatur einer luftleeren hohlkugelförmigen Hülle, t der Temperaturüberschuss eines eingeschlossenen Thermometers über ϑ, so ist die Abkühlungsgeschwindigkeit V des letztern dargestellt durch

$$V = F(\vartheta + t) - F(\vartheta).$$

Es : demnach eine Abhängigkeit d.. Abkühlungsgeschwindigkeit von ϑ *und* t zu erwarten, die sich auch herausstellte, wie folgende Tabelle nachweist.

	Abkühlungsgeschwindigkeit.				
t	$\vartheta = 0°$ C,	$\vartheta = 20°$ C,	$\vartheta = 40°$ C,	$\vartheta = 60°$ C,	$\vartheta = 80°$ C,
240	10,69	12,40	14,35	—	—
220	8,81	10,41	11,93	—	—
200	7,40	8,58	10,01	11,64	13,45
180	6,10	7,04	8,20	9,55	11,05
160	4,89	5,67	6,61	7,68	8,95
140	3,88	4,57	5,32	6,14	7,19
120	3,02	3,56	4,15	4,84	5,64
100	2,30	2,74	3,16	3,68	4,29
80	1,74	1,99	2,30	2,73	3,18
60	—	1,40	1,62	1,88	2,17

[1]) Vergl. Stewart, on heat. S. 216.

[2]) Dulong et Petit, Ann. de Chim. VII (1817) S. 225.

Diese Tabelle zeigt die Eigenschaft, dass man aus der einem bestimmten t und ϑ entsprechenden Abkühlungsgeschwindigkeit durch Multiplikation mit 1,165 die *demselben* t aber einem um 20° höheren ϑ entsprechende Abkühlungsgeschwindigkeit ableiten kann. Wächst ϑ *arithmetisch*, so wächst V bei gleichbleibendem t *geometrisch*. Man stellt diese Eigenschaft dar, indem man $F(u) = m a^u$ setzt. Dadurch wird

$$V = F(\vartheta + t) - F(\vartheta) = m a^{\vartheta} (a^t - 1),$$

wobei m und a constante Coefficienten sind.

Achtet man nicht nur auf den Temperaturabfall, sondern auch auf den *Wärmemengenverlust* des abkühlenden Körpers, so wird es möglich, die Strahlungen nicht nur zu vergleichen, sondern dieselben in absolutem Maasse zu bestimmen, wie dies Hopkins[1]) versucht hat.

Clausius[2]) hat noch eine eigenthümliche Abhängigkeit der Wärmestrahlung von dem *Medium* entdeckt, in welchem dieselbe stattfindet. Dieselbe ergiebt sich, wenn man annimmt, dass zwei Körper von *gleicher* Temperatur, von welchem jeder in einem andern (Wärmestrahlen durchlassenden) *Medium* sich befindet, durch gegenseitige Bestrahlung ihre Temperatur nicht ändern. Abgesehen davon, dass dies an sich wahrscheinlich ist, da wohl die Störung des Temperaturgleichgewichtes in solchen Fällen hätte bemerkt werden müssen, würde die gegentheilige Annahme mit einem wohl erprobten Grundsatz der mechanischen Wärmetheorie in Widerspruch stehen.

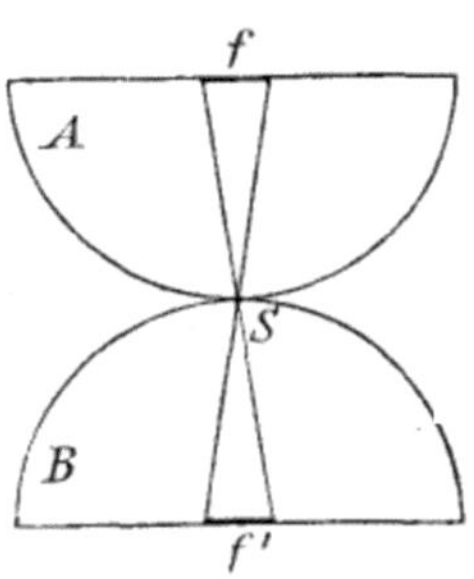

Fig. 56.

Für einen einfachen Fall lässt sich die Betrachtungsweise, welche zu dem Clausius'schen Satz führt, leicht darlegen. Zwei innen vollkommen spiegelnde Halbkugeln A, B die mit verschiedenen Medien gefüllt sind, berühren sich so, dass die Verbindungslinie der Mittelpunkte senkrecht steht auf den Schnittebenen der Kugeln. An der Be-

[1]) Vergl. Stewart, on heat. S. 229.
[2]) Clausius, Mechanische Wärmetheorie 1864. S. 322.

rührungsstelle befindet sich ein kleiner Ausschnitt, in welchem die beiden Medien in einem kleinen ebenen zur erwähnten Verbindungslinie senkrechten Flächenelement s aneinander grenzen. Nahe am Mittelpunkt von A befindet sich ein kleines Flächenstück f eines vollkommen schwarzen Körpers, von welchem Strahlen, welche gegen das Einfallsloth höchstens den kleinen Winkel α bilden nahe senkrecht gegen s strahlen und dort unter dem Oeffnungswinkel β auf das Flächenstück f_1 eines vollkommen schwarzen Körpers gelangen. Strahlen von anderer Richtung werden auf f oder f_1 zurückgeworfen und von denselben wieder absorbirt. Es bleibt also nur die gegenseitige Zustrahlung von f und f_1 zu betrachten.

Da für kleine Incidarswinkel das Brechungsverhältniss n einfach durch $n = \frac{\alpha}{\beta}$ dargestellt werden kann, ist das Flächenverhältniss $\frac{f}{f_1} = n^2$. Bedeutet e die von der Flächen*einheit* senkrecht ausgestrahlte Wärmemenge im Medium von A, und hat e_1 dieselbe Bedeutung für das Medium von B, und berücksichtigt man, dass von der auf s fallenden Strahlung in einem oder dem andern Sinn der Bruchtheil μ durchgelassen, $(1 - \mu)$ aber reflektirt wird, so müssen zur Erhaltung des Strahlungsgleichgewichtes die zwischen f und f_1 ausgetauschten Wärmemengen gleich sein, d. h.

$$e f \mu = e_1 f_1 \mu, \text{ oder } e \frac{f}{f_1} = e n^2 = e_1, \text{ oder}$$
$$e v^2 = e_1 v_1^2,$$

[illegible]ei [illegible] und v_1 die Fortpflanzungsgeschwindi[illegible]ten in den Medien von A und B bedeuten. Hierin besteht der Clausius'sche Satz, den Quintus Icilius durch direkte Experimente bestätigt hat.[1])

Auch die Concentration der Strahlen durch reflektirende oder brechende Flächen ändert an diesem Verhalten nichts, wie Clausius gezeigt hat. Wir wollen uns hier darauf beschränken nachzuweisen, dass zwei Flächenelemente f und f_1, von welchen das eine das optische Bild des andern ist, sich bei gleicher Temp

[1]) Quintus Icilius, Pogg. Ann. Bd. 127 (1866).

ratur gleich viel Wärme zustrahlen. Das Flächenelement f eines vollkommen schwarzen Körpers in einem Medium A sendet seine Strahlen auf dessen Bild f_1 in einem Medium B. Die beiden Medien A und B sollen in einem *kleinen* kreisförmig begrenzten Kugelflächenstück aneinander grenzen, welches von den Strahlen in fast normaler Richtung durchsetzt wird. Die Oeffnung der Strahlenbündel sei nur gering. Nennen wir die Entfernungen von f und f_1 von der Grenzfläche a und α, den Radius der Kugelfläche r, den Halbmesser des dieselbe begrenzenden Kreises m, und n den Brechungsexponenten aus A in B, so verhalten sich die Oeffnungen der von f und f_1 ausgehenden Bündel wie

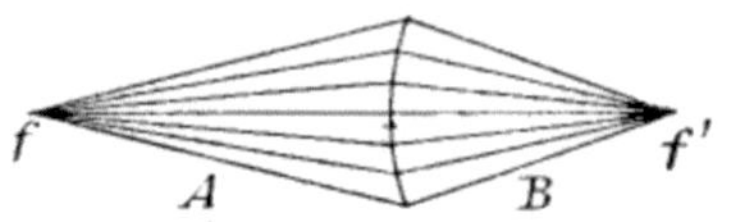

Fig. 57.

$$\left(\frac{m}{a}\right)^2 : \left(\frac{m}{\alpha}\right)^2,$$

die strahlenden Flächen wie

$$(a + r)^2 : (\alpha - r)^2.$$

Da durch Reflexion in beiden Richtungen gleich viel verloren geht, also die hindurchgehende Strahlung auf den Bruchtheil μ herabgesetzt wird, so besteht für das Strahlungsgleichgewicht die Gleichung

$$e\left(\frac{a + r}{a}\right)^2 \mu = e_1 \left(\frac{\alpha - r}{\alpha}\right)^2 \mu.$$

Setzt man hierin den Werth von α aus der bekannten dioptrischen Gleichung

$$\frac{1}{a} + \frac{n}{\alpha} = \frac{n-1}{r},$$

so folgt

$$e\, n^2 = e_1 \text{ oder } e\, v^2 = e_1\, v_1^2$$

mit Beibehaltung der obigen Bedeutung der Buchstaben. Der Clausius'sche Satz steht auch mit den Ergebnissen der elektromagnetischen Lichttheorie in Uebereinstimmung.

Rückblick auf die Entwicklung der Lehre von der Wärmestrahlung.

Die Untersuchungen über Wärmestrahlung beginnen mit der Bemerkung, dass eine *Fernwirkung* der *Wärmezustände* besteht. Manche Forscher legen dem physiologischen Qualitätsunterschied der *Wärme*- und *Kälte*empfindung ein solches Gewicht bei, dass sie Wärme und Kälte nicht als verschiedene Stufen gleichartiger Zustände, sondern geradezu als verschiedenartige entgegengesetzte Zustände betrachten. So werden neben *wärmeübertragenden* Strahlen auch *kälteübertragende* Strahlen angenommen.

Auch derjenige, welcher dem *physiologischen* Eindruck nicht unterliegt, findet zunächst einen einfachen physikalischen Gegensatz vor, bei dem es, wenigstens in vielen Fällen, ganz *willkürlich* ist, welche Seite man als die *positive*, welche als die negative ansehen will. Es ist zwar richtig, wie Black seiner Zeit bemerkt hat, dass uns die *Sonne* als dasjenige auffällt, von dem alle *Wärme* und mit dieser alle Bewegung, alles Leben ausgeht, so dass es natürlich scheint, die Kälte als das Fehlen der Wärme anzusehen. Stellen wir uns aber vor, wir befänden uns auf einem Weltkörper mit leuchtender Atmosphäre, so könnte ein dunkler Körper, der diese durchschneidet, als die auffallende Quelle der Abkühlung und aller hiermit verbundenen Veränderung angesehen werden.

In der That ist es bei allen Vorgängen, bei welchen nur die Temperatur*differenzen* maassgebend sind, einerlei, ob wir sagen, es wird von *A* auf *B Wärme,* oder umgekehrt, es wird von *B* auf *A Kälte* übertragen. Mit der fortschreitenden genauern Kenntniss der Thatsachen tritt es aber immer deutlicher hervor, dass der Gegensatz zwischen Wärme und Kälte kein *symmetrischer* ist. Ebensowenig entspricht ja dem Gegensatz von positiver und negativer Elektricität eine *volle* Symmetrie, bei welcher Artunterschiede, wie die Lichtenberg'schen Figuren u. a., nicht auftreten könnten. Man denke sich 2 gleiche Körper A_1 und A_2 von gleicher Temperatur. Der Strahlungsausgleich findet nach Dulong und Petit mit grösserer Geschwindigkeit statt, wenn man die Temperatur des einen um eine Anzahl Grade τ erhöht, als wenn man dieselbe um dieselbe Anzahl Grade erniedrigt. Wie man die Sache auch betrachten mag, geht hieraus eine Asymmetrie des Gegensatzes von Wärme und Kälte hervor.

Dies wird noch deutlicher durch den allmälig gelingenden Nachweis der *Identität* von Licht und strahlender Wärme. Das Licht ist nachweisbar ein Process, der von dem leuchtenden Körper *A ausgeht.* Bringt man zwischen den leuchtenden Körper *A* und den beleuchteten *B* einen undurchsichtigen Körper *C*, so erlischt *B*. Ein anderer Körper *K* kann zwischen *A* und *C* noch beleuchtet werden, nicht aber ausserhalb *AC* in erselben Geraden auf der Seite von *C*. Der Lichtprocess an aen bei *A näheren* Stellen ist die Bedingung für den Lichtprocess an den *ferneren* Stellen. Die Interferenzerscheinungen lassen die räumliche und zeitliche Periodicität des Processes erkennen.

Jeder von *A* nach *B* fortschreitenae Lichtprocess lässt sich als ein von *A* nach *B wärmeübertragender* nachweisen. Ein analoger von *A* nach *B fortschreitender kälteübertragender* Process ist *nicht* aufzufinden. Hiermit steht die Asymmetrie des Gegensatzes ausser Zweifel.

Eine Thatsache, welche sich dem unbefangenen Beobachter von selbst aufdrängt, ist das *Strahlungsgleichgewicht* eines beliebigen Systems von Körpern von *durchaus gleicher* Temperatur. Dieses Gleichgewicht wird durch die Temperaturänderung eines jeden Körpers des Systems gestört. Auf Grund einiger Beobachtungen bei *kleinen* Temperaturdifferenzen hat Newton die *Hypothese* aufgestellt, dass die Ausgleichgeschwindigkeit *allgemein* der Temperaturdifferenz proportional ist. Erst Dulong und Petit haben aber die Abhängigkeit dieser Geschwindigkeit von *beiden* Temperaturen der am Ausgleich theilnehmenden

Körper experimentell nachgewiesen und die Art dieser Abhängigkeit genauer bestimmt.

Vor Prevost dachte man sich von zwei in Wechselwirkung stehenden Körpern A, B den *wärmeren* als den Wärme *abgebenden*, den *kälteren* als den Wärme *aufnehmenden*. Tauschten die beiden Körper ihre Rolle, so musste auch der Beobachter seine Auffassung ändern. Dieser intellektuellen Ungelenkigkeit hat Prevost ein Ende gemacht, indem es ihm gelungen ist, für alle Fälle *dieselbe* allgemeine Auffassung anzuwenden. Die *Verallgemeinerung* der Vorstellung wird herbeigeführt, indem man, dem *Princip der Continuität*[1]) entsprechend, den einmal gefassten Gedanken, dass der wärmere Körper A an den kälteren B Wärme abgiebt, bis zur Temperaturgleichheit beider Körper, und über diese hinaus bis zur Umkehrung des Temperaturunterschiedes festzuhalten sucht, und dieselbe Auffassung auch auf den andern Körper anwendet.

Die verschiedenen Strahlungsvorgänge denkt sich Prevost *gleichzeitig* und *unabhängig* voneinander, so wie sich Galilei[2]) mehrere Bewegungen gleichzeitig und unabhängig voneinander vorgehend denkt.

Der Prevost'sche Gedanke spielt auch, als Mittel der Erleichterung der Uebersicht und der Zerlegung verwickelter Vorgänge in einfachere Theile, eine ganz analoge Rolle wie der Galilei'sche.

Die Wahrnehmung des Strahlungsgleichgewichtes eines Systems von Körpern gleicher Temperatur drängt sich ungesucht und *instinktiv* etwa so auf, wie die Ueberzeugung von dem Gleichgewicht der Stevin'schen[3]) Kette. So wie aus dem letzteren weitgehende Folgerungen gezogen werden können, die sich als *Bedingungen* dieses Gleichgewichtes zu erkennen geben, kann ähnliches in Bezug auf das Temperaturgleichgewicht geschehen. In beiden Fällen sind die gezogenen Folgerungen vorher oder nachher durch besondere Beobachtungen bestätigt worden.

So findet sich schon bei Prevost ein Versuch, den beobachteten Zusammenhang geringerer Strahlung mit stärkerer

[1]) Vgl. Mechanik. S. 128.

[2]) A. a. O. S. 140 u. ff.

[3]) A. a. O. S. 26.

Reflexion bei demselben Körper als Bedingung des Temperaturgleichgewichtes aufzufassen. Fourier ist ganz klar darüber, dass sowohl die Proportionalität zwischen *Emission* und *Absorption* als auch die Ausstrahlungsintensität proportional dem *Sinus* des Ausstrahlungswinkels solche Bedingungen des Temperaturgleichgewichtes sind. Kirchhoff fügt als fernere Bedingungen hinzu die Proportionalität des *Emissions-* und Absorptionsvermögens für jede besondere Wellenlänge und Polarisationsart. Clausius endlich erkennt auch die Abhängigkeit des *Emmissionsvermögens* von der Fortpflanzungsgeschwindigkeit des Mediums, in welchem die Strahlung stattfindet, als ein solches Postulat des Temperaturgleichgewichtes.

Es fällt gewiss auf, dass man aus dem Bestehen des Temperaturgleichgewichtes eine solche Mannigfaltigkeit von Folgerungen ziehen kann, während sich in dem analogen Fall der Stevin'schen Kette nur eine einzige Folgerung ergiebt. Wie man aber leicht erkennt, ist erstere Thatsache auch viel reichhaltiger. Die Strahlungsintensität verschiedener Körper derselben Temperatur ist sehr verschieden, ohne doch das Gleichgewicht zu stören. Die Flächenelemente können die verschiedenste Orientirung haben. Die elektive Absorption ist für verschiedene Körper und für verschiedene Wellenlängen ungleich. Ebenso ist sie verschieden in Bezug auf die Polarisationsarten. Es stört nicht, dass die am Temperaturgleichgewicht theilnehmenden Körper in verschiedene Medien eingetaucht sind. Aus jedem dieser durch eine besondere Beobachtung gefundener Umstände, zusammengehalten mit dem Fortbestand des Temperaturgleichgewichtes, ergiebt sich eine besondere Folgerung, die als Postulat des angenommenen Temperaturgleichgewichts auftritt, und welche dieses verständlich macht.

Vielleicht lässt sich auf keinem andern ebenso kleinen Gebiet die *Anpassung* der Gedanken an die darzustellenden *Thatsachen*, und die Anpassung der ersteren *aneinander* so schön beobachten, wie auf dem eben betrachteten.

Historische Uebersicht der Entwicklung der Calorimetrie.

1. Die Untersuchungen über die Wechselwirkung der Wärmezustände führten ganz allmälig auf eine Reihe neuer Begriffe, deren Anwendung eben das erwähnte Gebiet in eine übersichtliche Ordnung brachte. Die Entwicklung dieser Begriffe wollen wir hier betrachten.

2. Nach der Ansicht, welche Newton[1]) als Hypothese aufgestellt hatte, ist die Abkühlungsgeschwindigkeit eines Körpers proportional dem Temperaturüberschuss desselben über das umgebende Medium, und unter sonst gleichen Umständen proportional der Oberfläche des Körpers. Spätere Physiker, so Boerhave[2]), waren der Meinung, dass die Abkühlungsgeschwindigkeit auch vom Material abhänge, und durch die Dichte der Körper verkleinert werde. Richmann[3]) hat diese letztere Ansicht durch Versuche widerlegt und nachgewiesen, dass Quecksilber unter sonst gleichen Umständen sich schneller abkühlt und sich schneller erwärmt, als leichtere Flüssigkeiten. Auch gleichgrosse Kugeln aus Kupfer, Messing, Zinn, Blei erkalten nach Richmann[4]) unter sonst gleichen Umständen ungleich schnell, wobei jedoch ein maassgebender Einfluss der Dichte oder Härte nicht hervortritt. Erst später zeigte es sich, dass der unzweifelhafte Einfluss des Materials nur durch *neue* Begriffe zum richtigen Ausdruck gebracht werden konnte. Ver-

---

[1]) Newton, scala graduum caloris et frigoris (Philosoph. Trans. 1701) und Opuscula mathematica. 1744.

[2]) Boerhave, Elementa Chemiae. T I. Exp. XX. Coroll. 17.

[3]) Richmann, Novi Comment. Acad. Petrop. T III (1753). S. 309.

[4]) A. a. O., Novi Comment. T IV (1758). S. 241.

schiedene Wege leiteten dahin; wir wollen zunächst den einen betrachten.

3. Krafft[1]) hat versucht, die Temperatur U, welche sich durch Mischung zweier Wassermassen m, m' von den Temperaturen u und u' ergiebt, durch die empirische Formel darzustellen $U = \frac{11\,m\,u + 8\,m'u'}{11\,m + 8\,m'}$. Die Asymmetrie der Formel in Bezug auf beide Glieder zeigt schon hinreichend, dass dieselbe nur zufällige und keine allgemeine Gültigkeit haben kann. Dagegen stellte Richmann[2]) auf Grund von theoretischen Ueberlegungen eine richtige Formel auf, welche die Ergebnisse seiner Mischungsversuche wiedergab. Er stellt sich vor, dass die „Wärme" (calor) u einer Masse m, bei *Vertheilung* auf die Masse $m + m'$, die „Wärme" $\frac{m\,u}{m + m'}$ ergiebt. Werden zwei Massen m, m' mit den Wärmen u, u' gemischt, so erhält man hierbei durch gleichförmige Vertheilung die Wärme $\frac{m\,u + m'u'}{m + m'}$. Diese Formel lässt sich leicht für eine beliebige Anzahl gemischter Bestandtheile erweitern, und man hat dann für die Temperatur der Mischung

$$U = \frac{mu + m'u' + m''u'' + \ldots}{m + m' + m'' + \ldots} = \frac{\Sigma\, m\, u}{\Sigma\, m}.$$

Bemerkenswerth ist, dass Richmann die Begriffe, welche wir heute als „Wärmemenge" und „Temperatur" unterscheiden, in der angezogenen Abhandlung nicht scharf trennt, sondern beide mit demselben Namen „calor" bezeichnet. Er berücksichtigt bei den *Versuchen* den Einfluss des Gefässes und des Thermometers, bringt aber beide so in Rechnung, als ob dieselben durch ein gleiches Volum Wasser vertreten werden könnten. Hieraus geht deutlich hervor, dass die lediglich auf Mischungsversuche mit *Wasser* gegründete Ansicht als allgemeingültig auch für Mischungen *ungleichartiger* Körper angesehen wurde. Man dachte sich damals überhaupt gern eine Vertheilung der Wärme nach dem *Volum.*

---

[1]) Kraft, Comment. Acad. Petrop. T XIV (1744—1746). S. 218, 233.

[2]) Richmann, Novi Comment. T I (1750). S. 152.

Hingegen ist sich Richmann klar darüber, dass in seinen Rechnungen nicht die absoluten Wärmen, sondern nur die Ueberschüsse über dem Nullpunkt seines Thermometers in Betracht kommen. Richmann ist, wie man sieht, durch eine, wenn auch unklare, *Stoffvorstellung* geleitet. Seine Versuche legen die maassgebende Bedeutung des Produktes $m u$ nahe, welches wir heute Wärmemenge nennen.

4. Ueber Mischungsversuche referirt schon Boerhave.[1]) Er giebt an, dass 2 gleiche Volumina Wasser von verschiedener Temperatur bei schneller Mischung das arithmetische Mittel der beiden Temperaturen geben. Wird aber Wasser mit Quecksilber zu gleichen Volumtheilen gemengt, so ist die Temperatur der Mischung höher oder tiefer als das arithmetische Mittel, je nachdem das Wasser der wärmere oder der kältere Bestandtheil ist. Nimmt man hingegen 2 Volumina Wasser und 3 Volumina Quecksilber, so liegt nach Boerhave die Temperatur der Mischung in der Mitte zwischen den Temperaturen der beiden gemischten Bestandtheile. Aus diesen von Fahrenheit für Boerhave angestellten Versuchen schliesst letzterer, dass das 20fache Gewicht Quecksilber wie das einfache Gewicht Wasser wirkt. Dennoch hält Boerhave[2]) eine Vertheilung der Wärme nach dem Volum für möglich, in welcher Ansicht er ersichtlich dadurch bestärkt wird, dass die verschiedensten miteinander in Berührung befindlichen Körper die gleiche Temperatur annehmen. Boerhave wird durch vorgefasste Meinungen verhindert, den richtigen Ausdruck der Thatsache zu finden, welchem er so nahe ist. Aus den Fahrenheit'schen Versuchen würde sich für die Wärme-

---

[1]) Boerhave, Elem. Chem. T I (1732). S. 268.

[2]) A. a. O., ibidem S. 270. In hoc autem Experimento quam maxime notabile habetur, quod inde mirabilis lex naturae pateat, dum Ignis per corpora ut per spatia, non juxta densitates, distribuatur. Licet enim pondus Argenti Vivi respectu aquae fere esset in ratione 20 ad 1, tamen vis calorem pariens effectu mensurata erat eadem, ac si Aqua Aquae aequali fuisset permista copia. Sed hoc ipsum aliunde omni Experimentorum genere confirmatur; ut jam supra notavi, dum dicebam, Experimenta me ducuisse, omnia corporum genera, commissa satis diu eidem temperiei caloris communis, nunquam accipere diversitatem ullam caloris, vel Ignis, ullo respectu, nisi tantum ratione spatii, quod occupant: unde nihil in corporibus observari poterat, quod ignem traheret: licet densitas semel susceptum Ignem constantius detineret.

capacität des Quecksilbers 0,66 derjenigen eines gleichen Volums Wasser ergeben, während sie nach sorgfältigern Versuchen 0,45 derselben beträgt.

5. Black hat in die Auffassung dieser Vorgänge Klarheit gebracht. Nachdem er den Temperaturausgleich unter verschiedenen sich berührenden Körpern besprochen hat, sagt er[1]:

„Ich nenne dies das *Gleichgewicht der Wärme.* Die Natur dieses Gleichgewichts kannte man nicht gehörig, bis ich ein Verfahren angab, es zu untersuchen. Boerhave meinte, dass, wo es stattfände, sich eine gleiche Menge von Wärme in einem gleichen Maasse von Raum fände, er möchte mit noch so verschiedenen Körpern angefüllt sein, und Muschenbroek äusserte seine Meinung auf ähnliche Art. ‚Est enim ignis aequaliter per omnia, sed admodum magna, distributus, ita ut in pede cubico auri aeris et plumarum, par ignis sit quantitas.‘ Der Grund, den sie von dieser Meinung angeben, ist, dass, an welche von diesen Körpern sie nur immer das Thermometer anbringen, es immer auf einerlei Grad zeigt.“

„Aber dies heisst, einen zu eiligen Blick auf den Gegenstand werfen: es heisst, die *Menge der Wärme* in verschiedenen Körpern mit ihrer allgemeinen *Stärke* oder *innern Kraft* verwechseln, ob es gleich klar ist, dass dies zwei verschiedene Dinge sind, welche immer unterschieden werden sollten, wenn wir von der Vertheilung der Wärme reden wollen. Wenn wir z. B. *ein* Pfund Wasser in einem Gefässe haben, und *zwei* Pfund in einem andern; und diese beiden Massen *gleich* warm sind, wie das Thermometer angiebt; so ist es klar, dass die *zwei* Pfund doppelt die *Menge* der Wärme haben werden, welche in einem Pfund enthalten ist.“[2]) — —

„Man setzte ehemals allgemein voraus, dass die Menge von Wärme, welche erforderlich ist, um die Wärme von verschiedenen Körpern, auf dieselbe Anzahl von Graden zu erhöhen, in geradem Verhältniss mit der Menge der Materie in jedem wäre: und dass daher, wenn die Körper einen gleichen Umfang hätten, die Mengen der Wärme im Verhältniss ihrer Dichtigkeiten wären.

---

[1]) Black, Vorlesungen über Chemie. Deutsch von Crell. Hamburg 1804. I. S. 100.

[2]) Hier folgt eine unbegründete *Vermuthung* über die Wärmemenge in einem Raumtheil Holz und Eisen.

Doch bald hernach (im Jahre 1760) fing ich an, über diesen Gegenstand nachzudenken: und ich wurde gewahr, dass diese Meinung ein Irrthum sei[1]) — — —."

„Diese Meinung wurde bei mir durch einen, von Boerhave beschriebenen, Versuch veranlasst —."

Hier folgt die Beschreibung des Boerhave-Fahrenheitschen Versuchs, worauf Black sagt:

„Um dies durch ein Beispiel in Zahlen deutlicher zu machen, so wollen wir annehmen, das Wasser habe 100° der Wärme, und ein gleiches Maass von Quecksilber von 150° werde mit jenem plötzlich gemischt und geschüttelt. Wir wissen, dass die mittlere Temperatur zwischen 100° und 150° ist 125°; und dass diese mittlere Temperatur hervorgebracht werden würde, wenn wir Wasser zu 100° mit einem gleichen Maasse Wasser von 150° vermischten, da die Hitze des warmen Wassers um 25° vermindert ist, während das kalte Wasser gerade um ebenso viel erhöhet ist."

„Allein wenn man warmes Quecksilber statt warmen Wassers genommen hat, so fällt die Temperatur der Mischung nur zu 120° aus, statt 125°. Das Quecksilber ist daher um 30° weniger warm geworden, und das Wasser wurde es nur um 20: *und doch ist die Menge der Wärme, welche das Wasser gewonnen hat, eben dieselbe Menge, welche das Quecksilber verloren hat."* — — „Dies zeigt, dass dieselbe Menge der *Materie der Wärme* eine grössere Kraft zeigt, das Quecksilber zu erwärmen, als ein gleiches Maass Wasser." — — „Quecksilber hat daher weniger *Capacität* für die Materie der Wärme (wenn ich mich dieses Ausdruckes bedienen darf) als Wasser, es erfordert eine geringere Menge derselben, um seine Temperatur um dieselbe Anzahl von Graden zu erhöhen."

„Die Folgerung, welche Boerhave aus diesem Versuche zog, ist sehr *befremdend.* Aus der Beobachtung, dass die Wärme unter verschiedenen Körpern *nicht* im Verhältniss der Menge von Materie in jedem vertheilt sei, schloss er, dass sie im Verhältniss der *Räume* vertheilt werde, welche jeder Körper ein-

---

[1]) Hier verweist Black auf Wilke's Versuche (Comment. de Rebus in Medicina gestis. Vol. 25, 26) und auf die Versuche Gadolin's (Nov. Act. R. Soc. Upsaliens. T V).

nimmt: eine Folgerung, die durch diesen Versuch selbst widerlegt wird. Indessen folgte ihm Muschenbroek doch in dieser Behauptung."

„Sobald als ich diesen Versuch in demselben Lichte ansah, wie ich eben anführte, fand ich eine merkwürdige Uebereinstimmung zwischen demselben und einigen von Dr. Martin angestellten Versuchen (Essay on the Heating and Colding of bodies)" — — „Er fand, durch wiederholte Versuche, dass das Quecksilber durch das Feuer *viel schneller erwärmt wurde*, als das Wasser, und fast zweimal so schnell" — — „und er fand, dass das Quecksilber allemal viel schneller erkältet wurde, als das Wasser. Ehe diese Versuche angestellt wurden, glaubte man, das Quecksilber würde eine längere Zeit erfordern, es zu erwärmen oder abzukühlen, wie eine gleiche Masse Wasser in dem Verhältniss von 13 oder 14 zu 1." —

„Diese Versuche von Dr. Martin, welche so sehr mit denen von Fahrenheit angestellten übereinstimmen, zeigen daher deutlich, dass das Quecksilber seiner grossen Dichtigkeit und Schwere ohnerachtet, weniger Wärme erfordert, um es zu erhitzen, als nöthig ist, ein gleiches Maass gleich kalten Wassers um dieselbe Anzahl von Graden zu erhöhen. Man kann daher füglich sagen, dass das Quecksilber weniger Capacität für die Wärme hat."

6. Sowohl die Kritik der Arbeiten der Vorgänger, als auch die eigenen Aufstellungen Blacks, die wir mit seinen Worten wiedergegeben haben, lassen denselben als einen der hervorragendsten Naturforscher erkennen. Dies tritt nicht nur in der Sicherheit und Klarheit hervor, mit welcher er die Begriffe Temperatur (Wärmestärke), Wärmemenge, Wärmecapacität sondert und aufstellt, mit dem richtigen Instinkt für das, was hier zur Uebersicht der Thatsachen fehlt und noth thut, sondern auch bei allen seinen allgemeinen Betrachtungen über seinen Gegenstand. Ueberall ist er bemüht, willkürliche Phantasien, mögen sie aus fremdem oder eigenem Kopfe stammen, abzuweisen, Thatsachen durch Thatsachen zu erläutern, seine eigenen begrifflichen Construktionen nach den Thatsachen einzurichten, beziehungsweise auf den knappen nothwendigen Ausdruck des Thatsächlichen zu beschränken. Er ist darin ein würdiger Nachfolger Newtons.

Die Annahme eines besonderen Kältestoffs weist er als unnöthig ab. Die Sonne sei ja die aufzeigbare Quelle aller Wärme auf der Erde, welche demnach als das Positive angesehen werden könne. Die Bewegungs- und die Stofftheorie der Wärme erörtert er unbefangen, und sieht sich durch die Schwierigkeit der Aufklärung vieler Thatsachen durch die erstere veranlasst, der letzteren den Vorzug einzuräumen. Kälte und Wärme sind ihm bloss relative Eigenschaften, Stufen derselben Zustandsreihe. Die Körper, wie Eisen, Wasser, Quecksilber sind nicht an sich fest oder flüssig, sondern dies ist durch ihren Wärmezustand bestimmt. Das Frieren kalter und das Schmelzen heisser Körper ist ihm dieselbe Erscheinung. Den Hauptvortheil des Thermometers sieht er in der grossen Erweiterung unserer Kenntniss der Wärmestufenreihe. Die Annahme absoluter Endpunkte dieser Reihe weist er als unbegründet ab. Die Grade des Thermometers erscheinen ihm als die numerirten Glieder einer Kette, deren Enden uns jedoch unbekannt sind.

Der Wind ist nicht „an sich“ kalt, sondern nur wegen der rascheren Wärmeableitung durch Luftwechsel. Eis schmilzt in einer Strömung von Luft über 0° rascher als in ruhiger Luft. Poröse Körper, Pelze, sind nicht „an sich“ warm; sie schützen vor Kälte *und* Hitze. Die Wärme hat *nicht* das Streben nach *oben* zu gehen, wie man unter der Glocke der Luftpumpe bei Ausschluss der Luftströmungen nachweisen kann. Die Luftströmungen in Bergwerken, die Strömungen in tiefen Seen werden besprochen. Die Luft erwärmt sich, weil sie durchsichtig ist, *nicht* durch die Sonnenstrahlen, auch nicht im Brennpunkt eines Hohlspiegels. Letzteres geschieht erst, wenn in den Brennpunkt ein fester (undurchsichtiger) Körper gebracht wird, *an dem* die Luft sich erwärmt, wie man dann an den aufsteigenden Schlieren wahrnimmt.[1]) Diese Bemerkung wird zur Erklärung der Kälte in der Höhe der Atmosphäre verwendet. Dies sind Proben Black'schen Geistes, wie man sie auf jeder Seite seines Buches findet, das man heute noch mit Vergnügen liest.

7. Black versuchte selbst Bestimmungen der Wärmecapacität einiger Körper auszuführen. Die meisten Bestimmungen dieser Art rühren aber von W. Irvine[2]) (1763?) her, welcher zunächst

[1]) Black, a. a. O. I. S. 131.

[2]) Irvine, Essay on chemical subjects. London 1805.

für einige Normalkörper wie Quecksilber, Flusssand, Glas, Eisenfeile die Wärmecapacität bestimmte, um durch Mischung mit diesen Körpern die Wärmecapacität anderer Körper zu ermitteln.

Auch der Schwede Wilke[1]) wurde zum Begriff der Wärmecapacität geführt und wies nach, dass für jeden Körper eine in Bezug auf die Temperaturerhöhung durch dieselbe Wärmemenge aequivalente Wassermenge angegeben werden kann. Wilke's[2]) Versuche begannen mit der Methode der Eisschmelzung wie jene von Lavoisier und Laplace, von welchem Verfahren später die Rede sein wird. Auch der Schrift von Crawford,[3]) welche Bestimmungen von Wärmecapacitäten enthält, muss hier Erwähnung geschehen.

8. In selbständiger eigenartiger Weise gelangte Lambert zu den oben erörterten Begriffen. Lambert war ein logischer, deduktiver Kopf, als Mathematiker in quantitativen Unterscheidungen geübt. So unklare Auffassungen der Thatsachen, wie sie bei den Vorgängern Black's angetroffen werden, waren ihm einfach unmöglich. Lambert ist aber kein eigentlicher Naturforscher, der wie Black auf die Entdeckung neuer Thatsachen ausgeht, sondern vorwiegend Mathematiker. Er reconstruirt die Thatsachen, indem er von einigen passenden Voraussetzungen ausgeht. Diese letztern enthalten allerdings über die Nothwendigkeit hinausgehende willkürliche Zuthaten, welche Black abgewiesen haben würde. Ein Uebergewicht der selbstthätigen Construktion ist für Lambert bezeichnend, es bildet seinen Vorzug, wo er klar und glücklich, und seinen Fehler, wo er befangen ist.

Seine Ansichten über die Wärme hat Lambert in zwei Schriften niedergelegt, von welchen die zweite 24 Jahre nach der ersten publicirt wurde.[4]) In der ersten spricht er von einer abstossenden Kraft der „Feuertheilchen", während er in der

---

[1]) Wilke, Kong. Vetensk. Acad. Nya. Handl. 1781.

[2]) A. a. O., Ibidem 1772.

[3]) Crawford, Experiments and Observations on Animal Heat. London 1778.

[4]) Lambert, Tentamen de vi caloris. Acta Helvetica. T II Basileae 1775 und „Pyrometrie". Berlin 1779. Erstere Schrift kenne ich nur durch die Citate bei Riggenbach, „Historische Studie über die Entwicklung der Grundbegriffe der Wärmefortpflanzung". Basel 1884.

zweiten diesen Feuertheilchen eine Geschwindigkeit (ähnlich wie Daniel Bernoulli seinen Gastheilchen) zuschreibt. Lambert unterscheidet die „*Menge* der *Wärme*“ von der „*Kraft*“ oder „*Stärke* der *Wärme*“. Erstere wächst bei gleichem Grade der Wärme in derselben Materie mit dem Volum des Körpers, und bei demselben Körper mit dem Grade der Wärme. Dieselbe Wärmemenge hat aber in verschiedenen Körpern von gleichem Volum eine ungleiche Kraft.[1])

Die ungleiche Abkühlungs- und Erwärmungsgeschwindigkeit von Weingeist- und Quecksilberthermometern legte ihm wahrscheinlich den Gedanken nahe, dass dieselben Feuertheilchen in Quecksilber eine grössere Kraft haben, als in einem gleichen Volum Wasser.[2]) Den Boerhave-Fahrenheit'schen Versuch interpretirt er, indem er sagt: „Daraus folgt, dass im Wasser *drei* Feuertheilchen nicht mehr Kraft der Wärme haben, als *zwei* Feuertheilchen in Quecksilber, wenn nämlich Wasser und Quecksilber *gleichen* Raum einnehmen.“[3]) Aus eigenen genauen Versuchen, wobei der Temperaturausgleich zwischen der Flüssigkeit des Thermometers und einer andern Flüssigkeit beobachtet wird, in welche ersteres eingetaucht war, folgert er: „Aus diesen Versuchen folgt nun überhaupt, und nach Abgleichung der bei solchen Versuchen nicht wohl zu vermeidenden Fehler, dass 4 Feuertheilchen im Quecksilber, 6 im Weingeiste und 7 im Wasser gleiche Wärme hervorbringen, wenn nämlich von diesen Materien ein gleiches Maass genommen wird.“[4])

9. Die *Bezeichnung* der zuvor erörterten Begriffe wechselt bei den verschiedenen Autoren und ist zuweilen auch bei demselben Autor nicht ganz scharf. Um uns zu verständigen, wollen wir die jetzt gebräuchlichen Namen einführen und Folgendes festsetzen. *Wärmemenge* nennen wir das Produkt aus der Maasszahl der Wassermasse (in Kilogrammen) in die Maasszahl der Temperaturänderung (in Graden Celsius ausgedrückt). Als Einheit dient die Kilogrammcalorie, d. i. die Wärmemenge zur Temperaturerhöhung von 1 *kg* Wasser um 1° C. *Specifische* Wärme eines Körpers heisse die Wärmemenge, die zur Tempe-

[1]) Pyrometrie S. 280.
[2]) A. a. O. S. 146 und Riggenbach a. a. O. S. 25.
[3]) A. a. O. S. 167.
[4]) A. a. O. S. 173.

raturerhöhung von 1° C für 1 *kg* dieses Körpers erfordert wird. *Relative* Wärme ist die Anzahl Kilogrammcalorien für 1 *l* des betreffenden Körpers zur Temperaturerhöhung um 1° C. *Wärmecapacität* endlich ist die Wärmemenge (in Kilogrammcalorien), die irgend ein Körper von beliebiger Masse oder beliebigem Volum zur Temperaturerhöhung um 1° C benöthigt. Wo eine kleinere Einheit wünschenswerth ist, verwendet man selbstredend die Grammcalorie mit den zugehörigen Maassen. Durch diese Bezeichnungen wird fernerhin jede Unbestimmtheit beseitigt.

10. Zu den merkwürdigsten und aufklärendsten Arbeiten Black's gehören seine Untersuchungen über die *Eisschmelzung.*[1]) „Man sahe die Flüssigkeit gemeiniglich als eine Folge an, welche auf einen *kleinen* Zusatz zu der Menge der Wärme entstehe, wodurch der Körper beinahe bis zu seinem Schmelzpunkt erhitzt worden sei: und die Rückkehr eines solchen Körpers zu einem festen Zustande, hänge von einer sehr geringen Verminderung in der Menge seiner Wärme ab, wenn er bis auf denselben Punkt wieder abgekühlt sei." — „Dies war, so viel ich weiss, die allgemeine Meinung über diesen Gegenstand, als ich an der Universität Glasgow im Jahre 1757 Vorlesungen zu halten anfing." —

„Wenn wir auf die Art Achtung geben, mit welcher Eis und Schnee schmelzen, wenn sie der Luft eines warmen Zimmers ausgesetzt werden, oder wenn Thauwetter nach dem Froste eintritt, so können wir leicht bemerken, dass, wie kalt sie auch immer zuerst waren, sie doch *bald* bis zu ihrem Schmelzpunkte erwärmt werden, oder *bald* anfangen, auf ihrer Oberfläche zu Wasser zu werden. Wäre nun die gewöhnliche Meinung ganz gegründet, wäre zur vollkommenen Veränderung derselben in Wasser bloss ein weiterer Zusatz von einer *sehr geringen* Menge Wärme erforderlich; so müsste die *ganze Masse*, wäre sie auch von beträchtlichem Umfange, *in einigen wenigen* Minuten oder Sekunden später, *ganz* geschmolzen sein, da die Wärme ununterbrochen von der umgebenden Luft immerfort mitgetheilt wird. Wäre dies wirklich der Fall; so würde unter manchen Umständen die Folge davon *fürchterlich* sein: denn, selbst so wie gegen-

[1]) Black's Vorlesungen I. S. 147 u. f. f.

wärtig die Dinge sind, verursacht das Schmelzen von grossen Mengen von Schnee und Eis reissende Ströme und grosse Ueberschwemmungen in den kalten Ländern; oder es macht die daraus entspringenden Flüsse heftig übertreten."

Es ist kaum möglich durch Beachtung unscheinbarer, jedem zugänglicher, Erfahrungen tiefere Einsichten zu gewinnen, als es Black hier thut. Zu diesem empfänglichen Blick für die Vorgänge in der alltäglichen Umgebung kommt noch die scharfsinnige Analyse des Einzelversuches und das Geschick in der erfolgreichen Anwendung geringfügiger Mittel.

11. Ein Eisstück in einem beträchtlich wärmeren Raum zeigt ein rasches Ansteigen der Temperatur bis zu 0° C. Dann aber bleibt das eingesenkte Thermometer stationär, und steigt

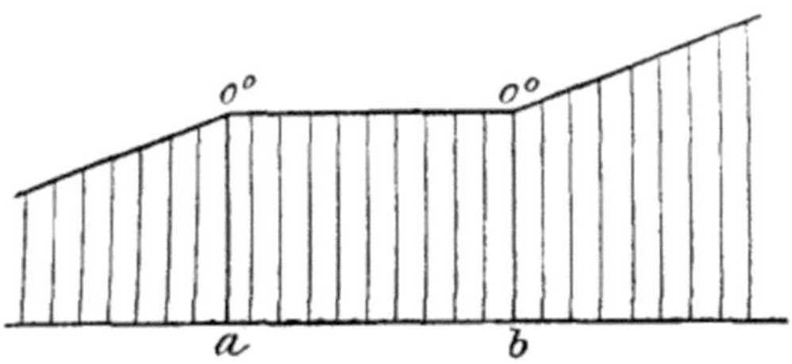

Fig. 58.

erst wieder, wenn alles Eis in Wasser verwandelt ist, wie dies die Fig. 58 schematisch andeutet, in welcher die nach rechts aufgetragenen Abscissen die Zeiten, die Ordinaten die Temperaturen darstellen. Wenn nun einige Sekunden vor dem Moment *a* die Temperatur des Eises noch $^1/_{100}{}^0$ unter 0° ist, müsste man (nach Black) erwarten, dass ebenso viele Sekunden nach *a* die Temperatur um $^1/_{100}{}^0$ den Nullpunkt überschritten hat, und dass dann das ganze Eis *plötzlich* geschmolzen wäre. Denn alle Wärmezuleitungsverhältnisse vor und nach der Ueberschreitung des Nullpunktes bleiben fast unverändert. Das schmelzende Eis entzieht aber wirklich, obgleich es die Temperatur 0° behält, der anfassenden Hand fortwährend Wärme. Ein frei aufgehangenes schmelzendes Eisstück erzeugt einen *kalten* absteigenden Luftstrom, den man auch durch die niedergeschlagenen Wasserdämpfe wahrnehmen kann. Das *langsame* Schmelzen zeigt, dass *grosse* Wärmemengen zur Schmelzung nöthig sind, welche nur allmälig von der wärmeren Umgebung aufgebracht werden können, worauf die Möglichkeit der Eiskeller beruht. Ebenso tritt das Frieren, über welches analoge Betrachtungen angestellt werden können, nicht plötzlich ein, da die vom frierenden Wasser abgegebenen grossen Wärmemengen nur allmälig durch die Umgebung weggeschafft werden können. Frierendes Wasser in kälterer Umgebung erzeugt einen wärmeren aufsteigenden Luftstrom, der nach Black an einem *über* dem Wasser befindlichen Thermometer wahrnehmbar ist.

12. Um sich ein Maass der zur Eisschmelzung verbrauchten Wärmemenge zu verschaffen, verfährt Black nach folgendem Schema, in welchem wir nur die uns geläufigeren Einheiten verwenden. Man denke sich zwei gleiche Fläschchen, das eine mit Wasser von 0°, das andere mit Eis von 0° gefüllt, beide mit Thermometern versehen in einem Raum von 20° C. Gesetzt, das Wasserfläschchen würde in *einer* Viertelstunde eine Temperatur von 4° C annehmen, so würde der Inhalt des mit der gleichen Eismasse beschickten Fläschchens, für welches die Wärmezuleitungsverhältnisse fast dieselben *bleiben*, in 20 Viertelstunden *vollständig geschmolzen* sein. Demnach wird bei der *Eisschmelzung* eine Wärmemenge zugeführt, welche die der Eismasse gleiche Wassermasse um 80° C zu erwärmen vermöchte, die aber gleichwohl keine Temperaturänderung hervorbringt. Der Versuch ist nicht nur wunderbar einfach angelegt, sondern auch die Zahl, welche aus Black's Angaben folgt (77—78) ist merkwürdig genau.

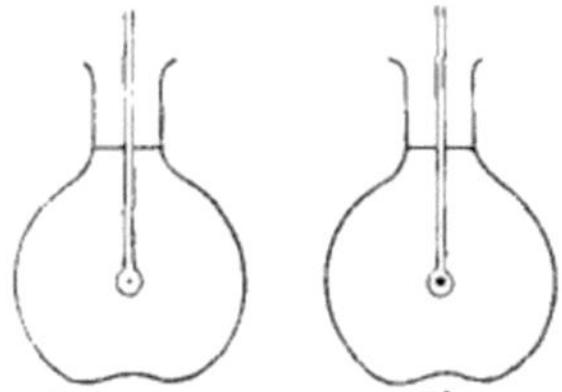

Fig. 59.

Black bringt auch eine gewogene Eismenge in wärmeres Wasser von bekannter Menge, in welchem erstere schmilzt. Aus der Abkühlung des Wassers lässt sich die zur Eisschmelzung verbrauchte Wärmemenge bestimmen. Man denke sich den Versuch nach folgendem Schema ausgeführt.

Auf einer Wage Fig. 60 seien 80 *gr* Wasser von 20° C sammt einem eingetauchten Thermometer tarirt, und die andere Schale erhält nachher ein Uebergewicht von 5 *gr*. Bringt man nun 5 *gr* Schnee von 0° C, so dass die Wage eben zu spielen beginnt, rasch in das Wasser, so wird derselbe geschmolzen. Da die 5 *gr* Schnee 5 × 80 Grammcalorien verzehren, werden die 80 *gr* Wasser wegen Abgabe von 80 × 5 Calorien um 5° C abgekühlt. Die Temperatur sinkt dann nach dem Richmann'schen Gesetz noch auf $\frac{80 \cdot 15}{85} = \frac{16}{17} \cdot 15^{0}\,C = 14 \cdot 1^{0}\,C$, weil die 5 *gr* Schmelzwasser sich an den 80 *gr* von 15° erwärmen müssen.

13. Eine besondere Wichtigkeit legt Black dem Fahrenheit'schen Versuch über Unterkühlung bei[1]), weil bei demselben

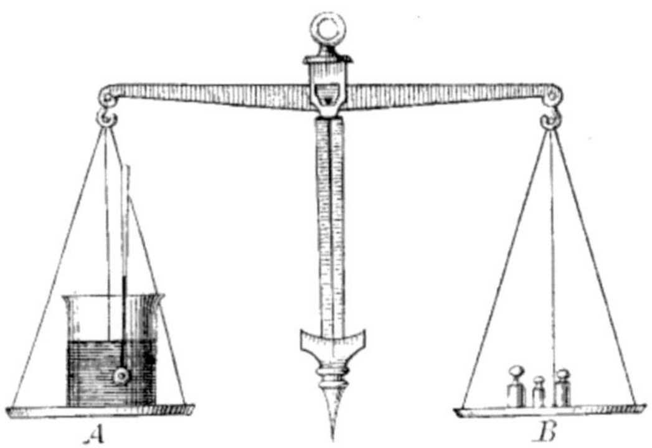

Fig. 60.

die „latente" (verborgene) oder gebundene Wärme der Flüssigkeit *plötzlich* und folglich *sehr merkbar* hervortritt. Fahrenheit konnte ausgekochtes (luftfreies) Wasser in ruhig stehenden gedeckten Gefässen auf etwa 4° C unter den Frostpunkt abkühlen, ohne dass dasselbe zu Eis wurde. Bei Erschütterungen trat aber plötzliches theilweises Frieren ein, indem sich das Wasser mit Eisnadeln durchsetzte, wobei das eingetauchte Thermometer sofort auf 0° C stieg. Dies ist für Black der deutlichste Beweis, dass nicht die blosse Abkühlung unter 0°, sondern die Abgabe einer bestimmten Wärmemenge die Bedingung des Festwerdens sei.

14. Der Fahrenheit'sche Versuch ist sehr belehrend und verdient eine genauere Analyse. Black hat dieselbe soweit geführt, als sie seiner Zeit möglich war. Ist das Frieren des unterkühlten Wassers eingeleitet, so friert so viel von demselben,

[1]) Black, a. a. O. S. 162 u. f. f.

dass durch die freiwerdende Wärme die Temperatur bis 0° C steigt. Darüber hinaus kann die Temperatur nicht steigen, da mit die Bedingung des weiteren Frierens verschwindet. Hin-n könnte unter Umständen die freiwerdende Wärme unzu-nend sein zur Erhebung der Temperatur auf den Nullpunkt. Da jedoch die latente (Flüssigkeits-)Wärme zur Erwärmung derselben Flüssigkeit um 80° C reicht, so sieht man, dass die Unterkühlung sehr bedeutend sein müsste, um diesen Fall darzustellen.

Zur weitern Analyse müssen wir Folgendes berücksichtigen. Irvine und Crawford haben den Wärmeverbrauch beim Schmelzen anders aufgefasst als Black. Sie haben angenommen, dass die specifische Wärme der Flüssigkeit grösser ist als jene des festen Körpers, und dass die latente Wärme nichts anderes ist als der Ueberschuss der Gesammtwärme der Flüssigkeit bei der Schmelztemperatur über jene des festen Körpers bei derselben Temperatur vom absoluten Nullpunkt an, vom Zustand absoluter Wärmelosigkeit gerechnet. Dieser Ueberschuss müsste nach der angezogenen Meinung bei der Verflüssigung zugeführt werden. Hierauf bildeten sich jene Autoren auch eine Vorstellung über die Lage des absoluten Kältepunktes. Sie erklärten auch die Wärmeentwicklungen bei chemischen Vorgängen durch derartige Aenderungen der specifischen Wärmen, wobei ch allerdings aus jedem Beispiel eine andere Lage des abso-ten Nullpunktes ergab, und in manchen Fällen auch ein sinnloses Ergebniss folgte. Black bestritt diese Auffassung nicht, verhielt sich aber gegen die Annahme des absoluten Kältepunktes ablehnend, und hielt aufrecht, dass die Zuführung der verborgenen Wärme vor Allem als die *Ursache* der Verflüssigung anzusehen sei.

15. Berücksichtigen wir, dass nach neueren Bestimmungen die specifische Wärme des Eises (zwischen 0° und —20° C) sehr nahe die Hälfte von jener der Flüssigkeit ist, so enthält das Wasser bei 0° C, dem eben 80 Calorien bei der Schmelzung zugeführt wurden, nach der Irvine-Crawford'schen Auffassung im Ganzen die Gesammtwärme von 160 Calorien. Entzieht man dem Wasser diese, so enthält es gar keine Wärme mehr. Könnte man das Wasser als *solches* abkühlen, so würde man bei — 160° C, beim absoluten Kältepunkt anlangen. Bei diesem Punkt würde

die Umwandlung des Eises in Wasser *keine* Flüssigkeitswärme beanspruchen, welche jedoch desto grösser würde, bei je höherer Temperatur über dem absoluten Kältepunkt die Umwandlung eingeleitet würde. Rechnen wir die Temperatur von diesem absoluten Nullpunkte aufwärts in Celsiusgraden, und bezeichnen dieselbe mit τ, die gewöhnliche Celsiustemperatur aber mit t, so wird die Verflüssigungswärme λ ausgedrückt durch

$$\lambda = \frac{1}{2}\tau = \frac{1}{2}(160 - t),$$

welches Verhältniss durch die Fig. 60a dargestellt ist. Bei

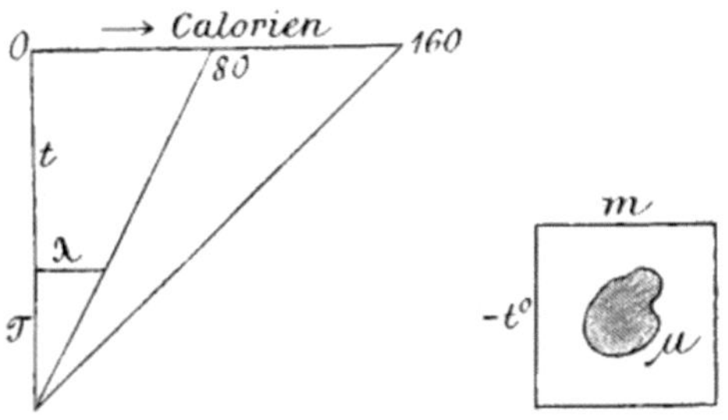

Fig. 60a.

$-t^0$ C erstarre nun ein Theil μ der Wassermasse m zu Eis. Die freigewordene Wärme ist dann $\frac{\mu}{2}(160 - t)$, welche μ und $m - \mu$ um ϑ erwärmt nach der Gleichung

$$\frac{\mu}{2}(160 - t) = \frac{\mu}{2}\vartheta + (m - \mu)\vartheta,$$

woraus folgt

$$\vartheta = \frac{\mu(160 - t)}{2m - \mu} \text{ oder}$$

$$\vartheta - t = \frac{160\mu - 2mt}{2m - \mu}.$$

Nach dem Vorausgehenden ist nothwendig $\vartheta - t \gtreqqless 0$, und weil selbstverständlich $\mu \gtreqqless m$, auch $2mt \geqq 160\mu$. Hieraus ergeben sich beispielsweise für die Unterkühlung t die höchstmöglichen Werthe von μ und von $\vartheta - t$

t^0	μ	$(\vartheta - t)^0$
—10	$^1/_8\,m$	0
—80	m	0
—90	m	—20
—100	m	—40
—160	m	—160

Hiermit ist der Verlauf des Unterkühlungsversuches aufgeklärt. Der Rechnung wurde die nicht erwiesene Annahme zu Grunde gelegt, dass die specifische Wärme des Wassers und Eises unter 0° C constant bleibt. Die Proportionalität zwischen λ und τ beruht also ebenfalls auf dieser Annahme. Es ist, wie man sieht, *nicht nothwendig*, λ als den Unterschied des Wärmeinhaltes von Wasser und Eis vom absoluten Kältepunkt an aufzufassen. Man könnte ebenso gut sagen, dass für —160° C der Werth $\lambda = 0$ besteht, und vermuthen, dass für *tiefere* Temperaturen λ negativ wird. Die Thatsache muss eben von der hinzugefügten theoretischen Vorstellung getrennt werden, und letztere darf eben nie als entscheidend und untrüglich angesehen werden in einem Gebiet, wohin das Experiment noch nicht gedrungen ist.

16. Die Vorstellung der verborgenen Schmelzwärme konnte Black nicht nur für das Wasser sondern auch für alle andern Körper aufrecht halten, ja er konnte auch, ohne auf Hindernisse in den Beobachtungsthatsachen zu stossen, von einer verborgenen Verflüssigungswärme bei Bildung von Lösungen sprechen, und durch diese Auffassung zuerst die Erscheinungen der Kältemischungen verständlich machen. Nach seiner Ansicht nehmen die gemischten Bestandtheile einer Kältemischung, indem sie eine Lösung bilden, die nöthige verborgene Verflüssigungswärme aus dem eigenen Vorrath fühlbarer Wärme.

17. Die Untersuchungen über die Eisschmelzung gaben Black ein bequemes Mittel an die Hand, Wärmemengen, insbesondere specifische Wärmen zu bestimmen. Wilke verwendete schon mit geringem Erfolg die Einschmelzungsmethode zur Bestimmung der specifischen Wärme. Ausgebildet wurde dieses Verfahren durch Lavoisier und Laplace.[1]) Dieselben verwendeten ein in Fig. 61 b, c abgebildetes Blechgefäss mit doppelten

[1]) Lavoisier et Laplace, Memoires de l'Academie (1780) und Oeuvres de Lavoisier T I. S. 283.

Wänden. Im Innenraum befand sich das durch den eingebrachten erwärmten Körper zu schmelzende Eis. Die hohle Wand und der Deckel waren ebenfalls mit Eis gefüllt, um die von aussen eindringende Wärme abzuhalten. Wurde ein auf t^0 C erwärmter Körper von der Masse m und der zu bestimmenden specifischen Wärme s eingebracht, so schmolz derselbe auf 0^0 abkühlend eine Eismasse μ, wobei die Gleichung bestand

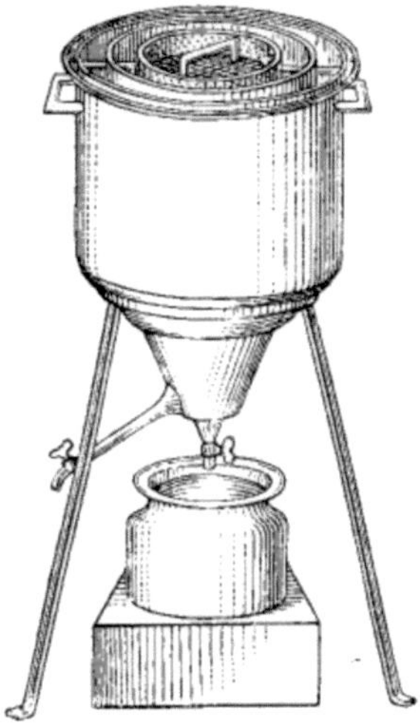

Fig. 61b.

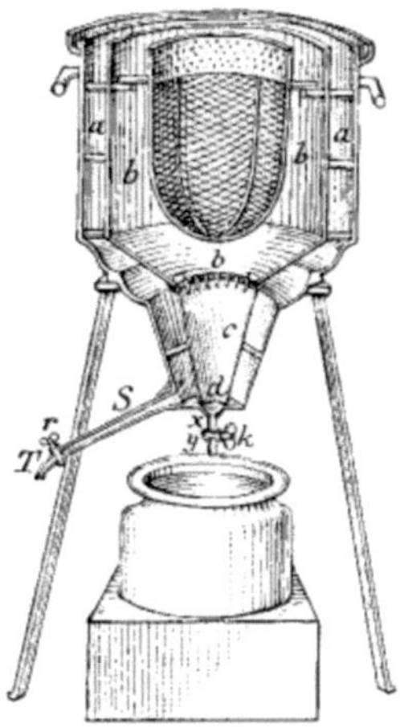

Fig. 61c.

$m s t = 80 \mu$. Durch Wägung des aus dem Innenraum abfliessenden Wassers wurde μ bestimmt. In der erwähnten Abhandlung besprechen die Autoren S. 285 auch die Bewegungstheorie der Wärme und erklären die Erhaltung der Wärmemenge durch die Erhaltung der lebendigen Kraft. Der Annahme des absoluten Nullpunktes gegenüber verhalten sie sich ablehnend (S. 308) und die Theorie der chemischen Wärmeentwicklung durch Aenderung der specifischen Wärmen erklären sie (S. 313) für unrichtig. In einer zweiten Abhandlung[1]) werden Bestimmungen von specifischen Wärmen mitgetheilt. Die Methode leidet an dem Uebelstand, dass es schwer hält, das an den Eisstücken anhaftende Schmelzwasser vollständig für die Wägung zu erhalten.

---

[1]) Oeuvres de Lavoisier, II. S. 724.

Bunsen[1]) hat dies vermieden, indem er bei seinem Eiscalorimeter die *Volumverminderung* bei der Eisschmelzung zur Bestimmung der geschmolzenen Eismenge verwendet, wodurch die Methode sehr empfindlich wird.

18. Die Methode zur Bestimmung der specifischen Wärme, welche dem Schema des Boerhave-Fahrenheit'schen Mischungsversuches entspricht, und die gewöhnlich Mischungsmethode genannt wird, ist zwar im Princip sehr einfach, fordert aber bei der Ausführung grosse Sorgfalt. Sind m, m' die Massen, $u > u'$ deren Anfangstemperaturen, s, s' die specifischen Wärmen und U die Ausgleichstemperatur, so beruht die Methode auf der Voraussetzung, dass der Wärmemengenverlust einerseits gleich ist dem Wärmemengengewinn anderseits, d. h. dass die Gleichung besteht

$$m\,s\,(u - U) = m'\,s'\,(U - u').$$

Wäre m' das Wasser des Calorimetergefässes, in welches m eingetaucht wird, demnach $s' = 1$, so würde folgen:

$$s = \frac{m'\,(U - u')}{m\,(u - U)}.$$

Allein ausser m muss noch das Gefässmaterial, das Thermometer u. s. w. erwärmt werden. Man bestimmt durch Rechnung oder Versuch den Wasserwerth dieser Apparattheile, d. h. die Wassermenge, welche *dieselbe* Wärmecapacität hat, und addirt diesen Wasserwerth zu m' in der Formel.

Das Verfahren setzt voraus, dass ein Wärmeaustausch *nur* zwischen den gemischten Körpern stattfindet. In der Regel wird aber ein Wärmeaustausch auch zwischen dem Calorimeter und der Umgebung stattfinden. Rumford dachte denselben zu eliminiren, indem er die Anfangstemperatur des Calorimeters ungefähr ebenso tief unter der Umgebungstemperatur nahm, als die durch einen rohen vorläufigen Versuch bestimmte Endtemperatur über derselben liegt. Das Verfahren ist jedoch nicht zureichend, weil die Calorimetertemperatur nach Einbringung des wärmeren Körpers erst rasch steigt, die Umgebungstemperatur durchschreitet und sich *langsam* der Ausgleichstemperatur nähert.

---

[1]) Bunsen, Pogg. Ann. Bd. CXLI.

19. Um Einblick in den Vorgang am Calorimeter zu gewinnen, denken wir uns den Körper von der Temperatur u_1 im Calorimeterwasser von der Temperatur u_2, welches sich in einer Umgebung von der Temperatur τ befindet. Wir nehmen an, dass alle Theile des Körpers dieselbe Temperatur haben, und ebenso alle Theile des Wassers. Es besteht dann, wenn t die Zeit und a, b von den Massen, Oberflächen und Leitungsverhältnissen abhängige Coefficienten bedeuten, die Differentialgleichung

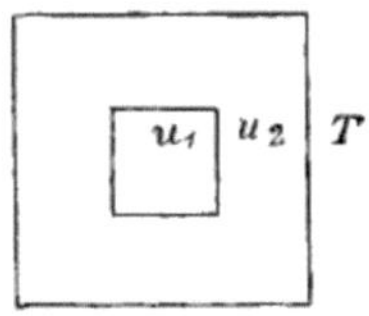

Fig. 62.

$$\frac{du_2}{dt} = a(u_1 - u_2) - b(u_2 - \tau).$$

Für die Maximaltemperatur von u_2 hat man $\frac{du_2}{dt} = 0$, woraus folgt $u_1 = u_2 + \frac{b}{a}(u_2 - \tau)$.

Nur wenn $b = 0$, ist die Maximaltemperatur auch die Ausgleichstemperatur, sonst aber ist $u_1 \gtrless u_2$, je nachdem $u_2 \gtrless \tau$.

Werden die Zeiten als Abscissen, die Temperaturen als Ordinaten aufgetragen, so stellt Fig. 63a den Verlauf der Tempe-

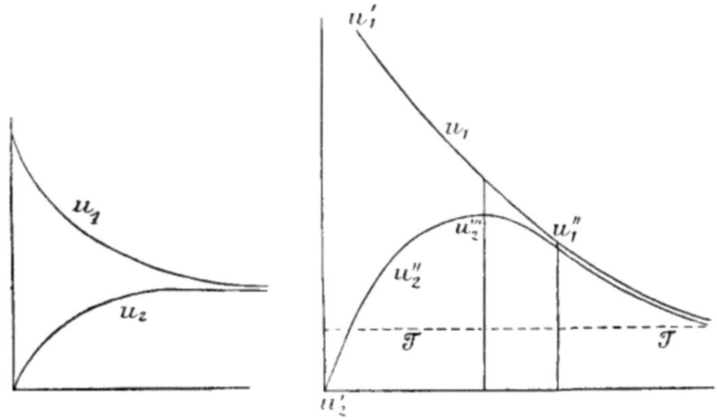

a. Fig. 63. b.

raturen ohne Störung durch die Umgebung, Fig. 63b aber denselben Verlauf in dem eben behandelten Fall schematischdar. Man sieht, dass in letzterem u_2 (max) kleiner ist als das *zugehörige* u_1, welches man also nicht als Ausgleichstemperatur ansehen darf. Lässt man aber den eingebrachten Körper von der Anfangstemperatur u_1' bis u_1'' abkühlen, bei welcher letztern Temperatur das Calorimeterwasser bereits gleichmässig abkühlt, so ist u_1'' auch sehr nahezu die Calorimetertemperatur, und $ms(u_1'-u_1'')$ die vom eingebrachten Körper abgegebene Wärmemenge. Letztere ist aber nicht mehr ganz im Calorimeter. Um den Verlust des Calorimeters bis zur Annahme der Temperatur u_1'' zu bestimmen verfuhr Régnault nach Pfaundler's Mittheilung ganz empirisch. Die Temperaturen des Calorimeters wurden vor dem Versuch und während des Versuches von Minute zu Minute beobachtet. Man konnte auf die Weise den jeder Calorimetertemperatur entsprechenden Temperaturverlust oder Gewinn, demnach auch den Wärmeverlust oder Gewinn in der Versuchsdauer empirisch bestimmen. Zu diesem Zwecke werden die Calorimetertemperaturen als Abscissen, die Temperaturgewinne, beziehungsweise Verluste als Ordinaten nach unten, beziehungsweise oben aufgetragen, durch die Endpunkte wird eine Gerade gezogen, mit Hülfe welcher man z. B. auch den Verlust für die Temperaturen wie u'''_2, welche direkt nicht beobachtet werden konnten, extrapoliren kann. Die algebraische Summe der Verlustordinaten multiplicirt mit dem Wasserwerth des Calorimeters, zu der im Calorimeter noch vorhandenen Wärmemenge hinzuaddirt, stellt jederzeit die von dem eingebrachten Körper abgegebene Wärmemenge dar. Hiermit ist die Bestimmung der specifischen Wärme ermöglicht.

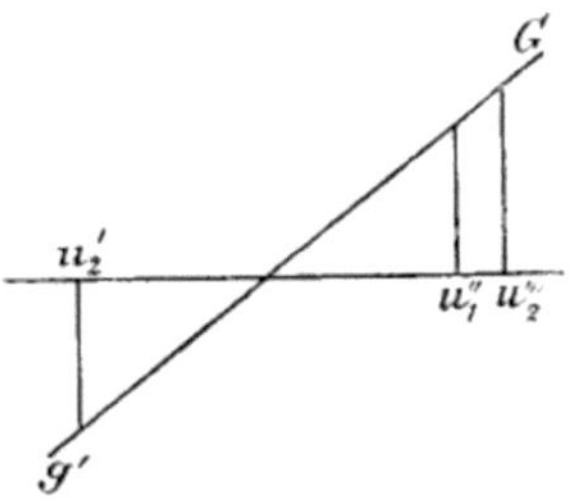

Fig. 64.

20. Die ersten genaueren Bestimmungen der specifischen Wärmen wurden, wie dies schon S. 35 erwähnt ist, von Dulong und Petit vorgenommen. Dieselben haben sichergestellt, dass die specifischen Wärmen von der Temperatur abhängen, was schon Lavoisier und Laplace bemerkten. Nach den letzteren Autoren hat man die specifische Wärme bei einer bestimmten Temperatur u zu definiren durch den Differentialquotienten $\frac{dQ}{du}$, wobei dQ das der Masseneinheit des Körpers zur Temperaturerhöhung um du zugeführte Wärmemengenelement ist.

Dulong und Petit[1]) haben gefunden, dass das Produkt aus den Atomgewichten der festen chemischen Elemente mit den zugehörigen specifischen Wärmen eine constante Zahl (6 · 36) giebt, wovon allerdings einige Elemente (Bor, Kohlenstoff, Silicium) eine Ausnahme machen. Chemisch äquivalente Mengen dieser Elemente haben also gleiche Wärmecapacität. F. Neumann hat das Gesetz auf zusammengesetzte Körper von ähnlicher Constitution übertragen.

Die Methoden zur Bestimmung der specifischen Wärme sind von Régnault wesentlich verfeinert worden. Sehr bequeme und einfache Methoden hat Pfaundler beschrieben, die jedoch ausserhalb des Bereiches dieser Darstellung liegen.

21. Von der grössten Bedeutung waren Black's Untersuchungen über die Verdampfung.[2]) In den einleitenden Bemerkungen erwähnt Black die grosse Volumzunahme bei der Verdampfung, welche nach Watt's Versuchen für Wasser das 1800fache der Flüssigkeit beträgt. Er erläutert dieselbe durch die damals gebräuchlichen Knallkugeln, kleine, einen Wassertropfen enthaltende Glaskugeln, welche in den Docht einer Kerze gebracht, nach dem Anzünden derselben explodiren, das Licht verlöschen und den Docht platt schlagen. Erwähnt wird ferner die Aeolipile zum Anblasen des Kohlenfeuers, die Gefährlichkeit des Kochens von Wassertropfen enthaltendem Leinöl, der Verwendung von nassen Metallgussformen, des Spuckens in einen Kupferguss u. s. w. Er kennt die Verschiedenheit des Siedepunktes für verschiedene Flüssigkeiten und führt Hooke als den ersten an, welcher die Unveränderlichkeit des Wassersiedepunktes nachgewiesen hat.[3]) Die Kenntniss der Abhängigkeit der Siedetemperatur vom Druck führt er auf Boyle's Luftpumpenversuche, Fahrenheit's Beobachtungen des Barometers bei Siedepunktbestimmungen und auf Papin's Experimente zurück. Die heute mit dem Namen „Leidenfrost'scher Tropfen“ bezeichnete Erscheinung ist Black bekannt, und er giebt die jetzt angenommene Erklärung für dieselbe, führt auch an, dass ein Stück rothglühenden Eisens, in ein *zinnernes* mit Wasser gefülltes

---

[1]) Dulon et Petit, Ann. de Chim. X (1819).

[2]) Black, Vorlesungen I. S. 183 u. f. f.

[3]) V. Birchs Hist. of the Royal Society. Vol. IV.

Gefäss gebracht, aus dem Boden ein Loch herausschmelzen kann.

22. Die Unveränderlichkeit der Wassertemperatur während des Siedens trotz unausgesetzter Wärmezufuhr veranlasst Black zur genauen Untersuchung des Vorganges, über welchen er eine ganz ähnliche Ansicht gewinnt, wie über den Vorgang der Eisschmelzung. Die damals verbreiteten Meinungen über das Sieden konnten Black nicht befriedigen. Das Wasser sollte sich, bei der Siedetemperatur angelangt, gegen die Wärme wie ein Sieb verhalten. Die sich hindurchdrängende Wärme sollte das Wallen bedingen, während sie doch, wie Black bemerkt, sich sonst in keiner Weise wie ein *Gas* verhält. Das Wallen hielt man zuweilen für ein Austreten der Luft aus dem Wasser, doch müsste das Wasser, da es bis zum letzten Tropfen verkochend wallt, *ganz* aus Luft bestehen. Am annehmbarsten schien damals noch die Ansicht, dass eben die Flüssigkeitstheile, welche den Boden berühren, durch die Flamme eine etwas höhere Temperatur annehmen, wallend als Dampf aufsteigen und entweichen, so dass die zurückbleibende, den Boden nicht berührende Flüssigkeit eben nur die Siedetemperatur behält.

„Nach dieser Erklärung und dem Begriffe, den man von der Bildung des Dampfes gefasst hatte, wurde es für ausgemacht angesehen, dass, nachdem ein Körper bis zu seinem Dampfpunkte erhitzt ist, nichts weiter nöthig sei, als dass noch etwas mehr Hitze hinzukomme, um ihn in Dampf zu verwandeln.“[1])

„Allein ich kann leichtlich zeigen, dass ebenso wie es der Fall mit der Flüssigkeit war, eine *sehr grosse Menge* von Hitze zur Erzeugung des Dampfes nöthig sei, *obgleich* der Körper bereits bis zu der Temperatur erhitzt ist, welche er im kleinsten Grade nicht überschreiten kann, ohne darin verkehrt zu werden. Die unleugbare Folge hiervon[2]) würde die *Verplatzung* des ganzen Wassers mit einer Heftigkeit sein, welche der des Schiesspulvers gleich zu schätzen wäre. Allein ich kann zeigen, dass diese grosse Menge von Hitze in den Dampf sich allmälig be-

---

[1]) Black, Vorlesungen I. S. 196 u. f. f.

[2]) „Hiervon“ soll hier offenbar das Gegentheil der Black'schen Ansicht bezeichnen.

giebt, während er sich bildet, ohne dass sie ihn merklich heisser für das Thermometer macht."

„Wenn wir einen Kessel mit Wasser auf das Feuer setzen, so geht die Wärme, vom Anfang des Versuches an, bis das Wasser zu seinem Kochpunkte erhitzt ist, sehr schnell in denselben über. Vielleicht finden wir in den letzten 5 Minuten, dass des Wassers Wärme um 20 Grade vermehrt ist. Man hat allgemein bemerkt, dass der Uebergang der Wärme von einem Körper zum andern, beinahe im *Verhältniss zu der Differenz ihrer Temperatur ist*, wenn andere Umstände völlig dieselben bleiben. Daher können wir im gegenwärtigen Falle, weil das Wasser seine Temperatur während des Kochens *nicht merklich verändert,* füglich schliessen, dass die Wärme beinahe in demselben Verhältnisse überzuströmen fortfährt, und dass es 4 Grad Wärme in jeder Minute empfängt. Diese Voraussetzung führt zu keinem merklichen Irrthum: denn ich habe öfters gefunden, dass, wenn Wasser in den letzten 5 Minuten 20 Grade stieg, es 40 (Minuten) erforderte, um 162 Grade (Fahrenheit) zu erlangen." — „Wäre nun die gängige Meinung die richtige, so ist es offenbar, dass in einigen Minuten mehr das sämmtliche Wasser die Gestalt des Dampfes annehmen und eine sehr heftige Verplatzung bewirken würde, die selbst vermögend wäre, das Haus in die Luft zu sprengen."

„Ich kann mich fast der Zeit nicht erinnern, wo ich nicht schon eine verworrene Vorstellung von dieser Unvereinbarkeit der Thatsache mit der gängigen Meinung hatte; und ich vermuthe, dass sie fast Jedermann einmal durch den Sinn gefahren ist, der auf das Kochen eines Topfes oder einer Pfanne Acht gab. Allein die Wichtigkeit dieses Argwohns wirkte niemals mit der gehörigen Stärke auf mich, bis nachdem ich meine Versuche über das Schmelzen des Eises gemacht hatte." — — „Es schien mir so schwierig, wo nicht unmöglich, einen Zufluss von Wärme, der einigermassen gleichförmig wäre zu veranstalten und seine Unregelmässigkeiten auszumitteln, dass ich nicht den Muth hatte, einen Versuch zu machen." — „Allein ich erfuhr einstmals von einem praktischen Branntweinbrenner, dass, wenn sein Ofen in gutem Stande wäre, er bis zu einem Nösel die Menge der Flüssigkeit angeben könne, welche er in einer Stunde erhalten würde."

23. Black ging nun (1762) sofort an seine Versuche. Zunächst überzeugte er sich, dass sobald Wasser einmal kocht, die *verkochte* Menge sehr nahe proportional ist der *Kochzeit.* Eine Reihe seiner Versuche ist nach folgendem Schema angestellt, wobei wir der leichtern Uebersicht wegen die Temperaturen in Celsiusgraden zählen. Gesetzt, Wasser von 10° C würde in *einer* Viertelstunde auf constantem Feuer zum Kochen gebracht, und dasselbe wäre nach 6 weiteren Viertelstunden vollständig verkocht, so könnte man annehmen, dass in dieser Zeit eine Wärmemenge auf das Wasser übergegangen ist, welche dasselbe um $6 \times 90 = 540°$ C erwärmt haben würde. Die genaue Bestimmung der Dampfwärme für Wasser, welche Régnault ausgeführt hat, hat die Zahl 536 ergeben. Black erhielt aus seinen ersten Versuchen allerdings zu kleine Zahlen (445, 456). Bei diesen Versuchen ist nämlich die Bestimmung des Zeitpunktes des beginnenden Kochens und des beendigten Kochens etwas willkürlich, wie man sich bei Wiederholung der Versuche leicht überzeugt. Es ist auch nicht zu übersehen, dass beim Fortschreiten des Versuchs das Wasser der Feuerung eine *relativ* grössere Oberfläche darbietet, und folglich etwas rascher als proportional der Zeit verkocht. In der That fallen sämmtliche Black'sche Zahlen bei diesen Versuchen zu klein aus. Doch sind die Ergebnisse in Anbetracht der Einfachheit der Mittel als erste Annäherungen höchst beachtenswerth. Der Versuch lässt sich bedeutend verbessern, wenn man nur *einen Theil* der Flüssigkeit verkocht, diesen nach willkürlicher Unterbrechung des Versuches durch Wägung bestimmt und die zugehörige Zeit berücksichtigt.

25. Ein weiteres Versuchsverfahren ist nicht minder einfach und geistreich in der Anordnung. Wasser wird in einem *verschlossenen* Gefäss erhitzt, wobei die Temperatur den Siedepunkt beträchtlich überschreitet. Wird nun das Gefäss geöffnet und vom Feuer entfernt, so strömt der Dampf eine Zeit lang aus, und die Temperatur des Wassers fällt rasch auf 100° C. Nach der Ansicht der Zeitgenossen hätte, wie Black bemerkt, das *ganze* über 100° C erwärmte Wasser bei Oeffnung des Gefässes *plötzlich* verdampfen müssen. Nach seiner Ansicht wurde der Ueberschuss der Wärmemenge (über 100° C) zur Verdampfung eines *kleinen* Theiles verbraucht. Der Versuch bildet ein schönes

J. Black.

Seitenstück zu Fahrenheit's Unterkühlungsversuch. Leider konnte eine *Messung* der Dampfwärme hierbei nicht ausgeführt werden, weil der heftig ausströmende Dampf viel *Wasser* mitreisst, so dass also die verschwnndene Wassermasse zu gross, die Dampfwärme wieder zu klein sich ergeben müsste.

Watt, ein Freund Blacks, hat den Versuch in folgender Weise modificirt. In einem *offenen* Papin'schen Topf verkocht beispielsweise in einer halben Stunde ein Zoll Wasser. Wird dieses wieder nachgefüllt, das Wasser abermals zum Kochen gebracht, bei Beginn des Siedens verschlossen, und nach einer halben Stunde wieder geöffnet, so strömt der Dampf zwei Minuten lang aus, wobei ein Zoll Wasser verschwindet. Die Wärmemenge, welche das schon auf 100° erhitzte Wasser in einer halben Stunde noch weiter aufnimmt ist also genügend, allmälig *während* der Aufnahme, oder *nachher* und schnell einen Zoll Wasser zu verdampfen.

Das Ideal eines derartigen Versuches wäre folgendes. Werden 540 *gr* Wasser im verschlossenen Papin'schen Topf auf 105° C erhitzt, so würden bei Oeffnung des Topfes und Verhinderung der Fortführung des *Wassers,* 5 *gr* Dampf entweichen, und die Temperatur des Wassers würde auf 100° sinken.

25. Auch Beobachtungen Anderer stimmten mit Blacks Ansicht. Schon Boyle hatte bemerkt, dass heisses Wasser, welches unter der Glocke der Luftpumpe zum Kochen gebracht wird, sehr schnell und bedeutend *abkühlt*, welche Beobachtung von Robinson, einem Zuhörer Blacks, bestätigt wurde. Cullen, der Versuche über Wärme- und Kältemischungen anstellte, hatte bemerkt, dass aus *flüchtigen* Flüssigkeiten gezogene Thermometer stets eine viel niedere Temperatur zeigten, als jene der Umgebung, und er hatte die Verdampfung an der benetzten Thermometerkugel als Ursache dieser Erscheinung erkannt. Er wollte den Versuch mit verdampfendem Aether unter der Glocke der Luftpumpe wiederholen. Hierbei wurde der Aether bei der raschen Verdampfung so kalt, dass Wasser, welches das Aethergefäss berührte, gefror. Hier wird die Dampfwärme aus dem eigenen Vorrath fühlbarer Wärme genommen, wie bei den Kältemischungen.

26. Nun galt es zu untersuchen, ob die verborgene Dampfwärme wieder zurück erhalten werden kann, wenn der Dampf

verflüssigt wird. Wurde ein Liter Wasser abdestillirt und nach Durchgang durch die Schlange des Kühlgefässes in der Vorlage aufgefangen, so zeigten sich die 100 Liter des Kühlwassers um 5,25° C wärmer, als sie durch blosse Uebernahme der *fühlbaren* Wärme jenes überdestillirten Liters hätten sein müssen. Demnach vermag die Dampfwärme von einem Liter Wasser dasselbe um 5,25° C zu erwärmen.

„Ich stellt noch mehrere, an die bisher schon angeführten sich anschliessende Versuche über die Verkehrung des Wassers in Dampf an, die völlig mich selbst befriedigten, dass meine Meinung über die Natur des elastischen Dampfes die rechte sei. In der That, als mein Geist mit diesem Gedanken beschäftigt war, *so strömte die Ueberzeugung von allen Seiten mir zu*, dass die Menge von Wärme in jedem Dampfe unmässig viel grösser wäre, als diejenige, die bloss durch ihre empfindbare Wärme oder Temperatur angezeigt war. Jedermann kennt die brühende Kraft des Dampfes. Da ein augenblicklicher Schuss desselben, aus der Röhre eines Theekessels, welcher kaum die Hand feucht machen wird, und nicht den vierten Theil eines Tropfens enthält, in einem Augenblick die ganze Hand mit Brandblasen überzieht, welches 1000 Tropfen kochenden Wassers nicht bewirken könnten. Kaum wird sich irgend Jemand finden, den die grosse, im Kühlfasse einer gewöhnlichen Blase bemerkliche Hitze nicht befremdet hätte: und diejenigen, welche Weingeist als Handelswaare destilliren, haben oft ebenso grosse Schwierigkeiten und Kosten davon gehabt, ihr Kühlfass beständig mit einem Zuflusse kalten Wassers zu versorgen, als ihren Ofen stets mit Feuerung zu versehen."

Watt fand durch Messungen nach Black's Princip, bei welchen er auch auf die Wärmeverluste achtete, dass die Dampfwärme zwischen 495 und 525 liegt. Black hatte vor, die Dampfwärme nach der Eisschmelzungsmethode zu bestimmen; diese entfielen jedoch, da Lavoisier solche ausführte, wobei er für die Dampfwärme des Wassers 550, oder etwas darüber fand. Bemerkenswerth ist noch ein Versuch, bei welchem Black durch rasche Compression von Wasserdampf eine bedeutende Temperaturerhöhung hervorbringt. Die selbstverständliche Uebertragung der Black'schen Verdampfungslehre auf alle Dämpfe soll hier nicht weiter besprochen werden.

27. Von wichtigern allgemeinern Bemerkungen in dem Black'schen Werk wollen wir noch folgende erwähnen. Er stimmt dem Gedanken Amontons' zu, dass die Luft nur ein Körper von höherem Grade der Flüchtigkeit sei, welcher durch genügende Wärmeentziehung flüssig und sogar fest werden könnte.[1]) „Ob diese Meinung gleich, bei der ersten Ansicht, ein ausschweifender Flug der Einbildungskraft scheint, so wird sie doch sowohl durch Analogie, und in einiger Rücksicht durch unmittelbare Erfahrung unterstützt. Wir wissen, dass Wasser leicht durch Wärme in Dämpfe verkehrt werde, welche so lange, als sie hinlänglich warm erhalten werden, manche Eigenschaften der Luft haben." An einer andern Stelle wird die in Indien gebräuchliche Methode der Eisbereitung durch Beförderung der Verdunstung besprochen, und durch die neue Dampftheorie erklärt.[2]) Die sonderbaren Spekulationen, die Boerhave anstellt, um die *Kälte* des *Mondlichtes* zu erklären, vernichtet Black durch die einfache und natürliche Bemerkung, dass das Mondlicht nur ein in *sehr hohem Grade abgeschwächtes* Sonnenlicht ist.[3])

28. Black's allgemeine Ansichten über die Naturforschung sind ebenso gesund und kräftig, wie seine Bethätigung derselben in der Specialforschung.

„Die Nachgrübelungen und Ansichten scharfsinniger Naturkundiger über diese Verbindung der Körper mit Wärme sind sehr vielfach und voneinander abweichend. Allein, da sie alle *hypothetisch* sind, und als die Hypothese von einer sehr verwickelten Beschaffenheit ist, da sie in der That eine *hypothetische* Anwendung einer andern *Hypothese* ist; so kann ich mir von einer umständlichern Erwägung nicht viel Nutzen versprechen. Eine geschickte Anwendung gewisser Bedingungen wird fast jede Hypothese mit den Erscheinungen übereinstimmend machen: dies ist der *Einbildungskraft angenehm, aber vergrössert unsere Kenntnisse nicht.*"[4])

„Wenn wir eine Erklärung über irgend eine ausserordentliche

[1]) Black, Vorlesungen I. S. 252.
[2]) A. a. O. S. 266.
[3]) A. a. O. S. 273.
[4]) A. a. O. S. 243.

Erscheinung oder Eigenschaft der Körper geben, so thun wir dies immer dadurch, dass wir zeigen, *dass sie im Grunde nicht so ausserordentlich*, noch so sehr wenig mit irgend einem andern schon bekannten Dinge verknüpft sei: sondern dass eine Verbindung zwischen demselben und andern Dingen stattfinde, die wir entweder wegen der Aehnlichkeit, welche es mit ihnen in gewissen Stücken hat, oder wegen seines Ursprunges von derselben Ursache, unter mehr gewöhnlichen Ereignissen, sehr gut kennen."

„Allein die Scheidekünstler, welche ihre Aufmerksamkeit lediglich auf die Chemie wendeten, waren grossentheils mit dem übrigen Theile der Welt ganz unbekannt, und wie fremd. Sie konnten daher nicht chemische Thatsachen dadurch erklären, dass sie eine Aehnlichkeit zwischen ihnen und andern besser bekannten Dingen zeigten."[1]) Durch diese Stellen geht ein unverkennbarer Zug Newton'schen Geistes.

29. Black's Hauptarbeiten wurden erst nach seinem Tode von dessen Schüler Robinson herausgegeben. Die Chemie war gar nicht sein eigentliches Fach, er war vielmehr Professor der Medicin und ein viel beschäftigter Arzt. „Er besorgte seine Patienten so genau und unablässig, dass man hätte glauben sollen, es sei ihm keine Stunde für seinen übrigen Beruf geblieben."[2]) Dadurch scheint sich übrigens auch theilweise die Haltung Black's als Forscher zu erklären. Es geschieht nicht ohne Grund so häufig, dass Aerzte und Ingenieure als wissenschaftlich hochgebildete Menschen, die gleichwohl dem Leben nicht entfremdet, und nicht in einen engen fachlichen Gesichtskreis gebannt sind, so ausgiebig zur Förderung der Wissenschaft beitragen. Durch den erwähnten Umstand erklärt sich aber auch die Verbreitung der durch Black's Vorlesungen bekannt gewordenen Entdeckungen ohne Nennung seines Namens. Diese Vorgänge sollen hier, da vorliegende Schrift keine polemischen Ziele verfolgt, übergangen werden.[3])

Black ist einer von jenen seltenen Menschen, die durch

---

[1]) Black, Vorlesungen I. S. 323.

[2]) Vgl. Robinsons Note in Black's Vorlesungen I. S. 400.

[3]) Robinson a. a. O. S. 394, 401.

alles, was wir von ihnen wissen, durch jede Seite ihrer Schriften, unsere Liebe gewinnen. Die schmucklose, aufrichtige, anspruchslose Einfachheit, mit welcher er seine bedeutenden Gedanken darlegt, wird nur von wenigen erreicht. Was er anfasst, gelingt ihm scheinbar mühelos. Man möchte ein von Dichtern oft gebrauchtes Wort anwendend sagen: Er ist ein Denker von Gottes Gnaden.

Kritik der calorimetrischen Begriffe.

1. Die Wärmemengen*einheit* wird gewöhnlich definirt als die Wärme*menge*, welche nöthig ist, 1 *kg* Wasser um 1° C zu erwärmen, oder, wenn grössere Genauigkeit erfordert wird, von 0° auf 1° C zu erwärmen. Die Wärmemenge n ist dann diejenige, welche $n$mal die obige Einheit enthält. Man pflegt erläuternd hinzuzufügen, es sei „*offenbar*" die $n$fache Wärme*menge* erforderlich, um n *kg* Wasser von 0° auf 1° C zu erwärmen, wie zur selben Temperaturänderung für 1 *kg*, da „*derselbe Process*" im erstern Falle n mal stattfindet. Kann man zeigen, dass durch die Abkühlung von 10 *kg* Wasser um 1° C ebenso wohl 1 *kg* um 10°, wie 2 *kg* um 5°, wie 10 *kg* um 1° erwärmt werden können, so erweisen sich auch, soweit dies genau ist, die verschiedenen einzelnen Celsiusgrade als gleichwerthig. Man darf sich dann erlauben, die zur Erwärmung von m *kg* Wasser um u° C „erforderliche" Wärmemenge durch das Produkt $m \cdot u$ zu messen. Es wäre wunderbar, wenn nicht jeder an genauere Analyse seiner Begriffe Gewöhnte, der diese übliche Darlegung als Studirender gelesen, oder als Lehrender vorgebracht hat, hierbei ein starkes logisches Unbehagen verspürt hätte.

2. Suchen wir nach der Quelle dieses Unbehagens, so finden wir, dass diese Definition 1. den definirten Begriff als schon bekannt und gegeben voraussetzt, und dass sie 2. auch stillschweigend eine bestimmte anschauliche Vorstellung über den Vorgang der Erwärmung als selbstverständlich und geläufig betrachtet. Es ist also der berührte formale Uebelstand zu beseitigen und ferner zu untersuchen, woher jene anschauliche Vorstellung kommt, und wie sie entstanden ist.

Den ersten Punkt könnte man leicht erledigen durch folgende Fassung: Wir sagen, die Wassermasse m (*kg*) *empfängt* bei der Temperaturerhöhung um u^0 (Celsius) die Wärmemenge $m \cdot u$ (Kilogrammcalorien), und dieselbe Wassermasse *verliert* bei der Temperaturerniedrigung um u^0 die Wärmemenge $m \cdot u$. Dies kommt darauf hinaus, dass wir dem Produkt $m \cdot u$ *willkürlich* einen bestimmten Namen geben. Kann man noch zeigen, dass sich von dieser Festsetzung ein *guter* wissenschaftlich-praktischer Gebrauch machen lässt, so ist dieselbe hiermit gerechtfertigt. Ein solches Verfahren würde sich vor dem obigen dadurch vortheilhaft auszeichnen, dass es eine Willkürlichkeit nicht zu bemänteln sucht. Der zweite Punkt wäre aber hiermit nicht erledigt.

Was veranlasst uns $m \cdot u$ eine *Menge* zu nennen? Ich habe eine Reihe gleicher Cylinder mit vertikaler Achse vor mir auf dem Tisch. Ich drehe den *einen* um 10° im Sinne des Uhrzeigers um seine Achse, hierauf noch fünf andere in derselben Weise. Hier habe ich „*offenbar*" denselben Process 6 mal vorgenommen. Werde ich das, was hier die Cylinder erhalten haben, eine *Menge* nennen? Werde ich sagen, die 6 Cylinder erhielten die 6 fache Menge des ersten Cylinders. Das Beispiel mag vorläufig die Nothwendigkeit einer Aufklärung fühlbar machen. Wir werden dieselbe durch Betrachtung des Verlaufs der mehrfach erwähnten Mischungsversuche finden.

3. Versuche über die Mischung zweier *gleicher* verschieden temperirter Wassermassen sind sehr alt. Ausser den schon erwähnten Versuchen von Renaldini haben nach Black[1]) auch Boyle, Wolf, Halley, Newton, Brook Taylor, De Luc, Crawford und Black selbst solche ausgestellt. Dieselben hatten den Zweck als Grundlage für die Graduirung des Thermometers zu dienen. Man *betrachtete* die Ausgleichstemperatur als das *Mittel* der beiden Temperaturen der Bestandtheile, d. h. man *wollte* die beiden Schritte von der Ausgleichstemperatur zur höhern und niedern als *gleichwerthig* ansehen. Dass dieses Verfahren bei dem damaligen Stand der Experimentirkunst und der calorimetrischen Begriffe kein erhebliches praktisches Resultat haben, und nur eine sehr ungefähre Vorstellung von der Gleich-

1) Black a. a. O. S. 76.

werthigkeit der Temperaturgrade geben konnte, liegt auf der Hand. Nach den erwähnten Ausführungen von Dulong und Petit wäre die so gewonnene Scale überdies doch nur eine individuelle, von der Wahl der zur Mischung verwendeten Flüssigkeit abhängige.

4. Die Mischungsversuche von Krafft, Richmann, Boerhave-Fahrenheit verfolgen ein ganz anderes Ziel. Die Temperaturscale wird hier als *gegeben* betrachtet, und die Temperatur der Mischung wird *gesucht.* Von Krafft's ganz unkritischem Vorgehen wollen wir absehen. Richmann hat, unzweifelhaft unter dem Eindruck einer nicht ganz klaren Stoffvorstellung, die oben (S. 154) angeführte Formel zur Darstellung der Mischungsversuche gefunden. Die Formel lag den Mathematikern *nahe,* da sie denselben von vielfachen Anwendungen her geläufig sein musste, z. B. auch zur Bestimmung des Preises gemischter Waaren von verschiedenem Preise dient. Während aber in vielen Fällen, z. B. auch in dem letzten besonders erwähnten, die Anwendbarkeit der Formel selbstverständlich und einleuchtend ist, ist die Richmann'sche Aufstellung *keineswegs selbstverständlich.* Die Gültigkeit der Formel für diesen Fall bedeutet vielmehr einen *wichtigen naturwissenschaftlichen* Fund.[1]) Mische ich zwei Waarenmassen m und m' mit den Einheitspreisen u und u', so hat die Mischung den Einheitspreis $\frac{mu + m'u'}{m + m'}$, weil das 50. Markstück genau ebenso viel werth ist als das 10. Markstück, welches ich erhalte. Dies ist für die verschiedenen Temperaturgrade so wenig selbstverständlich, dass es, *genau genommen,* gar nicht einmal wahr ist. In der Fig. 65 seien die Ausdehnungen einer thermometrischen Substanz als Abscissen, jene einer andern bei denselben Wärmezuständen als Ordinaten aufgetragen. In dem Schema sind die Abweichungen von der Proportionalität *bedeutend* angenommen; im Princip macht es jedoch keinen Unterschied, wenn sie auch nur gering sind. Mischen wir zwei gleiche gleichartige Massen mit den Temperaturen u, u',

[1]) Einer meiner jüngeren Collegen hat mir erzählt, dass es ihm, als er Gymnasiast war, durchaus nicht einleuchten wollte, warum in diesem Fall das arithmetische Mittel heraus kommen soll. Ich hatte stets Ursache ein derartiges *vornehmes* Nichtverstehen als sicheres Zeichen ungewöhnlicher kritischer Begabung hochzuschätzen.

nach Ablesungen an der *ersten* thermometrischen Substanz, und nehmen wir an, die Mischtemperatur sei genau $\frac{u+u'}{2}$, so kann, wie die punktirte Linie zeigt, bei Ablesung an der *andern* thermometrischen Substanz *nicht* das Mittel $\frac{v+v'}{2}$ dieser Ablesungen herauskommen. Schon nach dieser Ueberlegung müssen wir also annehmen, dass die Richmann'sche Formel sicherlich nur ein *empirischer angenäherter Ausdruck der Thatsachen ist.*

5. Wie kommt nun die Stoffvorstellung in die fragliche Auffassung? Wir wollen die vollständige Erörterung hierüber einer spätern Stelle vorbehalten, und uns hier nur auf folgende Bemerkungen beschränken. Man muss, auch ohne die Erscheinungen mit Absicht zu verfolgen, bemerken, dass *ein* Körper sich *auf Kosten* des *andern erwärmt.* Ein Körper erwärmt sich nur dadurch, dass ein anderer sich abkühlt. Eine Wärmeeigenschaft überträgt sich von einem Körper auf den andern, so wie eine *Flüssigkeit* theilweise aus einem Gefäss in das andere übergegossen werden kann. Diese Aehnlichkeit, die sich uns ganz unwillkürlich aufdrängt, ist die Grundlage der sich instinktiv entwickelnden Stoffvorstellung. Hierzu kommt noch, dass der „Wärmestoff“, das Feuer, beim Glühen oder Brennen eines Körpers sinnenfällig zu werden scheint, da wir gewöhnt sind vorzugsweise nur Stoffliches wahrzunehmen. Wird die Stoffvorstellung klarer und lebhafter, so denken wir sofort an eine unveränderliche Stoff*menge,* und suchen nach derselben in dem Wärmemittheilungsvorgang. Können wir etwas auffinden, was bei dem Vorgang *constant* bleibt — und dies gelingt, wie wir bei Richmann und noch besser bei Black sehen, an der Hand der Stoffvorstellung verhältnissmässig leicht — so stellt uns eben dies den Stoff oder die Menge dar. Dass die Vorstellung einer Flüssigkeit bei Richmann das Treibende ist, verräth sich insbesondere durch die sonst unmotivirte Annahme der Wärmevertheilung nach dem *Volum*, der wir bei ihm und bei Andern vielfach begegnen.

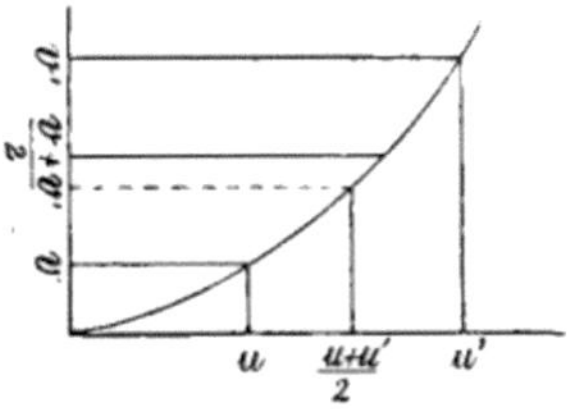

Fig. 65.

Sind m, m' die Wassermassen, u, u' die Temperaturen, U die Ausgleichstemperatur, so lässt sich das Richmann'sche Gesetz in der Form ausdrücken

$$m\,u + m'\,u' = (m + m')\,U,$$

welche direkt veranschaulicht, dass die Summe der Produkte der Massen und Temperaturen (über einem willkürlichen Nullpunkt wie Richmann und Black wussten) beim Ausgleich *constant* bleibt. Diese Produktensumme stellt also die unveränderliche *Wärmemenge* dar. Die Richmann'sche Gleichung in der Form

$$m\,(u - U) = m'\,(U - u')$$

lehrt, dass das Produkt der (Maasszahl der) einen Wassermasse mit deren Temperaturverlust gleich ist dem Produkt der Maasszahl der andern Wassermasse mit deren Temperaturgewinn. Nennen wir kürzer ϑ, ϑ' die Temperaturänderungen zweier in Wechselwirkung tretender Wassermassen m, m', so besteht die Gleichung

$$m\,\vartheta + m'\,\vartheta' = 0,$$

wobei die Summe als eine *algebraische* aufzufassen ist.

6. Da hiernach die Produkte $m\,\vartheta$ (Wassermasse $\times$ Temperaturänderung) eine *maassgebende Bedeutung* bei Beurtheilung des Wärmevorganges haben, und da durch Beachtung derselben die Auffassung der Vorgänge wesentlich erleichtert wird, so ist es gerechtfertigt, denselben einen *besonderen Namen* zu geben. Es steht nichts im Wege, diese Produkte *Wärmemengen* zu nennen, und dieser Gebrauch ist keineswegs an das Festhalten einer Stoffvorstellung gebunden, wenn auch letztere bei Einführung des Gebrauchs wesentlich mitgewirkt hat.

Diese Stoffvorstellung *ernst* zu nehmen ist schon nicht mehr zulässig, wegen der vielen Ausnahmefälle, in welchen sie keinen zutreffenden Ausdruck der Thatsachen darstellt. Dort aber, wo sie, wie in den einfachen Fällen der Wärmemittheilung, passt, kann sie auch fernerhin als *Veranschaulichungsmittel* verwendet werden, und dort behält dieselbe auch für alle Zukunft ihren Werth. Nur die *Erfahrung* konnte übrigens lehren, dass verschieden temperirte Körper *überhaupt* einen Temperaturausgleich eingehen, und umsomehr kann nur die Erfahrung ermitteln, in *welcher Weise quantitativ* dieser Ausgleich stattfindet. Die

Erfahrung hat also die maassgebende Bedeutung der Produkte $m\vartheta$ kennen gelehrt.

7. Bei Mischung gleicher Volumtheile von Wasser und Quecksilber zeigt es sich, dass die Ausgleichstemperatur weit unter oder über dem arithmetischen Mittel der Temperaturen der Bestandtheile bleibt, je nachdem das Quecksilber der wärmere oder kältere Bestandtheil ist. Dieser Vorgang ist der Bildung einer Stoffvorstellung nicht günstig. Es sieht vielmehr so aus, als ob im erstern Falle Wärme verloren ginge, im letztern hingegen gewonnen würde, was gelegentlich auch wirklich so aufgefasst worden ist. Sehen wir von den älteren Mischungsversuchen mit gleichen *Volumtheilen* ab, und betrachten wir gleich die Mischung verschiedener *Massen* ungleichartiger Körper, z. B. der Wassermasse m mit der Quecksilbermasse m', so zeigt sich zunächst, dass die Gleichung

$$m\vartheta + m'\vartheta' = 0$$

nicht erfüllt ist. Anstatt die Stoffvorstellung und mit dieser die angenommene maassgebende Bedeutung von $m\vartheta$ wieder fallen zu lassen, kann man wie Black verfahren. Derselbe hält die lieb und geläufig gewordene Stoffvorstellung fest, und modificirt dieselbe so, dass sie auch in dem neuen Fall passt. In der That kann man den neuen Fall durch die Gleichung darstellen

$$m\vartheta + s'm'\vartheta' = 0,$$

wobei s' ein constanter Coefficient ist, der die specifische Wärme (des Quecksilbers) vorstellt. Man wählt den Coefficienten s' *eben so*, dass das Produkt $m\vartheta$ durch $s'm'\vartheta'$ *compensirt* wird. Die noch allgemeinere Gleichung

$$sm\vartheta + s'm'\vartheta' + s''m''\vartheta'' + \ldots = \Sigma sm\vartheta = 0$$

stellt eine noch grössere Zahl von Vorgängen dar, welche alle früher behandelten als Specialfälle enthalten. Sie wurde gewonnen, indem die vorhandenen Vorstellungen und Begriffe entsprechend dem Princip der *Continuität festgehalten* zu *denkökonomischen* Zwecken einer grossen Mannigfaltigkeit von Fällen *angepasst* wurden.

8. Auch hier hätte, wenn auch die Stoffvorstellung diese Entwicklung gefördert hat, dieselbe auch ohne Hülfe irgend einer

hypothetischen Annahme stattfinden können, etwa in folgender Weise. Zwei *gleichartige* Körper von verschiedener Masse m, m' ertheilen sich, wie der Versuch lehrt, Temperaturänderungen ϑ, ϑ', die sich umgekehrt wie die Massen verhalten. Es ist mit Rücksicht auf die Zeichen

$$\frac{m'}{m} = -\frac{\vartheta}{\vartheta'}.$$

Bei zwei *ungleichartigen* Körpern ist das Massenverhältniss nicht mehr allein maassgebend für das Verhältniss der Temperaturänderungen. Es steht jedoch nichts im Wege, ganz willkürlich zu definiren: *Körper von gleicher Wärmecapacität nennen wir jene, die sich gleiche entgegengesetzte Temperaturänderungen ertheilen.* Oder allgemeiner: *Das Verhältniss der Wärmecapacitäten $\varkappa$, $\varkappa'$ zweier Körper ist das negative umgekehrte Verhältniss der gegenseitigen Temperaturänderungen ϑ, ϑ'* d. h.

$$\frac{\varkappa'}{\varkappa} = -\frac{\vartheta}{\vartheta'}.$$

Die relative Wärme würde dann definirt als die Wärmecapacität der Volumseinheit, die specifische Wärme als die Wärmecapacität der Masseneinheit eines Körpers, wobei irgend ein willkürlich gewählter Körper (Wasser) als Vergleich- oder Normalkörper zu Grunde gelegt würde. Dieser Vorgang, welcher der eigentlich *wissenschaftliche* ist, indem derselbe auf den begrifflichen Ausdruck der Thatsachen sich beschränkt, macht aber noch eine Erörterung nöthig. So lange ich mir die Wärmecapacität gemessen denke durch die Wärmestoff*menge*, welche ein Körper für einen Grad Celsius Temperaturzuwachs erhält, ist es selbstverständlich, dass zwei Körper, welche *dieselbe* Wärmecapacität haben wie ein *dritter,* auch untereinander von gleicher Wärmecapacität sind. Definirt man aber das Verhältniss der Wärmecapacitäten durch das negative umgekehrte Verhältniss der gegenseitigen Temperaturänderungen, so ist dies nicht mehr selbstverständlich, indem die Capacitätsgleichheit von A und B, ebenso jene von C und B sich auf je eine Erfahrung gründet, welche nicht *logisch nothwendig* die dritte Erfahrung mitbedingt, auf Grund welcher die Capacitätsgleichheit von A und C ausgesprochen werden könnte. Letztere ist vielmehr eine unabhängige neue Erfahrung. Doch dürfen wir das Eintreffen der letzteren aus *physikalischen* Gründen erwarten, weil das Gegentheil dem Bilde von den Wärmevorgängen, welches wir durch die alltägliche Erfahrung ohne unser Zuthun erhalten haben, auf's stärkste widersprechen würde.[1])

9. Um uns diesen Widerspruch deutlich zu machen, nehmen wir an, die Körper A und B verhielten sich als gleiche, ebenso B und C als gleiche Wärmecapacitäten, dagegen A und C als Capacitäten $\varkappa : 1$, wobei beispielsweise $\varkappa > 1$ wäre. Anfänglich hätte A die Temperatur u, B und C aber die Temperatur o. Ausgleich zwischen A und B ertheilt jedem die Temperatur $\frac{u}{2}$. Hierauf zwischen B und C folgender Ausgleich giebt jedem von beiden die Temperatur $\frac{u}{4}$. Die Temperaturen in den drei sich folgenden Stadien dieses Gedankenversuches sind durch nachstehendes Schema dargestellt

	A	B	C
1....	u	o	o
2....	$\frac{u}{2}$	$\frac{u}{2}$	o
3....	$\frac{u}{2}$	$\frac{u}{4}$	$\frac{u}{4}$.

Berühren wir nun von *demselben* Anfangszustand ausgehend A mit C bis zum Ausgleich, dann C mit B bis zum Ausgleich, so ergiebt sich das Schema

	A	C	B
1....	u	o	o
2....	$\frac{\varkappa u}{\varkappa+1}$	$\frac{\varkappa u}{\varkappa+1}$	o
3....	$\frac{\varkappa u}{\varkappa+1}$,	$\frac{1}{2}\cdot\frac{\varkappa u}{\varkappa+1}$,	$\frac{1}{2}\cdot\frac{\varkappa u}{\varkappa+1}$.

Es ist aber $\frac{\varkappa}{\varkappa+1} > \frac{1}{2}, \frac{1}{2}\cdot\frac{\varkappa}{\varkappa+1} > \frac{1}{4}$. Demnach können wir beim Vorgang nach dem zweiten Schema von *demselben* Anfangszustand ausgehend, höhere Temperaturen der Körper

---

[1]) Vergl. Mach, Mechanik S. 204, die Ausführung über den Massenbegriff. Vgl. ferner S. 41 u. f. f. dieser Schrift.

$A\ B\ C$ erzielen. Wir können diesen die Ueberschüsse über die Endtemperaturen des ersteren Processes durch Körper M, N, O entziehen, die wir daher ohne *irgend einen Aufwand* erwärmt haben, während die tägliche Erfahrung lehrt, dass ein Körper durch Mittheilung sich nur auf *Kosten* eines andern erwärmt. Die Annahme, von welcher wir ausgingen, ist also mit der *physikalischen* Erfahrung unvereinbar.

10. Für beliebig viele Körper verallgemeinert lässt sich die eben dargelegte *physikalische* Forderung folgendermaassen aussprechen. Es sei eine Anzahl Körper

$$\begin{matrix} K & L & M & N \ldots\ldots & R & S & T \\ \varkappa & \lambda & \mu & \nu & \varrho & \sigma & \tau \end{matrix}$$

gegeben. Durch die grossen lateinischen Buchstaben seien die Körper und zugleich deren Capacitäten bezeichnet. Denselben ordnen wir, des bequemeren Schreibens und der Unterscheidung wegen, die kleinen griechischen Buchstaben als Indices zu. Tritt L mit K in Wärmewechselwirkung, so besteht die nach dem vorausgehenden unmittelbar verständliche Gleichung

$$K\vartheta_\lambda^\varkappa + L\vartheta_\varkappa^\lambda = 0$$

für die Capacitäten und gegenseitigen Temperaturänderungen. Die Capacität L bestimmt sich aus K in der Form

$$L = -K \cdot \frac{\vartheta_\lambda^\varkappa}{\vartheta_\varkappa^\lambda}.$$

Bestimmt man in derselben Weise M durch L, N durch $M, \ldots\ldots S$ durch R, T durch S und schliesslich wieder K durch T, so könnte für letzteres, *bei Nichterfüllung* des obigen physikalischen Postulates ein von K verschiedener Werth K' folgen. Für eine Reihe von m Körpern wäre

$$K' = (-1)^m \cdot K \frac{\vartheta_\lambda^\varkappa \cdot \vartheta_\mu^\lambda \ldots\ldots \vartheta_\sigma^\varrho\, \vartheta_\tau^\sigma\, \vartheta_\varkappa^\tau}{\vartheta_\varkappa^\lambda \cdot \vartheta_\lambda^\mu \ldots\ldots \vartheta_\varrho^\sigma\, \vartheta_\sigma^\tau\, \vartheta^\varkappa}.$$

Das Postulat ist demnach ausgedrückt durch die Gleichung

$$\frac{\vartheta_\lambda^\varkappa\, \vartheta_\mu^\lambda \ldots\ldots \vartheta_\sigma^\varrho\, \vartheta_\tau^\sigma\, \vartheta_\varkappa^\tau}{\vartheta_\varkappa^\lambda\, \vartheta_\lambda^\mu \ldots\ldots \vartheta_\varrho^\sigma\, \vartheta_\sigma^\tau\, \vartheta_\tau^\varkappa} = (-1)^m.$$

Denkt man sich die ϑ als gegenseitige Beschleunigungen, so drückt dieselbe Gleichung ein ganz analoges Postulat bezüglich der Massen aus.[1])

11. Die Begründer des Begriffes „specifische Wärme" machten die dem damaligen Stande der Beobachtung entsprechende sachgemässe Annahme, dass die specifische Wärme *constant*, von der *Temperatur* unabhängig sei. Die Versuche von Lavoisier und Laplace und noch mehr jene von Dulong und Petit wiesen die Unhaltbarkeit dieser Annahme nach. Durch Abkühlung der Masseneinheit Wasser von 51 auf 50° C kann die Masseneinheit eines anderen kälteren Körpers von u auf $u + \vartheta$ Grade erwärmt werden, und umgekehrt ertheilt die Abkühlung jenes Körpers von $u + \vartheta$ auf u, wenn derselbe wärmer ist als das Wasser, der Masseneinheit des Wassers die Temperaturerhöhung von 50 auf 51. Der reciproke Werth von ϑ misst die specifische Wärme des untersuchten Körpers. Da ϑ von u abhängt, ist auch die specifische Wärme eine Funktion der Temperatur. Aber auch wenn man an die Stelle des untersuchten Körpers die Masseneinheit Wasser treten lässt, zeigt es sich, dass ϑ nicht genau $= 1$ ist, sondern mit u etwas variirt. Demnach ist auch die specifische Wärme des Wassers nicht für alle Temperaturen genau Eins, sondern mit der Temperatur veränderlich. Auch die *Einheit der Wärmemenge* muss demnach *genauer* definirt werden, indem man angiebt, dass dieselbe durch die Temperaturerhöhung des Kilogramms Wassers von u^0 auf $u + 1^0$ Celsius gegeben ist, wobei von manchen Physikern $u = 0$, von andern $u = 15$ gewählt wird. Die specifische Wärme des Wassers kann dann ebenfalls nur für eine bestimmte Temperatur u gleich *Eins* gesetzt werden. Die hierdurch entstehenden Schwierigkeiten können leicht behoben werden. Die Wärmemenge, welche der beliebigen Temperaturänderung irgend eines Körpers entspricht, kann stets hinreichend genau bestimmt werden durch Ermittlung der *sehr kleinen compensirenden* Temperaturänderung einer *entsprechend grossen* Wassermasse bei der Normaltemperatur u.

12. Das Verhältniss der specifischen Wärmen s, s' zweier Körper wurde dem ältern Standpunkt nach definirt durch die

---

[1]) Vgl. Mechanik, S. 204.

gegenseitigen Temperaturänderungen ϑ, ϑ' der Masseneinheit der verglichenen Körper, d. h.

$$\frac{s'}{s} = -\frac{\vartheta}{\vartheta'},$$

wobei die Anfangstemperaturen u, u' dieser Körper gleichgültig wären. Auf dem neuen Standpunkt müssen wir jedoch setzen

$$\frac{s'}{s} = -\frac{d\vartheta}{d\vartheta'},$$

wobei $s = f(u)$ und $s' = F(u')$ sind.

Wäre allgemein $f = F$, so liesse sich eine Temperaturscale finden, für welche die specifischen Wärmen *constant* wären. Dies ist jedoch, da f, F... für jeden Körper individuell ist, wie schon Dulong und Petit wussten, nicht möglich. Vielmehr würden wir, mit Renaldini von zwei bestimmten Normaltemperaturen ausgehend, durch Mischungsversuche bei verschiedenen Körpern zu Temperaturen gelangen, welch zwar nach diesem Prinzip durch dieselben Zahlen zu bezeichnen wären, die aber der S. 41 aufgestellten Definition der Temperaturgleichheit nicht entsprechen würden. *Dieser* Uebelstand wäre aber weitaus grösser, als die Abhängigkeit der specifischen Wärmen von der Temperatur.

Obgleich also die *ursprünglichen* Begriffe in ihrer Einfachheit nicht mehr zulänglich waren, hat man es doch vortheilhafter gefunden, dieselben entsprechend zu modificiren, anstatt ganz neue an deren Stelle zu setzen, schon deshalb, weil für eine angenäherte Darstellung die älteren einfachen Begriffe wirklich ausreichen.

13. Das Produkt $\varkappa\,\vartheta$ der Wärmelehre ist analog dem Produkte $m\,v$ der Mechanik. Die gegenseitigen Temperaturänderungen sind wie die gegenseitigen Geschwindigkeitsänderungen von entgegengesetzten Zeichen. Negative Massen sind ebenso wenig gefunden worden als negative Wärmecapacitäten. Doch haben sich die Massen als unabhängig von den Geschwindigkeiten gezeigt, während die Wärmecapacitäten von den Temperaturen abhängen. Ueber die $\varkappa\,\vartheta$ lassen sich analoge Sätze für *eine* Dimension aufstellen wie über die $m\,v$ für *drei* Dimensionen.

14. Aus unserer Darstellung geht wohl genügend hervor, dass auch ohne vorgefasste Ansicht, ohne eine hypothetische

oder bildliche Hülfsvorstellung, lediglich durch das Bestreben die Thatsachen der Wärmemittheilung begrifflich auszudrücken, ungefähr dasselbe Endergebniss, welches wir wirklich vorfinden, vielleicht mit andern Namen, hätte gewonnen werden müssen. Die Temperaturen der Körper bestimmen aneinander wechselseitig Geschwindigkeiten der Temperaturänderung, auf welche die Lagen, Oberflächenbeschaffenheiten, Massen, materiellen Eigenschaften, quantitativ Einfluss nehmen. *Einfacher* bestimmen sich die *Endtemperaturen* der Systeme der Körper durch die Anfangstemperaturen, Massen und jene individuellen Constanten, die als specifische Wärmen bekannt sind. Diese letztere Bestimmung bildet den eigentlichen Gegenstand der Calorimetrie.

Das Wesentliche der Black'schen Vorstellung besteht darin, dass ein positives Produkt $m' s' \vartheta'$ als *Compensation* eines gleichgrossen negativen Produktes $m s \vartheta$, dass also gleiche derartige Produkte von gleichem Zeichen als *äquivalent* angesehen werden. Die positiven oder negativen Produkte werden hierbei in nicht nothwendiger aber anschaulicher Weise als Maasse einer Stoffmenge (Wärmemenge) angesehen. Diese Auffassung wird noch durch einen besondern Umstand gestützt. Tritt $- m s \vartheta$ an dem wärmeren Körper A, hingegen $+ m' s' \vartheta'$ an dem kälteren B auf, so kann man zwar diesen Vorgang nicht ohne weiters rückgängig machen, dagegen kann man aber durch die Aenderung $- m' s' \vartheta'$ an B an dem noch kälteren Körper C dasselbe $m'' s'' \vartheta''$ herbeiführen, welches durch $- m s \vartheta$ an A unmittelbar hätte herbeigeführt werden können. Hierbei sind es Erwärmungen und Abkühlungen, *gleichartige gegensinnige* Processe, welche sich gegenseitig bedingen und als sich *compensirend*, Erwärmungen und Erwärmungen, *gleichartige gleichsinnige* Processe, welche als *äquivalent* angesehen werden.

15. Ist die *Compensations*- und *Aequivalenz*vorstellung einmal geläufig geworden, so wird sie nur ungern wieder aufgegeben. Verschwindet irgendwo eine Wärmemenge ohne dass anderwärts eine äquivalente erscheint, so entsteht die Frage: *Wo ist die verschwundene Wärmemenge hingerathen, oder wodurch ist der Abkühlungsvorgang compensirt?* Dieser Denkweise entsprechend frägt Black nach der Compensation der thatsächlich nachgewiesenen Herdabkühlung beim Schmelzen und

Kochen ohne entsprechende Temperaturerhöhung des schmelzenden oder kochenden Körpers. Er findet, dass eine Wärmemenge nicht allein wieder einer Wärmemenge, sondern auch der *Schmelzung* oder *Verdampfung* einer bestimmten Masse *äquivalent* sein kann. Die Compensationsgleichung kann also auch in der Form erscheinen

$$s\ m\,\vartheta + \lambda\,m' = 0,$$

wobei λ die latente Schmelz- oder Dampfwärme der Masseneinheit bedeutet. In diesem quantitativ genauen begrifflichen Ausdruck der Thatsachen liegt die grosse Leistung Black's. Die Vorstellung, dass die latente Wärme überhaupt noch Wärme sei, ist hierbei eigentlich *müssig*, und geht über den nothwendigen Ausdruck des Thatsächlichen hinaus. Die Constanz der Wärmemenge war eben eine liebgewordene Anschauung, die, wenn sie nur bildlich und nicht ernst genommen worden wäre, der Forschung auch später kein Hinderniss bereitet hätte, wie es wirklich geschehen ist.

Mit dem Gedanken aber, dass *Abkühlungen* nicht nothwendig durch Erwärmungen, sondern auch durch physikalische Vorgänge *ganz anderer Art compensirt* sein können, hat sich Black um einen bedeutenden Schritt der Denkweise genähert, welche die heutige *Thermodynamik* charakterisirt, die einen Zusammenhang der Wärmevorgänge mit physikalischen Vorgängen beliebiger Art anerkennt.

Die calorimetrischen Eigenschaften der Gase.

1. Die Methoden zur Bestimmung der specifischen Wärme lassen sich nicht ohne einige Schwierigkeiten auf die Gase anwenden. Crawford[1]) versuchte durch Eintauchen von mit Gasen gefüllten grossen erwärmten Weissblechcylindern in Calorimeter die specifische Wärme der Gase zu bestimmen, konnte aber wegen der *kleinen* in Wirksamkeit tretenden Gasmassen nur *ungenaue* Resultate erhalten. Lavoisier und Laplace[2]) liessen grössere erwärmte Gasmassen m durch das Schlangenrohr eines Eiscalorimeters streichen, bestimmten die hierbei erfolgende Abkühlung des Gases ϑ und die geschmolzene Eismenge μ, woraus sich die Gleichung ($m\,s\,\vartheta = 80\,\mu$) zur Bestimmung der specifischen Wärme s ergab. Clement und Desormes[3]) bestimmten nach diesem Verfahren die specifische Wärme der *Luft*. Wurde dann derselbe Ballon unter gleichem Druck mit *verschiedenen Gasen* von gleicher Temperatur gefüllt und in ein Wassercalorimeter von bestimmter höherer Temperatur gebracht, so konnte man die Wärmecapacitäten dieser Gasmassen den Erwärmungszeiten für dieselbe Anzahl Temperaturgrade proportional setzen.

2. Die ersten genaueren Bestimmungen der specifischen Wärme der Gase rühren von Delaroche und Bérard[4]) her. Das Princip derselben ist folgendes. Ein grosse Gasmasse m — in Wirklichkeit wird dieselbe kleine Menge oft benützt —

---

[1]) Experiments and Observations on animal heat. London 1778.

[2]) Sur la chaleur. Mém. de l'Academie. Paris 1784.

[3]) Journal de Physique T. 89. 1819.

[4]) Ann. de Chim. T. 85. 1813.

wird per Minute mit der Temperatur u_1 unter gleichbleibendem Druck durch das Schlangenrohr eines Wassercalorimeters geführt, wobei sich dieselbe auf die Temperatur u_2 abkühlt, während das Calorimeter schliesslich bei Fortsetzung der Operation den *bleibenden Temperaturüberschuss* u über die Umgebung annimmt. Bei diesem stationären Zustand verliert also das Calorimeter so viel Wärme an die Umgebung als dasselbe gleichzeitig durch das Gas erhält. Beobachtet man dann das Calorimeter vom Wasserwerth w, *ohne Gaszufuhr*, so verliert es per Minute v Temperaturgrade. Demnach besteht die Gleichung

$$m\, s\, (u_1 - u_2) = w \cdot v,$$

aus welcher sich die specifische Wärme s bestimmen lässt. Ein weiteres Hülfsmittel ist die Vergleichung der Mengen verschiedener Gase, welche dem Calorimeter dieselbe Temperaturerhöhung ertheilen.

Kleine Unsicherheiten der Temperaturbestimmung und den Einfluss der Feuchtigkeit der Gase suchte Haycraft[1]) zu vermeiden. Er glaubte aus seinen Versuchen schliessen zu dürfen, *dass gleiche Volumina der verschiedensten Gase unter demselben Druck die gleiche Wärmecapacität haben,* während Delaroche und Bérard in diesem Falle *verschiedene* Zahlen gefunden hatten. Das Ergebniss von Haycraft schien sich durch die Versuche von Delarive und Marcet[2]) zu bestätigen, welche aus der Erwärmungszeit der Gase in einem Ballon, der zugleich als Luftthermometer diente, auf die Wärmecapacität schlossen.

3. Die genauesten Versuche hat Régnault[3]) im wesentlichen nach der Methode von Delaroche und Bérard durchgeführt, mit deren Zahlen auch die seinigen recht gut übereinstimmen. Er findet, dass nur jene Gase, welche sich dem idealen Gaszustand am meisten nähern (O, H, N) bei gleichem Volum und Druck auch gleiche Wärmecapacität aufweisen. *Die specifische Wärme der Gase* (auf gleiche Gewichte bezogen) *erweist sich* nach Régnault *ferner als unabhängig vom Druck.* Sie ist z. B. für *Luft* zwischen 760 *mm* und 5674 *mm* Quecksilberdruck dieselbe. Kleine Unterschiede sind wahrscheinlich nur

---

1) Edinb. Transact. X. p. 195 (1824).

2) Ann. de Chim. T. 33. p. 209 (1827).

3) Mém. de l'Academ. T. XXVI.

bei leicht compressiblen Gasen nachweisbar. Delaroche und Bérard glaubten noch aus einem Versuch auf Zunahme der specifischen Wärme bei abnehmendem Druck schliessen zu müssen. Ebenso ist die *specifische Wärme* der permanenten Gase *unabhängig von der Temperatur.* Für Luft wurde dies zwichen — 30° C und + 200° C nachgewiesen. Kohlensäure, welche eine beträchtliche Abweichung vom Mariotte'schen Gesetz zeigt, weist eine merkliche Zunahme der specifischen Wärme mit steigender Temperatur auf. Nach den Erfahrungen über die specifische Wärme fester und flüssiger Körper, konnte man auch für die Gase eine Abhängigkeit der specifischen Wärme von der Temperatur von vornherein nicht für ausgeschlossen halten.

Zur Vergleichung diene folgende Tabelle der specifischen Wärme der Gase:

	Delaroche und Bérard			Régnault	
	gleiche Volumina Luft = 1,	gleiche Gewichte Luft = 1,	gleiche Gewichte Wasser = 1,	gleiche Gewichte Wasser = 1,	gleiche Volumina Wasser = 1,
Luft	1,0000	1,0000	0,2669	0,23751	0,23751
O	0,9765	0,8848	0,2361	0,21751	0,24049
H	0,9033	*12,3400*	*3,2936*	*3,40900*	0,23590
N	1,0000	1,0318	0,2754	0,24348	0,23651
CO_2	1,2583	0,8280	0,2210	0,21627	*0,33068*

Die Uebereinstimmung zwischen Delaroche und Bérard einerseits und Régnault anderseits wird durch die Tabelle sehr deutlich, ebenso die Abweichung der Kohlensäure von dem oben erwähnten Haycraft'schen Gesetz, so wie die auffallend grosse specifische Wärme des *Wasserstoffs* (bei Beziehung auf das Gewicht), welche mehr als das *dreifache* der specifischen Wärme des Wassers beträgt, welche letztere sonst jene aller übrigen Körper bedeutend übertrifft.

Es ist für das Folgende wichtig, sich gegenwärtig zu halten, *wie verhältnissmässig spät man zu einem sichern Urtheil über das Verhalten der specifischen Wärmen der Gase gelangt ist.*

4. Nach und nach wurden zahlreiche Beobachtungen bekannt, welche lehrten, dass die Volumänderung eines Gases eine Temperaturänderung desselben zur Folge hat. E. Darwin[1])

---

[1]) Philosoph. Transact. 1788.

bemerkte die Abkühlung der aus dem Kolben einer Windbüchse ausströmenden Luft, und erklärte auf Grund dieser Beobachtung die Kälte auf hohen Bergen. Aehnliche Beobachtungen rühren von Pictet[1]) und systematische Versuche von Dalton her.

Dalton bemerkt das Fallen eines Thermometers unter dem Recipienten der Luftpumpe beim Evacuiren, und das Steigen desselben beim Einlassen der Luft. Die Anwendung *offener* Thermometer belehrt ihn, dass die Bewegung nicht von Capacitätsänderungen der Thermometerkugel durch Druck herrührt. Die kleinen (2—4° betragenden) aber *raschen* Aenderungen zeigen, dass die Temperaturänderungen der Luft viel grösser sind als die Anzeigen, aber nur von kurzer Dauer, was durch die ausgiebigeren Anzeigen von Thermometern mit kleinen Kugeln bestätigt wird. Da Dalton's Thermometer bei 50° Temperaturüberschuss über die Umgebung eine gleich rasche Bewegung (1° in $3^1/_2$ Sekunden) zeigen, schliesst er auf Temperaturänderungen bis 50° (Fahrenheit) bei seinen Versuchen. Er schreibt der *dichteren* Luft eine *kleinere* Wärmecapacität, dem Vacuum eine *grössere* Wärmecapacität zu als einem gleichgrossen Luftraum, und denkt daran, durch Versuche der beschriebenen Art die Wärmecapacität des Vacuums zu ermitteln.[2]) An diesen Gedanken haben Clement und Desormes angeknüpft.

Im Jahre 1803 wurde das von einem Arbeiter in der Gewehrfabrik zu Étienne en Forez erfundene pneumatische Feuerzeug bekannt.[3]) Etwas später stellte Gay-Lussac Versuche an[4]), welche für die weitere Entwicklung der Wärmelehre sehr wichtig geworden sind. Zwei gleiche mit Chlorcalcium getrocknete Ballons A und B, jeder von 12 l Inhalt, sind durch ein Rohr mit einem Hahn verbunden. Der eine A ist mit Gas gefüllt, der andere B leer gepumpt. Oeffnet man den Hahn,

---

1) Gilbert's Ann. S. 243. 1799.

2) Mém. Manch. Soc. V. p. II (1802). S. 515. Experiments and Observations on the Heat and Cold produced by the mechanical condensation and rarefaction of air. Read June 27, 1800.

3) Vgl. Rosenberger, Gesch. d. Phys. III. 224.

4) Mém. de la Societé d'Arcueil I p. 180. 1807. Ich habe Herrn Professor J. Joubert in Paris hier dafür zu danken, dass er mir in dieses höchst selten gewordene Journal, welches sich in seinem Besitz befindet, Einsicht gewährt hat.

so dehnt sich das Gas auf den doppelten Raum aus. Da man aus der Abkühlung der Gase bei Ausdehnung und der Erwärmung derselben bei Compression auf die Vergrösserung der specifischen Wärme durch Verdünnung geschlossen hatte, erwartete Gay-Lussac eine Abkühlung beim Ueberströmen von *A* nach *B* und hoffte aus der Grösse derselben bei *verschiedenen* gleich behandelten Gasen auf deren specifische Wärme schliessen zu können. Er beobachtete jedoch in Gesellschaft von Laplace und Berthollet ein Ansteigen des Thermometers in *B*. Ein in *A* eingebrachtes Thermometer fiel jedoch beim Ueberströmen des Gases nach *B*. Die Temperaturänderungen waren zur sichtlichen Ueberraschung der Beobachter beiderseits gleich und entgegengesetzt, wie die folgende Tabelle zeigt:

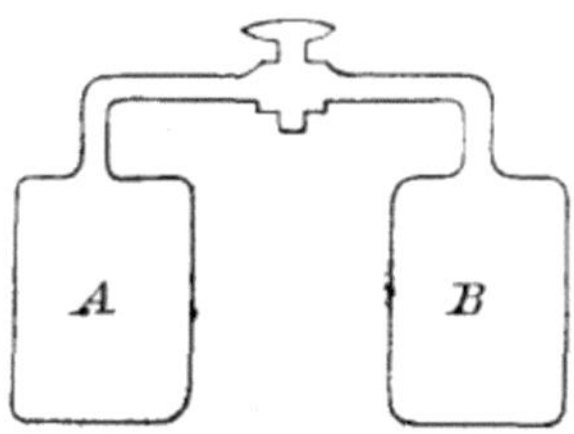

Fig. 66.

Luftdruck in *A*	Temperatur-abnahme in *A*	Temperatur-zunahme in *B*
0,79 *m*	0,61°	0,58°
0,38 *m*	0,34°	0,34°
0,19 *m*	0,20°	0,20°

Im Ganzen trat also *keine* Temperaturänderung ein. *Demnach änderte sich die specifische Wärme durch die Volumsvergrösserung nicht,* was aber mit den sonst verbreiteten Ansichten nach dem damaligen Standpunkte schwer zu vereinigen war. Gay-Lussac weist die Annahme ab, dass die Temperaturerhöhung in *B* der Compression des rückständigen Gases in *B* zuzuschreiben sei. Nahm man eine Vergrösserung der specifischen Wärme bei Verdünnung des Gases an, so musste selbstredend der *leere* Raum am meisten „Wärme"(stoff) enthalten, wie es auch zuweilen geglaubt wurde. Man konnte also daran denken, dass durch Verkleinerung des leeren Raumes Wärme frei werde. Durch Volumsänderungen des Torricelli'schen Vacuums, welche auf ein daselbst eingeschlossenes Thermometer keinen Einfluss übten, wies Gay-Lussac auch diese Annahme als haltlos ab. Unter diesen Umständen war es natürlich, dass Gay-Lussac in seinen Folgerungen die *äusserste Vorsicht beobachtete.* Auch die früher (S. 37) erwähnten, uns recht sonderbar scheinenden Ansichten Daltons über den Wärmegehalt der Gase werden durch die historischen Umstände einigermaassen verständlich.

5. Die von Gay-Lussac ermittelten Thatsachen standen also mit der hergebrachten Auffassung der sonst bekannten Erscheinungen *nicht in Einklang*, und dass dieser Widerstreit nicht zu einer tiefern Untersuchung geführt hat, mag mit an dem Umstande liegen, dass Gay-Lussac's Arbeit wenig bekannt geworden ist. *Wie wenig man geneigt war, die heute als richtig anerkannten Folgerungen zu ziehen*, davon überzeugen wir uns durch einem Blick in das Lehrbuch von Biot. Dort lesen wir noch 1829 bei Besprechung der Versuche von Delaroche und Bérard Folgendes[1]): „Die Erwärmung, die sie (die Gase) im Apparat hervorbringen, ist daher die zusammengesetzte Wirkung der Wärme, die sie sowohl durch das *Erkalten* als durch die gleichzeitige *Zusammenziehung* entbinden; dagegen man, um *einfache* Resultate zu erhalten, diese Wirkungen gesondert müsste beobachten können. Zuvörderst müsste man die Wärmequantität bestimmen, welche jedes Gas beim Erkalten in einem *gegebenen* Raum und mithin unter gleichbleibenden Volumen entbindet, alsdann die Wärme, die es bei Veränderung seines Volumens und gleichbleibender äusserer Temperatur hergiebt. Die Trennung dieser beiden Erscheinungen scheint ausnehmend schwierig, ist aber unerlässlich, um einfache Resultate zu erlangen und die wahren Gesetze, unter welchen diese Wirkungen stehen, ans Licht zu bringen. Freilich ist man auch einem Uebelstande der nämlichen Art bei Versuchen über die specifischen Wärmen der tropfbar flüssigen und festen Körper ausgesetzt, weil sie sich ebenfalls beim Erkalten *nothwendig zusammenziehen*, da jedoch ihre *Umfangsveränderung* weit geringer ist, so nimmt man die dadurch bedingte Wärmeentbindung auch nur für sehr schwach in Verhältniss zu der, welche von der Temperaturerniedrigung herrührt, an. Indess beweist allerdings nichts, dass dem wirklich so sei; und man könnte vielmehr das Gegentheil vermuthen, wenn man daran denkt, welche *enorme Wärmequantitäten* aus den Körpern *durch blosse*

[1]) Deutsche Uebersetzung. Leipzig 1829. Bd. V. S. 343.

Trennung ihrer Theilchen voneinander entbunden zu werden vermögen mittelst Reiben, Drehen, Bohren Feilen, welches nichts anderes ist, als eine Reibung von hinlänglicher Stärke, um die Theilchen einer Oberfläche von den darunter liegenden loszureissen. Denn als Rumford aus diesem Gesichtspunkte die Feilspäne untersuchte, welche aus dem Laufe der broncenen Kanonen beim Bohren desselben hervorkommen, zeigten sie sich im Besitze der nämlichen specifischen Wärme, als die Bronce selbst, obwohl sich während ihrer Bildung eine enorme Wärme entbunden hatte; woraus zu schliessen ist, dass diese Wärme bloss *zwischen* den festen Broncetheilchen, d. h. zwischen den kleinen Gruppen dieser Theilchen, welche das Werkzeug losgetrennt hatte, vorhanden war. Ist dem so, so muss sich *diese Quantität* ebenfalls bei jeder Ausdehnung oder Zusammenziehung des Körpers ändern; und dieser Erfolg, der zu der durch blosse Temperaturveränderungen bedingten Wärmebindung hinzutritt, braucht gar nicht so schwach zu sein, als man gemeinhin meint.“

6. Man blieb vorläufig dabei, sich mit jeder geometrischen Volumsvergrösserung des Gases eine Wärmeabsorption, mit jeder Volumsverkleinerung eine Wärmeabgabe verbunden zu denken. Demgemäss konnte man endlich nicht umhin mit Laplace anzunehmen, dass die unter *constantem* Druck stehende, sich daher bei Temperaturerhöhung um 1° C *ausdehnende* Masseneinheit Gas, mehr Wärme verbraucht, als dieselbe auf ein *unveränderliches* Volum beschränkte Gasmasse zur gleichen Temperaturerhöhung aufnimmt. Laplace wurde durch seine bald zu besprechenden Untersuchungen über die Schallgeschwindigkeit auf diese Fragen geführt. Erstere Wärmemenge, welche Delaroche und Bérard bestimmt hatten, nannte man die *specifische Wärme bei constantem Druck*, letztere, aus den oben (S. 195) erörterten Gründen schwer zu ermittelnde Grösse, wurde *specifische Wärme bei constantem Volum* genannt. Zur Bestimmung der letzteren Werthe haben Clement und Desormes[1]), ohne es zu wollen, einen sehr schönen indirekten Weg gefunden.

Wir denken uns die *Masseneinheit* Gas bei irgend ein Temperatur t und dem Druck p, wobei dieselbe das Volum v einnimmt. Erwärmen wir dieselbe (I) Fig. 67 von t auf $t + 1°$ C,

---

[1]) Journal de Physique. T. 89. 1819.

so dehnt sie sich um den durch den Ausdehnungscoefficienten a bestimmten Bruchtheil jenes Volums $\frac{v}{1+at}$ aus, welchen dieselbe bei 0° C hätte. Es ergiebt sich also neben der Temperaturerhöhung um 1° C der Volumzuwachs $v \cdot \frac{a}{1+at}$. Die hierzu aufgewendete Wärmemenge ist die *specifische Wärme C bei constantem Druck.*

Ertheilen wir derselben Gasmasse (II) wieder die Temperaturerhöhung von 1°, ohne ihr Ausdehnung zu gestatten, so wenden wir eine kleinere Wärmemenge c, die *specifische Wärme bei constantem Volum auf.* Wenn nun in I die Gasmasse von $t + 1$° C um den Bruchtheil $\frac{a}{1+at}$ des ganzen Volums plötzlich comprimirt wird, so muss der Unterschied $C - c$ wieder zum Vorschein kommen, und eine Erwärmung der Gasmasse um τ über $t + 1$° C hinaus bewirken. Weil das Volum wieder das ursprüngliche ist, haben wir $C = c(1 + \tau)$. Es handelt sich also zur Lösung der Aufgabe nur um die Bestimmung der Temperaturerhöhung τ, welche der Compression $\frac{a}{1+at}$ entspricht. Es wird aber auch genügen, irgend eine andere *kleine* Compression β und die zugehörige Temperaturerhöhung ϑ zu bestimmen, indem für *kleine* Compressionen die *Proportion* bestehen wird $\beta : \frac{a}{1+at} = \vartheta : \tau$.

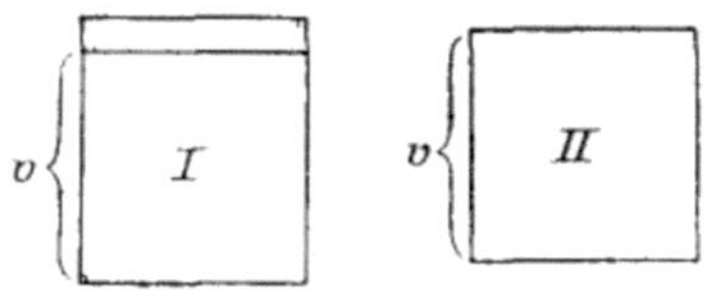

Fig. 67.

Clement und Desormes wussten nun bei Versuchen, welche ein ganz anderes Ziel verfolgten, die comprimirte Luft *selbst* als Thermometer zu benützen.

Clement und Desormes verwenden einen Glaskolben K Fig. 68 mit einem Hahn H von weiter Bohrung. An dem Kolben befindet sich ein Glasrohr rr, welches in das Quecksilbergefäss Q taucht. In dem Kolben wird die Luft etwas durch die Luftpumpe bei L verdünnt, wobei sich das Quecksilber bis h in dem Glasrohr erhebt. Dann wird die Verbindung mit der Pumpe aufgehoben. Oeffnet man den Hahn H mit weiter Bohrung, so fällt das Quecksilber ins Niveau, erhebt sich aber, nachdem der Hahn sofort wieder geschlossen wurde, allmälig wieder auf h'. Die Luft in K wird nämlich durch die äussere rasch comprimirt und erwärmt, ohne sofort ihre Wärme abgeben zu können, und hält nur in Folge dieser Erwärmung der *Barometerhöhe* b das Gleichgewicht. Nach Zerstreuung der Wärme zeigt sie nur mehr den Druck $b-h'$.

Die Luft, welche anfänglich den Kolbenraum v ausfüllt, und unter dem Druck $b-h$ steht, wird durch die äussere Luft auf das Volum v' comprimirt, und übt nun in Folge der Erwärmung den Druck b aus. Nach Entweichen der Wärme zeigt aber diese Luft nur mehr den Druck $b-h'$. Nach dem Mariotte'schen Gesetz ist also $\frac{v'}{v}=\frac{b-h}{b-h'}$, und die Compression ist

$$\frac{v-v'}{v}=\frac{h-h'}{b-h'}.$$

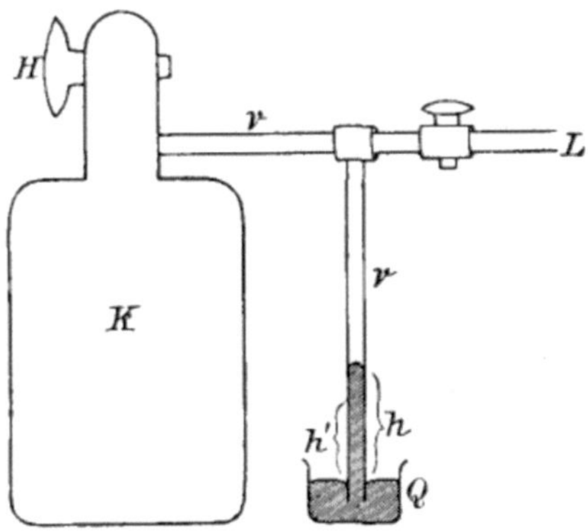

Fig. 68.

Für die zugehörige Temperaturerhöhung ϑ folgt nach dem Gay-Lussac'schen Gesetz

$$\frac{1+\alpha(t+\vartheta)}{1+\alpha t}=\frac{b}{b-h'}, \text{ oder } \vartheta=\frac{h'(1+\alpha t)}{\alpha(b-h')}.$$

Aus oben erwähnter Proportion folgt dann

$$\varkappa=\frac{h'}{h-h'}.$$

Durch die Versuche ergab sich hieraus für die Luft

$$\frac{C}{c}=1{,}357.$$

Auf diese Versuchsform führten wahrscheinlich Beobachtungen bei Luftpumpenexperimenten. Lässt man die Luft in den ausgepumpten Recipienten eintreten, und schliesst man den Hahn, *nachdem* das Sausen aufgehört hat, so tritt letzteres schwächer wieder ein, wenn man nach einigen Sekunden wieder öffnet, was sich mehrmals wiederholen kann. Das Suchen nach der Erklärung führt zu obiger Betrachtung.

Das Ziel der Versuche von Clement und Desormes war, wie schon bemerkt, *nicht* die Bestimmung des Verhältnisses $\frac{C}{c}$; sie suchten vielmehr, auf Ideen von Lambert[1]) und Dalton[2]) weiterbauend, welche sich auch das *Vacuum* mit Wärmestoff erfüllt dachten, die „*specifische Wärme*" des Vacuums und durch diese den *absoluten Nullpunkt* der Temperatur zu ermitteln.[3]) Eine Vorarbeit hierzu bildete die Bestimmung der *specifischen* Gaswärmen durch das Eiscalorimeter, sowie durch die Abkühlungs- oder Erwärmungszeit von mit Gasen gefüllten Ballons, die selbst als Luftthermometer dienten. Die Autoren stellten sich vor, dass die Erwärmung eines in das Vacuum einströmenden Gases durch Hinzufügung des daselbst enthaltenen Wärmestoffes zur Eigenwärme des Gases bewirkt werde, wobei das Vacuum gänzlich verschwindet. So findet man den *Wärmeinhalt* des Vacuums z. B. bei 0°, durch einen weitern Versuch etwa bei 100° C. Die Differenz genügt zur Erwärmung des Vacuums um 100°. Der $^1/_{100}$ Theil davon in den Wärmeinhalt bei 0° C dividirt, führt zur Zahl 267 (rund), und bestimmt also den absoluten Nullpunkt 267° C unter dem Eispunkt. Die Autoren legen sich auf Grund des Gay-Lussac'schen. Ueberströmungsversuches ein Princip zurecht, um dieses Verfahren auch bei Gaseinströmung in wenig verdünnte Gasräume (anstatt in leere) anzuwenden. Noch nach andern Methoden, aus der latenten Wärme des Wassers, aus dem Gay-Lussac'schen Ausdehnungscoefficienten u. s. w. bestimmten die Autoren den absoluten Nullpunkt zu rund —267° C, stellen aber allerdings nur mit einiger Gewalt die Uebereinstimmung zwischen den Ergebnissen verschiedener Betrachtungen her. Die Arbeiten von Amontons werden nicht erwähnt. Die Pariser Akademie hat ihren feinen Takt bewährt, indem sie diese *sehr geistreiche* aber allzuspeculative Arbeit *nicht* gekrönt, sondern den Concurrenten Delaroche und Bérard den Preis ertheilt hat.

---

1) Pyrometrie. S. 266 u. f. f.

2) Manch. Mem. Soc. V. p. II. S. 515 u. f. f.

3) Journ. de Phys. 89 p. 321. Determination du zero absolu de la chaleur et du calorique specifique des Gaz (1819).

7. Die berührten Untersuchungen über das Verhältniss $\frac{C}{c}$ erhielten den Hauptanstoss durch die von Laplace aufgestellte Theorie der *Schallgeschwindigkeit.* Newton[1]) hatte zuerst erkannt, dass man die Schallgeschwindigkeit *berechnen* kann. Das Wesentliche seines Gedankenganges lässt sich in moderner Ausdrucksweise in folgender Art darstellen. Eine ebene Schallwelle von der Länge λ schreitet z. B. nach der positiven x-Richtung um das Stück λ fort, während irgend ein Theilchen derselben eine Schwingung von der Dauer T vollführt. Kann man das T, welches einem λ zugehört, bestimmen, so ist die Schallgeschwindigkeit $\varkappa = \frac{\lambda}{T}$.

Ist $u = a \sin 2\pi \left(\frac{t}{T} - \frac{x}{\lambda}\right)$ die *kleine* Excursion, so ist $\frac{dx}{dx + du} = 1 - \frac{du}{dx}$ die Luftdichte, jene der ungestörten Luft als Einheit angenommen, oder $-\frac{du}{dx}$ die kleine Condensation. Die Kraft, durch welche eine Luftschichte vom Querschnitt q, der Dicke dx und der Expansivkraft E (der ungestörten Luft) angetrieben wird ist

$$\text{a)} \ldots q\,E\left[\left(1 - \frac{du}{dx}\right) - \left(1 - \frac{du}{dx} - \frac{d^2u}{dx^2}\,dx\right)\right]$$
$$= q\,E\,\frac{d^2u}{dx^2}\,dx.$$

Bezeichnet ϱ die Luftdichte, so ist die Masse der Luftschichte $\varrho\,q\,d\,x$, demnach die Beschleunigung $\frac{E}{\varrho} \cdot \frac{d^2u}{dx^2}$.

Da aber

$$\frac{d^2u}{dx^2} = -\frac{4\pi^2 a}{\lambda^2} \sin 2\pi\left(\frac{t}{T} - \frac{x}{\lambda}\right) = -\frac{4\pi^2}{\lambda^2} \cdot u,$$

also proportional der Excursion u ist, so entspricht der Excursions*einheit* die Beschleunigung

---

[1]) Philos. natural. Princ. Mathem. (1687) p. 364.

$$\frac{E}{\varrho}\frac{4\pi^2}{\lambda^2}=f,$$

was eine Schwingungsdauer

$$T=2\pi\sqrt{\frac{1}{f}}=\lambda\sqrt{\frac{\varrho}{E}}$$

und eine *Schallgeschwindigkeit*

$$\varkappa=\sqrt{\frac{E}{\varrho}}$$

ergiebt.

8. Die Pariser Akademiker fanden im Jahre 1783 durch Versuche bei 7,5° C eine Schallgeschwindigkeit von 337,2 *m/sec*, während die Rechnung nach der Newton'schen Formel unter den Versuchsumständen nur 283,4 *m/sec* ergab, welche letztere Zahl um $^1/_6$ zu klein ist. Schon Lagrange war der Meinung, dass man, um Theorie und Beobachtung in Einklang zu bringen, annehmen müsse, dass die Expansivkräfte rascher wachsen als die Dichten. Laplace kam nach verschiedenen vergeblichen Versuchen die Uebereinstimmung herzustellen zu der Ansicht, dass die durch die Schallwelle *selbst* hervorgebrachten Temperaturänderungen die Erhöhung der Schallgeschwindigkeit bewirken. An den verdichteten Stellen werden nämlich diesen Verdichtungen nahe proportionale Temperaturerhöhungen und mit diesen Drucksteigerungen, an den verdünnten Stellen Temperaturerniedrigungen und mit diesen Druckverminderungen erzeugt. Bei *derselben* Deformation sind also die *Differenzen der Expansivkräfte*, welche die bewegenden Kräfte vorstellen, *grösser*, als sie die Newton'sche Theorie annimmt, und die Schallgeschwindigkeit muss somit grösser sein, als sie die Newton'sche Formel ergiebt. Nach Laplace, dessen geniale Theorie namentlich in Deutschland den unglaublichsten Missverständnissen begegnete[1]), sind für *unendlich kleine* Schwingungen alle Kraftdifferenzen im Verhältniss $\frac{C}{c}$ *grösser*, und demnach ist die Schallgeschwindigkeit im Verhältniss $\sqrt{\frac{C}{c}}$ grösser, als Newton angenommen hatte.

[1]) Man vergl. hierüber die Referate in Gehler's physikal. Wörterbuch.

Laplace hat diesen seinen Gedanken schon in einer kurzen Mittheilung vom Jahre 1816 ganz klar dargelegt. Auf Grund von Versuchen von Delaroche und Berard, nimmt er rund $\frac{C}{c} = \frac{3}{2}$ an, wodurch an Stelle der Newton'schen Schallgeschwindigkeit 283 der Werth 345 tritt. Die unvollkommene Uebereinstimmung der Rechnung mit der Beobachtung schreibt er Versuchsfehlern zu, und äussert schliesslich den *wichtigen* Gedanken, dass die Vergleichung der Newton'schen Schallgeschwindigkeit mit der *beobachteten* das beste Mittel sei, den *genauen* Werth von $\frac{C}{c}$ zu bestimmen, welchen er so $= 1{,}4252$ findet.[1]) Die sehr rasch verlaufenden Schallschwingungen stellen nämlich eine ideale Ausführung des Versuches von Clement und Desormes vor, bei welcher kein Wärmeausgleich durch Ableitung zu besorgen ist.

Zu dem Laplace'schen Ergebniss gelangt man durch folgende einfache Betrachtung. Die Compression der Masseneinheit Gas um $\frac{a}{1+at}$ giebt die Wärmemenge $C-c$ frei, welche diese Gasmasse um $\frac{C-c}{c}$ Grade erwärmt. Die Temperaturerhöhung ϑ, welche der Condensation $-\frac{du}{dx}$ entspricht, verhält sich zur vorigen wie $-\frac{du}{dx} : \frac{a}{1+at}$. Für letztere Temperaturerhöhung erhält man also $-\frac{1+at}{a} \cdot \frac{C-c}{c} \frac{du}{dx}$. Der Druck einer Luftschichte von dem Querschnitt q und der Condensation $-\frac{du}{dx}$ wird demnach in dem Verhältniss $\frac{1+a(t+\vartheta)}{1+at} = 1 + \frac{a\vartheta}{1+at}$ erhöht, und ist:

$$q\,E\left(1-\frac{du}{dx}\right)\left(1-\frac{C-c}{c}\frac{du}{dx}\right).$$

Mit Rücksicht auf die Kleinheit von $\frac{du}{dx}$, bei Vernachlässigung der höhern Potenzen von $\frac{du}{dx}$, ergiebt sich

[1]) Annales de Chim. T. III p. 238 (1816).

$$q\,E\left(1 - \frac{C}{c}\frac{du}{dx}\right).$$

Setzt man für $\frac{du}{dx}$ ein $\frac{du}{dx} + \frac{d^2u}{dx^2}\,dx$, und zieht letzteren Ausdruck von ersterem ab, so ist diese Differenz die Kraft, welche auf die Luftschicht zwischen x und $x + dx$ wirkt. Dieselbe ist

$$q\,E\frac{d^2u}{dx^2}\,dx \cdot \frac{C}{c}.$$

Die Vergleichung dieses Ausdrucks mit dem in Formel *a*) dargestellten ergiebt den Laplace'schen Satz.

9. Gay-Lussac und Welter[1]) stellten später zum Zwecke der Bestimmung von $\frac{C}{c}$ nach der Methode von Clement und Desormes, nur mit verdichteter Luft, selbst Versuche an, und fanden diesen Werth zwischen den Temperaturen -20^0 C bis $+40^0$ C, so wie zwischen den Barometerdrucken 0,142 *m* bis 2,300 *m* constant = 1,3748. Dieser im Interesse der Laplace'schen Theorie bestimmte Werth ergab aber noch immer nicht die volle experimentell bestimmte Schallgeschwindigkeit; derselbe war etwas zu klein.

Poisson[2]) hat die Erfahrungen, welche durch die Versuche von Clement und Desormes sowie durch Gay-Lussac und Welter gewonnen waren, zusammengefasst und *mathematisch formulirt.* Die in der Masseneinheit Gas enthaltene *Wärmemenge* q hängt von dem Druck p und der Dichte ϱ des Gases ab. Es ist

$$q = f(p, \varrho) \quad \ldots\ldots\ldots\ldots\ldots \quad 1),$$

nach dem Mariotte-Gay-Lussac'schen Gesetz aber

$$p = a\,\varrho\,(1 + \alpha\,\vartheta) \quad \ldots\ldots\ldots\ldots \quad 2)$$

Wird p in 2) als constant angesehen, so ist

$$\frac{d\varrho}{d\vartheta} = -\frac{\alpha\,\varrho}{1 + \alpha\,\vartheta}.$$

Ist ϱ constant, so gilt hingegen

---

[1]) Ann. de Chim. Juillet 1822 p. 267. — Laplace, Mecanique celeste T. V. p. 119.

[2]) Ann. de Chim. T. XXIII. p. 337. 1823.

$$\frac{dp}{d\vartheta} = \frac{a\,p}{1 + a\,\vartheta}.$$

Für die specifische Wärme bei constantem p hat man mit Rücksicht auf 1)

$$C = \frac{dq}{d\varrho}\,\frac{d\varrho}{d\vartheta} = -\,\frac{dq}{d\varrho}\,\frac{a\,\varrho}{1 + a\,\vartheta},$$

für die specifische Wärme bei constantem Volum (ϱ = const) hingegen

$$c = \frac{dq}{dp}\,\frac{dp}{d\vartheta} = \frac{dq}{dp}\,\frac{a\,p}{1 + a\,\vartheta}.$$

Macht man mit Poisson die *Annahme*, dass $\frac{C}{c} = k$ *unveränderlich* ist, so folgt

$$k\,p\,\frac{dq}{dp} + \varrho\,\frac{dq}{d\varrho} = 0.$$

Das Integrale dieser partiellen Differentialgleichung ist, wie man sich durch Substitution leicht überzeugen kann,

$$q = \varphi\left(\frac{p^{\frac{1}{k}}}{\varrho}\right),$$

wobei φ eine unbestimmte Funktion bedeutet.

Demnach ist auch

$$\frac{p^{\frac{1}{k}}}{\varrho} = \psi\,(q),$$

wobei ψ die inverse Funktion von φ ist.

Nimmt man an, dass bei irgend welchen Vorgängen die im Gas enthaltene Wärmemenge unverändert, demnach auch $\psi\,(q)$ *constant* bleibt, so erhält man

$$\frac{p^{\frac{1}{k}}}{\varrho} = \text{const},$$

oder bei Einsetzung des Volums v statt ϱ auch $v^k \cdot p$ = const, welche Gleichung die Beziehung von Druck und Volum bei ausgiebigen Aenderungen beider, ohne Wärmeaufnahme oder Abgabe, darstellt.

10. Nach dem Vorgange von Laplace zog Poisson vor, das Verhältniss $\frac{C}{c} = k$ aus der *beobachteten* Schallgeschwindig-

keit abzuleiten, anstatt durch umständliche Ver uche ungenau bestimmte Werthe von k der Theorie der Schallgeschwindigkeit zu Grunde zu legen.

Dulong[1]) hat diesen Gedanken in umfassender Weise durchgeführt. Die Schallgeschwindigkeit in verschiedenen Gasen wurde bestimmt, indem mit diesen Gasen gefüllte und angeblasene Pfeifen zum Tönen gebracht wurden. Aus der Schwingungszahl n und der aus der Pfeifenlänge l ableitbaren Wellenlänge λ ergab sich die Schallgeschwindigkeit $\varkappa = n\lambda$. Dann folgt $k = \frac{\varkappa^2 \varrho}{E}$ für das betreffende Gas, mit Hülfe dessen sich auch die specifische Wärme bei constantem Volum sofort angeben lässt, wenn jene bei co ntem Druck bekannt ist.

Dulong fand für

	k		k
Luft	1,421	CO	1,423—1,433
O	1,415—1,417	NO	1,343
H	1,405—1,409	C_2H_4	1,240
CO_2	1,337—1,340.		

11. Zusammenfassend können wir sagen, dass man sich die Temperaturänderungen der Gase bei Volumänderungen gewissermaassen in einem *geometrischen* Zusammenhange mit den letzteren dachte. Vielfach spielte auch die Stofftheorie der Wärme trübend in diese Vorstellungen hinein. Man dachte sich den volumändernden Körper ähnlich einem *Schwamm, welcher bei Pressung den Wärmestoff von sich giebt,* und bei Dilatation denselben wieder aufsaugt. Deshalb steht auch das Laplace-Poisson'sche Gesetz, $v^k \cdot p = \text{const}$, welches ja auch heute noch aufrecht erhalten wird, in jener Periode noch auf schwachen, so zu sagen zufälligen Grundlagen. *Zu einer klaren und sichern Kenntniss der thermisch-mechanischen Eigenschaften der Gase war man noch nicht gelangt.*

[1]) Ann. de Chim. XLI p. 113. 1829.

Die Entwicklung der Thermodynamik.
Das Carnot'sche Princip.

1. Die Ansicht ist sehr verbreitet, dass die Thermodynamik mit der Auffassung der Wärme als „Bewegung“ beginnt. Letztere Vorstellung ist aber schon bei den Philosophen des Mittelalters verbreitet, zu einer Zeit, welche nichts von Thermodynamik weiss; wir finden dieselbe z. B. bei dem mit Unrecht viel belobten Baco von Verulam. Wundern dürfen wir uns darüber nicht, denn der Feuerbohrer[1]) der wilden Volksstämme, das Feuerschlagen mit Stahl und Stein, die Erwärmung bearbeiteter Metallstücke, und andere technische Erfahrungen, mussten schon vor langer Zeit Jedermann geläufig sein, und den *Zusammenhang* von Wärme und Bewegung nahe legen.

Sehen wir von ältern Autoren und deren wenig bestimmten Aeusserungen auch ab, so lesen wir doch schon bei Huygens[2]) Folgendes: „L'on ne sçaurait douter que la lumiere ne consiste dans le mouvement de certaine matiere. Car soit qu'on regarde sa production, on trouve qu'icy sur la Terre c'est principalement le feu et la flamme qui l'engendrent, lesquels contiennent sans doute des corps qui sont dans un mouvement rapide puis qu'ils dissolvent et fondent plusieurs autres corps des plus solides: soit qu'on regarde ses effets, on voit que quand la lumiere est ramassée, comme par des miroirs concaves, elle a la vertu de brûler comme le feu, c'est-à-dire qu'elle desunit les parties des corps; ce qui marque assurément du mouvement, au moins dans

[1]) Vgl. Tylor, Die Anfänge der Cultur. Leipzig 1873. — Tylor, Urgeschichte der Menschheit. Leipzig. Ambrosius Abel.

[2]) Huygens, Traité de la lumiere. A Leide 1690 p. 2.

la vraye Philosophie, dans laquelle ou conçoît la cause de tous les effets naturels par de raisons de mechanique. Ce qu'il faut faire à mon avis, ou bien renoncer à toute esperance de jamais rien comprendre dans la Physique." Stärker und deutlicher kann man die mechanische Auffassung der gesammten Natur und insbesondere jene der Wärmeerscheinungen kaum betonen.

2. Diese Vorstellungen sind auch nie ganz in Vergessenheit gerathen. Fast jeder Schriftsteller bis zum Schlusse des 18. Jahrhunderts, der über Wärme schreibt, discutirt dieselben mindestens neben der Stofftheorie, indem er bald der einen, bald der andern den Vorzug giebt, bald sich überhaupt nicht entscheidet. Hervorragende Schriftsteller dieser Art, deren Ansichten schon berührt wurden, sind Pictet und Prevost, Black u. A. Insbesondere müssen wir aber Lavoisier und Laplace[1]) erwähnen. Wir lesen in deren Abhandlung: „Die Physiker sind nicht *einer* Meinung über die Natur der Wärme. Mehrere unter ihnen betrachten sie als eine Flüssigkeit ..... Andere Physiker glauben, dass die Wärme nichts ist, als das Ergebniss unmerklicher Bewegungen der Moleküle der Materie ..... Um diese (letztere) Hypothese zu entwickeln, machen wir darauf aufmerksam, dass bei allen Bewegungen, bei denen es sich nicht um plötzliche Veränderungen handelt, ein allgemeines Gesetz besteht, welches die Geometer mit dem Namen „*Gesetz der Erhaltung der lebendigen Kräfte*" bezeichnet haben. Dieses Gesetz besagt, dass in einem System von Körpern, welche aufeinander in irgend einer Weise einwirken, die lebendige Kraft, d. h. die Summe der Produkte der einzelnen Massen in das Quadrat ihrer Geschwindigkeit constant ist .... Die lebendige Kraft des kälteren (Körpers) wird zunehmen um *dieselbe* Menge, um welche die lebendige Kraft des andern abnimmt .... Wir wollen nicht zwischen den beiden vorhergehenden Hypothesen entscheiden. Mehrere Erscheinungen sind der letzteren günstig, so z. B. die, dass Wärme durch Reibung zweier Körper entsteht .... Nun bleibt sowohl nach der einen wie nach der andern *die freie Wärmemenge stets dieselbe, wenn eine einfache Mischung von Körpern stattfindet.*" Es wird noch ausgeführt, dass nach *beiden* Hypothesen

---

[1]) Zwei Abhandlungen über die Wärme (1780, 1784) Ostwald'sche Ausgabe. Leipzig 1892. S. 5 u. f. f.

alle Wärmeveränderungen, die in einem seinen Zustand ändernden System auftreten, sich in umgekehrtem Sinne wiederholen, wenn das System in seinen ursprünglichen Zustand zurückkehrt.

Hier wird also die *Bewegungstheorie* der Wärme zugleich mit *der Constanz der freien Wärmemenge* aufrecht gehalten. Die *Aenderung* der freien Wärmemenge (Bindung oder Freiwerden der Wärme) wird auf molekulare *Arbeit* zurückgeführt. Die Hülfsvorstellungen von Lavoisier und Laplace stehen den heutigen sehr nahe, führen aber doch zu keiner Thermodynamik. Wohin sind diese Vorstellungen gerathen? Warum erhalten dieselben keine *fördernde konstruktive Kraft*? Sind sie vielleicht in den folgenden stürmischen Jahren mit dem Kopfe Lavoisier's hinweggefegt worden? Allein Laplace war doch wohl der Hauptvertreter derselben, und *Er* hat doch noch lange nachher die im vorigen Kapitel behandelten Fragen studirt. Warum war ihm seine Vorstellung nicht hülfreich und aufklärend?

3. Rumford[1]) bemerkte im Militärzeughause zu Münschen die bedeutende Wärmeentwicklung beim Kanonenbohren. Er fand die specifische Wärme der abgedrehten Späne *nicht kleiner*, als jene grösserer Stücke von Kanonenmetall. Die damals beliebte Erklärung der Reibungswärme durch Verkleinerung der Wärmecapacität war also unzulässig. Er brachte das zu bohrende Rohr in einen Wasserbehälter, und es gelang ihm durch den Process des Bohrens das Wasser nach 2½ Stunden zum Kochen zu bringen. Er ermittelte, dass die entwickelte Gesammtwärme 26,58 Pfund eiskaltes Wasser zum Sieden zu bringen vermochte, und der Verbrennungswärme von 2303,8 Gran Wachs entsprach. „Ein Pferd wäre im Stande gewesen, diese Arbeit zu leisten, obwohl in Wirklichkeit zwei Pferde dazu verwendet wurden. Man kann also einfach durch die Kraft eines Pferdes Wärme entwickeln, und im Nothfalle könnte man diese Wärme zum Kochen von Lebensmitteln verwenden. Allein es lassen sich kaum Bedingungen denken, in welchen diese Art der Wärmebildung vortheilhaft sein würde, denn man wird immer mehr Wärme erhalten, wenn man das zum Unterhalte des Pferdes nöthige Futter als Brennmaterial benutzt."

[1]) An Enquiry concerning the sonrce of the heat which is excited by friction. Royal Society. January 25, 1798. — Auch referirt in der vorher citirten Schrift, sowie bei Tyndall, Wärme. Braunschweig 1875. S. 71.

„Bei Schlussfolgerungen über diesen Gegenstand dürfen wir den *sehr bedeutenden Umstand* nicht vergessen, dass die Quelle der bei diesen Versuchen durch Reibung erzeugten Wärme offenbar *unerschöpflich* ist. Es ist kaum nöthig hinzuzufügen, dass etwas, das von einem *isolirten* Körper oder Körpersystem *endlos* hervorgebracht werden kann, unmöglich eine *materielle Substanz* sein kann, und ich finde es schwer, wenn nicht ganz unmöglich, mir eine bestimmte Vorstellung von dem zu machen, was in diesen Versuchen erzeugt und mitgetheilt wird, wenn ich es nicht für eine *Bewegung* halten soll."

Auch Sir Humphry Davy[1]) bekämpft die Stoffvorstellung der Wärme. Zwei Eisstücke von — 1,7° C schmelzen bei seinen Versuchen durch Reibung *aneinander*, obgleich die specifische Wärme des Wassers grösser ist als jene des Eises, weshalb die damals übliche Erklärung hinfällig wird. Um sich davon zu überzeugen, dass die Reibungswärme nicht von der Umgebung herbeigezogen wird, setzt Davy ein Uhrwerk, welches eine Metallplatte reibt, auf ein Stück Eis, umgeben mit einer Wasserrinne, unter die Glocke der Luftpumpe. Im wohlevacuirten Raume erwärmt sich die Metallplatte, da auf derselben befindliches Wachs geschwolzen wird. Die Wärme konnte nicht vom Eis hergenommen sein, da sonst das Wasser in der Eisrinne hätte gefrieren müssen. Dieselbe konnte auch von der weitern Umgebung nicht herrühren, da sie das Eis nicht durchdringen konnte. Auch nach Davy's Ansicht ist die Wärme kein Stoff, sondern Bewegung oder Schwingung der Körperatome. Auch Th. Young[2]), Ampère[3]) und andere grosse Naturforscher sprechen sich im Sinne Davy's aus. Die Thatsachen, auf welche sich die Thermodynamik aufbaut, sind also zu Beginn des 19. Jahrhunderts keineswegs unbekannt. Ebenso wenig fehlen die anschaulichen Vorstellungen, mit welchen die Thermodynamik operirt. Allein diese Vorstellungen haben in dieser Zeit einen fast ganz *contemplativen, philosophischen, passiven Charakter*. Sie regen nicht zu einer genauen *quantitativen* Untersuchung des Zusammenhanges

---

[1]) Collectet works of Sir Humphry Davy. London 1839—1841. Vol. II. — Vgl. auch Humphry Davy, Contributions to physical and medical knowledge. Bristol 1799.

[2]) Lectures on natural philosophy. London 1807.

[3]) Ann. de Chim. T. 57 p. 432.

von Wärme und Arbeit an, wenn wir von Rumford's Anlauf absehen. *Aktive, construktive*, die *Thatsachen quantitativ darstellende Kraft* hat in dieser Zeit nur die Black'sche Substanzvorstellung. Es scheint, dass durch deren grosse Erfolge in der nächst folgenden Zeit die Aufmerksamkeit von der andern Vorstellung, ja sogar von den dieser günstigen Thatsachen so sehr abgelenkt worden ist, dass letztere fast in Vergessenheit geriethen. Selbst die nun auftretenden grossen Begründer der Thermodynamik unterlagen dieser Befangenheit, wenigstens zeitweilig.

4. S. Carnot, dessen Arbeit wir zunächst zu betrachten haben, steht der Bewegungstheorie der Wärme sehr nahe, ohne dass dieselbe in seiner Abhandlung zum Durchbruch kommt. Er sagt[1]): „On objectera peut-être ici que le mouvement perpétuel, démontré impossible par *les seules actions mécaniques*, ne l'est peut-être pas lorsqu'on emploie l'influence soit de la *chaleur*, soit de *l'électricité*; mais peut-on concevoir les phénomènes de la chaleur et de l'électricité comme dus à autre chose qu'à des *mouvements quelconques de corps,* et comme tels ne doivent-ils pas être soumis aux lois générales de la mecanique?" In eben dieser Arbeit hält Carnot die Constanz der Wärmemenge aufrecht, und nimmt an, dass wenn ein Körper, welcher eine Reihe von Zuständen durchmachend in seinen Anfangszustand zurückkehrt, die aufgenommenen und abgegebenen Wärmemengen sich hierbei vollständig compensiren. „Ce fait n'a jamais été révoqué en doute". . . . Le nier, ce serait renverser toute la théorie de la chaleur . . . . Au reste, *pour le dire en passant*, les principaux fondemens sur lesquels repose la théorie de la chaleur auraient besoins de l'examen le plus attentif. Plusieurs faits d'expérience paraissent à peu près inexplicables dans l'état actuel de cette theorie."[2]) In der That hat Carnot später, wie dies durch seinen Nachlass bekannt geworden ist, die Annahme der Constanz der Wärmemenge aufgegeben, und hat sogar das mechanische Aequivalent der Wärmeeinheit ziemlich genau bestimmt.

Man lernt aus der Geschichte der Thermodynamik, dass die veranschaulichenden Vorstellungen, durch welche man sich die Auffassung der Thatsachen erleichtert und vermittelt, doch eine

[1]) Sur la puissance motrice du feu. Paris 1824. S. 21 Anmerkung.

[2]) A. a. O. S. 37 Anmerkung.

viel geringere Wichtigkeit haben, als das *genaue* Studium der Thatsachen selbst, durch welches eben erstere Vorstellungen sich so weit anpassen und entwickeln, dass dieselben erst ausgiebige construktive Kraft gewinnen. Auch die Stofftheorie der Wärme hätte schliesslich die volle Entwicklung der Thermodynamik nicht gehindert. Man hätte sich entschlossen eine *latente Wärme* der *Arbeit* anzunehmen, wie Black eine latente *Dampfwärme* angenommen hat, welcher letztere Schritt schon ganz im Sinne der Thermodynamik liegt, wie es bereits bemerkt wurde. Die zur Darstellung des schon Bekannten dienenden Vorstellungen wirken eben bald fördernd, bald hemmend auf den weiteren Fortschritt der Forschung.

5. Den Gedankenweg, den Carnot bei Ermittlung des Zusammenhanges der Wärmevorgänge mit Arbeitsleistung (puissance motrice) einschlägt, ist folgender:

Die Wärme ist grosser Arbeitsleistungen fähig. Die Dampfmaschine ist das beste Beispiel hierfür. Auch die gewaltigen Bewegungen auf der Erde rühren von der Wärme her.

Giebt es kein besseres Mittel als den Wasserdampf, um die Arbeitsleistung der Wärme zu vermitteln? Ist letztere unbegrenzt, oder ist derselben eine von den angewendeten Mitteln, dem Material (Wasserdampf, Luft) unabhängige Grenze gesetzt? Um das Princip der Arbeitsleistung durch die Wärme in seiner Allgemeinheit zu erkennen, darf sich die Betrachtung nicht auf einen speciellen Mechanismus, nicht auf die Dampfmaschine beschränken, sondern dieselbe muss vielmehr auf jede Feuermaschine anwendbar sein.

Jede Arbeitsleistung der Wärme ist an eine *Wiederherstellung des gestörten Wärmegleichgewichtes, an den Uebergang von Wärme von einem wärmeren zu einem kälteren Körper gebunden.* Nicht der *Verbrauch* der Wärme, sondern der bezeichnete *Uebergang* bedingt die Arbeitsleistung. So übergeht bei der Dampfmaschine die Wärme mit dem Dampf von dem wärmeren Kessel zu dem kälteren Kondensator. Nicht nur *Wärme*, sondern auch *Kälte*, mit einem Wort *Temperaturdifferenz*, gestörtes Wärmegleichgewicht, ist zur Arbeitsleistung nöthig.

Ueberall, wo Temperaturdifferenzen auftreten, können auch Wärmeübergänge, mit diesen Volumänderungen fester Körper

(Metallstangen), flüssiger oder gasförmiger Körper, und hiermit auch Arbeitsleistungen vorkommen. Bei letzteren sind die Volumänderungen am grössten.

Ist nun die Arbeitsleistung der übergegangenen Wärmemengeneinheit bei gegebener Temperaturdifferenz unveränderlich, oder hängt sie von den verwendeten Mitteln, vom *Material* ab?

Ueberall, wo eine Temperaturdifferenz besteht, kann Arbeit gewonnen werden. Ueberall, wo Arbeit zur Verfügung steht, kann (z. B. durch Compression von Gasen oder Dämpfen) Temperaturdifferenz erzeugt werden.

Denkt man sich einen Dampfkessel A von der Temperatur t_1 und einen zweiten B von der niedern Temperatur t_2, so kann man aus dem ersten Dampf schöpfen, denselben bis zur Abkühlung auf t_2 sich ausdehnen und Arbeit leisten lassen, und nachher denselben comprimirend in B eintreiben. Hierbei wird ein Arbeitsüberschuss W geleistet, weil die Compression bei der niedern Temperatur t_2 stattgefunden hat, und die Dampfwärme Q ist von t_1 auf t_2 übergegangen.

Schöpft man umgekehrt dieselbe Dampfmenge aus B, comprimirt bis zur Temperaturerhöhung auf t_1 und treibt den Dampf in den Kessel A ein, so verbraucht man die Arbeit W und schafft die Wärme Q von B nach A.

Gäbe es nun irgend ein *vortheilhafteres* Mittel die Wärme zur Arbeitsleistung zu verwenden, d. h. könnte man mit *derselben* Wärmemenge Q ein *grösseres Arbeitsquantum* W^1 gewinnen, so liesse sich die Wärme Q mit der Arbeit W wieder zurückschaffen und die Arbeit $W^1 - W$ würde einen reinen Gewinn darstellen, das *perpetuum mobile* wäre gefunden.

Selbstverständlich kann wegen der verschiedenen Grösse der zufälligen Verluste die Arbeit verschieden ausfallen. *Vermeidung aller Verluste vorausgesetzt, muss aber das theoretisch erreichbare Arbeitsmaximum, welches bei Ueberführung der Wärme Q von t_1 auf t_2 durch Dampf geleistet wird, zugleich auch das Arbeitsmaximum bei irgend einem andern überhaupt anwendbaren Mittel sein.*

Wie wird das Arbeitsmaximum zu erzielen sein? Jeder Wärmeausgleich *kann* Arbeit liefern. Jeder Wärmeausgleich, jede Temperaturänderung *ohne* Arbeit ist demnach ein Verlust. *Das Maximum wird erreicht sein, wenn nur solche Temperatur-*

änderungen eintreten, welche lediglich durch Volumänderungen bedingt sind.

Hingegen muss jeder nutzlose Wärmeübergang, welcher bei Berührung von Körpern verschiedener Temperatur eintritt, wegfallen.

Carnot bemerkt hier, dass die *Arbeitsleistung* durch die *Wärme* ganz *analog* ist jener durch einen *Wasserfall.* Durch das Gefälle der Wärme (chute du calorique) ist in ganz ähnlicher Weise die Arbeitsleistung bestimmt, wie durch das Gefälle des Wassers (chute d'eau). Während aber für das Wasser die Arbeitsleistung der Höhe des Gefälles einfach proportional ist, darf man dieselbe für die Wärme nicht ohne nähere Untersuchung der Temperaturdifferenz proportional setzen.

6. Um das erwähnte Arbeitsmaximum zu bestimmen, ersinnt Carnot ein *Gedankenexperiment*, den *umkehrbaren Kreisprocess.*

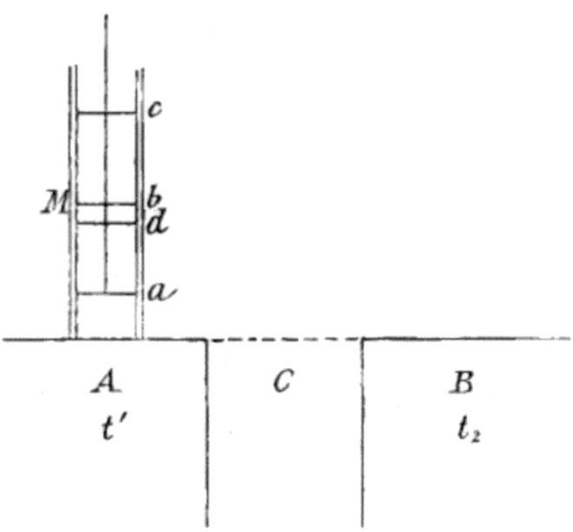

Fig. 69.

Man denke sich einen Körper A von sehr grosser Wärmecapacität und der Temperatur t_1, einen zweiten eben solchen B von der niederen Temperatur t_2 und einen (absolut) nichtleitenden Körper C. Ein mit Luft gefüllter Cylinder M (ohne Boden) aus nichtleitendem Material kann über $A\ C\ B$ verschoben werden. Mit dieser Vorrichtung werden folgende Processe vorgenommen:

α) Während der Cylinder auf A steht, erhebt sich der Kolben, welcher stets mit einer dem Gasdruck gleichen Belastung versehen ist, von a bis b, wobei durch Wärmezuführung von A aus die Abkühlung des Gases verhindert, und dasselbe auf der Temperatur t_1 erhalten wird.

β) Der Cylinder wird über C geschoben, so dass von keiner Seite Wärme zugeführt werden kann. Der Kolben erhebt sich wieder unter einer dem Gasdruck gleichen Belastung bis c, so weit, dass die Temperatur des Gases hierbei auf t_2 absinkt.

γ) Der Cylinder steht auf B. Der Kolben wird bis d herabgedrückt, wobei durch B, welches die entwickelte Wärme aufnimmt, eine Temperaturerhöhung hintangehalten wird. Hierbei ist d so bestimmt zu denken, dass wenn nun

δ) über C die Compression bis zum ursprünglichen Volum (a) stattfindet, auch wieder die ursprüngliche Temperatur t_1 erreicht wird.

Nun kann die Reihe der Processe mit a wieder beginnen.[1])

Man sieht zunächst, dass der Process *in Wirklichkeit* nicht ausführbar ist. Ist die Belastung des Kolbens dem Gasdruck *gleich*, so findet keine Bewegung statt. Mann kann sich aber die Belastung, so wenig, als man will, beziehungsweise unendlich wenig, vom Gasdruck verschieden denken. Dann findet die Bewegung sehr langsam, beziehungsweise unendlich langsam statt. Hat das Gas dieselbe Temperatur wie die Körper A oder B, so findet *kein* Wärmeübergang statt. Auch hier steht es frei, sich eine unendlich kleine Temperaturdifferenz in beliebigem Sinne zu denken. Der Carnot'sche Process ist also ein *idealer Grenzfall* aller denkbaren analogen *wirklichen* Processe. Ueber diesen Punkt war Carnot vollkommen klar.

Dieser Process hat aber folgende bemerkenswerthe Eigenschaften: 1. Es findet nirgends eine Berührung von Körpern ungleicher Temperatur statt, also keine nutzlose Ableitung von Wärme ohne Arbeit. 2. Alle Temperaturänderungen, welche eintreten, sind Folgen von *Volumänderungen* also von Arbeiten. Durch diese beiden Eigenschaften ist die Erreichung des *Arbeitsmaximums gesichert.* 3. Man kann sich den Process ohne seine wesentlichen Eigenschaften zu ändern auch im *umgekehrten* Sinne ablaufend denken. 4. Nach jedem Cyclus befindet sich der die Arbeit vermittelnde Körper (das Gas) wieder genau in seinem Anfangszustande, enthält also genau wieder dieselbe Wärmemenge.

Läuft der Process in dem oben beschriebenen Sinne ab, so leistet das Gas einen Ueberschuss an Arbeit W, weil die Ausdehnungen desselben bei höherer Temperatur (und Expansivkraft) erfolgen als die Compressionen. Bei der Ausdehnung wird A

---

[1]) In dieser Darlegung wurde nur eine geringe unwesentliche, jedoch methodisch zweckmässige Aenderung gegenüber der Carnot'schen vorgenommen, welche die Uebersicht erleichtert.

eine Wärmemenge entzogen und bei der Compression an B abgegeben. Es sinkt also eine Wärmemenge Q von t_1 auf t_2.

Wird der Process umgekehrt, so erfolgen die Compressionen bei höherer Temperatur, und erfordern einen Mehraufwand an Arbeit W. Wärme wird von B entnommen und an A abgegegeben. Die Wärme Q steigt von t_2 auf t_1. Der eine Process ist die genaue Umkehrung des vorigen.

Denken wir uns nun zwei Processe K_1 und K_2, welche mit derselben Wärmemenge Q zwischen denselben Temperaturen t_1 und t_2 in demselben Sinne, aber mit verschiedenen Stoffen, z. B. K_1 mit Luft, K_2 mit dichterer oder dünnerer Luft, Wasserdampf oder Alkoholdampf stattfinden, so müssen wir annehmen, dass beide *dasselbe Arbeitsmaximum* liefern.

Würde z. B. K_2 eine grössere Arbeit W^1 liefern, so könnte man K_1 im umgekehrten Sinne mit Aufwand der Arbeit $W < W^1$ vornehmen, und $W^1 - W$ als Reingewinn zum Betrieb eines perpetuum mobile verwenden.

Es ergiebt sich also aus der Carnot'schen Untersuchung, *dass, von allen nutzlosen Verlusten abgesehen, W lediglich von der übergeführten Wärme Q und den Temperaturen t_1, t_2, zwischen welchen die Ueberführung stattfindet, gar nicht aber von dem die Arbeit vermittelnden Stoff und den sonstigen Mitteln abhängen kann, d. h. es ist:*

$$W = f(Q, t_1, t_2).$$

Es sei bemerkt, dass die Wahl eines Kreisprocesses zur Ableitung dieses Satzes eine besonders glückliche war. Es würde zwar nichts im Wege stehen, das erwähnte Arbeitsmaximum dadurch zu bestimmen, dass man einen Körper bei Ausschliessung aller Arbeitsverluste auf einem Zustand a in einen zweiten b übergehen lassen würde. Allein in dem zweiten Zustand würde derselbe dann im Allgemeinen eine andere Wärmemenge enthalten als in dem ersten. Die Wärmeeigenschaften der Körper waren nun zur Zeit Carnot's noch sehr unvollständig bekannt, und diese Unkenntniss wurde eben durch die Wahl des Kreisprocesses in sehr sinnreicher Weise unschädlich gemacht.

7. Mit dem obigen Satz ist das *Hauptergebniss* der Carnot-schen Untersuchung ausgesprochen. Carnot versucht nun, von

dem neuen Princip geleitet, zunächst die Eigenschaften der Gase näher zu studiren.

Man denke sich die Temperatur der beiden Körper A und B nur unendlich wenig verschieden, z. B. $t_2 = t_1 - dt$. Die *Volumänderungen* β und δ, so wie die zugehörigen *Arbeiten* werden dann unendlich klein und können ausser Acht gelassen werden. Der Kreisprocess besteht dann in der Ausdehnung des Gases in Berührung mit A bei der Temperatur t_1 und in der Compression desselben auf das ursprüngliche Volum in Berührung mit B bei der Temperatur $t_1 - dt$.

Führt man denselben Process mit *zwei verschiedenen* Gasen M und N aus, welche man bei gleichem Volum v_0, gleichem Druck p_0 und derselben Temperatur t_1, in Berührung mit A auf

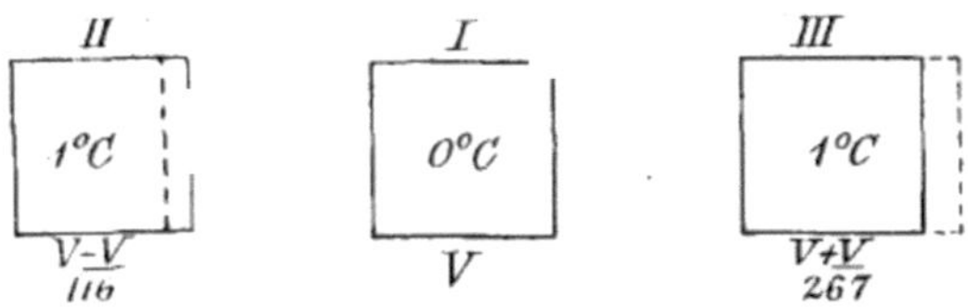

Fig. 70.

das Volum v_1, ausdehnt, dann um dt abgekühlt in Berührung mit B wieder auf v_0 comprimirt, so entwickeln diese Gase nach dem Mariotte-Gay-Lussac'schen Gesetz in homologen Momenten des Processes durchaus *gleiche Expansivkräfte* und liefern *dieselbe Arbeit.* Demnach muss auch die von A nach B *übergeführte* Wärme, d. h. also die von A bei der Ausdehnung aufgenommene *oder* die nachher bei der Compression an B abgegebene Wärmemenge *dieselbe sein. Wenn also irgend ein Gas bei der constanten Temperatur t von dem Volum v_0 und dem Druck p_0 zu dem Volum v und den Druck p übergeht, so ist die hierbei absorbirte oder abgegebene Wärmemenge von der Natur des Gases unabhängig.*

8. In sehr einfacher Weise ermittelt Carnot, allerdings auf Grund der ungenauen Zahlen von Poisson und Gay-Lussac, das Verhältniss der verschiedenen specifischen Wärmen der Gase. Wir denken uns die Masseneinheit Gas (I) Fig. 70 mit dem Volum V bei 0° C. Compression um $^1/_{116}$ erwärmt dieselbe (II) nach Poisson um 1° C, Zuführung der specifischen Wärme C bei

constantem Druck (III) erwärmt ebenfalls um 1° C und dehnt dieselbe nach Gay-Lussac um $^1/_{267}$ aus. Nun unterscheidet sich aber II von III nur durch das Volum und dadurch, dass III um C mehr Wärme enthält. Zur *Ausdehnung* um $\frac{1}{116} + \frac{1}{267}$ ohne Temperaturänderung wird also die Wärme C verbraucht. Anderseits entspricht die Compression von I auf II (um $^1/_{116}$) einer Erwärmung um 1° C bei constantem Volum, demnach der Wärme c. Setzt man die Erwärmungen den Volumänderungen *proportional*, so ist

$$\frac{C}{c} = \frac{\frac{1}{116} + \frac{1}{267}}{\frac{1}{116}}.$$

Man denke sich das Gas, welches den obigen Kreisprocess zwischen t_1 und $t_1 - dt$ ausgeführt hat, aus I nach II Fig. 71, in einen cylindrischen Ranm von q fachem Querschnitt jedoch von derselben Höhe übertragen. Alle Gasdichten und Expansivkräfte in homologen Momenten werden nun q mal kleiner, die Drucke auf den Kolben von q fachem Querschnitt, und daher bei gleichen Kolbenverschiebungen (ab) auch die *Arbeiten*, werden *dieselben* bleiben. Demnach werden auch bei den Volumsänderungen *dieselben Wärmemengen* absorbirt. Das Anfangs- und Endvolum steht aber in II in demselben Verhältniss wie in I. *Wenn die beliebigen Anfangsvolumina gleicher Quantitäten eines Gases bei derselben constanten Temperatur sich in demselben Verhältniss ändern, so werden hierbei gleiche Wärmemengen aufgenommen oder abgegeben.* Dieser Satz kann auch so ausgesprochen werden: *Wenn ein Gas bei constanter Temperatur sein Volum ändert, so bilden die aufgenommenen oder abgegebenen Wärmemengen eine arithmetische Progression, während die Volumänderungen eine geometrische Progression darstellen.* Dieses Gesetz benützt Carnot auch zur Berechnung des Pneumatischen Feuerzeugs.

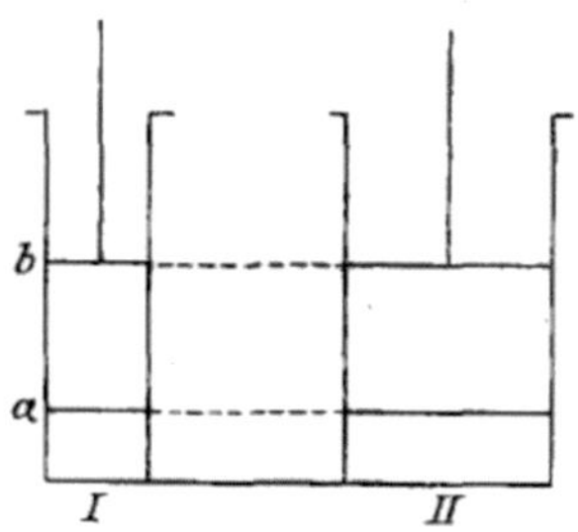

Fig. 71.

Einige Erörterungen Carnot's über die Gase beruhen auf falschen damals angenommenen Vorstellungen über die Eigenschaften derselben. Diese können wir umso mehr übergehen, als sie bei Carnot keine wesentliche Rolle spielen.

9. In einem dritten Abschnitt seiner Schrift, der zwar nicht äusserlich bezeichnet, aber doch deutlich erkennbar ist, geht Carnot daran, den Arbeitseffekt der übergeführten Wärme wirklich zu bestimmen, und durch Vergleichung verschiedener Processe zu ermitteln, ob derselbe vom *Material* des angewandten Körpers unabhängig ist.

Ein Kilogramm Luft, anfänglich unter dem Druck einer Atmosphäre, mag einen Kreisprocess zwischen 0 °C und $0 - \frac{1}{1000}$ ° C durchmachen. Die Differenz der Expansivkräfte beträgt dann in homologen Momenten $\frac{1}{267} \cdot \frac{1}{1000}$ einer Atmosphäre oder des Druckes einer Wassersäule von 10,4 *m* Höhe. Die Luft nimmt den Raum von 0,77 m^3 ein, und die ganze Ausdehnung soll zur Bequemlichkeit der Rechnung $\frac{1}{116} + \frac{1}{267}$ betragen. Der beim Kreisprocess geleistete Arbeitsüberschuss ist dann

$$\left(\frac{1}{116} + \frac{1}{267}\right) 0{,}77 \cdot \frac{1}{267000} 10{,}4,$$

wobei ersichtlich als Arbeitseinheit die Erhebung von 1 m^3 Wasser auf 1 *m* Höhe (also 1000 Kilogrammmeter) gilt. In dieser Einheit ergiebt sich 0,000000372.

Die bei der angenommenen Ausdehnung consumirte, bei der Compression abgegebene, also um $^1/_{1000}$ ° C fallende Wärmemenge ist aber $C = 0{,}267$ in Kilogrammcalorien. Nimmt man die Temperaturdifferenz 1000 mal grösser, also 1° C und anstatt 0,267 Calorien 1000 Calorien, so ist die Arbeit $\frac{1000 \times 1000}{0{,}267}$ mal grösser d. i. in obiger Einheit 1,395.

Ein analoger Process wurde mit 1 *kg* Wasser ausgeführt, welches an dem Körper *A* von 100° C sich in Dampf von 10,4 *m* Wasserdruck verwandelt und 1,7 m^3 einnimmt, dann an dem Körper *B* von 99° C bei einer um 0,36 *m* Wasserdruck geringeren Spannkraft comprimirt (verflüssigt) wird. Die Arbeit beträgt

1,7 × 0,36 = 0,611 in den obigen Einheiten. Hierbei fällt die Dampfwärme von 550 Calorien von 100° C auf 99° C. Für den Fall von 1000 Calorien erhält man daher die Arbeit 1,112, welche Zahl gegenüber 1,395 beträchtlich zu klein ist. Doch ist zu bedenken, dass die zweite Berechnung in eine ganz andere Region der Temperaturscala fällt, während Processe mit verschiedenen Körpern zwischen *denselben* Temperaturgrenzen verglichen werden sollen. Nimmt man die Dampfwärme bei 0° zu 650 an, und führt die Rechnung für diesen Fall durch, so erhält man die Zahl 1,290, welche sich 1,395 bedeutend mehr annähert.

Eine analoge Rechnung für Alkoholdampf zwischen dem Siedepunkt 78,7° C und 77,7° C liefert die Zahl 1,230. Der Wasserdampf hatte 1,112 aber zwischen 100° und 99° ergeben. Berechnet man den Effekt für Wasserdampf zwischen 78° und 77° C, so findet man 1,212, welche Zahl jener für Alkohol wieder viel näher liegt.

Die Uebereinstimmung der gefundenen Zahlen ist nur mässig. Doch verzichtet Carnot auf weitere Vergleichungen in Anbetracht der ungenauen ihm zur Verfügung stehenden Daten. An dieser Stelle (a. a. O. S. 89) zieht Carnot nochmals die Grundlagen der damals geltenden Wärmelehre in Zweifel.

10. Der Rest der Schrift ist einer vergleichenden Kritik der Wärmemaschinen gewidmet. Die festen Körper werden als Arbeitsvermittler von vornherein ausgeschlossen, da deren Volumänderungen nur geringe sind, und Temperaturänderungen in Folge von Volumänderungen sich kaum nachweisen lassen. Grosse Temperaturdifferenzen sich berührender Theile wären also bei Wärmemaschinen unvermeidlich; diese werden aber von der Theorie als unvortheilhaft verworfen. Nur die Dämpfe und die Gase sind vortheilhafte Arbeitsvermittler. Da man bei Wasserdampf wegen der beanspruchten Festigkeit nicht über 6 Atmosphären und 160° C gehen kann, so wird nur ein kleiner Theil der Temperaturhöhe der Kohle ausgewerthet. Das Princip der Expansionsmaschinen wird als der Theorie entsprechend und sehr vortheilhaft bezeichnet. Die Vor- und Nachtheile der Heissluftmaschinen werden kritisch erörtert.

Zum Schluss ergiebt sich, dass, nach einem rohen Ueberschlag, selbst die besten Dampfmaschinen kaum $^1/_{20}$ des theoretisch möglichen Nutzeffektes der Verbrennungswärme der Kohle liefern.

S. Carnot.

11. Die grundlegende Arbeit von Carnot scheint erst durch die Darstellung von Clapeyron[1]) in weitern Kreisen bekannt geworden zu sein. Eingangs seiner Abhandlung weist Clapeyron auf die Fortschritte in der Kenntniss der Eigenschaften der Gase hin, bezeichnet die Grundlagen der oben dargelegten Arbeiten von Laplace und Poisson als hypothetische, und recapitulirt die Hauptsätze der Carnot'schen Arbeit. Obgleich sich Clapeyron durchaus in den Carnot'schen Gedanken bewegt, so hat er durch seine zweckmässige *graphische* und *analytische* Darstellung der Carnot'schen Theorie doch sehr wichtige Dienste geleistet. Wir lassen das Wesentliche dieser Darstellung hier folgen.

Man denke sich die Volumina einer Gasmasse als Abscissen nach OV Fig. 72, die Drucke als Ordinaten nach OP aufgetragen.

α) Eine Gasmasse dehne sich in Berührung mit dem Körper A von sehr grosser Wärmecapacität und der Temperatur t_1 unter einem seiner Expansivkraft stets gleichen Gegendruck vom Volum v_0 auf das Volum v_1 aus. Der Druck nimmt von p_0 auf p_1 nach dem Mariotte'schen Gesetz ab, wobei der obere Endpunkt der Druckordinate das Curvenstück $a\,a'$ einer gleichseitigen Hyperbel beschreibt.

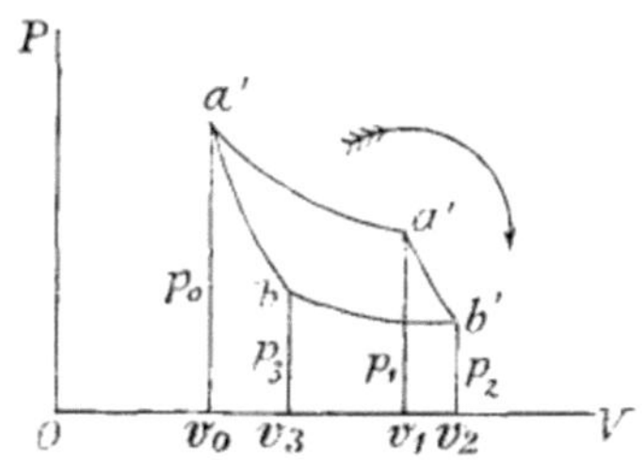

Fig. 72.

β) Bei einer weitern Ausdehnung ausser Berührung mit A, in einer absolut nichtleitenden Hülle, bis zum Volum v_2, sinkt der Druck rascher ab, als nach dem Mariotte'schen Gesetz, es bleibe dahingestellt, ob nach dem Poisson'schen Gesetz. Die Temperatur sinkt ebenfalls, und zwar werde v_2 so gewählt, dass dieselbe bis auf t_2, die Temperatur des Körpers B von sehr grosser Wärmecapacität fällt.

γ) Nun finde eine Compression des Gases auf v_3 in Berührung mit B statt. Der Druck steigt nach dem Mariotte'schen Gesetz und die Temperatur bleibt t_2.

[1]) Journal de l'ecole polytechnique T. XIV (1834). — Pogg. Ann. (1843) Bd. 59.

δ) Bei einer weitern Compression in der nichtleitenden Hülle gelangt das Gas zu seinem ursprünglichen Volum v_0, zum Anfangsdruck p_0 und der Anfangstemperatur t_1 zurück.

In Bezug auf γ sagt Clapeyron[1]): „Nehmen wir an, die Compression (auf v_3) sei so weit getrieben, dass die durch dieselbe aus dem Gase entwickelte und von dem Körper B absorbirte Wärme *genau* derjenigen gleich ist, welche dem Gase während seiner Ausdehnung in Berührung mit A im ersten Theile der Operation mitgetheilt wurde.“ Clapeyron hält dies für die Bedingung dafür, dass in dem Process δ beim Volum v_0 auch der Anfangsdruck und die Anfangstemperatur wieder erlangt wird. Es tritt hier *offen* die Carnot'sche Vorstellung zu Tage, dass im Kreisprocess die von A entnommene Wärmemenge *ganz* wieder an B abgegeben wird. Wegen des Zusammenhanges mit dem Folgenden sei gleich hier bemerkt, dass diese Annahme unhaltbar ist. Es ist v_3 schon dadurch bestimmt, dass das Gas bei v_0 anlangend wieder den Anfangsdruck haben soll. Die Clapeyron'sche Bedingung würde mit dieser Bestimmung in Widerspruch treten.

Das Ergebniss des ganzen Kreisprocesses, bei dem angegebenen Sinne, ist eine durch die Fläche $a\,a'\,b'\,b$ dargestellte *Arbeitsleistung*[2]) W und eine von t_1 auf t_2 *gesunkene Wärmemenge* Q. Ueber letztere sagt Clapeyron[3]): „Indess ist die ganze Wärmemenge, welche der Körper A dem Gase lieferte, während dieses sich in Berührung mit ihm ausdehnte, in den Körper B übergegangen, während das Gas sich in Berührung mit diesem verdichtete.“ Auch dies beruht wieder auf der Carnot'schen Vorstellung. Wohl ist eine Wärmemenge Q von A nach B gesunken, doch, wie sich zeigen wird, ist dies nicht die *ganze* dem Körper A entzogene Wärmemenge. Von dieser Vorstellung abgesehen, welche übrigens bei mehreren Entwicklungen durch besondere Umstände unschädlich wird, kann man die Clapeyron'sche Darstellung auch heute noch aufrecht halten.

Führt man den Kreisprocess dem Sinne des Pfeiles Fig. 72

---

[1]) Pogg. Ann. Bd. 59 (1843). S. 452.

[2]) Die Ausdehnungsarbeit wird dargestellt durch die Fläche $v_0\,a\,a'\,b\,v_2$, die Compressionsarbeit durch $v_0\,a\,b\,b'\,v_2$, demnach die Differenz durch $a\,a'\,b'\,b$.

[3]) Pogg. Ann. a. a. O. S. 453.

entgegen aus, so wendet man *dieselbe* Arbeit W auf, und schafft dieselbe Wärmemenge Q von t_2 auf t_1 *hinauf.*

Ein analoger Process, mit *gesättigtem* Dampf ausgeführt, unterscheidet sich von dem vorigen dadurch, dass $a\,a'$, $b'\,b$ Fig. 73 zur Abscissenachse parallele Gerade werden, da bei unveränderter Temperatur auch der Dampfdruck derselbe bleibt. Die bereits angestellten Betrachtungen lassen sich mit geringen Aenderungen wiederholen.

„Aus dem Obigen geht hervor, dass eine Quantität Arbeit und eine Quantität Wärme, die von einem heissen zu einem kalten Körper übergehen kann, Grössen gleicher Natur sind, und dass es möglich ist, die eine durch die andere zu ersetzen; ebenso wie in der Mechanik ein von einer gewissen Höhe herabfallender Körper und eine mit Geschwindigkeit begabte Masse zwei Grössen gleicher Art sind und man durch physische Agentien die eine in die a... e verwandeln kann.“

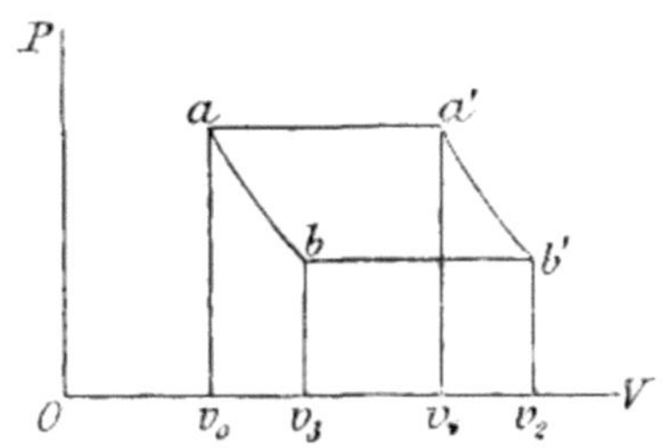

Fig. 73.

„Daraus folgt ebenfalls, dass die Arbeit W, entwickelt durch den Uebergang einer gewissen Wärmemenge Q aus einem in der Temperatur t_1 gehaltenen Körper A in einen andern B, der mittelst einer der zuvor beschriebenen Operationen in der Temperatur t_2 gehalten wurde, dieselbe ist für jegliches Gas oder jegliche Flüssigkeit, und dass sie zugleich die grösste ist, die sich möglicherweise verwirklichen lässt.“ [1])

Die Carnot'sche Schlussweise über die Unzulässigkeit des perpetuum mobile wird hier wiederholt, und es wird auf die Aehnlichkeit des Carnot'schen Verfahrens mit dem Lagrange-schen Rollenbeweis für das Princip der virtuellen Verschiebungen hingewiesen.

12. Um den Betrag der Maximalarbeit zu bestimmen, welcher dem Temperaturfall einer bestimmten Wärmemenge entspricht, wählt Clapeyron einen Carnot'schen Kreisprocess, der zwischen

[1]) Pogg. Ann. a. a. O. S. 457.

unendlich nahen Grenzen verläuft, wodurch sich die Rechnung sehr vereinfacht.

Eine *Gasmasse* dehne sich in Berührung mit A bei der Temperatur t um das unendlich kleine Volum dv $(\alpha\beta)$ aus, dehne sich dann in der nichtleitenden Hülle bei Abkühlung um dt aus, werde in Berührung mit B bei der Temperatur $t-dt$ comprimirt, und schliesslich in bekannter Weise auf das ursprüngliche Volum und die ursprüngliche Temperatur zurückgeführt. Die geleistete Arbeit wird durch die Fläche $abcd$ Fig. 74 dargestellt, welche, wie leicht nachweislich, ein Parallelogramm ist, dessen Fläche gleich ist $abnm$ oder $\alpha\beta \times bn$ oder $dv \cdot dp$, wobei dp der Druckabnahme von t auf $t-dt$ entspricht. Vermöge des Mariotte-Gay-Lussac'schen Gesetzes ist $pv = R(a+t)$ und daher $dp = \frac{R\,dt}{v}$, also die fragliche

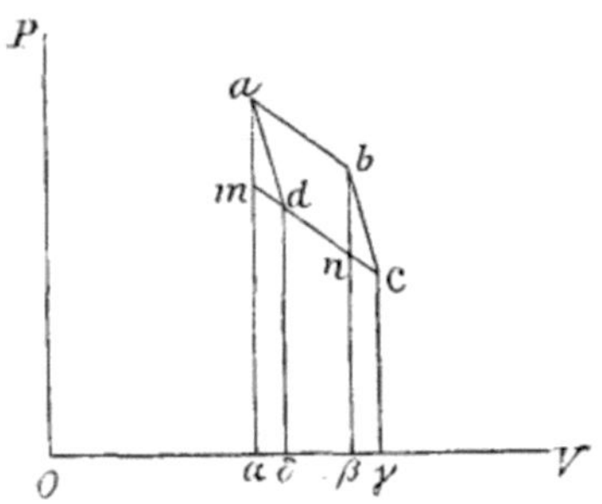

Fig. 74.

Arbeit $= \frac{R\,dv\,dt}{v}$.

Die von t auf $t-dt$ *übergeführte* Wärme ist zugleich[1] die bei der Ausdehnung dv dem Körper A *entzogene* Wärme, welche sich in der Form

$$dQ = \frac{dQ}{dv}dv + \frac{dQ}{dp}dp$$

darstellt, da Clapeyron p und v als die unabhängigen Variablen ansieht. Da jedoch für die Ausdehnung $t = \text{const}$, also $pv = \text{const}$,

also $p\,dv = v\,dp = 0$, oder $dp = -\frac{p}{v}dv$, so ist

$$dQ = \left(\frac{dQ}{dv} - \frac{p}{v}\frac{dQ}{dp}\right)dv.$$

Dividirt man den Ausdruck der geleisteten Arbeit durch jenen der übergeführten Wärmemenge, so erhält man

[1]) Bis auf ein unendlich Kleines der zweiten Ordnung, wie später Clausius gezeigt hat.

$$\frac{R\,dt}{v\,\frac{dQ}{dv} - p\,\frac{dQ}{dp}}.$$

Dieser Werth muss von der Natur des angewandten Körpers *unabhängig* sein, und kann nur noch von der *Temperatur* t abhängen. Man kann demnach setzen (da R eine Constante ist)

$$\frac{R\,dt}{v\,\frac{dQ}{dv} - p\,\frac{dQ}{dp}} = \frac{dt}{C},$$

worin C eine für alle Körper *gleichbleibende* Funktion der *Temperatur* (die Carnot'sche Funktion) bedeutet.

13. In Berührung mit A entwickle sich bei der Temperatur t das Volum v eines gesättigten Dampfes, welches zwischen t und $t-dt$ den bekannten Kreisprocess durchmacht. Ist δ die Dichte des Dampfes, und γ jene der Flüssigkeit, so ist $\frac{v\delta}{\varrho}$ das Flüssigkeitsvolum, aus dem der Dampf entstanden ist, und $\left(1 - \frac{\delta}{\varrho}\right) v$ der Volum*zuwachs* bei dieser Entwicklung. Die Fläche des Parallelogramms $abcd$, Fig. 75, welche die Arbeit darstellt, ist nach einer der vorigen analogen Betrachtung

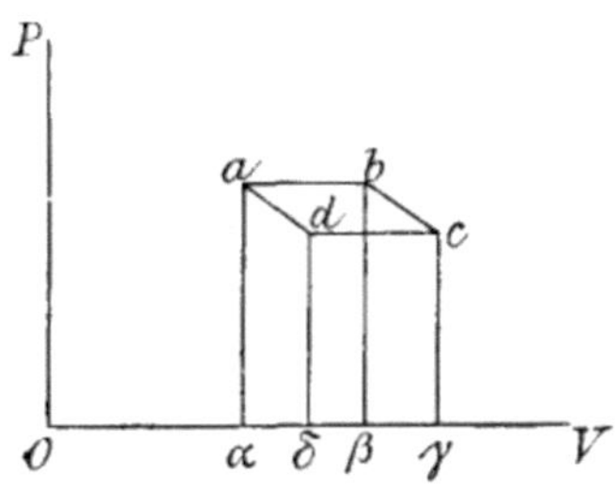

Fig. 75.

$$\left(1 - \frac{\delta}{\varrho}\right) v\,\frac{dp}{dt}\,dt.$$

Die *übergeführte* Wärme ist zugleich die (latente) Dampfwärme des Volums v. Ist k die Wärme für das Volum v, so ist der obige Ausdruck durch $k\,v$ zu dividiren. Da aber dieser Quotient für *dieselbe* Temperatur jenem des Gases *gleich* sein muss, so ist

$$\frac{\left(1 - \frac{\delta}{\varrho}\right)\frac{dp}{dt}}{k} = \frac{1}{C}.$$

Setzt man annähernd $\frac{\delta}{\varrho} = 0$, so folgt

$$k = C \frac{dp}{dt}.$$

Da C für alle Körper bei *derselben* Temperatur den *gleichen* Werth hat, *so ist die Dampfwärme gleicher Volumina der verschiedensten Dämpfe bei derselben Temperatur proportional dem Coefficienten* $\frac{dp}{dt}$.

Allgemeiner ist:

$$k = \left(1 - \frac{\delta}{\varrho}\right) C \frac{dp}{dt}.$$

Wird die Dichte des Dampfes allmälig gleich jener der Flüssigkeit, so folgt, da C und $\frac{dp}{dt}$ nicht unendlich werden, dass in diesem Falle die Dampfwärme k auf Null sinkt.

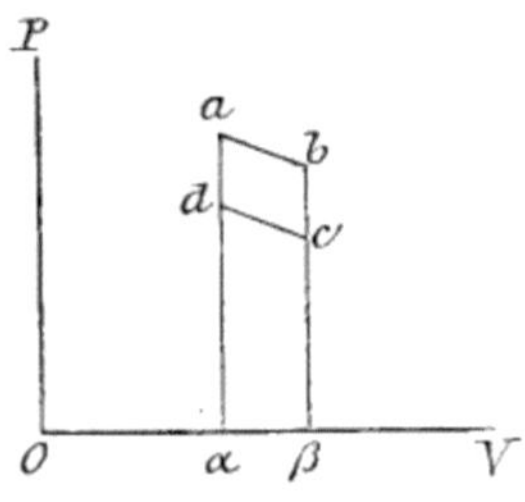

Fig. 76.

14. Es folgt dann die Erörterung eines noch allgemeinern Falles. Ein *beliebiger* Körper dehne sich in Berührung mit A bei der Temperatur t um dv aus $(\alpha\beta)$ Fig. 76, werde um dt abgekühlt, in Berührung mit B von der Temperatur $t - dt$ um dv comprimirt, und schliesslich wieder um dt erwärmt.

Damit die Abkühlung und Erwärmung um dt ohne einen besondern Wärmeaufwand stattfinden kann, denkt man sich zwischen A und B sehr viele Körper von grosser Wärmecapacität und abgestufter Temperatur von t bis $t - dt$ eingeschaltet. Zum Zwecke der Abkühlung kommt der zu untersuchende Körper mit allen der Reihe nach in Berührung, und zum Zwecke der Erwärmung wird diese Berührung in umgekehrter Ordnung ausgeführt, so dass also die früheren Wärmeverluste den Quellen wieder ersetzt werden.

Die geleistete Arbeit ist wieder

$$dv \cdot \frac{dp}{dt} dt = \frac{dv \cdot dt}{\frac{dt}{dp}}.$$

Die übergeführte oder A entzogene Wärme ist

$$dQ = \frac{dQ}{dv}dv + \frac{dQ}{dp}dp.$$

Da aber die (von v und p abhängige) Temperatur während der Ausdehnung in Berührung mit A sich nicht ändert, so ist

$$dt = \frac{dt}{dv}dv + \frac{dt}{dp}dp = 0, \text{ oder}$$

$$dp = -\frac{\frac{dt}{dv}}{\frac{dt}{dp}}dv, \text{ demnach}$$

$$dQ = \left\{\frac{dQ}{dv} - \frac{dQ}{dp}\cdot\frac{\frac{dt}{dv}}{\frac{dt}{dp}}\right\}dv \quad \ldots\ldots\ldots \text{a)}$$

und die Arbeit dividirt durch die Wärme giebt

$$\frac{dt}{\frac{dQ}{dv}\frac{dt}{dp} - \frac{dQ}{dp}\frac{dt}{dv}} = \frac{dt}{C}, \text{ oder}$$

$$\frac{dQ}{dv}\frac{dt}{dp} - \frac{dQ}{dp}\frac{dt}{dv} = C \quad \ldots\ldots\ldots\ldots \text{b)}$$

Der Ausdruck a) für die Wärme dQ wird vermöge der Beziehung b)

$$dQ = \frac{C\,dv}{\frac{dt}{dp}} = -\frac{C\,dp}{\frac{dt}{dv}} = -C\,dp\cdot\frac{dv}{dt}.$$

Die letzte Gleichung sagt, *dass alle Körper bei derselben Temperatur durch dieselbe Druckerhöhung Wärmemengen liefern, welche deren Volumausdehnungscoefficienten proportional sind.*

15. Nach diesen allgemeinen Erörterungen versucht Clapeyron eine *numerische* Bestimmung der Funktion $\frac{1}{C}$. Am bequemsten gelingt dies durch Verwendung der Eigenschaften der *Dämpfe.* Es ist nämlich

$$\frac{1}{C} = \frac{\frac{dp}{dt}}{k},$$

und aus den Beobachtungen verschiedener Physiker ergiebt sich

	$\frac{dp}{dt}$ in Atmosph. bei der Siedetemperatur	Dampfdichte bei der Siedetemperatur Luft = 1	Dampfwärme in 1 *kg* Dampf	Siedetemperatur ° Celsius	$\frac{1}{C}$
Schwefeläther	$\frac{1}{28,12}$	2,280	90,8	35,5	1,365
Alkohol	$\frac{1}{25,19}$	1,258	207,7	78,8	1,208
Wasser	$\frac{1}{29,1}$	0,451	543,0	100	1,115
Terpentinöl	$\frac{1}{30}$	3,207	76,8	156,8	1,076

Nach Carnot würde sich für Luft zwischen 1° und 0° C der Werth ergeben $\frac{1}{C} = 1,395$. Clapeyron findet durch Anwendung eines andern Rechnungsmodus die etwas grössere Zahl 1,41.

Aus der Annahme, dass der gesättigte Wasserdampf bei jeder Temperatur *dieselbe* Wärmemenge enthält, und dass derselbe ausserdem den Gasgesetzen entspricht, welche Voraussetzungen sicherlich nur ungenau sind, leitet Clapeyron eine neue Reihe von Werthen von $\frac{1}{C}$ ab, welche gleichwohl von den vorigen wenig abweichen, nämlich für 0, 35,5, 78,8, 100 und 156,8° C beziehungsweise die Werthe: 1,586, 1,292, 1,142, 1,102, 1,072.

Man sieht, dass Clapeyron, so sehr er sich um die allgemeinere und schärfere analytische Fassung der Carnot'schen Theorie verdient gemacht hat, einige Anwendungen abgerechnet, über den Carnot'schen Stand nicht hinauskommt.

Auch fernerhin haben die Carnot'schen Gedanken anregend gewirkt, wenngleich spät, und in langen Pausen. Dieselben fielen zunächst auf fruchtbaren Boden in England.

16. W. Thomson[1]) hat, durch Carnot's Arbeit angeregt, den

[1]) On an Absolute Thermometric Scale ect. Philos. Mag. (1848) T. 33 p. 313

genialen Gedanken gefasst, auf das Carnot'sche Gesetz die Definition einer *absoluten*, allgemein vergleichbaren, von der Wahl der thermometrischen Substanz unabhängigen *Temperaturscale* zu gründen. Thomson erörtert die Regnault'schen Arbeiten über die Gase, und bemerkt, dass verschiedene Gasthermometer untereinander recht gut übereinstimmen. Eine *absolute* Scale sei dies aber nicht, da man noch immer auf die Wahl einiger thermometrischen Substanzen beschränkt sei ... „we can only regard, in strictness, the scale actually adoptet *as an arbitrary series of numbered points of reference sufficiently close for the requirements of practical thermometry.*"

„In the present state of physical science, therefore, a question of extreme interest arises: *Is there any principle on which an absolute thermometric scale can be founded?* It appears to me that Carnot's theory of the motive power of heat enables us to give an affirmative answer."

Nach Carnot ist die Arbeitsleistung einer Wärmeeinheit, welche von einer Temperatur auf eine niedere sinkt, nur von diesen Temperaturen abhängig. Nach Clapeyron's Untersuchung ist die Arbeitsleistung einer Wärmeeinheit, welche um *einen* Grad des Luftthermometers fällt, in verschiedenen Theilen der Scale verschieden, und zwar *kleiner* bei höherer Temperatur. Es wird nun vorgeschlagen, die Grade so zu wählen, dass dieser Arbeitseffekt für den Fall der Wärmeeinheit um je einen Grad in allen Theilen der Scale *gleich* ausfällt. Eine solche Scale gilt dann für *alle* Körper.

„The characteristic property of the scale which I now propose is, that all degrees have the same value; that is, that a unit of heat descending from a body A at the temperature T^0 of this scale, to a body B at the Temperature $(T-1)^0$, would give out the same mechanical effect, whatewer be the number T. This may justly be termed an absolute scale, since its characteristic is quite independent of the physical properties of any specific substance."

Der Versuch, die Gasthermometerscale auf diese neue Scale zu reduciren, muss natürlich bei der damaligen unvollkommenen Kenntniss der Eigenschaften der Gase und Dämpfe mangelhaft ausfallen, weshalb wir von einer näheren Ausführung zunächst absehen. Wenn aber auch der ganze Vorschlag bei weiterer

Entwicklung der Wärmetheorie Modificationen erfahren musste, so war durch denselben Thomson's äusserst wichtiger Gedanke doch *ein für allemal festgehalten.*

Bemerkenswerth ist es, dass Thomson in dem berührten Artikel (1848) an der alten Carnot'schen Annahme der Constanz der Wärmemenge noch festhält. Die Umwandlung von Wärme in Arbeit erklärt er als wahrscheinlich unmöglich. „This opinion seems to be nearly universally held by those who have written on the subject. A contrary opinion howewer has been advocated by Mr. Joule of Manchester; some very remarkable discoveries which he has made with reference to the *generation* of heat by the friction of fluids in motion, and some known experiments with magneto-electric machines, seeming to indicate an actual conversion of mechanical effect into caloric. No experiment howewer is adduced in which the converse operation is exhibitet; but it must be confessed that as yet much is involved in *mystery* with reference to these fundamental questions of natural philosophy."[1])

Diese Worte eines so hoch stehenden Physikers zu einer Zeit, da in der berührten Frage bereits *alles* durch Mayer, Joule und Helmholtz klar gelegt war, zeigen wie schwer sich die neuen Ideen einbürgerten. Sie sind sehr lehrreich für jene, welche einen 1842 ausgesprochenen Gedanken gleich für so allgemein erfasst und durchschaut halten, dass sie schon 1843 kein Verdienst in Bezug auf dieselbe Frage mehr wollen gelten lassen. Viel historisches Verständniss liegt nicht in diesem Verhalten. (Vgl. das folgende Kapitel.) Diese Gedanken zeigten sich damals eben nur in *jenen* Köpfen stark genug, um weiter zu wachsen, in welchen sie *spontan entstanden* waren.

17. Ein Jahr später (1849) führt die Beschäftigung mit Carnot's Theorie zur Entdeckung der *Gefrierpunkterniedrigung* des Wassers durch *Druck.*[2]) W. Thomson überlegt, dass dieser Theorie entsprechend Wasser von 0° C durch eine reine mechanische Operation ohne Arbeitsaufwand in Eis verwandelt werden könnte.

---

[1]) Philos. Mag. (1848) T. 33. p. 315 Anmerkung.

[2]) Theoretical Considerations on the Effect of Pressure in Lowering the Freezing Point of Water. By James Thomson. Communicatet by William Thomson, Edinburgh Transactions (1848—1849) Vol. XVI. Part V. p. 575.

Hingegen bemerkt James Thomson, dass dann, weil das frierende und sich ausdehnende Wasser Arbeit leisten kann, Arbeit aus nichts geschaffen wäre. Er findet die Auflösung des Paradoxons darin, dass der Gefrierpunkt bei höherem Druck niedriger liegt, wodurch die Carnot'sche Theorie in vollen Einklang mit den bekannten Thatsachen tritt.

Der ursprüngliche Gedanke von W. Thomson war folgender. Man denke sich einen Cylinder aus nichtleitendem Material mit leitendem Boden, Luft von 0° enthaltend, und durch einen reibungslosen Kolben verschlossen. Man bringt den Boden des Cylinders in einen *See* von 0° C und comprimiert langsam die Luft, welche ihre Wärme abgebend bei 0° verbleibt. Hierauf bringt man den Boden des Cylinders in eine begrenzte Wassermasse von 0°, lässt die Luft sich auf das ursprüngliche Volum ausdehnen, wobei man, während das Wasser friert, die abgegebene Wärme und die geleistete Arbeit zurückerhält. Es ist also nichts geschehen, als dass einer kleineren Wassermasse von 0° C eine Wärmemenge entzogen und einer grössern Wassermasse von ebenfalls 0° C zugeführt worden ist. Da hier keine Temperaturdifferenz besteht, findet nach Carnot's Theorie auch keine Arbeitsleistung statt. Alles wäre in Ordnung, wenn nicht das frierende Wasser *Arbeit* leisten könnte, wie J. Thomson bemerkt. Woher kommt diese Arbeit? Nimmt man an, dass das Arbeit leistende, also unter *Druck* sich bildende Eis einen *tiefern* Schmelzpunkt hat, dass demnach die sich ausdehnende Luft *kälter* ist als die comprimirte, so kommt alles in Einklang.

Hat man die Annahme einer Erniedrigung des Gefrierpunktes durch Druck einmal gemacht, so kann man das *Maass* derselben mit James Thomson in folgender Weise aus der Carnot'schen Theorie ableiten.

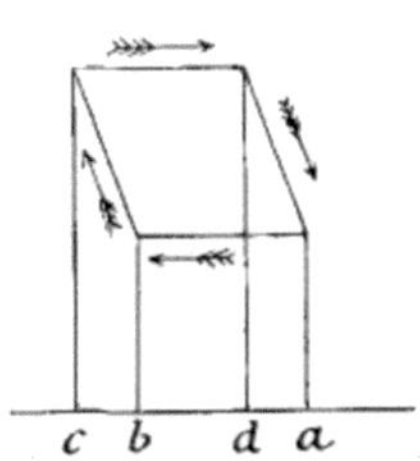

Fig. 77.

Man denke sich den obigen Cylinder von 1 m^3 Inhalt und 1 m^2 Kolbenquerschnitt mit Wasser gefüllt, und lässt dasselbe bei 0° C frieren, wodurch der Kolben um 0,09 *m* hinausgeschoben wird. Diese Anordnung wird nun als Wärmemaschine in folgender Weise verwendet:

α) Der Cylinder des Bodens wird in einen See von 0° C versenkt und der Kolben mit einem den Atmosphärendruck unendlich wenig übersteigenden Druck langsam um *a b* = 0,09 *m* Fig. 77 hineingeschoben, wobei das Eis schmilzt.

β) Man steigert nun bei vollständigem Schutz gegen Wärmeableitung den Druck durch die sehr geringe Kolbenverschiebung *b c* auf *zwei* Atmosphären.

γ) Man bringt den Cylinder in einen See von der noch zu bestimmenden Temperatur $-\tau$, die dem Gefrierpunkt von 2 Atmosphären entspricht, und lässt, indem das Wasser friert, den Kolben unter diesem Druck um *c d* = 0,09 *m* hinausschieben.

δ) Schliesslich schiebt man mit Schutz gegen Wärmeableitung den Kolben um das sehr kleine Stück *d a* hinaus, so dass Entlastung bis auf eine Atmosphäre eintritt.

Die gesammte *Arbeit*, welche dieser Kreisprocess geliefert hat, entspricht der Fläche des Parallelogramms in der Figur, d. i. dem Atmosphärendruck auf 1 m^2 (10333 *kg*) multiplicirt mit 0,09 *m*. Die von 0 auf $-\tau$ übergeführte Wärmemenge, d. h. die Schwelzwärme von 1000 *kg* Eis beträgt 80,000 Kilogrammcalorien. Der Quotient der ersten Zahl durch die zweite ist, da τ nur klein ist, nach der Carnot-Clapeyron'schen Theorie $\frac{\tau}{C}$. Da nun aus Versuchen über Dämpfe für 0° C der Werth $\frac{1}{C}$ = 1,553 folgt, so besteht die Gleichung

$$\frac{10{,}333 \times 0{,}09}{80{,}000} = 1{,}553 \cdot \tau,$$

woraus folgt $\tau = 0{,}0075^{0}$ C für den Druckzuwachs *einer* Atmosphäre.

In der That hat W. Thomson diese Schlussfolgerung seines Bruders bestätigt, indem er den Schmelzpunkt des Eises in einem (Oerstedt'schen) Compressionsapparat bei 16,8 Atmosphären bestimmte und $-0{,}13^{0}$ C fand, was mit der obigen Rechnung im Einklang steht.

18. Diese geistvollen Anwendungen der Carnot'schen Theorie haben sicherlich viel dazu beigetragen, das Interesse für dieselbe zu erhöhen und die Fruchtbarkeit derselben fühlbar zu machen.

Carnot, dessen Gedanken heute noch die ganze Thermodynamik beherrschen, und den wir durch die pietätvolle von seinem Bruder geschriebene Biographie, so wie durch sein hinterlassenes Tagebuch, auch als eine ethisch hochstehende liebenswürdige Persönlichkeit kennen lernen, ist eine seltene Natur. Er gewährt uns das äusserst angenehme Schauspiel eines Genius, der ohne sonderliche Anstrengung, ohne einen erheblichen Aufwand an umständlichen und schwerfälligen wissenschaftlichen Mitteln, lediglich durch Beachtung der einfachsten Erfahrungen, die wichtigsten Dinge, man möchte sagen, fast mühelos erschaut.

Die Entwicklung der Thermodynamik. Das Mayer-Joule'sche Princip. Das Energieprincip.

1. Während die Grundsteine der Thermodynamik gelegt wurden, war das Wachsthum der Gedanken über die Natur der Wärme nicht unterbrochen; dieselben entwickelten sich vielmehr weiter, und kamen zum Durchbruch, *zuerst* wie es scheint bei S. Carnot selbst. Carnot starb im Jahre 1832 an der Cholera. Sein *Nachlass* wurde erst durch die Republication seiner thermodynamischen Schrift im Jahre 1878 bekannt.[1]) Es geht aus demselben unzweifelhaft hervor, dass Carnot in seinen letzten Lebensjahren an die Unveränderlichkeit der Wärmemenge nicht mehr glaubte, vielmehr Erzeugung von Wärme auf Kosten von mechanischer Arbeit und umgekehrt annahm, und dass er sogar ziemlich genau den Werth des mechanischen Aequivalentes der Wärmemengeneinheit kannte.

Auch Séguin kennt schon 1839[2]) *qualitativ* die Beziehung zwischen Wärme und Arbeit. Er sagt: ... „qu'il devait exister entre le calorique et le mouvement une identité de nature, en sorte que ces deux phénomènes n'etaient que la manifestation, sous une forme différente, des effets d'une seule et même cause. Ces idées m'avaient été transmises depuis bien longtemps par mon oncle Montgolfier" ...[3]) Er wusste, dass der Dampf unmittelbar condensirt das Wasser *mehr* erwärmen muss, als nach vorheriger Arbeitsleistung; er betrachtet die Temperaturänderung des Gases bei Volumänderung im Zusammenhange mit der

[1]) Sur la puissance motrice du feu (Réimpression). Paris 1878.
[2]) De l'influence des chemins de fer. Paris 1839.
[3]) Réimpression des vorigen Werkes S. 259, 287.

Arbeit[1]) u. s. w. Eine *Berechnung des mechanischen* Aequivalentes der Wärme auf Grund selbst gesammelter Daten giebt aber Séguin, veranlasst durch eine Mittheilung von Joule[2]), erst im Jahre 1847.[3])

In vollkommen klarer Weise wurde die Verwandlung von Arbeit in Wärme und umgekehrt von dem Heilbronner Arzte J. R. Mayer im Jahre 1842 ausgesprochen.[4]) Dieselbe Schrift enthält noch eine ziemlich gute Grössenangabe des mechanischen Aequivalentes der Wärme und die Methode der Berechnung desselben aus damals allgemein bekannten Zahlen. Auch in Bezug auf die beiden letztern Punkte hat Mayer die Priorität der *Publication* vor allen übrigen Physikern. Das Gebiet des Experimentes hat er kaum berührt.

Schon im Jahre 1843 beschäftigt sich Colding, der Chef-Ingenieur der Stadt Kopenhagen, mit ähnlichen Gedanken. Hat man Mayer vorgeworfen, dass er von zu allgemeinen naturphilosophischen und „metaphysischen" Betrachtungen ausgegangen sei, so gilt dies gewiss in noch höherem Maasse von Colding's Ueberlegungen. Weil die Kräfte geistiger Natur sind — meint Colding — werden sie nicht vernichtet, sondern nur transformirt. Die Anregung hat Colding nach seiner eigenen Angabe durch D'Alembert's Dynamik im Jahre 1843 erhalten. In demselben Jahre macht er der Kopenhagener gelehrten Gesellschaft eine Mittheilung, in welcher er Dulong's Versuche über Gascompression, Rumford's Experimente und anderes in den Kreis seiner Betrachtungen zieht. Durch Oerstedt zur Vorsicht gemahnt betritt er selbst das Gebiet des Experimentes, entwickelt Wärme durch Reibung, findet die Wärmemenge *proportional* der Arbeit, und findet als Aequivalent der Kilogrammcalorie die *Arbeit* von 350 Kilogrammmetern. In seinen allgemeinen Betrachtungen beruft er sich ebenfalls auf das ausgeschlossene perpetuum mobile. Weitere Mittheilungen an die Kopenhagener Gesellschaft erfolgen noch 1848, 1850, 1851.[5])

---

[1]) Brief von Joule in Philos. Magazine (1864) Vol. 28. S. 150.

[2]) Comptes rendus. 23. Aout 1847.

[3]) Comptes rendus. 20. Septembre 1847.

[4]) Bemerkungen über die Kräfte der unbelebten Natur. Ann. de Chem. und Pharmazie 1842.

[5]) Vgl. Colding's Brief in Philos. Magazine (1864) Bd. 27. S. 56.

Im Jahre 1843 schon beginnt auch der englische Brauer J. P. Joule[1]) eine grossartige Reihe der mannigfaltigsten Experimente, welche sich bis zum Jahre 1878 erstreckt, zum Nachweis der allgemein gültigen Proportionalität zwischen Arbeit und Wärme, so wie zur genauen Bestimmung und zum Nachweise der Constanz des mechanischen Aequivalentes der Wärme. In Bezug auf allgemeinere (philosophische) Fragen ist Joule recht schweigsam. Wo er spricht, sind jedoch seine Aeusserungen jenen Mayer's sehr ähnlich. Man kann übrigens gar nicht zweifeln, dass solche umfassende, im Ziel übereinstimmende Experimentaluntersuchungen nur derjenige ausführen kann, der von einer grossen und philosophisch tief gehenden Naturansicht durchdrungen ist.

In Mayer's erster Abhandlung ist nur die Umwandlung von Arbeit in Wärme und umgekehrt ins Auge gefasst. In der zweiten Abhandlung von 1845[2]) hat der Gedanke bereits an Allgemeinheit gewonnen, und sich zu dem erweitert, was man heute *das Princip der Erhaltung der Energie nennt.* Jede physikalische (oder chemische) Zustandsänderung, welche durch Arbeit erzeugt ist, ist dieser Arbeit *äquivalent*, und kann, indem sie rückgängig wird, jene Arbeit wieder erzeugen. Ein die Physik, Chemie und Physiologie umfassendes grossartiges Programm wird aufgestellt, welches die nach diesem Gesichtspunkt durchzuführende Forschungsarbeit übersichtlich darstellt. In vielen der aufgezählten Fälle muss sich aber Mayer, wegen mangelnder Fachkenntnisse, eben mit dem Programm begnügen, ohne an die Ausführung der Arbeit schreiten zu können.

Die nothwendige Ergänzung zu Mayer's Abhandlung bildet die 1847 erschienene Schrift von Helmholtz „Ueber die Erhaltung der Kraft".[3]) Was bei Mayer Programm ist, finden wir hier, zwei Jahre später, kräftig durchgeführt. Was bei Mayer mehr den Eindruck des unmittelbar Erschauten macht, sieht hier mehr wie das nothwendige Ergebniss eines gründlichen und tiefen Fachstudiums aus. Es ist, als ob alle schon vorhandenen, in der Physik vorbereiteten Keime plötzlich eine neue in Wachsthum ausbrechende Lebenskraft gewonnen hätten.

---

[1]) On the calorific Effects of Magneto-Electricity, and on the Mechanical Value of Heat. Philos. Magazine (1843). Bd. 23. S. 263.

[2]) Mayer, Mechanik der Wärme. 1867. S. 13.

[3]) Berlin. Reimer 1847.

Verhältnissmässig spät, aber doch mit ausgiebigem Erfolg, hat sich G. A. Hirn, Ingenieur in Colmar, an der Förderung der Thermodynamik betheiligt. Allgemeinere Betrachtungen von ihm enthält die „Revue d'Alsace" von 1850—1852, Untersuchungen über das mechanische Aequivalent der Wärme der Jahrgang 1858. Im Jahre 1856 hat er nachgewiesen, dass der Dampf durch mechanische Arbeit Wärme *verliert*, die also im Condensator nicht mehr zum Vorschein kommt.[1]) Von ihm rührt wohl auch der erste exakte Versuch her, die *messende* Thermodynamik auf die Physiologie zu übertragen.

2. Den Satz der Aequivalenz von Wärme und Arbeit haben wir in der Ueberschrift als das Mayer-Joule'sche Princip bezeichnet. In der That, da man aus praktischen Gründen den Satz nicht nach allen Personen nennen kann, welche an der Auffindung und Begründung desselben Antheil haben, empfiehlt es sich, ihn mit den Namen derjenigen zu verknüpfen, welchen in diesen beiden Richtungen die Priorität der Publication zugesprochen werden muss. Den Satz der Erhaltung der Energie nach Personen zu benennen ist schwieriger. Die Keime dieses Satzes, die Ueberzeugung von der Unmöglichkeit des perpetuum mobile, von der maassgebenden Bedeutung der Arbeit, reichen so weit zurück, und diese Ueberzeugungen haben sich anderseits so allmälig geklärt, dass man denselben nach bestimmten Personen kaum ohne Unbilligkeit gegen andere benennen könnte. Man vergleiche z. B. nur die Stellung, die schon S. Carnot diesem Satze gegenüber einnimmt. Die kräftigste Vertretung hat aber letzterer Satz allerdings durch Mayer und Helmholtz gefunden.

Ueber die Urheberschaft der hier erwähnten Gedanken haben die heftigsten Streitigkeiten stattgefunden, bei welchen abscheuliche persönliche Verdächtigungen und widerlicher nationaler Chauvinismus zu Tage getreten sind. Die vorausgehende Uebersicht zeigt deutlich, dass diese Gedanken nicht einer bestimmten Nation und noch weniger einer bestimmten Person als ausschliessliches Eigenthum zugesprochen werden können. Dieselben waren eben vorbereitet, und haben sich zur Zeit der Reife in verschiedenen Köpfen fast gleichzeitig und unabhängig voneinander

[1]) Théorie mécanique de la chaleur. Paris 1856.

entwickelt. Und man sollte denken, es sei als ein Glück zu betrachten, dass die Entwicklung der Wissenschaft nicht auf *eine* Nation oder gar auf *einen* Kopf angewiesen ist! Wie verschieden war die Pflege, welche diesen Gedanken durch die verschiedenen persönlichen Eigenschaften der Forscher zu Theil geworden ist! Welchen Gewinn hat die Wissenschaft hieraus gezogen, und welchen Gewinn kann die Erkenntnisstheorie hieraus schöpfen!

Man ist mit der Beschuldigung, Gedanken entlehnt zu haben, recht freigebig, ohne zu erwägen, dass alle Forscher an den gemeinsamen Ueberzeugungen ihrer Zeit Theil nehmen, und daher mehr oder weniger leicht denselben Gedanken zugänglich sind. Auch die Leichtigkeit der Anregung zu *eigener* Arbeit durch Unterredung, durch ein Wort, durch Hörensagen[1]), sollte mehr in Betracht gezogen werden. Diese Beweglichkeit und leichte Uebertragbarkeit der Gedanken, welche es unmöglich macht, dieselben als ausschliessliches persönliches Eigenthum zu erwerben und festzuhalten, ist ja wieder ein grosses Glück. Was für eine Kaste von Gedankenkapitalisten, — wohl die gefährlichste von allen — würde sich sonst herausbilden! Endlich sollte erwogen werden, dass die Entlehnung eines Gedankens sehr viel schwieriger zu beweisen ist, als die Entlehnung einer Sache.

Es ist nicht in Abrede zu stellen, dass in den Prioritätsstreitigkeiten, die durch die erwähnten Fragen angeregt wurden, sehr bedeutende Leistungen durch sehr sachverständige wissenschaftlich hoch stehende Concurrenten äusserst kühle Beurtheilungen gefunden haben. Allein wann hat man je verlangt, dass jemand in eigener Sache ein ganz unparteiischer Richter sei? Warum gerade nur auf dem Gebiete der Wissenschaft?

3. Nach dieser allgemeinen Uebersicht wollen wir einige wichtigere Punkte genauer in Augenschein nehmen. Zunächst wenden wir uns dem nachgelassenen Tagebuch Carnot's zu. Den

---

[1]) In Bezug auf die Leichtigkeit der Anregung will ich nur einen Fall aus meiner Erfahrung anführen. Ich las noch als Gymnasiast (1853?) irgendwo den Ausdruck „mechanisches Aequivalent der Wärme". Durch vielfache Beschäftigung mit mechanischen Konstruktionen war mir die Unmöglichkeit „mechanica ratione" ein „perpetuum mobile" zu construiren, längst klar geworden. Der obige Ausdruck machte es mir aber sofort zur subjektiven Gewissheit, dass eine solche Konstruktion nun auch auf jede andere Art unmöglich sei. Als ich später das Energieprincip kennen lernte, erschien mir dasselbe als eine vertraute fast selbstverständliche Sache.

ganzen Gedankenreichthum desselben können wir hier nicht erschöpfen, ohne uns von der Aufgabe dieses Kapitels zu weit zu entfernen. Wir müssen uns auf das Wichtigste beschränken.

Die Temperaturänderungen durch Bewegung seien zu wenig studirt, sagt Carnot. Wo Arbeit verbraucht oder erzeugt wird, treten bedeutende Aenderungen der Wärme*vertheilung*, vielleicht auch der *Wärmemenge* auf. Hierher gehört der Stoss der Körper. Die Erklärung der Wärmeentwicklung durch Aenderung der specifischen Wärme bei der Verdichtung genügt nicht. Ein Bleiwürfel erwärmt sich durch Hämmern nach den drei Dimensionen ohne sein Volum zu ändern.

Wenn eine Hypothese zur Erklärung der Erscheinungen nicht ausreicht, muss man sie fallen lassen. Dies gilt von der Annahme eines *Wärmestoffs*. Dieselbe vermag die Erwärmung durch Stoss nicht zu erklären. Pumpt man Luft aus einem Recipienten, während die äussere Luft in denselben z. B. mit einer Temperatur von 10° C eindringt, so entweicht die durch die Pumpe comprimirte Luft mit einer *höhern* Temperatur, welche also durch Arbeit erzeugt ist. Gay-Lussac's Experiment mit den beiden Ballons wird erwähnt, ohne dass jedoch Carnot den angemessenen Schluss daraus zu ziehen scheint.

Das Licht besteht in Wellen, die *strahlende* Wärme auch. Kann die strahlende Wärme einen Stoff erzeugen?

„Lorsque l'on fait naitre de la puissance motrice[1]), par le passage de la chaleur du corps *A* au corps *B*, la quantité de cette chaleur qui arrive à *B* (si elle n'est pas la même que celle qui a été prise à *A*, si une partie a reellement été consommée pour produire la puissance motrice), cette quantité est-elle la même, quel que soit le corps employé à realiser la puissance motrice?“

„Y aurait-il moyen de consommer plus de chaleur à la production de la puissance motrice et d'en faire arriver moins au corps *B*? Pourrait-on même la consommer tout entière sans en faire arriver au corps *B*? Sie cela était possible, on pourrait créer de la puissance motrice sans consommation de combustible et par simple destruction de la chaleur des corps.“

„Est-il bien certain que la vapeur d'eau, après avoir agi dans

1) Réimpression S. 93 u. f. f.

une machine et y avoir produit de la puissance motrice, soit capable d'élever l'eau de condensation, comme si elle y avait été conduite immédiatement?"

. . . .

„La chaleur n'est autre chose que la puissance motrice ou plutôt que le mouvement qui a changé de forme. C'est un mouvement dans les particules des corps. Partout où il y a destruction de puissance motrice, il y a, en même temps, production de chaleur en quantité précisément proportionelle à la quantité de puissance motrice détruite. Reciproquement, partout où il y a destruction de chaleur, il y a production de puissance rice."

„*On peut donc poser en thèse générale que la puissance motrice est en quantité invariable dans la nature, qu'elle n'est jamais, à proprement parler, ni produite, ni detruite. A la vérité, elle change de forme, c'est-à-dire qu'elle produit tantôt un genre de mouvement, tantôt un autre; mais elle n'est jamais anéantie.*"

„*D'après quelques idées que je me suis formées sur la theorie de la chaleur, la production d'une unité de puissance motrice nécessite la destruction de 2,70 unités de chaleur.*"

„Une maschine qui produirait 20 unités de puissance motrice par kilogramme de charbon devrait anéantir $\frac{20 \times 2{,}70}{7000}$ de la chaleur développée par la combustion; $\frac{20 \times 2{,}7}{7000} = \frac{8}{1000}$ environ, c'est-à-dire moin de $\frac{1}{100}$."

Da Carnot als Wärmeeinheit stets die Kilogrammcalorie, als Arbeitseinheit 1000 Kilogrammmeter verwendet, so folgt aus dem Obigen ein mechanisches Wärmeäquivalent von rund 370 Kilogrammmeter.

Nun folgt eine Reihe von Notizen über anzustellende Experimente, die fast alles enthalten was später Joule, Hirn u. A. ausgeführt haben.

Dass Carnot schon 1824 die Grundlagen der damaligen Wärmelehre für nicht solid hielt, dass er schon damals eine universelle mechanische Physik im Kopfe hatte, ist nicht zweifelhaft. So ist es denn auch nicht wunderbar, dass er diese Gedanken im Laufe der Jahre weiter entwickelte. Allerdings ist es heute schwer zu ermitteln, auf welche Weise er zur Kenntniss des mechanischen Aequivalentes der Wärme gelangte. Nehmen wir aber an, die Verwandlung von Arbeit in Wärme sei ihm an den Stosserscheinungen klar geworden, und er habe diese Ansicht auf den Erwärmungsvorgang bei der Gascompression, dann ebenso auf die Umkehrung, die Abkühlung bei der Gasausdehnung übertragen. Er hatte die zu einer kleinen (isothermischen) Gasausdehnung nothwendige Wärme bestimmt. Brach er nun einmal in Gedanken seinen Kreisprocess mit Luft, nach der *ersten* Operation ab, liess er die Annahme einer merklichen Aenderung der specifischen Wärme mit der Volumänderung fallen (so wie er dieselbe in dem Rumford'schen Fall aufgab), und brachte er die aufgenommene Wärme nicht auf Rechnung der Volum*vergrösserung*, sondern auf Rechnung der *Arbeit*, so war das mechanische Aequivalent gegeben. In der That wäre dieser Weg nicht wesentlich verschieden von jenem, der nach Carnot wirklich eingeschlagen worden ist.

Der Fall Carnot ist ausserordentlich lehrreich für jene, welche es für unmöglich halten, dass *derselbe* Gedanke in verschiedenen unabhängigen Köpfen zugleich entsteht. Wie sehr würde sich doch die ganze heute gültige Ruhmesbilanz verschoben haben, wenn Carnot einige Jahre länger gelebt hätte, und wenn seine durch 46 Jahre verschollenen Gedanken früher bekannt geworden wären!

4. Wir wenden uns nun zu Mayer und können uns um so mehr auf das Wichtigste beschränken, als die auf diesen Forscher bezüglichen Akten nun sehr vollständig vorliegen.[1]) Die Anregung zu seinen Untersuchungen erhielt Mayer durch einen Zufall. Bei Aderlässen auf Java fiel ihm die *intensive Röthe* des *venösen* Blutes auf. Er brachte dieselbe mit Lavoisier's Theorie in Verbindung, nach welcher die animalische Wärme das Ergebniss eines Verbrennungsprocesses ist. Geringerer Wärmeverlust durch die Umgebung bedingt eine geringere Verbrennung. *Alle* Leistungen des Organismus kommen

[1]) W. Preyer, R. v. Mayer über die Erhaltung der Energie (Briefwechsel von Mayer und Griesinger). Berlin 1889. — R. Mayer, Mechanik der Wärme. 3. Auflage (von Weyrauch). Stuttgart 1893. — Kleinere Schriften von R. Mayer. Herausgegeben von Weyrauch. Stuttgart 1893.

auf Rechnung der Verbrennung. Die Gesammtwärmeausgabe des Thierkörpers muss genau der Wärme des verbrannten Materials entsprechen. Da man aber auch mechanisch (durch Reibung) Wärme erzeugen kann, und da diese mit zur Ausgabe zu rechnen ist, muss eine feste Beziehung zwischen der mechanischen Kraft (Arbeit) und der entwickelten Wärme bestehen. Dieser Gedankenweg erklärt auch die Neigung Mayer's, alle Naturvorgänge *substanziell* aufzufassen, so auch seinen Begriff *Kraft*, der durchaus mit dem zusammenfällt, was in der Mechanik seit langer Zeit den Namen „*Arbeit*" führt.

Die Weiterentwicklung dieser Gedanken ist es, welchen er auf seiner Reise und auch nach seiner Rückkehr, seine ganze Aufmerksamkeit zuwendet. Er ist ganz von der Bedeutung der Sache durchdrungen: . . . „ich hielt mich also an die Physik und hing dem Gegenstande mit solcher Vorliebe nach, dass ich, worüber mich mancher auslachen mag, wenig nach dem fernen Welttheile fragte, sondern mich am liebsten an Bord aufhielt, wo ich unausgesetzt arbeiten konnte und *wo ich mich in manchen Stunden gleichsam inspirirt fühlte, wie ich nie zuvor oder später mir etwas ähnliches erinnern kann . . . , kommen wird der Tag, das ist ganz gewiss, dass diese Wahrheiten zum Gemeingut der Wissenschaft werden;* durch wen dies aber bewirkt wird, und wann es geschieht, wer vermag das zu sagen?"[1])

Anfangs bereiten ihm seine sehr mangelhaften physikalischen Kenntnisse grosse Schwierigkeiten. In der brieflichen Diskussion mit seinen Freunden Bauer und Griesinger verwechselt er die lebendige Kraft (mv^2) mit der Bewegungsquantität (mv). Allmälig aber werden diese Schwierigkeiten überwunden.

Unterredungen mit Nörrnberg und Jolly, die für ihn nicht ganz befriedigend ausfallen, weisen ihn auf das Gebiet des Experimentes.

Jolly bekannte später offen, dass es ihm bei seiner Befangenheit in den Ansichten der Schule sehr schwer geworden sei, Mayer's Ausführungen Verständniss abzugewinnen. Auf die Einwendung Jolly's: „Da müsste ja das Wasser beim Schütteln wärmer werden", ging Mayer ohne ein Wort zu sagen fort. Nach mehreren Wochen trat ein Mann zu Jolly herein,

---

[1]) Brief an Griesinger vom 16. Mai 1844.

mit den Worten: „Es ischt aso!“ Es war Mayer, der von Jolly kaum mehr wieder erkannt, in der Voraussetzung lebte, auch Jolly müsste einstweilen nur den einen Gedanken verfolgt haben.[1])

Mit der ersten Niederschrift seiner Arbeit war Mayer nicht glücklich; dieselbe wurde an Poggendorff's Annalen geschickt, aber niemals abgedruckt. Enthielt sie, wie es wahrscheinlich ist, ähnliche Fehler wie Mayer's Briefe an Bauer, so war das ablehnende Verhalten eines Fachmannes von engerem Gesichtskreis wohl verständlich, wenngleich Mayer doch einer Antwort von Seiten Poggendorff's würdig gewesen wäre. Ein Mann von weitaus grösserem freierem Blick, Liebig, veröffentlichte die zweite Niederschrift in seinen Annalen.[2])

5. Diese Mittheilung zeigt uns so durchaus die ganze Ursprünglichkeit Mayer's, dass sie so ziemlich in allem gegen den üblichen physikalischen und mathematischen Sprachgebrauch verstösst. Die Begriffe, die Mayer kennt, genügen ihm nicht; er fegt sie einfach weg, und setzt neue an deren Stelle. Doch ist für jeden, der *folgen will*, so unzweifelhaft klar dargelegt, was Mayer mit seinen neuen Bezeichnungen sagt, dass ein Missverständniss *nicht möglich* ist. Abstossend für den Naturforscher ist der Versuch aus allgemeinen formalen Sätzen Folgerungen zu ziehen, welchen physikalische Geltung zuerkannt werden soll, so lange man sich nicht deutlich gemacht hat, dass jene Sätze lediglich nur Mayer's starkes noch ungeklärtes formales *Bedürfniss* nach einer *substanziellen* Auffassung der Arbeit oder Energie ausdrücken.

„Der Zweck der folgenden Zeilen ist, die Beantwortung der Frage zu versuchen, was wir unter „Kräften“ zu verstehen haben, und wie sich solche untereinander verhalten .... Kräfte sind Ursachen, mithin findet auf dieselben volle Anwendung der Grundsatz: *causa aequat* effectum ... Die erste Eigenschaft aller Ursachen ist ihre Unzerstörbarkeit .... Hat die gegebene Ursache *c* eine ihr *gleiche Wirkung e* hervorgebracht, so hat eben damit *c* zu sein aufgehört; *c* ist zu *e* geworden .... Kräfte sind also: unzerstörbare, wandelbare, imponderable Objekte ...

---

[1]) Ich verdanke diese Angabe einer mündlichen Mittheilung von Jolly, die mir nachher brieflich wiederholt wurde.

[2]) Bemerkungen über die Kräfte der unbelebten Natur. Ann. der Chemie und Pharmacie 1842.

Ist es nun ausgemacht, dass für die verschwindende Bewegung in vielen Fällen (exceptio confirmat regulam) keine andere Wirkung gefunden werden kann, als die Wärme, für die entstandene Wärme keine andere Ursache als die Bewegung, so ziehen wir die Annahme, Wärme entsteht aus Bewegung, der Annahme einer Ursache ohne Wirkung und einer Wirkung ohne Ursache vor, wie der Chemiker statt *H* und *O* ohne Nachfrage verschwinden, und Wasser auf unerklärte Weise entstehen zu lassen, einen Zusammenhang von *H* und *O* einer- und Wasser anderseits statuirt."

Hätte die Fassung etwa so gelautet: „Ich will von nun an, weil es meinem Bedürfniss entspricht, als Ursache nur das bezeichnen, was eine derselben *äquivalente* (nicht *gleiche*) Wirkung hat, aus welcher erstere restituirt werden kann; ich will ferner eine Ursache, die keine Materie ist, *Kraft* nennen", so hätte sich dagegen kaum etwas einwenden lassen. Es giebt selbstredend keinen a priori feststehenden Satz, aus welchem Eigenschaften der *Natur* abgeleitet werden können. Ich kann aber *vor* der Specialforschung ein Bedürfniss nach einer gewissen Form der Auffassung haben, und kann nun zusehen, ob ich demselben zu genügen vermag.

Mayer verfolgte seine Ideen mit einem gewaltigen *formalen Instinkt.* Dass ihm seine eigene intellektuelle Situation *erkenntnisstheoretisch* jemals vollständig klar gewesen sei, kann man nach seinen Darstellungen kaum glauben. Dennoch schreibt er an Griesinger:[1])

„Fragst Du mich endlich, wie ich auf den ganzen Handel gekommen, so ist die einfache Antwort die: auf meiner Seereise mit dem Studium der Physiologie mich fast ausschliessend beschäftigend, fand ich die neue Lehre aus dem zureichenden Grunde, weil ich das *Bedürfniss derselben lebhaft erkannte*"...

Zu der Ansicht, dass die Mayer'sche Lehre ihren Ursprung einem *formalen Bedürfniss* verdankt, bin ich gelangt, indem ich versucht habe, mich in die intellektuelle Situation Mayer's zu versetzen. Ich vertrete dieselbe seit langer Zeit (1871) und habe sie längst in verschiedenen Schriften dargelegt.[2]) Ich glaube

[1]) Vgl. Preyer, Mayer und die Erhaltung der Energie. S. 36.

[2]) Mach, Erhaltung der Arbeit (1872). S. 45. — Beiträge zur Analyse der Empfindungen (1886). S. 161—163. — Die Mechanik in ihrer Entwicklung 1. Aufl. (1883), 2. Aufl. (1889). S. 486, 487.

sagen zu können, dass dieselbe durch die erst 1889 und 1893 publicirten Briefe Mayer's aufs vollkommenste bestätigt worden ist. Stimmt man mir zu, so wird man nicht mehr von einer „*metaphysischen*“ Begründung der Mayer'schen Lehre sprechen.

6. Alle Versuche, die Mayer'schen Ansprüche als unbegründet darzustellen, müssen aber hinfällig werden vor der *begrifflichen Klarheit*, zu welcher er schliesslich gelangt ist, indem er die *Grösse* des mechanischen Aequivalentes der Wärme und die *Art der Berechnung* in wenigen Worten unzweideutig angiebt. Er ist der *erste* unter allen Physikern, welcher sieht, dass zu dieser Bestimmung *gar keine neuen* Experimente nöthig sind, dass allgemein bekannte Zahlen dazu genügen. Er ist auch der *Erste*, welcher den Gay-Lussac'schen Ueberströmungsversuch richtig auffasst und zur Grundlage der Rechnung macht.

„Unter Anwendung der aufgestellten Sätze auf die Wärme- und Volumverhältnisse der Gasarten findet man die Senkung einer ein Gas comprimirenden Quecksilbersäule gleich (sic!) der durch die Compression entbundenen Wärmemenge, und es ergiebt sich hieraus — den Verhältnissexponenten der Capacitäten der atmosphärischen Luft unter gleichem Druck und unter gleichem Volumen = 1,421 gesetzt — dass dem Herabsinken eines Gewichtstheiles von einer Höhe von circa 365 *m* die Erwärmung eines gleichen Gewichtstheiles Wasser von 0° auf 1° entspreche.“

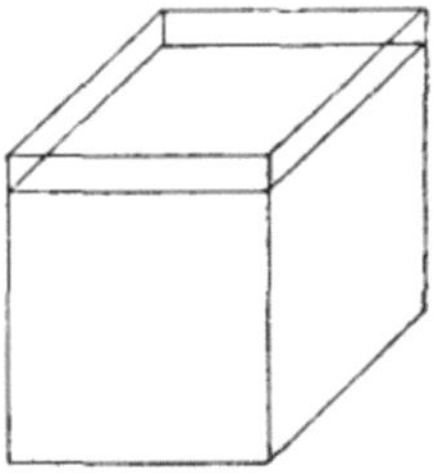

Fig. 78.

Die Berechnungsweise ist also folgende: Man denke sich 1 *cbm* Luft in einen Würfel mit 5 festen und einer obern beweglichen Wand eingeschlossen. Auf der obern Wand lastet der Luftdruck, welcher durch eine Quecksilbersäule von 1 *qm* Grundfläche und 0,76 *m* Höhe dargestellt werden kann. Wird die Luft von 0° auf 1° C erwärmt, so hebt sich die obere Wand mit den auf derselben lastenden $0{,}76 \times 1000 \times 13{,}596$ *kg* um $^1/_{273}$ *m*, was einer *Arbeit* von 37,85 Kilogrammmeter entspricht.

Wird dieselbe Luft in einem Würfel von 6 festen Wänden von 0° auf 1° erwärmt, so fällt jene Arbeit weg; man braucht aber in letzterem Falle auch eine geringere Wärmemenge. Der Mehraufwand von Wärme im ersteren Fall ist $1{,}2932 \times (C - c)$

in Kilogrammcalorien, d. h. die Masse Cubikmeters Luft multiplicirt mit dem Unterschied der *beiden* specifischen Wärmen. Es ist $C = 0{,}23750$ und $\frac{C}{c} = 1{,}410$, daher $c = 0{,}16844$ und $C - c = 0{,}06906$, folglich die fragliche *Wärmemenge* in Kilogrammcalorien 0,08931.

Die Zahl der Kilogrammmeter dividirt durch die Zahl der Kilogrammcalorien giebt das mechanische Aequivalent der Wärmeeinheit, d. h. die Anzahl Kilogrammmeter, welche auf eine Kilogrammcalorie entfallen:

$$423{,}8,$$

während Mayer mit den ihm seiner Zeit zur Verfügung stehenden ungenaueren Zahlen nur 365 erhielt. Etwas später hat Holtzmann dieselbe Methode angewandt, und hat den Werth als zwischen den Grenzen 343 und 429 liegend angenommen.

7. Bedeutend entwickelt und verallgemeinert, jedoch mit Beibehaltung ihres Typus, finden wir die Mayer'schen Gedanken in der Schrift von 1845 „über die organische Bewegung in ihrem Zusammenhange mit dem Stoffwechsel“.

„Ex nihilo nil fit.“ Ein Objekt, das, indem es aufgewendet wird, Bewegung hervorbringt, nennen wir *Kraft.* Die Kraft als Bewegungsursache in ein „*unzerstörliches* Objekt“... „Was die Chemie in Beziehung auf Materie, das hat die Physik in Beziehung auf Kraft zu leisten. Die Kraft in ihren verschiedenen *Formen* kennen zu lernen, die Bedingungen ihrer *Metamorphosen* zu erforschen, dies ist die einzige Aufgabe der Physik, denn die *Erschaffung* oder die *Vernichtung* einer Kraft liegt ausser dem Bereiche menschlichen Denkens und Wirkens.“

Die Gewichtserhebung wird als eine Kraft (Fallkraft), die Wärme als eine Kraft aufgefasst. Die Kohlen unter dem Kessel der Dampfmaschine geben weniger Wärme frei, wenn die Maschine arbeitet.[1]) Das Gay-Lussac'sche Experiment wird in *vollkommen klarer* Weise discutirt, die Ausdehnungswärme des Gases nicht auf Rechnung der Volumvergrösserung, sondern auf Rechnung der *Arbeit* geschoben.[2]) „Bewegung ist latente Wärme.“ Ein scharf geladenes Geschütz erhitzt sich bei gleicher Pulver-

---

[1]) Mayer, Mechanik der Wärme (1867). S. 25.

[2]) A. a. O. S. 26.

ladung weniger als ein blind geladenes. Elektricität gewinnen wir durch Aufwendung eines mechanischen Effektes.

Raumdifferenz ist Kraft. Chemische Differenz ist Kraft u. s. w. „*Bei allen physikalischen und chemischen Vorgängen bleibt die gegebene Kraft eine constante Grösse.*“ Nun folgt zur Uebersicht der „Kraftformen“ das Schema:

I.		Fallkraft	mechanische Kräfte
II.		Bewegung	mechanischer Effekt
	Imponderabilien	*A* einfache	
		B undulirende, vibrirende	
III.		Wärme	
IV.		Magnet[illegible]us	
		Elektricität, Galvanischer Strom	chemische Kräfte.
V.		Chemisches Getrenntsein gewisser Materien	
		Chemisches Verbundensein gewisser anderer Materien	

Die bekannten physikalischen Thatsachen werden in dieses Schema eingeordnet.

Die Sonne wird als Quelle des Lebens und der Bewegung auf der Erde bezeichnet. Die Sonnenwärme speichert im Pflanzenleib chemische Kräfte auf, welche, im Thierleib verwendet, die verschiedensten Effekte erzeugen.

8. In den 1848 erschienenen „Beiträgen zur Dynamik des Himmels“ wird die Kraftquelle untersucht, welche die gewaltige jährliche Wärmeausgabe der Sonne deckt. Es wird ausgeführt, dass die Sonne längst kalt sein müsste, wenn sie einfach als glühender Körper die Ausstrahlung decken sollte. Auch die Verbrennung der Sonnenmasse (dieselbe als Kohle gedacht) würde hierzu bei weitem nicht reichen, noch weniger die lebendige Kraft der Sonnenrotation. Als zureichende Kraftquelle wird aber der Sturz von Meteoriten in die Sonne angesehen. Betrachtungen über den Einfluss der Abkühlung so wie des Fluthphänomens auf die Rotationsgeschwindigkeit der Erde fügen sich diesen Ausführungen an. Das Fluthphänomen scheint auf Erden das einzige zu sein, dessen Kraftquelle nicht in der Sonne, sondern im Monde liegt.

Untersuchungen, wie jene Mayer's über das organische Leben,

..ie verschiedenen Arbeitsquellen, so wie auch jene über die Arbeitsquelle der Sonne, sind *beträchtlich später* (1852—1854) ‾on einem so bedeutenden Physiker wie W. Thomson[1]) in An-͜riff genommen und in sehr ähnlicher Weise durchgeführt worden. "Iierdurch wird wohl am besten der Werth gewisser unver-ändiger Angriffe auf die Bedeutung Mayer's beleuchtet.

Ueberblickt man die Leistung Mayer's, so muss man sagen, *ıss kaum jemals ein anderer Naturforscher einen wichtigeren nd umfassenderen Blick gethan hat,* und zwar ist dies ohne nen besondern Aufwand an Gelehrsamkeit geschehen. Bedenkt man ferner, wie langsam und allmälig sich Mayer die elemen-'ıren Kenntnisse der Physik angeeignet hat, wie er diese Dinge .igentlich nie vollständig überwunden hat, wie er deshalb auch nie einsehen wollte, dass die von ihm als *neu* eingeführten Begriffe unter anderm Namen schon längst vorhanden waren, und dass sich seine neuen Anschauungen an das Vorhandene organisch ınz wohl hätten anknüpfen lassen[2]), so möchte man fast ausrufen: Welches Genie ist doch möglich ohne bemerkenswerthes Talent!

9. Ein wesentlich anderes Bild gewährt uns die Helm-oltz'sche Arbeit „Ueber die Erhaltung der Kraft" (1847). Dass auch diese auf einem umfassenden Blick beruhen muss, kann ıan nicht bezweifeln. Doch knüpft hier alles an das wissen-:haftlich Gegebene an, alles erscheint als natürlich, als eine ıst selbstverständliche Ergänzung des Bekannten. Was uns zu-ächst an der Abhandlung gefangen nimmt, ist die *fachliche Virtuosität* in der Durchführung der Einzelheiten. Diese allein bliebe ein grosses Verdienst, selbst wenn die Mayer'sche Arbeit ımals schon allgemein *bekannt und anerkannt* gewesen wäre. ..enn Helmholtz bietet gerade das, was Mayer nicht zu bieten ermag. Und doch wollte man auch diese Darlegung nicht ver-..ehen, wie Helmholtz selbst uns erzählt.[3]) Man sieht hieraus

[1]) Thomson, On the mechanical action of Radiant heat, on light ect. :oocedings of the R. S. E. (2. Februar 1852). — Thomson, Note on the ›ssible Density of the Luminiferous Medium, and on the Mechanical Value of a Cubic Mile of Sunlight. Trans. R. S. E. Vol. 21. S. 57 (1. May 1854). - Thomson, On the Mechanical Energies of the Solar System. Ibidem. S. 63 (17. April 1854).

[2]) Vgl. den Brief Baur's an Mayer vom 7. Sept. 1844 bei Weyrauch, ..leinere Schriften. S. 159.

[3]) Gesammelte Abhandlungen Bd. I. — Was alles einer Arbeit schaden

genügend, wie wenig selbst eine Anregung zu bedeuten hat wenn die eigene Arbeitskraft und das eigene Klarheitsbedürfnis nicht hinzukommt. Die Anregung lag damals für *alle* in der Luft, doch fiel sie nur bei wenigen auf fruchtbaren Boden.

10. Die Helmholtz'sche Darstellung muss auch von denjenigen als eine mustergiltige anerkannt werden, welcher dessen Standpunkt nicht vollständig theilt. Man könne, sagt Helmholtz, entweder von dem Satz des ausgeschlossenen *perpetuum mobile* ausgehen, oder von der Annahme, dass alle physikalischen Erscheinungen auf *Centralkräfte* zurückzuführen seien. Diese könnten als die letzten *unveränderlichen* Ursachen der Erscheinungen angesehen werden. Reichen dieselben zur Erklärung vollkommen aus und giebt es keine andere mögliche Erklärung, so kommt dieser Annahme auch objektive Wahrheit zu.

Der Zweck der Abhandlung ist es, das Gesetz des *ausgeschlossenen perpetuum mobile*, welches Carnot und Clapeyron verwendet haben, in derselben Weise „*in allen Zweigen der Physik durchzuführen*". In Systemen von materiellen Punkten welche ganz allgemein dem Gesetz von der Erhaltung der lebendigen Kraft Folge leisten, sind die Kräfte der einfachen Punkte *Centralkräfte.* In einem derartigen System ist der *Zuwachs* an *lebendiger Kraft* stets gleich der durch die Centralkräfte *geleisteten Arbeit.* Die *disponible* Arbeit (Spannkraft) wird also stets um ebenso viel *vermindert*, als die lebendige Kraft *wächst*, und umgekehrt, so dass also in einem solchen System die *Summe* der *Spannkraft* und *lebendigen Kraft* stets *constant*

---

kann, mag durch folgenden Vorfall erläutert werden. Ich wurde als junger Docent von einem alten Herrn wegen allzueifriger Empfehlung der Helmholtz'schen Abhandlung zurecht gewiesen. Dieselbe sei sehr schlecht, fasse die Quadratur als die Summe der Ordinaten auf, was ganz unsinnig sei u. s. w. Was mussten solche Herren — ganz ohne Böswilligkeit — erst von der Mayer'schen Abhandlung denken. Man darf eben von dem Entdecker nicht verlangen, dass er ein Fachphilister sei, und von dem blossen Fachphilister, sei er auch noch so gelehrt, keine Entdeckungen erwarten. — Wie sehr unangenehm ist der Schulmeister berührt durch den Galilei'schen Satz: „die Kraft des Stosses ist unendlich gegen die Kraft des Druckes" oder durch den Faraday'schen Satz: „Der Strom ist eine Achse von Kraft", und welche Fülle von Erkenntniss steckt doch darin. Man vergl. auch den Brief von Reusch an Mayer vom 26. April 1854 (Weyrauch, Mayer's Kleinere Schriften S. 377). — Es soll nicht unerwähnt bleiben, dass an der mehrfach beanstandeten Auffassung der Fläche als Summe der Ordinaten die *Fluxionenrechnung* sich entwickelt hat.

bleibt, worin das „*Gesetz der Erhaltung der Kraft*“ besteht. Man bezeichnet heute, nach Rankine, die Spannkraft als *potentielle*, die lebendige Kraft als *kinetische* Energie, und nennt das ganze Gesetz das „*Gesetz der Erhaltung der Energie*“. Das Princip der virtuellen Geschwindigkeit erscheint als eine Specialanwendung dieses Gesetzes.

Die Anwendungen des Gesetzes in der Mechanik werden als bereits bekannte kurz erwähnt.

Ausführlicher wird das „*Kraftäquivalent der Wärme*“ behandelt. Es wird auf die Joule'schen Versuche zur Bestimmung des mechanischen Aequivalentes der Wärme hingewiesen, ferner darauf, dass man durch mechanische Arbeit mit dem Elektrophor eine Flaschenbatterie laden, und durch deren Entladung Wärme *erzeugen* kann. Wärme kann auch *verschwinden* und hierbei Arbeit erzeugen, was aus einem Versuch Joule's (analog dem Gay-Lussac'schen) hervorgeht. Holtzmann's Berechnung des Wärmeäquivalentes[1]) (nach der von Mayer verwendeten Methode) wird mit den Ergebnissen der Joule'schen Versuche verglichen und bemerkt, dass die Holtzmann'sche Berechnung nur zulässig ist, wenn die specifische Wärme des Gases vom Volum unabhängig ist, was aus dem Joule'schen Ueberströmungsversuch wirklich folge. Holtzmann's Formel stimmt für Gase mit jener Clapeyron's, ergiebt aber nach Helmholtz zugleich die Carnot'sche Funktion (C). Es ist $\frac{1}{C} = \frac{a}{k(1+at)}$, wobei k eine Constante ist.

„Das *Kraftäquivalent der elektrischen Vorgänge*“ kommt zum Vorschein, entweder dadurch, dass sich die elektrischen Ladungen mit ihren Trägern bewegen, und hierbei Arbeit leisten, oder durch Entladung und Wärmeentwicklung. Letztere wird für die Entladung einer Flasche nach der Potentialtheorie aus der geleisteten elektrischen Arbeit gefunden, und ist übereinstimmend mit den Versuchen von Riess proportional dem Quadrate der Ladung und verkehrt proportional der Ableitungsgrösse (Capacität).

In Bezug auf Galvanismus wird dargelegt, dass sofort ein perpetuum mobile möglich wäre, wenn nur *ein* durch die Leitung nicht elektrolysirter Leiter *zweiter* Ordnung existirte.

---

[1]) Vergl. hierüber die schöne aufrichtige Darstellung Holtzmann's in seiner Schrift: Mechanische Wärmetheorie. Stuttgart 1866.

Das Gesetz der Erhaltung der Kraft fordert, dass die bei einem stationären Batteriestrom entwickelte Gesammtwärme (die vom Strom entwickelte Wärme mitgerechnet) der durch die vorgegangenen chemischen Processe entwickelbaren Wärme gleich sei. Nach dem Lenz'schen Gesetz ist die vom Strom entwickelte Wärme proportional $J^2 Wt$, worin J die Stromstärke, W der Widerstand, t die Zeit bedeutet, und mit Rücksicht auf das Ohm'sche Gesetz auch proportional EJt, worin E die elektromotorische Kraft bedeutet. Da aber die chemische Umsetzung selbst J proportional ist, muss E der Umsetzungswärme (per Stromeinheit) *proportional* sein.

Die Kraftquelle der thermoelektrischen Ströme wird in den Peltier'schen Vorgängen gefunden und gefolgert, dass die wärmeentwickelnde und bindende Kraft bei gleicher Stromintensität in demselben Maasse mit der Temperatur steigt, als die elektromotorische Kraft.

Als besonders bemerkenswerth sei noch die Analyse der *Magnetinduction* hervorgehoben. In einer Batterie von der elektromotorischen Kraft E und dem Strom J wird in dem Zeitelement die chemische Wärme $EJdt$ oder die Arbeit $aEJdt$ entwickelt, wenn a das mechanische Aequivalent ist. Die in der Leitung entwickelte Arbeit ist $J^2 W dt$. Wird gleichzeitig noch ein Magnet durch den Strom bewegt, dessen Potentialänderung gegen den von der Stromeinheit durchflossenen Leiter ist $\frac{dV}{dt}dt$, so ist die auf denselben übertragene Arbeit $J\frac{dV}{dt}dt$ und es besteht nach dem Gesetz der Erhaltung der Kraft die Gleichung

$$aEJdt = J^2 W dt + J\frac{dV}{dt}dt, \text{ oder}$$

$$J = \frac{E - \frac{1}{a}\frac{dV}{dt}}{W}$$

d. h. die elektromotorische Kraft in dem Kreise erscheint um $\frac{1}{a}\frac{dV}{dt}$ vermindert, oder es stellt dieser Ausdruck die durch den Magnet inducirte elektromotorische Kraft vor.

Auch die Vorgänge in den Pflanzen und Thieren werden in analoger Weise erörtert.

„Der Zweck dieser Untersuchung, der mich zugleich wegen der hypothetischen Theile derselben entschuldigen mag, war, den Physikern in möglichster Vollständigkeit die theoretische, praktische und heuristische Wichtigkeit dieses Gesetzes darzulegen, dessen vollständige Bestätigung wohl als eine der Hauptaufgaben der nächsten Zukunft der Physik betrachtet werden muss."

Hier konnte nur das Wichtigste aus dem äusserst reichen Inhalt der Abhandlung angeführt werden.

Es mag auffallen, dass sowohl Mayer als Helmholtz für den Begriff *Arbeit* den Namen *Kraft* gebrauchen. Wie dieser Gebrauch bei Mayer entstanden ist, wurde schon dargelegt. Helmholtz hat wahrscheinlich dem von Carnot und Clapeyron gebrauchten Namen „*puissance motrice*" seine Terminologie angepasst. Auch Joule bezeichnet den Begriff Arbeit als „mechanical power". Man sieht also, dass der Vorwurf einer unzutreffenden Terminologie, den man merkwürdiger Weise ausschliesslich gegen Mayer erhoben hat, in gleicher Weise gegen die übrigen Forscher derselben Zeit vorgebracht werden muss. Erst Clausius spricht (1850) von Arbeit, und Thomson gebraucht (1851) den Ausdruck „the work done". Der von Poncelet (1826) eingeführte Name Arbeit scheint damals noch nicht recht eingebürgert gewesen zu sein. Der Name *Energie* ist zwar auf rein mechanischem Gebiet schon (1800) von Th. Young gebraucht, aber erst nach 1850 von den englischen Physikern allmälig auf das Gesammtgebiet der Physik übertragen worden.

11. Die bisher eingehender betrachteten Arbeiten waren ausschliesslich *theoretische*. Wir wenden uns nun den *Experimentaluntersuchungen* von J. P. Joule zu. Schon seit 1840 hatte sich Joule mit der Ermittlung der Gesetze beschäftigt, nach welchen die Leiter durch den galvanischen Strom erwärmt werden.[1]) Er hatte gefunden, dass die entwickelte Wärmemenge proportional dem Leitungswiderstand (sowohl bei Metallen wie bei Elektrolyten) und proportional dem Quadrate der Stromstärke sei, und konnte für willkürlich gewählte Einheiten des Widerstandes und der Stromstärke die entwickelte Wärme in Calorien angeben. Er

[1]) On the production of heat by voltaic electricyty. Proceedings of the Royal Society (1840). — Joule, Papers I. 559 u. f. f.

J. P. Joule.

wusste ferner, dass die im Kreise entwickelte *Gesammtwärme* gleich sei der Umsetzungswärme des gleichzeitig in der galvanischen Batterie stattfindenden chemischen Vorganges. Ein englisches Pfund Zink entwickelt in der Daniell'schen Batterie 1320° Fahrenheit in einem Pfund Wasser, in der Grove'schen Batterie aber 2200°. Von dieser Wärme wird, wie Joule sagt, ein entsprechender Theil *latent* durch Einschaltung eines Wasserzersetzungsapparates in den Stromkreis, welcher Theil durch Verbrennung des Knallgases wieder gewonnen werden kann.

Im Verlauf dieser Untersuchungen verfiel Joule darauf, die Wärmewirkung von Induktionsströmen zu ermitteln, welche durch Bewegung der einen Eisenkern umgebenden Drahtspule gegen einen starken Elektromagnet erregt werden.[1]) Er zweifelt nicht, dass solche Ströme nach *demselben* Gesetz wirken werden, wie irgend welche andern Ströme. Betrachtet man die Wärme nicht als eine *Substanz*, sondern als einen Schwingungszustand, so darf man, meint Joule, erwarten, dass letzterer durch Bewegung eingeleitet werden könnte. Es scheint ihm aber noch zweifelhaft, ob die Wärme wirklich *erzeugt*, oder nur von anderwärts her *übertragen* werde, da ja die gesammte durch die galvanische Batterie erzeugte Wärme durch den *chemischen Process* in der Batterie *bestimmt* ist. In dem Stromkreis ebenso wie bei dem Peltier'schen Vorgang handle es sich ja auch nur um eine Aenderung der *Wärmevertheilung*, nicht um eine *Erzeugung* der Wärme. Diese *Unklarheit* treibt ihn zu den Versuchen.

Der mit einer Drathspule umwickelte Eisenkern Fig. 79 wird in eine mit Wasser gefüllte gegen Wärmestrahlung und Wärmeleitung geschützte Glasröhre versenkt, und zwischen den Polen von starken Elektromagneten und Stahlmagneten gedreht, während die Drahtenden durch einen Quecksilbercommutator, welcher die Gleichrichtung der Ströme bewirkt, zu einem Galvanometer führen. Die Rotation (durch eine Viertelstunde) wird zur Bestimmung des Wärmeeinflusses der Umgebung auch bei ausgeschaltetem Magnet wiederholt. Die Drähte werden auch bei ausgeschaltetem Galvanometer miteinander verbunden, wobei die Stromstärke dem herabgesetzten Widerstand entsprechend ver-

[1]) On the calorific Effect of Magneto-Electricity and on the Mechanical Value of Heat. Phil. Mag. (1843). Joule, Papers I. S. 123.

mehrt wird. Der Elektromagnet wird durch Ströme verschiedener Stärke erregt. Aus allen Versuchen geht hervor, *dass auch bei Induktionsströmen die entwickelte Wärmemenge proportional dem Widerstand und dem Quadrate der Stromstärke ist.* Die Temperaturänderung wird durch ein in die Glasröhre vor und nach dem Versuch eingebrachtes feines Thermometer bestimmt, die *Wärmemenge* durch Ermittlung des gesammten Wasserwerthes der rotirenden Röhre gewonnen.

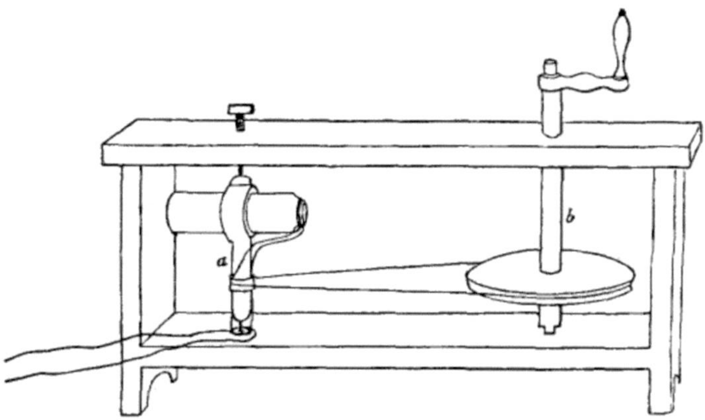

Fig. 79.

Die Versuche wurden wiederholt, indem durch die den Induktionsströmen ausgesetzte rotirende Spule und das Galvanometer zugleich ein Batteriestrom hindurch gesendet wird, welcher je nach dem Rotationssinne durch den Induktionsstrom geschwächt oder verstärkt wurde. Im ersteren Fall wirkt der Apparat als Motor und leistet Arbeit, im letztern Fall als Induktionsmaschine und verbraucht Arbeit. Auch in diesem Fall bewährt sich in Bezug auf die Wärmeentwicklung das für gewöhnliche galvanische Ströme geltende Gesetz. *Nun ist die chemische Umsetzung proportional der Stromstärke, die Wärmeentwicklung aber proportional dem Quadrate der Stromstärke; daher ist die einer bestimmten chemischen Umsetzung entsprechende Wärmeentwicklung einer Verminderung oder Vermehrung durch die Induktionsströme unterworfen, welche der Intensität der letztern proportional ist.*

„Now the increase or diminution of the chemical effects occuring in the battery during a given time is proportional to the magneto-electrical effect, and the heat evolved is always proportional to the square of the current; therefore the heat due to a given chemical action is subject to an increase or to a diminution directly proportional to the intensity of the magneto-electricity assisting or opposing the voltaic current.“

„*We have therefore in magneto-electricity an agent capable by simple mechanical means of destroying or generating heat.*“[1])

In der Induktion findet also Joule ein *mechanisches* Mittel Wärme zu *vernichten* oder zu *erzeugen*.

Es ist wohl zweckmässig, diesen wichtigen Punkt noch näher zu betrachten. Ist e die chemische Wärme per Zeiteinheit für die Stromeinheit, und wählen wir die Einheiten so, dass man die vom Strom J im Widerstand w in der Zeiteinheit entwickelte Wärme unmittelbar durch wJ^2 ausdrücken kann, so folgt für den *stationären* Strom, welcher die ganze entwickelte Wärme durch die Umsetzungswärme der Batterie decken muss $eJ = wJ^2$, was nur bei *einem* Specialwerth von J, nämlich $J = \frac{e}{w}$ oder $Jw = e$, welcher dem Ohm'schen Gesetz entspricht, möglich ist. Heisst nun der *Induktionsstrom* i, so kann die Gleichung

$$e(J \pm i) = w(J \pm i)^2$$

nicht zugleich mit der früheren bestehen. Setzen wir aber

$$E(J \pm i) = w(J \pm i)^2 \text{ oder}$$
$$E = wJ \pm wi = e \pm wi,$$

so sehen wir, dass für den *neuen* Fall die chemische Wärme per Stromeinheit und Zeiteinheit, nämlich E, gegen e um einen dem i proportionalen Betrag wi vermehrt oder vermindert ist. Man bemerke, dass diese Betrachtung verwandt ist derjenigen, welche Helmholtz (1847) über die Induktion angestellt hat.

Da man nun Wärme durch Induktion *erzeugen* oder *zerstören* kann, so scheint es Joule von grösstem Interesse zu erfahren, ob ein *festes* Verhältniss zwischen der gewonnenen oder verlorenen Wärmemenge und der aufgewendeten oder gewonnenen Arbeit (mechanical power) besteht. Zu diesem Zweck brauchen

---

1) Joule, Papers. I. S. 146.

die beschriebenen Versuche nur so abgeändert zu werden, dass der Rotationsapparat durch sinkende Gewichte mit derselben Geschwindigkeit getrieben wird, als es zuvor mit der Hand geschah. Selbstredend muss das Gewicht q bestimmt werden, welches jene Geschwindigkeit die blosse Reibung überwindend *ohne* Induktion erzeugt, und ebenso jenes Gewicht p, welches dieselbe Geschwindigkeit bei Entwicklung von Induktionsströmen hervorbringt. Ist dann h die Falltiefe, so ist $(p - q)\,h$ die auf die Entwicklung der Induktionsströme, beziehungsweise der Wärme aufgewendete Arbeit. Zur Erwärmung von 1 engl. Pfund Wasser um 1° Fahrenheit findet Joule einen Arbeitsaufwand von 838 engl. Fusspfund nöthig.

Zum Schluss der Abhandlung erwähnt Joule noch Versuche, bei welchen Wasser mit Druck durch enge Röhren getrieben und hierbei erwärmt wird. Dieselben ergeben als mechanisches Aequivalent in denselben Einheiten die Zahl 770. „I shall lose no time in repeating and extendig these experiments, being *satisfied* that the grand agents of nature are, by the Creators fiat, *indestructible;* and that wherewer mechanical force is expended, an exact equivalent of heat is *always* obtained."

12. In einem populären Vortrag von liebenswürdiger Einfachheit und Klarkeit sagt Joule:[1]) „We might reason, *à priori*, that such absolute destruction of living force $\left(\frac{mv^2}{2}\right)$ cannot possibly take place, because it is manifestly *absurd* to suppose that the powers with which God has endowed matter can be destroyed any more than that they can be created by man's agency; but we are not left with this argument alone, decisive as it must be to every imprejudiced mind." Nun wird auf die *Erfahrung* verwiesen.

Wie man sieht ist Joule schon zu Beginn seiner Arbeiten so zu sagen in dem vollen Besitz des Principes der Energieerhaltung. Denn wenn dasselbe auch nicht in ausdrücklicher und anspruchsvoller Weise *ausgesprochen* wird, so wird es doch in ausgedehntem Maasse *verwendet*, um alle erdenklichen Energieumwandlungen von chemischer Energie in elektrische, mechanische, Wärmeenergie und umgekehrt zu verfolgen. Die *philo-*

---

[1]) Joule, Papers I. S. 268.

sophischen Ansichten Joule's *scheinen* jedoch, wo sie zu Tage treten, wenn man sich an den *Ausdruck* hält, auf keinem besseren Grunde zu ruhen, als die so scharf kritisirten Ausgangssätze Mayer's. Man darf jedoch auch hier nicht ungerecht sein. Schwerlich hätte Joule dem Vorschlag zugestimmt, etwa durch eine kirchliche Synode entscheiden zu lassen, ob wohl die Energieerhaltung sich wirklich aus den Eigenschaften Gottes ableiten lasse, oder nicht. Die eigentliche Quelle seiner Ueberzeugung ist sicherlich eine andere als eine theologische.

Im Grunde ist der Weg, auf dem Joule zu seiner Entdeckung gelangt, sehr ähnlich demjenigen Mayer's. Mayer geht von der Verbrennungswärme des Thierkörpers aus, Joule von der chemischen Umsetzungswärme der galvanischen Batterie. In beiden Fällen zeigt sich, dass die Summe aller Leistungen an einen bestimmten *materiellen* Aufwand gebunden ist. Es wird dadurch die *substanzielle* Auffassung aller dieser Leistungen nahe gelegt. Stimmt einmal die Summe nicht, so wird der Quelle der Vergrösserung oder Verkleinerung nachgeforscht. Dieselbe findet sich in der *mechanischen* Arbeit. Joule fasst die letztere mit der Wärme um so leichter ebenfalls *substanziell* auf, als ihn Studien über die elektromagnetischen Motoren (1838—1841) überzeugt hatten, dass auch die *Arbeitsleistung* derselben an einen *materiellen* Aufwand, den Zinkverbrauch in der Batterie gebunden, diesem proportional ist.

Es ist also keine *metaphysische* Ueberzeugung, sondern das *Bedürfniss* nach einer *guten Wirthschaft* und *übersichtlichen Rechnung*, welches der im täglichen Leben und in der Technik erfahrene Ingenieur in das Gebiet der Wissenschaft mitbringt. Er fühlt sich „befriedigt", die Welt Gottes so zu finden, dass er diesem Bedürfniss entsprechen kann. Es ist also alles wie bei Mayer, bis auf einen charakteristischen englischen Zug. Dem Engländer ist die gesunde Methode der Naturforschung fast angeboren, sicherlich anerzogen. Er ist niemals mit metaphysischem Nebel behelligt worden, macht ihn wenigstens nie zur Hauptsache. Jede Ansicht wird ihm zum Anlass einer Probe durch das Experiment, jedes Experiment hat umgekehrt Einfluss auf seine Ansicht. Diese unausgesetzte gegenseitige Anpassung von Theorie und Erfahrung lässt sich an den Joule'schen Arbeiten vorzüglich verfolgen.

13. An die eben angeführte Arbeit schliesst Joule eine ganze Reihe anderer, die alle den Zweck haben, möglichst genau das mechanische Aequivalent der Wärme zu bestimmen. Es sollen hier nur die wichtigsten dieser Arbeiten, zunächst jene von 1845 besprochen werden.[1]) Dieselbe bestimmt das mechanische Aequivalent durch gleichzeitige Ermittlung der zur Luftcompression nöthigen mechanischen Arbeit und der hierbei erzeugten Wärmemenge.

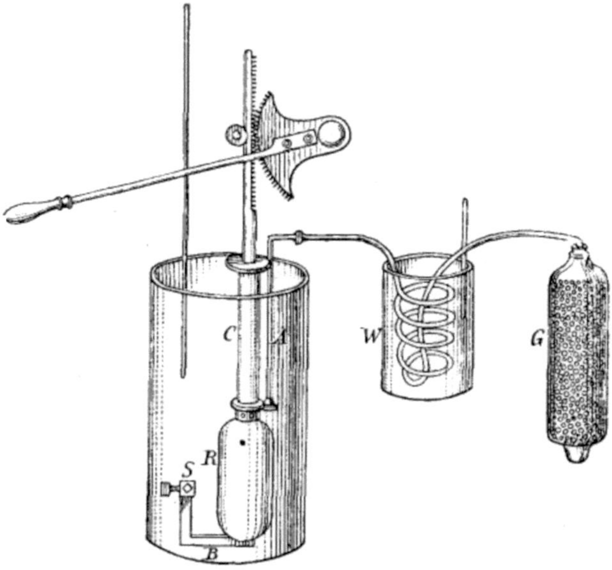

Fig. 80.

In ein gegen Wärmeableitung wohl geschütztes Wassercalorimeter wird ein Compressionsgefäss R sammt Luftpumpe C versenkt (Fig. 80). Getrocknete Luft wird mittelst eines Schlagenrohrs durch ein Wasserbad von bekannter Temperatur angesaugt und in R comprimirt. Die Wassermenge des Calorimeters wird so gross gewählt, dass die schliessliche *Temperaturerhöhung* nur eine *geringe* ist, und man kann demnach annehmen, dass der Druck nach dem Mariotte'schen Gesetz anwächst, woraus sich

[1]) On the Changes of Temperature produced by the Rarefaction and Condensation of Air. Phil. Mag. (1845). — Joule, Papers I. S. 172.

eine einfache Berechnung der Compressionsarbeit ergiebt. Denkt man sich das gesammte zu comprimirende Luftvolum v_1 in einem Cylinder von beliebigem Querschnitt unter dem Druck p_1, und comprimirt (mit Ableitung der entwickelten Wärme) auf v_2, und ist $p_2 = \frac{p_1 v_1}{v_2}$, so ist die Arbeit durch die Quadratur der in Fig. 81 verzeichneten gleichseitigen Hyperbel dargestellt. Die entwickelte Wärmemenge ist der Wasserwerth des Calorimeters, multiplicirt

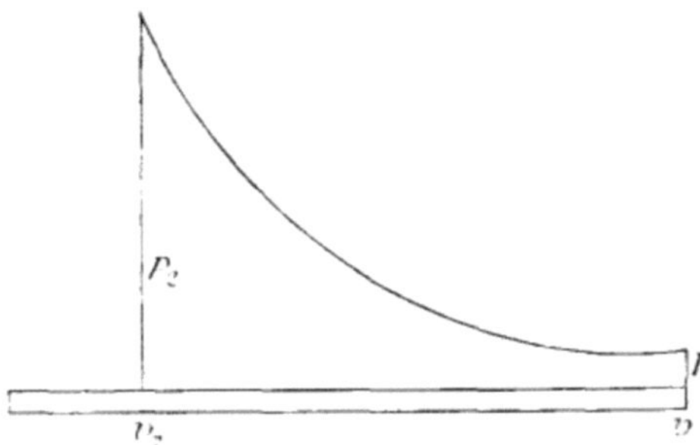

Fig. 81.

mit der Temperaturerhöhung. Um die durch Kolbenreibung entwickelte Wärme zu eliminiren, liess man die Pumpe durch dieselbe Anzahl Kolbenzüge leer gehen. Da jedoch der Kolben beim wirklichen Pumpen mit successive anwachsendem Druck gegen die Stiefelwand gepresst wird, wurde die Pumpe auch ohne Ventile bei gefülltem Compressionsgefäss in Gang gesetzt. Das mechanische Aequivalent ergab sich aus diesen Versuchen in den bekannten Einheiten zu 795.

Die nahe Uebereinstimmung der neuen Zahl mit der aus den elektromagnetischen Experimenten folgenden (838), in welchen letzteren von einem *Latentwerden* der Wärme wohl keine Rede sein kann, erweckt Joule die Vermuthung, dass auch Dichtenänderungen der Luft *an sich* keine Wärme frei oder latent machen, d. h. dass die *Wärmecapacität* einer Luftmasse vom *Volum unabhängig* ist. In der Verfolgung dieses Gedankens, und in der Absicht, denselben auf die Probe zu stellen, erweckt er das fast verschollene Gay-Lussac'sche Experiment zu neuem Leben.

Aus einem Gefäss *R* Fig. 82, in welchem die Luft auf 22 Atmosphären verdichtet ist, lässt man dieselbe in einen leeren Recipienten überströmen, während beide in demselben Calorimeter sich befinden. Das umgerührte Wasser zeigt keine Temperaturänderung. *Es findet also keine Temperaturänderung statt, wenn Luft ohne Arbeitsleistung sich ausdehnt.*

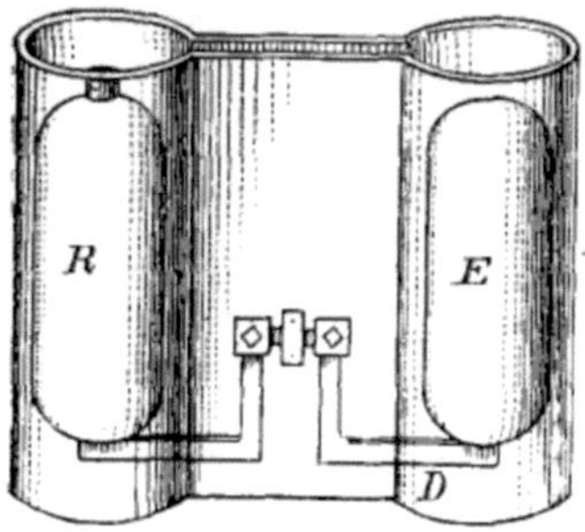

Fig. 82.

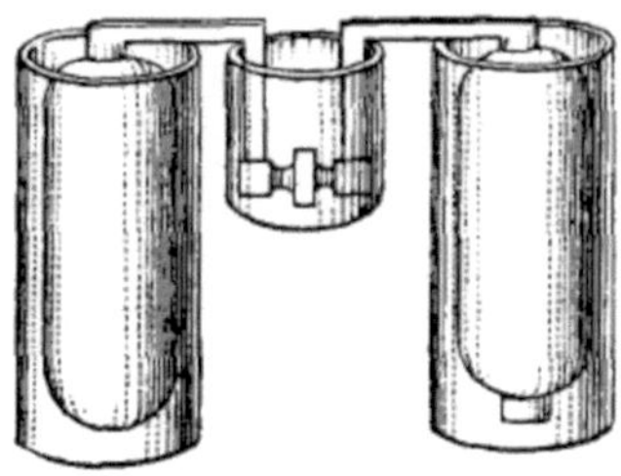

Fig. 83.

Wurde das Experiment in der Weise wiederholt, dass *R* sich in *einem*, *E* sich in einem *andern* Calorimeter befand (Fig. 83), so zeigte sich nach dem Ueberströmen in dem erstern eine Abkühlung von 2,36° in dem andern eine Erwärmung von 2,38°. Mit Rücksicht auf die notwendigen Correktionen musste man die Kälteentwicklung einerseits der Wärmeentwicklung anderseits als *gleich* erachten.

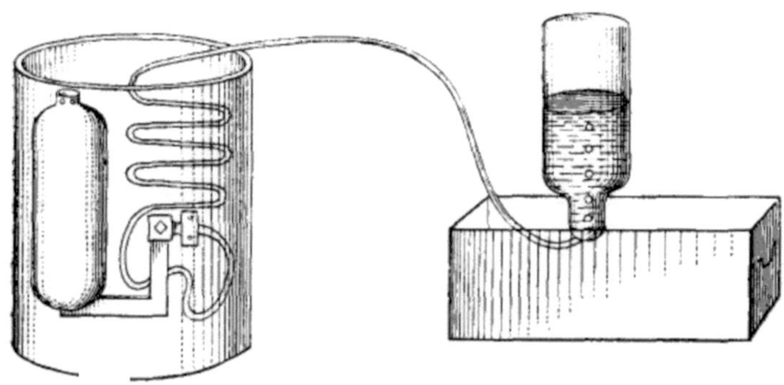

Fig. 84.

Liess man comprimirte Luft aus einem Recipienten, der sammt einem Schlangenrohr in ein Calorimeter versenkt war, ausströmen, und maass man das Volum der austretenden, den Atmosphärendruck überwindenden Luft, so konnte die Ausdehnungsarbeit ebenfalls berechnet, und die dem Calorimeter entzogene Wärmemenge bestimmt werden. Für das Aequivalent ergab sich die Zahl 820. Joule stellt auf Grund dieser Versuche die Carnot'sche Theorie in Frage.

14. Jene Experimente Joule's, welche am bekanntesten geworden sind, und die wir daher nur erwähnen, beziehen sich auf die Wärmentwicklung durch Reibung in Flüssigkeiten (Wasser, Quecksilber). Dieselben beginnen 1845[1]) und erlangen 1849[2]) eine sehr vollendete Form. Der Flüssigkeitsinhalt eines Calorimeters vom gesammten Wasserwerth m wird durch ein Schaufelrad zwischen andern feststehenden Schaufeln hindurch getrieben und erhält die Temperaturerhöhung u. Das Rad ist durch ein Gewicht P betrieben, welches um die Höhe h herabsinkt. Die aufgewendete Arbeit sei Ph in Kilogrammmetern, die entwickelte Wärme mu in Kilogrammcalorien. Der Quotient $\frac{Ph}{mu}$ giebt dann das mechanische Aequivalent in den jetzt gebräuchlichen Einheiten. Als beste aus den Reibungsversuchen folgende Zahl giebt Joule 423,55.

15. Auch die Versuche von Hirn[3]) müssen noch kurz besprochen werden. Hirn bedient sich eines frei aufgehängten ausgehöhlten Bleistückes von der Masse m, welches an einem ebenfalls aufgehängten Steinambos vom Gewicht Q anliegt. Ein eiserner freihängender Hammer vom Gewicht P Fig. 85, der dasselbe eben berührt, wird um die Höhe h erhoben und stösst das Bleistück, worauf dasselbe um die kleine Höhe h_1 zurückprallt, während der Amboss sich um die Höhe h_2 erhebt. Es ist demnach von der Arbeit Ph des Hammers $Ph_1 + Qh_2$ abzuziehen. Die Temperatur des Bleies hat sich hierbei um u erhoben, was, wenn die specifische Wärme s ist, die Wärmeproduktion msu

---

[1]) On the Mechanical Equivalent of Heat. Brit. Assoc. Rep. (1845). — Joule, Papers I. S. 202.

[2]) On the Mechanical Equivalent of Heat. Philos. Trans. (1849). — Joule, Papers I. S. 298.

[3]) Recherches experimentales sur la valeur de l'équivalent mécanique de la chaleur. Colmar et Paris 1858 und: Theorie mécanique ect. Paris 1865.

giebt. Das mechanische Aequivalent bestimmt sich durch den Quotienten

$$\frac{P(h-h_1)-Qh_2}{m\,s\,u}.$$

Historisch wichtige Versuche, die jedoch nicht sehr genau sind, und deren Analyse etwas umständlich wäre, bestehen in dem Nachweis, dass der in der Dampfmaschine *arbeitende* Dampf das Wärmeäquivalent der Arbeit verliert und, im Condensator angelangt, diesen weniger erwärmt, als wenn derselbe unmittelbar eingeleitet wird.

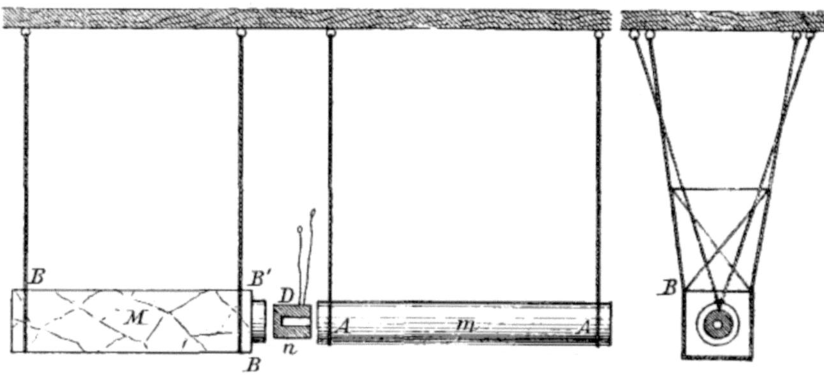

Fig. 85.

Besonders interessante in das Gebiet der Physiologie übergreifende Versuche beruhen auf folgendem Gedanken. Wenn ein Mensch sich ruhig verhält, giebt er einfach eine Wärmemenge ab, welche der gleichzeitig verbrauchten Sauerstoffmenge entspricht. Steigt derselbe einen Berg hinan, so hebt er, Arbeit leistend, seine eigene Last. Das Wärmeäquivalent dieser geleisteten Arbeit muss in der ausgegebenen Wärme fehlen. Steigt derselbe endlich einen Berg hinab, so leistet die Schwere Arbeit, die aber nicht als lebendige Kraft, sondern als Wärme zum Vorschein kommt, und die ausgegebene Wärme vermehrt.

Um die betreffende Untersuchung calorimetrisch ausführen zu können, schliesst Hirn[1]) einen Mann in einen Glaskasten

[1]) Theorie mécanique ect. S. 26.

ein, der als Calorimeter dient, und in welchem sich ein Tretrad befindet, dass durch eine Dampfmaschine gleichmässig gedreht wird. Der Mann kann entweder (I) ruhig sitzen, oder bei II ebenso rasch aufsteigen als das Rad abwärts geht, oder bei III ebenso rasch herabsteigen, als die Tritte des Rades sich erheben. Ein Schlauch führt ihm Athmungsluft von aussen zu, während ein zweiter Schlauch die ausgetrocknete Luft in einen Behälter führt, dessen Inhalt nachher genau analysirt wird. Der Sauerstoffverbrauch kann auf diese Weise in allen drei Fällen bestimmt werden.

Um die entwickelte Wärme zu ermitteln wartet Hirn in jedem der drei Fälle den stationären Temperaturzustand des Calorimeters ab, wobei demnach dieses ebenso viel Wärme an die Umgebung verliert, als in demselben in der gleichen Zeit entwickelt wird. Stellt man denselben stationären Zustand versuchsweise durch Regulirung eines an die Stelle des Mannes gesetzten Wasserstoffbrenners in dem Calorimeter her, dessen Gasverbrauch man genau bestimmen kann, so erfährt man die in den drei Fällen entwickelte Wärmemenge.

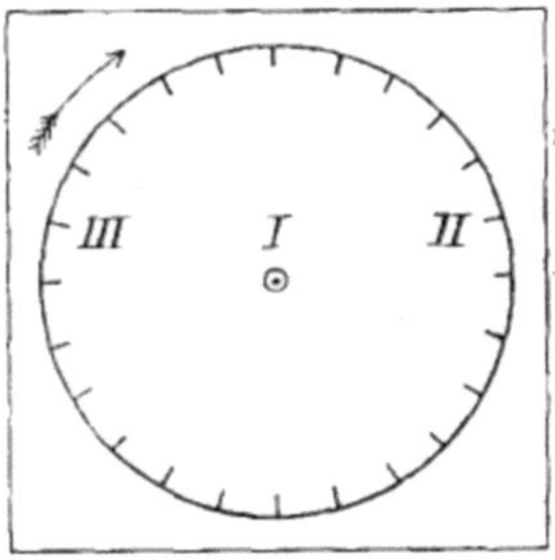

Fig. 86.

Für den Fall I und II führt Hirn Zahlenergebnisse an. Im Falle vollständiger Ruhe wurden per Stunde 29,65 *gr* Sauerstoff absorbirt und 155 Calorien erzeugt, also 5,22 Calorien per Gramm Sauerstoff.

Als der Mann per Stunde eine Arbeit von 27,448 Kilogrammmeter leistete, verbrauchte er in derselben Zeit 131,74 *gr* Sauerstoff, hätte also 687,68 Calorien produciren sollen. In Wirklichkeit wurden nur 251 entwickelt, also 436,68 auf Arbeit und andere Processe, die nicht mehr als Wärme nachweisbar waren, verwendet. Im dritten Fall stieg die erzeugte Wärme auf 6—7 Calorien per Gramm Sauerstoff.

Auch Hirn ist geneigt das Energieprincip für etwas Selbstverständliches zu halten. „Nihil ex nihilo, nihil in nihilum, telle est l'assise fondamentale de la théorie mécanique, tel est *l'axiome* que je ne cesserai d'appliquer d'un bout à l'autre de cet ouvrage.“ .... „Si au contraire le corps est non-élastique, il s'arrete d'un coup sur le plan et perd tout son mouvement de translation. Il y a donc, dans ce cas, une anihilation *inexplicable* (*impossible*) de travail."[1])

16. Diese Uebersicht lässt es wohl als zweifellos erscheinen, dass sowohl die Entdeckung der Aequivalenz von Wärme und Arbeit, als auch das Gesetz der Energieerhaltung nicht *einer* Nation oder *einer* Person angehören. Man kann vielmehr sagen, dass mit Ausnahme S. Carnot's, dessen Gedanken wie es scheint nur *einmal* aufgetreten sind, jeder einzelne der bedeutenden betheiligten Forscher aus der Rechnung hätte fallen können, ohne dass die Physik aufgehört hätte, den eingeschlagenen Entwicklungsgang fortzusetzen. Die Arbeit des *Einen* wäre durch jene der *Andern* ersetzt worden.

Zweifellos hat aber das Zusammenwirken verschiedener nationaler und persönlicher Individualitäten einen sehr fördernden Einfluss gehabt. Das Energieprincip ist dadurch rasch und nach allen Seiten hin zur Geltung gekommen. Das *Bedürfniss* nach dem Princip hat Mayer am *stärksten* zum Ausdruck gebracht, und er hat auch dessen Anwendbarkeit auf alle Gebiete dargelegt. Helmholtz verdankt man die vollständigste kritische Durcharbeitung im Einzelnen und die Anknüpfung an die vorhandenen Kenntnisse. Joule endlich hat die neue Methode und Denkweise in musterhafter Weise in das Gebiet des messenden Experimentes eingeführt.

Die Aufzählung späterer ausgezeichneter Leistungen auf diesem Gebiet, welche für sich schon eine Literatur von bedeutender Ausdehnung erfüllen, würde über den Zweck dieser Darstellung hinausgehen.

---

1) A. a. O. S. 4, 11.

Die Entwicklung der Thermodynamik. Die Vereinigung der Principien.

1. Carnot hatte (1824) gezeigt, dass die Wärme auf ein *tieferes* Temperaturniveau sinken müsse, wenn *Arbeit* geleistet werden soll. Mayer und Joule hatten (1842 und 1843) das *Verschwinden* von Wärme bei *Arbeitsleistung* dargethan. Carnot, Mayer, Joule, Helmholtz hatten das Princip des *ausgeschlossenen perpetuum mobile* aus dem Gebiete der Mechanik auf das gesammte Gebiet der Physik übertragen (1824—1847) und auf das kräftigste betont. Man hätte nun erwarten dürfen, dass die Vereinigung dieser Principien, die Zusammenfügung derselben zu einer consequenten Naturauffassung keiner erheblichen Schwierigkeit mehr begegnen würde, um so mehr als Holtzmann eine solche Vereinigung schon versucht, Helmholtz auf die Art der Vereinigung in ganz klarer Weise hingewiesen hatte. Die Carnot'sche Funktion hatte sich durch diese Vereinigung als in einfachster Weise bestimmbar erwiesen (S. 254).[1])

Dieser Schritt erforderte aber noch eine bedeutende geistige Anstrengung. Vertieft man sich in die damalige intellektuelle Situation, so begreift man dies *psychologisch* ganz wohl. Verhielt sich die Wärme bei der Arbeitsleistung wie das *Wasser* auf einer Mühle, welches nach gethaner Arbeit noch *vorhanden* ist, nur auf einem tiefern Niveau? Oder verhielt sich die Wärme wie die *Kohle*, welche beim Heizen der arbeitenden Dampfmaschine *verbraucht* wird? Diese beiden Auffassungen schienen sich durchaus zu *widersprechen*, man hielt sie für *unvereinbar*.

---

[1]) Helmholtz, Erhaltung der Kraft. 1847.

Welche sollte man annehmen? Dass beide zugleich gültig sein sollten, konnte man kaum glauben.

2. Dieser Stand der Frage wird uns ganz klar, wenn wir hören, was ein Mann wie William Thomson noch 1849 sagt.[1]) Bei aller Anerkennung für Joule's Experiment der Wärmeerzeugung durch Induktionsströme, hält er es noch für möglich, dass die Wärme dem inducirenden Magnet *entzogen* und auf den inducirten *übertragen* werde. Ist er auch geneigt, Wärme*erzeugung* durch Arbeit zuzugeben, so scheint ihm der Nachweis des umgekehrten Processes noch zu fehlen. Und bei alle dem steht für Thomson die Unmöglichkeit des perpetuum mobile fest.

„The extremely important discoveries recently made by Mr. Joule of Manchester, that heat is evolved in every part of a closed electric conductor, moving in the neighbourhood of a magnet, and that heat is *generated* by friction of fluids in motion, *seem* to overturn the opinion commonly held that heat cannot be *generated*, but only produced from a source, where it has previously existed either in a sensible or in a latent condition."

„In the present state of science, howewer, no operation is known by which heat can be absorbed into a body without either elevating its temperature, or becoming latent, and producing some alteration in its physical condition; and the fundamental axiom adoptet by Carnot may be considered *as still the most probable bàsis* for an investigation of the motive power of heat; although this, and with it every other branch of the theory of heat may ultimately require to be *reconstructed* upon another foundation, when our *experimental* data are more complete. On this understanding, and to avoid a repetition of doubts, I shall refer to Carnot's fundamental principle, in all that follows, as if its truth were thoroughly etablished."[2])

Weder die Joule'sche noch die Carnot'sche Ansicht vermag Thomson ohne Widerspruch mit dem Gesetz der Energieerhaltung zu vereinigen. Was wird aus der Wärme, welche durch Leitung auf eine *tiefere* Temperatur abfliesst, ohne Arbeit

---

[1]) Thomson, An Account of Carnot's theory of the motive power of Heat. Edinb. Transact. Vol. XVI part V. p. 541.

[2]) A. a. O. S. 543 und 544.

zu leisten? Welche Wirkung bringt dieselbe hervor, statt der Arbeit, die sie hätte *leisten können*, da in der Natur doch keine Energie verloren gehen kann? Wir werden sehen, dass in Anbetracht des Energieprincips diese Frage auch heute keine unberechtigte ist.

„When[1]) ‚thermal agency' is thus spent in conducting heat through a solid, what becomes of the mechanical effect which it might produce? Nothing can be lost in the operations of nature — no energy can be destroyed. What effect then is produced in place of the mechanical effect which is lost? A perfect theory of heat imperatively demands an answer to this question; yet no answer can be given in the present state of science. A few years ago, a similar confession must have been made with reference to the mechanical effect lost in a fluid set in motion in the interior of a rigid closed vessel, and allowed to come to rest by its own internal friction; but in this case, the foundation of a solution of the difficulty has been actually found, in Mr. Joule's discovery of the generation of heat, by the internal friction of a fluid in motion. Encouraged by this example, we may hope that the very perplexing question in the theory of heat, by which we are at present arrested, will, before long, be cleared up."

„It might appear, that the difficulty would be entirely avoided, by abandoning Carnot's fundamental axiom; a view which is strongly urged by Mr. Joule (at the conclusion of his paper ‚On the changes of Temperature produced by the Rarefaction and Condensation of Air'. Phil. Mag. May. 1845. Vol. XXVI). If we do so, howewer, we meet with innumerable other difficulties — insuperable without farther experimental investigation, and an entire reconstruction of the theory of heat, from its foundation. It is in reality to experiment that we must look-either for a verification of Carnot's axiom, and an explanation of the difficulty we have been considering; or for an entirely new basis of the theory of Heat."

Man kann die damalige Situation kaum deutlicher und aufrichtiger darlegen, als es hier von Thomson geschehen ist. Die vermisste Klarheit wurde aber nicht durch neue *Experimente* geschaffen, wie Thomson es erwartete, sondern durch

[1]) A. a. O. S. 545 Anmerkung.

eine sorgfältige *Kritik* der verschiedenen theoretischen Gesichtspunkte. Diese kritische Revision verdanken wir Clausius.

3. Clausius[1]) durchschaut zuerst, dass man mit Carnot die Abhängigkeit der Arbeitsleistung von der *übergeführten* Wärmemenge annehmen kann, *ohne* das Mayer-Joule'sche Princip der Aequivalenz von Wärme und Arbeit *aufgeben* zu müssen. Es ist nämlich nicht nöthig mit Carnot die Unveränderlichkeit der gesammten Wärmemenge aufrecht zu halten. Vielmehr kann man *ohne* Widerspruch annehmen, dass bei Arbeitsleistung (durch Wärme) *eine* Wärmemenge auf ein tieferes Temperaturniveau *sinkt*, während eine *andere* der geleisteten Arbeit äquivalente Wärmemenge *verschwindet*.

Wenn also nach Carnot die (beim Kreisprocess) geleistete Arbeit W lediglich eine Funktion der übergeführten Wärmemenge Q und der Temperaturen t_1, t_2 ist, also

$$W = F(Q, t_1\ t_2),$$

oder besser

$$W = Q\,F(t_1, t_2),$$

da ja unter gleichen Umständen die doppelte übergeführte Wärme auch der doppelten Arbeit entsprechen wird; so ist nach Clausius ausserdem noch $W = \frac{Q'}{A}$, wobei Q' eine der Arbeitsleistung W proportionale verschwundene Wärmemenge und A das Wärmeäquivalent der Arbeitseinheit bedeutet. Man kann demnach setzen

$$Q' = A \cdot Q\,F(t_1, t_2)$$

oder kürzer

$$Q' = Q\,F(t_1, t_2).$$

Die Aequivalenz von Wärme und Arbeit nennt Clausius den *ersten* Hauptsatz der mechanischen Wärmetheorie. Die mit Rücksicht auf diesen Satz modificirte Carnot'sche Gleichung, welche eine Beziehung zwischen der übergeführten und verschwundenen Wärme, zwischen zwei verschiedenen *Wärmeverwandlungen*, ausdrückt, wird der *zweite* Hauptsatz genannt. Derselbe sagt, dass das Verhältniss der in Arbeit verwandelten Wärme zu der von einer höhern auf eine niedere Temperatur übergeführten Wärme lediglich von den beiden Temperaturen

---

[1]) Pogg. Ann. Bd. 79. S. 378 und 500 (1850).

R. Clausius.

abhängt. Dasselbe Verhältniss besteht bei Umkehrung des Kreisprocesses zwischen der durch Arbeit *erzeugten* und der hierbei von niederer auf höhere Temperatur *übergeführten* Wärme.

Man denke sich einen beliebigen Körper, z. B. ein Gas, welcher von einem Anfangszustande aus, der durch Druck (p) und Volum (v), oder durch Druck und Temperatur (t), oder durch Volum und Temperatur bestimmt ist, einen beliebigen Kreisprocess durchmacht, und in *denselben* Anfangszustand wieder zurückkehrt. Sicherlich enthält der Körper am Ende der Operation wieder dieselbe Wärmemenge, wie zu Anfang. Würde man sich nun die gesammte Wärmemenge als *unveränderlich* denken, so müsste die algebraische Summe der in dem Kreisprocess dem Körper zugeführten und entzogenen Wärmemengen Null sein, oder dieselbe müsste in jedem Moment des Processes durch die Anfangs- und Endwerthe von p, v oder p, t oder v, t *bestimmt*, d. h. eine Funktion derselben sein. Diese Ansicht, welche Clapeyron und seine Nachfolger aufrecht halten, hat Clausius als *hinfällig* erkannt. Denn da die entzogenen und zugeführten Wärmemengen auch von der geleisteten und aufgewendeten *Arbeit abhängen*, und da diese je nach der Art des Processes sehr *verschieden* ist, kann die algebraische Summe dieser Wärmemengen keine allgemein angebbare Funktion von den unabhängig gedachten Variablen p, v, oder p, t oder v, t sein. Die betreffenden Fragen werden demnach von Clausius wesentlich anders behandelt als von Clapeyron.

Untersucht man nun die Beziehung $Q' = Q\,F(t_1, t_2)$ für einen an einem *Gase* durchgeführten umkehrbaren Kreisprocess, so gilt dieselbe für jeden *andern* Körper bei denselben Werthen von t_1, t_2. Diese Untersuchung gelingt Clausius auf Grund der einfachen Annahme, *dass ein bei constanter Temperatur sein Volum änderndes Gas nur so viel Wärme absorbirt oder abgiebt, als der geleisteten oder aufgewendeten Arbeit äquivalent ist.* Diese Annahme war nicht neu. Mayer hatte dieselbe auf Grund des Gay-Lussac'schen Ueberströmungsversuches gemacht, Joule's Experimente hatten dieselbe aufs neue als zutreffend dargethan, und Helmholtz hatte deutlich auf dieselbe hingewiesen. Clausius setzt aber die schon vorhandenen vereinzelten Ideen in nähere Beziehung.

Hiermit ist die Hauptleistung von Clausius im *Allge-*

meinen charakterisirt. Obgleich derselbe durchaus nur wohl vorbereitete Gedanken verwendet, so weiss er doch deren *Verhältniss* in kritischer Weise ungemein zu klären, und es gelingt ihm, dieselben zu einem einheitlichen widerspruchslosen System zusammenzufassen. Im Rückblick auf die vorausgehende Situation erscheint dies als eine *bedeutende intellektuelle Leistung*.

4. Es kann hier nicht unsere Aufgabe sein, die mannigfaltigen Einzeluntersuchungen von Clausius darzustellen, wir haben vielmehr nur die *principielle Aufklärung* zu betrachten, welche sich durch diese Arbeiten ergeben hat. Die beste Einsicht gewinnen wir, wenn wir von seiner Untersuchung der *Gase* ausgehen.

Nach Mariotte-Gay-Lussac ist $pv = R(a+t)$, wobei $a = 273$ und R für jedes Gas eine Constante bedeutet. Aendert sich das Volum der Masseneinheit des Gases um dv, die Temperatur um dt, so muss die Wärmemenge dQ zugeführt werden, durch welche die *innere Wärme* U des Gases vermehrt und *äussere Arbeit* geleistet wird. Nennen wir A das Wärmeäquivalent der Arbeitseinheit, so ist nach dem *ersten* Hauptsatz

$$dQ = \frac{dU}{dt}dt + \frac{dU}{dv}dv + Apdv \quad . \quad . \quad . \quad . \quad . \quad 1$$

Fällt die Volumänderung weg, ist $v = \text{const}$, oder $dv = 0$, so folgt

$$\frac{dQ}{dt} = \frac{dU}{dt} = c \quad . \quad . \quad . \quad . \quad . \quad . \quad . \quad . \quad . \quad 2$$

Nach Clausius' Ansicht ist c, die *specifische Wärme bei constantem Volum* (auf die Masseneinheit bezogen), eine von der Temperatur (und dem Volum) *unabhängige* Constante. Diese Ansicht gründet sich auf die Versuche Regnault's. Aus Gay-Lussac's und Joule's Versuchen folgt aber auch, dass bei Volumausdehnung *ohne Arbeit* keine Wärme verbraucht wird. Demnach ist auch $\frac{dU}{dv} = 0$. Die Gleichung nimmt daher die Form an

$$dQ = c\,dt + Ap\,dv \quad . \quad . \quad . \quad . \quad . \quad . \quad . \quad 3$$

Setzt man $dp = 0$, oder $p = \text{const}$, in

$$p\,dv + v\,dp = R\,dt \quad . \quad . \quad . \quad . \quad . \quad . \quad . \quad 4$$

so folgt aus 3

$$\frac{dQ}{dt} = c + AR, \quad \ldots \ldots \quad 5$$

wobei also $c + AR$ die *specifische Wärme bei constantem Druck* bedeutet.

Setzt man in 3 ein $dt = 0$, so ergiebt sich für eine Volumänderung *ohne* Temperaturänderung

$$\frac{dQ}{dv} = Ap \quad \ldots \ldots \quad 6$$

Man könnte Ap als specifische *Wärme der Volumänderung* bei constanter Temperatur bezeichnen.

Durch Einführung von $dt = 0$ in 4 erhält man $p\,dv = -v\,dp$, und aus 3 folgt dann

$$\frac{dQ}{dp} = -Av \quad \ldots \ldots \quad 7$$

als *specifische Wärme der Druckänderung* bei constanter Temperatur.

Führt man in 3 ein $dt = \frac{p\,dv + v\,dp}{R}$, so findet sich

$$dQ = \left(\frac{c}{R} + A\right) p\,dv + \frac{c}{R} v\,dp \quad \ldots \ldots \quad 8$$

welche Gleichung Q durch p und v ausdrückt.

Für $dp = 0$ folgt

$$\frac{dQ}{dv} = \left(\frac{c}{R} + A\right) p \quad \ldots \ldots \quad 9$$

für die *specifische Wärme der Volumänderung bei constantem Druck*.

Für $dv = 0$ findet sich hingegen

$$\frac{dQ}{dp} = \frac{c}{R} v \quad \ldots \ldots \quad 10$$

als *specifische Wärme der Druckänderung* bei constantem Volum.

Diese Ausdrücke wurden hier in grösserer Vollständigkeit entwickelt, als es sonst üblich ist, um sich auf dieselben einfach berufen zu können.

5. Nach dem Mariotte-Gay-Lussac'schen Gesetz ist $\frac{pv}{a+t} = \frac{p_0 v_0}{a+t_0}$, demnach die Constante $R = \frac{p_0 v_0}{a+t_0}$, worin p_0, v_0, t_0 beliebige zusammengehörige Werthe (für die Masseneinheit

Gas) bedeuten. Der Werth von R ist für verschiedene Gase verschieden, und zwar der Dichte der Gase *umgekehrt proportionirt.* Nach dem Obigen hat die Differenz

$$C - c = AR \quad \ldots\ldots\ldots \quad 11$$

für jedes Gas einen andern bestimmten *constanten* Werth, welcher, weil A überhaupt unveränderlich, der Dichte der Gase umgekehrt proportional ist. Auch der Quotient

$$\frac{C}{c} = \frac{c + AR}{c} \quad \ldots\ldots\ldots \quad 12$$

hat, weil c von der Temperatur und dem Volum nicht abhängt, für jedes Gas einen andern *bestimmten constanten* Werth.

Bezieht man die specifischen Wärmen auf *gleiche* Gasvolumina bei gleichem Druck und gleicher Temperatur, und nennt dieselben Γ und γ für constanten Druck und constantes Volum, so folgt aus der Gleichung

$$C - c = AR = \frac{A p_0 v_0}{a + t_0} \quad \ldots\ldots \quad 13$$

durch Division mit v_0

$$\Gamma - \gamma = \frac{A p_0}{a + t_0} \quad \ldots\ldots\ldots \quad 14$$

Diese Differenz ist also (wegen des Ausfalls von v_0) für alle Gase (bei gleichem Druck und gleicher Temperatur) *gleich.*

Durch Division der ganzen letzten Gleichung mit γ findet sich

$$\frac{\Gamma}{\gamma} - 1 = \frac{A}{\gamma} \cdot \frac{p_0}{a + t_0} \quad \ldots\ldots \quad 15$$

d. h. der Ueberschuss $\frac{\Gamma}{\gamma}$ über 1 ist der specifischen Wärme der Gase bei constantem Druck (per Volumeinheit) verkehrt proportional, wie dies Dulong[1]) auf Grund von schon erwähnten Versuchen behauptet hat.

Hiermit sind die Sätze über die Gase, welche theilweise schon Carnot, Clapeyron, Poisson u. A. auf Grund nicht ganz statthafter Voraussetzungen abgeleitet hatten, *vervollständigt* und *berichtigt.*

---

[1]) Ann. de Chim. T. 41, Pogg. Ann. Bd. 16.

6. Wir setzen $dQ = 0$ in Gleichung 3 und führen daselbst für p den Werth ein, der aus dem Mariotte-Gay-Lussac'schen Gesetz folgt, dann ist

$$c\,dt + AR\frac{a+t}{v}\,dv = 0.$$

Dieselbe entspricht der Temperaturänderung eines Gases bei Volumänderung *ohne Wärmezufuhr.* Nach Sonderung der Variablen hat man

$$\frac{dt}{a+t} + \frac{AR}{c}\cdot\frac{dv}{v} = 0$$

und als Integrale

$$(a+t)\,v^{\frac{AR}{c}} = \text{const.}$$

Führt man

$$\frac{AR}{c} = \frac{C-c}{c} = \frac{C}{c} - 1 = k - 1$$

ein, so ist

$$(a+t)\,v^{k-1} = \text{const},$$

oder

$$\frac{a+t}{a+t_0} = \left(\frac{v_0}{v}\right)^{k-1} \quad . \; . \; . \; . \; . \; . \; . \quad 16$$

und mit Benutzung des Mariotte-Gay-Lussac'schen Gesetzes

$$\frac{a+t}{a+t_0} = \frac{vp}{v_0 p_0}$$

auch

$$\left(\frac{a+t}{a+t_0}\right)^{k} = \left(\frac{p}{p_0}\right)^{k-1} \quad . \; . \; . \; . \; . \; . \; . \quad 17$$

und

$$\frac{p}{p_0} = \left(\frac{v_0}{v}\right)^{k} \quad . \; . \; . \; . \; . \; . \; . \; . \; . \quad 18$$

Die Gleichungen 16—18 enthalten die von Poisson abgeleiteten Gesetze. Die Gleichung 3 lautet für $dt = 0$

$$dQ = Apdv \text{ oder}$$

$$dQ = AR\frac{a+t}{v}, \text{ und deren Integrale ist}$$

$$Q = AR\,(a+t)\log v + \text{const oder}$$

$$Q - Q_0 = AR\,(a+t_0)\log\frac{v}{v_0} \quad . \; . \; . \; . \; . \; . \quad 19$$

Die bei der Ausdehnung oder Zusammendrückung von v auf v_0 (bei constanter Temperatur) absorbirte oder abgegebene Wärmemenge hängt nur von dem Verhältniss $\frac{v}{v_0}$ ab. Dies ist der Carnot'sche Satz mit der Vervollständigung, welche sich durch Kenntniss des mechanischem Wärmeäquivalentes ergiebt. Bei Einführung von $\frac{p_0 v_0}{a + t_0}$ für R ersieht man auch aus der Gleichung

$$Q - Q_0 = A p_0 v_0 \log \frac{v}{v_0} \quad \ldots\ldots \quad 20$$

dass alle Gase von gleichem Anfangsdruck und Anfangsvolum bei derselben Volumänderung dieselbe Wärmemenge absorbiren oder abgeben (Dulong). Diese Wärmemengen sind aber auch unabhängig von der Temperatur und proportional dem anfänglichen Gasdruck.

7. In seiner ersten Publikation verfolgt Clausius zunächst den Zweck, die Carnot-Clapeyron'sche Darstellung zu *vervollständigen*, beziehungsweise zu berichtigen, und seine Ausführungen lehnen sich deshalb auch sehr stark an die genannten Arbeiten an. Nach der *ältern* Auffassung ist die *Ueberführung* der in einem Kreisprocess von A (bei der Temperatur t_1), während der Zustandsänderung $a\,b$ aufgenommenen, und *vollständig* an B (bei t_2) in der Zustandsänderung $c\,d$ abgegebenen Wärmemenge Q das *alleinige* Aequivalent der durch die Fläche $a\,b\,c\,d$ dargestellten Arbeit W. Clausius zeigt jedoch, dass die von A aufgenommene Wärmemenge $Q + Q'$ grösser ist als die an B abgegebene Q. Während Q von t_1 auf t_2 *übergeführt* wird, *verschwindet* in dem Kreissprocess die andere Wärmemenge Q', welche der Arbeit W äquivalent ist. Zur weiteren quantitativen Verfolgung dieser Verhältnisse werden Kreisprocesse zwischen unendlich nahen Grenzen angenommen.

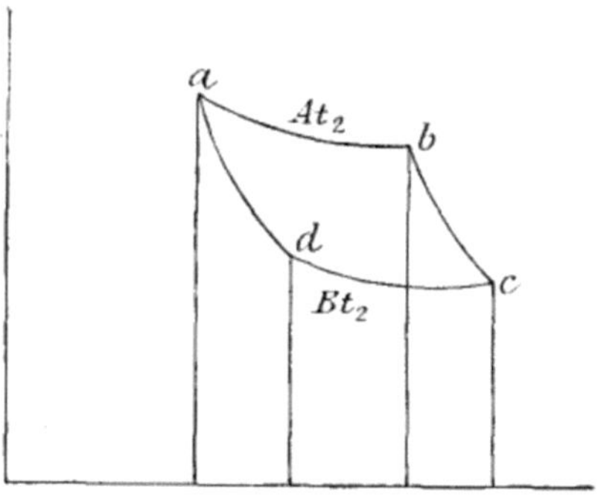

Fig. 87.

Die Betrachtungsweise von Clausius ist im Ganzen sehr ähnlich jener von Carnot. Während aber Carnot von dem Satze ausgeht, dass *Arbeit* nicht aus Nichts gewonnen werden kann, stützt sich Clausius auf den Satz, *dass Wärme nicht ohne Arbeitsaufwand aus einem kälteren in einen wärmeren Körper geschafft werden kann.* Man sieht, dass sich beide Sätze gegenseitig bedingen, sobald man den mit Temperaturdifferenzen verbundenen Wärmeausgleich als *Arbeitsquelle* ansieht.

Die Aequivalenz zwischen Wärme und Arbeit gelangt schon in der Gleichung 1 zum Ausdruck, welche sich in die beiden folgenden Gleichungen zerlegen lässt:

$$\frac{dQ}{dv} = \frac{dU}{dv} + Ap$$

$$\frac{dQ}{dt} = \frac{dU}{dt}.$$

Differentiirt man die erste partiell nach t, die zweite nach v, so erhält man

$$\frac{d}{dt}\left(\frac{dQ}{dv}\right) = \frac{d^2 U}{dt\,dv} + A\frac{dp}{dt}$$

$$\frac{d}{dv}\left(\frac{dQ}{dt}\right) = \frac{d^2 U}{dv\,dt}$$

und zieht man die untere von der obern ab, so erhält man

$$\frac{d}{dt}\left(\frac{dQ}{dv}\right) - \frac{d}{dv}\left(\frac{dQ}{dt}\right) = A\frac{dp}{dt} \quad . \quad . \quad . \quad . \quad 21$$

Hierbei ist U lediglich eine Funktion des durch v und t bestimmten Zustandes, so dass also $\frac{d^2 U}{dt\,dv} = \frac{d^2 U}{dv\,dt}$ ausfällt, während Q auch von der *äussern* Arbeit $p\,dv$, also von dem *Wege* der Zustandsänderung abhängt. Demnach ist Q *keine* allgemein angebbare Funktion der beiden *unabhängigen* Variablen v, t, weshalb auch in 21 die linke Seite nicht Null ist.

Für ein Gas nimmt mit Rücksicht auf das Mariotte-Gay-Lussac'sche Gesetz die Gleichung 21 die Form an

$$\frac{d}{dt}\left(\frac{dQ}{dv}\right) - \frac{d}{dv}\left(\frac{dQ}{dt}\right) = \frac{AR}{v} \quad . \quad . \quad . \quad . \quad . \quad 22$$

welche ebenfalls den *ersten* Hauptsatz ausdrückt.

Dies ergiebt sich auch durch Betrachtung des Clapeyron-schen Kreisprocess zwischen t, $t - dt$, v, $v + dv$ an der Hand der Fig. 88. Für die *geleistete* Arbeit des Gases erhält man nämlich in bekannter Weise $\frac{R\,dt\,dv}{v}$. Die auf dem Wege ab zugeführte Wärme ist $\frac{dQ}{dv}dv$. Entwickelt man die auf dem Wege cd abgeführte Wärme aus dem vorigen Ausdruck nach der Taylor'schen Reihe, und subtrahirt von dem vorigen Ausdruck, so erhält man für die *verschwundene* Wärme

$$\left[\frac{d}{dt}\left(\frac{dQ}{dv}\right) - \frac{d}{dv}\left(\frac{dQ}{dt}\right)\right] dv\,dt.$$

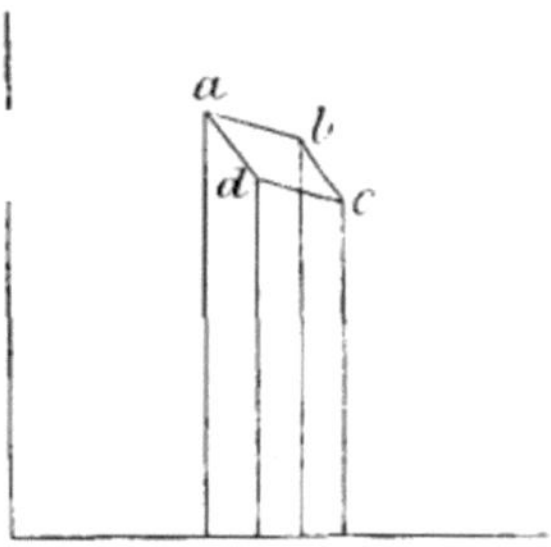

Fig. 88.

Die Division der geleisteten Arbeit durch die verschwundene Wärme muss $\frac{1}{A}$ ergeben, was die Gleichung 22 liefert.

8. Durch Betrachtung desselben Kreisprocesses findet sich mit Zuziehung des *ersten* Hauptsatzes auch das Carnot'sche Verhältniss der geleisteten Arbeit zur *übergeführten Wärme* ganz allgemein. Die *geleistete Arbeit* ist wieder $\frac{dp}{dt}dt\,dv$, und insbesondere für ein Gas $\frac{R\,dt\,dv}{v}$. Die auf dem Wege ab aufgenommene Wärme ist von der auf cd abgegebenen nur um ein unendlich Kleines zweiter Ordnung (die linke Seite von 22 multiplicirt mit $dv \cdot dt$) verschieden. Man kann die *übergeführte* Wärme also einfach durch $\frac{dQ}{dv}dv$, insbesondere für ein Gas durch $Ap = \frac{AR(a+t)}{v}$ ausdrücken. Die Division der geleisteten Arbeit durch die übergeführte Wärme giebt aber $\frac{dt}{C}$, also

$$\frac{dt}{A(a+t)} = \frac{dt}{C}$$

Demnach hat ganz *allgemein* das von Clapeyron als Carnot'sche Funktion bezeichnete C den Werth

$$C = A\,(a + t) \quad . \quad . \quad . \quad . \quad . \quad . \quad . \quad 23$$

Auch Clapeyron's Ausdruck

$$\frac{R\,dt}{v\,\frac{dQ}{dv} - p\,\frac{dQ}{dp}} = \frac{dt}{C}$$

liefert sofort *dasselbe* Ergebniss, wenn man den Grundsatz der Aequivalenz von Wärme und Arbeit hinzuzieht, und die angedeutete Rechnung ausführt. Hierbei hat man den Werth $\frac{dQ}{dv}$ aus Gleichung 9, den Werth von $\frac{dQ}{dp}$ aus Gleichung 10 zu entnehmen.

Denkt man sich den Kreisprocess mit gesättigtem Dampf ausgeführt, so erhält man nach Clausius

$$\frac{(s - \sigma)\,\frac{dp}{dt}\,dt}{r} = \frac{dt}{C},$$

worin s das Volum der Gewichtseinheit des gesättigten Dampfes (bei t), σ jenes der Gewichtseinheit Flüssigkeit, r die (latente) Dampfwärme bedeutet. Die Ableitung entspricht dem Vorgange Clapeyron's.

Durch Vergleichung *seines* Werthes von C mit den Bestimmungen von Clapeyron (*s*) und mit jenen, welche Thomson[1]) auf Grund der Messungen Regnault's von r und $\frac{dp}{dt}$ für Wasserdampf, ausgeführt hatte, kommt Clausius zu dem Schluss, dass sein Ausdruck für C wirklich der *richtige* sei. Die Werthe von C bilden nämlich für die angegebenen Temperaturen folgende Reihen:

Temperatur	35,5°	78,8°	100°	156,8°
nach Clapeyron	1	1,13	1,22	1,27
nach Thomson	1	1,12	1,17	1,31
nach Clausius	1	1,14	1,21	1,39

9. In seiner *ersten* oben angeführten Arbeit steht W. Thomson noch ganz auf dem Carnot'schen Standpunkt. Er geht aber

[1]) A. a. O.

schon daran, die Carnot'sche Theorie für den praktischen Gebrauch verwerthbar zu machen. Es sei W die Arbeit, welche bei Abfluss der Wärmemenge Q von $t + 1^{0}$ auf 1^{0} durch einen Kreisprocess geliefert wird. Der Quotient $\mu = \frac{W}{Q}$, welcher die Arbeit für *eine* Wärmeeinheit unter diesen Umständen angiebt, wird von Thomson der Carnot'sche Coefficient genannt. Derselbe hängt bloss von t ab. Nun bestimmt Thomson nach Clapeyron's Methode mit Hülfe der Regnault'schen Zahlen, wie schon erwähnt, μ von Grad zu Grad von 0^{0} bis 230^{0}. Wird nun ein Kreisprocess zwischen der niederen Temperatur t^{0} und der höheren t_1 ausgeführt, so denkt er sich zwischen t_0 und t_1 eine sehr grosse Anzahl thermodynamischer Maschinen eingeschaltet, von welchen jede nur in einem sehr kleinen Temperaturintervall arbeitet, so dass jede die von der Maschine des nächst höhern Temperaturintervalls abgegebene Wärme aufnimmt, und an die Maschine des nächst tieferen Temperaturintervalls abgiebt. Ist μ als Funktion der Temperatur ermittelt, so ist der Arbeitseffekt W für die übergeführte Wärme Q gegeben durch

$$W = Q \int_{t_0}^{t_1} \mu \, dt,$$

Dieser Gedanke wird, wie Thomson in einer zweiten Publikation *selbst* mittheilt, dadurch *hinfällig*, dass jede folgende im nächst tiefern Temperaturintervall arbeitende Maschine eine *kleinere* Wärmemenge überführt, da ein Theil der aufgenommenen bei der Arbeitsleistung eben verschwunden ist. In dieser zweiten Mittheilung[1]) werden die Arbeiten von Mayer und Joule mit aller Anerkennung genannt, und es wird erwähnt, dass Rankine und Clausius durch Aufgeben der Annahme der Unveränderlichkeit der Wärmemenge die Thermodynamik wesentlich gefördert hätten.

10. Thomson vereinigt nun selbst das Joule'sche und das Carnot'sche Princip, und entwickelt Sätze, die er *unabhängig* von Clausius gefunden hat, in Bezug auf welche er aber keine Priorität Clausius gegenüber in Anspruch nimmt. Als Grundlage seiner Ableitungen bedient er sich des Satzes: „*Es ist un-*

---

[1]) On the dynamical theory of heat. Edinb. Trans. Vol. XX Part. II S. 261. (17. März 1851.)

möglich mit Hülfe unbelebter Körper durch Abkühlung eines Körpers unter die niederste Temperatur der Umgebung mechanische Arbeit zu gewinnen." Denn, meint Thomson, wenn dieser Satz unrichtig wäre, könnte man ins Unbegrenzte Arbeit gewinnen durch Abkühlung des Meeres, der Erde, ja der ganzen materiellen Welt. Dass dieser Grundsatz und der Clausius'sche nur der *Form* nach verschieden sind, erkennt Thomson ebenfalls an.

Das Princip der Energieerhaltung wird durch folgendes Beispiel erläutert. Von drei identischen galvanischen Batterien I, II, III wird I durch einen Draht geschlossen, II zur Wasserzersetzung und III zum Betriebe eines Elektromotors verwendet. Der Widerstand in I und der Gang in III wird so abgeglichen, dass in allen drei Fällen die Stromstärke constant und dieselbe ist. Dann wird in I *mehr* Wärme producirt als in II und III. Verbrennt man aber in II das Knallgas und lässt man in III die Arbeit durch blosse Reibung vernichten, so ist die Menge der producirten Wärme in allen drei Fällen wieder dieselbe.

11. Die Entwicklungen von Thomson zeichnen sich durch *Kürze* und *Uebersichtlichkeit* aus. Die beiden Hauptsätze werden in folgender Weise gewonnen.

Ein Körper erfahre die Volumänderung dv und die Temperaturänderung dt. Die hierzu nöthige Wärmezufuhr ist $M\,dv + N\,dt$, wobei M und N Funktionen von v und t sind. Das mechanische Aequivalent dieser Wärme ist, wenn J die Joule'sche Zahl $\left(=\frac{1}{A}\right)$ bedeutet,

$$J(M\,dv + N\,dt).$$

Es werde bei dem Oberflächendruck p auf den Körper noch die äussere Arbeit $p\,dv$ geleistet. Wir bilden die Differenz beider Ausdrücke, und nehmen die Summe in Bezug auf einen geschlossenen Kreisprocess. Dann ist, da die geleistete Arbeit durch das mechanische Aequivalent der zugeführten Wärme gedeckt sein muss

$$\int\{(p - JM)\,dv - JN\,dt\} = 0.$$

Der Ausdruck unter dem Integralzeichen ist also durch die Werthe v, t vollkommen bestimmt, demnach ein vollständiges

Differential einer Funktion der zwei unabhängigen Variablen v, t, und es besteht also die Gleichung

$$\frac{d(p - JM)}{dt} = \frac{d(-JN)}{dv}$$

oder

$$\frac{dM}{dt} - \frac{dN}{dv} = \frac{1}{J}\frac{dp}{dt} \quad \ldots\ldots\ 24$$

Diese den *ersten* Hauptsatz enthaltende Gleichung ist mit der Gleichung 21 von Clausius identisch.

Der *zweite* Hauptsatz ergiebt sich im Anschluss an die Clapeyron'sche Betrachtung in der Form

$$\frac{\frac{dp}{dt}dt \cdot dv}{M dv} = \frac{\frac{dp}{dt}dt}{M} = \mu \cdot dt \quad \ldots\ldots\ 25$$

und da dt nur als Proportionalitätsfaktor in die Gleichung eingeht

$$\frac{\frac{dp}{dt}}{M} = \mu \quad \ldots\ldots\ 26$$

wobei die Carnot'sche Funktion (μ) nur von der Temperatur, *nicht* vom Material abhängt.

12. Nun folgt eine sehr einfache und aufklärende Betrachtung, welche sich durch Vereinigung des ersten und zweiten Hauptsatzes ergiebt. Der Zähler der linken Seite von Gleichung 25 bedeutet die bei einem Kreisprocess zwischen t und $t + dt$ *geleistete Arbeit*, oder das *mechanische Aequivalent* der hierbei *verschwundenen* Wärmemenge dq, welche *unendlich klein* ist im Vergleich mit der *übergeführten Wärme* $q = M dv$. Die Gleichung lässt sich also schreiben

$$\frac{J dq}{q} = \mu\, dt \quad \ldots\ldots\ 27$$

Dieselbe bleibt auch bestehen, wenn die Volumänderungen beträchtlich sind, so weit nur dt unendlich klein bleibt. Thomson denkt sich nun zwischen den Temperaturen T und S eine unendlich grosse Anzahl sich aneinander anschliessender thermodynamischer Maschinen, von denen jede die von der höher temperirten abgelieferte Wärme (q) übernimmt und mit einem unendlich kleinen Verlust (dq) an die nächst niedriger temperirte abgiebt. Die Integration von 27 giebt

$$\log \frac{H}{R} = \frac{1}{J}\int_T^S \mu \, dt,$$

wobei H die das Niveau S, und R die das Niveau T *durchfliessende* Wärmemenge bedeutet.

Es folgt

$$R = H e^{-\frac{1}{J}\int_T^S \mu \, dt} \quad \ldots \ldots \ldots \quad 28$$

Da aber die geleistete Arbeit W das mechanische Aequivalent ist der zwischen S und T verschwundenen Wärme, so ist

$$W = J(H - R) \text{ oder}$$

$$W = J H \left[1 - e^{-\frac{1}{J}\int_T^S \mu \, dt} \right] \quad \ldots \ldots \quad 29$$

Kann man also μ von Grad zu Grad *experimentell* bestimmen, so lässt sich der grösstmögliche Nutzeffekt einer thermodynamischen zwischen beliebigen Temperaturen arbeitenden Maschine angeben. Man sieht, dass niemals $W = J H$ werden kann. Doch nähert man sich dieser Grenze desto mehr, je grösser die Temperaturdifferenz ist, zwischen welcher die Maschine arbeitet. Durch die Formel 28 wird auch die Tabelle der früheren Publikation Thomson's wieder verwendbar.

Fig. 89.

Es wird hier darauf hingewiesen, dass nur ein Theil des *mechanischen Aequivalentes* der Wärme in Arbeit umgesetzt, der Rest aber für den *Menschen* unwiderbringlich verloren, wenn auch nicht vernichtet ist (... „The remainder being irrecoverably lost to man, and therefore ‚wasted', althoug not annihilated"). In dieser Bemerkung liegt der Keim später zu besprechender Untersuchungen.

13. In Bezug auf den Werth von μ führt Thomson[1]) an, dass Joule in einem Brief (an Thomson) vom 9. December 1848 die Ansicht ausgesprochen habe, μ sei verkehrt proportional der Temperatur über dem (absoluten) Nullpunkt, nämlich $\mu = k\frac{a}{1+at}$. Thomson habe seither erkannt, dass dem Joule'schen Princip entsprechend $k = J$ sein müsse. Er schreibt demnach

$$\mu = J\frac{a}{1+at},$$

was mit der Clausius'schen Aufstellung übereinstimmt.[2]) Die Experimente über die Luftcompression waren es, welche Joule auf diesen Gedanken brachten.[3])

Schreibt man nun, um Conformität mit den spätern Clausius'schen Entwicklungen zu gewinnen $\mu = \frac{J}{a+t} = \frac{J}{T}$, wobei T die absolute Temperatur bedeutet, so ist

$$-\frac{1}{J}\int_{T_2}^{T_1}\frac{J\,dT}{T} = -\log\frac{T_1}{T_2},$$

wobei gesetzt wurde T_2 für T und T_1 für S. Die Exponentielle in 28 nimmt dadurch den Werth $\frac{T_2}{T_1}$ an, und man erhält

$$R = H\cdot\frac{T_2}{T_1}$$

oder

$$\frac{R}{T_2} = \frac{H}{T_1} \qquad \ldots \ldots \ldots \ldots \quad 30$$

was mit dem Ergebniss der spätern Clausius'schen Entwicklungen vollständig zusammenfällt. Für die geleistete Arbeit hat man

---

[1]) On the dynamical theory ect. p. 279 und 280.

[2]) On a Method of Discovering the Relation between the Mechanical Work spent and the Heat produced by the Compression of a Gaseous Fluid. Trans. R. S. O. Vol. 20 S. 289 (21. April 1851).

[3]) An Account of Carnot's theory p. 566.

$$W = JH\left(\frac{T_1 - T_2}{T_1}\right) \quad \ldots\ldots \quad 31$$

Hatte Clausius mit seiner ersten Publikation Thomson überholt, so wird es sich bald zeigen, dass hier Thomson wieder den Clausius'schen Entwicklungen vorausgeeilt war, wodurch sich beide Forscher in dieser Frage als einander ebenbürtig erweisen.[1])

Der Rest der Thomson'schen Abhandlung beschäftigt sich damit, durch Combination der Gleichungen 24 und 26 Gesetze über allgemeine Eigenschaften der Körper, insbesondere über deren specifische Wärmen abzuleiten. Dieselben liegen aber hier abseits von unserm Hauptthema.

14. In einer weiteren Arbeit[2]) kommt Thomson auf den Gedanken der absoluten Temperaturscale zurück. Er hatte vorgeschlagen die Grade so zu bestimmen, dass die Wärme*einheit* in umkehrbaren Kreisprocessen von Grad zu Grad *übergeführt*, dieselbe Arbeit liefert. Da nun die Carnot'sche Funktion ist

$$\mu = \frac{J}{a + t},$$

so sieht man, dass μ für *einen* Grad des Luftthermometers *kleiner* wird, wenn t steigt. Demnach müssten nach der damals definirten Scale die Grade im Vergleich mit den Celsiusgraden desto *grösser werden*, je *höher* die Temperatur wird. Hierin würde eine bedeutende Unbequemlichkeit der neuen Scale liegen, welche auch noch unter der Voraussetzung aufgestellt wurde, dass die Wärmemenge unveränderlich ist. Die einstweilen gewonnene Aufklärung, so wie der Anblick der Gleichung 30 mussten Thomson nun eine *andere* Definition der absoluten Temperaturscale nahe legen. Thomson denkt sich einen umkehrbaren Kreisprocess, in welchem nur bei zwei Temperaturen T_1, T_2 Wärme-

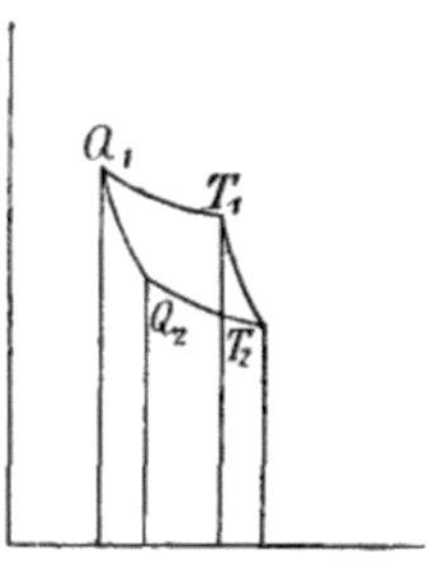

Fig. 90.

[1]) In dem mir vorliegenden Separatabdruck sind die beiden letzten Formeln der Thomson'schen Abhandlung durch — übrigens leicht ersichtliche — Schreib- oder Druckfehler verunstaltet.

[2]) On the Dynamical theory of Heat. Part. V. Thermo-electric Currents. Trans. R. S. Edinburgh Vol. 21. p. 123 (14. May 1854).

mengen Q_1, Q_2 aufgenommen oder abgegeben werden können. *Die Temperaturen sollen nun so gezählt werden*, dass dieselben den betreffenden Wärmemengen *proportional* sind, d. h. dass

$$\frac{T_1}{T_2} = \frac{Q_1}{Q_2}$$

oder dass die Gleichung 30 besteht. Durch diese Definition kommt die neue Scale mit der Luftthermometerscale in Uebereinstimmung.

Schreibt man die Gleichung 30 in der Form

$$\frac{Q_1}{T_1} - \frac{Q_2}{T_2} = 0 \quad \ldots \ldots \quad 32$$

und denkt sich einen beliebig complicirten umkehrbaren Kreisprocess, welcher in Theile von der Form (Fig. 90), wie sie 32 zu Grunde liegen, zerlegt werden kann[1]), so gilt für jeden solchen Theil eine 32 analoge Gleichung, und folglich für den ganzen Process

$$\frac{Q_1}{T_1} + \frac{Q_2}{T_2} + \frac{Q_3}{T_3} + \ldots \frac{Q_n}{T_n} = 0,$$

wobei Q die bei den Temperaturen T aufgenommenen oder abgegebenen Wärmemengen bedeuten, und wobei die Summirung algebraisch zu verstehen ist, indem (von der Maschine) aufgenommene Wärmen positiv, abgegebene negativ gerechnet werden.

Für einen solchen Process lautet der erste Hauptsatz

$$W + J \Sigma Q = 0 \quad \ldots \ldots \quad 33$$

und der zweite Hauptsatz

$$\Sigma \frac{Q}{T} = 0 \quad \ldots \ldots \quad 34$$

15. Es sei nur kurz erwähnt, dass Thomson schon in einer ältern Arbeit[2]) (im Sinne Carnot's) auf den Verlust an *mechanischer* Energie bei nicht umkehrbaren Kreisprocessen hinweist. Die Formeln 30, 31 erlauben die Bestimmung der Grösse dieses Verlustes. Da nur ein Theil der Wärmeenergie in mechanische

---

[1]) Eine einfache anschauliche Darstellung dieser Zerlegung, die im Wesentlichen mit der Thomson'schen Auffassung übereinstimmt, folgt später.

[2]) On a Universal Tendency in Nature to the Dissipation of Mechanical Energy, Proceedings of the Royal Society of Edinburgh. (19. April 1852.)

Energie verwandelt werden kann, ein anderer Theil der Wärmeenergie aber für die mechanische Energie unwiederbringlich verloren geht, so ist die mechanische Energie in unausgesetzter Abnahme begriffen. So wie die Erde einmal unbewohnbar *war*, wird dieselbe auch wieder unbewohnbar werden.

Der *reale* Energiewerth einer Wärmemenge dq bei beliebiger Temperatur ist $J\,dq$, der *praktische* Werth aber $J\,dq\,\frac{T - T_0}{T}$ (vgl. Formel 31), wobei T_0 die niedrigste Temperatur ist, zu welcher die Wärme übergeführt werden kann. Giebt man dem Ausdruck die Form

$$J\,dq - J\,T_0\,\frac{dq}{T}$$

und summirt die Werthe der dq für einen Process, in welchem die T sich continuirlich ändern, so ist der Gesammtwerth

$$J(q_1 - q_0) + J\,T_0 \int \frac{dq}{T}.$$

Hierbei ist q_1 die ganze aufgenommene, q_0 die ganze abgegebene Wärme. Für einen geschlossenen umkehrbaren Process ist $\int \frac{dq}{T} = 0$. Bei *nicht* umkehrbaren Processen findet aber eine Verschwendung an mechanischer Energie im Betrage von $J\,T_0 \int \frac{dq}{T}$ statt.[1])

16. In seiner *zweiten* Mittheilung über die Grundsätze der Thermodynamik nimmt Clausius[2]) einen freieren Standpunkt ein. Wird bei einem Kreisprocess *Wärme* in *Arbeit* „*verwandelt*", so sinkt eine andere Wärmemenge auf eine *tiefere* Temperatur. Wärme von höherer Temperatur wird in Wärme von tieferer Temperatur „*verwandelt*". Umgekehrt kann durch Aufwand von Arbeit Wärme entstehen, wobei zugleich eine andere Wärmemenge von niederer auf höhere Temperatur übergeführt wird. Es kommen also zwei voneinander abhängige Arten von „*Verwandlungen*" gleichzeitig vor. Man kann also von

---

[1]) Philos. Magaz. 1852.

[2]) Ueber eine veränderte Form des zweiten Hauptsatzes ect. Pogg. Ann. December 1854.

höherer auf niedere Temperatur übergegangene Wärme wieder in Wärme von der frühern höhern Temperatur *zurück verwandeln*, indem man für den *Temperaturfall* der Wärme eine andere „*äquivalente*" Verwandlung von *Arbeit* in *Wärme* vornimmt. Verwandlungen, welche „von selbst" eintreten, d. h. ohne dass gleichzeitig eine andere *compensirende Verwandlung nöthig ist*, bezeichnet Clausius als *positive* Verwandlungen. Positive Verwandlungen sind hiernach:

1. Verwandlung von Wärme von höherer in Wärme von niederer Temperatur,
2. Entstehung von Wärme aus Arbeit.

Hingegen sind negative Verwandlungen;

3. Verwandlung von Wärme von niederer in Wärme von höherer Temperatur,
4. Verwandlung von Wärme in Arbeit.

Bei einem umkehrbaren Processe heben sich beide Arten von Verwandlungen gerade auf, oder sie *compensiren* sich. Hiernach kann man fragen, wie hat man die *Aequivalenzwerthe der Verwandlungen* allgemein zu schätzen, damit dies zutrifft?

Dies ergiebt sich schon aus der Betrachtung des einfachsten Carnot'schen Kreisprocesses. Der Aequivalenzwerth der bei der Temperatur t_1 in Arbeit verwandelten Wärmemenge Q' wird durch $-Q' f(t_1)$, jener der Ueberführung der Wärmemenge Q von t_1 auf t_2 wird durch $Q F(t_1, t_2)$ dargestellt werden müssen. Steigt die Menge Q von t_2 auf t_1, so ist

$$Q F(t_2, t_1) = - Q F(t_1, t_2) \text{ oder}$$

$$F(t_2, t_1) = - F(t_1, t_2).$$

Wie wir nun wissen, wird entgegen der ursprünglichen Annahme Carnot's bei der Zustandsänderung ab (des Kreisprocesses) Fig. 91 eine grössere Wärmemenge $(Q' + Q)$ aufgenommen, als bei der Zustandsänderung cd abgegeben wird (Q). Nun kann man die bei ab aufgenommene Wärme als in Arbeit *verwandelt*, die bei cd abgegebene als aus Arbeit *entstanden* ansehen, und es gilt dann die Gleichung

$$-(Q' + Q) f(t_1) + Q f(t_2) = 0.$$

Man kann aber auch annehmen, dass Q' in Arbeit verwandelt, Q hingegen von t_1 auf t_2 übergeführt wird, was die Gleichung liefert

$$-Q' f(t_1) + Q F(t_1, t_2) = 0.$$

Zieht man die untere Gleichung von der obern ab, so folgt bei Ausfall von Q

$$F(t_1 . t_2) = f(t_2) - f(t_1).$$

Die Ueberführung der Wärme Q von t_1 auf t_2 hat also denselben Aequivalenzwerth, wie die Verwandlung derselben in Arbeit bei t_1 und die Rückverwandlung derselben in Wärme bei t_2. Somit sind beide Aequivalenzwerthe auf *einen* zurückgeführt. Wie man sieht, führt schon die blosse aufmerksame Betrachtung der einzelnen Zustandsänderungen des Kreisprocesses ohne alle Rechnung zu diesem Ergebniss.

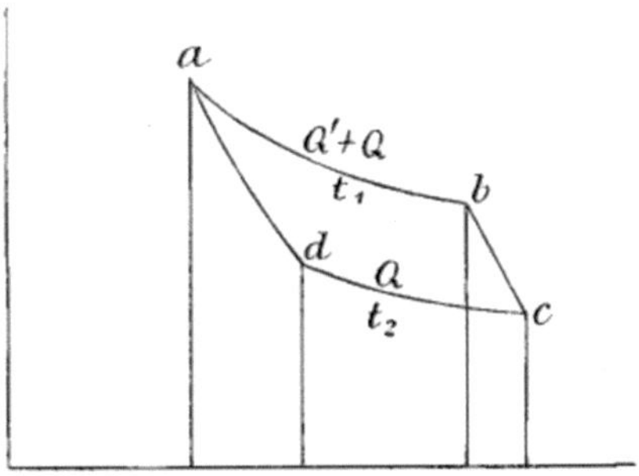

Fig. 91.

Führt man für $f(t_1) = \frac{1}{T_1}$, $f(t_2) = \frac{1}{T_2}$ als abgekürztes Zeichen ein, so ist die Gleichung für den vorher betrachteten Kreisprocess

$$-\frac{Q'}{T_1} + Q\left(\frac{1}{T_2} - \frac{1}{T_1}\right) = 0 \quad . \quad . \quad . \quad . \quad . \quad 35$$

Um die Temperatur der Wärmeumwandlung in Arbeit von den Ueberführungstemperaturen *verschieden* wählen zu können, führt Clausius die angedeutete Betrachtung an einem viel *complicirteren* Kreisprocess aus. Man denke sich (Fig. 92) den Process (I) *o a b c d e o* ausgeführt; Q bei t wird in Arbeit verwandelt, Q_1 sinkt von t_1 auf t_2. Beim Process (II) *o e d c b f g o* kehrt Q_1 von t_2 auf t_1 zurück, während Q' bei t' aus Arbeit entsteht. Beide Processe zusammen entsprechen dem Processe *o a f g allein*, der mit dem oben erörterten einfachern (Fig. 91) identisch ist. Auf letzteren reducirt sich auch der *Kern* der Clausius'schen

Betrachtung, den wir oben dargelegt haben, so dass der ganze lange Umweg als *unnöthig* erscheint.

17. Nach dieser Ausführung wird durch Zuziehung der in der ersten Mittheilung entwickelten Formeln der Nachweis geliefert, dass die bisher unbestimmt gelassene Temperaturfunktion T die *absolute* Temperatur ist, $T = a + t$.

Der unverkennbare künstliche und ängstliche Zug der Clausius'schen Entwicklung liegt wohl daran, dass hier ein Ergebniss

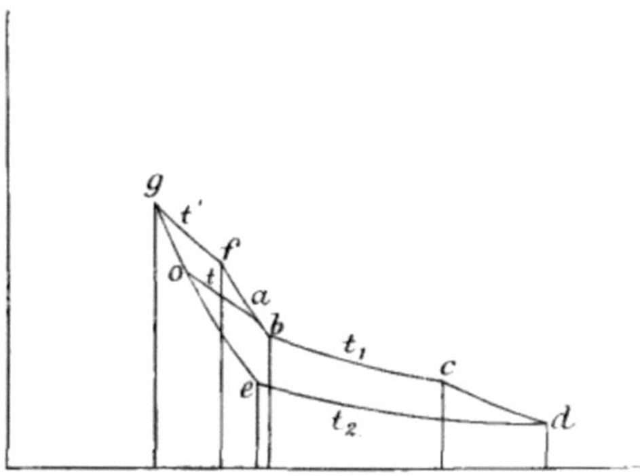

Fig. 92.

mit dem *Anschein der Voraussetzungslosigkeit* auf einem Umwege gewonnen wird, welches höchst wahrscheinlich in Wirklichkeit auf ganz andere Weise gefunden worden war. Nachdem der allgemeine Ausdruck für die Carnot'sche Funktion ermittelt war, unterlag es ja keiner Schwierigkeit, für einen zwischen endlichen Temperaturdifferenzen ausgeführten Kreisprocess die Beziehung der in Arbeit verwandelten Wärme zur übergeführten Wärme entweder nach Thomson's Verfahren oder nach einer andern Methode zu bestimmen. Es ist nicht anzunehmen, dass Clausius von 1851—1854 dies nicht versucht haben sollte. Aus dem vollständigen Ausdrucke konnten aber die fraglichen „*Aequivalenzwerthe*“ unmittelbar abgelesen werden.

Eine sehr bequeme Berechnungsweise für einen derartigen Kreisprocess, welche sich unmittelbar aus den Formeln seiner ersten Abhandlung ergiebt, hat Clausius verhältnissmässig spät[1])

[1]) Clausius, Die mechanische Wärmetheorie. 2. Auflage. Braunschweig 1876. I. S. 85.

mitgetheilt. Bezeichnet man die auf *a b* Fig. 93 aufgenommene, auf *c d* abgegebene Wärmemenge beziehungsweise mit Q_1, Q_2, die Volumina und die absoluten Temperaturen in der aus der Figur ersichtlichen Weise, so ist nach 17

$$\frac{T_2}{T_1} = \left(\frac{v_1}{v_2}\right)^{k-1} = \left(\frac{V_1}{V_2}\right)^{k-1}$$

oder

$$\frac{V_1}{v_1} = \frac{V_2}{v_2} \quad . \; . \; . \; . \; . \; . \; . \; . \; . \; . \quad 36$$

Nach 19 aber ist dann

$$\left.\begin{aligned} Q_1 &= R\, T_1 \log \frac{V_1}{v_1} \\ Q_2 &= R\, T_2 \log \frac{V_2}{v_2} \end{aligned}\right\} \; . \; . \quad 37$$

woraus mit Rücksicht auf 36 folgt

$$\frac{Q_1}{Q_2} = \frac{T_1}{T_2}$$

oder

$$\frac{Q_1}{T_1} - \frac{Q_2}{T_2} = 0 \quad . \; . \; . \quad 38$$

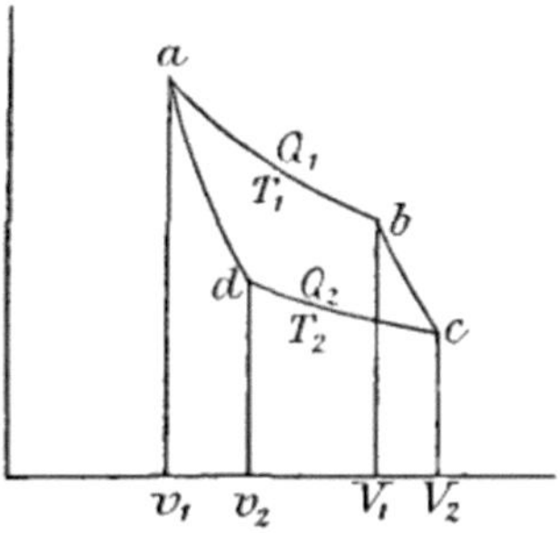

Fig. 93.

welche letztere Gleichung mit der Thomson'schen Gleichung 30 identisch ist.

Theilt man Q_1 in die verwandelte Wärme Q' und die übergeführte Q $(= Q_2)$, so erhält man 35, aus welcher Gleichung sich die *Aequivalenzwerthe* ablesen lassen.

Das Verhältniss der in Arbeit verwandelten Wärme zur übergeführten ist

$$\frac{Q'}{Q} = \frac{T_1 - T_2}{T_2}, \quad . \; . \; . \; . \; . \; . \; . \; . \; . \quad 39$$

das Verhältniss der in Arbeit verwandelten zur überhaupt aufgewendeten, oder der ökonomische Coefficient ist hingegen

$$\frac{Q'}{Q + Q'} = \frac{T_1 - T_2}{T_1} \quad . \; . \; . \; . \; . \; . \; . \quad 40$$

Sieht man nun die Gleichung 31 oder 40 vor sich, und fühlt man der Mayer'schen Denkweise entsprechend das Bedürfniss, die Vorgänge trotz aller Umwandlungen *substanziell* aufzufassen, so *sucht* man eben nach *jener Schätzungsweise* der verwandelten Wärmemengen, welche dieser Auffassung sich fügt. Die gesuchte Schätzungsweise liegt eben in den aus der Gleichung ersichtlichen Aequivalenzwerthen. *Dieser Gedanke ist ein sehr schöner*, und derselbe dürfte durch die *aufrichtige* von allem Beiwerk entkleidete Darstellung, die hier versucht wurde, kaum verloren haben.

18. Indem Clausius für jede einer Wärmequelle bei der Temperatur T zugeführte Wärmemenge Q den Aequivalenzwerth $+\frac{Q}{T}$, für jede bei der Temperatur T' entzogene Menge Q' den Werth $-\frac{Q'}{T'}$ rechnet, findet er für jeden umkehrbaren beliebig complicirten Kreisprocess die algebraische Summe der Aquivalenzwerthe

$$\frac{Q_1}{T_1}+\frac{Q_2}{T_2}+\frac{Q_3}{T_3}+\ldots=\sum\frac{Q}{T}=0 \quad . \quad . \quad . \quad . \quad 41$$

oder wenn die Temperaturen sich continuirlich ändern

$$\int\frac{dQ}{T}=0 \quad . \quad . \quad . \quad . \quad . \quad . \quad . \quad . \quad . \quad . \quad 42$$

welche beiden letzten Gleichungen mit Thomson's Entwicklung (Gleichung 34) übereinstimmen.

Ein einfachen anschaulischen Nachweis dieser beiden Gleichungen hat Clausius verhältnissmässig spät gegeben[1]), und zwar nach dem Vorgange von Zeuner, welcher, wie es scheint, zuerst die im Folgenden verwendete Methode benützt hat.[2])

Man denke sich einen beliebigen umkehrbaren Kreisprocess nur aus solchen Zustandsänderungen zusammengesetzt, welche entweder nur bei constanter Temperatur (isothermisch) wie in *a b, c d, e f* u. s. w. oder nur in nichtleitender Hülle ohne Wärmeaufnahme oder Abgabe (adiabatisch)[3]) wie in *b c, d e, f g* u. s. w. stattfinden. Ein solcher Process lässt sich durch die in der schematischen Fig. 94 angedeuteten Theilprocesse ersetzen. Da nun für jeden dieser Theilprocesse eine Gleichung von der Form 38 gilt, so

---

[1]) Clausius, Mechanische Wärmetheorie. 2. Aufl. (1876). S. 87.

[2]) Zeuner, Mechanische Wärmetheorie. 2. Aufl. 1866.

[3]) Der Ausdruck „adiabatisch" rührt von Rankine her; Gibbs hat denselben durch „isentropisch" ersetzt.

ergiebt sich hierdurch von selbst auch die Gleichung 41 für den ganzen Process. Aber auch wenn die Zustandsänderungen nicht in discontinuirlichen Schritten, sondern continuirlich erfolgen, kann man durch unendlich kleine isothermische und adiabatische Schritte jedem gegebenen Process beliebig nahe kommen, womit die Gleichung 42 nachgewiesen werden kann. Im Wesentlichen beruht auch die Thomson'sche Ableitung der Gleichung 34 auf diesem Princip, wenn auch die Form derselben etwas verschieden ist.

Ist der Kreisprocess nicht umkehrbar, so sind die *positiven* Verwandlungen im Ueberschuss vorhanden, und es besteht daher für *jeden* Kreisprocess die Gleichung

$$\int \frac{dQ}{T} \overset{=}{>} 0 \quad . \quad . \quad 43$$

in welcher das obere oder untere Zeichen gilt, je nachdem der Process umkehrbar ist, oder nicht.

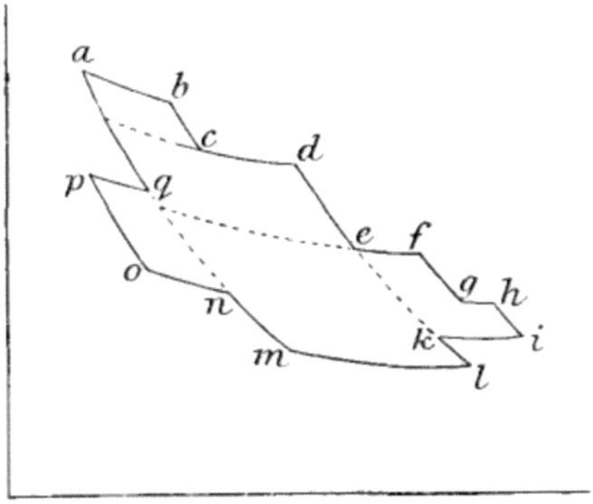

Fig. 94.

19. Denkt man sich einen *umkehrbaren* Process, so sind die Temperaturen der sich berührenden Körper stets gleich. Dann kann man T als die veränderliche Temperatur des Körpers ansehen, welcher den Kreisprocess durchmacht. Da aber für einen geschlossenen Process

$$\int \frac{dQ}{T} = 0,$$

so ist der Werth des Integrales in diesem Fall durch den augenblicklichen Zustand des Körpers vollkommen bestimmt d. h. $\frac{dQ}{T}$ ist ein vollständiges Differential dS einer Grösse S, welche für den Zustand des Körpers charakteristisch ist. Clausius nennt S den *Verwandlungsinhalt* oder die *Entropie*[1]) des Körpers.

[1]) Ueber verschiedene für die Anwendung bequeme Formen der Hauptgleichungen der mechanischen Wärmetheorie. Pogg. Ann. (Juli 1865).

Zwei Zustände eines Körpers können sich sowohl durch die *Energie*[1]) als durch die *Entropie* unterscheiden. Als Beispiel mag die Energie und Entropie eines vollkommenen Gases dienen. Steigt die Temperatur um $d\,T$, so ist der Energiezuwachs

$$d\,U = c\,d\,T \text{ und}$$

$$U_1 = U_0 + c\,(T_1 - T_0) \quad \ldots \ldots \quad 44$$

wobei U_0 die Energie der Anfangstemperatur T_0 bezeichnet.

Da ferner

$$d\,Q = c\,d\,T + A\,R\,T \cdot \frac{d\,v}{v},$$

also

$$d\,S = \frac{d\,Q}{T} = c\,\frac{d\,T}{T} + A\,R\,\frac{d\,v}{v},$$

so ist

$$S_1 = S_0 + c \log \frac{T_1}{T_0} + A\,R \log \frac{v_1}{v_0} \quad \ldots \quad 45$$

der Ausdruck für die Entropie eines Gases, wobei S_0 der Anfangswerth ist, welcher der Anfangstemperatur T_0 und dem Anfangsvolum v_0 entspricht.

Eine *umkehrbare* Zustandsänderung, für welche die zugeführte oder entzogene Wärme $d\,Q = 0$, also auch $d\,S = \frac{d\,Q}{T} = 0$ ist, führt keine *Entropieänderung* herbei. Eine solche Zustandsänderung heisst (nach Gibbs) eine *isentropische.*

20. Maxwell[2]) betrachtet die *Entropie* als eine der *Temperatur* analoge Zustandscharakteristik. Will man die Entropie S_1 der Masseneinheit eines Körpers in irgend einem Zustand mit jener S_0 in einem willkürlich angenommenen *Normalzustand* vergleichen, so hat man diese Masse lediglich in *umkehrbarer* Weise aus dem ersten in den zweiten zu bringen, und den zugehörigen Werth $\int \frac{d\,Q}{T}$ zu bestimmen.

Der einfachste Vorgang wäre, die Masse durch eine isothermische Aenderung bei der beliebigen Temperatur T von der

---

[1]) Der Ausdruck Energie ist von Thomson eingeführt.

[2]) Theory of Heat. 9. Edition (1888). S. 163.

isentropischen Curve S_1 auf die Curve S_0 zu bringen. Muss hierbei der Masse die Wärmemenge Q entzogen werden, so ist

$$S_1 = S_0 + \frac{Q}{T}.$$

Kennt man den Verlauf der isentropischen Curven nicht, so empfiehlt es sich die Entropie auf einen bestimmten Normalzustand zu beziehen, der durch den Normaldruck p_0 und die Temperatur T_0 bestimmt ist, und welcher dem Schnitt einer bestimmten Isotherme mit einer bestimmten isentropischen Curve entspricht. Man bringt den Körper z. B. zunächst *isentropisch* auf die Normaltemperatur, dann isothermisch auf den Normaldruck. Wird demselben bei letzterer Operation die Wärmemenge Q entzogen, so war die Entropie um $\frac{Q}{T_0}$ grösser als im Normalzustand.

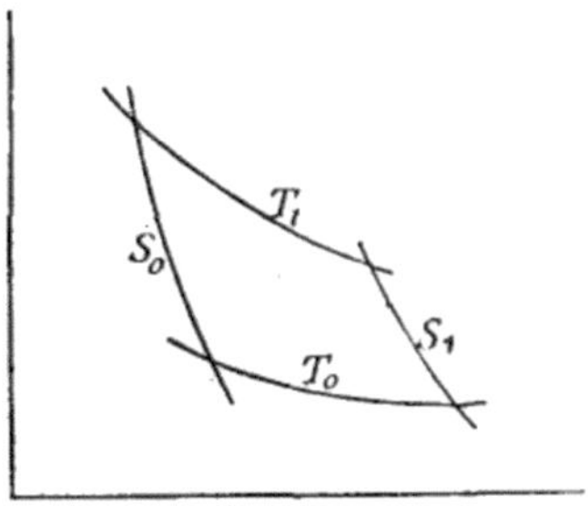

Fig. 95.

Als Beispiel diene folgender Fall. Ein Gas dehne sich *ohne* Arbeitsleistung von v_0 auf v_1 in den leeren Raum strömend aus. Seine Temperatur bleibt T_0. Zur umkehrbaren isothermischen Compression auf das ursprüngliche Volum v_0 ist die Arbeit $R\,T_0 \log \frac{v_1}{v^0}$ (nach Formel 19, S. 277) nöthig, welche die Wärme $A\,R\,T_0 \log \frac{v_1}{v_0}$ erzeugt, die bei der isothermischen Compression abgeleitet wird. Es ist demnach die Entropie S_1 beim Volum v_1 *grösser* als jene S_0 bei v_0 und derselben Temperatur, nämlich

$$S_1 = S_0 + A\,R \log \frac{v^1}{v^0},$$

was auch aus Gleichung 45 ersichtlich ist.

21. Schon in einer älteren Arbeit[1]) hat Clausius darauf hingewiesen, dass die als *positiv* bezeichneten Verwandlungen *uncompensirt* und daher im Allgemeinen im Ueberschuss auf-

[1]) Pogg. Ann. December 1854.

treten. Solche Verwandlungen sind sehr mannigfaltig. Hierher gehört der Temperaturausgleich durch Leitung und Strahlung, die Wärmeerzeugung durch Reibung und elektrischen Strom, die zuletzt betrachtete Gasausdehnung unter einem Widerstand, welcher kleiner ist als die Expansivkraft, wobei also lebendige Kraft erzeugt wird, die schliesslich wieder in Wärme übergeht u. s. w. In allen diesen Fällen findet eine *Entropievermehrung* statt. Uebergeht die Wärmemenge dq von einem Körper, dessen Temperatur $T_1 > T_2$ ist, auf einen Körper von der Temperatur T_2, so nimmt die Entropie des erstern um $\frac{dq}{T_1}$ ab, jene des letztern um $\frac{dq}{T_2}$ zu. Die gesammte Entropie *wächst* um $dq\left(\frac{1}{T_2} - \frac{1}{T_1}\right) = dq\,\frac{T - T_2}{T_1\,T_2}$. Das in den leeren Raum ohne Temperaturänderung überströmende Gas kann nicht ohne Entropieverminderung in den ursprünglichen Zustand zurückgebracht werden; seine Entropie hat sich also beim Ueberströmen vergrössert. Clausius sieht sich durch derartige Ueberlegungen zu dem Ausspruch bestimmt[1]):

1. Die Energie der Welt ist constant.
2. Die Entropie der Welt strebt einem Maximum zu.

Man sieht, dass sowohl diese Sätze als auch die Thomson'schen über die Verwüstung der mechanischen Energie im Wesentlichen eine *quantitative Verschärfung* der Carnot'schen Gedanken darstellen.

22. Maxwell[2]) hat auf Analogien thermodynamischer und mechanischer Begriffe hingewiesen. Arbeit (w), Druck (p) und Volum (v) stehen in der Beziehung

$$w = p\,(v' - v),$$

Wärme (Q), Temperatur (T) und Entropie (S) erfüllen die Gleichung

$$Q = T\,(S' - S).$$

---

[1]) Pogg. Ann. Juli 1865.

[2]) Theory of Heat. 9. Ed. S. 193.

Es lassen sich also die in folgendem Schema in einer Verticalreihe stehenden Grössen in Analogie setzen:

$$\begin{matrix} W & v & p \\ Q & S & T \end{matrix}$$

Selbstredend kann man, da eine Analogie immer ein willkürliches Element enthält, noch mannigfaltige andere Analogien auffinden. Am vollständigsten sind wohl die hierher gehörigen Beziehungen von A. v. Oettingen entwickelt worden[1]) Die Auffassung der Entropie als einer der *Temperatur* analogen Zustandscharakteristik scheint auf den ersten Blick befremdlich wegen der umständlichen *Definition* der Entropie, die wir durch die Gleichung $dS = \frac{dQ}{T}$ geben müssen. Hätte aber jemand keine Temperaturempfindung, so könnte er in die Lage kommen, die Temperatur zu definiren etwa durch $T = \frac{dQ}{dS}$ (analog einer Geschwindigkeit), oder durch $dT = \frac{dp}{L}$ (analog der Entropie), wobei $L = \frac{p_0 v_0 a}{v}$ eine Constante des betreffenden Luftthermometers wäre.

23. Es soll nur erwähnt werden, dass die Sätze der Thermodynamik bald auch auf die elektrischen Erscheinungen ausgedehnt worden sind. Thomson hat (1851) erst eine kurze Mittheilung und (1854) eine ausführliche Abhandlung über Thermoelektricität publicirt.[2]) In der Zwischenzeit (1852—1853) hat sich auch Clausius mit verwandten Fragen beschäftigt. Er bestimmt die Arbeit der elektrischen Kräfte bei Entladung eines Leiters entsprechend der Potentialtheorie, und leitet hieraus die Erwärmung des Schliessungsbogens nach den Grundsätzen der Thermodynamik ab.[3]) Die bei der Entladung geleistete Arbeit (W) und die derselben proportionale entwickelte Wärmemenge ist durch $W = \frac{Q^2}{2C}$ dargestellt, wobei Q die elektrische Menge

---

[1]) Die thermodynamischen Beziehungen. Mem. d. Petersburger Akad. 1885. Vgl. auch Mach, „Erhaltung der Arbeit" (1872), sowie „Mechanik" (1883) und später folgende Kapitel der vorliegenden Schrift.

[2]) Mechanical theory of thermoelectric currents. Proceedings R. S. E. 15. December 1851. — Transact. R. S. E. Vol. 21 (May 1854).

[3]) Pogg. Ann. (Juli 1852).

und C die Capacität bedeutet. Zu dieser Auffassung hatte schon Helmholtz (1847) den Grund gelegt.

In einer weiteren Arbeit erklärt Clausius[1]) auch das Joule'sche Gesetz der Erwärmung eines Stromleiters durch die im Strom geleistete Arbeit. Die interessanteste Untersuchung betrifft die Thermoelektricität. Die Thermokette wird von Thomson und Clausius[2]) übereinstimmend als eine thermodynamische Maschine aufgefasst, auf welche der Carnot'sche Satz Anwendung findet. Da nämlich der durch die wärmere Löthstelle fliessende Seebeck'sche Strom bei seinem Bewegungssinn nach Peltiers Gesetz eben diese Stelle abkühlt, die kältere aber erwärmt, so findet hier im Wesentlichen Abfliessen der Wärme von höherer auf niedere Temperatur statt, in welchem Vorgang die Arbeitsquelle des Thermostroms liegt. Thomson hat bei dieser Gelegenheit noch den Transport von Wärme durch den elektrischen Strom in einem *homogenen* ungleich erwärmten Leiter entdeckt.

24. Gleichzeitig mit Thomson und Clausius hat Rankine sich an dem Ausbau der Thermodynamik mit zahlreichen Arbeiten betheiligt.[3]) Derselbe hat zur mechanischen Erklärung der Wärmeerscheinungen die Theorie der *Molekularwirbel* erdacht[4]); er hat neuerdings die Bedeutung des *absoluten Nullpunktes*[5]) hervorgehoben, viel zur Entwicklung der Terminologie dieses Gebietes beigetragen und zahlreiche Einzelentdeckungen gemacht. Seine Arbeiten sind jedoch nicht von so durchgreifender *principieller* Bedeutung geworden, wie jene der beiden andern Forscher.

Die Arbeiten über Thermodynamik von Thomson und Clausius müssen als gleich bedeutend angesehen werden. Man kann auch in Bezug auf die eben betrachtete Entwicklung annehmen, dass die Thermodynamik ungefähr denselben Weg eingeschlagen hätte, wenn auch *einer* der beiden Hauptförderer dieser Wissenschaft sich nicht an deren Ausbau betheiligt haben würde. In Bezug auf die *Darstellung* fällt jedoch ein bedeutender Unterschied der

---

1) Pogg. Ann. (Nov. 1852).

2) Pogg. Ann. (Nov. 1853).

3) Vgl. Transact. R. S. E. Vol. 20. — Proceedings R. S. E. 1851—1853.

4) Proceedings R. S. E. 15. Dec. 1851.

5) Proceedings R. S. E. 4. Jan. 1853.

beiden Forscher auf. Thomson's Darstellung ist in Bezug auf die Schwierigkeiten, die ihm begegnen, immer eine vollkommen aufrichtige, die von ihm eingeschlagenen Wege sind immer die kürzesten einfachsten, die Methoden vollkommen durchsichtig, und die Motive der Untersuchung, die ihn leiten, sind für jeden sichtbar. Die Darstellung von Clausius hat immer einen Zug von Feierlichkeit und Zurückhaltung. Man weiss oft nicht, ob Clausius mehr bemüht ist etwas mitzutheilen, oder etwas zu verschweigen. Anstatt der einfachen Erfahrungen, welche den Ableitungen zur Grundlage dienen, bauen sich letztere auf besonders angenommene *Grundsätze* auf, welche mit dem Anschein grösserer Verlässlichkeit auftreten, ohne doch mehr zu verbürgen als jene Erfahrungen. Hierzu kommt noch die Vorliebe für die Schaffung neuer Namen und Begriffe, die nicht immer nöthig sind. Alle diese persönlichen nebensächlichen Eigenheiten werden aber die Achtung vor den Leistungen von Clausius nicht stören können.

Kürzeste Entwicklung der thermodynamischen Hauptsätze.

1. Nachdem die Gedanken der Thermodynamik einzeln und in historischer Ordnung auf den mitunter langen Umwegen, die sie genommen haben, betrachtet worden sind, wird es sich empfehlen, den ganzen Entwicklungsweg in perspectivischer Verkürzung zu überblicken.

Ein *umkehrbarer* Kreisprocess liefert das *Arbeitsmaximum*, welches der Ueberführung einer bestimmten Wärmemenge von höherer auf niedere Temperatur entsprechen kann. Dieses Maximum ist für alle Stoffe dasselbe, da sonst ein perpetuum mobile möglich wäre; es hängt bei gegebener Wärmemenge nur von den Temperaturen ab. Es ist also nur nöthig für *einen* Stoff diese Beziehung zu ermitteln. (Carnot.)

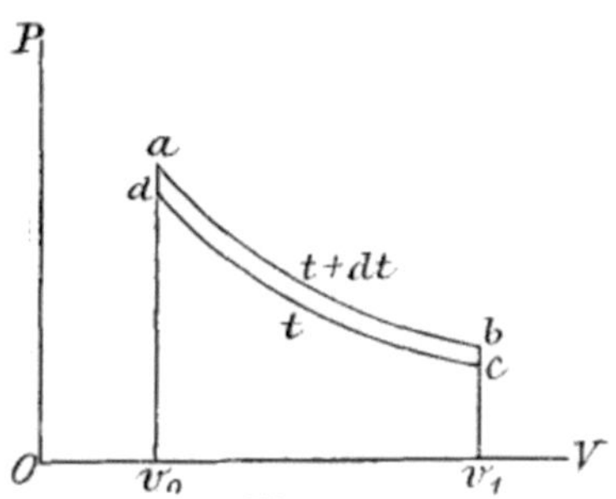

Fig. 96.

Wir wählen (mit Carnot) folgenden Kreisprocess. Wir lassen ein Gas von der Temperatur $t + dt$ von v_0 auf v_1 sich isothermisch ausdehnen, kühlen es nachher um dt ab, comprimiren es isothermisch bei t bis v_0, und erwärmen es wieder um dt. Die unendlich kleinen Wärmemengen bei Abkühlung und Erwärmung um dt kommen den übrigen Wärmemengen gegenüber nicht in Betracht. Die der Fläche $a\,b\,c\,d$ entsprechende Arbeit W dividirt durch die bei der Ausdehnung ab vom Gas aufgenommene, *oder* die bei der Compression cd abgegebene Wärme Q, *giebt die gesuchte Beziehung für die Temperaturen t und $t + dt$ für alle Stoffe.* (Carnot.)

Nun ist aber

$$p = \frac{R(a+t)}{v}$$

und daher

$$W = R(a + t + dt) \int_{v_0}^{v_1} \frac{dv}{v} - R(a+t) \int_{v_0}^{v_1} \frac{dv}{v} = R\,dt \int_{v_0}^{v_1} \frac{dv}{v}.$$

Ist die bei der isothermischen Ausdehnung vom Gase aufgenommene Wärme das *Aequivalent* der bei dieser Ausdehnung geleisteten Arbeit (Mayer, Joule, Clausius, Thomson), so ist

$$Q = \frac{R}{J}(a+t) \int_{v_0}^{v_1} \frac{dv}{v},$$

wobei J die Joule'sche Zahl für das mechanische Aequivalent bedeutet, und der Unterschied von t und $t + dt$ unbeachtet bleiben kann. *Die gesuchte allgemein gültige* Carnot'sche *Beziehung ist also für $t + dt$ und t*

$$\frac{W}{Q} = \frac{J\,dt}{a+t},$$

oder auf die absolute Temperatur bezogen

$$\frac{W}{Q} = \frac{J\,dT}{T} \quad \ldots\ldots\ldots \quad 1$$

Beachtet man nun, dass die Arbeit W ebenfalls das Aequivalent einer *verschwundenen* Wärmemenge ist, nämlich das Aequivalent des *unendlich kleinen* Ueberschusses dQ der auf ab zugeführten gegen die bei cd abgeführten Wärme (Clausius, Thomson), so kann man setzen $W = J\,dQ$ und die Gleichung 1 übergeht in

$$\frac{J\,dQ}{Q} = \frac{J\,dT}{T}$$

oder

$$\frac{dQ}{dT} = \frac{Q}{T}, \quad \ldots\ldots\ldots \quad 2$$

woraus man sieht, dass bei Erweiterung des Temperaturintervalls T, und $T + dT$, also beim Wachsen von dT, die Werthe von Q und T einander stets proportional gehen. (Die Integration giebt $Q = kT$, worin k eine beliebige Constante.) Trägt man also die absoluten Temperaturen T_1 T_2, zwischen welchen ein Kreisprocess abläuft, als Abscissen, die bei denselben aufgenommenen beziehungsweise abgegebenen Wärmemengen Q_1, Q_2 als Ordinaten auf, so stellt ein und dieselbe Gerade Fig. 97 alle hierher gehörigen Verhältnisse dar.[1]) Es ist mit

$$\frac{Q_1}{T_1} = \frac{Q_2}{T_2} \quad . \quad . \quad . \quad . \quad . \quad . \quad . \quad . \quad . \quad . \quad 3$$

die Hauptgleichung gegeben, von welcher die Thomson'schen und Clausius'schen Entwicklungen ausgehen.

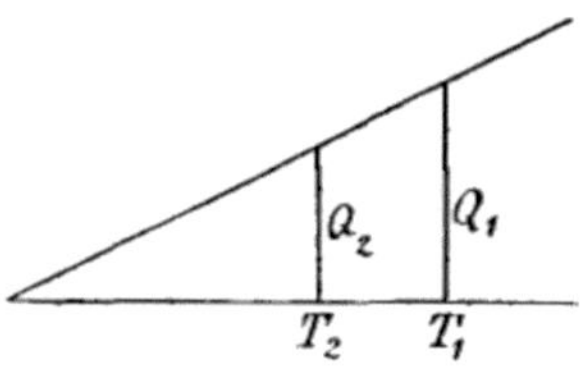

Fig. 97.

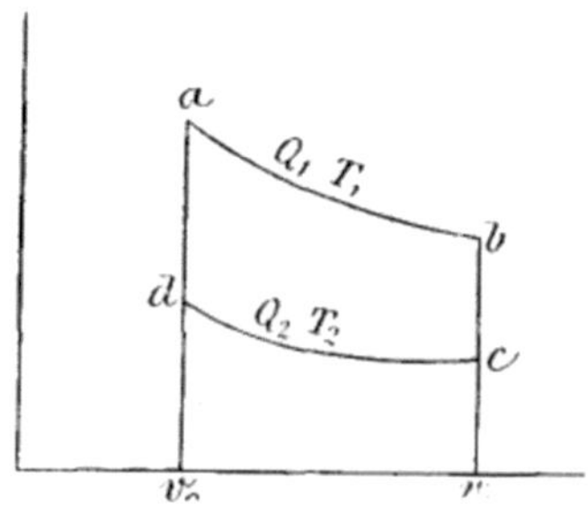

Fig. 98.

2. Noch auf eine andere sehr einfache Art kann man die Gleichung 3 ableiten, wenn man von der Unabhändigkeit der specifischen Wärme (c) des Gases vom Volum ausgeht, und einen von Clapeyron erdachten Kreisprocess benützt.

Man erwärmt die Masseneinheit des Gases bei constantem Volum v_0 von T_2 auf T_1, dehnt isothermisch auf v_1 aus, kühlt beim Volum v_1 auf T_2 ab und comprimirt isothermisch auf v_0. Die bei der Erwärmung ertheilte und bei der Abkühlung entzogene Wärmemenge ist *dieselbe.* Um aber den Process in *umkehrbarer* Weise ausführen zu können denkt man sich mit Clapeyron zwischen T_2 und T_1 eine unendliche Anzahl von

[1]) Diese graphische Darstellung hat, wenn ich nicht irre, zuerst Stewart gegeben (An elementary treatise on heat. 5. Edit. S. 348).

Körpern sehr grosser Wärmecapacität und abgestufter Temperatur eingeschaltet, an welchen man durch successive Berührung das Gas erwärmt, und ebenso durch Berührung in umgekehrter Ordnung ganz ohne nutzlosen Verlust an Wärme abkühlt.

Die einzigen in Betracht kommenden Wärmemengen sind die auf $a\,b$ aufgenommene Q_1 und die auf $c\,d$ abgegebene Q_2. Dieselben verhalten sich aber wie die *Arbeiten* auf $a\,b$ und $d\,c$, oder wie die *Gasspannungen* bei gleichem Volum, oder wie die *Temperaturen* T_1 und T_2, woraus also wieder die Gleichung folgt[1])

$$\frac{Q_1}{Q_2} = \frac{T_1}{T_2}.$$

3. An die *Form* des Processes ist die in 3 gegebene Beziehung selbstredend nicht gebunden, sondern nur an die *Temperaturen* und an die Umkehrbarkeit (Carnot). Dieselbe kann also sofort auch auf einen Process mit adiabatischen Zustandsänderungen wie in Fig. 99 Anwendung finden. Da aber dann die Gleichungen gelten

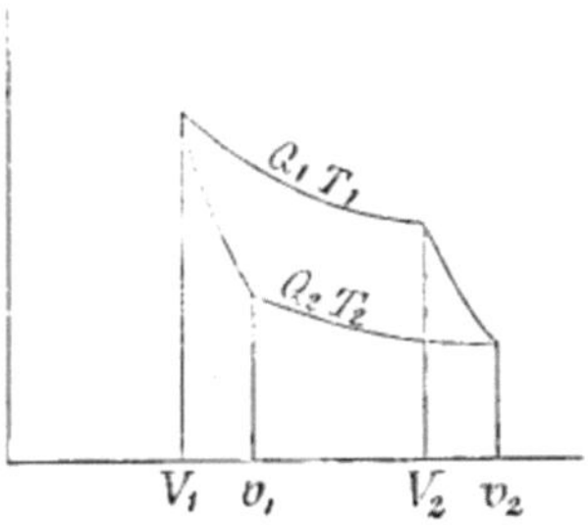

Fig 99..

$$Q_1 = A\,R\,T_1 \log\frac{V_2}{V_1}$$

$$Q_2 = A\,R\,T_2 \log\frac{v_2}{v_1},$$

so folgt mit Hülfe von 3

$$\frac{V_2}{V_1} = \frac{v_2}{v_1}$$

und für die adiabatische Zustandsänderung

$$\frac{T_1}{T_2} = f\left(\frac{V_1}{v_1}\right),$$

d. h. das Verhältniss der Anfangs- und Endtemperatur bei der adiabatischen Aenderung ist lediglich eine Funktion des Verhältnisses des Anfangs- und Endvolums.

4. Die Dämpfe sind ihrer complicirteren Eigenschaften wegen weniger geeignet eine klare principielle Durchsicht der thermo-

[1]) Diese letztere Darstellung giebt F. Wald (Die Energie und ihre Entwerthung. Leipzig 1889. S. 60).

dynamischen Vorgänge zu vermitteln. Vielmehr ist die Kenntniss der Dämpfe durch die Thermodynamik wesentlich gefördert worden. Es sei demnach hier nur kurz darauf hingewiesen, wodurch sich ein Kreisprocess mit Dämpfen von einem eben solchen Process mit Gasen unterscheidet. Wenn beide Processe zwischen den Temperaturen $T_1 > T_2$ stattfinden, und die bei T_1 dem arbeitenden Körper zugeführte Wärme in beiden Fällen Q_1 ist, so ist auch die demselben bei T_2 entzogene Wärme in beiden Fällen $Q_2 = \frac{T_1}{T_2} Q_1$, und die Arbeitsleistung das Aequivalent von $Q_1 - Q_2 = Q_1 \frac{T_2 - T_1}{T_2}$. Es ist jedoch der Druckunterschied bei T_1 und T_2 für Dämpfe *viel grösser* als für Gase, und demnach für *dieselbe* Arbeitsleistung die Volumänderung für erstere *viel geringer* als für letztere. Der Umstand, dass ein grosser Theil der dem Dampfe zugeführten und entzogenen Wärme Q_1, Q_2 „latent" ist, und als Arbeit nicht in Betracht kommt, wird bei Gasen (ohne latente Wärme) dadurch compensirt, dass bei diesen sehr viel mehr von der Ausdehnungsarbeit durch die Compressionsarbeit wieder vernichtet wird. Wegen der gewaltigen Volumänderungen, welche die Gase zur Leistung einer beträchtlichen Arbeit eingehen müssen, gewähren Processe mit Gasen in *praktisch-technischer* Beziehung *keine* vortheilhafte Anwendung, obgleich sie natürlich unter *idealen* Voraussetzungen Dampfprocessen gleichwerthig sind.

5. Alle Thatsachen, deren Kenntniss für die vorausgehenden Entwicklungen wesentlich ist, lagen fast ein Viertel-Jahrhundert bereit als Carnot auftrat. Hätte er nun, als er die Aequivalenz von Wärme und Arbeit bereits angenommen hatte, in einem Moment der Inspiration den Gay-Lussac'schen Ueberströmungsversuch durchschaut, so wären möglicher Weise die Sätze der Thermodynamik in wenigen Minuten entwickelt worden, welche in Wirklichkeit nach Carnot noch 30 Jahre geistiger Arbeit in Anspruch genommen haben.

Die absolute (thermodynamische) Temperaturscale.

1. Die in den beiden letzten Kapiteln abgeleiteten *allgemein* gültigen thermodynamischen Beziehungen konnten auf Grund der besonderen wohl bekannten einfachen Eigenschaften der Gase aufgestellt werden. Bei der S. 302 gegebenen kurzen Ableitung tritt es mit voller Klarheit hervor, dass ausser dem Carnot'schen, dem Mayer'schen *Grundsatz* und dem Mariotte-Gay-Lussac-schen Gesetz noch die von Gay-Lussac nahe gelegte und von Joule festgestellte *Erfahrung* zu Grunde liegt, wonach ein sich ausdehnendes Gas nur das Wärmeäquivalent der geleisteten äussern Arbeit verliert, oder bei Compression unter Aufwand von Arbeit nur das Wärmeäquivalent der letzteren gewinnt. Es ist lediglich ein anderer Ausdruck derselben Thatsache, wenn man sagt, dass in dem Gas bei Volumänderungen keine innere Arbeit stattfindet, oder dass dessen specifische Wärme vom *Volum* unabhängig ist. Der Ausdruck der Sätze vereinfacht sich wesentlich durch die *Annahme*, nach welcher die Gasspannung (bei unverändertem Volum) das *Temperaturmaass* vorstellt. Die Thomson'sche absolute (thermodynamische) Temperarurscale nach ihrer *zweiten* Definition (S. 287) fällt dann mit der Amontons'schen absoluten Spannungsscale zusammen. Alles dies ist aber selbstredend nur *genau* richtig, wenn auch die Voraussetzungen der Ableitung *genau* richtig sind.

Nach W. Thomson's Vermuthung fehlt aber die innere Arbeit bei Volumänderungen der Gase nicht vollständig, sondern dieselbe ist nur sehr gering. Durch ein empfindliches Versuchsverfahren, welches Thomson erdacht und in Gemeinschaft mit

Joule ausgeführt hat, wurde diese Vermuthung bestätigt. Bei Ausdehnung der Gase wird eine geringe innere Arbeit geleistet, weshalb sich dieselben auch bei Wegfall jeder äusseren Arbeit hierbei ein wenig abkühlen.

Werden nun die *Gasspannungen* als Temperaturmaass beibehalten, so sind die abgeleiteten Beziehungen nicht genau richtig. Will man hingegen die gefundenen Sätze in ihrer schönen einfachen Form festhalten, so ist die Wahl eines *neuen* Temperaturmaasses nothwendig. Der letztere Weg wird von Thomson eingeschlagen.

2. Bevor wir auf die Untersuchungen von Thomson und Joule im Einzelnen eingehen, wollen wir zunächst eine allgemeine Betrachtung anstellen. Die Carnot'sche Gleichung 25 (S. 284) lautet

$$\frac{\frac{dp}{dt} dv\, dt}{M\, dv} = \mu\, dt \quad . \quad . \quad . \quad . \quad . \quad . \quad . \quad 1$$

Für ein Gas von den bekannten Eigenschaften ergiebt sich die Carnot'sche Funktion (S. 286)

$$\mu = \frac{J}{a + t},$$

welche Gleichung nicht mehr genau richtig ist, wenn das Gas die bezeichneten Eigenschaften nicht genau hat. Man könnte ein vollkommenes Gas der bezeichneten Art *fingiren*, zur Temperaturdefinition benützen, und die Beziehung von μ und t aufrecht halten. Eine reale Temperaturbestimmung wäre aber auf diese Weise nicht möglich. Folgender Weg führt aber zum Ziel.

Man denke sich einen Kreisprocess mit einem *beliebigen* Körper zwischen unendlich nahen Temperaturgrenzen ausgeführt und die Carnot'sche Funktion μ für eine beliebige *willkürliche* Temperaturscale in der ganzen Ausdehnung derselben *experimentell* bestimmt. Für einen elementaren Kreisprocess gilt dann (S. 284)

$$\frac{J\, dQ}{Q} = \mu\, dt.$$

Definirt man nun willkürlich die Temperatur $T = \frac{J}{\mu}$, wodurch das alte *einfache* Verhältniss $\mu = \frac{J}{T}$ *wieder hergestellt* ist, so geht die vorige Gleichung wegen $d\,T = -\frac{J\,d\,\mu}{\mu_2}$ über in

$$\frac{J\,d\,Q}{Q} + \frac{J\,d\,\mu}{\mu} = 0$$

deren Integrale ist

$$\frac{Q_1}{Q_2} = \frac{\mu_2}{\mu_1}$$

oder

$$\frac{Q_1}{Q_2} = \frac{T_1}{T_2} \quad . \; . \; . \; . \; . \; . \; . \; . \; . \; . \quad 2$$

worin die T der neuen Temperaturdefinition entsprechen. Die neuen T fallen mit jenen der Gasscale fast zusammen, die Abweichung von derselben kann durch das angedeutete experimentelle Verfahren bestimmt, und die *Gasscale so auf die absolute (thermodynamische) Scale der neuen Definition reducirt werden.* Dies stellt sich uns als der Kern des Thomson'schen Gedankens dar, auf dessen Einzelheiten wir nun eingehen wollen.

3. Schon vor den gemeinsam mit Joule unternommenen Versuchen hat sich Thomson eine allgemeine Methode zur Bestimmung des μ für verschiedene Temperaturen zurechtgelegt.[1]) Schreibt man die Carnot'sche Gleichung 1 in der Form

$$M = \frac{1}{\mu}\frac{dp}{dt},$$

wobei M die bei dem Element der isothermischen Ausdehnung irgend eines Körpers aufgenommene Wärme bedeutet, so ist die bei einer endlichen derartigen Ausdehnung aufgenommene Wärme bei Benützung derselben Gleichung

$$Q = \int_v^{v'} M\,dv = \frac{1}{\mu}\frac{d}{d\,t}\int_v^{v'} p\,dv \quad . \; . \; . \; . \; . \quad 3$$

[1]) On a Method of discovering experimentally the Relation between the Mechanical Work spent, and the Heat produced by the Compression of a Gaseous Fluid. Edinburgh Transactions Vol. XX. p. 289 (21. April 1851).

Da aber die äussere Arbeit

$$W = \int_v^{v'} p\,d\,v,$$

so ist auch ganz allgemein

$$Q = \frac{1}{\mu}\frac{d\,W}{d\,t}.$$

Für ein vollkommenes Gas $[p\,v = p_0 v_0 \alpha (a + t)]$ ist insbesondere

$$W = p_0\, v_0\, \alpha\, (a + t) \log \frac{v'}{v}$$

und

$$\frac{d\,W}{d\,t} = p_0\, v_0\, \alpha \log \frac{v'}{v},$$

daher

$$\frac{W}{Q} = \mu\,(a + t),$$

woraus folgt, dass

1. das Verhältniss der pressions-/Ausdehnungs-Arbeit zur gewonnenen/verlorenen Wärme bei derselben Temperatur constant ist, dass aber
2. dies Verhältniss nicht von der Temperatur unabhängig ist, ausser wenn μ der absoluten (Amontons'schen) Temperatur verkehrt proportional ist, und dass ferner
3. dies Verhältniss nur dann der Joule'schen Zahl J entspricht, wenn $\mu = \frac{J}{a + t}$.

Thomson glaubt also der Annahme J. R. Mayer's („Mayer's hypothesis"), welche dessen Aequivalentberechnung zu Grunde liegt, nicht ohne nähere experimentelle Prüfung zustimmen zu können, obgleich dieselbe innerhalb der Grenzen der Joule'schen Versuche sich als (sehr angenähert) richtig erwiesen hat.

4. Zur genauen Prüfung der Annahme hält Thomson den Joule'schen Ueberströmungsversuch nicht für hinreichend empfindlich, und erdenkt hierzu nach mehreren weniger vollkommenen Versuchen folgendes Verfahren. Man denke sich ein sehr langes in Wasser von constanter Temperatur liegendes Spiralrohr, durch welches mit Hülfe einer Pumpe *gleichmässig*

Luft hindurchgetrieben wird, welche die Temperatur des Wassers annimmt. An einer gegen Wärmezuleitung wohl geschützten Stelle des Rohres befindet sich ein Pfropf S Fig. 100 von Wolle oder Seide, durch dessen Poren die Luft mit Reibung gleichmässig von dem Druck p zu dem niederen Druck p' übergeht, worauf dieselbe langsam und gleichmässig (ohne merkliche lebendige Kraft) weiter zu strömen fortfährt. Unmittelbar hinter dem Pfropf S in der bereits gleichmässigen langsamen Strömung befindet sich ein empfindliches Thermometer. Da hier die Luft unausgesetzt durch neue ersetzt wird, welche denselben Ausdehnungsprocess durchmacht, so sind selbst kleine Temperaturänderungen derselben leichter genau zu ermitteln, als bei der einmaligen Ueberströmung in dem Jouleschen Versuch. Alle stattfindenden äussern Arbeiten lassen sich bestimmen, zu den eintretenden Wärmeänderungen in Vergleich setzen, wodurch eine etwa vorhandene innere Arbeit zum Vorschein kommen muss.

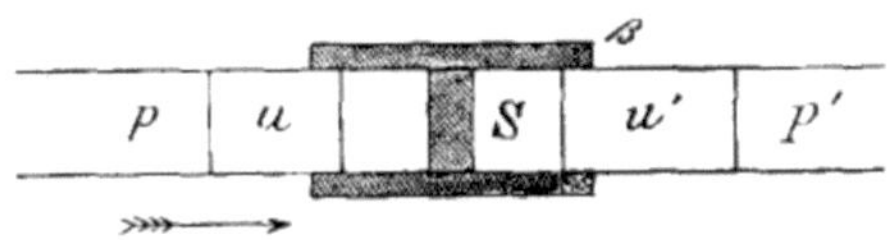

Fig. 100.

Wenn in der Zeiteinheit das Luftvolum u unter dem Druck p eingetrieben wird, welches sich nach Durchdringung des Pfropfes zu u' ausdehnt und unter den Druck p' tritt, so sind folgende Processe zu beachten. Zunächst wendet die Pumpe in der Zeiteinheit die Arbeit $p\,u$ auf das Gas auf, während das hinter dem Pfropf abströmende Gas wieder die Arbeit $p'u'$ verrichtet, so dass also $p\,u - p'\,u'$ die auf das Gas bleibend aufgewendete Arbeit ist. Hierbei kann man sich vor dem Pfropf einen Kolben denken, welcher unter dem Druck p in der Zeiteinheit das Volum u verdrängt, und in analoger Weise hinter dem Pfropf einen eben solchen Kolben, welcher dem Luftvolum u' weicht.

Ferner verrichtet die Luft bei Durchdringung des Pfropfes sich ausdehnend in der Zeiteinheit die äussere Arbeit $\int_u^{u'} p\,d\,v$. Da aber die in den Poren erzeugte lebendige Kraft schliesslich durch Reibung u. s. w. wieder verschwindet, so kommt für diese Arbeit wie für die vorige das Wärmeäquivalent zum Vorschein, nämlich

$$\frac{1}{J}\left[\int_u^{u'} p\,dv + pu - p'u'\right].$$

Von diesem Betrage ziehen wir die bei der (isothermischen) Gasausdehnung verschluckte Wärme ab, welche nach Gleichung 3 ist

$$\frac{1}{\mu}\int_u^{u'} \frac{dp}{dt}\,dv.$$

5. Nach den *Versuchen* findet nun eine geringe Abkühlung des Gases um δ^0 C statt. Ist K die Wärmecapacität des Gases welches in der Zeiteinheit durch den Pfropf tritt, so ist

$$-K\delta = \frac{1}{J}\left[\int_u^{u'} p\,dv + pu - p'u'\right] - \frac{1}{\mu}\int_u^{u'} \frac{dp}{dt}\,dv$$

oder kürzer

$$-K\delta = \frac{1}{J}\left[W + pu - p'u'\right] - \frac{1}{\mu}\frac{dW}{dt}.$$

Hiernach ist also die durch die äussern Arbeiten erzeugte Wärme nicht ganz zureichend um die bei der Gasausdehnung verschluckte Wärme zu decken. Dies deutet auf einen Wärmeverbrauch durch innere Arbeit.[1])

[1]) „Let air be forced continuously and as uniformly as possible, by means of a forcing pump, through a long tube, open to the atmosphere at the far end, and nearly stopped in one place so as to leave, for a short space, only an extremely narrow passage, on each side of which, and in every other part of the tube, the passage is comparatively wide; and let us suppose, first, that the air in rushing through the narrow passage is not allowed to gain any heat from, nor (if it had any tendency to do so) to part with any to, the surrounding matter. Then, if Mayer's hypothesis were true, the air after leaving the narrow passage would have exactly the same temperature as it had before reaching it. If, on the contrary, the air experiences either a cooling or a heating effect in the circumstances, we may infer that the heat produced by the fluid friction in the rapids, or, which is the same, the thermal equivalent of the work done by the air in expanding from its state of high pressure on one side of the narrow passage to the state of atmospheric pressure which is has after passing the rapids, is in one case less, and in the other more, than sufficient to compensate the cold due to the expansion; and the hypothesis in question would le disproved.“ Joule's Papers II. p. 217 u. f. f.

Lord Kelvin (Sir William Thomson).

Wir schreiben die letzte Gleichung in der Form

$$\frac{1}{\mu} = \frac{\frac{1}{J}\left[W + pu - p'u'\right] + K\delta}{\frac{dW}{dt}} \quad . \quad . \quad . \quad . \quad 4$$

Wäre $\delta = 0$, und würde sich das Gas genau nach dem Mariotte-Gay-Lussac'schen Gesetz verhalten, so wäre $pu = p'u'$, und, mit Hülfe der bekannten Ausdrücke für W und $\frac{dW}{dt}$, würde sich wieder ergeben

$$\frac{1}{\mu} = \frac{a + t}{J}$$

was den Annahmen der frühern Kapitel entspricht.

Fallen diese Voraussetzungen, so kann man doch durch Bestimmung von δ und mit Hülfe der Regnault'schen Beobachtungen über die Gasabweichungen für jede Temperatur einer willkürlichen Scale den Werth von μ bestimmen. Hierauf kann jene Scale der neuen Temperaturdefinition entsprechend reducirt werden.

6. Dies haben Thomson und Joule versucht. Da es zur Aufrechthaltung der Gleichung 2 auf die *absolute* Grösse der Grade der neuen Scale nicht ankommt, kann dieselbe so gewählt werden, dass für 0° und 100° Coincidenz mit der Celsius-Luftthermometer-Scale eintritt.

Ohne auf die Einzelheiten weiter einzugehen, sei erwähnt, dass die Abkühlung für Luft bei $^1/_2$ Atmosphäre Ueberdruck über den äussern Luftdruck rund 0,1° C, bei $^3/_2$ Atmosphären rund 0,3° C u. s. w. betrug. Für Kohlensäure fallen die Abkühlungen grösser, für Wasserstoff kleiner aus. Bei höheren Temperaturen nimmt die Abkühlung ab.

Thomson und Joule[1]) geben schliesslich folgende Vergleichung der Temperaturen (T — 273,7) der neuen Scale und der Temperaturen (ϑ) eines Luftthermometers von *constantem* Volum, welches bei 0° den Druck von 760 *mm* angiebt[2]):

[1]) Die erste der hierher gehörigen Arbeiten wurde vor der British Association am 3. September 1852 gelesen. Sämmtliche Arbeiten befinden sich in Joule's Papers II. p. 216—362.

[2]) Letztere Beifügung ist wegen der Gasabweichungen nothwendig. Die Angaben des Luftthermometers hätten sonst keinen genau bestimmten Sinn.

T — 273,7	ϑ
0°	0°
20	20 + 0,0298
40	40 + 0,0403
60	60 + 0.0366
80	80 + 0,0223
100	100 + 0,0000
120	120 — 0,0284
140	140 — 0,0615
160	160 — 0,0983
180	480 — 0,1382
200	200 — 0,1796
220	220 — 0,2232
240	240 — 0,2663
260	260 — 0,3141
280	280 — 0,3610
300	300 — 0,4085

Es zeigt sich also, dass die neue Temperaturscale mit jener des Luftthermometers sehr nahe zusammenfällt. Es ist von geringerem Belang, wie genau das Ergebniss der Joule-Thomson'schen Untersuchung ist. Viel wichtiger ist vielmehr die Angabe des *Principes*, nach welchem jede Scale auf die neu definirte reducirt werden kann, durch welches Princip die Thermodynamik erst einen *klaren theoretischen Abschluss* erhält. Bei Erweiterung der experimentellen Mittel wird sich die thermodynamische Scale genauer und innerhalb eines grösseren Bereichs mit irgend einer beliebigen andern Scale vergleichen lassen, als es bisher möglich war.

Kritischer Rückblick auf die Entwicklung der Thermodynamik. Die Quellen des Energieprincipes.

1. In einer durch Einfachheit und Klarheit ausgezeichneten populären Vorlesung, welche Joule im Jahre 1847 gehalten hat, erklärt er, dass die lebendige Kraft, welche ein schwerer Körper beim Fall durch eine gewisse Höhe erlangt hat, und welche derselbe in Form von Geschwindigkeit enthält, das *Aequivalent* der Schwereanziehung durch den Fallraum sei, und dass es *absurd* wäre anzunehmen, jene lebendige Kraft könnte *zerstört* werden, ohne dieses Aequivalent *wieder zu ersetzen.* Er fügt dann hinzu: „Sie werden also überrascht sein zu hören, dass bis auf die neueste Zeit die Meinung bestand, dass lebendige Kraft nach Belieben vollständig und unwiderruflich zerstört werden könne.“ Heute ist das Princip der Energieerhaltung, so weit die Wissenschaft reicht, allgemein angenommen, und findet in allen Gebieten der Naturwissenschaft Anwendung.

Jede grosse durchschlagende Entdeckung hat ein ähnliches Schicksal. Sie wird zunächst von der Mehrzahl der Menschen, wie Mayer, Helmholtz und auch Joule erfahren mussten, als ein Irrthum betrachtet. Nach und nach erkennt man, dass die Entdeckung längst vorbereitet war, nur dass wenige bevorzugte Geister sie früher wahrgenommen haben. Mit dem Erfolg wächst dann das blinde Vertrauen selbst jener, welche die neue Ansicht nicht kritisch zu durchschauen vermögen, so dass diese schliesslich, wie die Black'sche Theorie, sogar ein Hemmniss der Forschung werden kann. Soll eine Ansicht vor dieser zweifelhaften Rolle bewahrt bleiben, so müssen die Gründe ihrer Entwicklung und ihres Bestehens von Zeit zu Zeit sorgfältig geprüft werden. Dies soll hier in Bezug auf die Thermodynamik und das Energieprincip versucht werden.

2. Die mannigfaltigsten physikalischen Zustandsänderungen, thermische, elektrische, chemische u. s. w. können durch *mechanische Arbeit* hervorgebracht werden. *Kann* man solche Zustandsänderungen *vollständig rückgängig* machen, so liefern sie genau den Betrag an *Arbeit* wieder, der zu ihrer Erzeugung nöthig war. Dies ist das die Thermodynamik einschliessende *Princip der Erhaltung der Energie,* wenn *Energie*, nach allgemeinem Gebrauch, jenes unzerstörbare Etwas bezeichnet, welches die Differenz zweier physikalischer Zustände charakterisirt, und dessen *Maass* die leistbare mechanische Arbeit ist bei dem Uebergang aus dem einen Zustand in den andern.

Wie kommt man zu dieser Einsicht? Die Meinungen darüber gehen weit auseinander. Manchen Physikern scheint sie nun plötzlich a priori einleuchtend. Andere stützen sie auf die Unmöglichkeit eines perpetuum mobile, welche ihnen selbstverständlich scheint. Andern erscheint dieselbe als eine Folge des Umstandes, dass *alle* physikalischen Vorgänge durchaus *mechanische* seien. Andere endlich wollen lediglich einen *experimentellen* Nachweis des Energieprincipes gelten lassen. Wir wollen untersuchen, wie viel an diesen Ansichten haltbar ist, und werden bei dieser Gelegenheit finden, dass für das Energieprincip in seiner heutigen Form auch noch eine *logische* und eine *formale* bisher wenig beachtete Quelle besteht.

Das moderne *Energieprincip* ist zwar verwandt, aber nicht identisch mit dem Princip des ausgeschlossenen *perpetuum mobile.* Letzteres ist durchaus nicht neu, sondern hat schon vor Jahrhunderten die grössten Forscher wie Stevin, Galilei, Huygens u. A. auf ihren Entdeckungswegen geleitet, wie dies anderwärts ausführlich dargelegt wurde.[1]) Da aber die Richtigkeit dieses Principes lange vor dem Ausbau der Mechanik gefühlt wurde, und da dasselbe eben zur Begründung der Mechanik wesentlich mitgewirkt hat, wird es schon wahrscheinlich, dass es nicht eigentlich auf mechanischen Kenntnissen beruht, sondern dass dessen Wurzeln in *allgemeineren und tieferen Ueberzeugungen* zu suchen sind, worauf wir noch zurückkommen.

Soweit die Geschichte der Physik reicht, von Demokrit bis zur Gegenwart, hat ein unverkennbares Streben bestanden, *alle* physikalischen Vorgänge *mechanisch* zu erklären. Durch die

[1]) Vgl. Mach, „Erhaltung der Arbeit“ und „Mechanik“.

oben (S. 211) angeführten Aussprüche von Huyghens und Carnot wird dies ausreichend beleuchtet. Ein solches Streben ist auch ganz verständlich: Bewegungen der Körper sind die einfachsten, anschaulichsten, am leichtesten sinnlich und in der Phantasie zu verfolgenden Vorgänge. Der Zusammenhang von Druck und Bewegung ist uns aus der täglichen Erfahrung geläufig. Alle Veränderungen, welche der Einzelne persönlich, oder die Menschheit mit technischen Mitteln in der Umgebung einleitet, werden durch das Mittel von Bewegungen bewirkt. Bewegungen müssen uns demnach als ein wichtiger, als der bestbekannte Faktor erscheinen. Ausserdem zeigt fast jeder physikalische Vorgang eine mechanische Seite. Die tönende Glocke zittert, der erwärmte Körper dehnt sich aus, elektrische Körper ziehen sich an u. s. w. Wie sollte man also nicht versuchen, das weniger Bekannte durch das Bekanntere zu erklären oder *darzustellen*? In der That ist auch gegen die *Darstellung* physikalischer Vorgänge durch mechanische, gegen die Erläuterung derselben durch *mechanische* Analogien nichts einzuwenden.

Die moderne Physik ist aber wohl darin zu weit gegangen, dass sie diese Versuche gar zu *ernst* und zu buchstäblich genommen hat. Wenn Wundt es als ein physikalisches Axiom hinstellt, dass alle physikalischen Ursachen *Bewegungsursachen* sind, wenn er findet, dass die *Bewegung* die *einzige* Veränderung eines Körpers ist, bei welcher dieser mit sich identisch bleibt u. s. w., so können wir ihm nicht folgen. Wir brauchen nur darauf hinzuweisen, dass die *Eleaten* ganz analoge Schwierigkeiten in der *Bewegung* gefunden haben, wie Wundt in der *qualitativen* Aenderung. Auf *diesem methodischen* Wege gelangt man dahin, alles das in der Welt, was nicht unmittelbar verständlich ist, als *nicht existirend* anzusehen. Am einfachsten wäre es dann die Existenz der ganzen Erscheinungswelt zu leugnen. Hierzu gelangten schliesslich die Eleaten, und die Herbartianer waren nicht weit von diesem Ziel.

Die Physik in dieser Weise betrieben liefert uns eine recht künstliche Darstellung der Welt, in welcher wir kaum die Wirklichkeit wieder erkennen. Und thatsächlich erscheint Menschen, welche sich längere Zeit ganz der mechanisch-atomistischen Naturauffassung hingegeben haben, die uns *bestvertraute* Sinnenwelt plötzlich als das grösste *Welträthsel*.

Ohne also die physikalischen Vorgänge als *identisch* mit mechanischen zu betrachten, können wir letztere immerhin zur *Erläuterung* der ersteren benützen. Was die *mechanische* Physik Bleibendes geleistet hat, besteht in der That in der Durchleuchtung grosser physikalischer Kapitel durch *mechanische Analogien* (Lichttheorie), oder in der Ermittlung exacter *quantitativer* Beziehungen zwischen *mechanischen* und *anderen physikalischen* Processen (Thermodynamik).

3. Der Satz vom ausgeschlossenen perpetuum mobile kann am klarsten und leichtesten auf rein mechanischem Gebiet erkannt werden, und in der That hat er dort zuerst Wurzel geschlagen. Fasste man nun alle physikalischen Vorgänge als mechanische, so wurde der Gedanke nahe gelegt, dass für das *ganze* Gebiet Gebiet ein analoger Satz zu finden sein müsse. Noch Helmholtz hat das Energieprincip zu *begründen* versucht, indem er annahm, dass alle physikalischen Vorgänge durch Atombewegungen unter dem Einfluss von Centralkräften bedingt seien. Dass die mechanische Physik in dieser Richtung *förderlich* gewirkt hat, ob nun viel oder wenig von derselben haltbar bleibt, soll in keiner Weise in Abrede gestellt werden.

Nur aus der *Erfahrung* können wir wissen, ob und wie Wärmevorgänge mit mechanischen Processen znsammenhängen. Das technische Interesse und das Klarheitsbedürfniss, welche in dem Kopfe von S. Carnot zusammentrafen, haben dessen Aufmerksamkeit zuerst auf diesen Punkt geleitet. Die grosse industrielle Wichtigkeit der Dampfmaschine ist hier sehr wirksam gewesen, obgleich es nur ein *historischer Zufall* ist, wenn die betreffende Entwicklung nicht an die Elektrotechnik angeknüpft hat. F. Neumann bewegt sich ja in der That bei Aufstellung der Gesetze inducirter elektrischer Ströme (1845) ganz in der Carnot'schen Denkweise. Das Eigenthümliche des Carnot'schen Gedankens besteht nun darin, dass er *zuerst* auf einem *weitern* Gebiet das perpetuum mobile ausschliesst, in der Annahme, dass auch der *Umweg über Wärmevorgänge* kein perpetuum mobile liefern kann. Das *moderne* Energieprincip bleibt aber Carnot dennoch fremd, denn er hängt noch an der Black'schen Wärmestoffvorstellung, welche diesen letzteren grossen Forscher aus bereits erörterten psychologischen Gründen vollständig beherrschte.

4. Zum Durchbruch des modernen Energieprincipes war noch eine neue Wandlung *formaler* Natur nöthig. Die Black'sche Stoffvorstellung musste durch Mayer und Joule vernichtet und eine neue abstraktere allgemeinere *Substanzvorstellung* an deren Stelle gesetzt werden.

Auch hier liegen die psychologischen Umstände klar vor uns, welche der neuen Vorstellung ihre Gewalt verliehen haben. Durch die auffallende Röthe des venösen Blutes im tropischen Klima wird Mayer aufmerksam auf die geringere Ausgabe an Eigenwärme und den entsprechend geringeren *Stoffverbrauch* des Menschenleibes in diesem Klima. Allein da jede Leistung des Menschenleibes, auch die *mechanische Arbeit*, an *Stoffverbrauch* gebunden ist, und Arbeit durch Reibung schliesslich wieder Wärme entwickeln kann, so erscheinen Wärme und Arbeit als *gleichartig*, und zwischen beiden muss eine Proportionalbeziehung bestehen. Zwar nicht jede einzelne Post, aber die passend gezählte *Summe* beider, als an einen proportionalen Stoffverbrauch gebunden, erscheint *selbst substanziell.*

Durch ganz analoge Betrachtungen, die an die Oekonomie des galvanischen Elementes anknüpfen, ist Joule zu seiner Auffassung gekommen; er findet auf experimentellem Wege die Summe der Stromwärme, der Verbrennungswärme des entwickelten Knallgases, der passend gezählten elektromagnetischen Stromarbeit, kurz aller Batterieleistungen an die proportionale Zinkconsumtion gebunden. Demnach hat diese Summe selbst *substanziellen Charakter.*

Hat die Energieauffassung im Gebiet der Wärme einmal Platz gegriffen, so dehnt sie sich ohne Schwierigkeit auf *alle* physikalichen Gebiete aus. Mayer und Joule haben auch alsbald die *Summe aller Energien* als constant angesehen, d. h. sie haben diese Summe *substanziell* aufgefasst.

Mayer wurde von der gewonnenen Ansicht so ergriffen, dass ihm die Unzerstörbarkeit der *Kraft*, nach unserer Terminologie der *Arbeit*, a priori einleuchtend schien. „Die Erschaffung und die Vernichtung einer Kraft — sagt er — liegt ausser dem Bereich menschlichen Denkens und Wirkens.“ Auch Joule äussert sich ähnlich und meint: „Es ist offenbar *absurd*, anzunehmen, dass die Kräfte, welche Gott der Materie verliehen hat, eher zerstört als geschaffen werden könnten.“ Man hat auf

Grund solcher Aeusserungen merkwürdiger Weise zwar nicht Joule, wohl aber Mayer zu einem *Metaphysiker* gestempelt. Wir können aber dessen wohl sicher sein, dass beide Männer halb unbewusst nur dem starken *formalen* Bedürfniss nach der neuen einfachen Auffassung Ausdruck gegeben haben, und dass beide recht betroffen gewesen wären, wenn man ihnen zugemuthet hätte, etwa durch einen Philosophencongress über die Zulässigkeit ihres Princips entscheiden zu lassen. Diese beiden Männer verhielten sich übrigens bei aller Uebereinstimmung doch recht verschieden. Während Mayer das *formale* Bedürfniss mit der *grössten instinktiven Gewalt des Genies,* man möchte sagen mit einer Art von Fanatismus, vertritt, wobei ihm doch auch die griffliche Kraft nicht fehlt, *vor allen anderen* Forschern das mechanische Aequivalent der Wärme aus längst bekannten, allgemein zur Verfügung stehenden Zahlen zu berechnen, und ein die ganze Physik und Physiologie umfassendes *Programm* für die neue Lehre aufzustellen, wendet sich Joule der eingehenden Begründung derselben durch wunderbar angelegte und meisterhaft ausgeführte Experimente auf allen Gebieten der Physik zu. Etwas später nimmt auch Helmholtz in seiner ganz selbständigen und eigenartigen Weise die Frage in Angriff. Nächst der fachlichen Virtuosität, mit welcher dieser alle noch unerledigten Punkte des Mayer'schen Programms und noch andere Aufgaben zu bewältigen weiss, tritt uns hier die volle *kritische Klarheit* des 26jährigen Mannes überraschend entgegen. Seiner Darstellung fehlt das Ungestüm, der Impetus der Mayer'schen. Ihm ist das Princip der Energiererhaltung kein a priori einleuchtender Satz. Was folgt, *wenn* er besteht? In dieser hypothetischen Frageform bewältigt er seinen Stoff.

Ich muss gestehen, ich habe den ästhetischen und ethischen Geschmack mancher unserer Zeitgenossen oft bewundert, welche aus diesem Verhältniss gehässige *nationale* und *personale* Fragen zu schmieden wussten, anstatt das Glück zu preisen, das *mehrere* solche Menschen zugleich wirken liess, und anstatt sich an der erkenntnisstheoretisch so lehrreichen und für uns so fruchtbringenden Verschiedenheit bedeutender intellektueller Individualitäten zu erfreuen.

Wenn ich sage, dass der durch Mayer zuerst ausgeführte Schritt eine *formale* Wandlung war, so bedarf dies noch einer besondern Begründung, denn gewöhnlich wird Mayer und Joule die Entdeckung zugeschrieben, „dass die *Wärme Bewegung* sei“. Denn — so liest man in populären Schriften — wenn die Menge der Wärme vermehrt und vermindert werden kann, ist sie kein *Stoff*, sondern *Bewegung*. Mayer selbst hat dieser Schlussweise niemals zugestimmt, und wir können uns überzeugen, dass dieselbe bei dem grossen Fortschritt gar keine wesentliche Rolle spielt.

5. Sicherlich nur die *Erfahrung* kann lehren, ob für einen Wärmeverlust Bewegung eintritt oder umgekehrt, und in welchem *Maasse*. Die Thatsache des Zusammenhanges beider und die *Grösse* des mechanischen Aequivalentes sind also zweifellos Ergebnisse des *Experimentes*. Daneben bleibt aber der *formalen* Auffassung noch ein weiter Spielraum. Dass der Fall durch eine Höhe h eine Geschwindigkeit v erzeugt, dass mit dieser Geschwindigkeit die ursprüngliche Höhe wieder erstiegen werden kann, dass quantitativ $v = \sqrt{2gh}$, kann nur mit Hülfe der Erfahrung ermittelt werden. Darin liegt aber noch nichts von einer Aequivalenz; denn lange hat man die letzte Gleichung verwendet, ohne an eine Aequivalenz zu denken. Wenn ich aber sage, das *v soll mir so viel werth sein*, als das h, welches es zu überwinden vermag, so ist dies Sache einer *Form der Auffassung, die meinem Bedürfniss entsprechen kann*. Ich kann dieses Bedürfniss *empfinden*, ohne demselben noch entsprechen zu können, wie es Mayer geschehen ist, so lange er v und gh für gleichwerthig hielt. Erst wenn ich den Werth der Geschwindigkeit durch $\frac{v^2}{2}$, jenen der Fallhöhe durch gh messe, gelingt es mir, mein Bedürfniss zu befriedigen.

So sage ich auch, die *Wärme* soll mir so viel werth sein, als die verbrauchte *Arbeit*, durch welche sie zum Vorschein gekommen ist. Mit einem glücklichen Griff, und durch historische Umstände begünstigt, hat hier Mayer wirklich sogleich die richtige Bewerthung gefunden, welche seinem Bedürfniss entsprach Die Vorstellung vom *Wärmestoff* spielt aber auch hier eine ganz nebensächliche Rolle, wie folgende Ueberlegung lehrt:

„Die Menge des Wassers bleibt bei der Arbeitsleistung constant, weil es ein Stoff ist.“

„Die Menge der Wärme ändert sich, weil dieselbe kein Stoff ist.“

Diese beiden Sätze werden den meisten Menschen einleuchten. Dennoch sind sie beide werthlos. Dies wollen wir uns durch folgende Frage deutlich machen, die aufgeweckte Anfänger, als die Energielehre noch weniger populär war, zuweilen an mich gerichtet haben. Giebt es ein mechanisches Aequivalent der Elektricität, so wie es ein mechanisches Aequivalent der Wärme giebt? Ja und nein! Es giebt kein mechanisches Aequivalent der Elektricitäts*menge*, wie es ein Aequivalent der Wärme*menge* giebt, weil *dieselbe* Elektricitätsmenge einen sehr *verschiedenen* Arbeitswerth hat, je nach den Umständen, unter welchen sie erscheint; es giebt aber ein mechanisches Aequivalent der elektrischen *Energie*.[1])

Fügen wir noch eine Frage hinzu. Giebt es ein mechanisches Aequivalent des Wassers? Ein Aequivalent der Wasser*menge* nicht, wohl aber des Wassergewichtes × Fallhöhe desselben.

Wenn eine Leydnerflasche entladen wird und dabei Arbeit leistet, so stellen wir uns nicht vor, dass die Elektricitäts*menge* verschwindet, indem sie Arbeit leistet, wir nehmen vielmehr an, dass die Elektricitäten nur in eine andere Lage kommen, indem sich gleiche Quantitäten positiver und negativer Elektricität miteinander vereinigen.

Woher kommt nun diese Verschiedenheit unserer Vorstellung bezüglich der Wärme und der Elektricität? Sie hat lediglich historische Gründe und ist Formsache, was sich, wie folgt, begründen lässt.

Coulomb construirte 1785 seine Drehwage, durch welche er in den Stand gesetzt wurde, die Abstossung elektrisirter Körper zu messen. Gesetzt, wir hätten zwei kleine Kugeln A und B, welche durchaus gleichförmig elektrisch sind. Diese werden bei einer bestimmten Entfernung r ihrer Mittelpunkte eine bestimmte Abstossung p aufeinander ausüben. Wir bringen nun mit B einen Körper C in Berührung, lassen beide gleichförmig elektrisch werden und messen dann die Abstossung von

---

[1]) Hätte Mayer's Energielehre *zuerst* im Gebiete der Elektricität Fuss gefasst, so würde er seinem Bedürfniss zu entsprechen vergebens nach einem mechanischen Aquivalent der Elektricitäts*menge* gesucht haben. Er hätte aber so lange gesucht, bis er auf die elektrische *Energie* verfallen wäre, womit sein *formales* Bedürfniss befriedigt gewesen wäre.

B gegen A und von C gegen A bei derselben Distanz r. Die Summe dieser Abstossungen wird nun wieder p sein. Es ist also etwas bei dieser Theilung *constant* geblieben, die Abstossung. Schreiben wir nun diese Wirkung einem besondern Agens zu, so schliessen wir ungezwungen auf die stoffliche Natur, die *Constanz* der Menge desselben.

Riess construirte 1838 sein elektrisches Luftthermometer. Dasselbe giebt ein Maass für die durch eine Flaschenentladung producirte Wärmemenge. Diese Wärmemenge ist nicht der nach Coulomb'schem Maass in der Flasche enthaltenen Elektricitätsmenge proportional, sondern wenn q diese Menge und C die Capacität ist, proportional $\frac{q^2}{2C}$, der Energie der geladenen Flasche. Wenn wir nun eine Flasche einmal vollständig durch das Thermometer entladen, so erhalten wir eine gewisse Wärmemenge W. Entladen wir aber durch das Thermometer in eine andere Flasche, so erhalten wir weniger als W. Den Rest können wir aber noch erhalten, wenn wir nun beide Flaschen vollständig durch das Luftthermometer entladen, und derselbe wird wieder proportional sein der Summe der Energien dieser beiden Flaschen. Bei der ersten unvollständigen Entladung ist also ein Theil der Wirkungsfähigkeit der Elektricität verloren gegangen.

Wenn eine Flaschenladung Wärme producirt, so ändert sich ihre *Energie*, und ihr Werth nach dem Riess'schen Thermometer nimmt ab. Die *Menge* nach dem Coulomb'schen Maasse jedoch bleibt unverändert.

Nun stellen wir uns aber einmal vor, das Riess'sche Thermometer wäre früher erfunden worden, als die Coulomb'sche Drehwage, was uns nicht schwer fallen kann, da ja beide Erfindungen voneinander ganz unabhängig sind. Was wäre natürlicher gewesen, als dass man die „*Menge*“ der in einer Flasche enthaltenen Elektricität nach der im Thermometer producirten Wärme geschätzt hätte? Dann würde aber diese sogenannte Elektricitätsmenge sich vermindern bei Produktion von Wärme oder Arbeitsleistung, während sie jetzt unverändert bleibt; dann würde also die Elektricität kein Stoff, sondern Bewegung sein, während sie jetzt noch ein Stoff ist. Es hat also einen bloss historischen und ganz zufälligen formalen und conventionellen Grund, wenn wir über die Elektricität anders denken als über die Wärme.

So ist es auch mit andern physikalischen Dingen. Das Wasser verschwindet nicht bei Arbeitsleistungen. Warum? Weil wir die Menge des Wassers mit der Wage messen, ähnlich wie die Elektricität. Denken wir aber, der Arbeitswerth des Wassers würde Menge genannt und müsste also, etwa mit der Mühle, statt mit der Wage gemessen werden, so würde diese Menge in dem Maasse verschwinden, als sie Arbeit leistet. Nun stelle man sich vor, dass mancher Stoff nicht so leicht greifbar wäre wie das Wasser. Wir würden dann die eine Art der Messung mit der Wage gar nicht ausführen können, während uns andere Messweisen unbenommen bleiben. Welche Messweise wir wählen, hätte dann auf unsere Vorstellung Einfluss.

Bei der Wärme ist nun das historisch festgesetzte Maass der „Menge" zufällig der Arbeitswerth der Wärme. Daher verschwindet er auch, wenn Arbeit geleistet wird. Dass die Wärme kein Stoff sei, folgt hieraus ebenso wenig, wie das Gegentheil.

Wenn wir Sauerstoff und Wasserstoff in einer Eudiometerröhre explodiren lassen, so verschwinden die Sauerstoff- und Wasserstofferscheinungen und es treten dafür die Wassererscheinungen auf. Wir sagen, Wasser *besteht* aus Sauerstoff und Wasserstoff. Dieser Sauerstoff und Wasserstoff sind aber nichts als zwei beim Anblick des Wassers parat gehaltene Gedanken und Namen für Erscheinungen, die nicht da sind, die aber jeden Augenblick wieder hervortreten können, wenn wir das Wasser zerlegen, wie man sich auszudrücken beliebt.

Es ist mit dem Sauerstoff ganz so wie mit der latenten Wärme. Beide können hervortreten, wo sie im Augenblick noch nicht bemerkbar sind. Ist die „latente" Wärme kein Stoff, braucht es auch der Sauerstoff nicht zu sein.

Man sieht, wie nebensächlich, von willkürlich gewählten Gesichtspunkten abhängig, die Stoffvorstellung ist. Es wäre heute zweckmässiger statt Wärme*menge* zu sagen Wärme*energie*.

In den Black'schen Fällen verhält sich die Wärmeenergie insofern wie ein Stoff, als dieselbe *nicht* in andere *Energieformen* übergeht.

6. Wir sind nun vorbereitet, die Frage nach den *Quellen* des Energieprincipes zu beantworten. Alle Naturerkenntniss stammt in letzter Linie aus der *Erfahrung* und in diesem Sinne haben

jene Recht, welche das Energieprincip als ein Erfahrungsergebniss betrachten.

Die Erfahrung lehrt, dass die *sinnlichen* Elemente $\alpha\,\beta\,\gamma\,\delta\ldots$ in welche die Welt zerlegt werden kann, der *Veränderung* unterliegen. Dieselbe lehrt weiter, dass einige dieser Elemente mit andern verknüpft sind, so dass sie *mit*einander erscheinen und verschwinden, oder dass eine Gruppe dieser Elemente auftritt, wenn eine andere verschwindet. *Die sinnlichen Elemente der Welt ($\alpha\,\beta\,\gamma\,\delta\ldots$) erweisen sich als abhängig voneinander.* Thatsachen können sich so nahe stehen, dass sie dieselbe Art der $\alpha\,\beta\,\gamma\ldots$ enthalten, nur dass die $\alpha\,\beta\,\gamma\ldots$ der *einen* von jenen der *andern* durch die Zahl der gleichen Theile sich unterscheiden, in welche die $\alpha\,\beta\,\gamma\ldots$ zerlegt werden können. Dann unterscheiden sich diese Thatsachen nur *quantitativ*. Dann lassen sich Regeln finden, nach welchen aus der Zahl der Theile *einer* Gruppe der $\alpha\,\beta\,\gamma\ldots$ die Zahl der Theile einer *andern* Gruppe abgeleitet werden kann. Zwischen den *Maasszahlen* der $\alpha\,\beta\,\gamma\ldots$ bestehen dann *Gleichungen*. Die Zahl der letzteren muss geringer sein, als die Zahl der Elemente $\alpha\,\beta\,\gamma\ldots$ wenn überhaupt eine Aenderung möglich sein soll. Ist die Zahl der Gleichungen um Eins kleiner als die Zahl der Elemente, so ist eine Gruppe derselben durch die andere *eindeutig* bestimmt.

Die Aufsuchung der letzterwähnten Beziehungen ist die wichtigste Aufgabe der Specialforschung, weil diese uns befähigen theilweise in der *Erfahrung* gegebene Thatsachen in Gedanken zu ergänzen. Selbstredend kann nur die *Erfahrung* lehren, *welche* Beziehungen zwischen den $\alpha\,\beta\,\gamma\ldots$ bestehen, und ob Aenderungen der $\alpha\,\beta\,\gamma\ldots$ wieder *rückgängig* gemacht werden können. Würde letzteres nicht zutreffen, so würde dem Energieprincip auch der Boden fehlen. In *diesem* Sinne ruht also das Energieprincip auf der *Erfahrung*.

Dies schliesst jedoch nicht aus, dass noch eine *logische* Wurzel desselben zu finden ist. Nehmen wir auf Grund der Erfahrung an, dass eine Gruppe von Elementen $\alpha\,\beta\,\gamma\ldots$ eine andere $\lambda\,\mu\,\nu\ldots$ *eindeutig* bestimme, und dass ferner die Veränderungen *umkehrbar* seien. Es ist eine *logische* Folge hiervon, dass jedesmal, wenn $\alpha\,\beta\,\gamma\ldots$ dieselben Werthe erhalten, dies auch für $\lambda\,\mu\,\nu\ldots$ gilt, oder dass *periodische* Aenderungen von $\alpha\,\beta\,\gamma\ldots$ *keine bleibenden Aenderungen* von $\lambda\,\mu\,\nu\ldots$ herbeiführen können. Ist die Gruppe $\lambda\,\mu\,\nu\ldots$ *mechanischer Natur*, so ist hiermit das perpetuum mobile *ausgeschlossen*.

Man wird sagen, dass sei ein logischer Cirkel. Aber *psychologisch* ist die Situation eine wesentlich andere, ob ich nur an die *eindeutige Bestimmung* und die *Umkehrbarkeit*, oder an den Ausschluss des perpetuum mobile denke. Die Aufmerksamkeit erhält in beiden Fällen eine ganz verschiedene Richtung. Ohne Zweifel war es dieser feste logische Zusammenhang der Gedanken, das feine instinktive Gefühl für den leisesten Widerspruch, was die grossen Forscher wie Stevin und Galilei gehat. Die Gedanken verlieren dadurch einen Grad der Freiheit, und zugleich wird die Möglichkeit des Irrthums eingeschränkt. In dieser *allgemeinen logischen* Ueberzeugung, welche selbst der Begründung der Mechanik vorausgeht, liegt nächst der Erfahrung die *zweite* Wurzel des Principes vom ausgeschlossenen perpetuum mobile.

Der Satz vom ausgeschlossenen perpetuum mobile liegt natürlich am nächsten auf rein mechanischen Gebiet. Derselbe kann, wie sich gezeigt hat, gefunden werden, ohne den Begriff *Arbeit* zu verwenden. Führt man jedoch die *formale substanzielle* Auffassung der Summe der *Arbeit* und der *lebendigen Kraft* ein, so erhält man den Huygens'schen Satz der lebendigen Kräfte.

Schliesst man das perpetuum mobile auf dem *ganzen* Gebiet der Physik aus, so ist diese Aufstellung sehr verwandt aber nicht identisch mit dem Energieprincip. Um letzteres zu erhalten, fehlt noch die *willkürliche dem Bedürfniss der Einfachheit und Oekonomie entsprechende formale substanzielle Auffassung der Arbeit und jeder mit Arbeitsleistung oder Arbeitsverbrauch verbundenen physikalischen Zustandsänderung.* Dem bezeichneten Bedürfniss konnte nur durch *Schaffung besonderer Maassbegriffe* entsprochen werden. Hiermit war aber die fragliche Entwicklung im Wesentlichen abgeschlossen.

7. Es scheint mir nun, dass durch die Trennung der bezeichneten Momente, des *experimentellen*, *logischen* und *formalen* die *Mystik* beseitigt wird, welche man so gern noch in das Energieprincip hineinträgt. Das Princip kann allerdings nicht ohne die Kenntniss wichtiger Thatsachen (der Abhängigkeit verschiedener Reaktionen voneinander) aufgestellt und angewendet

werden; allein eine Hauptsache an demselben ist die spontane selbstthätige formale Auffassung der Thatsachen. Es handelt sich nicht so sehr um die Entdeckung *neuer* Thatsachen (welche grösstentheils längst bekannt, nur der Aufmerksamkeit entzogen waren), als um die Entdeckung einer *Form der Auffassung*, ähnlich wie bei Copernicus. Ich kann hierin meinen schon 1872 dargelegten Standpunkt aufrecht halten.

Erweiterung des Carnot-Clausius'schen Satzes. Die Conformität und die Unterschiede der Energien. Die Grenzen des Energieprincipes.

1. Es liegt in der Natur unserer mitten in der Entwicklung begriffenen Erkenntniss, dass wir neu erschaute Thatsachen mit Hülfe bereits vorher erworbener Begriffe darstellen, indem wir neuen Erscheinungen entweder bereits anderweitig *bekannte* Eigenschaften *zuschreiben*, oder solche fälschlich zugemuthete *absprechen*. Wir finden an dem Neuen entweder Uebereinstimmungen, Analogien mit Bekanntem, oder Unterschiede in Bezug auf dasselbe.

In der That ist der erste grosse Schritt bei der Entdeckung Carnot's die Beachtung einer Analogie zwischen dem fallenden, Arbeit leistenden *Wasser* und der in der Temperatur sinkenden, Arbeit leistenden *Wärme*. Auf den umkehrbaren Kreisprocess wird Carnot geführt, indem er bedenkt, dass die Wärme so wenig wie das Wasser nutzlos abfliessen darf, wenn das Arbeitsmaximum geleistet werden soll. Und die Unabhängigkeit dieses Arbeitsmaximums vom vermittelnden Stoff ergiebt sich durch die Aufrechthaltung der Uebereinstimmung *aller* Erscheinungsgebiete in Bezug auf das ausgeschlossene *perpetuum mobile*. Carnot hält ferner die Analogie zwischen Wasser und Wärme auch darin aufrecht, dass er die von Black ausgesprochene Unveränderlichkeit der Wärmemenge annimmt, welche Annahme er selbst später schon fallen lassen musste. Mit Rücksicht auf diese Correktur ergiebt sich die Clausius'sche Form des Carnot'schen Satzes, welche den folgenden Erörterungen zu Grunde liegt.

2. Zeuner hat seiner Zeit versucht, den Carnot'schen Wärmekreisprocess durch einen Process mit schweren Massen nachzuahmen, um dadurch die Bedeutung des Ausdruckes Q/T aufzuklären, welchem letzteren er den Namen *Wärmegewicht* beilegt.

In Bezug auf die Zeuner'sche Darlegung ist zu bemerken, dass dieselbe durchaus der Carnot'schen Anschauung entspricht, die ja ganz von der berührten Analogie beherrscht wird. Doch lässt sich die Analogie zwischen dem thermischen und mechanischen Process weiter durchführen, als dies Zeuner gethan hat, in dessen Process das Herbeischieben und Fortschieben der Gewichte in verschiedenen Höhen nur eine sehr äusserliche Aehnlichkeit hat mit der Wärmeaufnahme und Abgabe unter Arbeitsleistung, beziehungsweise Arbeitsverbrauch.

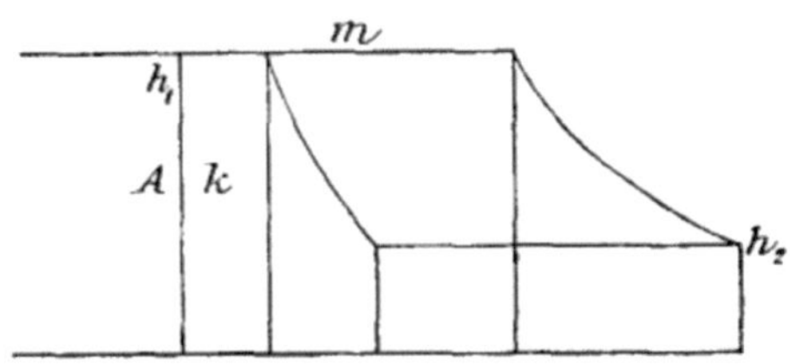

Fig. 101.

Man denke sich Fig. 101 einen *sehr grossen*, zur Druckhöhe h_1 gefüllten Flüssigkeitsbehälter A, der mit einem kleineren k in Verbindung steht. Verschiebt sich die verticale Seitenwand des letzteren um die Strecke m, und hierauf unter Abschluss gegen A so weit, das die Druckhöhe in k auf h_2 sinkt, verbindet man hierauf k mit einem sehr grossen Behälter B von der Druckhöhe h_2, und verkleinert k soweit, bis das bei der Verschiebung m aus A entnommene Flüssigkeitsgewicht P wieder von B aufgenommen ist, so enthält k, unter Isolation auf das Ausgangsvolum zurückgebracht, wieder die ursprüngliche Flüssigkeitsmenge und die ursprüngliche Druckhöhe h_1.

Hierbei ist die Energie $W' = \frac{P}{2}(h_1 - h_2)$ zu äusserer Arbeit verwendet, die Energie $W = \frac{P}{2} h_2$ von h_1 auf h_2 übergeführt worden. Es besteht demnach die Gleichung

$$-\frac{W'}{h_1} + W\left(\frac{1}{h_2} - \frac{1}{h_1}\right) = 0, \quad \ldots \ldots \quad 1$$

welche mit 35, S. 291, in der Form übereinstimmt. Nennt man die von A aufgenommene Energie $W_1 = \frac{P}{2} h_1$, die an B abgegebene $W_2 = \frac{P}{2} h_2$, so hat man

$$-\frac{W_1}{h_1} + \frac{W_2}{h_2} = 0, \quad \ldots \ldots \quad 2$$

was mit 38, S. 293 in der Form übereinstimmt.[1])

Man sieht hier, dass von A *dasselbe Gewicht* aufgenommen, welches an B abgeführt wird. Dagegen wird von A eine *grössere Energie* entnommen, als an B abgeführt wird. Der *Wärmemenge* ist demnach die *Energie* analog, der Masse und dem *Gewichte* entspricht aber das *Wärmegewicht* Zeuners. In einer ältern Schrift[2]) glaube ich zuerst die historischen Umstände dargelegt zu haben, welche zu einer so verschiedenen Auffassung in Bezug auf die Wärmeenergie und andere Energieformen geführt haben. Die Verschiedenheit liegt theils in der Sache, theils in der historischen Uebereinkunft.

3. In eben derselben Schrift habe ich auch versucht, den Carnot'schen *Gedanken zu verallgemeinern.* Ich hatte bemerkt, dass für *alle* Energieformen, wenn ein Energietheil W' irgendwie *umgewandelt* wird, ein anderer Energietheil W, der Rest, von einem höhern Niveau V_1 auf ein tieferes V_2 sinkt, wobei die Gleichung 1 gilt, wenn wir V_1, V_2 beziehungsweise mit h_1, h_2 vertauschen. Selbstredend gelten dann auch die durch 1 mit gegebenen Gleichungen.

Der arbeitleistende umkehrbare Kreisprocess ist nicht auf Wärmevorgänge beschränkt. Es unterliegt keinerlei Schwierigkeit für beliebige andere Vorgänge, z. B. *elektrische*, analoge Kreisprocesse zu erdenken.[3])

Es sei z. B. A ein zum Potential V_1 geladener Körper von sehr grosser Capacität, und B ein eben solcher mit dem Potential V_2. Eine Kugel k dehne sich in leitender Verbindung mit

[1]) Nach der treffenden Bemerkung von Popper (Die physik. Grundsätze der elektrischen Kraftübertragung. Wien 1884, S. 9) sollte statt h überall gh gesetzt werden. Um die Conformität mit bekannten Ausdrücken nicht zu stören, schreibe ich h.

[2]) Erhaltung der Arbeit. S. 22. u. f. f. Ferner S. 321 u. f. f. der vorliegenden Schrift.

[3]) Ich pflege derartige Beispiele seit 20 Jahren gelegentlich in den Vorlesungen zu erörtern.

A (isopotentiell) vom Radius r_0 auf r_1 aus, wobei A entzogen wird die Energie

$$W_1 = (r_1 - r_0)\ V_1^2.$$

Ferner finde eine weitere (adiabatische) Ausdehnung des isolirten k bis zum Radius r_2 und der Potentialabnahme auf V_2 statt. Hierbei ist $r_1\ V_1 = r_2\ V_2$. Es trete ferner eine (isopotentielle) Contraction auf r_3 in Verbindung mit B ein, bis die ganze von A aufgenommene Menge wieder an B abgegeben ist. Schliesslich werde k wieder isolirt (adiabatisch) auf r_0 zusammengedrückt, so dass die Kugel bei der ursprünglichen Ladung wieder das ursprüngliche Potential erhält. Aus letzterer Bedingung folgt die Gleichung $r_0\ V_1 = r_3\ V_2$.

Ferner folgt $(r_2 - r_3)\ V_2^2 = (r_1 - r_0)\ V_1\ V_2$. Die an B abgegebene Energie ist also

$$W_2 = (r_1 - r_0)\ V_1\ V_2.$$

Es besteht also wieder die Gleichung 1 oder 2, wie man sich durch Substitution überzeugen kann.

Für den ökonomischen Coefficienten erhalten wir im Fall der Wärme

$$\frac{Q'}{Q + Q'} = \frac{T_1 - T_2}{T_1}$$

und bei analoger Bezeichnung ebenso im Fall der Elektricität

$$\frac{W'}{W + W'} = \frac{V_1 - V_2}{V_1}.$$

4. Der umkehrbare Kreisprocess hat bei Carnot nur den Zweck, einerseits *nutzlose*, der mechanischen Arbeit nicht zugut kommende Energieverluste zu vermeiden, anderseits *unbekannte* unberechenbare (latente) Energien aus der Betrachtung zu beseitigen. Wo die Berücksichtigung dieser beiden Umstände unnöthig ist, bedürfen wir zur Aufstellung des Carnot-Clausius'schen Satzes der Betrachtung eines Kreisprocesses *nicht.* Es genügt hierzu vielmehr die Kenntniss der *Verwandelbarkeit* der Energien ineinander und jene des hiermit verbundenen *Potentialfalles* der verminderten Energieart.

Man kann ganz allgemein sagen: *Wird von einer Energieart $W' + W$ vom Potential V_1 der Antheil W' in eine oder* *mehrere andere Formen verwandelt, so erfährt der Rest W einen Fall auf das Potential* V_2, *wobei die Gleichung besteht*

$$-\frac{W'}{V_1} + W\left(\frac{1}{V_2} - \frac{1}{V_1}\right) = 0,$$

aus welcher auch die übrigen damit zusammenhängenden Gleichungen folgen.[1])

Für arbeitende elektrische, in Isolatoren versenkte Körper z. B. ist die Heranziehung eines Kreisprocesses unnöthig, vollends dann, wenn man *alle umgewandelte* Energie, ob sie als kinetische oder potentielle Energie, als mechanische Arbeit, oder Wärme, oder in irgend einer andern Form erscheint, einfach zusammengezählt. *Die Aufstellung* S. 329 *ist also nur ein Specialfall der hier gegebenen, indem erstere nur auf das Maximum der mechanischen Arbeit Rücksicht nimmt.* Auch für die Wärme lassen sich übrigens Processe erdenken, welche die Betrachtung eines Kreisprocesses entbehrlich machen. Wenn z. B. ein *vollkommenes* Gas von der Capacität c (bei constantem Volum) sich adiabatisch umkehrbar, Arbeit leistend, ausdehnt, so ist die verwandelte Wärmemenge $Q' = c\,(T_1 - T_2)$, die übergeführte $Q = c\,T_2$, womit sofort die obigen Gleichungsformen gegeben sind.

5. Auf diesen *Parallelismus im Verhalten verschiedener Energieformen* ist in meiner Schrift von 1872, und zwar in der letzterwähnten allgemeinern Fassung, sowohl im Text, als auch in einer ausführlichen Anmerkung hingewiesen. Bei jeder Energie kommt der *Energie*werth und der *Niveau*werth in Betracht. Von den *Mengen*werthen, welche durch die Quotienten W/V gegeben sind, ist zwar im Text, nicht aber in der Anmerkung besonders die Rede. Doch habe ich in einer später (1883) erschienenen Schrift[2]) auch der einander entsprechenden Mengenwerthe verschiedener Energien gedacht. Ich halte meine sehr knappe Darstellung auch heute noch für zutreffend, und habe, wie ich glaube, nichts Wesentliches zurückzunehmen.[3])

---

[1]) Vergl. Frhaltung der Arbeit. S. 54.

[2]) Die Mechanik in ihrer Entwicklung. S. 469, und Sitzungsbericht der Wiener Akademie. Bd. CI. Ab. IIa, S. 1589.

[3]) In „Erhaltung der Arbeit", S. 54 in den letzten Zeilen der Note 3 steht fälschlich Geschwindigkeit statt Geschwindigkeits*quadrat*.

Gedanken, die in der Art oder dem Stoffe der Betrachtung mit den meinigen verwandt sind, wurden später noch mehrfach ausgesprochen von Popper[1]) (1884), Helm[2]) (1887), Wronsky[3]) (1888), Meyerhoffer[4]) (1891) und Ostwald[5]) (1892). Es liegt mir natürlich die Annahme fern, dass selbst diejenigen Autoren, welchen meine Schrift bekannt war, die Anregung zu ihren Betrachtungen lediglich aus derselben geschöpft haben.[6]) Sie hätten meinem Standpunkt schon sehr nahe sein müssen, um aus meiner kurzen Darlegung alle Consequenzen herauszulesen. Die persönlichen Unterschiede in der Auffassung treten auch deutlich genug hervor, um diese Annahme fern zu halten. Zudem handelt es sich hier lediglich um eine Verallgemeinerung eines Carnot'schen Gedankens, zu welcher eben Carnot selbst die Hauptanregung gegeben hat. Anderseits werden jedoch aufmerksame Leser meiner Schrift von 1872 wohl entnehmen, dass die angeführten späteren Publikationen mir nur wenig Neues bieten konnten.

6. Bisher war vorwiegend von der *Uebereinstimmung* der Energieformen die Rede, über welcher die bestehenden *Unterschiede* nicht übersehen werden dürfen, die insbesondere die *Wärme* den andern Formen gegenüber darbietet. Nimmt man den oben bezeichneten Standpunkt an, so erkennt man, dass 1. die blosse *genaue* Kenntniss der Energieerhaltung genügt, um den Carnot-Clausius'schen Satz zu gewinnen, und dass 2. wegen Gültigkeit dieses Satzes für die verschiedenen Energie-

---

1) Popper, Elektrische Kraftübertragung. Wien 1884.

2) Helm, Die Lehre von der Energie. Leipzig 1887.

3) Wronsky, Das Intensitätsgesetz. Frankfurt a/O. 1888.

4) Meyerhoffer, Der Energieinhalt. Zeitschr. f. phys. Chemie. 1891, S. 544.

5) Ostwald, Studien zur Energetik. II Berichte d. sächs. Gesellsch. 1892. S. 211.

6) Popper erwähnt meine Schrift, doch ist seine Arbeit von der meinigen sicherlich unabhängig. Von Helm wird meine Schrift ebenfalls erwähnt. Wronsky kennt nur Helm. Meyerhoffer, dessen vergleichende Betrachtung mir sehr sympathisch ist, obgleich ich seinen Ergebnissen vielfach nicht zustimmen kann, scheint meine Schrift erst nach Abschluss seiner Arbeit kennen gelernt zu haben. Ostwald führt in Bezug auf die hier erörterten Fragen überhaubt keine Vorgänger an. — An erkenntnisstheoretischer Aufklärung scheint mir die Popper'sche Schrift am reichsten zu sein, gleichwohl ist dieselbe in keinem physikalischen Referatenjournal besprochen worden.

formen eine Sonderstellung der Wärme durch *diesen* Satz *nicht* bedingt sein kann.

7. Was zunächst den ersten Punkt betrifft, so lässt; wie bereits erwähnt, die volle Einsicht in die Energieerhaltung nicht nur die Umwandlung einer Energieart A in eine andere B, sondern auch den hiermit nothwendig verbundenen *Potentialfall* von A und *Potentialanstieg* von B erkennen. Dass die beiden Eigenschaften der Energieverwandlung in zwei verschiedenen Sätzen, den sogenannten beiden Hauptsätzen der mechanischen Wärmetheorie formulirt worden sind, ist eben nur darin *historisch* begründet, dass zwischen der Erkenntniss der einen und der anderen zwei Decennien liegen. Erst nach einem weitern Decennium kommen *beide* Eigenschaften in der Carnot-Clausius'schen Fassung zum Ausdruck, welche nichts Anderes ist, als ein *vollständigerer* Ausdruck der Thatsache, von welcher der erste Hauptsatz nur eine Seite darstellt.[1]) Das Analogon hierfür fehlt nicht in der Geschichte der Physik. Wie ich anderwärts dargelegt habe,[2]) ging neben der Einsicht, dass die Kräfte beschleunigungsbestimmende Umstände sind, durch zwei Jahrhunderte das Trägheitsgesetz als ein *besonderer* Satz einher, obgleich in diesem Falle beide Sätze sogar *identisch* sind, indem der letztere die negative Umkehrung des erstern darstellt.

8. In Bezug auf den zweiten Punkt ist Folgendes klar: Analogie ist keine Identität. Die Wärme kann also noch *besondere* Eigenschaften aufweisen, und zeigt diese wirklich. Diese Besonderheit liegt aber in von dem Carnot-Clausius'schen Satze unabhängigen Umständen. Jede *Umwandlung* einer Energieart A ist an einen Potentialfall *dieser* Energieart gebunden, auch für die Wärme. Während aber für die andern Energiearten mit dem Potentialfall auch umgekehrt eine Umwandlung und daher ein Verlust an Energie der im Potential sinkenden Art verbunden ist, verhält sich die Wärme anders. Die Wärme *kann* einen Potentialfall erleiden, ohne — wenigstens nach der üb-

[1]) Es scheint mir also nicht ganz richtig, wenn Meyerhoffer (a. a. O. S. 560) sagt, dass der zweite Hauptsatz mit dem ersten identisch ist. Sicherlich hat Carnot nur den Niveaufall, Mayer nur die Energieumwandlung im Auge gehabt. Es sind dies aber allerdings verschiedene Seiten *desselben* Vorganges, die voneinander nicht getrennt werden können.

[2]) Die Mechanik in ihrer Entwicklung. S. 131.

lichen Schätzung — einen Energieverlust zu erfahren. Sinkt ein Gewicht, so muss es nothwendig kinetische Energie, oder Wärme oder eine andere Energie erzeugen. Auch eine elektrische Ladung kann einen Potentialfall nicht ohne Energieverlust, d. h. ohne Umwandlung erfahren. Die Wärme hingegen kann mit Temperaturfall auf einen Körper von grösserer Capacität übergehen und *dieselbe* Wärmeenergie bleiben. Das ist es, was der Wärme neben ihrer Energieeigenschaft in vielen Fällen den Charakter eines (materiellen) *Stoffes*, einer *Menge* giebt.[1])

Findet zwischen zwei Körpern von den Temperaturen T_1, T_2 und den Capacitäten c_1, c_2 Leitungsausgleich statt, so befolgt die Ausgleichstemperatur T die Gleichung

$$(c_1 + c_2)\, T = c_1\, T_1 + c_2\, T_2,$$

wobei also die Black'sche *Wärmemenge*, oder besser gesagt, die Wärmeenergie unverändert bleibt. Auch der Potentialausgleich elektrisch geladener Körper entspricht der Gleichung

$$(c_1 + c_2) = c_1\, V_1 + c_2\, V_2,$$

allein die elektrische Energie *nach* dem Ausgleich ist kleiner als die Energiesumme $W_1 + W_2$ *vor* dem Ausgleich. Es ist nämlich erstere

$$\frac{c_1}{c_1 + c_2}\, W_1 + \frac{2}{c_1 + c_2} \sqrt{c_1\, c_2\, W_1\, W_2} + \frac{c_2}{c_1 + c_2}\, W_2 < W_1 + W_2.$$

Es würde nichts im Wege stehen, an die Stelle der jetzt gebräuchlichen Temperaturzahlen T die Wurzeln derselben $\tau = \sqrt{T}$ zu setzen; dann würde man die Wärmeenergie durch $\frac{c}{2}\,\tau^2$ ganz analog der elektrischen Energie $\frac{c}{2}\,V^2$ messen können,

---

[1]) Ein sich arbeitslos ausdehnendes Gas behält seine Temperatur. Ein sich ausdehnender Körper von gegebener elektrischer Ladung erfährt nothwendig einen Potentialfall. Es sieht so aus, als ob dies mit der fehlenden Fernwirkung der Wärme zusammenhängen würde. Ob übrigens der Wärme die Fernwirkungen wirklich fehlt, ist doch fraglich. Nichts hindert uns, einen Thermostrom einfach als einen Wärmestrom aufzufassen, der dann gewiss eine Fernwirkung hat. (Vergl. die Bemerkung in meinem Leitfaden der Physik, 2. Aufl. 1891, S. 221, woselbst auch auf die Fernwirkung chemischer Vorgänge hingedeutet ist.)

die bezeichnete Incongruenz würde aber dadurch nicht beseitigt werden, sondern auf einer andern Seite hervortreten.[1])

9. Diese Eigenheit der Wärme hat nun auch besondere Folgen. Für einen Körper, der einen beliebigen umkehrbaren geschlossenen Kreisprocess durchmacht, ist nach Clausius $\int \frac{dQ}{T} = 0$, oder, wenn man in irgend einem Augenblick den umkehrbaren Process abbricht, so ist der Werth $\int \frac{dQ}{T}$ durch den augenblicklichen Zustand des Körpers vollkommen bestimmt, beziehungsweise für denselben charakteristisch. Deshalb hat die bezeichnete Grösse von Clausius einen besonderen Namen, den Namen *Entropie*, erhalten.

Die analoge Grösse für einen umkehrbaren Energieprocess anderer Art, z. B. einen elektrischen, ist $\int \frac{dW}{V}$. Die Nullsetzung dieses Ausdruckes für einen geschlossenen Process würde in diesem Fall nur den selbstverständlichen Satz ergeben, dass der Körper, beim ursprünglichen Zustand angelangt, wieder dieselbe Elektricitätsmenge enthält. Für den einfachsten umkehrbaren Carnot'schen Process ist für *alle* Energieformen

$$-\frac{W_1}{V_1} + \frac{W_2}{V_2} = 0,$$

d. h. die Entropieänderung des arbeitenden Körpers oder die Summe der Entropieänderungen der beiden Körper von grosser Capacität ist gleich Null.

Für die *Wärme* kann dies Verhältniss beim nicht umkehrbaren Process gestört werden. Während der Energiewerth einer schweren Masse, einer elektrischen Ladung u. s. w. mit abnehmender Niveauhöhe nothwendig *im Verhältniss* dieser Niveauhöhe sinkt, muss dies in Bezug auf die *Wärme* nicht stattfinden. Ja dieselbe kann im äussersten Falle bei der blossen Ueberleitung, auch ohne Aenderung des Energiewerthes sinken, so dass $W_1 = W_2$. Da $V_1 > V_2$, so *wächst* hierbei die Entropie. Wenn also auch für *jede* Energieart ein Analogon der

[1]) Man beachte z. B. die wesentliche Verschiedenheit der beiden Capacitätsbegriffe.

Entropie aufgestellt werden kann, so ist diese Grösse doch nur im Fall der *Wärme* einer Vermehrung fähig.[1])

10. Wenn verschiedene Niveauwerthe von Energien derselben Art zusammentreffen, so hängt es noch ganz von besonderen physikalischen Umständen ab, ob sich dieselben ausgleichen, ob und welche Energieumwandlungen eintreten. Zum Ausgleich mechanischer Energien gehört *Beweglichkeit*, zum Ausgleich elektrischer *Leitungsfähigkeit*. Das Energieprincip bestimmt nur die Beträge der Umwandlung, nicht die Umstände, unter welchen dieselbe eintritt. Letztere zu ermitteln ist Aufgabe der Specialphysik.

Beim Ausgleich mechanischer, elektrischer und anderer Niveauunterschiede können Schwingungen eintreten, periodische Umwandlungen der potentiellen in kinetische Energie, wobei dieselben Zustände wiederkehren, der Process im Ganzen sich umkehrt, wenn auch die Elemente desselben nicht im Carnot'schen Sinne umkehrbar sind.[2]) Insofern hierbei eine Umwandlung in Wärme stattfindet, bleibt die Umkehrung aus. Bei Temperaturdifferenzen können auch Umwandlungen der Wärmeenergie in andere Formen, wie z. B. bei Erregung eines Thermostroms stattfinden. In diesem Fall kann aber auch ein einfacher Niveauausgleich ohne Umwandlung eintreten.[3])

---

[1]) Es ist also zwar richtig, dass man, wie Meyerhoffer (a. a. O. S. 568, 571) sagt, für jede Energieart ein Analogon der Entropie angeben kann (vergl. meine Mechanik, S. 469), dagegen ist es unrichtig, dass diese Grösse bei jedem Potentialausgleich eine Vermehrung erfährt. Dies gilt nur für die Wärme. Auch seine doppelte Messung von $\frac{Q}{T}$, ist mir unverständlich, da ich einen Unterschied zwischen „Temperatur“ und „Nummer der Isotherme“ nicht zugeben kann. Mit der Entropie ist das Wärmegewicht $\frac{Q}{T}$ nicht zu verwechseln. Die erstere kann wachsen, der Werth von $\Sigma \frac{Q}{T}$ bleibt die Summe der Wärmecapacitäten.

[2]) Ich glaube, dass man zwischen der Umkehrbarkeit im Carnot'schen Sinne und zwischen der spontanen Periodicität eines Processes unterscheiden muss. Wenn Meyerhoffer (a. a. O. S. 569) meint, dass der Ausgleich von Potentialen *derselben* Art stets nicht umkehrbar sei, so ist zu bemerken, dass ein solcher Ausgleich überhaupt nur für die Wärme möglich ist. Andere gleichartige Potentiale gehen einen solchen Ausgleich nicht ohne Umwandlung ein, und häufig kehren dabei dieselben Zustände *periodisch* wieder.

[3]) Diese Eigenheit der Wärme kann auch mit der fehlenden Trägheit

Es sind also *ausserhalb* des Carnot-Clausius'schen Satzes liegend physikalische Specialerfahrungen, aus welchen die Verschiedenheit im Verhalten der Wärme und der übrigen Energiearten hervorgeht.

Es ist auch klar, dass eine *vollständige* Uebereinstimmung der Umwandlungsgesetze aller Energien in einander unserm Weltbilde nicht entsprechen würde. Jeder Verwandlung müsste dann eine Rückverwandlung entsprechen, und alle physikalischen Zustände, welche einmal da waren, müssten wieder hergestellt werden können. Dann wäre die Zeit selbst umkehrbar, oder vielmehr, die Vorstellung der Zeit hätte gar nicht entstehen können.[1])

11. Wenn man zum ersten Mal die hier dargelegte Uebereinstimmung in dem Umwandlungsgesetz der Energien bemerkt, so erscheint dieselbe *überraschend* und *unerwartet*, da man den Grund derselben nicht sofort sieht. Demjenigen aber, der das vergleichend-historische Verfahren befolgt, kann dieser Grund nicht lange verborgen bleiben.

---

zusammenhängen, d. h. mit dem Umstande, dass durch die Temperaturdifferenzen Ausgleichs*geschwindigkeiten* und nicht Ausgleichs*beschleunigungen* bestimmt sind. Aehnliches findet auch bei Potentialdifferenzen statt, wenn diese genügend klein, beziehungsweise die Dämpfung genügend gross ist. Man könnte auch sagen, elektrische Energie verwandelt sich durch den Widerstand in Wärme, Wärmeenergie aber wieder in Wärme.

[1]) Vergl. Mechanik, S. 210 und Analyse der Empfindungen, S. 166 u. f. f. Flüchtige Leser meiner Schrift über die „Erhaltung der Arbeit" haben angenommen, dass ich daselbst die Existenz *nicht* umkehrbarer Vorgänge überhaupt läugne. Man wird aber keine Stelle finden, welche so verstanden werden könnte. Was ich über den in Aussicht gestellten „Wärmetod" des Weltalls sage, halte ich noch aufrecht, nicht deshalb, weil alle Vorgänge umkehrbar wären, sondern weil Sätze über die „Energie der *Welt*", die „Entropie der *Welt*" u. s. w. keinen fassbaren Sinn haben. Denn dieselben enthalten Anwendungen von *Maassbegriffen* auf ein Objekt, welches der Messung *unzugänglich* ist. Könnte man die „Entropie der Welt" wirklich bestimmen, so würde diese das beste absolute Zeitmaass darstellen, und die Tantologie, die in dem Satz über den Wärmetod liegt, wäre klargelegt. Derartige Ausdrücke durfte sich Descartes erlauben; der heutigen naturwissenschaftlichen Kritik gegenüber können dieselben nicht Stand halten. Auch aus der a. a. O. von mir hervorgehobenen *Aehnlichkeit* der Energien folgt nicht das Fehlen aller *Unterschiede* derselben. — Man bemerke auch, dass selbst alle Vorgänge, die rückgängig gemacht werden können, schon in der Geschwindigkeit, Beschleunigung u. s. w. ein *nicht umkehrbares* Element, die *Zeit*, enthalten.

Die Arbeit ist seit Galilei, wenngleich lange ohne den jetzt gebräuchlichen Namen, ein Grundbegriff der Mechanik und ein wichtiger Begriff der Technik. Die gegenseitige Umwandlung von Arbeit in lebendige Kraft, und umgekehrt, legt die Energieauffassung nahe, welche Huygens zuerst in ausgiebiger Weise verwendet, obgleich erst Th. Young den Namen Energie gebraucht. Nimmt man die Unveränderlichkeit des Gewichtes (eigentlich der Maasse) hinzu, so liegt es in Bezug auf die mechanische Energie schon in der Definition, dass die Arbeitsfähigkeit (oder potentielle Energie) eines Gewichtes proportional der Niveauhöhe (im geometrischen Sinne) ist, und dass dieselbe beim Sinken, bei der Umwandlung, *proportional der Niveauhöhe abnimmt.* Das Nullniveau ist hierbei ganz willkürlich. Hiermit ist also die Gleichung

$$\frac{W_1}{h_1} = \frac{W_2}{h_2},$$

aus welcher alle übrigen oben betrachteten folgen, *gegeben.*

Bedenkt man den grossen Vorsprung der Entwicklung, den die Mechanik vor den übrigen Gebieten der Physik hatte, so ist es nicht wunderbar, dass man die Begriffe der ersteren überall, wo es anging, anzuwenden suchte. So wurde z. B. der Begriff der *Masse* in dem Begriff der *Elektricitätsmenge* von Coulomb nachgebildet.[1]) Bei weiterer Entwicklung der Elektricitätslehre wurde ebenso in der Potentialtheorie der Arbeitsbegriff sofort angewendet, und es wurde die elektrische *Niveauhöhe* durch die Arbeit der auf dieselbe gebrachten Mengeneinheit gemessen. Damit ist nun auch für die elektrische Energie ebenfalls die obige Gleichung mit allen Consequenzen gegeben. Aehnlich ging es mit anderen Energien.

Als besonderer Fall erscheint jedoch die *Wärmeenergie.* Dass die Wärme eine Energie ist, konnte nur durch eigenartige Erfahrungen gefunden werden. Das Maass dieser Energie durch die Black'sche Wärme*menge* hängt aber an zufälligen Umständen. Zunächst bedingt die zufällige geringe Veränderlichkeit der

[1]) In welcher Weise sich der Begriff Elektricitäts*menge* aus der Theilbarkeit und Uebertragbarkeit der elektrischen *Kraft* in korrekter Weise ergiebt, habe ich in meinem Vortrag auf der Wiener Elektricitätsausstellung 1883 zu zeigen versucht. Zeitschrift des Vereins „Lotos". Prag 1884. — Vgl. auch „Populärwissenschaftliche Vorlesungen". S. 124.

Wärmecapacität *c* mit der Temperatur und die zufällige geringe Abweichung der gebräuchlichen Thermometerscalen von der *Gasspannungsscala*, dass der Begriff Wärmemenge aufgestellt werden kann, und dass die einer Temperaturdifferenz *t* entsprechende Wärme*menge ct* der Wärme*energie* wirklich nahezu proportional ist. Es ist ein ganz zufälliger historischer Umstand, dass Amontons[1]) auf den Einfall kam, die Temperatur durch die Gasspannung zu messen. An die Arbeit der Wärme dachte er hierbei nicht. Hierdurch werden aber die *Temperaturzahlen* den *Gasspannungen*, also den *Gasarbeiten*, bei sonst gleichen Volumänderungen, *proportional*. So kommt es, dass die Temperaturhöhen und die Arbeitsniveauhöhen einander wieder proportionirt sind. Dieses Verhältniss ist mit *Bewusstsein* erst von W. Thomson durch Aufstellung seiner absoluten Temperaturscale hergestellt worden.

Wären von den Gasspannungen stark abweichende Merkmale des Wärmezustandes gewählt worden, so hätte dies Verhältniss sehr complicirt ausfallen können, und die eingangs betrachtete Uebereinstimmung zwischen der Wärme und den andern Energien würde *nicht* bestehen. Es ist sehr lehrreich, dies zu überlegen.

So liegt also in der Conformität des Verhaltens der Energien *kein Naturgesetz*, sondern dieselbe ist vielmehr durch die Gleichförmigkeit unserer *Auffassung* bedingt und theilweise ist dieselbe auch Glückssache.[2])

12. Auf dem Standpunkt, der oben bezeichnet wurde, bemerken wir neben der Conformität der Energien noch einen besonderen *Unterschied* zwischen der Wärme und anderen Energieformen. Zwar ist das Verhältniss der verwandelten Energie zur übergeführten für alle Formen $\frac{V_1 - V_2}{V_2}$, und das Verhältniss der verwandelten Energie zum Gesammtaufwande der-

---

[1]) Amontons, Mémoires de l'Académie. Paris. Année 1699, S. 90 und 1702, S. 155.

[2]) Ich habe die Sache also wohl richtig dargestellt, indem ich „Erhaltung der Arbeit", S. 45 sagte: Lediglich durch diese Form unterscheidet sich aber das Gesetz der Erhaltung der Kraft von anderen Naturgesetzen. Man kann leicht jedem andern Naturgesetz, z. B. dem Mariotte'schen, eine ähnliche Form geben.

selben, der ökonomische Coëfficient, für alle Formen $\frac{V_1 - V_2}{V_1}$, allein der Nullpunkt des Niveaus ist für alle Energien mit Ausnahme der Wärme *willkürlich*, oder wenigstens nach Umständen veränderlich, für die Wärme liegt er hingegen bei -273^0 C *fest.* Der Grund hiervon ist, dass die physikalischen Zustände der Körper meist durch die *Differenzen* der Potentialwerthe gegen die Nachbarkörper bestimmt sind, während in Bezug auf die hier in Betracht kommenden Zustände nicht die Temperatur*differenzen*, sondern die *Temperaturen*[1]) maassgebend sind. Ob der Körper fest, flüssig, gasförmig, ist durch seine *Temperatur* bestimmt, und insbesondere geht die *Gasspannung*, auf die es hier ankommt, proportional der absoluten Temperatur. Der absolute Nullpunkt muss also beibehalten werden, wenn die Wärmeenergien den Niveauhöhen proportional bleiben sollen, was die Bedingung der betrachteten Conformität ist.[2])

Nach der Carnot'schen Auffassung müssen *dieselben* Verhältnisscoëfficienten, welche für Gase gelten, bei denselben Temperaturen für *alle* Körper ihren Werth behalten. Es *scheint* hiernach der absolute Nullpunkt eine ganz besondere physikalische Bedeutung zu haben. In der That hat man angenommen, dass eine Abkühlung unter *diese* Temperatur nicht denkbar ist, dass ein Körper von -273^0 C gar keine Wärmeenergie enthält u. s. w.

Ich glaube jedoch, dass diese Schlüsse auf einer unzulässigen allzukühnen Extrapolation beruhen. Schon anderwärts habe ich bemerkt, dass die Temperaturzahlen nichts anderes sind als Ordnungszeichen, die wir gewissen Merkmalen des Wärmezustandes nach irgend einer Regel zuordnen. Die Endlichkeit oder Unendlichkeit dieses *Zeichen*systems kann nichts über die Endlichkeit oder Unendlichkeit der Reihe der Wärme*zustände* entscheiden; dies ist vielmehr gänzlich Sache der Erfahrung.[3])

---

[1]) Vergl. Mechanik, S. 469.

[2]) Carnot verwendet den absoluten Nullpunkt nicht. Deshalb kann er auch die ökonomischen Coëfficienten so zu sagen nur empirisch bestimmen. Es fehlt ihm ein übersichtlicher Ausdruck. — Es steht jedoch nichts im Wege, sich den Carnot'schen Kreisprocess, statt im Vacuum, in einer Gasatmosphäre von beliebiger Spannung ausgeführt zu denken, und dadurch den Temperaturnullpunkt willkürlich zu machen.

[3]) Vergl. meinen Artikel in der Zeitschr. f. physik. u. chem. Unterricht. 1887, S. 6 und S. 52 der vorliegenden Schrift.

In Bezug auf den hier erörterten Punkt muss aber noch Folgendes hinzugefügt werden. Das Princip des ausgeschlossenen perpetuum mobile sagt uns nur, dass wir aus einem beliebigen Körper zwischen den gegebenen Temperaturen T_1, T_2 *denselben* Arbeitseffekt ziehen können, den wir empirisch als das Maximum bei einem vollkommenen Gas gefunden haben. Durch welche Formel dieser Effekt dargestellt wird, thut nichts zur Sache. Das Princip erlaubt uns aber *keinen* Schluss auf das Verhalten eines vollkommenen Gases *ausserhalb* der Wärmezustandsgrenzen, innerhalb welcher dasselbe *erprobt* wurde, und demnach ebenso wenig auf das Verhalten irgend eines andern Körpers ausserhalb dieser Grenzen. Könnten wir ein vollkommenes Gas mit der Spannung Null herstellen, so wäre dies zur *Arbeit* überhaupt nicht verwendbar. Daraus würde aber nicht folgen, dass bei diesem und tieferen Wärmezuständen nicht doch noch andere Mittel, z. B. Thermoströme, Arbeit liefern könnten.[1])

13. Es sei noch gestattet, auf den Entwicklungsvorgang des *Energiebegriffes* überhaupt einen Blick zu werfen. Derselbe verdankt seinen Ursprung der Analogie. Es sind immer die stärksten und geläufigsten Vorstellungen und Begriffe, welche zur Darstellung neuer Thatsachen herangezogen werden, welche gewissermaassen das Streben haben, an die Stelle weniger geläufiger Vorstellungen zu treten. Zu den geläufigsten unbewusst entstehenden Begriffen gehört der *Substanzbegriff*. Unter Substanz versteht man gewöhnlich das *absolut* Beständige. Ich glaube jedoch gezeigt zu haben, dass es ein solches nicht giebt, dass vielmehr nur Beständigkeiten der Reaktion (um einen chemischen Ausdruck zu gebrauchen), Beständigkeiten der Verbindung oder Bedingung existiren. Jede physikalische Beständigkeit kommt schliesslich immer darauf hinaus, dass eine oder mehrere *Gleichungen* erfüllt sind, also auf ein *bleibendes Gesetz* im Wechsel der Vorgänge.[2])

---

[1]) Der Nullpunkt des Geschwindigkeitsniveaus, des elektrischen Potentialniveaus u. s. w. auf der Erde kann sich beim Zusammentreffen mit einem andern Weltkörper sofort ändern. Es hat deshalb keinen fassbaren Sinn von einer Energie der Erde, geschweige denn von einer Energie der *Welt* zu sprechen. Ist der Nullpunkt der Gasspannung *allein* von allen möglichen Ereignissen unabhängig?

[2]) Vergl. „Ueber die ökonomische Natur der physikalischen Forschung". Almanach d. Wiener Akademie. 1882, S. 173. Mechanik. 1883, S. 475. Bei-

Dies gilt selbst in den einfachsten Fällen. Wenn ein starrer Körper sich bewegt, sich hierbei für uns vom Grunde lostrennt, mit Ausnahme seines Ortes alle Eigenschaften zu behalten scheint, so kann diese Auffassung der genauen Kritik nicht Stand halten. Alle Reaktionen des Körpers (z. B. in Bezug auf den Gesichts- und Tastsinn) ändern sich hierbei, und sind allerdings unter wiederkehrenden *gleichen* Umständen *dieselben*. Eine beweglichere und darum physikalisch brauchbarere Substanzvorstellung entsteht durch die Betrachtung eines flüssigen oder doch theilbaren (quasi flüssigen) Körpers. Hier ist es eine Summe von Reaktionen, die beständig bleibt. Was an dem einen Orte fehlt, kommt an einem andern zum Vorschein. Die *mathematische* Form, welche der Substanzbegriff annimmt, ist der Begriff einer beständigen unveränderlichen *Summe*. Der geübten mathematischen Phantasie macht es allerdings nur mehr einen geringen Unterschied, ob die betrachteten Elemente irgend eine constante Summe, oder insbesondere die Summe Null geben, oder ob dieselben irgend eine andere constante Bedingung, eine *Gleichung* erfüllen. Dennoch findet das Constantsetzen einer Summe, als der ursprünglichste und einfachste Ausdruck des mathematischen Substanzbegriffs, die ausgiebigste Anwendung.[1])

Ueberall wo eine Reaktion verschwindet und dafür anderwärts eine *gleichartige* erscheint, macht sich das *Bedürfniss* einer einfachen geläufigen Auffassung dieses Vorganges und damit der Substanzbegriff geltend. So entstehen die Begriffe Wärme*menge*, Elektricitäts*menge* u. s. w. durch die Beobachtung, dass ein Körper sich auf Kosten des andern erwärmt, elektrisirt u. s. w. Mit dem Bedürfniss nach Anwendung des Substanzbegriffes ist natürlich die Aufgabe erst gestellt, und noch nicht gelöst. Erst eine besondere aufmerksame Untersuchung und Beobachtung der Thatsachen lehrt, dass die Summe der Produkte aus den Massen und Temperaturänderungen (gleichartiger Körper) die bleibende (Wärmemengen-)Summe, die Kraftsumme gegen eine gegebene elektrische Ladung bei bestimmter Entfernung die bleibende Elektricitätsmenge darstellt.

---

träge zur Analyse der Empfindungen. Jena 1886, S. 161. The Monist. Chicago 1892, S. 207, Anmerkung.

[1]) Vergl. die zuvor angeführten Schriften.

Die geläufig gewordene Substanzvorstellung wird nicht aufgegeben, auch wo sie nicht mehr ganz passt, sondern zweckmässig umgeändert. So zieht Black vor, anstatt die Constanz der Wärmemenge für den Fall des Schmelz- und Verdampfungsprocesses aufzugeben, dieselbe festzuhalten, und eine geschmolzene oder verdampfte Masse als *gleichwerthig* mit einer verschwundenen Wärmemenge anzusehen. Mit der Annahme der *latenten* Wärme ist das Princip der Summirung blos gleich*artiger* Reaktionen durchbrochen, und ein wichtiger Schritt der Annäherung an die moderne (Mayer'sche) Anschauung gethan.

Das moderne Energieprincip geht nur noch weiter, und führt eine derartige Schätzung der verschiedensten Reaktionen ein, dass *alle* zusammengezählt bei allen Vorgängen dieselbe constante Summe geben, demnach als *eine* Substanz aufgefasst werden können.

Man kann, wie ich anderwärts schon gezeigt habe,[1]) die Substanzauffassung überall anwenden, z. B. das Mariotte-Gay-Lusac'sche Gesetz in der Form ausdrücken

$$\log(p) + \log(v) + \log(T) = \text{Const.}$$

Selbstverständlich gilt diese Auffassung nur für das begrenzte Thatsachengebiet, für welches sie aufgestellt ist. Dies verhält sich aber in anderen Fällen ebenso, z. B. in Bezug auf die Black'sche Wärmemenge. Wenn Clausius durch physikalische Untersuchungen für den umkehrbaren Process die Gleichung findet

$$-\frac{Q'}{T_1} + Q\left(\frac{1}{T_2} - \frac{1}{T_1}\right) = 0,$$

und aus derselben den *Aequivalenzwerth* $\mp \frac{Q}{T}$ für eine einem Körper entzogene, beziehungsweise zugeführte, oder in Arbeit verwandelte, beziehungsweise aus Arbeit entstandene Wärmemenge ableitet, so ist dieser Aequivalenzwerth eine Schätzungsweise, welche *absichtlich* so gewählt ist, dass die Substanzauffassung ausführbar ist. Aber schon für den nicht umkehrbaren Process gilt *diese* Substanzauffassung nicht mehr. Man darf auch den Aequivalenzwerth nur auf die *zugeführten* und *entzogenen* Wärmemengen, nicht aber auf die in den Körpern *verbleibenden* anwenden, wenn man nicht zu ganz anderen Ergeb-

[1]) Erhaltung der Arbeit. S. 45.

nissen gelangen will als Clausius. Gleichen z. B. zwei Körper von den Capacitäten c_1, c_2 ihre Temperaturen T_1, T_2 durch Leitung aus, so wird die Wärme des einen gesenkt, die Wärme des andern gehoben. Wendet man hierfür den durch das zweite Glied der linken Seite der obigen Gleichung dargestellten Aequivalenzwerth an, so findet man als Summe der Aequivalenzwerthe

$$\frac{1}{T}\left[c_1(T_1 - T) + c_2(T_2 - T)\right] = 0,$$

während im Clausius'schen Sinn die Summe der Aequivalenzwerthe positiv ist.[1])

Man sieht, dass bei Anwendung des Aequivalenzwerthes auf die im Körper schon enthaltene Wärme die Black'sche Substanz an die Stelle der Clausius'schen tritt. Die Begriffe Wärmemenge, Wärmegewicht, Aequivalenzwerth, Entropie[2]) müssen also ebenso wie die Thatsachengebiete, für welche sie aufgestellt sind, sorgfältig aus einander gehalten werden.

14. Ist man einmal so weit gelangt, so stellt man sich naturgemäss die Frage, ob denn die Substanzauffassung des Energieprincips, welche allerdings innerhalb sehr weiter Grenzen gilt, eine *unbegrenzte* Giltigkeit hat? Das Energiemaass beruht darauf, dass man irgend eine physikalische Reaktion zum Verschwinden bringen und *mechanische Arbeit* an die Stelle setzen kann, und umgekehrt. Es hat aber keinen gesunden Sinn, einer Wärmemenge, die man nicht mehr in Arbeit verwandeln kann, noch einen Arbeitswerth beizumessen.[3]) Demnach scheint es, dass

---

[1]) Dieser Punkt ist mir seit 20 Jahren bekannt, und ich habe ihn mehrmals in den Vorlesungen erörtert. Anfangs schien mir die Brauchbarkeit des Entropiebegriffes überhaupt in Frage zu stehen, doch fand ich bald die hier gegebene Aufklärung. Die Bemerkung ist übrigens nicht neu, sondern findet sich in etwas anderer Form in einer Schrift, die, wie es scheint, eine geringe Verbreitung gefunden hat, und die ich erst kürzlich kennen gelernt habe: Plank, Ueber den zweiten Hauptsatz der mechanischen Wärmetheorie. München 1879.

[2]) Das Entropiegesetz in Bezug auf nicht umkehrbare Processe enthält nsofern eine unvollständige Aufstellung, als eine *Ungleichung* eine Unbestimmtheit übrig lässt.

[3]) Ich habe schon in „Erhaltung der Arbeit" meine Ableitung des Energieprincips auf Fälle beschränkt, in welchen die Processe wieder rückgängig gemacht werden können. In *anderen* Fällen wird man wohl vergebens ver-

das Energieprincip ebenso wie jede andere Substanzauffassung nur für ein *begrenztes* Thatsachengebiet Giltigkeit hat, über welche Grenze man sich nur einer Gewohnheit zu lieb gern täuscht.

Ich bin sicher, dass ein Zweifel an der unbegrenzten Giltigkeit des Energieprincips heute ebenso Befremden erregen wird, als ein Bezweifeln der Constanz der Wärmemenge die Nachfolger Black's befremdet hätte. Man bedenke aber, dass jede herrschende Theorie das Streben hat, ihr Gebiet über die Gebühr auszudehnen. Leslie berechnete seiner Zeit die Spannkraft und Masse des Wärmestoffes mit derselben Sicherheit und Ueberzeugungstreue als man heute die Massen, Geschwindigkeiten, mittleren Weglängen der Gasmoleküle berechnet. Es handelt sich hier überall nicht um einen Streit über Thatsachen, sondern um die Frage der *Zweckmässigkeit* einer Auffassung.

18. Als Hauptergebnisse der vorliegenden Untersuchung können folgende hingestellt werden: Die Energien zeigen in ihrem Verhalten eine Uebereinstimmung, welche darin ihren *historischen* Grund hat, dass die Niveauhöhen von vornherein im mechanischen Arbeitsmaass gemessen wurden. In Bezug auf die Wärmeenergie ist jedoch diese Uebereinstimmung einem historischen Zufall zu danken. Neben dieser Uebereinstimmung weicht die Wärmeenergie darin von den übrigen Energien ab, dass dieselbe einen Potentialfall ohne Energieabnahme erfahren kann, und dass der Nullpunkt des Niveaus nicht willkürlich gewählt werden kann. Das Energieprincip besteht in einer eigenthümlichen Form der Auffassung der Thatsachen, deren Anwendungsgebiet jedoch *nicht unbegrenzt* ist.

---

suchen, das Princip plausibel zu machen; es bleibt in letzteren eine rein willkürliche und müssige Ansicht. Vergl. Analyse d. Empfind. S. 163. Anmerkg. Eine bessere Terminologie scheint hier sehr wünschenswerth. W. Thomson (1852) scheint dies zuerst empfunden zu haben und F. Wald hat es klar ausgesprochen. Man sollte die *Arbeit,* welche einer *vorhandenen Wärmemenge* entspricht, etwa deren mechanischen *Substitutionswerth* nennen, während die *Arbeit,* welche den Uebergang aus einem Wärmezustand *A* in den Zustand *B* entspricht, allein den Namen *Energiewerth dieser Zustandsänderung* verdient. So würde die *willkürliche* Substanzauffassung beibehalten, und Missverständnisse würden vermieden.

Das physikalisch-chemische Grenzgebiet.

1. Es liegt ausser dem Plane dieser Schrift auf die chemischen, insbesondere auf die thermochemischen Fragen einzugehen, welche eine so ausgedehnte und reichhaltige Literatur gewonnen haben. Physikalische Betrachtungen aber, welche unmittelbar zu jenen Fragen überleiten, sollen hier Platz finden. Dieselben rühren von James Thomson her, der dieselben (Proc. R. S. Dec. 1873) zuerst bekannt gemacht hat.

Betrachten wir Wasser in zwei verschiedenen Zuständen, oder *Phasen*, wie sich Gibbs ausdrückt, als Flüssigkeit und Dampf, so entspricht jeder *Temperatur* ein bestimmter *Druck*, der jener Temperatur zugehörige maximale Dampfdruck, unter welchem beide Phasen coexistiren können. Verkleinerung des Druckes würde durch neue Verdampfung sofort ausgeglichen, Vergrösserung des Druckes aber würde den Dampf verflüssigen, so dass also Wasser und Dampf bei gegebener Temperatur nur bei einem bestimmten gemeinsamen Druck $p = \varphi(t)$ zugleich bestehen.

Wasser mit Eis zusammen besteht bei 0° C und Atmosphärendruck. Erhöhung des Drucks erniedrigt, Herabsetzung des Druckes erhöht den Schmelzpunkt um 0,0075° C für je eine Atmosphäre. Also auch hier gehört zum *Zusammenbestehen* von Eis und Wasser zur gegebenen Temperatur ein bestimmter Druck $p = \psi(t)$.

Da Eis verdampft, kann auch Eis mit Dampf zusammen bestehen. Man könnte nun glauben, dass bei 0° C Eis, Wasser und Dampf coexistiren. Es ist jedoch zu bedenken, dass 0° C der Schmelzpunkt des Eises für *Atmosphärendruck* ist, während Wasserdampf bei dieser Temperatur nur eine sehr geringe Spannung (4,57 *mm* Quecksilber) hat. Setzt man also das ganze System der drei Körper dem Atmosphärendruck aus, so wird der Dampf verflüssigt; es bleibt also nur Eis und Wasser übrig.

Sinkt aber der Druck des Systems (ungefähr auf 4,57 *mm*), so *erhöht* sich der Schmelzpunkt des Eises (um ungefähr 0,0075° C). Eis von 0° C kann also *nicht* mit Wasser und Dampf zusammen bestehen.

Man sieht schon aus dem Vorigen, dass bei einer Temperatur, die sehr nahe gleich $t = + 0{,}0075°$ C und einem Druck, der sehr nahe gleich $p = 4{,}57$ *mm* ist, *Eis, Wasser und Dampf* zusammen bestehen, und *nur* unter diesen Umständen zusammen bestehen. Man verzeichne Fig. 102, nach OT die Temperaturen, nach OP die Drucke auftragend, die Curve $p = \psi(t)$ für Eis und Wasser, welche fast eine Gerade AB vorstellt, wobei OA den Atmosphärendruck, OB die Temperatur $+0{,}0075°$ C, O den Nullpunkt vorstellt. Man verzeichne ferner die Curve MN oder $p = \varphi(t)$, welche der Coexistenz von Wasser und Dampf entspricht. Für den Durchschnittspunkt k beider haben t, p *bestimmte* Werthe t_1 und p_1 für welche *Eis, Wasser* und *Dampf* coexistiren.

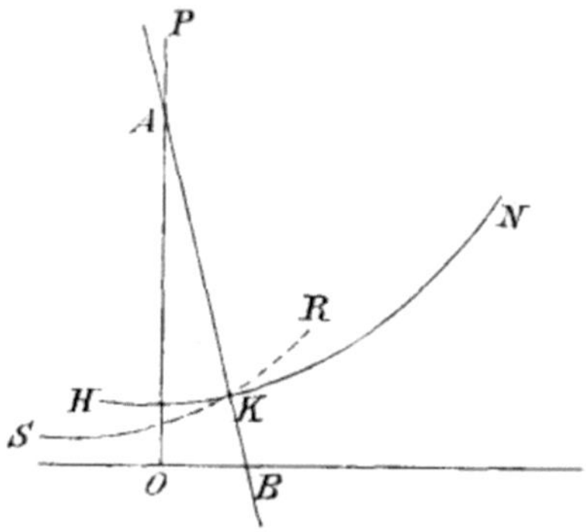

Fig. 102.

Die Curve RS oder $p = \chi(t)$, welche für die Coexistenz von Eis und Dampf gilt, hielt Regnault für identisch mit $p = \varphi(t)$ (Wasser und Dampf). Der *gemeinsame* Schnittpunkt der Curven φ, ψ, χ ist allerdings k, ein *dreifacher* Punkt. Man kann sich jedoch von der Verschiedenheit der Curven φ und χ überzeugen, indem man Kreisprocesse betrachtet, die ganz ähnlich sind jenem, den James Thomson zur Ermittlung der Schmelzpunkterniedrigung des Eises durch Druck angewendet hat. Vgl. S. 235. Es ist nämlich für die Curve φ

$$\frac{\frac{dp}{dt}\,dt\,dv}{\frac{dQ}{dv}\,dv} = \frac{dt}{\mu}, \text{ und ebenso für } \chi$$

$$\frac{\frac{dp'}{dt}\,dt\,dv}{\frac{dQ'}{dv}} = \frac{dt}{\mu},$$

wobei μ die Carnot'sche Funktion bedeutet. Da nun $\frac{dQ}{dv}$ nur der Umwandlung von Wasser in Dampf, $\frac{dQ'}{dv}$ aber der Schmelzung von Eis *und* Umwandlung desselben in Dampf entspricht, so ist für den dreifachen Punkt, mit Hilfe der bekannten Dampf- und Schmelzwärmen für die betreffende Temperatur, $\lambda = 606{,}5$ und $l = 80$

$$\frac{\frac{dp}{dt}}{\frac{dp'}{dt}} = \frac{\frac{dQ}{dv}}{\frac{dQ'}{dv}} = \frac{\lambda}{\lambda + l} = \frac{606{,}5}{686{,}5} = \frac{1{,}00}{1{,}13}.$$

Man sieht hieraus deutlich, dass sich die Curven φ und χ unter einem von Null verschiedenem Winkel im Punkte k schneiden, dass sie also *verschieden sind.*

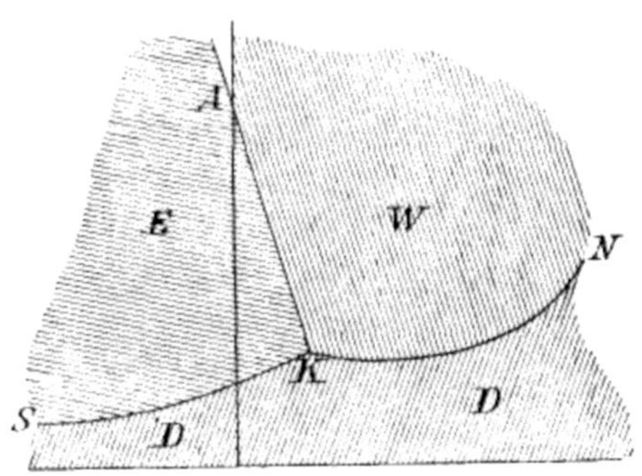

Fig. 103.

Die Punkte der Ebene POT stellen die verschiedenen Druck- und Temperaturzustände vor. In nebenstehender schematischer Fig. 103 theilen wir durch die drei Curven KN, KA, KS (φ, ψ, χ) das Feld in drei Theile für die Phasen Eis (E), Wasser (W) und Dampf (D). Auf *einer* der Curven fortschreitend beobachten wir die Coexistenz *zweier* Phasen, in K jene *dreier* Phasen. Ueberschreiten wir die Curve KA von links nach rechts, so tritt Eisschmelzung, bei umgekehrtem Gang Gefrieren ein. Analog grenzen die beiden andern Curven zwei Phasen gegeneinander ab. Beim Forschritt auf der Curve NK über K hinaus hängt der weitere Verlauf von

Nebenumständen ab. Enthält z. B. ein constanter Raum viel Dampf und wenig Wasser, so wird bei Abkühlung unter K das Wasser zu Eis, und der weitere Process verläuft nach KS. Viel Wasser und sehr wenig Dampf wird bei Abkühlung unter K zur Folge haben, dass durch Frieren und Ausdehnen eines Theiles des Wassers der Dampf unterdrückt, ein Theil des Wassers aber durch Drucksteigerung und Schmelzpunkterniedrigung flüssig erhalten wird. Der Process verläuft dann nach KA. Diese physikalischen Betrachtungen sind sehr ähnlich jenen, welche Gibbs u. A. über das chemische Gleichgewicht angestellt haben.[1])

2. Eine andere Frage, welche den Zusammenhang thermodynamischer und chemischer Probleme erläutert, bezieht sich auf die elektromotorische Kraft galvanischer Elemente. Helmholtz und W. Thomson waren von der Ansicht ausgegangen, dass die Arbeit, welche der galvanische Strom leisten kann, das mechanische Aequivalent ist der algebraischen Summe der Verbindungs- und Trennungswärmen der gleichzeitigen chemischen Processe (der „Wärmetönung“ dieser Processe). Ist V die elektromotorische Kraft (Potentialdifferenz) in mechanischem Maass, und fliesst die Elektricitätsmenge Eins in mechanischem Maass ab, so ist V auch die auf die Mengeneinheit leistbare Arbeit. Der Mengeneinheit entspricht aber nach Faraday ein bestimmter chemischer Stoffumsatz im galvanischen Element mit bestimmter Wärmetönung. Das mechanische Aequivalent dieser Wärmetönung sollte nun dem Energieprincip entsprechend der Arbeit V gleich. Für das Daniell'sche Element trifft dies sehr nahe zu, und darin fand die Thomson'sche oder Helmholtz'sche Regel lange Zeit eine Bestätigung. Diese Regel wäre aber nur allgemein richtig, wenn jedes Element *ohne* Temperaturänderung wirken würde, also bei einfachem Schluss ausser der Joule'schen Stromwärme keine andere Wärmeänderung eintreten würde. Nach Untersuchungen von F. Braun, Helmholtz, Jahn u. A. giebt es aber Elemente, welche sich *erwärmen*, und andere, welche sich *abkühlen*. Mit solchen Elementen kann man sich nun nach Helmholtz einen thermodynamischen Kreisprocess ausgeführt denken, und kann den Carnot'schen Satz auf dieselben anwenden.

---

[1]) Die reiche Literatur s. bei Nernst, Theoretische Chemie. Stuttgart 1893.

Wir denken uns zwei Körper von sehr grosser Wärmecapacität, A von der Temperatur $T + dT$ und B von der Temperatur T. Ein galvanisches Element sei zunächst mit A in Berührung und habe die elektromotorische Kraft $V + dV$. Wir lassen im Sinne der elektromotorischen Kraft die Elektricitätsmenge $(E = 1)$ Eins ungemein langsam abfliessen, wobei der Strom die Arbeit $V + dV$ liefert. Kühlen wir dann das Element auf T ab, wobei die elektromotorische Kraft auf V sinken mag, und treiben wir bei Berührung des Elementes mit dem Körper B die Menge Eins wieder zurück, so gehört hierzu der Arbeitsaufwand V. Das Element wieder auf $T + dT$ erwärmt ist im ursprünglichen Zustand, hat einen umkehrbaren Kreissprocess durchgemacht, und hat die *Arbeit* dV *geleistet*. Gesetzt nun die Wärmetönung, die der Menge Eins entspricht sei $Q > V$, so würde sich das Element bei Abführung der Menge Eins um $V - Q$ *abkühlen*. Bei dem isothermischen Process in Verbindung mit dem Körper A behält es jedoch seine Temperatur und entzieht dem Körper A die Wärmemenge $V - Q$. Bei Zurückführung der Elektricitätsmenge Eins jedoch unter Arbeitsaufwand müsste sich das Element um $V - Q$ *erwärmen*. In der Berührung mit B geht jedoch der Process isothermisch vor und die Wärmemenge $V - Q$ wird an B abgegeben. Der geleisteten Arbeit dV entspricht also die Ueberführung der Wärmemenge (in mechanischem Maass) $V - Q$, und demnach besteht nach dem Carnot'schen Satz die Gleichung

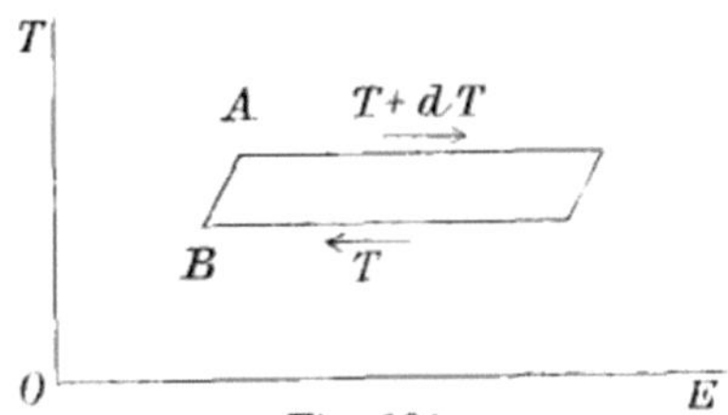

Fig. 104.

$$\frac{dV}{V - Q} = \frac{dT}{T}$$

oder

$$V - Q = T\frac{dV}{dT}.$$

Man sieht also, dass V mit T *wächst*, wenn $V - Q$ *positiv* ist, und umgekehrt. In der That würde, wenn V mit T wächst, während $V - Q$ negativ ist, bei Ausführung des Processes im

Sinne des Uhrzeigers (s. d. Fig. 104) Arbeit geleistet und ausserdem Wärme von B auf A, von niederer auf höhere Temperatur übertragen, was mit dem Carnot'schen Grundsatz unvereinbar ist. Genau genommen wird übrigens dem Körper A die Wärmemenge $V + dV - (Q + dQ)$ entzogen oder zugeführt, während bei B dieser Gewinn oder Verlust $V - Q$ beträgt. Es kommt jedoch, wie wir aus früheren Ueberlegungen wissen, diese unendlich kleine Differenz der endlichen gegenüber nicht in Betracht. Nur wenn $V - Q = 0$ ist, finden die obigen Processe auch ohne Hilfe der Körper A, B von selbst isothermisch statt. Dies trifft für das Daniell'sche Element sehr nahe zu.

Die *maximale leistbare Arbeit* (im vorigen Falle das V der Gleichung) nennt Helmholtz die *Abnahme der freien Energie.* Man sieht, dass eine der letzten Gleichung entsprechende *allgemein* gilt, wenn man bedenkt, dass die Abnahme U der Gesammtenergie eines Systems bei einem umkehrbaren isothermischen Process $U = W - Q$, wobei W die bei dem Process geleistete Arbeit und Q die dem System von aussen zugeführte Wärme bedeutet. Ergänzen wir denselben zu einem umkehrbaren Kreisprocess zwischen $T + dT$ und T, so gilt der Carnot'sche Satz $\frac{dW}{Q} = \frac{dT}{T}$. Aus beiden Gleichungen folgt

$$W - U = T\frac{dW}{dT}.$$

3. Helmholtz hat einige Entwicklungen gegeben, welche zwar etwas allgemeiner sind, sonst aber mit älteren von Massieu im wesentlichen zusammenfallen. Massieu zeigt nämlich, dass die Grössen U und S, Energie und Entropie eines Systems zusammenhängen. Denkt man sich wieder die Wärme in Arbeitseinheiten gemessen, so ist für einen Vorgang die Wärmezufuhr

$$dQ = dU + p\,dv, \text{ oder weil}$$

$$dS = \frac{dQ}{T} \text{ auch}$$

$$T\,dS = dU + p\,dv.$$

Die identische Gleichung

$$d(TS) = T\,dS + S\,dT$$

erlaubt die Umformung

$$d(TS) - dU = d(TS - U) = S\,dT + p\,dv.$$

Führt man nun eine neue Funktion ein

$$H = TS - U, \text{ so ist}$$

$$S = \frac{dH}{dT}, \; p = \frac{dH}{dv}$$

$$U = TS - H$$

$$U = T\frac{dH}{dT} - H,$$

somit lassen sich U und S durch die Funktion H ausdrücken. Der Zusammenhang von U und S stellt sich auch in der Gleichung dar

$$\frac{dS}{dT} = \frac{1}{T}\frac{dU}{dT}.$$

Die Helmholtz'schen Gleichungen erhält man, wenn man $H = -F$ setzt. Die Grösse F ist dessen freie Energie und die geleistete Arbeit entspricht der Abnahme der freien Energie.

Man sieht, dass diese Entwicklungen nur in anderer Form wiedergeben, was die beiden Hauptsätze der Thermodynamik enthalten. Wichtig war aber Helmholtz's Hinweis auf die Anwendbarkeit dieser Grundsätze auf die elektrochemischen Vorgänge der galvanischen Kette.

Das Verhältniss physikalischer und chemischer Vorgänge.

1. In neuerer Zeit haben sich der Forschung mancherlei Beziehungen zwischen Chemie und Physik ergeben. Der alte Gedanke die Chemie zur angewandten Physik, insbesondere zur angewandten Mechanik zu machen, hat hierdurch neue Ermuthigung erhalten. Meint man aber damit etwa, dass die im Gebiete der Physik gefundenen Gesetze ohne Erweiterung und Verallgemeinerung ausreichen werden, um die chemischen Vorgänge vollständig zu durchblicken, so erscheint mir diese Ansicht kaum weniger naiv, als jene des Thales, welche aus den Eigenschaften des Wassers *Alles* begreifen wollte. Wie wenig wahrscheinlich ist es, dass ein weiteres Erfahrungsgebiet in einem engern vorher bekannten schon ganz erschöpft ist! Analogien zwischen physikalischen und chemischen Vorgängen bestehen ja, dieselben müssten aber viel durchgreifender sein, damit man an die Identität beider Erscheinungsgebiete glauben könnte. Einzelne physikalische Gesetze, die Massenerhaltung, Erhaltung der Elektricitätsmenge, Energieerhaltung, das Entropiegesetz u. s. w. greifen ja über die chemischen Vorgänge hinweg. Bei unbefangenem Blick wird man es aber eher für möglich halten, dass eine Chemie der Zukunft zugleich auch die Physik umfasst, als umgekehrt.

Die folgenden Betrachtungen zielen nicht ab auf eine physikalische Theorie der chemischen Erscheinungen, oder eine chemische Theorie der physikalischen Vorgänge. Dieselben sollen lediglich einige auf das Verhältniss beider Gebiete bezügliche Fragen zur vorläufigen Orientirung erörtern.[1])

[1]) Vorliegende Betrachtungen haben mit Jaumann's „chemischer Theorie“ (Sitzungsberichte d. Wiener Akad. Bd. 101, A II a, Mai 1892) nur den Ausgangspunkt des Principes der Vergleichung gemein. Als eine Lösung

2. Wollen wir das Verhältniss beider Gebiete klar erkennen, so müssen wir fragen: Worin stimmen physikalische und chemische Vorgänge überein, und worin unterscheiden sie sich?

Aeltere chemische Schriften sehen in den chemischen Vorgängen „*materielle*“ Aenderungen. Wie ist dies zu verstehen? Blei und Eisen ist „*materiell*“ verschieden. Kaltes und heisses Eisen ist immer noch „derselbe“ Körper. Ist denn aber Blei von 500 *m/sec* Geschwindigkeit von ruhendem Blei, Eisen von 1700° C von kaltem Eisen, Natriumdampf von festem Natrium in seinem Verhalten nicht viel mehr verschieden, als Eisen und Blei in kaltem Zustande untereinander? Wären wir nur auf den Tastsinn angewiesen, so würden wir ruhendes und bewegtes Blei gewiss nicht für denselben Körper halten. Der Wärmesinn allein würde kaltes und heisses Eisen, der Lichtsinn allein festes und dampfförmiges Natriun. als verschiedene Körper ansprechen. Was wir *einen* Körper nennen ist eben ein *Complex* von Eigenschaften, die in verschiedene Sinnesgebiete fallen, und die „Materie“ ist eben *nur* die Vorstellung des *Zusammenhanges* dieses Complexes. Bei physikalischen Vorgängen ändert sich rein oder doch vorzugsweise *eine* Eigenschaft des Complexes, bei chemischen Vorgängen der *ganze* Complex.

Das stabilste Merkmal eines Körpers, welches nicht unmittelbar sinnlich, sondern durch ein System motorischer, sinnlicher und intellektueller Reaktionen gewonnen wird, ist dessen *Masse*, oder wenn wir nicht so tief gehen wollen, dessen Gewicht. Lavoisier hat zuerst in nachdrücklicher Weise die Aufmerksamkeit darauf gelenkt, dass die Massensumme bei chemischen Vorgängen ungeändert bleibt, so dass der Massengewinn eines Körpers durch den Massenverlust des andern ausgeglichen wird. Die Vorstellung, dass bei chemischen Vorgängen sich *gegebene* Körper verbinden, durchdringen, oder trennen, ist an die vorerwähnte mit natürlicher Gewalt gebunden, und schliesst sich den Erfahrungen des täglichen Lebens über das Verhalten physikalischer Körpercombinationen mit Geläufigkeit an. Wir glauben also, dass *dann* eine *chemische* Aenderung eintritt, wenn ein

---

der bezüglichen Fragen kann ich Jaumann's Versuch nicht ansehen, doch bin ich der Meinung, dass die von ihm erörterten Punkte der Diskussion sehr werth sind.

Körper mit Massenänderung einen andern aufnimmt, oder abgiebt, und pflegen die sogenannten allotropischen Aenderungen als *physikalische* zu betrachten. Wenn nun so einerseits die chemischen Vorgänge als Verbindungen und Trennungen von Grund aus verschiedener an sich *unveränderlicher Körper* aufgefasst werden, so schlägt zeitweilig doch immer wieder die Tendenz rein mechanischer Erklärungen noch weiter durch, und man bemüht sich sogar jene „*qualitativ*“ verschiedenen Elemente aus einerlei Grundmaterie aufzubauen, wofür ja der Umstand, dass es in *mechanischer* Beziehung nur *einerlei* Masse (oder Materie) giebt, einen Anhalt zu gewähren scheint.

3. Die *physikalischen* Vorgänge bieten mannigfache Analogien zu *rein mechanischen*. Temperaturdifferenzen, elektrische Differenzen, gleichen sich ähnlich aus wie Lagendifferenzen der Massen. Gesetze, welche dem Newton'schen Gegenwirkungsprincip, dem Gesetz der Erhaltung des Schwerpunktes, der Erhaltung der Quantität der Bewegung, dem Princip der kleinsten Wirkung u. s. w. entsprechen, lassen sich in *allen* physikalischen Gebieten aufstellen. Diese Analogien können nun darauf beruhen, dass, wie die Physiker gern annehmen, alle physikalischen Vorgänge eigentlich *mechanische* sind. Ich bin aber im Gegentheil seit langer Zeit der Ansicht, dass sich *allgemeine* phänomologische Gesetze auffinden lassen, welchen die mechanischen als Specialfälle einfach unterzuordnen sind. Die Mechanik soll uns nicht sowohl zur *Erklärung* derselben, sondern vielmehr als *formales Muster* und als *Fingerzeig* bei Aufsuchung jener Gesetze dienen. Darin scheint mir der Hauptwerth der Mechanik für die gesammte physikalische Forschung zu liegen.

4. Wie steht es nun mit dem Verhältniss von Physik und Chemie? Bei physikalischen Vorgängen gehen Massen von einem Geschwindigkeits-, Temperatur- oder elektrischen Niveau zum andern über, oder was auf dasselbe hinauskommt, da mindestens zwei Massen in Reaktion treten müssen, Niveauwerthe wandern von einer Masse zur andern. Kaltes Eisen und heisses Eisen gleichen ihre Temperatur aus. Aber auch kaltes Eisen und heisses Kupfer verhalten sich ebenso; hier handelt es sich nur um den Ausgleich *einer* Eigenschaft. Sollte man sich nicht vorstellen können, dass auch im Gebiete der Chemie nichts weiter vorgeht, als dass (durchaus gleichartige) Massen von einem *chemischen* Niveau

auf ein anderes übergehen? Damit aber ein solches *chemisches Potential* nicht ein blosses Wort sei, muss ermittelt werden, was dasselbe mit einem *physikalischen* Potential gemein und nicht gemein hat.

Der chemische Process $Na + Cl = Na\,Cl$ ist in der That dem Temperaturausgleichsprocess zwischen kaltem Kupfer und heissem Eisen ähnlich. Anstatt zweier Massen von verschiedenen Eigenschaften liefert der Process die Massensumme von derselben Beschaffenheit. Allein in dem physikalischen Fall hat sich nur *eine* Eigenschaft ausgeglichen, in dem chemischen Fall hingegen hat dieser Ausgleich *alle* Eigenschaften ergriffen. In dem physikalischen Fall werden alle Zwischenstufen zwischen den Anfangstemperaturen und der Ausgleichstemperatur durchschritten, in dem chemischen Fall findet der Ausgleich *unstetig* statt.[1]) In dem physikalischen Fall kann durch Variation der reagirenden Massen und der Anfangstemperaturen jede beliebige Ausgleichstemperatur erzielt werden, in dem chemischen Fall können die Anfangspotentiale überhaupt nur in bestimmten *discreten* Werthen auftreten, und auch die möglichen Ausgleichspotentiale haben ebenfalls nur bestimmte *discrete* Werthe. Stehen in dem *chemischen* Fall die reagirenden Massen nicht in einem bestimmten Verhältniss, so bleiben Massen mit unausgeglichenem Potential übrig.

5. Mit einiger Gewalt kann man die Parallelisirung zwischen Physik und Chemie noch etwas weiter treiben. Zunächst kann auf die scheinbare *Unstetigkeit* des Ausgleichs zwischen zwei Leitern von verschiedenen elektrischem Potential hingewiesen werden. Dieser Ausgleich ist sehr ähnlich einer Knallgasexplosion. Ja, denkt man sich je eine positiv und negativ geladene Wasserkugel mit überschüssigem Wasserstoff, beziehungsweise Sauerstoff beladen, und diese Ladungen bei Berührung der Kugeln durch einen Funken ausgeglichen, so könnte man den Vorgang geradezu als eine Knallgasexplosion auffassen.

Betrachten wir den chemischen Fall:

$$\begin{array}{ccccccccc} & & Na\,Cl & + & Ag\,NO_3 & = & Ag\,Cl & + & Na\,NO_3 & \\ 228{,}5 & = & 58{,}5 & + & 170 & = & 143{,}5 & + & 85 & = 228{,}5, \end{array}$$

---

[1]) Auf diese Discontinuität ist schon hingewiesen bei Popper, Elektrische Kraftübertragung. Wien 1884. S. 25 Anmerkung.

so sehen wir aus zwei Körpern von verschiedenen Eigenschaften zwei neue Körper von neuen Eigenschaften entstehen. Wenn Eis auf dem Schmelzpunkt etwa mit flüssigem Wachs auf dessen Schmelzpunkt in geeigneten Massen combinirt werden, entsteht flüssiges Wasser und festes Wachs. Allein in dem *chemischen* Fall tritt auch noch eine charakteristische *Massenverschiebung* auf.

Das feste Massen*verhältniss*, welches zu einer reinen chemischen Reaktion nöthig ist, erzeugt nothwendig die Vorstellung, dass die Massen *Theil* für *Theil* und nicht als Ganzes aufeinander reagiren. Ein *fictives physikalisches* Analogon lässt sich leicht herstellen. Zwei ihre Temperaturen u_1, u_2 ausgleichende Massen m_1, m_2 (von derselben specifischen Wärme) mögen in dem festen Verhältniss $1:\mu$ stehen, d. h. $m_2 = \mu_1 m_1$. Dann wird die Ausgleichstemperatur U eine ganz *bestimmte*:

$$U = \frac{m_1 u_1 + m_2 u_2}{m_1 + m_2} = \frac{u_1 + \mu u_2}{1 + \mu},$$

welche μ mal ferner von u_1 liegt als von u_2. Ist umgekehrt *zwischen* u_1 und u_2 nur *ein bestimmtes* Niveau *möglich*, so müssen die reagirenden Massen ebenfalls in einem bestimmten Verhältniss stehen, um eine reine Reaktion zu geben. Die *discreten* Niveaustufen und die *festen* Massenverhältnisse hängen also zusammen. Dieser Umstand drängt sich, wie mir scheint, als ein so *auffallender Unterschied* gegen physikalische Vorgänge hervor, dass es sich kaum empfehlen wird, dagegen die Augen zu verschliessen, und sich durch künstliche Annahmen über die Bedeutung derselben hinweg zu täuschen.

6. Nehmen wir also ein *chemisches* Potential an, so müssen wir zugeben, dass dasselbe zum Unterschied physikalischer Potentiale *discrete* Stufen aufweist, die bei Zerlegung einer sogenannten Verbindung im umgekehrter Ordnung wieder zurückgelegt werden können. Die Verhältnisse der reagirenden Massen sind *bestimmte* an jene Potentialstufen *gebundene*, derart, dass mit der umgekehrten Massenverschiebung (Zerlegung) auch die Potentialstufen in umgekehrter Ordnung durchschritten werden. Man muss zugeben, dass die übliche Atomentheorie alles dies in der einfachsten und anschaulichsten Weise darstellt. Nimmt man hinzu, dass diese Anschauung auch zu neuen Entdeckungen geführt hat, indem die Analogie sich *weiter* bewährt hat, als bei

ihrer Auffindung angenommen wurde, so kann die Werthschätzung derselben bei den Chemikern uns nicht wundern. Das kann uns aber nicht hindern, den begrifflichen Kern derselben, wie es eben geschehen ist, herauszuschälen, und die zufälligen äusserlichen Zuthaten der Theorie als nicht ernst zu nehmende *Bilder* zu betrachten. Von jeder *neuen* Theorie der chemischen Erscheinungen muss man aber doch verlangen, dass sie *mindestens* so viel leistet, als die dafür etwa aufgegebene Atomentheorie.

7. Die discreten Stufen des chemischen Potentials könnten ja vielleicht durch die Labilität der zwischenliegenden Zustände erklärt werden. Schwerlich wird sich aber ein solches Potential als eine *einfache lineare Mannigfaltigkeit* auffassen lassen, wie die geläufigen physikalischen Potentiale. Schon der Umstand, dass bei chemischen Vorgängen (Potentialänderungen) ein ganzer *Complex* von Eigenschaften sich ändert, erschwert diese Auffassung. Die *periodischen* Eigenschaften der Mendelejeff'schen Reihe deuten ebenfalls auf eine mehrfache Mannigfaltigkeit; dieselben sind in einer Geraden nicht darstellbar. Wäre endlich das chemische Potential eine *einfache* Mannigfaltigkeit, so bliebe es gänzlich unverständlich, warum aus zwei in der Potentialreihe weit abstehenden Elementen nicht alle zwischenliegenden darstellbar sein sollten. Wollte man nun noch die discreten Potentialstufen als bloss scheinbare, als *Mittelwerthe* continuirlich abgestufter Potentialwerthe auffassen, so müsste man fragen, warum aus einer Verbindung nicht alle zwischen den Bestandtheilende liegende Elemente diffundiren?

Vor der Annahme einer mehrfachen Mannigfaltigkeit der Niveauwerthe brauchte man nicht zurückzuschrecken. Die geläufigen physikalischen Niveauwerthe sind allerdings *Arbeitsniveauwerthe*, und als solche einfache Mannigfaltigkeiten. Allein wenn auch das Geschwindigkeitsquadrat nur eine einfache Mannigfaltigkeit darstellt, so zeigt doch die Geschwindigkeit, Beschleunigung u. s. w. als *gerichtete* Grösse eine *dreifache* Mannigfaltigkeit. Auch diese Grössen sind Niveauwerthe, wenn auch nicht jene, welche das moderne Energieprincip allein in Betracht zieht. Gewiss kann aber das Energieprincip nicht alle physikalischen Fragen erledigen. Elektricität und Magnetismus stehen zueinander ungefähr in dem Verhältniss reeller und imaginärer

Grössen. Betrachtet man in diesem Sinne Niveauwerthe beider Gebiete als zusammengehörig, so stellen diese ein System von sechsfacher Mannigfaltigkeit vor. Aehnlich könnte es sich mit dem chemischen Potential verhalten. Um über die Dimensionszahl der Mannigfaltigkeit zu entscheiden würden zunächst die Anhaltspunkte fehlen.

8. Aus allem scheint hervorzugehen, dass chemische Processe viel *tiefer greifen* als physikalische. Dies ergiebt sich auch in folgender Weise. Die physikalischen Vorgänge unterliegen gewissen Gleichungen, welche Beständigkeiten der Verbindung oder Beziehung der in die Gleichungen eingehenden Elemente vorstellen. Ist eine chemische Wandlung eingetreten, so werden jene Gleichungen durch *ganz neue* ersetzt. Jene Regeln, welche den Uebergang von dem einen Gleichungssystem zu dem *andern* vollständig bestimmen würden, wären die vollständigen chemischen Gesetze, und würden der Physik gegenüber Beständigkeiten *höherer* Ordnung darstellen.

Anderwärts wurde darauf hingewiesen, dass die *Empfindungen* die eigentlichen Elemente unseres Weltbildes sind. Nun kann man an dem nahen, unmittelbaren Zusammenhang der Empfindungen mit chemischen Vorgängen nicht zweifeln. Wenn wir *sechs* Grundfarbenempfindungen haben, so werden wir annehmen, dass die Eiweisskörper unseres Leibes durch optische Reize in sechsfacher Weise umgesetzt werden können. Eine analoge Auffassung würden alle Sinnesempfindungen so auch die Raumempfindungen zulassen.

Und so wie wir jetzt in der Stereochemie chemische Verhältnisse durch Raumverhältnisse aufzuklären suchen, ist es ganz wohl möglich, dass wir einmal zum Verständniss des Raumes, seiner Dimensionszahl u. s. w. auf chemischem Wege gelangen.

Wenn so verschiedene Körper wie Zucker, übermangansaures Kali und Arsenik *süss* schmecken, so spricht dies natürlich nicht für eine Gleichartigkeit dieser Körper, sondern für eine ähnliche Umsetzung des damit in Berührung gebrachten Eiweisses. Es wird so viele Geschmacksempfindungen geben, als es Umsetzungsweisen des Eiweisses durch unmittelbare chemische Einwirkung giebt. Für die Kenntniss der letzteren, nicht sowohl für die Charakteristik der durch den Geschmack untersuchten Verbindungen, wäre die Aufstellung eines Systems der Geschmacksempfindungen, ähnlich jenem der Farbenempfindungen von Wichtigkeit. Durch Fortschritte in der angedeuteten Richtung müsste die Klarheit unseres Weltbildes wesentlich gefördert werden.

Dass die chemischen Vorgänge *örtliche* (ohne Fernwirkung) zu sein scheinen, bildet keine ernste Schwierigkeit der Vergleichung mit physikalischen Vorgängen. Der galvanische Strom mit seinen elektrischen und magnetischen Fernwirkungen kann ja als ein chemischer Process aufgefasst werden. Die Fernwirkung darf demnach nicht als ein charakteristischer Unterschied physikalischer und chemischer Processe gelten.[1])

---

[1]) Vg., Mach, Leitfaden der Physik. Prag 1891. S. 221. § 317.

Der Gegensatz zwischen der mechanischen und der phänomenologischen Physik.

1. Der in der Ueberschrift bezeichnete Gegensatz ist auf der Naturforscherversammlung zu Lübeck (1895) wieder klarer und stärker als je hervorgetreten. Es ist im Grunde der alte Gegensatz zwischen Hooke und Newton. Doch scheint es, als ob eine *Vermittlung* ganz wohl erreichbar wäre.

Was alles zu einer mechanischen Auffassung der Erscheinungen treibt, was eine mechanische Erklärung als natürlich erscheinen lässt, wurde schon vorher angeführt. (S. 211, 316.) Es wird auch jeder, der einmal bei der Forschung den Werth einer *anschaulichen* eine Thatsache darstellenden Vorstellung gefühlt hat, die Anwendung solcher Vorstellungen als *Mittel* gern zulassen. Man bedenke nur wie sehr gerade durch das, was eine solche Vorstellung der blossen Thatsache *hinzufügt*, letztere *bereichert* wird, wie dieselbe dadurch in der Phantasie *neue* Eigenschaften erhält, welche zu experimentellen Untersuchungen treiben, zu Fragen, ob die vorausgesetzte Analogie wirklich besteht, wie weit und wo sie überall besteht. Man denke nur an die dynamische Gastheorie, an die Förderung, welche die Kenntniss des Verhaltens der Gase und Lösungen durch Auffassung der Vorgänge als statistische Massenerscheinungen erfahren hat, an die Untersuchungen über die Abhängigkeit der Diffusionsgeschwindigkeit, der Reibung u. s. w. von der *Temperatur*, zu welchen gerade diese Theorie geführt hat. Die Freiheit, die man sich erlaubt, indem man unsichtbare verborgene Bewegungen annimmt, ist im Grunde nicht grösser als bei Black's Annahme einer latenten Wärme.

2. Indem ich nun einerseits betonen möchte, dass als Forschungs*mittel jede* Vorstellung zulässig ist, welche helfen kann und

wirklich hilft, muss doch anderseits hervorgehoben werden, wie nothwendig es ist, von Zeit zu Zeit die Darstellung der Forschungs*ergebnisse* von den überflüssigen unwesentlichen Zuthaten zu reinigen, welche sich durch die Operation mit Hypothesen eingemengt haben. Denn Analogie ist keine Identität, und zur vollständigen Einsicht gehört neben der Kenntniss der Aehnlichkeiten und Uebereinstimmungen auch jene der Unterschiede.

Wenn ich mich bemühe, alle *metaphysischen* Elemente aus den naturwissenschaftlichen Darstellungen zu beseitigen, so meine ich damit nicht, dass alle bildlichen Vorstellungen, wo dieselben nützlich sein können, und eben nur als Bilder aufgefasst werden, ebenfalls beseitigt werden sollen. Noch weniger ist aber eine antimetaphysische Kritik als gegen alle bisherigen werthvollen Grundlagen gerichtet anzusehen. Man kann z. B. ganz wohl gegen den metaphysischen Begriff „Materie" starke Bedenken haben, und hat doch nicht nöthig den werthvollen Begriff „*Masse*" zu *eliminiren*, sondern kann denselben etwa in der Weise, wie ich es in „Mechanik" gethan habe, festhalten, gerade deshalb, weil man durchschaut hat, dass derselbe nichts als die Erfüllung einer wichtigen Gleichung bedeutet. Auch damit könnte ich mich nicht einverstanden erklären, dass die Wunderkräfte, welche man gern den Vorstellungen der mechanischen Physik zuschreibt, nun einfach auf die algebraischen Formeln übertragen werden, und dass an die Stelle der mechanischen Mythologie einfach eine algebraische gesetzt werde. Die Gültigkeit der Formel bedeutet ebenso eine Analogie zwischen einer Rechnungsoperation und einem physikalischen Process, deren Bestehen oder Nichtbestehen in jedem besondern Fall eben auch zu prüfen ist.

Gern machen nun zuweilen die Vertreter der mechanischen Physik geltend, dass sie ihre Vorstellungen nie anders als bildlich genommen hätten. Darin liegt vielleicht ein nicht ganz ritterlicher polemischer Zug. Wenn einmal die jetzt lebenden Physiker vom Schauplatz abgetreten sein werden, wird ein künftiger Historiker aus zahlreichen Belegstellen hochstehender Physiker und Physiologen leicht und ohne Widerspruch darlegen, wie furchtbar ernst und wie erschreckend naiv die betreffenden Vorstellungen von der grossen Mehrzahl bedeutender Forscher der Gegenwart aufgefasst worden sind, und wie nur sehr wenige

Menschen von eigenthümlicher Denkrichtung sich auf der Gegenseite befunden haben.

3. So förderlich die mechanische Auffassung der Wärmevorgänge auch war, liegt doch in dem einseitigen Festhalten derselben eine gewisse Befangenheit, die hier nur durch zwei Beispiele erläutert werden soll. Als Boltzmann[1] die schöne Entdeckung machte, dass der zweite thermodynamische Hauptsatz dem Princip der kleinsten Wirkung entspreche, war ich anfangs hiervon nicht weniger angenehm überrascht als Andere. Man hat jedoch gar keinen Grund überrascht zu sein. Hat man einmal gefunden, dass die Wärmemenge sich wie eine *lebendige Kraft* verhält, dass also ein Analogon des Satzes der lebendigen Kräfte auf dieselbe anwendbar ist, so darf man sich nicht wundern, dass auch die übrigen mechanischen Principien, welche von letzterem Princip nicht wesentlich verschieden sind, hier ihre Anwendung finden. Das Auftreten des Ausdruckes $\delta \cdot \Sigma \int mv^2 dt$ in der Boltzmann'schen Ableitung darf uns dann nicht befremden, und darf gewiss nicht als ein *neuer* Beweis für die *mechanische* Natur der Wärme angesehen werden.

Die mechanische Auffassung des zweiten Hauptsatzes durch Unterscheidung der *geordneten* und *ungeordneten* Bewegungen, durch Parallelisirung der Entropievermehrung mit der Zunahme der ungeordneten Bewegungen auf Kosten der geordneten, erscheint als eine recht *künstliche*. Bedenkt man, dass ein wirkliches Analogon der *Entropievermehrung* in einem rein mechanischen System aus absolut elastischen Atomen nicht existirt, so kann man sich kaum des Gedankens erwehren, dass eine Durchbrechung des zweiten Hauptsatzes — auch ohne Hülfe von Dämonen — möglich sein müsste, wenn ein solches mechanisches System die *wirkliche* Grundlage der Wärmevorgänge wäre. Ich stimme hier F. Wald vollkommen bei, wenn er sagt: „Meines Erachtens liegen die Wurzeln dieses (Entropie-)Satzes viel tiefer, und wenn es gelang, Molekularhypothese und Entropiesatz in Einklang zu bringen, so ist dies ein Glück für die Hypothese, aber nicht für den Entropiesatz.“[2])

[1]) Sitzungsberichte d. Wiener Akademie. Februar 1866.

[2]) F. Wald, Die Energie und ihre Entwerthung. 1889. S. 104.

Die Entwicklung der Wissenschaft.

1. Der Mensch wird durch das Streben nach *Selbsterhaltung* beherrscht; seine ganze Thätigkeit steht in dem Dienst derselben, und verrichtet nur mit reicheren Mitteln dasselbe, was bei den niederen Organismen unter einfacheren Lebensbedingungen die Reflexe verrichten. Jede Erinnerung, jede Vorstellung, jede Erkenntniss hat anfänglich nur insofern Werth, als sie den Menschen in der bezeichneten Richtung unmittelbar fördert. Das Vorstellungsleben spiegelt die Thatsachen, ergänzt theilweise beobachtete nach dem Princip der Aehnlichkeit (durch Association), und erleichtert es dem Menschen, sich zu denselben in ein günstigeres Verhältniss zu setzen. Je umfassendere Thatsachengebiete und je treuer dieselben wiedergespiegelt werden, je genauer die Vorstellungen den Thatsachen *angepasst* sind, desto wirksamer fördernd werden die Vorstellungen in das Leben eingreifen. Allein nur das, was zu dem Willen, zu dem Interesse in stärkster Beziehung steht, das *Nützliche*, oder was zu auffallend aus dem Rahmen des Täglichen heraustritt, das *Neue*, das *Wunderbare*, wird anfänglich die Aufmerksamkeit auf sich ziehen. Nur *allmälig* von hier aus können sich die Vorstellungen weiteren Thatsachengebieten *anpassen*, wobei die stetige Erweiterung der Erfahrung, welche oft durch *zufällige* Umstände bedingt ist, eine wesentliche Rolle spielt.

2. Reichere Erfahrung und Vertiefung der Erfahrung kann erst gewonnen werden durch *Theilung der Berufsarbeiten* in der organisirten Gesellschaft, welche schliesslich die *Forschung selbst* zu einem besondern Lebensberuf macht. Die zeitliche, räumliche und fachliche Enge des Erfahrungskreises Einzelner, begründet die Nothwendigkeit der *sprachlichen Mittheilung* zur Erweiterung dieses Erfahrungskreises. Die Möglichkeit der Mit-

theilung gründet sich aber auf die *Vergleichung* der Thatsachen, die ungesucht und unwillkürlich schon durch das Gedächtniss vermittelt wird. Die Mittheilung ist im Wesentlichen eine Anweisung zur Nachbildung der Thatsachen in Gedanken. Je umfassender das Erfahrungsgebiet wird, zu dessen Kenntniss wir durch die Mittheilung gelangen, desto *sparsamer*, *ökonomischer* müssen die Mittel der Darstellung verwendet werden, um den Stoff mit einem mässigen Aufwand von Gedächtniss und Arbeit zu bewältigen. Die Methoden der Wissenschaft sind darum *ökonomischer* Natur. Selbstredend wirthschaftet man aber nicht nur um zu wirthschaften, sondern um zu besitzen und schliesslich den Besitz zu geniessen. Das Ziel der wissenschaftlichen Wirthschaft ist ein möglichst vollständiges, zusammenhängendes, einheitliches, ruhiges, durch neue Vorkommnisse keiner bedeutenden Störung mehr ausgesetztes *Weltbild*, ein Weltbild von möglichster *Stabilität*.[1]) Je näher die Wissenschaft diesem Ziele rückt, desto fähiger wird sie auch sein, die Störungen des praktischen Lebens einzuschränken, also dem Zweck zu dienen, der ihre ersten Keime entwickelt hat.

Die Bedeutung der hier berührten *Motive*, so wie deren Verhältniss und Zusammenhang wird am besten hervortreten, indem wir dieselben *einzeln*, in besonderen Kapiteln behandeln.

---

[1]) Vgl. die darauf bezüglichen späteren Ausführungen.

Der Sinn für das Wunderbare.

1. Von dem Neuen, von dem Ungewöhnlichen, von dem Unverstandenen geht aller Reiz zur Forschung aus. Das Gewöhnliche, dem wir angepasst sind, geht fast spurlos an uns vorbei; nur das Neue reizt uns stärker, und erregt unsere Aufmerksamkeit. Der allgemein verbreitete Sinn für das *Wunderbare* ist auch für die Entwicklungsgeschichte der Wissenschaft von grösster Bedeutung. In unserer Jugend locken uns zunächst die merkwürdigen Formen und Farben der Pflanzen und Thiere, überraschende chemische und physikalische Processe an. Erst in der Vergleichung mit dem Alltäglichen entsteht dann allmälig der Trieb nach *Aufklärung*.

2. Die Anfänge aller Naturwissenschaft sind mit *Zauberei* verbunden. Heron von Alexandrien benützt seine Kenntniss der Luftausdehnung durch Wärme zur Herstellung von Zauberkunststücken; Porta beschreibt seine schönen optischen Entdeckungen in der „Magia naturalis"; Kircher verwerthet sein physikalisches Wissen zur Construktion der „laterna magica"; in den „Recreations mathematiques" oder in Enslin's „Thaumaturgus" dienen die merkwürdigsten naturwissenschaftlichen Thatsachen lediglich dem Zweck, Uneingeweihte in Verwunderung zu setzen. Zu dem Reiz des Merkwürdigen gesellte sich für jenen, dem es zuerst auffiel, allzuleicht der Trieb, sich durch *Geheimhaltung* desselben ein *höheres Ansehen* zu geben, dadurch ungewöhnliche Wirkungen herzubringen, hieraus Nutzen zu ziehen, eine grössere Macht, oder doch den Schein einer solchen zu erwerben. Ein wirklicher kleiner Erfolg dieser Art erregte wohl die Phantasie und die Hoffnung der Erreichung eines ganz ungewöhnlichen Zieles, mit welcher der darnach Strebende vielleicht sich und andere zugleich betrog. So entsteht wohl durch Beobachtung

einer auffallenden unverstandenen materiellen Umwandlung die Alchemie mit ihrem Streben Metalle in Gold zu verwandeln, eine Universalmedicin zu finden u. s. w. Auf Grund der glücklichen Lösung einer harmlosen geometrischen Aufgabe entwickelt sich vielleicht der Gedanke der *alles* berechnenden Punktirkunst in „Tausend und eine Nacht", der Astrologie u. s. w. Dass „malefici et mathematici" gelegentlich von einem römischen Gesetz in einem Athem genannt werden,[1]) wird hierdurch erklärlich. Auch in der dunklen Zeit des mittelalterlichen Teufels- und Hexenglaubens erlischt die Naturforschung nicht; sie erscheint vielmehr mit dem besondern Reiz des Geheimnissvollen und Wunderbaren umgeben, und nimmt einen neuen Aufschwung.

3. Das blosse Auftreten einer ungewöhnlichen Thatsache ist noch kein Wunder. Das Wunder liegt nicht in der Thatsache, sondern im Beschauer. Wunderbar erscheint eine Thatsache dem, dessen ganzes Denken durch dieselbe erschüttert, und aus der gewohnten geläufigen Bahn gedrängt wird. Der betroffene Beschauer glaubt nicht etwa an *gar keinen* Zusammenhang des Gesehenen mit andern Thatsachen, sondern, weil er keinen wahrnimmt, und doch zu sehr an einen solchen gewöhnt ist, verfällt er auf ausserordentliche (falsche) Vermuthungen. Die Art dieser Vermuthungen *kann* natürlich unendlich mannigfaltig sein. Da jedoch die psychische Organisation den allgemeinen Lebensbedingungen entsprechend überall dieselbe, und da die jungen Individuen und Stämme, deren psychische Organisation noch die einfachste ist, am meisten in die Lage kommen, sich zu verwundern, so wiederholen sich auch überall fast dieselben psychischen Situationen.

4. Diese psychischen Situationen hat A. Comte[2]) und später auf Grund sehr ausgedehnter Beobachtungen an Volksstämmen niederer Cultur Tylor[3]) untersucht. Die auffallendsten am meisten unvermittelten Vorgänge, welche den Naturmenschen unausgesetzt umgeben, sind jene, welche er *selbst*, seine Mitmenschen und die Thiere in der Natur einleiten. Er ist sich seines *Willens* und seiner *Muskelkraft* bewusst, und erklärt

---

[1]) Hankel, Geschichte der Mathematik. Leipzig 1874. S. 301.
[2]) Comte, Philosophie positive. Paris 1852.
[3]) Tylor, Anfänge der Cultur. Leipzig 1873.

daher gern jeden auffallenden Vorgang durch den Willen eines ihm ähnlichen lebenden Wesens. Seine geringe Fähigkeit seine Gedanken, Stimmungen, ja sogar seine Träume von den Wahrnehmungen scharf zu scheiden, führt ihn dazu, die im Traume erscheinenden Bilder abwesender oder verstorbener Genossen, selbst verlorener oder zu Grunde gegangener Gegenstände für wirkliche schattenhafte Wesen, für *Seelen* zu halten. Aus dem hierauf sich gründenden Todtencultus entwickelt sich der Cultus von Dämonen, Nationalgöttern u. s. w. Der Gedanke des *Opfers*, welcher in den modernen Religionen schon ganz unverständlich ist, wird begreiflich durch die continuirliche Entwicklung aus dem rührenden Todtenopfer. Dem Todten gab man gern die Gegenstände mit, welche sein Schatten im Traum begehrte, damit er sich an deren Schatten erfreue. Diese Neigung, alles als uns gleichartig, belebt, beseelt zu betrachten, überträgt sich auf dem angedeuteten Wege auch auf jeden nützlichen oder schädlichen Gegenstand, und führt zum *Fetischismus*. Ein Zug von Fetischismus reicht selbst bis in die Theorien der Physik. So lange wir die Wärme, die Elektricität, den Magnetismus als geheimnissvolle ungreifbare Wesen betrachten, welche in den Körpern sitzen, und ihnen die bekannten wunderbaren Eigenschaften ertheilen, stehen wir noch auf dem Standpunkt des Fetischismus. Allerdings schreiben wir diesen Wesen schon einen festern Charakter zu, und denken nicht mehr an ein so launenhaftes Verhalten, wie es bei lebenden Wesen für möglich gehalten wird. Aber erst wenn die genaue Erforschung der Bedingungen einer Erscheinung auf Grund von Maassbegriffen an die Stelle dieser Vorstellungen tritt, wird der bezeichnete Standpunkt ganz verlassen.

Die geringe Scheidung der *eigenen Gedanken* und Stimmungen von den *Thatsachen der Wahrnehmung*, die selbst in wissenschaftlichen Theorien der Gegenwart noch merklich ist, spielt in der Weltauffassung jugendlicher Individuen und Völker eine maassgebende Rolle. Was in irgend einer Weise *ähnlich erscheint*, wird für verwandt und auch in der *Natur zusammenhängend* gehalten. Pflanzen, die irgend eine Formähnlichkeit mit einem Körpertheil des Menschen haben, gelten als Medicin für ein örtliches Leiden. Das Herz des Löwen stärkt den Muth, der Penis des Esels heilt die Impotenz u. s. w. Die altägyptischen medicinischen Papyrusse, deren Recepte sich bei Plinius und noch in Paulini „heilsame Dreckapotheke“ wiederfinden, geben darüber reichliche Belehrung. Was wünschenswerth aber schwer erreichbar scheint, sucht man durch die wunderlichsten schwer zu beschaffenden Mittel und Combinationen zu erreichen, wie die Recepte der Alchimisten zeigen. Wer sich seiner frühern Jugend erinnert, dem ist diese Denkweise aus eigener Erfahrung vertraut.

Das geistige Verhalten des Wilden ist sehr ähnlich jenem des Kindes. Der eine schlägt den Fetisch, der seiner Meinung nach ihn betrogen, das andere den Tisch, an dem es sich gestossen. Beide sprechen Bäume wie Personen an. Beide halten es für möglich mit Hülfe eines hohen Baumes in den Himmel zu klettern; die Traumwelt des Märchens und die Wirklichkeit ist ihnen nicht streng geschieden. Wir kennen diesen Zustand ganz wohl aus unserer Kindheit. Bedenkt man, dass die *Kinder* jeder Zeit stets geneigt sind, derartige Gedanken zu pflegen, dass ein guter Theil selbst eines hoch cultivirten Volkes keine eigentlich intellektuelle Cultur, sondern nur den äusseren Schein derselben annimmt, dass es ferner immer eine beträchtliche Anzahl Menschen giebt, in deren Vortheil es liegt, die Ueberreste der Ansichten des menschlichen Urzustandes zu pflegen, ja dass sich zu deren Erhaltung so zu sagen Wissenschaften des Betruges herausgebildet haben, so begreift man, warum diese Vorstellungen noch immer nicht ganz ausgestorben sind. In der That können wir in Petronius' „Gastmahl des Trimalchio“ und in Lucians „Lügenfreund“ dieselben Schauermärchen lesen, welche auch heute noch erzählt werden, und der Hexenglaube des heutigen Centralafrika ist derselbe, der unsere Vorfahren gepeinigt hat. Dieselben Vorstellungen finden sich, wenig verändert, auch im modernen Spiritismus wieder.

Aus unsern Lebensäusserungen analogen Aeusserungen wird der grossartige wichtige werthvolle und *zweckmässige* Schluss auf ein dem unsrigen analoges *fremdes Ich* gezogen. Der Schluss wird aber wie alle zweckmässigen Gewohnheiten auch dort noch ausgeführt, wo die Prämissen zu demselben nicht mehr berechtigen. Zwar stehen die Vorgänge der unorganischen Welt bestimmt in einer gewissen Parallele zu jenen der organischen; doch werden dieselben der einfachern Umstände wegen viel elementareren Gesetzen unterliegen. Etwas einem Willen Analoges wird auch hier bestehen; der Schluss auf eine volle Persönlichkeit einem Baum oder Stein gegenüber erscheint aber auf unserer Culturstufe unbegründet. Auch der moderne kritische Intellekt schliesst bei spiritistischen Vorgängen auf die Wirksamkeit eines fremden Ich, aber nicht auf jenes eines Geistes, sondern auf jenes des Gauklers.

Darwin[1]) hat hinreichend nachgewiesen, dass ursprünglich zweckmässige Gewohnheiten fortbestehen, wo dieselben schon nutzlos und gleichgültig sind. Ja es ist kein Zweifel, dass dieselben noch fortbestehen können, wo sie sogar schädlich sind, sofern sie nur die Art nicht zum Erlöschen bringen. Alle obigen Vorstellungen beruhen in ihren Elementen auf *zweckmässigen* psychischen Funktionen, wie ungeheuerlich sie sich auch entwickelt haben. Doch wird niemand sagen, dass durch die Menschenopfer in Dahomey, und durch die derselben würdigen von der Kirche inaugurirten Hexen- und Inquisitionsprocesse die menschliche Art erhalten oder gar verbessert worden ist. Sie ist eben durch diese Erfindungen nur noch nicht zu Grunde gegangen.

5. Wer etwa glaubt, dass die hier vorgebrachten Erörterungen einem wissenschaftlich gebildeten Leserkreis gegenüber gegenstandslos sind, ist gewiss im Irrthum. Denn die Wissenschaft ist nie isolirt von dem alltäglichen Leben; sie ist eine Blüthe des letztern, und wird von dessen Anschauungen durchdrungen. Wenn ein Chemiker, der durch schöne Entdeckungen in seinem Fach berühmt ist, sich dem Spiritismus ergiebt, wenn man dasselbe von einem namhaften Physiker sagen kann, wenn ein hochberühmter Forscher auf dem Gebiete der Biologie, nachdem er uns die Herrlichkeit der Darwin'schen Theorie in überzeugender Weise dargelegt hat, mit der Erklärung schliesst, dass alles dies nur auf das organische, nicht aber auf das geistige Element im Menschen Anwendung findet, wenn dieser ebenfalls ein offener Bekenner des Spiritismus ist, wenn bekannte Nervenpathologen stets geneigt sind, irgend einer Gauklerin sofort ausserordentliche Nervenkräfte zuzuschreiben — so sitzt der intellektuelle Schaden sehr tief, nicht allein im unwissenschaft-

[1]) Darwin, Der Ausdruck der Gemüthsbewegungen.

lichen Publikum. Der Schaden scheint in der Mehrzahl der Fälle auf einer zu einseitigen intellektuellen Cultur, auf Mangel an philosophischer Erziehung zu beruhen. Derselbe ist in diesem Fall durch das Studium der Tylor'schen Schriften, welche die psychologische *Entstehung* der fraglichen Anschauungen in klarer Weise darlegen, und diese eben dadurch der Kritik zugänglich machen, zu beseitigen. Oft mag die Sache aber auch anders liegen. Ein Forscher hat z. B. die Ansicht vom Lottospiel der Atome, welche auf einem kleinen Gebiet recht förderlich sein kann, zu seiner *Weltanschauung* erhoben. Kein Wunder, dass ihm dieselbe einmal zu öde, zu seicht und unzureichend erscheint, dass ihm der Spiritismus ein intellektuelles oder gar ein *Gemüthsbedürfniss* befriedigt. Dann wird Aufklärung schwer anzubringen sein.

6. Wie gross bei manchen Gelehrten das *Bedürfniss* nach dem Wunder ist, lehren einige persönliche Erfahrungen, die ich hier, weil sie lehrreich sind, mittheilen will. Als in der Universitätsstadt X eine Anzahl hervorragender Naturforscher, nennen wir sie A, B, C..., dem Spiritismus verfiel, war mir ein solches Vorkommniss ein *psychologisches* Problem, weshalb ich beschloss, mir die Situation in der Nähe anzusehen. An der Spitze des Cirkels stand A, den ich seit langer Zeit kannte; er empfing mich freundlich, und zeigte mir die wunderbaren Ergebnisse des Verkehrs mit den Geistern, erging sich auch in lebhaften Schilderungen der Vorkommnisse bei den Sitzungen. Auf meine Frage, ob er die erzählten Dinge auch wirklich alle genau beobachtet habe, meinte er: „Ja wissen Sie, ich habe eigentlich nicht so sehr viel gesehen, aber denken Sie, Beobachter, wie C, D...". Dagegen sagte C: „Das, was ich gesehen habe, würde mich eigentlich nicht so recht überzeugen, aber bedenken Sie, dass Forscher wie A, D... zugegen waren, und die Vorgänge aufs schärfste beobachtet haben" u. s. w. u. s. w. Ich denke, man wird aus diesem circulus vitiosus keinen andern Schluss ziehen dürfen, als den, dass das Wunder bei allen Mitgliedern des Kreises auf einen freundlichen Empfang rechnen konnte. Die Hauptmerkwürdigkeit, die mir A zeigte, war ein Elfenbeinring, der auf den Fuss eines runden Tisches nur *aufgezaubert* sein konnte — falls nicht etwa die Tischplatte *locker* aufsass, und leicht entfernt werden konnte. Letzteres vermuthete ich

nämlich nach dem Aussehen der Platte, und theilte diese Vermuthung M in X mit, zugleich mit der Bemerkung, dass A bei seiner Vorliebe für Wunder wohl nie versucht haben möchte, ob es sich so verhalte. Nach Jahren, nach A's Tode, traf ich N, einen Freund A's. Die Sache kam zufällig zur Sprache, und N konnte bestätigen, dass, als man nach A's Tode den *berühmten* Tisch übertragen wollte, den Trägern die Platte in der Hand blieb, während der Fuss herabfiel.

Man denke sich eine Kreisfläche K um die in ihrer Ebene liegende Gerade $G\,G$ als Achse gedreht; den Ring, den sie hierbei beschreibt, denke man sich aus vulkanisirtem Kautschuk dargestellt. Nun denke man sich ein Messer $M\,M$ durchgesteckt, führe den Punkt m der Schneide um $G\,G$ als Achse drehend im Kreise herum, während hierbei *zugleich* die Schneide um m etwa im Sinne des Pfeiles eine volle Umdrehung ausführen lässt. Dadurch wird der Ring in *zwei* Ringe zerschnitten, von welchen der eine einfach in dem andern hängt. Simony[1]) beschreibt diese schöne geometrische oder eigentlich topologische Thatsache unter einer ganzen Reihe von anderen verwandten. Ich zeigte einmal diesen Fall einem befreundeten Professor der Mechanik, nennen wir ihn R, welcher natürlich sofort erkannte, dass die beiden Ringe ohne Zerreissung nicht voneinander getrennt werden konnten. Ich aber bin ein Medium, sprach ich, hielt die beiden Ringe einen Augenblick hinter meinen Rücken, und legte dieselben getrennt und unverletzt auf den Tisch. R war in einer Weise betroffen, die mir unvergesslich bleibt. Ich hatte aber ganz einfach und plump die zusammenhängenden Ringe mit einem Paar getrennter Ringe vertauscht, welche ich in der Tasche hatte. Letztere erhält man, wenn man bei der in der Fig. 105 angedeuteten Operation die Messerschneide um m zuerst eine halbe Umdrehung in dem einen, dann eine halbe Umdrehung im entgegengesetzten Sinne

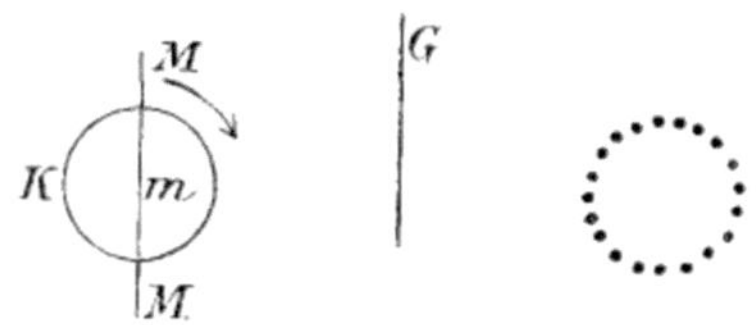

Fig. 105.

[1]) Simony, In ein ringförmiges geschlossenes Band einen Knoten zu machen. Wien, Gerold, 3. Aufl. 1881.

ausführen lässt. Beide Ringpaare sind hinreichend ähnlich, um leicht verwechselt zu werden.

Ich wollte R zeigen, wie leicht man getäuscht werden kann; seine Neigung für Mystik war aber dadurch nicht zu besiegen. Als Liebhaber der Homöopathie fand er eine Stütze seiner Ansicht in der Entdeckung, dass erst Spuren von zugesetzter Schwefelsäure die Elektrolyse des Wassers ermöglichen, während *reines* Wasser keine Elektrolyse zulässt. Er behauptete einmal von einer heftigen Lungenaffektion durch „Natrium muriaticum" (Kochsalz) in kleinen Gaben der Verdünnung 1 : 100000 geheilt worden zu sein. Die Bemerkung, dass die selbstverständlichen zufälligen Schwankungen des Satzgehaltes der von ihm genossenen Speisen ja viel tausendmal mal grösser seien, als die Gaben seines Arztes, konnte seine Meinung nicht ändern, die er wohl mit in's Grab nahm.

In einer Schaubude wurde ein frei herumgehendes Mädchen gezeigt, „welches einmal vom Blitz getroffen worden war, und nun in Folge dessen beständig elektrische Funken von sich gab". Ein älterer Herr S, ein tüchtiger Fachmann, war geneigt, aus dieser Sache eine ernste Angelegenheit zu machen, zum nicht geringen Vergnügen des Budeninhabers, der heiter schmunzelnd wohl denken mochte: Difficile est satyram non scribere. Herr S überredete mich die Merkwürdigkeit anzusehen. Ich erkannte die Funken als jene eines kleinen Ruhmkorff'schen Apparates, konnte aber, obgleich ich einen mit einem Stanniolstreifen beklebten Spazierstock mitgenommen hatte, die Zuleitungen nicht auffinden. Mein Institutsmechaniker jedoch, der ein gewandter Escamoteur ist, war nach kurzer Autopsie über die Anordnung klar, und demonstrirte eine Stunde später dem alten Herrn sein Söhnchen als vom Blitz getroffen. Der alte Herr war entzückt. Als ihm aber die einfache Anordnung gezeigt wurde, rief er: „Nein, so war's dort nicht!" und verschwand.

Von gewöhnlichen Spiritistensitzungen will ich hier nicht sprechen. Man hat bei solchen reichlich Gelegenheit, einerseits die Naivetät des gierig nach dem Wunder ausschauenden „gebildeten" Publikmus, anderseits die Schauheit, Vorsicht und Menschenkenntniss des Gauklers zu beobachten. Ich fühlte mich, mitten in Europa, unter Wilde versetzt.

7. Die Kunststücke der Spiritisten sind oft von Taschen-

spielern und Antispiritisten nachgeahmt worden; es wurde auch bekannt gemacht, wie dieselben ausgeführt werden. Zahlreiche Medien wurden entlarvt und des Gebrauchs von Taschenspielerkünsten überwiesen. Die *psychologischen* Grundsätze, nach welchen der Taschenspieler verfährt, sind sehr einfach.[1]) Die zweckmässige psychologische Gewohnheit, sehr Aehnliches für identisch zu halten, wird vielfach benützt, nicht nur bei Verwechslung von Objekten, sondern auch dadurch, dass der Gaukler mit der Miene der grössten Aufrichtigkeit Bewegungen auszuführen *scheint*, die er nicht ausführt, die man aber dann für ausgeführt hält. Ein zweites Mittel besteht in der Concentration der Aufmerksamkeit auf eine Zeit und einen Ort, wo scheinbar das Wichtigste vorgenommen wird, während es in Wirklichkeit zu anderer Zeit und an einem andern Orte geschieht. Ein schlagendes Beispiel für die Wirksamkeit dieses Mittels bildet die bekannte Frage: Soll man sagen 7 und 9 *sind* 15, oder 7 und 9 *ist* 15? Unter den so Angesprochenen, deren Aufmerksamkeit auf die *grammatische* Form gelenkt wird, werden nur wenige den *arithmetischen* Fehler sofort bemerken.

Solche Aufklärungen nützen den Gläubigen gegenüber nichts. Was die Gaukler mit *natürlichen* Mitteln zu Stande bringen, das leisten ihnen eben die Spirits durch *übernatürliche* Kräfte. Die Newton'sche Regeln nur *wahre* Ursachen zur Erklärung der Erscheinungen zuzulassen, nicht mehr Ursachen anzunehmen, als zur Erklärung nöthig sind, gleichartige Erscheinungen überall durch gleichartige Ursachen, zu erklären, scheinen diesen Herrn fremd zu sein. Aber auch diejenigen, welchen der Spiritismus instinktiv widerwärtig ist, oder welche dessen praktische Consequenzen fürchten, haben nicht immer den richtigen Standpunkt. Häufig bezeichnen sie den Spiritismus als Aberglauben und empfehlen als Mittel dagegen den „wahren Glauben“. Wer aber soll entscheiden, welcher Glaube der wahre ist? Könnte von einem Glauben noch die Rede sein, wenn man diese Entscheidung treffen könnte? Müsste man dann nicht viel mehr von Wissen sprechen? Die *Geschichte* erregt uns die Besorgniss, dass gegen die Gräuel, mit welchen uns die Auswüchse der verschiedenen „wahren Glauben“ beglückt haben, die Consequenzen des Spiri-

---

[1]) Max Dessoir, the psychology of legerdemain. „The Open Coout.“ 1893. N. 291—295.

tismus, vermöge seiner privaten Natur, nur harmlose Scherze sind. Es empfiehlt sich also nicht, den Teufel durch Beelzebub auszutreiben. Es wird vielmehr vorzuziehen sein, nur das *wissenschaftlich für wahr zu halten*, was sich beweisen lässt, und nur solche *Vermuthungen* festzuhalten, im praktischen Leben und in der Wissenschaft, welchen die nüchterne gesunde Kritik einen hohen Grad von Wahrscheinlichkeit zuerkennt.

8. Der Fehler der verbreiteten modernen Gedankenrichtung, welche neben andern Auswüchsen auch den Spiritismus fördert, liegt *nicht* in der Beachtung des *Ungewöhnlichen*, welche ja auch der Naturforscher nicht versäumen darf. Fast immer sind es ja *ungewöhnliche* Vorkommnisse, Anziehung kleiner Körperchen durch geriebenen Bernstein, Anhängen von Eisenfeilspänen an gewisse Erze, welche weiter verfolgt, zu den wichtigsten Aufklärungen führen. Der Fehler liegt auch nicht etwa darin, dass unsere Naturerkenntniss für *nicht erschöpfend*, nicht abgeschlossen gehalten wird. Kaum wird ein Naturforscher denken, dass weitere grosse Entdeckungen unmöglich seien, dass ein neuer ungeahnter Zusammenhang von Thatsachen nicht mehr gefunden werden könnte. Der Fehler liegt vielmehr in dem *kritiklosen Jagen* nach dem *Wunder*, und in dem kindischen gedankenlosen *Vergnügen* an demselben, welches eine Abstumpfung gegen das *wirklich Merkwürdige* und der Erforschung Werthe mit sich bringt.

Umgeben uns denn in Wirklichkeit nicht ganz andere Wunder als die Pseudowunder, welche die Spiritisten uns zu bieten vermögen? Wir können nicht bloss im Dunkeln auf den Stuhl steigen, sondern bei hellem Tageslicht vor aller Augen mit bekannten Mitteln uns viele Tausend Meter in die Luft erheben. Wir sprechen mit einem viele Kilometer weit entfernten Freund wie mit einer neben uns stehenden Person, durch Vermittlung eines Geistes, der sich nicht launenhaft verbirgt, und mit seinen Kräften kargt, der uns dieselben vielmehr einfach mitgetheilt und zur Verfügung gestellt hat. Ein dreikantiges Glas lehrt uns neue Stoffe kennen, die sich viele Millionen Meilen weit von uns befinden. Mit Hülfe einiger Zauberformeln, die keinem vorenthalten sind, erfahren unsere Ingenieure, wie der Wasserfall genöthigt werden kann, unsere Stadt zu beleuchten, wodurch der Dampf bewogen wird, unsere Lasten zu ziehen, wie Berge durchbohrt, Thäler überbrückt werden. Ein Talisman aus schwerem

Metall in meiner Tasche, den jeder durch Arbeit erwerben kann, bereitet mir durch ein merkwürdiges Einverständniss aller Geister, überall in der Welt einen freundlichen Empfang. *Allein* in meiner Studirstube, bin ich *doch* nicht allein. Geister stehen mir zur Verfügung. Ein Räthsel quält mich; ich greife bald nach diesem, bald nach jenem Band. Da merke ich, dass ich mich mit lauter Todten berathen habe. Galilei, Newton, Euler waren mir behilflich. Ich kann *auch* Todte citiren. Und wenn es mir gelingt einen Newton'schen Gedanken wieder aufleben zu lassen, oder gar weiter zu entwickeln, habe ich die Todten ganz anders citirt, als die Spiritisten, die von ihren Geistern nur einfältige Gemeinplätze erfahren.

Sind denn das nicht viel viel grossartigere, die Welt umgestaltende Wunder? Aber freilich, es ist etwas mühsamer diese Wunder zu wirken, als sich im Dunkelzimmer anschauern zu lassen. Und dabei ist es doch zu wenig reizend, denn so ein Medium, meint man, kann schliesslich jeder werden.

9. Die *Beachtung des Ungewöhnlichen* ist nur das *eine* Moment, durch welches die Naturerkenntniss wächst. Die Auflösung des Ungewöhnlichen in Alltägliches, die *Beseitigung* des *Wunderbaren* ist die nothwendige Ergänzung des ersteren. Allerdings müssen beide Thätigkeiten nicht in *einer* Person oder in *einem* Zeitalter vereinigt sein. Die Alchimisten haben, ganz kritiklos vorgehend, merkwürdige Beobachtungen aufgesammelt, welche später verwerthet worden sind. So ist es ja nicht ausgeschlossen, dass auch die heutigen Wunderforscher gelegentlich noch bemerkenswerthe Beobachtungen zu Tage fördern. Auf die fast vergessene Hypnose und Suggestion ist ja doch durch diese Geistesrichtung die Aufmerksamkeit wieder gelenkt worden. Warum sollte nicht noch mehr Derartiges und vielleicht Wichtigeres zum Vorschein kommen?

Von *guten* Beobachtungen und entsprechender Verwerthung derselben wird aber allerdings nicht die Rede sein, so lange dieses Gebiet, welches die *höchsten* Ansprüche an die Kritik stellt, gerade der Sammelplatz der naivsten und unkritischesten Köpfe bleibt. Welche Forschungsergebnisse zum Vorschein kommen, wenn man durchaus nur etwas Merkwürdiges beobachten will, und sich um die Kritik nicht kümmert, kann man täglich wahrnehmen. Ich besuchte einst, noch als Student, Herrn v. Reichenbach, den bekannten Erforscher des „Od". Nach seinem unumwundenen Geständniss, sah er von den merkwürdigen Erscheinungen, die er so ausführlich beschrieb, *selbst* gar nichts, sondern liess sich nur durch seine Versuchspersonen über dieselben berichten. Eine dieser Personen, Frau Ruf, gestand nach Reichenbach's Tode Fechner gegenüber, dass die Beobachtungen herausexaminirt worden seien. Einen unauslöschlichen Eindruck von Reichenbach's Methode erhielt ich durch folgendes „Experiment". Er theilte einen Lichtstrahl durch einen Doppelspath in zwei Theile, von denen je einer in ein Glas Wasser geleitet wurde. Das eine Wasser wurde „odpositiv", das andere „odnegativ". Dass nun das odpositive Wasser durch einfache Drehung um 90° in odnegatives hätte übergehen müssen, war ihm nie in den Sinn gekommen.

Allzuscharf dürfen wir die „*Methode*" der Spiritisten nicht beurtheilen, wenn wir jene mancher Psychopathologen und Neuropathologen mit derselben vergleichen. Wenn uns von einem Arzt erzählt wird, man habe einer Person suggerirt, auf einem leeren Cartonblatt einen Elephanten zu sehen, so mag das hingehen. Wenn aber dieselbe Person dasselbe Blatt aus einem Stoss gleicher leerer Blätter wieder herausfand, und nur auf diesem den Elephanten sah, umgekehrt, wenn das Blatt zufällig umgekehrt war, vergrössert durch das Opernglas, verkleinert durch das umgedrehte Opernglas, so macht dieser „wissenschaftliche" Bericht doch etwas starke Ansprüche an unsere Gläubigkeit. Warum sagt man nicht lieber: „Alles ist möglich", und unterlässt jede weitere Untersuchung als unnöthig?

Bezeichnend für die Methode der Wundersucher von Beruf (der „Occultisten") ist die fortwährende Hinweisung auf unsere Unwissenheit, auf die Unvollständigkeit unserer Kenntnisse, die übrigens von keinem Forscher mit genügend starkem Klarheitsbedürfniss in Abrede gestellt wird. Allein die Vermuthungen, die sich auf das Nichtwissen gründen lassen, sind unendlich viele, während die auf das Wissen gebauten in der Regel nur wenige sind. Letztere eignen sich daher ausschliesslich als Anhaltspunkte für die weitere Forschung. Während aus der Unvollständigkeit des Wissens für die Wunderforscher die Möglichkeit und Nothwendigkeit einer ganz ausserordentlichen, bisher ungeahnten, fast mühelosen Erweiterung des Wissens hervorgeht, gründen die Obscuranten *in* und *ausser* der Wissenschaft auf eben diese Unvollständigkeit die Berechtigung, auch die bisher gewonnenen Ergebnisse in Zweifel zu ziehen. Wie oft haben wir hören müssen, dass die Darwin'sche Theorie nur eine Hypothese sei, zu deren Beweis noch viel fehle, von denjenigen, welche in unsern Wissenslücken den von Jugend auf gepflegten ihnen unentbehrlichen Rest von Nebel unterbringen, der für sie, wie es scheint, keine Hypothese ist. Das Ergebniss dieser Taktik ist auch in beiden Fällen dasselbe: Ersatz des soliden entwicklungsfähigen Wissens durch Wahnvorstellungen.

Nicht nur die *Beobachtung*, sondern auch die *Beseitigung* des *Sonderbaren* macht die Wissenschaft aus. So lange jemand die Kraftersparniss am Hebel als eine Merkwürdigkeit, als eine Ausnahme ansieht, darauf hin, sich und andere betrügend, ein *perpetuum mobile* zu construiren gedenkt, steht er auf dem Standpunkt des Alchimisten. Erst wenn er wie Stevin erkannt hat, „dass das Wunder kein Wunder ist", hat er erfolgreich geforscht. An die Stelle des intellektuellen Rausches tritt dann die *Freude* an der *logischen Ordnung* und der intellektuellen Durchdringung des scheinbar Heterogenen und Mannigfaltigen. Die Neigung zur Mystik tritt oft deutlich genug selbst in der Darstellung exakter Wissenschaften hervor. Gar manche sonderbare Theorie verdankt dieser Neigung den Ursprung. Ein vorher berührter Fall betrifft den mystischen Zug in der Auffassung des Energieprincips. Mit welchem Vergnügen wird oft ausgeführt, *was* wir alles mit Elektricität anfangen können, *ohne* doch zu wissen, was Elektricität *eigentlich* sei! Was denn soll die Elektricität *anderes* sein, als der Inbegriff der betreffenden zusammengehörigen Thatsachen, die wir kennen, und die wir, wir Popper[1]) treffend sagt, entsprechend unserm Bedürfniss nach weiterer Aufklärung *noch* kennen zu lernen *hoffen*? Diese Sachlage mag es entschuldigen, wenn hier die Neigung zur Mystik durch etwas drastische Belege beleuchtet wurde.

---

[1]) Die Grundsätze der elektrischen Kraftübertragung. Wien. Hartleben. 1884.

Umbildung und Anpassung im naturwissenschaftlichen Denken.

1. Nicht zum ersten Mal weise ich hier darauf hin, dass die Gedanken, insbesondere die naturwissenschaftlichen, in ähnlicher Weise der Umbildung und Anpassung unterliegen, wie dies Darwin für die Organismen annimmt. Schon in einer vor 27 Jahren gehaltenen Vorlesung[1]) ist dies geschehen; ein vor 12 Jahren publicirtes Buch[2]) ist ganz von dieser Anschauung durchdrungen, und in einer bald darauf gehaltenen Rektoratsrede[3]) wird diese ausführlich erörtert. Obwohl mir ein besonderer Fall nicht bekannt ist, zweifle ich doch nicht, dass dieses Verhältniss auch der Aufmerksamkeit Anderer nicht hat ntgehen können. Darwin's Gedanke ist eben zu bedeutend und zu weittragend, um nicht auf alle Wissensgebiete Einfluss zu nehmen. Des Zusammenhanges wegen sehe ich mich veranlasst dieses Thema hier nochmals zu besprechen, indem ich den hier unnöthigen Festschmuck jener Rede beseitige, und dafür Wichtigeres weiter ausführe, als dies in einem Festvortrage zulässig war.

2. Darwin muss im Gebiete der Biologie dieselbe Bedeutung zuerkannt werden, die Galilei in Bezug auf die Physik eingeräumt wird. Dieselbe fundamentale Bedeutung, welche den von Galilei erschauten Elementen „Trägheit“ und „Beschleunigung“ zukommt, müssen wir auch der Darwin'schen „Vererbung“ und

---

[1]) Zwei populäre Vorlesungen über Optik. Graz 1865.

[2]) Mechanik. Leipzig 1883.

[3]) Ueber Umbildung und Anpassung im naturwissenschaftlichen Denken. Wien 1883. Vergl. auch: Populär-wissenschaftliche Vorlesungen. Leipzig. J. A. Barth. 1896.

„Anpassung“ zuschreiben. Die Fähigkeit der Vererbung scheint der Möglichkeit der Anpassung auf den ersten Blick zu widersprechen, und in der That ist die auf Vererbung beruhende Stabilität des Art wiederholt gegen die Darwin'sche Theorie geltend gemacht worden. Ich habe seiner Zeit[1]) die von Darwin entdeckte Eigenschaft der organischen Natur als *Plasticität* bezeichnet, es ist mir aber seither nahe gelegt worden, dass dieser Ausdruck nicht ganz zutreffend ist. Man hat schon vor langer Zeit den dynamischen Gleichgewichtszustand eines Organismus einem Wasserfall verglichen, welcher seine *Form* beibehält, während dessen Stoff unausgesetzt wechselt, während einerseits eine Einströmung, anderseits eine Ausströmung stattfindet. Wirklich unterscheidet sich die organische Substanz von der unorganischen wesentlich dadurch, dass diese äussern physikalischen und chemischen Einflüssen einfach nachgiebt, während jene sich entgegen denselben in einem bestimmten Zustand „zu *erhalten* sucht“. Dieses Streben nach „*Stabilität*“ ist in neuerer Zeit betont worden von Fechner[2]), Hering[3]), Avenarius[4]) und Petzoldt[5]).

Das Streben der organischen Substanz nach Erhaltung eines *bestimmten Zustandes*, welcher Zustand aber allerdings durch die äussern Kräfte beeinflusst, modificirt, *geändert* wird, löst also vielleicht den scheinbaren Widerspruch in den Darwin'schen Aufstellungen. Es sei erwähnt, dass auch Boltzmann[6]), wohl ohne die erwähnten Betrachtungen zu kennen, ausgeführt hat, dass ein sich selbst überlassenes physikalisches System allmälig in „wahrscheinlichere“ und schliesslich in den „wahrscheinlichsten Zustand“ übergeht. Bei näherer Betrachtung zeigt sich, dass dieser wahrscheinlichste Zustand zugleich eben auch der *stabilste* Zustand ist.

Der organische Körper scheint sich also von dem allgemeinen physikalischen Fall dadurch zu unterscheiden, dass ersterer schon

[1]) In jener Rektoratsrede.

[2]) Einige Ideen zur Schöpfungsgeschichte. Leipzig 1873.

[3]) Theorie der Vorgänge in der lebendigen Substanz. Lotos. Prag 1888.

[4]) Kritik der reinen Erfahrung. Leipzig. 1888.

[5]) Ueber Maxima, Minima und Oekonomie. Vierteljahrsschrift für wissenschaftliche Philosophie. 1891.

[6]) Der 2. Hauptsatz der mechanischen Wärmetheorie. Almanach der Wiener Akademie. 1886.

von vornherein ein System von beträchtlicher dynamischer Stabilität vorstellt, dessen Art durch die hinzutretenden äussern Umstände, wenn dieselben nicht allzu mächtig, nur wenig abgeändert wird. Die Ueberführung aus einem Gleichgewichtszustand in den andern durch äussere Kräfte (Umstände) könnten wir mit Petzoldt als „*Entwicklung*“ (Umwandlung oder Anpassung) bezeichnen.

Ohne die Frage hier entscheiden zu wollen, möchte ich, für meine Person, eine etwas andere Auffassung vorziehen. Es scheint mir, dass man in eine Art *Aristotelischer* Physik verfällt, wenn man den Organismen ein Streben nach „*Stabilität*“ oder „*Veränderlichkeit*“ u. s. w. zuschreibt. Was würde man dazu sagen, wenn man z. B. einem schweren Körper ein solches Streben zuerkennen wollte. Die Kräfte treiben den schweren Körper *abwärts*. Je nach den äussern Umständen wird er seinen Zustand *ändern*, oder bei Störung desselben in diesen *zurückkehren*, also in letzterem Fall *Stabilität* darstellen. Ich glaube also, es genügt anzunehmen, dass die Kräfte des Organimus denselben in einer gewissen *Richtung*, nach einem gewissen *Zustand* hin treiben, welcher je nach den äussern Umständen mehr oder weniger erreicht wird. Diesem Antrieb werden bei Aenderung der Umstände die *Anpassungsopfer* gebracht. Es wird mir dies wahrscheinlich, wenn ich die geringen Differenzen der Bluttemperatur, der chemischen Constitution u. s. w. der höhern Wirbelthiere, mit den gewaltigen äussern Formänderungen zusammenhalte, welche dieselben den äussern Umständen zu Liebe durchgemacht haben. Erst wenn es sich um ein *bewusstes* Streben handelt (das eine Reihe von Situationen in Betracht zieht) könnte wohl von einer Tendenz zur Stabilität die Rede sein.

3. Gedanken sind keine *gesonderten* Lebewesen. Doch sind Gedanken Aeusserungen des organischen Lebens. Und, wenn Darwin einen richtigen Blick gethan hat, muss der Zug der Umbildung und Entwicklung an denselben wahrzunehmen sein. In der That hat Spencer schon vor Darwin die Entwicklungslehre auf die Psychologie angewandt. Er betrachtet ja die ganze psychische Entwicklung als Anpassungserscheinung. Wir sehen wissenschaftliche Gedanken sich umformen, auf weitere Gebiete sich ausbreiten, mit konkurrirenden kämpfen, und über weniger leistungsfähige den Sieg davon tragen. Jeder Lernende kann solche Processe in seinem eigenen Kopfe beobachten.

Der Angehörige eines wilden Stammes weiss sich in dem kleinen Kreise, der seine nächsten Bedürfnisse berührt, vortrefflich zurecht zu finden, geräth aber jeder ungewöhnlichen Naturerscheinung, oder jedem Ergebniss der technischen Cultur gegenüber in Verlegenheit und in Gefahr dasselbe zu missdeuten. Eine solche Gefahr besteht für den Culturmenschen in geringerem Maasse. Dessen Gedanken sind eben einem grössern Erfahrungskreise angepasst, und diese Anpassung wurde ihm dadurch ermöglicht, dass ihm die Gesellschaft einen beträchtlichen Theil der Sorge ums Dasein abgenommen, und ihn von der Nothwendigkeit befreit hat, seinen Blick nur auf die allernächsten Bedürfnisse zu richten.

Wenn wir in einem bestimmten Kreise von Thatsachen uns bewegen, welche mit Gleichförmigkeit wiederkehren, so passen sich unsere Gedanken alsbald der Umgebung so an, dass sie dieselbe *unwillkürlich* abbilden. Der auf die Hand drückende Stein fällt losgelassen nicht nur wirklich, sondern auch in Gedanken zu Boden. Das Eisen fliegt auch in der Vorstellung dem Magnete zu, erwärmt sich auch in der Phantasie am Feuer.

Die Macht, welche zur Vervollständigung der halb beobachteten Thatsache in Gedanken treibt, ist die *Association*. Dieselbe wird kräftig verstärkt durch Wiederholung. Sie erscheint uns dann als eine fremde von unserm Willen und der einzelnen Thatsache unabhängige Gewalt, welche Gedanken *und* Thatsachen treibt, beide in Uebereinstimmung hält, als ein beide beherrschendes *Gesetz*.

Dass wir uns für fähig halten, mit Hülfe eines solchen Gesetzes zu *prophezeien*, beweist nur die hinreichende Gleichförmigkeit unserer Umgebung, begründet aber durchaus nicht die *Nothwendigkeit* des Zutreffens der Prophezeiung. In der That muss letzteres immer erst abgewartet werden. Und Mängel der Prophezeiung werden stets bemerklich, wenn dieselben auch gering sind in Gebieten von grosser Stabilität, wie z. B. die Astronomie. Je einfacher ein Thatsachengebiet und je geläufiger uns dasselbe geworden ist, desto stärker drängt sich uns der Glaube an die *Causalität* auf. In uns *neuen* Gebieten verlässt uns aber unsere Prophetengabe. Dort bleibt uns nur die Hoffnung auch mit diesem Gebiete bald vertraut zu werden. Wie wenig die subjektive Ueberzeugung ein Maass ihrer Richtigkeit ist, sieht man an den Constructeuren des perpetuum mobile, welche Vermögen und Lebenszeit ihrer Ueberzeugung opfern. Wir können von den bestconstatirten Sätzen der Physik nicht stärker überzeugt sein, als diese Erfinder von der Richtigkeit ihrer vermeintlichen Erfindung.

4. Was geht nun vor, wenn der Beobachtungskreis, dem unsere Gedanken angepasst sind, sich *erweitert?* Wir sehen oft einen einzelnen schweren Körper sinken, wenn dessen Unterlage weicht. Wir sehen auch, dass leichtere Körper durch schwerere sinkende in die Höhe getrieben werden. Nehmen wir plötzlich einmal wahr, dass ein leichter Körper an einem Hebel z. B. einen schwereren hebt, so entsteht eine eigenthümliche intellektuelle Situation. Die mächtige Denkgewohnheit, nach welcher das Schwerere stärker ist, will sich behaupten. Die neue Thatsache fordert ebenfalls ihr Recht. In diesem Widerstreit von Gedanken und Thatsachen liegt das *Problem.* Um das Problem zu *lösen*, muss die Denkgewohnheit so *umgewandelt* werden, dass sie den alten *und* den neuen Fällen angepasst ist. Mit der Annahme der Denkgewohnheit nicht nur die Gewichte, sondern auch die möglichen Falltiefen, beziehungsweise die Produkte beider, die *Arbeit*, als maassgebend für die Bewegung zu betrachten, ist dies in unsem Falle geschehen. Bedenkt man diese Verhältnisse, so versteht man, warum weder das Kind, dem die feste Denkgewohnheit noch fehlt, noch der abgeschlossen lebende Greis Probleme kennt, welche vielmehr nur auf den Menschen eindringen, dessen Erfahrung in der Erweiterung begriffen ist. Kommt das Problem zum *vollen* Bewusstsein, und geschieht die Gedankenumwandlung mit *Absicht* und willkürlich, so nennen wir den Vorgang *Forschung.* Man erkennt ferner, warum gerade von dem *Neuen*, von dem sich *zufällig* darbietenden *Ungewohnten* Probleme ausgehen, welche das Alltägliche in neue Beleuchtung setzen. Man sieht ferner, warum die Wissenschaft eine natürliche Feindin des *Wunderbaren* ist, welche ihre Aufgabe nur lösen kann, indem sie eben das *Wunder* durch Aufklärung zerstört.

Betrachten wir nun einen Umwandlungsprocess der Gedanken im Einzelnen. Das *Sinken* der schweren Körper erscheint als *gewöhnlich* und selbstverständlich. Bemerkt man aber, dass das Holz auf dem Wasser schwimmt, die Flamme, der Rauch in der

Luft aufsteigt, so wirkt der Gegensatz dieser Thatsachen. Eine bekannte alte Lehre sucht dieselben zu erfassen, indem sie das dem Menschen Geläufigste, den *Willen*, in die Körper verlegt, und sagt, dass jedes Ding seinen *Ort suche*, das schwere unten, das leichte oben. Bald zeigt es sich aber, dass selbst der Rauch ein Gewicht hat, dass auch er seinen Ort unten sucht, dass er von der abwärts strebenden Luft nur aufwärts gedrängt wird, wie das Holz vom Wasser, weil dieses stärker ist. So suchen also *alle* Körper ihren Ort *unten*, und das *specifische* Gewicht wird zu einem mit*bestimmenden* neuen entscheidenden *Merkmal*, nach dem wir unsere Erwartung von dem Verhalten mehrerer Körper einrichten.

Wir sehen nun einen aufwärts geworfenen Körper. Derselbe steigt auf. Warum sucht er nun seinen Ort nicht? Warum nimmt die Geschwindigkeit seiner „gewaltsamen" Bewegung ab, während jene des „natürlichen" Falles zunimmt? Indem Galilei beiden Thatsachen aufmerksam folgt, sieht er in *beiden* Fällen *dieselbe Geschwindigkeitszunahme* gegen die Erde. Hiermit löst sich das Problem. Also nicht ein *Ort*, sondern eine *Beschleunigung* gegen die Erde ist den Körpern angewiesen.

Durch diesen Gedanken werden die Bewegungen schwerer Körper vollkommen geläufig. Die neue Denkgewohnheit festhaltend sieht Newton auch den Mond und die Planeten ähnlich geworfenen Körpern sich bewegen, aber doch mit Eigenthümlichkeiten, die ihn nöthigen, diese Denkgewohnheit abermals etwas abzuändern. Die Weltkörper, oder vielmehr deren Theile, halten keine constante Beschleunigung gegeneinander ein; sie „ziehen sich an" im verkehrt quadratischen Verhältnisse der Entfernung und im direkten der Massen.

Diese Vorstellung, welche jene der irdischen schweren Körper als *besondern* Fall enthält, ist nun schon sehr verschieden von der ursprünglichen. Sehr beschränkt war jene, und eine Fülle von Thatsachen enthält diese. Doch steckt in der „Anziehung", welche genau genommen nur mehr den *Sinn*, das *Zeichen* der Beschleunigung angiebt, noch etwas von dem „Suchen des Ortes". Es wäre auch unklug, diese „Anziehungsvorstellung" ängstlich zu vermeiden, welche unsere Gedanken in längst geläufige Bahnen leitet, welche wie die historische Wurzel der Newtonschen Anschauung anhaftet, als müsste dieselbe eine rudimentäre embryonale Andeutung ihres Stammbaumes bei sich führen. So entstehen die bedeutendsten Gedanken allmälig durch Umbildung aus schon vorher vorhandenen. Eben der Newton'sche Gedanke, welcher die von Copernicus, Kepler, Gilbert, Hooke u. A. entwickelten Keime zur vollen Entfaltung bringt, ist sehr geeignet diesen Vorgang zu beleuchten.

Dieser Umwandlungsprocess besteht darin, dass einerseits bald neue *übereinstimmende* Merkmale anscheinend *verschiedener* Thatsachen gefunden werden (*alle* Körper sind schwer — steigende und fallende Körper erhalten *dieselbe* Beschleunigung — der Mond unterliegt der Schwere wie jeder Stein), und dass anderseits wieder *unterscheidende* Merkmale bisher nicht unterschiedener Thatsachen bemerkt werden (die Fallbeschleunigung ist nicht constant, sondern durch die Massen und die Entfernung bestimmt). Hierdurch wird es möglich, einerseits ein stets wachsendes Thatsachengebiet mit einer homogenen Denkgewohnheit zu umfassen, und anderseits den Unterschieden der Thatsachen des Gebietes durch Variationen der Denkgewohnheit zu entsprechen.

5. Die betrachtete Entwicklung ist nur ein *besonderer* Fall eines allgemein verbreiteten *biologischen* Processes. Niedere Thiere verschlingen, was in ihren Tastbereich geräth, und den entsprechenden Reiz ausübt, einfach reflectorisch. Bei höher entwickelten Thieren mit *individuellem* Gedächtniss genügt ein kleiner Theil des mit dem Geschmacksreiz associirten optischen oder akustischen Reizes zur Auslösung der Bewegungen, zum Erfassen der Beute. Aber eben bei diesen Thieren müssen sich die Beziehungen zwischen letzteren Reizen und den ausgelösten Bewegungen im Laufe der Zeit mannigfaltig modificiren. Ein Thier schnappt z. B. nach allem, was schwirrt. Es wird gelegentlich von einer Wespe empfindlich gestochen. Die Gewohnheit treibt alsbald wieder nach dem Schwirrenden zu haschen, während die besondere Erinnerung davor warnt. In diesem Widerstreit der Reize liegt ein Problem, ein lästiger nutzlos Kraft verschwendender physiologischer Druck. Derselbe weicht erst, wenn das *unterscheidende* Merkmal des stechenden und nicht stechenden Insektes dem Gedächtniss *fest einverleibt* ist, und neben dem bisher allein wirksamen Merkmal des Schwirrens *mitbestimmend*, entscheidend bei der Auslösung der Bewegung wirkt. Dann ist letztere in jedem Fall *eindeutig bestimmt.* Die

bisherige Gewohnheit ist, soweit dies *möglich*, *beibehalten*, und nur so weit als *nöthig modificirt*, der Widerstreit *beruhigt* und *beseitigt*.

Ein Thier erfasse auf einen optischen Reiz hin, der mit dem Gescmacksreiz associirt war, etwas Ungeniessbares. Durch Wiederholung dieses Vorganges wird die Gewohnheit befestigt, bei den *verschiedenartigsten* Nahrungsobjekten auf den *gemeinsamen Geschmacks-* oder *Geruchsreiz* zu achten, ohne sich durch die Verschiedenartigkeit des optischen Reizes beirren zu lassen. Ganz analog sind Processe, welche im Gebiete der Gedankenanpassung stattfinden.

Derartige Anpassungsprocesse haben keinen nachweisbaren Anfang, denn jedes Problem, welches den Reiz zu neuer Anpassung liefert, setzt schon eine feste Denkgewohnheit voraus. Sie haben aber auch kein absehbares Ende, sofern die Erfahrung kein solches hat. Die Wissenschaft steht also mitten in dem natürlichen Entwicklungsprocess, den sie zweckmässig zu leiten und zu fördern, aber nicht zu ersetzen vermag.

Wenn wir die Geschichte eines uns schon geläufigen Gedankens überblicken, so können wir in der Regel den ganzen Werth seines Wachsthums nicht mehr richtig abschätzen. Wie wesentliche organische Umwandlungen (der intellektuellen Reflexe) stattgefunden haben, erkennen wir nur an der kaum fassbaren Beschränktheit, mit welcher zuweilen gleichzeitig lebende grosse Forscher einander gegenüberstehen. Huygens' optische Wellenlehre war einem Newton, und Newton's Gravitationslehre einem Huygens' unverständlich. Die gewaltigen spontanen Umwandlungen der Denkgewohnheit, welche bei bahnbrechenden Menschen eintreten, setzen eben einerseits die Naivetät des Kindes und anderseits die Denkenergie des reifen Mannes voraus, welche letztere eine fremde Dressur nicht annimmt.

6. Indem die durch ältere Gewohnheit befestigten Denkweisen neuen Vorkommnissen gegenüber sich zu *erhalten* suchen, drängen sie sich in die Auffassung jeder neuen Erfahrung ein, und werden eben dadurch von der unvermeidlichen Umwandlung ergriffen. Die Methode neue noch unverstandene Erscheinungen durch theoretische Ideen oder Hypothesen zu erklären, beruht wesentlich auf diesem Vorgang. Indem wir, statt *ganz neue* Vorstellungen über die Bewegung der Himmelskörper, über das Fluthphänomen zu

bilden, uns die Theile der Weltkörper gegeneinander *schwer* lenken, indem wir ebenso die elektrischen Körper mit sich anziehenden und abstossenden Flüssigkeiten beladen, oder den solirenden Raum zwischen denselben in elastischer Spannung ıns denken, ersetzen wir, so weit als möglich, die *neuen* Vorstellungen durch anschauliche, *längst geläufige*, welche theilweise mühelos in ihren Bahnen laufen, theilweise allerdings sich umgestalten müssen. So kann auch das Thier für jede neue Funktion, welche sein Schicksal ihm aufträgt, nicht *neue* Glieder bilden, es muss vielmehr die *vorhandenen* benützen. Dem Wirbelthier, elches fliegen oder schwimmen lernen will, wächst kein neues rittes Extremitätenpaar für diesen Zweck; es wird im Gegenheil eines der vorhandenen hierzu umgestaltet. Nur eine unglückliche Phantasie konnte fliegende Menschengestalten mit echs Extremitäten bilden.

Die Entstehung von Theorien und Hypothesen ist also nicht las Ergebniss einer künstlichen wissenschaftlichen Methode, sonlern sie reicht in die Kindheit der Wissenschaft zurück, und geht schon da ganz unbewusst vor sich. Diese Gebilde werden doch später der Wissenschaft gefährlich, sobald man denselben mehr traut und ihren Inhalt für realer hält, als die Thatsachen selbst.

7. Die Erweiterung des Gesichtskreises, mag die Natur wirklich ihr Antlitz ändern, und uns neue Thatsachen darbieten, oder mag dieselbe nur von einer absichtlichen oder unwillkürlichen Wendung des Blickes herrühren, treibt die Gedanken zur Umbildung. In der That lassen sich die vielen von John Stuart Mill aufgezählten Methoden der *Naturforschung*, der *absichtlichen Gedankenanpassung*, jene der Beobachtung sowohl als jene des Experimentes, als Formen *einer* Grundmethode, der *Methode der Veränderung* erkennen. Durch zufällige oder absichtliche Veränderung der Umstände lernt der Naturforscher. Die Methode ist aber keineswegs auf den Naturforscher beschränkt. Auch der Historiker, der Philosoph, der Jurist, der Mathematiker, der Aesthetiker, der Künstler klärt und entwickelt seine Ideen, indem er aus dem reichen Schatze der Erinnerung gleichartige und doch verschiedene Fälle hervorhebt, indem er in Gedanken beobachtet und experimentirt. Selbst wenn alle *sinnliche* Erfahrung plötzlich ein Ende hätte, würden die Er-

lebnisse früherer Tage in wechselnder Verbindung in unserem Bewusstsein zusammentreffen, und es würde der Process fortdauern, welcher im Gegensatz zur Anpassung der Gedanken an die Thatsachen der eigentlichen *Theorie* angehört, die Anpassung *der Gedanken aneinander*.

8. Oft genug werden die Gedanken den Thatsachen nur *unvollkommen* angepasst sein. Wenn dann erstere sich begegnen, findet sich die Gelegenheit sie *einander* anzupassen. So werden Ohm's nicht ganz zutreffende Vorstellungen vom stationären elektrischen Strom durch Kirchhoff den elektrostatischen Vorstellungen angepasst, indem an die Stelle der elektrischen Dichte das elektrische Potential gesetzt wird. Indem Galilei in seiner *Vorstellung* der gleichförmig beschleunigten oder verzögerten, fallenden oder steigenden Bewegung auf der schiefen Ebene die Neigung dieser ändert, *in Gedanken experimentirt*, gelangt er zur Einsicht, dass die Vorstellung einer *abnehmenden* Geschwindigkeit des auf horizontaler glatter Bahn bewegten Körpers mit ersterer *unvereinbar* ist. Er setzt, den Einklang herzustellen, an die Stelle der hergebrachten Vorstellung die *Trägheitsvorstellung*. Bei jeder Deduktion wird eine zu bereits gegebenen Vorstellungen *passende* (übereinstimmende) erst gefunden, oder es wird die Uebereinstimmung zweier schon gegebener erkannt. Entdeckungsprocesse bewegen sich fast immer in einem solchen Wechsel der Anpassungen von Gedanken an Thatsachen und der Anpassungen von Gedanken aneinander.

Ein sehr merkwürdiger Vorgang findet statt, wenn die Vorstellung über einen einfachen durchsichtigen Fall *bewusst* und absichtlich dem allgemeinen unwillkürlich und *instinktiv* gewonnenen Eindruck über das Verhalten eines grossen Thatsachengebietes angepasst wird. Stevin's Kettenbetrachtung, Galilei's und Huygens' Ueberlegungen über den Zusammenhang von Geschwindigkeit und Falltiefe, Fourier's Zusammenstimmung der speciellen Strahlungsgesetze mit den Vorstellungen über das bewegliche Wärmegleichgewicht, endlich die Ableitungen aus dem Princip des ausgeschlossenen perpetuum mobile, sind Beispiele dieses Vorganges.

Die Methode der Veränderung führt uns gleichartige Fälle von Thatsachen vor, welche theilweise gemeinschaftliche, theilweise verschiedene Bestandtheile enthalten. Nur bei *Vergleichung* verschiedener Fälle der Lichtbrechung mit wechselnden Einfallswinkeln kann das Gemeinsame, die Constanz des Brechungsexponenten hervortreten, und nur bei *Vergleichung* der Brechung verschiedenfarbiger Lichter kann auch der Unterschied, die Ungleichheit der Brechungsexponenten die Aufmerksamkeit auf sich ziehen. Die durch die Veränderung bedingte Vergleichung leitet die Aufmerksamkeit zu den höchsten Abstraktionen und zu den feinsten Distinktionen zugleich.

9. Der engliche Forscher Whewell hat mit Recht behauptet, dass zur Entwicklung der Naturwissenschaft *zwei* Faktoren zusammenwirken müssten: Ideen und Beobachtungen. Ideen allein verflüchtigen sich zu unfruchtbarer Spekulation, Beobachtungen allein liefern kein organisches Wissen. In der That sehen wir, wie es auf die Fähigkeit ankommt, schon *vorhandene* Vorstellungen neuen Beobachtungen *anzupassen*. Zu grosse Nachgiebigkeit gegen jede neue Thatsache lässt gar keine feste Denkgewohnheit aufkommen. Zu starre Denkgewohnheiten werden der freien Beobachtung hinderlich. Im Kampfe, im Kompromiss des Urtheils mit dem Vorurtheil, wenn man so sagen darf, wächst unsere Einsicht. Unser ganzes psychisches Leben, so insbesondere auch das wissenschaftliche, besteht in einer fortwährenden Correktur unserer Vorstellungen.

Jenen, welche der Darwin'schen Theorie zweifelnd gegenüberstehen, kann die Beobachtung der eigenen Gedankenentwicklung nicht genug empfohlen werden. Gedanken sind organische Processe. Die Aenderung unserer Denkweise ist das feinste Reagens auf unsere organische Entwicklung, die uns, von dieser Seite betrachtet, unmittelbar gewiss ist. Wer das Verhalten zweier Individuen von *verschiedener* Erfahrung unter gleichen Umständen betrachtet, wird nicht mehr zweifeln, dass jedes individuelle Erlebniss, jede Erinnerung, auch ihre *physischen* Spuren im Organismus zurücklässt. So erscheint uns unser ganzes wissenschaftliches Leben lediglich als eine Seite unserer organischen Entwicklung.

Die Oekonomie der Wissenschaft.

1. Schon bei andern Gelegenheiten[1]) habe ich ausführlich dargelegt, dass die *wissenschaftliche*, *methodische* Darstellung eines Gebietes von Thatsachen vor der *zufälligen, ungeordneten* Auffassung derselben den Vorzug einer *sparsameren*, *ökonomischen* Verwerthung der geistigen Kräfte voraus hat. Ich würde hier auf diesen Gegenstand nicht wieder zurück kommen, wenn nicht mancherlei Einwendungen, die gegen diese Auffassung vorgebracht worden sind, mich zu einigen Erläuterungen veranlassen würden.

Ohne mich im Einzelnen mit solchen Einwendungen zu beschäftigen, die nicht gemacht worden wären, wenn man sich die Mühe genommen hätte, meinen Ausführungen wirklich zu folgen, und die von selbst entfallen werden, wenn dies geschehen sein wird, will ich hier zunächst eine allgemeine Bemerkung vorausschicken: Man wirthschaftet selbstredend nicht, um zu wirthschaften, sondern um zu besitzen, beziehungsweise um zu geniessen. Die *Methoden*, durch welche das Wissen *beschafft* wird, sind *ökonomischer* Natur. Welcher Gebrauch von dem *erworbenen* Wissen gemacht wird, ob dasselbe lediglich zur Beseitigung des intellektuellen Unbehagens, zur ästhetischen Befriedigung dient, ob dasselbe wissenschaftlich oder technisch weiter verwerthet, ob es etwa missbraucht wird, hat mit der Natur der wissenschaftlichen *Methoden* nichts zu schaffen. Ausdrücklich in Bezug auf diese letzteren habe ich meine Behauptung aufgestellt, und halte sie auch aufrecht.

---

[1]) Mechanik. Leipzig 1883. — Ueber die ökonomische Natur der physikalischen Forschung. Almanach der Wiener Akademie 1882. — Analyse der Empfindungen. Jena 1886. — Vgl. auch Populärwissenschaftliche Vorlesungen. Leipzig 1896.

2. Einwendungen, die auf einer ernsten Erwägung des Gegenstandes beruhen, und die darum auch dann fördernd sind, wenn man denselben nicht durchaus zustimmen kann, rühren von Petzoldt[1]) her. Petzoldt findet den Begriff *Oekonomie* sowohl auf *physischem* wie auf *geistigem* Gebieten unangemessen, und meint, dass sich auf beiden Gebieten lediglich eine Tendenz zur *Stabilität* ausspricht. Auf physischem Gebiet habe ich den Begriff Oekonomie selbst überall abgewiesen,[2]) kann aber in Bezug auf das geistige Gebiet Petzoldt nicht beistimmen.

Es sei zunächst Petzoldt's Standpunkt durch einige Sätze charakterisirt: „Oekonomische Erscheinungen zeigen uns zwei Seiten. Entweder fassen wir den Zweck ins Auge und bemerken, dass er mit den geringsten Mitteln, mit dem kleinsten Kraftaufwand erreicht ist; oder wir gehen von der Betrachtung der Mittel, bezw. Kräfte aus und beobachten, dass sie das Grösstmögliche leisten. . . . Gegebene Kräfte können also nicht das eine Mal mehr als das andere Mal leisten. . . . Von der Verschiedenheit unserer Einwirkungen abgesehen, können gegebene Kräfte, bezw. Tendenzen nur *einen* stationären Endzustand erreichen, also auch nur auf *eine* Weise vollkommen zweckmässig, völlig ökonomisch verwendet werden. . . . Wir können dem Princip der Continuität eine Minimumseite nicht abgewinnen. Mit der Aenderung der Vorstellung oder der Festhaltung eines Gedankens neuen Eindrücken gegenüber ist die Idee der Sparsamkeit ebenso wenig zu verbinden, wie man beim Kräfteparallelogramm von einem Minimum der Aenderung der Grösse und Richtung der einen Kraft durch die andere sprechen kann. . . . Das Denken will aber die Welt gar nicht »wiederspiegeln« und soll und braucht es darum auch nicht. Sein *Zweck* ist, mit den Dingen und Vorgängen in ein stabiles Verhältniss zu treten. Sein blosses Vorhandensein selbst ist aber, wie alles Vorhandensein, *zwecklos,* rein thatsächlich. . . . Die Zweckmässigkeit und die mit ihr verknüpfte Oekonomie kann man nur als Resultat einer Entwicklung verständlich finden."

Der Schluss von Petzoldt's Arbeit lautet:

„Nicht Maxima, Minima und Oekonomie, sondern Eindeutig-

[1]) Maxima, Minima und Oekonomie. Vierteljahrschrift für wissenschaftliche Philosophie. Leipzig 1890.

[2]) Mechanik.

keit und Stabilität heben die Seiten der Wirklichkeit hervor, die für uns im Vordergrunde des Interesses stehen müssen."

Von dem Princip der Stabilität will ich hier nicht sprechen, sondern nur von der Oekonomie. Ich bin ebenso wie Petzoldt überzeugt, dass in der Natur nur das und so viel geschieht, als geschehen kann, und dass dies nur auf *eine* Weise geschehen kann[1])! In diesem Sinne kann also von einer Oekonomie in den physischen Vorgängen keine Rede sein, da zwischen dem *thatsächlichen* Geschehen und einem *andern* keine Wahl ist. Deshalb habe ich auch auf diesem Gebiet den Begriff Oekonomie in keiner Weise verwendet. Sofern auch das geistige Geschehen ein physisches Geschehen ist, wird auch dieses durch die *augenblicklich* wirksamen Umstände nur in *einer* Weise vorgehen können.

Die Betrachtungsweise ändert sich aber wesentlich, so bald ein bestimmter *Zweck* ins Auge gefasst wird, schon auf *technischem* also *physischem* Gebiet. Eine bestimmte Dampfmaschine kann unter gegebenen Umständen auch nur auf *eine* Weise wirken. Sie wird aber ihrem *Zweck* desto besser entsprechen, je vollständiger dieselbe den umkehrbaren Carnot'schen Kreisprocess verwirklicht. Und von verschiedenen Dampfmaschinen wird diejenige *ökonomischer* sein, welche diesem Ideal näher kommt. Hier handelt es sich also nicht um die absolute Betrachtung *eines* bestimmten Geschehens, sondern um die *relative* Betrachtung verschiedenen Geschehens in Bezug auf einen Zweck, nicht um das was *geschieht*, sondern um das, was geschehen *soll*.

Einen analogen Fall stellt die Wissenschaft dar. Müsste bei Erweiterung der Erfahrung sogleich die entsprechende Gedankenanpassung in einer *einzig* möglichen vollkommensten Weise stattfinden, so wie alle vorhandenen Kräfte in einem physischen Fall in *einer* bestimmten Weise zusammenwirken müssen, so könnte auch hier von Oekonomie nicht die Rede sein. Allein verschiedene Menschen nebeneinander, und nacheinander, werden diese Anpassung in verschiedener Weise ausführen. Der eine wird dies, der andere jenes übersehen. Es dauert vielleicht ein Jahrhundert, bevor die Irrwege vermieden sind, und die richtigen Einfälle sich eingefunden haben. Wir

[1]) Vgl. Mechanik.

werden diese verschiedenen wissenschaftlichen Versuche (wie jene Dampfmaschinen) miteinander vergleichen können, und den einen *ökonomischer* finden als den andern. Die *Oekonomie* wird uns einen werthvollen *orientirenden Gesichtspunkt* bieten, nach dem wir unser wissenschaftliches Thun einrichten, so wie sie dem Techniker denselben bietet, und wir werden besser daran sein, als wenn wir uns unbewusst den momentanen aktuellen psychischen Kräften einfach überlassen. *Deshalb* habe ich diesen Gesichtspunkt aufgestellt.

Kepler hatte in seinem angenäherten Brechungsgesetz $\left(\frac{\alpha}{\beta} = n\right)$ alles in der Hand, um die Gauss'sche Dioptrik aufzustellen. Trotzdem haben viele *nach* Kepler dies noch nicht gethan. Man kann jeden Strahl *einzeln* durch *alle* brechenden Flächen durchconstruiren, und so *alles* Nöthige finden. Das Homocentricitätsgesetz ist eine wesentliche Erleichterung. Gauss stellt aber die zwei Hauptebenen und die zwei Hauptbrennpunkte ein für allemal auf, und kümmert sich gar nicht mehr um die einzelnen brechenden Flächen, wie zahlreich sie auch sein mögen. Es trifft also hier nicht zu, dass mit *gegebenen* Mitteln nur *ein* Endresultat auf *eine* Weise erzielt werden kann. Geistige Arbeit kann (in Bezug auf einen bestimmten Zweck) gerade so *vergeudet* werden, wie Wärme in der Dampfmaschine für die *mechanische Arbeit* verloren gehen kann. An diesem einen Beispiel sei es genug.

Ich kann es nicht zugeben, wenn Petzoldt sagt: Das Denken will die Welt nicht wiederspiegeln. Um uns mit unserer Umgebung in irgend ein Verhältniss zu setzen, bedürfen wir eben eines *Weltbildes*, und dieses auf *ökonomische* Weise zu erreichen, *dazu* treiben wir Wissenschaft. Ich hoffe, dass Petzoldt diesen Ausführungen seine Zustimmung nicht versagen wird.

3. Auch meine Behauptung, dass die Wirthschaft der Wissenschaft vor jeder andern Wirthschaft den Vorzug hat, dass durch erstere niemand einen Verlust erleidet, hat zu einer polemischen Auseinandersetzung Anlass gegeben.

Dr. Paul Carus,[1]) Herausgeber des „Monist", hat mir entgegen gehalten, dass *keine* geregelte wirthschaftliche Unterneh-

---

[1]) The Open Const. Chicago 1894, N. 375.

mung für Andere Verluste herbeiführe. Ich gebe gern zu, dass z. B. eine industrielle Unternehmung in unfruchtbarer Gegend Werthe schafft, die vorher nicht da waren, und auch Anderen ausser dem Unternehmer zu Gute kommen; es werden hierbei auch Methoden gefunden, die *allen* nützlich sind. In Bezug auf materielle Güter aber, deren Menge durch keine Industrie über ein gewisses Maass vergrössert werden kann (Grund und Boden und dessen Ertrag) wird wohl zugestanden werden müssen, dass was der *Eine* erwirbt, dem Andern nothwendig fehlen muss. Neue *Gedanken* haben aber die glückliche Eigenheit, dass sie sich nicht anketten lassen, und dass jeder sie aufnehmen kann, ohne dass sie dem Anderen deshalb entgehen müssten. Selbstredend kann auch die Wissenschaft zu schädlichen Unternehmungen missbraucht werden. Da handelt es sich aber nicht mehr um die Wirthschaft der Wissenschaft, sondern um eine *Anwendung* derselben.

Die Vergleichung als wissenschaftliches Princip.

1. Schon die vorausgehende Betrachtung hat gelehrt, dass jede *neue* Vorstellung den schon vorhandenen gegenübertritt, wobei sich letztere gegen erstere nicht gleichgültig verhalten. Dies führt zur *Vergleichung* des *Aelteren* mit dem *Neuen,* welche schon ganz unwillkürlich auch für den einzelnen Beobachter und Denker sich einstellt. Allein die Vergleichung gewinnt noch durch einen andern Umstand mächtig an Bedeutung.

Die einzige unmittelbare Quelle naturwissenschaftlicher Erkenntniss ist die sinnliche Wahrnehmung. Bei der räumlichen und zeitlichen Beschränktheit des Erfahrungskreises des Einzelnen würde aber das Ergebniss derselben nur dürftig bleiben, müsste jeder von Neuem beginnen. Die Wissenschaft kann erheblich nur wachsen durch die Verschmelzung der Erfahrung vieler Menschen, mit Hülfe der *sprachlichen Mittheilung.*

Die sprachliche Mittheilung entsteht, wo mit gemeinsam beobachteten Thatsachen, Erscheinungen der äussern oder innern Wahrnehmung, sich erst unwillkürlich Laute verbinden, welche nachher zu willkürlichen Zeichen dieser Thatsachen werden. Durch diese wird es möglich, die Vorstellung nicht unmittelbar gegenwärtig beobachteter, jedoch vorher erfahrener Thatsachen in dem Angesprochenen wachzurufen. Ohne die sinnliche Wahrnehmung des Angesprochenen ist die Sprache machtlos, auf Grund derselben vermag sie aber das Erfahrungsgebiet des Einzelnen gewaltig zu erweitern.

Zum Zweck der Mittheilung muss jede *neue* zunächst *passiv* aufgenommene Wahrnehmung, so gut es eben angeht, *selbstthätig* in allgemein bekannte Elemente zerlegt, beziehungsweise aus denselben aufgebaut werden, welcher Vorgang schon spontan durch Association und Erinnerung vollzogen wird. Hiermit tritt schon bei den einfachsten Beobachtungen ein nicht nur berechtigtes, sondern nothwendiges, unvermeidliches *speculatives Element* in Wirksamkeit. Sowohl das *Anpassungsbestreben* im Denken des Einzelnen, als auch das Streben der *Mittheilung*, und endlich auch die Nothwendigkeit der *Oekonomie* im Denken des Einzelnen und des Mittheilenden, welch letzterer ja mit einer beschränkten Anzahl von Vorstellungs- und Sprachelementen auskommen muss, drängen also zur *Vergleichung*.

Die *Vergleichung* ist aber zugleich auch das mächtigste *innere* Lebenselement der Wissenschaft. Denn aller Zusammenhang, alle begriffliche Einheit kommt durch die Vergleichung in die Wissenschaft. Der Zoologe sieht in den Knochen der Flughaut der Fledermaus Finger, vergleicht die Schädelknochen mit Wirbeln, die Embryonen verschiedener Organismen miteinander und die Entwicklungsstadien desselben Organismus untereinander, und erhält so statt eines Conglomerates zusammenhangsloser Thatsachen ein geordnetes, aus gleichartigen Elementen bestehendes, von einheitlichen Motiven beherrschtes Bild. Der Geograph erblickt in dem Gardasee einen Fjord, in dem Aralsee eine im Vertrocknen begriffene Lake. Der Sprachforscher vergleicht verschiedene Sprachen und die Gebilde derselben Sprache. Wenn es nicht üblich ist, von *vergleichender* Physik zu sprechen, wie man von vergleichender Anatomie spricht, so liegt dies gewiss nur daran, dass bei einer *experimentellen* Wissenschaft die Aufmerksamkeit von dem *contemplativen* Element allzusehr abgelenkt wird. Die Physik lebt und wächst, wie jede andere Wissenschaft, durch die *Vergleichung*.

2. Die Art, in welcher das *Ergebniss der Vergleichung* in der *Mittheilung* Ausdruck findet, ist eine verschiedene: Wenn wir sagen, die Farben des Spektrums seien roth, gelb, grün, blau, violett, so mögen diese Bezeichnungen etwa von der Technik des Tätowirens herstammen, oder sie mögen später die Bedeutung gewonnen haben, die Farben seien jene der Rose, Citrone, des Blattes, der Kornblume, des Veilchens. Durch die häufige Anwendung solcher Vergleichungen unter mannigfaltigen Umständen haben sich aber den *übereinstimmenden* Merkmalen gegenüber die wechselnden so verwischt, dass *erstere* eine selbständige,

›n jedem Objekt, jeder Verbindung unabhängige, wie man ıgt, *abstrakte* oder *begriffliche* Bedeutung gewonnen haben. iemand denkt bei dem Worte „roth“ an eine andere Ueber-nstimmung mit der Rose, als jene der *Farbe,* bei dem Worte *ɟerade“* an eine andere Eigenschaft der gespannten Schnur, als ie durchaus gleiche *Richtung.* So sind auch die *Zahlen,* ur-›rünglich die Namen der Finger, Hände und Füsse, welche elche als Ordnungszeichen der mannigfaltigsten Objekte benützt urden, zu *abstrakten Begriffen* geworden. Nur die Naivetät er Pythagoräer konnte meinen, mit Zahlenverhältnissen nicht *ne* Eigenschaft, sondern das ganze *Wesen* der Dinge zu treffen. ine sprachliche Mittheilung über eine Thatsache, die nur diese *in begrifflichen* Mittel verwendet, nennen wir eine *direkte Be-chreibung.*

Die direkte Beschreibung einer etwas umfangreicheren That-ıche ist eine mühsame Arbeit, selbst dann, wenn die hierzu öthigen Begriffe bereits voll entwickelt sind. *Welche Erleich-rung muss es also gewähren, wenn man sagen kann, eine in Betracht gezogene Thatsache A verhalte sich nicht in einem inzelnen Merkmal, sondern in vielen oder allen Stücken wie ine bereits bekannte Thatsache B.* Der Mond verhält sich wie in gegen die Erde schwerer Körper, das Licht wie eine Wellen-ewegung oder elektrische Schwingung, der Magnet wie mit ravitirenden Flüssigkeiten beladen u. s. w. Wir nennen eine ›lche Beschreibung, in welcher wir uns gewissermaassen auf ine bereits anderwärts gegebene oder auch erst genauer aus-ıführende berufen, naturgemäss eine *indirekte Beschreibung.* ›s bleibt uns unbenommen, dieselbe allmälig durch eine direkte u ergänzen, zu corrigiren oder ganz zu ersetzen. Man sieht nschwer, dass das, was wir eine *Theorie* oder eine *theoretische dee*, einen Ansatz zu einer Theorie, nennen, in die Kategorie er indirekten Beschreibung fällt.

3. Was ist eine theoretische Idee? Was leistet sie uns? Varum scheint sie uns *höher* zu stehen, als das blosse Fest-alten einer Thatsache, einer Beobachtung? Auch hier ist ein-ıch *Erinnerung* und *Vergleichung* im Spiel. Nur tritt uns ier aus unserer Erinnerung, statt eines *einzelnen* Zuges von ehnlichkeit, ein *ganzes System von Zügen,* eine *wohlbekannte Physiognomie* entgegen, durch welche die neue Thatsache uns

plötzlich zu einer geläufigen wird. Ja die Iuee kann und soll mehr bieten, als wir in der neuen Thatsache augenblicklich noch sehen, sie kann dieselbe erweitern und bereichern mit Zügen, welche erst zu *suchen* wir veranlasst werden, und die sich oft wirklich finden. Diese *Rapidität* der Wissenserweiterung ist es, welche der Theorie einen *quantitativen* Vorzug vor der einfachen Beobachtung giebt, während jene sich von dieser *qualitativ* weder in der Art der Entstehung noch in dem Endergebniss wesentlich unterscheidet.

Die Annahme einer Theorie schliesst stets auch eine Gefahr ein. Denn die Theorie setzt in Gedanken an die Stelle einer Thatsache A doch immer eine *andere* einfachere oder uns geläufigere B, welche die erstere gedanklich in *gewisser* Beziehung vertreten kann, aber eben weil sie eine *andere* ist, in anderer Beziehung doch wieder *gewiss nicht* vertreten kann. Wird nun darauf, wie es leicht geschieht, nicht genug geachtet, so kann die fruchtbarste Theorie gelegentlich auch ein Hemmniss der Forschung werden. So hat die Emissionstheorie, indem sie den Physiker gewöhnte, die Projektilbahn der „Lichttheilchen" als unterschiedslose Gerade zu fassen, die Erkenntniss der Periodicität des Lichtes nachweislich erschwert. Indem Huygens an die Stelle des Lichtes in der Vorstellung den ihm vertrauteren Schall treten lässt, erscheint ihm das Licht vielfach als ein Bekanntes, jedoch als ein *doppelt Fremdes* in Bezug auf die Polarisation, welche den ihm allein bekannten longitudinalen Schallwellen fehlt. So vermag er die Thatsache der Polarisation, die ihm vor Augen liegt, nicht begrifflich zu fassen, während Newton, seine Gedanken einfach der Beobachtung anpassend, die Frage stellt: „An non radiorum luminis diversa sunt latera?" mit welcher die Polarisation ein Jahrhundert vor Malus begrifflich gefasst oder direkt beschrieben ist. Reicht hingegen die Uebereinstimmung zwischen einer Thatsache und der dieselbe theoretisch vertretenden *weiter,* als der Theoretiker anfänglich voraussetzte, so kann er hierdurch zu unerwarteten Entdeckungen geführt werden, wofür die conische Refraktion, die Circularpolarisation durch Totalreflexion, die Hertz'schen Schwingungen nahe liegende Beispiele liefern, welche zu den obigen im Gegensatz stehen.

4. Wir gewinnen noch an Einblick in diese Verhältnisse, wenn

wir die Entwicklung einer oder der andern Theorie mehr im Einzelnen verfolgen. Betrachten wir ein magnetisches Stahlstück neben einem sonst gleich beschaffenen unmagnetischen. Während letzteres sich gegen Eisenfeile gleichgültig verhält, zieht ersteres dieselbe an. Auch wenn die Eisenfeile *nicht* vorhanden ist, müssen wir uns das magnetische Stück in einem andern Zustand denken, als das unmagnetische. Denn, dass das blosse Hinzubringen der Eisenfeile nicht die Erscheinung der Anziehung bedingt, zeigt ja das andere unmagnetische Stück. Der naive Mensch, dem sich zur Vergleichung sein eigener Wille als bekannteste Kraftquelle darbietet, denkt sich in dem Magnet eine Art *Geist*. Das Verhalten eines *heissen* oder eines *elektrischen* Körpers legt ähnliche Gedanken nahe. Dies ist der Standpunkt der ältesten Theorie, des *Fetischismus*, den die Forscher des frühen Mittelalters noch nicht überwunden hatten, und der mit seinen letzten Spuren, mit der Vorstellung von den *Kräften*, noch in unsere heutige Physik herüberragt. Das *dramatische* Element fehlt also, wie wir sehen, nicht immer in einer naturwissenschaftlichen Beschreibung.

Wird bei weiterer Beobachtung etwa bemerkt, dass ein kalter Körper an einem heissen sich so zu sagen *auf Kosten* des letzteren erwärmt, dass ferner bei gleichartigen Körpern der kältere, etwa von doppelter Masse, nur halb so viel Temperaturgrade gewinnt, als der heissere von einfacher Masse verliert, so entsteht ein ganz neuer Eindruck. Der dämonische Charakter der Thatsache verschwindet, denn der vermeintliche Geist wirkt nicht nach Willkür, sondern nach festen Gesetzen. Dafür tritt aber *instinktiv* der Eindruck eines *Stoffes* hervor, der theilweise aus dem einen Körper in den andern überfliesst, dessen *Gesammtmenge* aber, darstellbar durch die Summe der Produkte der Massen und der zugehörigen Temperaturänderungen, *constant* eibt. Black ist zuerst von dieser Aehnlichkeit des Wärme-rganges mit einer Stoffbewegung *überwältigt* worden, und hat nter Leitung derselben die specifische Wärme, die Verüssigungs- und Verdampfungswärme entdeckt. Allein durch ese Erfolge gestärkt, ist nun die Stoffvorstellung dem weiteren ortschritt hemmend in den Weg getreten. Sie hat die Nachlger Black's geblendet, und verhindert, die durch Anwendung s Feuerbohrers längst bekannte, offenkundige Thatsache zu sehen, dass Wärme durch Reibung *erzeugt* wird. Wie fruchtbar die Vorstellung für Black war, ein wie hülfreiches Bild sie auch heute noch jedem Lernenden auf dem Black'schen Specialgebiet ist, bleibende und allgemeine Gültigkeit als *Theorie* konnte sie nicht in Anspruch nehmen. Das begrifflich Wesentliche derselben aber, die Constanz der erwähnten Productensumme, behält seinen Werth, und kann als *direkte Beschreibung* der Black'schen Thatsachen angesehen werden.

Es ist eine natürliche Sache, dass jene Theorien, welche sich ganz ungesucht von selbst, so zu sagen *instinktiv*, aufdrängen, am mächtigsten wirken, die Gedanken mit sich fortreissen und die stärkste Selbsterhaltung zeigen. Andrerseits kann man auch beobachten, wie sehr dieselben an Kraft verlieren, sobald sie einmal kritisch durchschaut werden. Mit *Stoff* haben wir unausgesetzt zu thun, dessen Verhalten hat sich unserem Denken fest eingeprägt, unsere lebhaftesten *anschaulichsten* Erinnerungen knüpfen sich an denselben. So darf es uns nicht all zu sehr wundern, dass R. Mayer und Joule, welche die Black'sche Stoffvorstellung endgültig vernichtet haben, dieselbe Stoffvorstellung in *abstrakterer Form* und modificirt, als Energieprincip, auf einem viel umfassenderen Gebiet wieder einführen, wie dies in einem frühern Kapitel schon ausführlicher erörtert wurde.

Wir wissen, dass bei Entwicklung des Energieprincipes noch eine *theoretische* Vorstellung wirksam war, von der sich Mayer allerdings ganz frei zu halten wusste, nämlich die, dass die Wärme und auch die übrigen physikalischen Vorgänge auf Bewegung beruhen. Ist aber einmal das Energieprincip gefunden, so spielen diese Hülfs- und Durchgangstheorien keine wesentliche Rolle mehr, und wir können das Princip, sowie das Black'sche, als einen Beitrag zur *direkten* Beschreibung eines umfassenden Gebietes von Thatsachen ansehen.

5. Es möchte nach diesen Betrachtungen nicht nur rathsam, sondern sogar geboten erscheinen, ohne bei der Forschung die wirksame Hülfe theoretischer Ideen zu verschmähen, doch in dem Maasse, als man mit den neuen Thatsachen vertraut wird, allmälig an die Stelle der *indirekten* die *direkte* Beschreibung treten zu lassen, welche nichts *Unwesentliches* mehr enthält, und sich lediglich auf die begriffliche Fassung der Thatsachen beschränkt.

Wir müssen sogar zugestehen, dass wir ausser Stande sind jede Thatsache sofort *direkt* zu beschreiben. Wir müssten vielmehr muthlos zusammensinken, würde uns der ganze Reichthum der Thatsachen, den wir nach und nach kennen lernen, *auf einma*, geboten. Glücklicher Weise fällt uns zunächst nur Vereinzeltes, Ungewöhnliches auf, welches wir, mit dem Alltäglichen *vergleichend*, uns näher bringen. Hierbei entwickeln sich zunächst die Begriffe der gewöhnlichen Verkehrssprache. Mannigfaltiger und zahlreicher werden dann die *Vergleichungen, umfassender* die verglichenen Thatsachengebiete, entsprechend allgemeiner und *abstrakter* die gewonnenen Begriffe, welche die direkte Beschreibung ermöglichen.

Erst wird uns der freie Fall der Körper vertraut. Die Begriffe Kraft, Masse, Arbeit werden in geeigneter Modifikation auf die elektrischen und magnetischen Erscheinungen übertragen. Der *Wasserstrom* soll Fourier das erste anschauliche Bild für den *Wärmestrom* geliefert haben. Ein besonderer, von Taylor untersuchter Fall der Saitenschwingung erklärt ihm einen besonderen Fall der Wärmeleitung. Aehnlich wie Dan. Bernoulli und Euler die mannigfaltigsten Saitenschwingungen aus Taylor'schen Fällen setzt Fourier die mannigfaltigsten Wärmebewegungen analog aus einfachen Leitungsfällen zusammen, und diese Methode verbreitet sich über die ganze Physik. Ohm bildet seine Vorstellung vom *elektrischen* Strom jener Fourier's nach. Dieser schliesst sich auch Fick's Theorie der Diffusion an. In analoger Weise entwickelt sich eine Vorstellung vom magnetischen Strom. Alle Arten von stationären Strömungen lassen nun gemeinsame Züge erkennen, und selbst der *volle* Gleichgewichtszustand in einem ausgedehnten Medium theilt diese Züge mit dem *dynamischen* Gleichgewichzszustand, der stationären Strömung. So weit abliegende Dinge wie die magnetischen Kraftlinien eines elektrischen Stromes und die Stromlinien eines reibungslosen Flüssigkeitswirbels treten dadurch in ein eigenthümliches Aehnlichkeitsverhältniss. Der Begriff Potential, ursprünglich für ein engbegrenztes Gebiet aufgestellt, nimmt eine umfassende Anwendbarkeit an. An sich so unähnliche Dinge wie Druck, Temperatur, elektromotorische Kraft zeigen nun doch eine Uebereinstimmung in ihrem Verhältniss zu den daraus in bestimmter Weise abgeleiteten Begriffen:

Druckgefälle, Temperaturgefälle, Potentialgefälle, und zu den ferneren: Flüssigkeits-, Wärme-, elektrische Stromstärke. Eine solche Beziehung von Begriffssystemen, in welcher sowohl die Unähnlichkeit je zweier homologer Begriffe als auch die Uebereinstimmung in den logischen Verhältnissen je zweier homologer Begriffspaare zum klaren Bewusstsein kommt, pflegen wir eine *Analogie* zu nennen. Dieselbe ist ein wirksames Mittel, heterogene Thatsachengebiete durch einheitliche Auffassung zu bewältigen. Es zeigt sich hier deutlich der Weg, auf dem sich eine *allgemeine*, alle Gebiete umfassende *physikalische Phänomenologie*, eine hypothesenfreie Darstellung der Physik entwickeln wird.

Der Carnot-Clausius'sche Satz, ursprünglich aus einer Aehnlichkeit im Verhalten der Wärme mit einer schweren Flüssigkeit geschöpft, lässt sich durch Beachtung solcher *Analogieen* auf alle Gebiete der Physik übertragen, wie dies in einem früheren Kapitel eingehend erörtert wurde.

6. Bei dem erwähnten Vorgang entwickeln sich die umfassenden abstrakten *Begriffe*. Dieselben sind nicht zu verwechseln mit den mehr oder weniger bestimmten anschaulichen Vorstellungen, welche die Begriffe begleiten.

Die *Definition* eines Begriffes, und, falls sie geläufig ist, schon der *Name* des *Begriffes,* ist ein *Impuls* zu einer genau bestimmten, oft komplicirten, prüfenden, vergleichenden oder konstruirenden *Thätigkeit*, deren meist sinnliches *Ergebniss* ein Glied des Begriffsumfangs ist, wie dies in einem folgenden Kapitel näher ausgeführt wird. Es kommt nicht darauf an, ob der Begriff nur die Aufmerksamkeit auf einen bestimmten Sinn (Gesicht) oder die Seite eines Sinnes (Farbe, Form) hinlenkt, oder eine umständliche Handlung auslöst, ferner auch nicht darauf, ob die Thätigkeit (chemische, anatomische, mathematische Operation) muskulär oder gar technisch oder endlich nur in der Phantasie ausgeführt, oder gar nur angedeutet wird. Der Begriff ist für den Naturforscher, was die Note für den Klavierspieler, das Recept für den Apotheker, das Kochbuch für den Koch. Derselbe löst bestimmte Reaktionsthätigkeiten, nicht aber fertige Anschauungen aus. Der geübte Mathematiker oder Physiker liest eine Abhandlung so, wie der Musiker eine Partitur liest. So wie aber der Klavierspieler seine Finger einzeln und combinirt erst bewegen lernen muss, um dann der Note fast unbewusst Folge zu leisten, so muss auch der Physiker und Mathematiker eine lange Lehrzeit durchmachen, bevor er die mannigfaltigen feinen Innervationen seiner Muskeln und seiner Phantasie, wenn man so sagen darf, beherrscht. Wie oft führt der Anfänger in Mathematik oder Physik anderes, mehr oder weniger aus, als er soll, oder stellt sich anderes vor. Trifft er aber nach der nöthigen Uebung etwa auf den Begriff „Potential", so weiss er sofort, was das Wort von ihm will. *Wohlgeübte Thätigkeiten*, die sich aus der Nothwendigkeit der Vergleichung und Darstellung der Thatsachen durch einander ergeben haben, sind also der Kern der Begriffe. Will ja auch sowohl die positive wie die philosophische Sprachforschung gefunden haben, dass alle Wurzeln durchaus Begriffe und ursprünglich durchaus nur muskuläre Thätigkeiten bedeuten.

7. Nehmen wir an, das Ideal der vollständigen direkten begrifflichen Beschreibung sei für ein Thatsachengebiet erreicht, so kann man sagen, dass diese Beschreibung alles leistet, was der Forscher verlangen kann. Die Beschreibung ist ein Aufbau der Thatsachen in Gedanken, welcher in den experimentellen Wissenschaften oft die Möglichkeit einer wirklichen Darstellung begründet. Für den Physiker insbesondere sind die Maasseinheiten die Bausteine, die Begriffe die Bauanweisung, die Thatsachen das Bauergebniss. Die *Maasseinheit* ist eine conventionell festgesetzte *Vergleichsthatsache* mit Hülfe welcher wir andere Thatsachen in Gedanken aufbauen. Hierdurch setzen wir *Andere*, welchen diese Vergleichsthatsache zur Verfügung steht, in den Stand unsere Gedanken nachzukonstruiren. Wir brauchen die Maasseinheit, weil wir unsere Grössenvorstellung nicht unmittelbar übertragen können, wie überhaupt kein Gedanke unmittelbar, sondern nur mit Hülfe der gemeinsamen Beobachtung zugänglicher Thatsachen übertragen werden kann. Unser Gedankengebilde ist uns ein fast vollständiger Ersatz der Thatsache, an welchem wir alle Eigenschaften derselben ermitteln können.

Es ist bekannt, dass in neuerer Zeit wieder Kirchhoff die Thätigkeit des Naturforschers als eine rein *descriptive* aufgefasst, und ebenso, dass diese Auffassung mancherlei Bedenken begegnet ist. Nicht unwahrscheinlich ist es allerdings, dass Kirchhoff's Ansicht, der zu eingehenden erkenntnisskritischen Erörterungen keine Zeit fand, auf einem blossen Aperçu beruhte, denn in einem Gespräch mit F. Neumann unterliess er es, dieselbe energisch zu vertreten. Darum bleibt aber diese Ansicht doch nicht weniger richtig. Die Haupteinwendung, dass das Bedürfniss nach *Causalität* und *Erklärung* durch eine blosse Beschreibung nicht befriedigt sei, soll später besonders beleuchtet werden.

Die Sprache.

1. In einem vorausgehenden Kapitel wurde die sprachliche Mittheilung nicht nur als nothwendige Bedingung der Entstehung der Wissenschaft bezeichnet, sondern auch darauf hingewiesen, dass schon durch dieses Mittel allein das Motiv der *Vergleichung* in die wissenschaftliche Darstellung und Forschung eingeführt wird. Es sei mir deshalb gestattet, ohne selbstredend irgend einen Anspruch zu erheben in Bezug auf Fragen, welchen ich nicht durch eigene Untersuchungen nachgehen konnte, meinen Standpunkt in Bezug auf den Ursprung, die Weiterbildung der Sprache und deren Bedeutung für das wissenschaftliche Denken darzulegen.

Sobald unser Bewusstsein in voller Helligkeit aufleuchtet, finden wir uns bereits im Besitze der Sprache. Dies erscheint dem Kinde so selbstverständlich, dass dasselbe sehr erstaunt ist, zu hören, das Neugeborene müsse die Sprache erst lernen. Haben uns aber die Thatsachen dies Zugeständniss einmal abgerungen, so fragen wir natürlich alsbald: Wer hat die Sprache *zuerst* gelehrt, wer hat sie *erfunden?* Sind wir nicht mehr so naiv, dieselbe für ein Geschenk der Götter zu halten, so treten zunächst die rationalistischen Versuche auf, welche die Sprache als ein Produkt sinnreicher Erfindung und Uebereinkunft darstellen, und die allerdings dem noch nicht sprechenden Menschen eine die gegenwärtige Intelligenz weit übersteigende Geisteskraft zumuthen. Die positive Sprachforschung lehrt verschiedene Entwicklungsstufen derselben Sprache, verschiedene mit einander verwandte Sprachen muthmaasslich gemeinsamer Abstammung, endlich Sprachen von ungleich entwickeltem Bau kennen. Hierdurch drängt sich die mehr besonnene und aussichtsvolle Frage nach der Art der *Sprachentwicklung* in den Vordergrund, und jene nach dem *Sprachursprung* tritt als eine solche zurück, die mit der ersteren von selbst ihre natürliche Antwort findet. Hierzu kommt, dass wir die *Weiterbildung* unseres eigenen Sprechens und Denkens ganz wohl beobachten können. Indem wir so reiches Beobachtungsmaterial in uns selbst vorfinden, ist die philosophische und psychologische Forschung in die günstige Lage versetzt, mit der positiven auf diesem Gebiet erfolgreich in Wettbewerb treten zu können.

Etwas von der alten Naivetät der Fragenstellung sehen wir darin, dass man noch immer gern nach dem *Ursprung der Menschensprache* frägt, als ob diese irgendwann und irgendwo einen genau *bestimmbaren Anfang* genommen hätte. Nach unserem heutigen naturwissenschaftlichen Standpunkt müssen wir doch eine andere Auffassung haben. Woraus denn soll die Menschensprache sich entwickelt haben, als aus der Thiersprache unserer Vorfahren? Und, dass eine Thiersprache existirt, kann dem Unbefangenen nicht zweifelhaft sein. Jede Thierart, insbesondere jede gesellig lebende, hat ihren genau unterscheidbaren Warnungsruf, Lockruf, Angriffsruf u. s. w. Das Entstehen solcher, wohl grösstentheils durch die *Organisation* gegebener, reflektorischer Laute beim Menschen braucht man also nicht zu erklären; dieselben sind schon bei den thierischen Vorfahren desselben vorhanden.

2. Die gewaltigen Unterschiede der Thier- und Menschensprache, die Niemand leugnen wird, sind folgende: Die Thiersprache verfügt nur über eine geringe Anzahl von Lauten, welche in *verschiedenen*, aber nur sehr allgemein angebbaren Situationen und Affekten (Furcht, Freude, Wuth) in Begleitung der zugehörigen ebenso nur allgemein bestimmbarer Thätigkeiten (Flucht, Auffinden von Nahrung, Angriff) gebraucht werden. Genauer werden diese Thätigkeiten erst durch den Anblick der Situation selbst bestimmt. Die Thiersprache ist grösstentheils angeboren, nur zum kleinsten Theil durch Nachahmung erlernt. Für die Menschensprache gilt gerade das Umgekehrte. Dass die Thiersprache absolut nicht variire, darf man nicht glauben; diese Meinung wird ja schon dadurch widerlegt, dass verwandte Thierspecies Lautsysteme verwenden, von denen das eine als Variation des andern leicht zu erkennen ist. Als Beispiel diene

der Ruf der Haustaube, der Wildtaube und der Turteltaube.[1]) Aber auch dem Menschen ist die Fähigkeit, die Laut*elemente* der Sprache zu produciren, mit den Organen angeboren, und man darf in dieser Beziehung wohl an einen Unterschied der Racen glauben.[2]) Nur die Combinationen der Laute sind erlernt. Es verhält sich hier gerade so, wie mit den Bewegungen, welche den Thieren schon in viel festeren Combinationen angeboren sind als den Menschen.[3]) Der Mensch kommt, so zu sagen, jünger und dafür anpassungsfähiger zur Welt.

Es ist üblich zu sagen, dass die Thiersprache „unarticulirt" sei. Ich möchte wissen, was zu diesem Ausspruch berechtigt? Viele Laute der Thiere, die sich bei denselben Anlässen, in derselben Ordnung wiederholen, lassen sich ganz leidlich durch unsere Buchstaben wiedergeben; für die übrigen, bei welchen dies nur deshalb nicht möglich ist, weil wir für Laute, die unseren Organen nicht entsprechen, keine Schriftzeichen haben, würde doch eine *akustische* (phonographische) Transsoription ganz wohl ausführbar sein. Prüfen wir uns genau, so müssen wir sagen, dass wir der Thiersprache gerade so gegenüberstehen, wie jeder uns unverständlichen Menschensprache, und dass „unarticulirt" eigentlich so viel heisst, als „nicht deutsch, nicht englisch, nicht französisch". Mit demselben Recht könnte man die Bewegungen der Thiere „unarticulirt" nennen, weil sie den unserigen nicht genau entsprechen.

---

[1]) Um eine Vorstellung davon zu gewinnen, wie viel an dem Ruf der Thiere angeboren, wie viel erlernt ist, habe ich einem berühmten Physiologen vorgeschlagen, die Eier entfernt voneinander brütender Haustauben und Turteltauben zu *vertauschen.* Der Versuch konnte bisher nicht ausgeführt werden, da ein *gleichzeitiges* Brüten nicht zu erzielen war.

[2]) Ein Kollege (Jude) versichert mich, dass er jeden Juden, ohne denselben zu sehen, nach dem Laut eines einzigen Wortes erkenne. Ich glaube dasselbe in Bezug auf die Slaven behaupten zu können. Wenn also auch nicht ganze Worte angeboren sind, wie Psammetich (Herodot II, 2) glaubte, so sind doch für die Race charakteristische Lautelemente angeboren.

[3]) Junge Thiere führen sehr früh, fast maschinenmässig die ihrer Art eigenthümlichen Bewegungen aus. Den Sperling sehen wir nur hüpfen, da er grösstentheils auf Bäumen von Zweig zu Zweig sich bewegt, wo diese Bewegung allein möglich ist. Die Lerche sehen wir im Gegentheil nur laufen. Sollte es nicht möglich sein, einige Generationen von Sperlingen an den Boden zu bannen, und sie dadurch laufen zu lehren? Diese Umwandlung würde wohl leichter eintreten als eine grob anatomische, und doch in Bezug

3. Man traut den Thieren nicht die intellektuelle Fähigkeit zu, welche zur Sprachbildung nöthig ist. Dieselbe soll erst beim Menschen sich einfinden. Findet sie sich aber beim Menschen durch ein plötzliches Wunder ein, oder in allmäligem Entwicklungsübergang? Ist letztere Annahme zutreffend, die heute wohl vorgezogen werden wird, dann müssen die Keime der menschlichen Intelligenz auch schon beim Thiere vorhanden sein. Man bedenke, dass ein blosser *Gradunterschied* alles erklärt. Ein Mensch, dessen Arbeitskraft nur *etwas* mehr leistet, als seinem Verbrauch entspricht, hat Aussicht, in immer bessere Verhältnisse zu kommen, während er bei einem minimalen Unterschied in entgegengesetztem Sinne fast sicher verkommt. So wird auch eine Thierspecies oder ein Menschenstamm, dessen Intelligenzvariationen einen so kleinen Spielraum haben, dass sie nach *oben* ein bestimmtes Niveau nicht überschreiten, keiner Weiterentwicklung fähig sein, während eine minimale mittlere Intelligenzerhebung, deren Wirkung in den folgenden Generationen nicht wieder ganz verschwinden kann, die weitere Entwicklung sichert.

Die Unterschätzung der Intelligenz der Thiere war durch Jahrhunderte conventionell. Jetzt treffen wir im Gegentheil nicht selten eine ebenso unberechtigte naive Ueberschätzung der Intelligenz derselben. Ich selbst habe vor Ueberschätzung der Intelligenz niederer Thiere gewarnt.[1]) Eine hohe Entwicklung derselben ist schon deshalb unwahrscheinlich, weil sie in den betreffenden einfachen Lebensverhältnissen unnöthig und nutzlos ist. Ich hatte beobachtet, wie *maschinenmässig* Käferchen an einem Halm immer *bergan* kriechen, so oft man denselben auch umdreht, wie andere Insekten ganz mechanisch dem *Licht* zufliegen u. s. w. Seither sind die wunderbaren und lehrreichen Versuche von J. Loeb über „Heliotropismus" und „Geotropismus" u. s. w. der Thiere erschienen, welche die Mechanik der niederen Organismen in hohem Grad aufklären. Aber Sir John Lubbock, welcher die Illusionen über die Intelligenz der Bienen und Ameisen in so dankenswerther Weise auf Grund zahlreicher exakter Experimente vernichtet hat, scheint mir doch

auf die Darwin'sche Theorie genügendes Gewicht haben. Das Experiment wäre dem obigen mit den Tauben verwandt.

[1]) Beiträge zur Analyse der Empfindungen. Jena 1886. S. 79.

an die Fähigkeiten eines Hundes wieder allzugrosse Ansprüche zu machen.[1])

Ich bin also der Meinung, dass die Ansicht, welche einen *qualitativen* Unterschied zwischen Thier- und Menschenintelligenz annimmt, der Rest eines alten *Aberglaubens* ist. Ich kann nur einen *quantitativen*, einen Gradunterschied in der Thierreihe (den Menschen mit inbegriffen) sehen, der ja mit dem Abstand der Glieder gewaltig wird. Je tiefer wir herabsteigen, desto *schwächer* wird das *individuelle* Gedächtniss, desto *kürzer* werden die *Associationsreihen,* die dem Thier zur Verfügung stehen. Ein ähnlicher Unterschied besteht schon zwischen dem Kind und dem Erwachsenen. Ebenso sehe ich zwischen *Thier-* und *Menschensprache* nur einen *quantitativen* Unterschied. Erstere ist *ärmer* und folglich *unbestimmter.* Derselbe Unterschied besteht aber schon zwischen Menschensprachen verschiedener Entwicklung. Selbst in den höchst entwickelten Menschensprachen kommt es vor, dass der volle Sinn einer Aeusserung erst durch die Situation bestimmt wird, während bekanntlich Sprachen von niederer Entwicklung oft genug die Gebärden zu Hülfe nehmen müssen, so dass sie zum Theil im Dunkeln unverständlich sind.

4. Ich meine also, dass es zweckmässig wäre, die Frage nach dem *Ursprung der Sprache überhaupt* vorläufig ruhen zu lassen, und vielmehr die Frage zu stellen: *Wie hat sich die Thiersprache zu dem grösseren Reichthum und der grösseren Bestimmtheit der Menschensprache entwickelt?* Vor allem wird so die *Discontinuität* zwischen Nichtsprechen und Sprechen, welche

[1]) Lubbock versieht Büchsen mit den Aufschriften (!): „Brod, Fleisch, Milch“ und bringt es dahin, dass der Hund dieselben *unterscheidet* — aber doch gewiss viel eher nach irgend einem *anderen* Merkmal, als jenem der Aufschrift. Ein Beispiel von der üblichen Ueberschätzung des Hundeintellekts ist folgendes. Ein junger Hund lernt das „Bitten“ um Zucker u. s. w. Eines Tages wird er beobachtet, wie er allein in einem Zimmer mit einem Canarienvogel, der Zucker an seinem Käfig hat, sich auf's „Bitten“ legt. Man interpretirt das als eine Bitte an den Canarienvogel, während es eine einfache Association der Bewegung mit dem Anblick des Zuckers ist. — Was für Analogien und lange Reihen von Associationen müssten dem Hund zur Verfügung stehen, wenn die Interpretation richtig wäre. Er würde sich dann wie ein Neger verhalten, der von einem Fetisch erfleht, was er von diesem nicht erhalten kann. Zu einer so kapitalen Dummheit aber — so paradox es klingen mag — gehört viel mehr Vernunft, als einem Hund zur Verfügung steht.

die Hauptschwierigkeit des Problems bildet, beseitigt, und es wird sich wohl zeigen, dass sie in der vermeintlichen Weise überhaupt nie und nirgends bestanden hat. Lazar Geiger,[1]) dem wir wohl die bedeutendsten Aufklärungen in dieser Sache verdanken, schlägt ja eigentlich wirklich diesen Weg ein, wenngleich Rückfälle in die ältere Frageform bei ihm nicht fehlen, wobei denn auch die wunderlichsten und unglücklichsten Lösungsversuche zum Vorschein kommen. Ich stimme nämlich Noiré[2]) darin zu, dass die Art, wie sich Geiger die Entstehung des ersten „Sprachschreis" denkt, eben bei einem Manne von der Bedeutung Geiger's schier unbegreiflich ist. Ich bin ferner der Meinung, dass Noiré die wichtigsten Fortschritte über Geiger hinaus gemacht hat. Man kann Noiré's Ergebnissen auch dann hohen Werth beimessen, wenn man nicht mit ihm den Kant-Schopenhauer'schen Standpunkt theilt, wenn man nicht mit ihm den schroffen Unterschied zwischen *Thier-* und Menschenintelligenz annimmt. Und obgleich sich Noiré in Folge des letztern Umstandes in der älteren Frageform bewegt, so bleiben seine Ergebnisse doch auch der hier gestellten Frage gegenüber gültig.

Man kann nicht in Zweifel ziehen, dass unwillkürlich auftretende Laute als *lautliche Zeichen* Sinn und Bedeutung nur gewinnen können, wenn *gemeinsam Beobachtbares* und Beobachtetes bezeichnet wird. Man wird ferner nicht bezweifeln, dass in den Anfängen der Kultur der Aufwand und die Werthschätzung eines *Zeichens* nur eintreten wird, wo die *stärksten gemeinsamen Interessen* eine *gemeinsame* (gemeinsam wahrnehmbare) *Thätigkeit* herausfordern. Mit dieser *Thätigkeit*, dem *sinnlichen Ergebniss* derselben und dem sinnlich wahrnehmbaren *Mittel* derselben (dem Werkzeug) wird sich das *Zeichen* associiren. Ich denke, das wird jeder gern annehmen, welchen philosophischen oder naturwissenschaftlichen Standpunkt er sonst auch einnimmt. Die Ergebnisse meiner Ueberlegungen über die Bedeutung der Sprache, des Begriffes, der Theorie in meinem Specialgebiet, der Physik —, die ich, ohne noch Geiger und Noiré zu kennen, angestellt habe — weisen nach derselben Richtung hin.[3])

---

[1]) Geiger, Sprache und Vernunft. Stuttgart. 1868.

[2]) Noiré, Ursprung der Sprache. — Das Werkzeug. — Logos.

[3]) Vergl. z. B. Analyse der Empfindungen, S. 149 u. f. f.

An die Thätigkeiten der gemeinsamen Wirthschaft knüpft also die Sprachentwicklung an. In dem Maasse, als sich jene vervollkommt, wächst auch diese. Es soll nicht in Abrede gestellt werden, dass auf höherer Entwicklungsstufe auch Vorgänge und Objekte von geringerer Wichtigkeit die sprachliche Bezeichnung auslössen, wie wir z. B. in der Familie oft ein zufälliges Witzwort die Rolle eines bleibenden Zeichens annehmen sehen, allein hierzu muss der Werth und die Bedeutung der Sprache durch den Gebrauch schon geläufig sein, hierzu gehört eine Freiheit, eine Entlastung von dem Drückendsten, welche in den Kulturanfängen gewiss fehlt.[1])

5. Der Hauptwerth der Sprache liegt in der Vermittlung der Gedanken*übertragung.* Dadurch aber, dass die Sprache uns nöthigt, das Neue durch Bekanntes darzustellen, also das Neue mit dem Alten vergleichend zu analysiren, gewinnt nicht nur der Angesprochene, sondern auch der Sprechende. Ein Gedanke klärt sich oft dadurch, dass man sich in der Phantasie in die Lage versetzt, denselben einem Andern mitzutheilen. Die Sprache hat auch hohen Werth für das *einsame* Denken. Die sinnlichen Elemente gehen in die verschiedensten Combinationen ein, und haben in diesen das mannigfaltigste Interesse. Das *Wort* fasst alles das zusammen, was für *eine* Interesserichtung wichtig ist, und zieht alle zusammengehörigen anschaulichen Vorstellungen wie an einem Faden hervor. Merkwürdig ist, dass wir die Wortsymbole auch richtig verwenden können, ohne dass die symbolisirten anschaulichen Vorstellungen alle zum klaren Bewusstsein kommen, ähnlich wie wir richtig lesen, ohne die Buchstaben einzeln zu betrachten. So vermuthen wir z. B. kein Portrait in einer Mappe mit der Aufschrift: Landschaften, auch wenn uns der Inhalt derselben gar nicht geläufig ist.

Die noch immer auftauchende Ansicht, dass die Sprache für *jedes* Denken unerlässlich sei, muss ich für eine *Uebertreibung* halten. Schon Locke hat dies erkannt, und auch dargelegt, dass die Sprache, indem sie die Gedanken fast niemals genau deckt, dem Denken sogar auch nachtheilig werden kann. Das *anschauliche* Denken, welches sich ausschliesslich in Association und Vergleichung der anschaulichen Vorstellungen, Erkenntniss der

---

[1]) Vgl. Marty, Ursprung der Sprache. Würzburg 1875.

Uebereinstimmung oder des Unterschiedes desselben bewegt, kann ohne Hülfe der Sprache vorgehen. Ich sehe z. B. eine Frucht auf einem Baum, zu hoch, um dieselbe zu erlangen. Ich erinnere mich, dass ich mit Hülfe eines abgebrochenen hakenförmigen Astes zufällig einmal eine solche Frucht erlangt habe. Ich sehe einen solchen Ast in der Nähe liegen, erkenne aber, dass derselbe zu kurz ist. Dieser Process kann sich abspielen, ohne dass mir auch nur *ein Wort* in den Sinn kommt. Ich kann also nicht glauben, dass z. B. ein Affe *darum* keinen Stock gebraucht, *darum* keinen Baumstamm als Brücke über einen Bach legt, weil ihm die *Sprache,* und mit dieser die Auffassung der *Gestalt,* die Auffassung von Stock und Baum als eines *gesonderten*, von der Umgebung lostrennbaren beweglichen Dinges fehlt. Es wird sich vielmehr in einem folgenden Kapitel zeigen, dass diese Unfähigkeit, Erfindungen zu machen, in ganz anderer Weise begründet ist. Geleugnet soll nicht werden, dass auch *anschauliche* Vorstellungen durch sprachliche Beschreibung und die damit verbundene Zerlegung in Einfacheres und Bekanntes an Klarheit gewinnen. Unerlässlich ist natürlich die Sprache für das abstraktere *begriffliche* Denken. Wie *reinlich* hebt z. B. Carnot die beim umkehrbaren Process allein zulässigen Temperaturänderungen als solche hervor, welche Folge von *Volumänderungen* sind. Ohne das Mittel der Sprache wäre das Denken hier rathlos.

6. Ein wenigstens *theilweise* wortloses Denken wird man überall da zugeben müssen, wo die Auffindung eines neuen Begriffes erst das *Ergebniss* des Denkens ist, also bei jeder wissenschaftlichen Entwicklung.

Die Bedeutung der Sprache für das begriffliche Denken zeigt sich am besten, wenn man solche Sprach- beziehungsweise Zeichenbildungen betrachtet, welche bei vollem Bewusstsein in dem Entwicklungsprocess der Wissenschaft vorgehen. Dadurch, dass Descartes a n-mal mit sich selbst multiplicirt a^n schreibt, entsteht eigentlich erst der Begriff „*Exponent*“; jedenfalls wird derselbe dadurch erst selbständig und entwicklungsfähig. Man kann von hier aus erst zu dem Begriff negativer, gebrochener, continuirlich variabler Brechungsexponenten und des Logarithmus gelangen. Auch in anderer Beziehung ist das willkürlich und absichtlich ausgebildete Zeichensystem der Algebra lehrreich.

Wir lernen mit diesem System mechanisch operiren, ohne immer die volle Bedeutung der Operationen gegenwärtig zu haben. So verbinden sich auch associativ die Worte, ohne dass wir immer die volle anschauliche Deckung derselben im Bewusstsein finden. Die Sprache bedingt wie die Algebra eine zeitweilige *Entlastung* des Denkens. In dem Maasse, als wir unsere wissenschaftlichen Bezeichnungen dem Leibniz'schen Ideale einer Begriffsschrift nähern, was wirklich geschieht, werden auch die Vortheile derselben fühlbar.[1])

---

[1]) Vgl. Mechanik. S. 453.

Der Begriff.

1. Die ersten *Bewegungen* des neugeborenen Thieres sind Antworten auf äussere oder innere Reize, welche ohne Mitwirkung des Intellektes (der Erinnerung) *mechanisch* vorgehen, die in der angebornen Organisation begründet sind. Es sind *Reflexbewegungen.* Hierher gehört das Picken der jungen Hühner, das Schnabelöffnen der jungen Nestvögel beim Herannahen ihrer Ernährer, das Verschlingen der in den Rachen eingeführten Nahrung, das Saugen der jungen Säuger u. s. w. Es lässt sich nachweisen, dass der Intellekt diese Bewegungen nicht nur nicht befördert, sondern oft sogar geeignet ist, dieselben zu stören.[1])

Es kann nicht fehlen, dass bei diesem Process mannigfaltige angenehme oder unangenehme Empfindungen entstehen, d. h. solche, welche besonders geeignet sind, Reflexbewegungen auszulösen, welche Empfindungen sich mit anderen, auch an sich gleichgültigen, associiren, und in dem sich allmälig entwickelnden Gedächtniss aufbewahrt werden. Irgend ein kleiner Theil des ursprünglichen Reizcomplexes kann dann die Erinnerung an den ganzen Complex, und diese wieder die ganze Bewegung auslösen. Der anderwärts von mir beschriebene heranwachsende Sperling giebt hierfür ein gutes Beispiel.[2]) Die jungen Säuger, welche durch den Anblick der Mutter getrieben werden, ihre Nahrung zu suchen, sind ein anderes Beispiel. Die eintretenden

---

[1]) Es ist bekannt, dass Kinder, sobald sie einmal entwöhnt werden, sehr schwer wieder zum Saugen zu bewegen sind. Es kann dies jedoch im Fall einer Krankheit nothwendig werden. Ich beobachtete nun in einem derartigen Fall, trotz der Weigerung des Kindes, Saugbewegungen im Schlaf. Diesen Umstand benützend, liess ich das Kind im Schlaf — bei ausgeschaltetem Bewusstsein — anlegen, die gewünschten Bewegungen traten ein, und die Schwierigkeit war überwunden.

[2]) Vgl. Analyse der Empfindungen. S. 35.

Bewegungen stellen nun das *Ende* einer *Associationsreihe* dar, sind keine Reflexbewegungen mehr, sondern werden als *willkürliche* Bewegungen bezeichnet. Die Frage, ob die *Innervation* als solche in irgend einer Weise, nicht bloss durch ihre Folgen, sondern unmittelbar zum Bewusstsein kommt, wollen wir als eine strittige bei Seite lassen, um so mehr als die Beantwortung dieser Frage für unsern Zweck nicht unbedingt nöthig ist.[1])

Sobald nun eine Bewegung *B*, welche sonst *reflectorisch* auf einen Reiz *R* erfolgte, *willkürlich*, durch irgend einen mit *R* associirten Reiz *S* eingeleitet wird, können sich mannigfaltige Complicationen ergeben, wodurch ganz neue Reizcomplexe und mit diesen neue Bewegungscomplexe in's Spiel kommen können. Wir sehen das selbständig gewordene junge Thier einen Körper, der ihm geniessbar zu sein *scheint*, ergreifen, beschnüffeln, mit den Zähnen bearbeiten, endlich verschlingen oder wegwerfen. Ein junger anthropoïder Affe pflegt, wie mir Herr R. Franceschini mittheilt, zunächst in alles, was man ihm darbietet, hineinzubeissen, während ein älterer Affe oft schon nach blosser Betrachtung einen Körper, mit dem er nichts anzufangen weiss, einfach weglegt. Auch Kinder pflegen alles, was sie ergreifen können, in den Mund zu stecken. Ein College sah ein Kind wiederholt nach einem dunkeln Brandfleck auf einem Tisch greifen, und das vermeintliche Objekt mit komischem Eifer sofort in den Mund führen.

2. Unter *differenten* Umständen also, die etwas *Gemeinsames* haben, treten *gleichartige* Thätigkeiten, Bewegungen ein (Ergreifen, Beschnüffeln, Belecken, Zerbeissen), welche neue *entscheidende* sinnliche Merkmale (Geruch, Geschmack) herbeischaffen, die für das weitere Verhalten (Verschlingen, Wegwerfen) maassgebend sind. Diese *conforme* Thätigkeit sowohl, als die durch dieselben hervortretenden *conformen sinnlichen* Merkmale, welche ja *beide* in irgend einer Weise zum Bewusstsein kommen werden, halte ich für die *physiologische* Grundlage des *Begriffes.* Worauf in *gleicher* Weise reagirt wird, das fällt unter *einen* Begriff. So vielerlei Reaktionen, so vielerlei Begriffe. Einem Thier, das sich in der beschriebenen Weise verhält, wird man die Keime der Begriffe: Nahrung, Nichtnahrung u. s. w. nicht absprechen können,

[1]) Vgl. James, Psychology. New-York. 1890. II. Bd.

wenn auch die sprachliche Bezeichnung noch fehlt. Aber auch letztere wird sich etwa in Form eines Lockrufes wohl einstellen, wenn dies auch unwillkürlich geschieht, und wenn derselbe auch nicht als ein absichtliches Zeichen zum klaren Bewusstsein kommt. Es werden auf diese Weise allerdings zunächst sehr umfangreiche und *wenig bestimmte* Begriffe entstehen, die aber für das Thier auch die *wichtigsten* sind. Aber auch der Urmensch wird sich in einer ähnlichen Situation befinden. Die Folge von prüfenden und vermittelnden Thätigkeiten kann in solchen Fällen schon recht complicirt sein. Man denke an das Aufhorchen bei Erregung eines Geräusches, Verfolgung, Fangen der Beute, an das Herabholen, Schälen, Oeffnen einer Nuss u. s. w. Das Verhalten des *civilisirten* Menschen wird sich von jenem des Thieres und des Urmenschen nur dadurch unterscheiden, dass ersterer mannigfaltiger prüfender und vermittelnder Thätigkeiten fähig ist, dass er in Folge seines reicheren Gedächtnisses oft grösserer Umwege und mehrerer Zwischenglieder (Werkzeuge) sich bedient, dass seine Sinne fähig sind, auf feinere und mannifaltigere Einzelheiten zu achten, dass er endlich durch seine reichere Sprache die Elemente seiner Thätigkeit und seiner sinnlichen Wahrnehmung specieller und schärfer zu bezeichnen, in seinem Gedächtniss zu repräsentiren, und anderen bemerklich zu machen vermag. Wieder nur einen weiteren Gradunterschied gegen den vorigen Fall stellt das Verhalten des Naturforschers dar.

3. Ein Chemiker *kann* ein Stück Natrium bei dem blossen Anblick erkennen, setzt aber hierbei eigentlich voraus, dass eine Anzahl Proben, die er im Sinne hat, das von ihm erwartete Resultat geben *würden*. Bestimmt kann er den *Begriff „Natrium“* auf den vorgelegten Körper nur anwenden, wenn er denselben wachsweich, schneidbar, auf der Schnittfläche silberglänzend, bald anlaufend, auf Wasser schwimmend und das letztere rasch zersetzend, vom specifischen Gewicht 0,972, entzündet mit gelber Flamme brennend, vom Atomgewicht 23 u. s. w. findet. Es ist also eine Reihe von *sinnlichen Merkmalen*, die sich auf *bestimmte* manuelle, instrumentale, technische *Operationen* (von mitunter sehr complicirter Art) einstellen, was den Begriff „Natrium“ ausmacht. Unter den Begriff „Wallfisch“ subsummiren wir ein Thier, das äusserlich die Fischform zeigt, eingehend *anatomisch untersucht* aber doppelten Kreislauf,

Lungenathmung und alle übrigen Klassencharaktere der *Säuger* aufweist.

Der Physiker subsummirt unter den Begriff „elektromagnetische Stromstärke Eins ($cm^{1/2}\, g^{1/2}\, sec^{-1}$)" den galvanischen Strom, welcher bei der magnetischen Horizontalcomponente $H = 0{,}2$ ($gr^{1/2}\, cm^{-1/2}\, sec^{-1}$). Durch einen im magnetischen Meridian aufgestellten kreisförmigen Draht vom Radius $31 \cdot 41$ *cm* geleitet, die im Mittelpunkt desselben aufgehängte Magnetnadel um 45^0 aus dem Meridian ablenkt. Dies setzt noch eine Reihe von Operationen zur Bestimmung von H als ausgeführt voraus.

In ähnlicher Weise verhält sich der Geometer, der Mathematiker. Als Kreis wird eine Linie in der Ebene betrachtet, für welche (etwa durch Messung) der Nachweis gelingt, dass alle Punkte derselben von einem gegebenen Punkt der Ebene gleich weit entfernt sind. Die Summe von 7 und 5 ist jene Zahl 12, zu der wir gelangen, indem wir von 7 an um 5 Zahlen der natürlichen Reihe *weiter zählen.* Auch hier haben wir ganz bestimmte Thätigkeiten (Längenmessung, Zählung) vorzunehmen, als deren Ergebnisse gewisse sinnenfällige Merkmale (Längengleichheit, Zahl 12) hervortreten. Die bestimmten Thätigkeiten, ob einfach oder complicirt, sind durchaus analog den Operationen, durch welche das Thier seine Nahrung prüft, und die sinnenfälligen Merkmale sind analog dem Geruch oder dem Geschmack, der für das weitere Verhalten des Thieres maassgebend ist.

Vor langer Zeit hat sich mir die Bemerkung dargeboten, dass zwei sinnliche Objekte nur dann *ähnlich* erscheinen, wenn die beiden entsprechenden Empfindungscomplexe gemeinsame, übereinstimmende, *identische* Bestandtheile enthalten. Es ist dies an zahlreichen Beispielen (symmetrische, ähnliche Gestalten, Melodien von gleichem Rhythmus u. s. w.) anderwärts ausführlich erörtert worden.[1]) Auch auf den *ästhetischen* Werth der vielfachen Durchführung desselben Motives wurde schon hingewiesen.[2]) Natürlich stellte sich der Gedanke ein, dass überhaupt

---

[1]) Analyse der Empfindungen.

[2]) Die Gestalten der Flüssigkeit und die Symmetrie. Prag 1872. — Vgl. auch Soret, sur la perception du beau. Geneve 1892, welches die ästhetischen Betrachtungen viel weiter ausführt, die psychologischen und physio-

jeder *Abstraktion gemeinsame reale* psychische Elemente der in einen Begriff zusammengefassten Glieder zu Grunde liegen müssten,[1]) wie versteckt jene Elemente auch wären. In der That zeigt es sich, dass jene Elemente gewöhnlich erst durch eine besondere bestimmte Thätigkeit ins Bewusstsein treten, was durch die obigen Beispiele ausreichend erläutert wird.

4. Der Begriff ist dadurch räthselhaft, dass derselbe einerseits in *logischer* Beziehung als das *bestimmteste* psychische Gebilde erscheint, dass wir aber anderseits psychologisch, nach einem *anschaulichen* Inhalt suchend, nur ein sehr *verschwommenes* Bild antreffen.[2]) Letzteres aber, wie es auch beschaffen sein mag, muss nothwendig ein Individualbild sein. Der Begriff ist eben keine *fertige* Vorstellung,[3]) sondern eine Anweisung eine vorliegende Vorstellung auf gewisse Eigenschaften zu *prüfen,* oder eine Vorstellung von bestimmten Eigenschaften *herzustellen.* Die *Definition* des Begriffes, beziehungsweise der *Name* des Begriffes löst eine bestimmte Thätigkeit, eine bestimmte *Reaktion* aus, die ein bestimmtes *Ergebniss* hat. Sowohl die *Art der Reaktion*[4]) als auch das *Ergebniss* derselben muss im Bewusst-

logischen Grundlagen aber weniger tief erörtert, als dies in „Analyse der Empfindungen" geschieht.

[1]) Vgl. Mach, in Fichte's Zeitschrift für Philosophie. 1865. S. 5.

[2]) So lange man dieses verschwommene Bild für die *Hauptsache* hält, kommt man zu keinem vollen Verständniss des Begriffes. Herr E. C. Hegeler vergleicht dies Bild in sinnreicher Weise mit Galton's zusammengesetzten Photographien, welche durch Uebereinanderlegung der Einzelbilder der Glieder einer Familie entstehen, wodurch die Unterschiede verwischt und die gemeinsamen Familienzüge deutlicher werden (Carus, Fundamental Problems. Chicago 1889, S. 38). Ich habe diese Begleiterscheinung des Begriffes verglichen mit den altägyptischen Malereien, welche in *einem* Bilde vereinigen, was nur durch mehrere Ansichten gewonnen werden kann. (Oekonom. Natur d. physik. Forschung. Wien 1882.) In „Analyse der Empfindungen" S. 145 u. ff. glaube ich schon eine zutreffendere Darstellung der Sache gegeben zu haben.

[3]) Vgl. Analyse der Empfindungen a. a. O.

[4]) Trotz alle dem, was dagegen gesagt worden ist, kann ich mir schwer vorstellen, dass die Innervation einer Bewegung nicht unmittelbar in irgend einer Weise zum Bewusstsein kommt. Es sollen erst die *Folgen* der Bewegung durch Hautempfindungen u. s. w. zum Bewusstsein kommen, und die blosse Erinnerung an *diese* soll die Bewegung wieder erzeugen. Es ist ja richtig, wir wissen nicht *wie* wir eine Bewegung ausführen, sondern nur *was für eine* Bewegung und *dass* wir sie ausführen wollen. Wenn ich *vorwärts* gehen *will,*

sein Ausdruck finden, und *beide* sind *charakteristisch* für den Begriff. *Elektrisch* ist ein Körper, der auf bestimmte Reaktionen bestimmte sinnliche Merkmale zeigt; *Kupfer* ist ein Körper, dessen blaugrüne Lösung in verdünnter Schwefelsäure, bei bestimmter Behandlung, ein bestimmtes Verhalten zeigt u. s. w.

Da nun das System der Operationen, welches die Anwendung eines Begriffes darstellt, oft complicirt ist, so ist es kein Wunder, dass das Ergebniss derselben nur in den einfachsten Fällen als *anschauliches* Bild vor uns steht. Es ist ferner klar, dass das Operationssystem wohl *eingeübt* sein muss, wie die Bewegungen unseres Leibes, wenn wir den Begriff besitzen sollen. Ein Begriff kann nicht *passiv* aufgenommen werden, sondern nur durch *Mitthun, Mitleben* in dem Gebiet, welchem der Begriff angehört. Man wird kein Clavierspieler, Mathematiker oder Chemiker vom *Zusehen,* sondern alles dies nur durch *Uebung* der Operationen. Nach erworbener Uebung hat aber das *Wort,* welches den Begriff bezeichnet, für uns einen andern Klang als vorher. Die Impulse zur Thätigkeit, welche in demselben liegen, auch wenn sie nicht zur Ausführung kommen, oder nicht in's Bewusstsein treten, wirken doch wie verborgene Rathgeber, welche die richtigen Associationen herbeiführen, und den richtigen Gebrauch des Wortes sichern.[1]).

5. So wie eine technische Operation dazu dienen kann, ein vorhandenes Objekt zu *prüfen* (Belastungsprobe, dynamometrische Probe, Aufnahme eines Indikatordiagramms) oder ein

---

so setzt sich dieser psychische Akt nach meinem Gefühl keineswegs aus den Erinnerungen an die bei der Ausführung eintretenden Empfindungen in den *Beinen* zusammen, sondern scheint mir weit *einfacher.* So wollte man ja auch alle Bewegungsempfindungen aus Hautempfindungen u. s. w. zusammensetzen, während es heute viel wahrscheinlicher ist, dass dieselben in sehr *einfacher* und darum *sicherer* Weise von besondern *specifischen* Organen ausgehen. — Ist meine Auffassung richtig, so ist das scharfe, feine und sichere Gefühl für die bestimmten Begriffen zugehörigen Reaktionsthätigkeiten viel leichter verständlich. Es scheint mir, als ob man nicht bloss bildlich von Innervation der Phantasie sprechen könnte.

1) Wie sehr *latente* psychische Elemente wirksam sein können, habe ich oft erfahren. Wenn ich, mit einem Gedanken beschäftigt, um einen Besuch zu machen, eine Treppe hinanstieg, habe ich mich schon mehr als einmal vor der *fremden* Thüre mit *meinem* Wohnungsschlüssel in der Hand überrascht. Wie hier der Anblick der Thüre, so kann in andern Fällen das *Wort* wirken, ohne dass alles, was diesem Symbol entspricht, ins Bewusstsein tritt.

neues Objekt *herzustellen* (Bau einer Maschine), so kann ein Begriff in *prüfendem* oder *konstruktivem* Sinn gebraucht werden. Die mathematischen Begriffe sind meist von der letzteren Art, während die Begriffe der Physik, welche ihre Objekte nicht schaffen kann, sondern dieselben in der Natur vorfindet, gewöhnlich von der ersteren Art sind. Aber auch in der Mathematik *ergeben* sich ohne Absicht des Forschers Gebilde, die nachher zu untersuchen sind, und auch in der Physik werden aus ökonomischen Gründen Begriffe konstruirt. Dadurch aber, dass die Mathematik vorwiegend mit *selbstgeschaffenen* Construktionen operirt, welche nur enthalten, was sie selbst hineingelegt hat, während die Physik abwarten muss, wie weit die Naturobjekte ihren Begriffen entsprechen wollen, entsteht die logische Superiorität der Mathematik.

7. Viele Begriffe der Mathematik zeigen noch eine andere Eigenthümlichkeit. Betrachten wir zunächst den einfachen Begriff der *Summe* $a + b$, wobei a, b zunächst ganze Zahlen sein mögen. Dieser Begriff enthält den Impuls zum *Weiterzählen* (von a an) um b Zahlen der natürlichen Reihe, deren letzte Zahl $a + b$ ist. Dieses *Weiterzählen* kann geradezu als eine *muskuläre* Thätigkeit aufgefasst werden, die in den verschiedensten Fällen immer dieselbe ist, deren *Anfang* durch a und deren *Ende* durch b bestimmt ist. Es entsteht durch Variation der Werthe von a und b eine *unendliche* Anzahl von verwandten Begriffen. Fasst man a und b als Glieder eines Zahlencontinuums, so ergiebt sich ein *Continuum* von verwandten Begriffen, für welche die Reaktionsthätigkeit durchaus die *gleiche*, Anfang und Ende aber durch Merkmale bestimmt sind, welche Glieder desselben Continuums darstellen. Analoges gilt bezüglich des Begriffes Produkt u. a. Die Existenz solcher Begriffscontinua bietet in jenen Wissenschaften, auf welche die Mathematik anwendbar ist, grosse Vortheile.

8. Es sei hier noch an den alten Streit der Nominalisten und Realisten erinnert. Es scheint an beiden Ansichten etwas Wahres zu sein. Den „Generalien" kommt keine *physikalische* Realität zu, wohl aber eine *physiologische*. Die physiologischen Reaktionen sind von *geringerer* Mannigfaltigkeit als die physikalischen Reize.

Der Substanzbegriff.

1. *Substanz* nennen wir das *unbedingt Beständige*, oder jenes, welches wir dafür halten. Der naive Mensch und so auch das Kind hält alles das für unbedingt beständig, zu dessen Wahrnehmung nur die Sinne nöthig sind. So erscheint jeder *Körper* als *substanziell*, weil wir nur nach demselben zu greifen, zu blicken brauchen, um denselben wahrzunehmen. Dass dies vermeintliche unbedingt Beständige keineswegs unbedingt beständig ist, da ja eine bestimmte Thätigkeit der Sinne (Hinblicken, Hintasten) vielmehr die *Bedingung* der vermeintlich beständigen Wahrnehmung ist, fällt dem naiven Menschen nicht auf, indem er die so leicht erfüllbare Bedingung nicht weiter beachtet, dieselbe vielmehr als immer erfüllt, oder doch erfüllbar ansieht.[1])

Grössere Aufmerksamkeit lehrt aber, dass es sich hier nicht um eine *absolute* Beständigkeit, sondern um eine *Beständigkeit* der *Verbindung* handelt. Dieselbe lehrt weiter, dass eine bestimmte Thätigkeit des Sinnesorgans nicht die *einzige* Bedingung einer bestimmten Wahrnehmung ist. Damit an einem bestimmten Ort etwas Bestimmtes gesehen werde, muss daselbst auch ein bestimmtes *Tastbares* sich vorfinden, also eine ausserhalb des Gesichtssinnes liegende (demselben fremde) Bedingung erfüllt sein. Als Bedingung der Sichtbarkeit wird ausserdem noch die Beleuchtung, für einen bestimmten Anblick eine bestimmte Beleuchtung, sich herausstellen. Die *Tastbarkeit,* als an die blosse meist vorhandene *Erreichbarkeit* gebunden, erscheint als *relativ* unabhängig und *beständig,* irrthümlich sogar als *absolut beständig.* Das Tastbare *scheint* einen absolut beständigen (substanziellen) *Kern* darzustellen, an welchem die mehr variablen, von mannig-

[1]) Vgl. Analyse der Empfindungen. S. 154.

faltigen Bedingungen abhängigen Elemente der übrigen haften. Da aus dem Complex der sinnlichen, ein Ganzes bildenden Elemente, jedes einzelne ohne merkliche Störung wegfallen kann, entsteht der Gedanke eines *aussersinnlichen*, jene Elemente zusammenhaltenden, *substanziellen* Kernes, einer aussersinnlichen Bedingung der Wahrnehmung. Der besonnenen und unbefangenen Betrachtung stellt sich jedoch dies Verhältniss anders dar.

Ein Körper sieht bei jeder Beleuchtung anders aus, bietet bei jeder Raumlage ein anderes optisches Bild, giebt bei jeder Temperatur ein anderes Tastbild u. s. w. Alle diese sinnlichen Elemente hängen aber so miteinander zusammen, dass bei derselben Lage, Beleuchtung, Temperatur auch dieselben Bilder wiederkehren. Es ist also durchaus eine Beständigkeit der *Verbindung* der sinnlichen Elemente, um die es sich hier handelt. Könnte man sämmtliche sinnliche Elemente *messen*, so würde man sagen, der *Körper besteht* in der Erfüllung gewisser *Gleichungen*, welche zwischen den sinnlichen Elementen statt haben. Auch wo man nicht messen kann, mag der Ausdruck als ein *symbolischer* festgehalten werden. Diese *Gleichungen* oder Beziehungen sind also das eigentlich *Beständige*.

2. Man kann für die Existenz einer *aussersinnlichen substanziellen* Bedingung der Wahrnehmung geltend machen, dass ein Körper, den ich in einer gewissen Weise wahrnehme, auch von *Andern* in entsprechender Weise wahrgenommen werden muss. Diesen Umstand wird ja niemand in Abrede stellen. Derselbe besagt aber doch nicht mehr, als dass ähnliche Gleichungen, wie dieselben zwischen den enger zusammenhängenden Elementen bestehn, welche mein Ich J darstellen, auch zwischen den Elementen anderer Ich J', J'', J''' .... deren Vorstellung mein Weltverständniss erleichtert, stattfinden, und dass ferner solche die Elemente aller J, J', J'' ... umfassende *Gleichungen* bestehen. Mehr wird ein Forscher, der sich seiner rein descriptiven Aufgabe bewusst ist, und der Scheinprobleme zu vermeiden sucht, in dem erwähnten Umstand nicht sehen wollen. Es dürften auch von älteren einseitigen in hergebrachten Ansichten befangenen Auffassungen herrührende Termini den Sachverhalt kaum besser bezeichnen. Mag man nun besagte Gleichungen im Gegensatz zu den *sinnlichen* Elementen als *Noumena*, oder

wegen ihrer Wichtigkeit bei Erkenntniss der wirklichen Welt, als den Ausdruck von *Realitäten* ansehen, auf derartige Streitigkeiten um den Ausdruck wird wenig ankommen.

3. So genau wird der Sachverhalt von dem naiven Menschen nicht analysirt, und in der Regel auch nicht von dem Physiker, der vielmehr unmittelbar an die naive Vorstellung anzuknüpfen pflegt. Der Körper erscheint als ein *fester* gegebener Eigenschaftcomplex. Auf die feineren Variationen desselben, so wie darauf, dass die Glieder des Complexes nur auf gewisse sinnliche, muskuläre, technische Reaktionen hervortreten, wird meist nicht geachtet. Zu dem sinnlichen Complex, der den Körper darstellt, gehört auch, dass derselbe zu einer bestimmten *Zeit* an einem bestimmten *Ort* wahrgenommen wird, also Zeit- und Raum*empfindung.*[1]) Die Thatsache der *Beweglichkeit* eines Körpers bedeutet *Variabilität* der beiden letztgenannten Elemente des Complexes bei verhältnissmässiger *Stabilität* der übrigen Glieder. Ein Körper *„bewegt sich"* von einem Orte zum andern. Ein Körper verlässt einen Ort und wir finden *„denselben"* Körper an einem andern Orte. Das naive Bewusstsein fasst den Körper als etwas *Beständiges* auf. Der *Körper* ist die Grundlage der ersten und naivsten *Substanzvorstellung.* Diese Substanzvorstellung entwickelt sich ganz *instinktiv* und ist eben deshalb sehr kräftig. Das Thier sucht einen eben dem Blick entschwundenen begehrenswerthen Körper überall in der Umgebung, in der unverkennbaren Voraussetzung, dass derselbe da sein müsse. Ebenso verhält sich das Kind. Bei seiner geringen Kritik überträgt letzteres die Substanzvorstellung leicht auf *alles* Wahrnehmbare, sucht den verschwundenen Schatten, das gelöschte Licht, hascht nach einem Nachbild oder Blendungsbild u. s. w.[2]) Der Irrthum scheint natürlich, indem die überwiegende Menge der Wahrnehmungen sich an *Körper* knüpft.

4. Nehmen wir nun an, ein Körper sei *flüssig,* oder doch leicht *theilbar, quasi-flüssig,* so dass man einen Theil desselben aus einem Gefäss in das andere übergiessen kann. Jedes Theilchen des Körpers wird dann einen gewissen beständigen Eigenschaftscomplex darbieten, und da die Menge der Theilchen einer

---

[1]) Vgl. Analyse der Empfindungen.

[2]) Analyse der Empfindungen. S. 158.

Vermehrung und Verminderung fähig ist, so werden auch jene Eigenschaften, die sich bei gewissen Reaktionen äussern, sich als *Quantitäten* darstellen. Wir gelangen so zu der Vorstellung eines *Beständigen, Substanziellen,* welches der *Quantität* nach in verschiedenen Körpern verschieden sein kann, das wir *Materie* nennen. Die Theile eines Körpers sind wieder (beständige) Körper. Entnehmen wir einem Körper eine Menge von Theilen, so erscheinen dieselben anderswo. Die *Menge der Materie* erscheint *constant.* Das Wesentliche dieser weiter entwickelten *Substanzvorstellung* besteht darin, dass wir die *Quantität* der *Substanz* als unveränderlich ansehen, derart, dass jene Quantität, die irgendwo verschwindet, anderwärts wieder erscheint, so dass die *Summe* der *Quantitäten constant bleibt.* Ein einfacher beweglicher Körper bildet einen *Specialfall* dieser allgemeinern Vorstellung. Die *begriffliche Reaktion,* durch welche man die Frage beantworten wird, ob etwas unter den Begriff *Substanz* zu subsummiren sei, wird also darin bestehn, dass man einen quantitativen Abgang, der irgendwo auftritt, anderswo *sucht* (einerlei ob durch sinnliche, muskuläre, technische oder intellektuelle, mathematische Operationen). Findet sich jener Abgang, so entspricht das fragliche Etwas dem Begriff *Substanz.* Man bemerkt, dass das einfache Umsehen nach einem vermissten Körper den Grundtypus von begrifflichen Reaktionen darstellt, welche bis in die abstraktesten Gebiete der Wissenschaft reichen.

Die Theile eines Körpers, d. h. deren auf verschiedene Reaktionen auftretende Eigenschaften, sind addirbare Quantitäten. Die Materie oder ein Körper wird also *so vielfach substanziell* erscheinen, als Eigenschaften aufweisbar sind, so in Bezug auf das Gewicht, die Wärmecapacität, die Verbrennungswärme, die Masse u. s. w. Für *gleichartige* Körper gehen diese Quantitäten, da sie in jedem Theilchen aneinander gebunden sind, einander *proportional,* und man kann daher *jede* derselben als Maass der andern benützen. Newton hat die *Masse* als *Quantität der Materie* bezeichnet, und dieser (scholastische) Ausdruck ist schon anderwärts kritisch beleuchtet worden.[1]) Hier soll nur darauf hingewiesen werden, dass jede der beispielsweise angeführten Eigenschaften für sich eine *substanzielle Quantität* dar-

[1]) Mechanik. S. 181.

stellt, so dass für den Begriff Materie eigentlich keine andere Function übrig bleibt, als jene, die *beständige Beziehung* der Einzeleigenschaften darzustellen. Von grosser praktischer Bedeutung war der von Newton geführte experimentelle Nachweis, dass die *Masse* und das *Gewicht* (an demselben Orte der Erde) für ganz *beliebige* verschiedene Körper einander proportional sind.[1]) Die Masse ist aber darum noch nicht die „Quantität der Materie", sondern *eine* (mechanische) Eigenschaft des als Materie bezeichneten Complexes, ganz wie die übrigen als Beispiel angeführten.

Wären wir bei Beurtheilung der Beständigkeit materieller Eigenschaften auf unsere blossen Sinne angewiesen, so würde unser Urtheil vielfachen Schwankungen unterliegen, abgesehen davon, dass unsere Beobachtung nicht genau mittheilbar wäre. Der Newton'sche Nachweis verschafft uns in der Wage und dem Gewichtssatz ein *Maass* der *Substanzialität*. Diese Vorrichtungen unterstützen unsere direkte sinnliche Beobachtung in analoger Weise, wie das Thermometer die Beobachtung durch die blosse Wärmeempfindung unterstützt. Jedem, der eine Wage und einen Gewichtssatz besitzt, ist eine Vergleichsthatsache zugänglich, auf welche wir uns bei *Mittheilung* unserer Beobachtungen und genauen Darstellungen der Thatsachen in Gedanken beziehen können. Hierin liegt, wie schon erwähnt, die Bedeutung aller *Maasse*.

5. In welcher Weise der Substanzbegriff in den physikalischen Theorien auftritt, und wie er sich in denselben entwickelt, lehrt die Geschichte dieser Wissenschaft. Ein elektrischer oder magnetischer Körper unterscheidet sich äusserlicher Sicht nach gar nicht von einem unelektrischen oder unmagnetischen. Ersterem bewegen sich aber gewisse Körper entgegen, während sie gegen letzteren sich gleichgültig verhalten. So wie wir aber gewohnt sind wahrzunehmen, dass dem Sichtbaren ein Tastbares zu Grunde liegt, auch wenn wir letzteres im Augenblick nicht tasten, setzen wir auch zwischen elektrischen und magnetischen Körpern einerseits und indifferenten andererseits einen *bleibenden Unterschied* voraus, der zwar augenblicklich nicht sichtbar, vielleicht aber später einmal nachweisbar sein könnte. Dieser *bleibende* Unterschied wird in der natürlichsten und einfachsten Weise als ein

[1]) Mechanik. S. 183.

unsichtbarer *Stoff* aufgefasst. Dieser Gedanke hat auch seinen (ökonomischen) *Vortheil*; denn wer sich den elektrischen Körper, obgleich derselbe sich direkt sinnlich vom unelektrischen nicht unterscheidet, *mit* diesem Stoff beladen denkt, wird durch dessen Verhalten nicht jedesmal wieder von neuem überrascht.

Der lebende Menschen- oder Thierkörper unterscheidet sich vom todten in anologer Weise wie der elektrische Körper vom unelektrischen. Kein Wunder also, dass die „*Seele*" ebenfalls als ein Stoff aufgefasst wurde, zumal wenn man hinzunimmt, dass man in Träumen u. s. w. dieselbe isolirt wahrzunehmen glaubte. Wo *animistische* Vorstellungen in physikalische Theorien hineinspielen, gehören diese, wie schon bemerkt, dem Gebiete des Fetischismus an.

Eine Entwicklung erfährt die physikalische Stoffvorstellung, sobald bemerkt wird, dass ein Körper auf Kosten des andern sich erwärmt, dass ein Körper auf Kosten des andern sich elektrisirt, dass ferner im ersteren Fall eine gewisse Produktensumme (Wärmecapacität $\times$ Temperaturänderung), im letzteren Falle die Summe der elektrischen Kräfte gegen die Einheitsladung in der Einheitsentfernung constant bleibt. Nun tritt die Stoffvorstellung in das Gebiet der Quantitätsbegriffe.

Der Uebergang der physikalischen Begriffe aus dem vorigen Stadium in das zuletzt bezeichnete hat sich zu Ende des achtzehnten Jahrhunderts vollzogen. Eine weitere Entwicklung besteht nun darin, dass die ursprünglichen naiven Stoffvorstellungen als unnöthig erkannt werden, dass man ihnen höchstens den Werth *veranschaulichender Bilder* beimisst, dass man die gefundenen *quantitativen Beziehungen*, die sich in der Erfüllung der oben angedeuteten Gleichungen aussprechen, *als das eigentlich Beständige, Substanzielle erkennt.*

6. Die Bildung von Stoffvorstellungen kann durch mancherlei Umstände noch begünstigt werden. Man denke z. B. an den *Funken*, den man bei Berührung eines elektrisirten Körpers erhält, an den Funken, der bei Elektrisirung eines Körpers durch einen andern zwischen beiden überspringt. Was ist da natürlicher, als dass man da den elektrischen Stoff selbst zu sehen meint, dass man, wie Franklin, vom „*elektrischen Feuer*" spricht, von den Unterschieden des elektrischen Feuers gegen das *gemeine* Feuer, welches ja anologe Erscheinungen darbietet,

das beim Erglühen, Entflammen eines Körpers sinnenfällig genug hervorzubrechen scheint. Natürlich wurde Franklin in diesen Vorstellungen bestärkt, als ihm unter Leitung derselben neue Versuche gelangen, als er mit Hülfe seines Drachen Leydnerflaschen mit der Elektricität der Wolken laden, oder, wie man sagen könnte, das elektrische Feuer des Blitzes auf Flaschen füllen konnte. Einen *Theil* der thatsächlichen Beziehungen, wenn auch nicht erschöpfend, stellt ja die Stoffvorstellung dar, und sie kann deshalb, wie es geschehen ist, auch zu wichtigen Entdeckungen führen.

Clausius hat in einer akademischen Rede[1]) die Stoffvorstellungen der Physik besprochen. Nach seiner Ansicht besteht ein wesentlicher Fortschritt der Physik darin, dass sich die *Zahl* der von derselben angenommenen Stoffe allmälig *vermindert* hat, während ehemals für jedes Erscheinungsgebiet ein *besonderer* Stoff, oder sogar ein Paar von Stoffen statuirt wurde. Sowohl den Licht- als den Wärmeerscheinungen schienen besondere Stoffe zu Grunde zu liegen. Durch die Erkenntniss der Wellennatur des Lichtes und der Identität von Licht- und strahlender Wärme reducirten sich diese beiden Agentien auf *eins*. Die Ampère'sche Theorie des Magnetismus reducirte diesen auf die Elektricität, und die Beziehungen zwischen Licht und Elektricität liessen schliesslich die *elektrische* Natur des Lichtes erkennen. Es sei, meint Clausius, auf diese Weise klar geworden, dass ausser der *ponderablen* Masse nur noch *ein* Stoff bestehe, den man bisher *Aether* genannt hat, und der nichts anderes sei als die *Elektricität*. Obgleich wir Clausius als einen Hauptbegründer und Förderer der Thermodynamik verehren, so lässt sich doch nicht in Abrede stellen, dass sein Standpunkt in Bezug auf die Stofftheorie dem Franklin'schen sehr nahe liegt. Er steht mit seinem *naturphilosophischen* Denken wesentlich im achtzehnten Jahrhundert.

7. Die moderne *Atomistik* ist ein Versuch, die Substanzvorstellung in ihrer *naivsten* und *rohesten* Form, wie sie derjenige hat, der die *Körper* für absolut beständig hält, zur Grundvorstellung der Physik zu machen. Der *heuristische* und *didaktische* Werth der Atomistik, welcher in ihrer *Anschaulichkeit* liegt, die somit die einfachsten geläufigsten concretesten elementaren und

---

[1]) Ueber die grossen Agentien der Natur. Bonn 1885.

instinktiven Funktionen der Phantasie und des Intellektes in Bewegung setzt, soll keineswegs in Abrede gestellt werden. Es ist ja bezeichnend, dass Dalton, ein Mann, der seines Zeichens ein Schulmeister war, die Atomistik wieder belebt hat. Zu der sonstigen philosophischen Entwicklung der heutigen Physik steht aber die Atomistik mit ihren kindischen und überflüssigen Nebenvorstellungen in einem eigenthümlichen Gegensatz. Es wird ohne Zweifel möglich sein, so wie aus der Black'schen Stoffvorstellung auch aus der Atomistik den *wesentlichen Thatsächliches darstellenden begrifflichen Kern* herauszuschälen und die überflüssigen Nebenvorstellungen abzuwerfen. Zu diesem Thatsächlichen gehört die Darstellung der bestimmten Verbindungsgewichte, und der multiplen Proportionen. Nur mit etwas Gewalt werden auch die einfachen Volumverhältnisse der Verbindungen dargestellt. Vor allem andern stellt aber die Atomistik den Umstand dar, dass die Elemente *unverändert* aus ihren Verbindungen wieder hervorgehn. Wie wenig aber diese „*Unveränderlichkeit*“ eines Körpers der ursprünglichen rohen Substanzvorstellung entspricht, wurde ausgeführt. Durch die Fortschritte der „Stereochemie“ hat die Atomistik wieder neuerdings an Boden gewonnen.

8. In dem Maasse als die *Bedingungen* einer Erscheinung erkannt werden, tritt der Eindruck der Stofflichkeit zurück. Man erkennt die *Beziehungen* zwischen *Bedingung* und *Bedingtem*, die Gleichungen, welche grössere oder kleinere Gebiete beherrschen, als das *eigentlich Bleibende*, *Substanzielle*, als dasjenige, dessen Ermittlung ein *stabiles Weltbild* ermöglicht.[1])

Der Naturforscher ist aber nicht nur Theoretiker, sondern auch Praktiker. In letzterer Eigenschaft hat er Operationen auszuführen, welche instinktiv, geläufig, fast unbewusst, ohne intellektuelle Anstrengung vorgehen müssen. Um einen Körper zu ergreifen, auf die Waage zu legen, kurz für den *Handgebrauch*, kann der Naturforscher die rohesten Substanzvorstellungen, wie sie dem naiven Menschen, und selbst dem Thier geläufig sind, nicht entbehren. Denn die höhere biologische Stufe, welche der wissenschaftliche Intellekt darstellt, ruht auf der niederen, welche unter ersterer nicht weichen darf.

[1]) Mechanik. S. 475.

Causalität und Erklärung.

1. Ein Anderes sei es, sagt man, einen Vorgang zu *beschreiben*, ein Anderes, die *Ursache* des Vorganges anzugeben. Jm hierüber klar zu werden, wollen wir untersuchen, wie der Begriff Ursache entsteht.

Nach Ursachen zu fragen haben wir im allgemeinen nur ein Bedürfniss, wo eine (ungewöhnliche) Aenderung eintritt, einmal, weil überhaupt nur ein solcher Fall die Aufmerksamkeit auf sich zieht, und zu Fragen Anlass giebt, dann aber, weil, nur wo *verschiedene* Fälle (Aenderungen) eintreten, die Frage nach der Bedingung des einen oder des andern überhaupt einen Sinn hat. Die uns geläufigsten Aenderungen in unserer Umgebung sind jene, welche durch unsern *Willen* eingeleitet werden, welche zu den Auffassungen des Animismus und Fetischismus führen. Hume giebt sich einen Augenblick dem Gedanken hin, dass unser Ursachbegriff diesem Fall seinen Ursprung verdanken könnte, findet aber dann, dass die Verknüpfung, Succession, zwischen Willen und Bewegung ganz von derselben Art ist, wie jede andere in der Frfahrung gegebene Verknüpfung oder Succession. Wir haben in Bezug auf den Zusammenhang von Willen und Bewegung nicht *mehr Einsicht*, als in irgend einen andern Fall eines Zusammenhanges, meint Hume, und lässt schliesslich nur die *Erwartung der Gewohnheit* gelten. Hume's Analyse, seine Beleuchtung des Falles durch den Gelähmten, der trotz seines Willens den Arm nicht bewegen kann, ist vortrefflich für einen *höhern kritischen* Standpunkt. Dennoch spricht die ganze Culturgeschichte mit ihren mächtigen Erscheinungen laut gegen ihn, und zeigt, dass dem *gewöhnlichen* Bewusstsein die Verknüpfung von Willen und Bewegung weitaus *geläufiger* ist, als jede andere. Der berührte Gedanke ist auch unausrottbar, und kehrt immer wieder. So hat seiner Zeit S. Stricker den Unterschied zwischen einer exakten experimentellen und einer historischen (sociologischen) Wissenschaft dadurch *drastisch* erläutert, dass er gesagt hat, in ersterer könne man die Umstände und mit diesen die Folgen durch den blossen Willen beliebig ein- und ausschalten, in letzterer nicht. Das Treffende, welches hierin liegt, wird jeder Naturforscher anerkennen.

2. Bei alledem bleibt die Hume'sche Kritik aufrecht. Man darf jedoch nicht übersehen, dass es Verknüpfungen von *verschiedenem Grade* der Geläufigkeit giebt, und dass durch diesen Umstand die merkwürdigsten psychischen Erscheinungen bedingt sind, ja dass in demselben wohl alle auf Causalität bezüglichen Probleme ihren Ursprung finden.

Es ist bekannt, dass in der Zeit des herrschenden Animismus und Fetischismus fast *jeder* Zusammenhang für möglich gehalten wird. Doch bevorzugt auch der Volksglaube den Zusammenhang solcher Dinge, welche untereinander eine gewisse Aehnlichkeit haben, wenn dieselbe auch etwa nur in der Vorstellung des Gläubigen liegen sollte. So werden die Früchte der Pflanzen als Heilmittel für den Kopf, die Wurzeln als Heilmittel für die Füsse angesehen u. s. w. Für ungewöhnliche Wirkungen sucht man abenteuerliche Ursachen, wofür das Hexengebräu in Shakespeare's Macbeth ein drastisches Beispiel liefert. Wir verstehen diese Dinge, wenn wir uns in die Denkweise unserer Kindheit zurückversetzen. Allein die wesentlichen Züge des volksthümlichen Denkens äussern sich noch bei den Denkern der Jonischen Philosophenschule und kommen vereinzelt selbst heute noch zum Vorschein.

Dem modernen Forscher erscheint wohl kaum etwas wunderlicher, als das System des Occasionalismus, zu dem Descartes den Anstoss gegeben, oder als die Leibnitz'sche prästabilirte Harmonie. Man erkennt jedoch beide Theorien als ein fast nothwendiges Ergebniss der intellektuellen Situation, in welcher sich jene Denker befanden. Leicht verfolgt man an dem Leitfaden der Association und Logik den Zusammenhang eines psychischen Zustandes mit dem folgenden, verhältnissmässig leicht musste es in der Zeit des Aufschwunges der mechanischen Naturwissenschaft auch scheinen, in jedem Zustand der mechanischen Welt die Zeichen des folgenden zu erkennen. Für den Zusammenhang der psychischen Welt mit der mechanischen fehlte aber jede Geläufigkeit. Geist und Materie schienen sich ganz fremd, um so verschiedener je weiter die Mechanik vorgeschritten war, und kaum war die theologische Zeitstimmung noch nöthig, um die erwähnten Systeme zu schaffen. Sehen wir doch heute noch in dem Dubois'schen „Ignorabimus" den Ausdruck einer ähnlichen intellektuellen Situation.

Die genaue Analyse zeigt allerdings, dass wir davon ebenso wenig wissen, *warum* ein stossender Körper einen gestossenen in Bewegung setzt, wie davon, warum unsere psychischen Zustände physische Folgen haben. Beide Verknüpfungen sind einfach in der Erfahrung gegeben; nur ist erstere einfacher, dem erfahrenen Mechaniker geläufiger; er hat an der Richtung, Geschwindigkeit, Masse des stossenden Körpers viel mehr Anhaltspunkte für die einzelnen Eigenschaften des Folgezustandes, er kann sich im erstern Fall in mehr sicheren, geläufigen, bestimmteren, ins Einzelne gehenden Gedanken-Construktionen bewegen. Es ist aber nur ein *Grad*unterschied, der einen *qualitativen* Unterschied beider Fälle vortäuscht.

3. Es kann nicht genug betont werden, dass wir über die Verknüpfung zweier Thatsachen je nach Umständen in sehr verschiedener Weise urtheilen. In manchen Fällen denken wir kaum an die Möglichkeit einer Verknüpfung, während wir in andern Fällen geradezu unter einem psychischen Zwang stehen, und uns diese Verknüpfung als eine *nothwendige* erscheint. So scheint z. B. dem gewandten Artilleristen die bestimmte Wurfbahn mit Nothwendigkeit an die Anfangsgeschwindigkeit und Richtung des Projektils geknüpft. In der That, *wenn* der Vorgang den bekannten einfachen und durchsichtigen geometrischen (phoronomischen) Gesetzen entspricht, so liegt derselbe ebenso klar vor uns als jene, Anfangsgeschwindigkeit und Anfangsrichtung werden dann für uns zum *Erkenntnissgrund*, aus dem sich die Bahnelemente als logisch nothwendige *Folge* ergeben. In dem Augenblick, als wir diese *logische Nothwendigkeit* fühlen, denken wir nicht *zugleich* daran, dass das Bestehen jener Bedingung einfach durch die Erfahrung gegeben ist, ohne im geringsten auf einer Nothwendigkeit zu beruhen.

Die verschiedene Kraft solcher Causalitätsurtheile treibt nun zur Untersuchung über die Natur derselben, und erzeugt eben das Hume-Kant'sche Problem: Wie kan[n] [d]as Bestehen eines Dinges A überhaupt zur nothwendigen Bedingung des Bestehens eines andern B werden? Beide Denker lösen dasselbe in ganz verschiedener Weise, und zwar Hume in der schon erwähnten, der wir beipflichten. Kant hingegen imponirt die *thatsächlich*[e] Kraft, mit der Causalitätsurtheile auftreten. Ihm schwebt nach weislich als Ideal das Verhältniss von (Erkenntniss-)Grund un[d] Folge vor. Der „angeborne Verstandsbegriff" erscheint ihm so z[u] sagen als Postulat, um das thatsächliche Bestehen der Causalität[s]urtheile psychologisch zu verstehen. Dass es sich aber nicht u[m] einen angeborenen, sondern um einen durch die Erfahrung *selb*[st] entwickelten Begriff handelt, lehrt die einfache Ueberlegung, das[s] der erfahrene Physiker sich einer neuen zum ersten Mal beob achteten Thatsache gegenüber doch ganz anders verhält, als da[s] unerfahrene Kind derselben gegenüber. Eine Erfahrungstha[t]sache wirkt eben nicht durch sich allein, sondern setzt sich m[it] allen vorausgegangenen in psychische Beziehung. So kann alle[r]dings der Eindruck entstehen, als ob wir durch eine einzeln[e] Thatsache etwas erfahren könnten, was nicht in ihr *selbst* lieg[t]. Dieses Etwas, was wir hinzuthun, liegt eben in der Summe de[r] vorausgegangenen Erfahrung.

Wo wir eine Ursache angeben, drücken wir nur ein Ve[r]knüpfungsverhältniss, einen Thatbestand aus, d. h. wir *beschreibe*[n]. Wenn wir von „Anziehungen der Massen" sprechen, könnte [es] scheinen, als ob dieser Ausdruck *mehr* enthielte, als das Tha[t]sächliche. Was wir aber darüber hinaus hinzuthun, ist siche[r]lich müssig und nutzlos. Setzen wir die gegenseitige Beschle[u]nigung $\varphi = k \frac{(m + m^1)}{r^2}$, so beschreibt diese Formel die Tha[t]sache viel genauer, als der obige Ausdruck, und eliminirt zu[]gleich jede überflüssige Zuthat.

Strebt man die Spuren von Fetischismus zu beseitigen, welc[he] dem Begriff Ursache noch anhaften, überlegt man, dass *ei*[ne] Ursache in der Regel nicht angebbar ist, sondern dass eine Tha[t]sache meist durch ein ganzes System von Bedingungen bestimm[t] ist, so führt dies dazu, den Begriff Ursache ganz aufzugeben. [Es] empfiehlt sich vielmehr, die begrifflichen Bestimmungselemente ein[er] Thatsache *als abhängig voneinander* anzusehen, ganz in dem selben Sinne wie dies der Mathematiker, etwa der Geometer thu[t]

4. Auch die *Erklärung* soll nach vielverbreiteter Ansicht von der Beschreibung wesentlich verschieden sein. Die Beschreibung gebe die Thatsache, meint man, die Erklärung aber eine *neue Einsicht.* Obwohl die Frage durch das Obige eigentlich schon beantwortet ist, wollen wir dieselbe hier doch noch von einer andern Seite beleuchten.

Man denke sich ein heisses und ein kaltes Eisenstück, welche beiden Stücke sonst ganz gleich aussehen mögen. Auf dem ersten verdampft ein Wassertropfen zischend, ein Wachsstückchen schmilzt und raucht, während auf dem zweiten ein Wassertropfen friert, ein darauffallender Wachstropfen rasch erstarrt. Beide Stücke muss ich mir in einem verschiedenen Zustand denken, den ich *Wärmezustand* nenne, weil mir meine Wärmeempfindung ein *Zeichen* desselben giebt. Unter diesem Wärme-ustand verstehe ich aber gar nichts anderes, als die Gesammt-eit des Verhaltens dieser Eisenstücke andern Körpern gegenüber, elches ich erfahrungsmässig zu *erwarten* habe, so lange die-lben die als Zeichen charakteristische Empfindung zu erregen rmögen. Ich kann diesen *Zustand* irgendwie nennen, mir gend ein Phantasieding in dem Eisen vorstellen, ausser der *epräsentation* der bekannten Vorgänge durch einen *Namen* ler ein *Bild*, habe ich gar keinen Vortheil davon. Ich kann eraus nichts ableiten, nichts folgern, was mich die Erfahrung icht gelehrt hätte. In diesem Falle habe ich nun an der Wärme-npfindung ein *Zeichen* dessen, was ich zu erwarten habe, auch enn der Wassertropfen oder das Wachs noch nicht da ist. in noch besseres Zeichen ist die *Thermometeranzeige.*

Nun denken wir uns zwei gleiche Stahlstücke, das eine agnetisch, das andere unmagnetisch, die ich weder durch Be-hen noch durch Betasten voneinander unterscheiden kann. abe ich eben einen Versuch angestellt, so werde ich z. B. issen, dass das *rechts* liegende Stück magnetisch ist, das links liegende nicht. Ich kann das eine Stück auch bezeichnen. Die magnetische Flüssigkeit, die ich mir etwa in das eine Stück hineinphantasire (als intellektuelles Zeichen) nützt mir nichts. Bei *neuen* vorgelegten Stücken bin ich mit und ohne Fluidumsvorstellung ganz rathlos, welchen Zustand ich mir zu denken habe.

Erst wenn ich das Stück frei aufhänge, oder gegen eine Drahtspule bewege, gewinne ich (durch die Richtkraft oder den inducirten Strom) ein ähnliches *Kennzeichen* des Verhaltens, des Zustandes, wie dasselbe im vorigen Fall durch die Wärmeempfindung oder das Thermometer geliefert wird. Werth hat allein die *Beziehung des Thatsächlichen zu Thatsächlichem*, und diese wird durch die Beschreibung erschöpft.

Die hinzugedachten Flüssigkeiten haben ja doch nur die Eigenschaften, die man ihnen zur Darstellung des Thatsächlichen andichten musste. Sollen dieselben auf einmal *mehr* enthalten als die Thatsachen?

5. Wie kann nun der Eindruck entstehen, dass eine Erklärung mehr leistet als eine Beschreibung? Wenn ich zeige, dass ein Vorgang A sich so verhält wie ein anderer mir *besser* bekannter B, so wird mir A hiermit noch *vertrauter*, ebenso wenn ich zeige, dass A aus der Folge oder dem Nebeneinander der mir bereits bekannten $B, C, D \ldots$ besteht. Hiermit ist aber nur ein Thatsächliches durch ein anderes Thatsächliches, eine Beschreibung durch andere mir vielleicht schon besser bekannte Beschreibungen ersetzt. Die Sache kann mir dadurch geläufiger werden, es kann sich dadurch eine Vereinfachung ergeben, im Wesen derselben tritt aber keine Aenderung ein.

Man sagt die Thatsachen stünden in den Darlegungen des Physikers in der Relation der *Nothwendigkeit*, welchen Umstand die blosse Beschreibung nicht zum Ausdruck bringt. Wenn ich constatirt habe, dass eine Thatsache A gewisse (z. B. geometrische) Eigenschaften B hat, und mich in meinem Denken daran halte, so kann ich selbstredend nicht *zugleich* wieder hiervon absehen. Das ist eine *logische* Nothwendigkeit. Hierin liegt aber nicht, dass dem A *nothwendig* die Eigenschaft B zukommt. Dieser Zusammenhang ist lediglich durch die Erfahrung gegeben. Eine andere als eine *logische* Nothwendigkeit, etwa eine physikalische, existirt eben nicht.

Fragen wir, wann uns eine Thatsache *klar* ist, so müssen wir sagen, dann, wenn wir dieselbe durch recht *einfache*, uns geläufige Gedankenoperationen, etwa Bildung von Beschleunigungen, geometrische Summation derselben u. s. w., nachbilden können. Diese Anforderung an die *Einfachheit* ist selbstredend für den Sachkundigen eine andere als für den Anfänger. Ersterem genügt die Beschreibung durch ein System von Differentialgleichungen, während letzterer den allmäligen Aufbau aus Elementargesetzen fordert. Ersterer durchschaut sofort den Zusammenhang beider Darstellungen. Es soll natürlich nicht in Abrede gestellt werden, dass der *künstlerische* Werth sachlich ganz gleichwerthiger Beschreibungen noch ein sehr verschiedener sein kann.

6. Am schwersten werden Fernerstehende zu überzeugen sein, dass die grossen allgemeinen *Gesetze* der Physik für beliebige Massensysteme, elektrische, magnetische Systeme u. s. w. von *Beschreibungen* nicht wesentlich verschieden seien. Die Physik befindet sich vielen Wissenschaften gegenüber wirklich in einem grossen Vortheil. Wenn z. B. ein Anatom, die übereinstimmenden und unterscheidenden Merkmale der Thiere aufsuchend, zu einer immer feineren und feineren *Classification* gelangt, so sind die einzelnen Thatsachen, welche die letzten Glieder des Systems darstellen, doch so *verschieden*, dass dieselben *einzeln gemerkt* werden müssen. Man denke z. B. an die gemeinsamen Merkmale der Wirbelthiere, die Classencharaktere der Säuger und Vögel einerseits, der Fische anderseits, an den doppelten Blutkreislauf einerseits, den einfachen anderseits. Es bleiben schliesslich immer *isolirte* Thatsachen übrig, die untereinander nur eine *geringe* Aehnlichkeit aufweisen.

Eine der Physik viel verwandtere Wissenschaft, die Chemie, befindet sich oft in einer ähnlichen Lage. Die sprungweise Aenderung der qualitativen Eigenschaften, die geringe Aehnlichkeit der coordinirten Thatsachen der Chemie, erschweren die Behandlung. Körperpaare von verschiedenen qualitativen Eigenschaften verbinden sich in verschiedenen Massenverhältnissen; ein Zusammenhang zwischen ersteren und letzteren ist aber zunächst nicht wahrzunehmen.

Die Physik hingegen zeigt uns ganze grosse Gebiete *qualitativ gleichartiger* Thatsachen, die sich nur durch die Zahl der gleichen Theile, in welche deren Merkmale zerlegbar sind, also nur *quantitativ* unterscheiden. Auch wo wir mit Qualitäten (Farben und Tönen) zu thun haben, stehen uns quantitative *Merkmale* derselben zur Verfügung. Hier ist die *Classification* eine so einfache Aufgabe, dass sie als solche meist gar nicht zum Bewusstsein kommt, und selbst bei unendlich feinen Abstufungen, bei einem *Continuum von Thatsachen,* liegt das Zahlensystem im Voraus bereit, beliebig weit zu folgen. Die coordinirten

Thatsachen sind hier *sehr ähnlich* und verwandt, ebenso deren Beschreibungen, welche in einer Bestimmung der Maasszahlen gewisser Merkmale durch jene anderer Merkmale mittelst geläufiger Rechnungsoperationen, d. i. Ableitungsprocesse, bestehen. Hier kann also das *Gemeinsame* aller Beschreibungen gefunden, damit eine *zusammenfassende* Beschreibung oder eine *Herstellungsregel* für alle Einzelbeschreibungen angegeben werden, die wir eben das *Gesetz* nennen. Allgemein bekannte Beispiele sind die Formeln für den freien Fall, den Wurf, die Centralbewegung u. s. w. Leistet also die Physik mit ihren Methoden scheinbar so viel mehr, als andere Wissenschaften, so müssen wir andrerseit bedenken, dass dieselbe in gewissem Sinne auch *weitaus einfachere Aufgaben vorfindet.*

Die Chemie hat es übrigens verstanden, sich der Methoden der Physik in ihrer Art zu bemächtigen. Von älteren Versuchen abgesehen, sind die periodischen Reihen von L. Meyer und Mendelejeff ein geniales und erfolgreiches Mittel, ein übersichtliches System von Thatsachen herzustellen, welches, sich allmälig vervollständigend, fast ein *Continuum* von Thatsachen ersetzen wird. Und durch das Studium der Lösungen, der Dissociation, überhaupt der Vorgänge, welche wirklich ein Continuum von Fällen darbieten, haben die Methoden der Thermodynamik Eingang in die Chemie gefunden.

Correktur wissenschaftlicher Ansichten durch zufällige Umstände.

1. Es wurde schon darauf hingewiesen, dass wegen Unerschöpflichkeit der Erfahrung eine gewisse Incongruenz zwischen Gedanken und Thatsachen stets bestehen bleibt. Sind unsere Vorstellungen auch einem Complex von Umständen angepasst, so kommen doch ausser diesem noch andere Umstände ins Spiel, die wir nicht kennen, nicht übersehen, die wir nicht in unserer Gewalt haben, und die wir daher weder willkürlich einzuführen noch auszuschalten vermögen. Die Gesammtheit dieser Umstände, welche ohne unsere Voraussicht, ohne unser intellektuelles oder praktisches Zuthun wirksam werden, können wir *Zufall* nennen. Es liegt nun in der Natur der Sache, dass gerade durch solche zufällige Umstände die mangelhafte Anpassung des psychischen Lebens an das physische sich fühlbar macht, und dass eben durch dieselben die weitere Anpassung gefördert wird. In der That spielt der Zufall eine mächtige Rolle nicht nur bei der Entwicklung der Erkenntniss, sondern auch bei Umgestaltung des praktischen Lebens. Dies wurde anderwärts ausführlich erörtert, und es sollen hier nur einige ergänzende Bemerkungen folgen.[1])

2. Wie durch den Zufall dem aufmerksamen Forscher *ganz neue* Thatsachengebiete eröffnet werden, dafür bieten die Entdeckungen der bekannten Erscheinungen durch Galvani, der Lichtpolarisation durch Malus, des Sehpurpurs durch Boll, der X-Strahlen durch Röntgen u. a. typische Beispiele. Um eine *verfeinerte* Gedankenanpassung handelt es sich bei Newton's Entdeckung der Dispersion, durch Beachtung der mit den bislang bekannten Umständen unvereinbaren Länge des Spektrums, bei Gay-Lussac's Ueberströmungsversuch, bei Laplace's Cor-

[1]) Vgl. Populär-wissenschaftliche Vorlesungen.

rektur der Theorie der Schallgeschwindigkeit, bei Hertz's Versuchen, bei der Auffindung des Argons u. s. w.

3. Analoge Processe laufen im technischen Leben ab, und können durch die Erfindung des Fernrohres, der Dampfmaschine, der Lithographie, der Daguerotypie u. s. w. erläutert werden. Analoge Processe lassen sich endlich bis in die Anfänge der menschlichen Cultur zurückverfolgen. Es ist im höchsten Grade wahrscheinlich, dass die wichtigsten Culturfortschritte, wie etwa der Uebergang vom Jäger- zum Nomadenleben, nicht mit Plan und Absicht, sondern durch zufällige Umstände eingeleitet worden sind, wie dies z. B. durch folgende Ausführung von Dr. P. Carus erläutert wird.

„A very important progress is marked in the transition from the hunting stage to the nomadic era of mankind; and several hypotheses can be made as to how it was effected. It is generally assumed that the hunters, having killed a cow or a sheep, might have easily caught their young ones and taken them to the camp of tribe. This is not probable when we consider the temper and intelligence of the men at that period. We might almost expect that a cat would spare and feed the young birds in the nest, after having caught and eaten the mother.

There is another and more probable solution of the problem.

The Deer Park Cañon, in La Salle County, Illinois, received its name from its being used by the Indians to keep deer in it, which in times of great need could easily be killed. It is a big natural enclosure, from which the deer, if the exit were well guarded, could not escape, and were they found sufficient food, water, and shelter. It must have been more difficult to hunt an animal than to chase it into the cañon, where herds of deer could be kept without trouble.

The Indians who lived on this continent when the white man came, had been taught the lesson, but hat not yet learned it. Nature had shown the red man that he could keep herds; he actually kept herds of deer in the natural enclosure of Deer Park; and yet he had not as yet become a shepherd or a nomad. He still remained a hunter."[1])

---

[1]) Carus, the philosophy of the tool. Chicago 1893.

4. Es wurde schon ausgeführt[1]), wie wesentlich bei den erwähnten Processen die *psychische* Mitwirkung ist, mögen sich dieselben auf rein intellektuelle oder auf praktische Entwicklungen beziehen. Es wurde auch gezeigt, dass die Thierwelt in Bezug auf *psychische Anpassungsfähigkeit* eine continuirliche Reihe bildet, von der Motte, welche mit blosser Zwangsbewegung in die Flamme fliegt, von der Ameise, welche nach Lubbock einen naheliegenden und absichtlich dargebotenen Vortheil nicht zu nützen weiss, bis zum anthropoiden Affen, der eine zweitheilige Cigarrentasche öffnen aber nicht mehr schliessen lernt[2]), und bis zum Menschen mit seinen grossen Variationen der intellektuellen Individualität. Es besteht bei diesem ein gewaltiger Unterschied in der Fähigkeit neue Erfahrungen zu erwerben.

5. Die Wirkung der Aufnahme neuer Erfahrungen zeigt sich darin, dass ein hergebrachtes praktisches Verfahren oder eine hergebrachte Denkweise corrigirt oder modificirt wird. Statt einen Bach zu durchwaten, wird man, nach der entsprechenden Erfahrung, einen Baumstamm quer über die Ufer legen. Das Quecksilber wird man sich nicht in das Vacuum aufgesaugt, sondern durch die Luft in die Barometerröhre hineingedrückt, den Mond nicht durch einen Wirbel um die Erde getrieben, sondern wie einen Stein geschleudert denken. Hierbei ergiebt es sich gewöhnlich, dass man mit *einer* etwas *verallgemeinerten* Vorstellung nun mehrere Fälle umfasst, die vorher als wesentlich verschiedene angesehen wurden, worin eben die erweiterte Anpassung besteht. Durch solche Erfahrungszuwüchse erscheint z. B. der Fall des Steines als ein Specialfall einer *planetarischen* Bewegung, Brechung und Dispersion werden mit einem Begriff umfasst, Fluorescenz und Phosphorescenz werden gleichartig, der Unterschied zwischen Gasen und Dämpfen verschwindet u. s. w.

Die Kunstgeschichte aller Zeiten lehrt, wie auch auf diesem Gebiet die zufällig sich darbietenden Formen in den Gebilden der Kunst Verwerthung finden, und Leonardo da Vinci hat dem Künstler Anleitung gegeben, in den zufälligen Formen der Wolken, fleckiger rauchiger Wände, das für seine Pläne und Stimmungen Passende zu erkennen. Es ist dies ein Vorgang, der mit dem oben betrachteten eine gewisse Verwandtschaft hat.

---

[1]) A. a. O.

[2]) Nach einer Mittheilung des Herrn R. Franceschini.

Auch der Musiker schöpft gelegentlich aus unregelmässigen Geräuschen Anregung, und gelegentlich kann man auch von einem berühmten Musiker hören, wie derselbe durch zufälliges Fehlgreifen auf dem Clavier auf neue werthvolle melodische oder harmonische Motive geführt worden ist.

6. Besondere Regeln für Herbeiführung eines günstigen Zufalls, bestehe derselbe nun in einem physischen oder in einem Gedankenvorkommniss, lassen sich der Natur der Sache nach nicht angeben. Das Einzige, was man empfehlen kann, und was auch von allen bedeutenden Forschern empfohlen wird, ist oftmalige und vielfache Durcharbeitung des Forschungsgebietes, welches dem günstigen Zufall so zu sagen Gelegenheit schafft. Charakteristisch in dieser Beziehung ist eine Aeusserung von Helmholtz:

„Da ich ziemlich oft in die unbehagliche Lage kam, auf günstige Einfälle harren zu müssen, habe ich darüber, wann und wo sie mir kamen, einige Erfahrungen gewonnen, die vielleicht Anderen noch nützlich werden können. Sie schleichen oft still genug in den Gedankenkreis ein, ohne dass man gleich von Anfang ihre Bedeutung erkennt; dann hilft später nur zuweilen noch ein zufälliger Umstand, zu erkennen, wann und unter welchen Umständen sie gekommen sind; sonst sind sie da, ohne dass man weiss woher.

In andern Fällen aber treten sie plötzlich ein, ohne Anstrengung, wie eine Inspiration. So weit meine Erfahrung geht, kamen sie nie dem ermüdeten Gehirn und nicht am Schreibtisch. Ich musste immer erst mein Problem nach allen Seiten so viel hin- und hergewendet haben, dass ich alle seine Wendungen und Verwicklungen im Kopfe überschaute und sie frei, ohne zu schreiben, durchlaufen konnte. Es dahin zu bringen, ist ja ohne längere vorausgehende Arbeit meistens nicht möglich. Dann musste, nachdem die davon herrührende Ermüdung vorübergegangen war, eine Stunde vollkommener körperlicher Frische und ruhigen Wohlgefühls eintreten, ehe die guten Einfälle kamen. Oft waren sie des Morgens beim *Aufwachen* da, wie auch Gauss angemerkt hat[1]). Besonders gern aber kamen

[1]) Er spricht sich hierin die merkwürdige Thatsache aus, dass eine Vorstellung so zu sagen *fortlebt* und *fortwirkt*, ohne dass sie im *Bewusstsein* ist. Es geschieht dies schon, wenn ein Wort, ohne dass die entsprechenden anschaulichen Vorstellungen uns klar vorschweben, doch richtig gebraucht wird.

sie bei gemächlichem Steigen über waldige Berge bei sonnigem Wetter. Die kleinsten Mengen alkoholischen Getränkes aber schienen sie zu verscheuchen[1]).“

Es leuchtet ein, dass bei vielfachem Durcharbeiten eines Gebietes die *bekannten* Beziehungen immer geläufiger werden, und die Aufmerksamkeit immer weniger in Anspruch nehmen, welche daher um so leichter sich den *neuen* Beziehungen zuwendet. Es ist ja wunderbar, wie viel Neues man an einem oft betrachteten Objekt noch wahrnimmt.

In dieser Beziehung dürften die vortrefflichen Beobachtungen von W. Robert über den *Traum* (Hamburg. Seippel. 1886) aufklärend wirken. Robert hat beobachtet, dass die bei Tage gestörten, unterbrochenen Associationsreihen bei Nacht sich als Träume fortspinnen. Ein brennendes Zündholz z. B., das zu löschen man durch einen Zwischenfall verhindert worden ist, kann Anlass zum Traum von einer Feuerbrunst geben u. s. w. Ich habe Robert's Beobachtungen in unzähligen Fällen an mir bestätigt gefunden, und kann auch hinzufügen, dass man sich unangenehme Träume erspart, wenn man unangenehme Gedanken, die sich durch zufällige Anlässe ergeben, bei Tage vollkommen ausdenkt, sich darüber ausspricht, oder ausschreibt, welches Verfahren auch allen zu düstern Gedanken neigenden Personen angelegentlichst zu empfehlen ist. Den Robert'schen Erscheinungen verwandte kann man auch im wachen Zustande beobachten. Ich pflege mich zu waschen, wenn ich einen Händedruck von feuchter schwitzender Hand erhalten habe. Werde ich durch einen zufälligen Umstand daran verhindert, so verbleibt mir ein unbehagliches Gefühl, dessen Grund ich zuweilen ganz vergesse, von dem ich aber erst befreit bin, wenn es mir einfällt, dass ich mich waschen wollte, und wenn dies geschehen ist. Es ist also wohl wahrscheinlich, dass einmal gesetzte Vorstellungen, auch wenn sie nicht mehr im Bewusstsein sind, ihr Leben fortsetzen. Dasselbe scheint dann besonders intensiv zu sein, wenn dieselben beim Eintritt ins Bewusstsein verhindert wurden, die associirten Vorstellungen, Bewegungen u. s. w. auszulösen. Sie scheinen dann wie eine Art *Ladung* zu wirken. Sind auch die associativen Verbindungen, die im Traum sich bilden, so schwach, dass man sich derselben unmittelbar gar nicht erinnert, so lassen sie doch *Spuren* zurück, und es wird verständlich, dass nach dem Erwachen eine *neue* psychische Situation vorgefunden wird. Einigermassen verwandte Phänomene sind jene, welche kürzlich Breuer und Freud in ihrem Buche über Hysterie beschrieben haben. M.

[1]) Ansprachen und Reden bei der Helmholtz-Feier. S. 55.

Die Wege der Forschung.

1. Wer sich mit Forschung oder Geschichte der Forschung beschäftigt hat, wird schwerlich glauben, dass Entdeckungen nach dem Aristotelischen oder Bacon'schen Schema der *Induktion* (durch Aufzählung übereinstimmender Fälle) zu Stande kommen. Da wäre ja das Entdecken ein recht behagliches Handwerk. Die Thatsachen, deren Erkenntniss eine Entdeckung vorstellt, werden vielmehr *erschaut*. Liebig[1]) hat dies, wenn auch in anderer Form, ausgesprochen und zugleich die nahe Verwandtschaft zwischen der Leistung des *Künstlers* und *Forschers* betont. Die Darlegung Liebig's scheint im Wesentlichen richtig, wenngleich sich gegen seine Ausdrucksweise manches einwenden lässt.

Mit diesem *Erschauen* meinen wir keinen mystischen Vorgang. Irgend eine Thatsache, welche den Reiz der Neuheit für sich hat, an die sich ein intellektuelles oder praktisches *Interesse* knüpft, hebt sich von ihrer Umgebung ab, und tritt mit grösserer *Helligkeit* ins Bewusstsein, bald auch die Bedingung, an welche deren Auftreten gebunden ist. Stets sind es in objektiver Hinsicht die associativen Verbindungen mit dem Gedächtnissinhalt, welche dies bewirken, und in subjektiver Beziehung ist es die feine Empfindlichkeit für Spuren des Zusammenhanges, wodurch dieser Vorgang ermöglicht wird.

Alle Naturwissenschaft beginnt mit solchen *intuitiven* Erkenntnissen. Die *Ausdehnung* der *erwärmten* Luft, die *Elektrisirung* bei *Reibung*, die *Periodicität*, die *Polarisation* des Lichtes sind Beispiele. Schönbein's Entdeckung des Ozons durch Beachtung des Zusammenhanges eines starken Oxydationsvermögens mit einem gewissen Geruch ist ein typischer von Liebig erwähnter Fall.

---

[1]) Liebig, Induktion und Deduktion. Akademische Rede. München 1865.

2. Das *Erschauen* einer Thatsache muss sich durchaus nicht auf *unmittelbar Sinnenfälliges* beschränken. Es können auch sehr *abstrakte* Verhältnisse erschaut werden. Man bedenke, dass die Wissenschaft aus dem praktischen Leben hervorgegangen ist, in welchem wir uns durchaus nicht nur *passiv* wahrnehmend verhalten, sondern in voller *thätiger* Beschäftigung mit der Natur befinden, Nützliches herbeischaffend, Schädliches abwehrend. Oft äussert sich eine Thatsache erst direkt *sinnenfällig* als Reaktion auf eine solche Thätigkeit. Was erschaut wird, kann der *Zusammenhang verschiedener Reaktionen* sein. So findet sich z. B., dass einem Volum v und einer Temperatur t der Gasmasseneinheit eine Expansivkraft p entspricht.

Die Sinne sind nicht sowohl der Förderung der Erkenntniss, als vielmehr der Wahrnehmung der wichtigsten Lebensbedingungen angepasst. Bald merkt man im praktischen (technischen) Leben, dass die unmittelbare sinnliche Wahrnehmung wegen Beeinflussung der Organe durch mannigfache unbestimmbare Nebenumstände, nicht immer ein hinreichend zuverlässiges Merkmal für das thatsächliche (physikalische) Verhalten unserer Umgebung darstellt, wie dies bei den Ausführungen über den Temperaturbegriff eingehend erörtert wurde. Es kann etwas wie Gold aussehen, die chemische Probe ist aber erst entscheidend. Der Zimmermann hält z. B. beim Bau einer Hütte, einen einzufügenden Baumstamm nach dem Anblick für lang genug, findet ihn aber thatsächlich zu kurz. Nicht einmal ich selbst kann meine eigene Grössenvorstellung mit genügender Sicherheit festhalten, zu geschweigen davon, dass ich sie einem Andern ohne thatsächlichen Anhalt (den Maassstab) übertragen könnte. So gelangt man dazu, Thatsachen nicht mit Erinnerungen, sondern wieder mit Thatsachen zu vergleichen. Das Messen mit Fingern, Händen, Füssen, Schritten, das Anlegen von Maassstäben aller Art ergiebt sich auf diese Weise. Was man allein noch der direkten sinnlichen Wahrnehmung überlässt, und als genügend sicher betrachtet, ist die Beurtheilung der *Gleichheit* oder *Ungleichheit* mit einem *Maassstab, dem Vielfachen* oder *Bruchtheil desselben.* Das Messen und Zählen gehört zu den wichtigsten und feinsten Reaktionsthätigkeiten. Man unterscheidet mit Hülfe derselben *gleichartige* Fälle, während die gröbere qualitative Reaktion bei ungleichartigen Fällen in Wirksamkeit tritt.

3. Auch mathematische und geometrische Erkenntnisse werden *erschaut.* Dies stimmt sehr wohl mit der Ansicht, die ein berühmter französischer Mathematiker im Gespräche zu Liebig geäussert hat. Historische Untersuchungen lassen auch gar keinen Zweifel darüber, dass die Eigenschaften ähnlicher Figuren, der Satz des Pythagoras und dgl. auf *empirischem* Wege *gefunden* worden sind. Wenn es sich zeigt, dass die Maasszahlen *a, b, c,* welche den Seiten eines *rechtwinkligen* Dreieckes entsprechen, *quadrirt* auch die Gleichung erfüllen $a^2 + b^2 = c^2$, so ist dies ein *Zusammenhang zweier Reaktionen,* ganz ebenso, wie wenn wir finden, dass Natrium, welches Wasser zersetzt, auch mit Chlor verbunden Kochsalz giebt.

Ist einmal auf irgend einem Gebiet ein Zusammenhang von Reaktionen erschaut, der Interesse gewonnen hat, so wird die Frage entstehen, wie weit derselbe gilt. *Jetzt* werden dem *Aristotelischen* Schema entsprechend, verschiedene Fälle *verglichen,* auf deren Uebereinstimmung und Unterschied geprüft. Es klingt ganz glaublich, dass mar wie eine griechische Sage berichtet, zuerst (in Aegypten) bemerkt hat, dass für alle verticalen Objekte (Stäbe) *zugleich* bei gegebenem Sonnenstand die *Schatten* mit den Objekten von *gleicher Länge* wurden. Nachher erst soll Thales gefunden haben, dass bei beliebigem anderen Sonnenstand Stäbe und Schatten zwar nicht mehr gleich lang waren, aber in allen Fällen gleichzeitig in demselben Verhältniss standen.

Aehnlich wird es mit dem Satz des Pythagoras gegangen sein. Die alten Aegypter waren praktische Feldmesser. Sie müssen bald erkannt haben, das man zur Bestimmung der Fläche eines rechteckigen Feldes nicht die Einheitsquadrate wirklich *aufzulegen* und zu *zählen* braucht, sondern dass durch Multiplication der Maasszahlen der Seiten dieses Ziel rascher und einfacher erreicht wird. Einfache Beispiele, Rechtecke mit den Seiten 3 und 4, mögen zur Erläuterung benutzt, das rechtwinklige Dreieck mit den Seiten 3 und 4 wird als die Hälfte des betreffenden Rechteckes, durch Diagonalschnitt entstanden, aufgefasst worden sein. Diese Diagonale zeigte nun genau die Länge 5. Seile von den Längen 3, 4, 5 dienten wohl von nun an zur einfachen und praktischen Absteckung *rechter* Winkel.

Hatte Pythagoras — auf Babylonische Anregungen hin

— sich *experimentirend* mit den Eigenschaften der Quadratzahlen beschäftigt, so bemerkte er, dass $3^2 + 4^2 = 5^2$ (oder $5^2 - 4^2 = 3^2$). Nun musste die Frage entstehen, ob diese beiden *verschiedenen* Reaktionen, die geometrische und die arithmetische, welche in Pythagoras' Kopf sich zuerst als verbunden zeigten, nur an dem *einen* Dreierk vereinigt sind? Pythagoras wusste, dass die Reihe der *ungeraden* Zahlen die Differenzen der aufeinander folgenden Quadratzahlen darstellte, unter welchen ungeraden Zahlen oder den Summen aufeinander folgender sich wieder Quadratzahlen befanden. So konnten also noch andere Fälle der arithmetischen Gleichung, und zu derselben gehörige Dreiecke gefunden werden, die sich stets als rechtwinklig erwiesen. Endlich zeigte sich, dass in dem einfachsten Fall des *gleichschenkligen* rechtwinkligen Dreieckes das geometrische Aequivalent der arithmetischen Gleichung sehr anschaulich hervortrat, während diese selbst in (rationalen) *Zahlen* nicht darstellbar war. Dies wird schliesslich zu einem allgemeinen *geometrischen* Nachweis des Satzes geführt haben[1]). Der Satz gilt also für *alle* rechtwinkligen Dreiecke, dagegen *nicht* für schiefwinklige. Für letztere ist später bekanntlich ein anderer analoger Satz gefunden worden.

Die beiden geometrischen Beispiele zeigen deutlich, wie die an einem besondern Fall gewonnene Einsicht sich *erweitert*, *generalisirt*, und wie eben durch die betreffenden Versuche der Erweiterung zugleich eine *Restriktion* und *Specialisirung* auf bestimmte Bedingungen zum klaren Bewusstsein kommt. Im Gebiete der Physik können wir denselben Vorgang wahrnehmen. Eine Specialbeobachtung erweitert sich zur Richmann'schen und diese zur Black'schen Mischungsregel. Das Galilei'sche Fall- oder Wurfgesetz erweitert sich zum Newton'schen und specialisirt sich hiermit zugleich u. s. w.

4. Sehr häufig hält man den Entdeckungsvorgang durch „*In-*

---

[1]) Derselbe mag recht umständlich gewesen sein, und mehrere Specialfälle umfasst haben. Heute ist der Nachweis sehr leicht zu führen, indem man sich das Dreieck senkrecht zur Hypotenuse um deren Länge verschoben denkt, wobei die Hypotenuse ein Quadrat, die Katheten aber Parallelogramme zusammen von derselben Fläche wie jenes Quadrat beschreiben, welche Parallelogramme den Kathetenquadraten wieder flächengleich sind. Näheres über die Geschichte des Satzes bei Cantor, Geschichte der Mathematik I. S. 152 u. f. f.

duktion" für wesentlich verschieden von dem Entdeckungsvorgang durch „*Deduktion*". Doch beruht auch letzterer auf einzelnen Akten *des Erschauens*, welche sich eben nur im letzterem Fall zu einem *umfangreicheren* Akt zusammensetzen. Ein Beispiel mag dies erläutern. Ich finde, dass die Zirkelweite vom Kreismittelpunkt zum Umfang (Reaktion A), sechs Mal im Umfang aufgeht (Reaktion B). Ich kann ferner bemerken, dass das entstandene Sechseck sich durch Gerade von den Ecken zum Mittelpunkt in sechs gleichseitige Dreiecke zerlegen lässt, deren Seite der Kreisradius und *zugleich* die Sechseckseite ist (Reaktion C). Der Akt des Erschauens: „A ist mit B verbunden", ist durch die Einschaltung von C in kleinere Schritte zerlegt.

Derselbe Gedankencomplex kann nun verschiedene Formen annehmen. Es kann mir *erstens* neu, vielleicht *befremdlich*, gewesen sein, dass der Radius sechs Mal im Kreise aufgeht. Durch die Zerlegung des Sechseckes *sehe* ich, dass Sechseckseite und Kreisradius *dasselbe* sind. Ob ich nun die Eigenschaften des Sechseckes und des gleichseitigen Dreieckes eben erst erschaut habe, oder ob sie mir schon bekannt waren, in beiden Fällen, besonders aber in dem letzteren, wird mir die Einschiebung von C zwischen A und B als eine *Erklärung* erscheinen. Ich kann *zweitens* mit den Eigenschaften der gleichseitigen Dreiecke schon *vertraut* sein, kann sechs derselben zu einem Sechseck zusammenfügen, auf dem naheliegenden Einfall kommen, von der *allen* gemeinschaftlichen Ecke aus (in Gedanken oder wirklich) durch die anderen Ecken einen Kreis zu beschreiben. Dann habe ich, wie man zu sagen pflegt, auf *deduktivem Wege entdeckt*, dass der Radius die Sechseckseite ist. Wenn mir *drittens* der ganze Gedankencomplex schon *geläufig* ist, wenn ich den letzteren Satz an die Spitze stelle, und nun zur Ueberzeugung oder Belehrung eines Andern einen der beiden obigen Processe durchführe, so habe ich einen (*deduktiven*) *Beweis geführt*, und zwar einen *synthetischen*, wenn ich den letzterwähnten, einen *analytischen*, wenn ich den vorher erwähnten Vorgang wähle. Im ersteren Falle wird der Satz als Folge einer Bedingung, im letztern die Bedingung zu dem Satze gefunden.

5. In analoger Weise liesse sich jeder andere geometrische Satz z. B. jener, nach welchem die Summe der gegenüberliegen-

den Winkel eines Kreisviereckes 2 Rechte beträgt, zur Erläuterung dieser Verhältnisse verwenden.

Im Gebiete der Physik treten uns dieselbsn Erscheinungen nur in weniger einfacher Form entgegen. Arago findet, dass eine *rotirende* Kupferscheibe (A) eine Magnetnadel *mitbewegt* B). Durch Faraday's spätere Entdeckung, nach welcher in elativ gegen den Magnet bewegten Leitertheilen Ströme enttehen, welche (nach Oerstedt) auf ersteren Kräfte ausüben, die nach Lenz) der erzeugenden Bewegung entgegenwirken, werden wischen A und B neue Elemente (C) eingeschaltet. Der Zuammenhang von A und B wird durch C, welches übrigens ufstellungen derselben Art enthält, *erklärt.* Wäre C *vorher* icht nur theilweise sondern ganz bekannt gewesen, so hätte die *Deduktion* zur Entdeckung des Zusammenhanges von A und B geführt. Die Processe des Erschauens, ob sie vereinzelt oder verbunden auftreten, ob der Zusammenhang von A und B unmittelbar, oder ob zwischen A und B vermittelnde Glieder erschaut werden, bleiben im Wesen immer *dieselben.*

Die Erinnerung an die vorigen geometrischen Beispiele begünstigt besonders die Ueberzeugung, dass in *vielen* Fällen dieselbe Entdeckung sowohl durch das Experiment als auch auf theoretischem Wege gemacht werden kann, dass nämlich zwischen diesen beiden Forschungsweisen nicht jene grosse Kluft besteht, die man gewöhnlich annimmt. Ueberall wo meine Gedanken den Thatsachen schon genügend angepasst sind, werde ich die zwischen A und B einzuschaltenden Mittelglieder ebensogut in meinen Gedanken vorfinden wie im Experiment, sofern eben die Glieder C nicht ganz *neue*, erst in der Erfahrung zu findende sind. Der Theoretiker experimentirt, wie Liebig[1]) sagt, mit seinen Begriffen gerade so, wie der Experimentator mit Thatsachen experimentirt. Er hat, seine Ergebnisse mit den Thatsachen vergleichend, Gelegenheit, die Begriffe, von welchen er ausgegangen, zu prüfen oder zu berichtigen, wofür Galilei, Newton, Carnot reichliche Beispiele liefern. Anderseits äussert Gauss noch gelegentlich, das Experimentiren sei so interessant, weil man eigentlich stets mit seinen eigenen Gedanken experimentirt.

---

[1]) A. a. O.

Wirklich muss der Experimentator, soll es überhaupt zu einem Versuch kommen, von gewissen wenn auch unvollständigen Vorstellungen über das Verhalten der Thatsachen geleitet sein, welche er durch den Versuch bestätigt, widerlegt oder berichtigt, während auch die abstrakteste Forschung des Mathematikers der Beobachtung und des Experimentes nicht ganz entrathen kann[1]). Auf die enge Beziehung zwischen Denken und Beobachten, welche insbesondere der *modernen* Forschung eigen ist, wurde schon hingewiesen.

6. Der Charakter und der Entwicklungsgang der Wissenschaft wird wesentlich verständlicher, wenn man sich gegenwärtig hält, dass die Wissenschaft aus dem Bedürfniss des *praktischen* Lebens, der Vorsorge für die Zukunft, aus der Technik hervorgegangen ist. Aus der Feldmessung entwickelte sich die Geometrie, aus Sternbeobachtungen für wirthschaftliche und nautische Zwecke die Astronomie, aus der Metallurgie die Alchimie und die Chemie. Der durch Arbeit in fremdem Dienste gestärkte Intellekt macht bald seine *eigenen* Bedürfnisse geltend. So erschliesst das reine intellektuelle Interesse allmälig die Kenntniss grosser Thatsachengebiete, welche oft plötzlich und ganz unerwartet wieder technischen Werth gewinnen. Man überlege die Wege, welche von den Erscheinungen am geriebenen Bernstein durch einige Jahrhunderte zur Dynamomaschine und zur Kraftübertragung geführt haben, die grossartigen Anwendungen der in rein intellektuellem Interesse verflüssigten Kohlensäure u. s. w. Hat anderseits die Technik, die Industrie, ein Thatsachengebiet in Besitz genommen, so stellt sie Experimente von einer Grossartigkeit und Präcision an, wie dieselben auf anderem Wege nicht zu Stande kämen, liefert der Wissenschaft neue Thatsachen, und vergilt reichlich deren Hülfeleistung.

Der Forscher strebt nach der Kenntniss eines Thatsachengebietes; es ist ihm einerlei *was* er findet. Der Techniker strebt einen *bestimmten* Zweck zu erreichen; er lässt alles abseits liegen, was ihm nicht förderlich erscheint. Darin ist das Denken des Letzteren *einseitiger*, *gebundener*. Es ist ähnlich jenem des Geometers, der die Lösung einer Construktionsaufgabe sucht. Doch ist der Techniker bei Untersuchung seiner Mittel häufig

---

[1]) Cantor, Geschichte d. Mathematik. I. S. 130, 144, 150, 154, 159, 207.

genug Forscher, der Forscher bei Verfolgung *bestimmter* Ziele ebenso oft Techniker. Der Forscher strebt nach Beseitigung einer intellektuellen Unbehaglichkeit; er sucht nach einem *erlösenden Gedanken.* Der Techniker wünscht eine praktische Unbehaglichkeit zu überwinden, er sucht eine *erlösende Construktion.* Ein anderer Unterschied zwischen Entdeckung und Erfindung wird kaum anzugeben sein.

Das *Fragmentarische* aller unsrer Kenntnisse erklärt sich daraus, dass alle Wissenschaft von Haus aus ein praktisches Ziel hatte. An die Thatsachen, welche im Mittelpunkt des praktischen Interesses standen, schlossen sich die nächsten Erkenntnisse an.

In der Regel ist eine besondere Seite oder Eigenschaft der Thatsache von praktischem Interesse. Auf diese Eigenschaft beschränkt sich die Untersuchung. Thatsachen, welche in dieser übereinstimmen, werden als gleich oder gleichartig, welche sich in derselben unterscheiden als verschieden behandelt. Aeussert sich jene Eigenschaft erst auf eine besondere Reaktion hin, so dient diese sozusagen zur *Bereicherung* der unmittelbar vorliegenden Thatsache, anderseits aber wieder zur *Vereinfachung*, indem nur mehr auf das Ergebniss dieser Reaktion geachtet wird. Das praktische Bedürfniss treibt also zur *Abstraktion.*

7. Eine für uns wichtige Eigenschaft einer Thatsache sei der unmittelbaren Prüfung durch die Reaktion R nicht zugänglich. Das *praktische* Interesse erfordert dann, dass wir andere Reaktionen A, B, C aufsuchen, durch deren Combination R bestimmt und zwar *eindeutig bestimmt* ist. So bestimmen wir den nicht direkt messbaren Höhenunterschied zweier Orte durch die Barometerhöhen an denselben, die Länge einer unzugänglichen Dreieckseite b durch die zugängliche c und deren anliegende Winkel α, β, die etwa unausführbare manometrische Druckmessung eines Gases durch dessen Masse, Volum und Temperatur u. s. w. Der Wunsch Eigenschaften von Thatsachen voraus zu bestimmen, oder theilweise vorliegende Thatsachen in Gedanken zu ergänzen, treibt uns also, Gruppen von Reaktionen $A, B, C, D \ldots$ aufzusuchen, welche so zusammenhängen, dass wenn eine gewisse Anzahl derselben gegeben, der Rest *eindeutig bestimmt* ist. Beispiele hierfür sind die trigonometrischen Formeln, das Mariotte-Gay-Lusac'sche Gesetz u. s. w.

Zwei Systeme von Eigenschaften oder Reaktionen, die sich gegenseitig *eindeutig bestimmen*, seien dieselben qualitativ oder quantitativ, wollen wir als gleichwerthig, gleichgeltend oder *äquivalent* bezeichnen. So ist für eine geradlinige Bewegung bei constanter Kraft, für welche m, s, t, v, p Masse, Weg, Zeit Endgeschwindigkeit, Kraft bedeuten, die Werthbestimmung je *dreier* dieser Grössen, unter welcher m oder p ist, *äquivalent* der Werthbestimmung von je *drei andern*; denn stets sind die zwei noch übrigen mitbestimmt. Für ein ebenes Dreieck mit den Seiten A, B, C und den gegenüber liegenden Winkeln α, β, γ, ist die Werthbestimmung von $A\ \beta\ \gamma$ äquivalent jener von $B\ C\ \alpha$. Die Kenntniss solcher Systeme äquivalenter Eigenschaften ist, wie Mann in Bezug auf Geometrie gezeigt hat[1], da sich seine Darlegungen auf jedes Gebiet, so auch auf Physik übertragen lassen, für das (deduktive) Denken von dem höchsten Werth. Jede Ableitung, jede richtige Erklärung, jeder Beweis beruht auf dem schrittweisen Ersatz von Eigenschaften durch äquivalente, wobei sich schliesslich Eigenschaften als äquivalent zeigen, für welche dies nicht unmittelbar ersichtlich war.

Eine solche Aequivalenz ist selbstredend immer *gegenseitig*. Wenn man z. B. den Satz aufstellt: „Zu einem Viereck (A), dessen Ecken im Kreise liegen (B), ist die Summe der gegenüberliegenden Winkel 2 Rechte (C),“ so lässt sich umgekehrt sagen: „In einem Viereck (A), in welchem die Summe der gegenüberliegenden Winkel 2 Rechte ist (C), liegen die Ecken im Kreise (B).“ Eine unrichtige Umkehrung entsteht nur durch Weglassung eines Bestimmungsstückes in derselben. So ist der Druck (p) einer gegebenen Gasmasse durch Volum (v) und Temperatur (t) bestimmt, und auch v durch p *und* t, nicht aber v *und* t durch p allein. Das von Mann gegebene Beispiel der falschen Umkehrung eines geometrischen Satzes lässt sich in derselben Weise auffassen.

Auch Mann's Unterscheidung *mehr-* und *mindergeltender*, *widersprechender* und von einander *unabhängiger* Eigenschaften lässt sich ohne weiters in der Physik anwenden, wie dies nicht

---

[1]) Mann, Abhandlungen aus dem Gebiete der Mathematik. Festschrift zum Jubiläum der Universität Würzburg. 1882.

weiter ausgeführt werden soll. Das Verhältniss übergeordneter, untergeordneter, disparater, sich ausschliessender Begriff ist ja aus logischen Untersuchungen hinreichend geläufig. Nur in Bezug auf die *Unabhängigkeit* der Eigenschaften sei die Wichtigkeit der klaren Erkenntniss derselben hervorgehoben. Eine Reihe der bedeutendsten Entdeckungen stellt solche *Unabhängigkeiten* fest, und befreit so den Blick von trübenden und störenden Nebendingen. Man denke z. B. nur an das Kräfteparallelogramm, das Princip der Unabhängigkeit der Kräfte voneinander. Die gesammte mittelalterliche Forschung wird dadurch verdunkelt, dass dieselbe Abhängigkeiten voraussetzt, wo keine bestehen.

8. Die eindeutige Bestimmung gewisser uns wichtiger Eigenschaften $M\,N\,O\ldots$ von Thatsachen durch andere leichter zugängliche $A\,B\,C\ldots$ wird also in den wissenschaftlichen Aufstellungen angestrebt. In Bezug auf die selbst veränderlichen $A\,B\,C\ldots$ kann eine analoge Arbeit erforderlich werden, welche also *unvollendbar* ist, wenn man nicht schliesslich auf immer *vorhandene unveränderliche* Eigenschaften geführt wird. Letzteres würde aber Veränderungen in unserer Umgebung eigentlich ausschliessen.

In praktischer Richtung gestaltet sich die Sache so, dass wir $A\,B\,C\ldots$ entweder vollkommen in unserer Gewalt haben, wodurch also Probleme in Bezug auf diese entfallen, oder dass die $A\,B\,C\ldots$ in von uns unabhängiger oder sogar für uns unabsehbarer Weise kommen und gehen (man denke etwa an einen Meteoritenfall), wobei also wieder jeder Angriffspunkt für ein Problem fehlt. Die praktischen Schranken der Wissenschaft machen sich also überall bemerklich.[1])

9. Das praktische Bedürfniss erfordert eine *geläufige* und *sichere* Anwendung der wissenschaftlichen Aufstellungen. Diese wird gefördert, indem man *neue* Beziehungen auf bereits *bekannte* zurückführt. Ein weiteres Mittel besteht in dem *Vereinfachen, Schematisiren* der Thatsachen, d. h. in der Darstellung durch Bilder, welche nur die *wichtigen* Züge enthalten, in welchen

[1]) Gegen einige meiner älteren Aufstellungen über eindeutige Bestimmtheit hat Petzoldt Einwendungen vorgebracht, die mir zu denken gegeben haben; ich muss die Erörterung derselben einer spätern Gelegenheit vorbehalten.

.....s die Aufmerksamkeit Ablenkende, Ueberflüssige fehlt. So denken wir uns den Planeten als einen Punkt, die Bahn des elektrischen Stromes als eine Linie.

Weist man aus praktischen Gründen darauf hin, dass eine Thatsache A sich so verhält wie eine uns geläufigere B, so kann letztere auch eine persönliche Thätigkeit, eine Rechnungsoperation oder geometrische Construktion sein. Die Fallräume verhalten sich wie die Zahlen, die wir durch Quadriren der Zeitmaasszahlen erhalten, die Temperaturen von Mischungen wie arithmetische Mittel u. s. w. Je geläufiger uns solche Operationen, und je einfacher sie sind, desto mehr sind wir befriedigt, desto geringer ist das Bedürfniss nach weiterer Aufklärung, desto besser *verstehen* wir die Aufstellung.

10. Die ganze Eigenart, Sicherheit und Geläufigkeit aritl. metischer Operationen überträgt sich auf die Kenntniss der durch dieselben dargestellten Thatsachen. Diese Eigenart war Kant wohl bekannt, wenngleich die Untersuchung über den Ursprung derselben weiter geführt werden kann als es durch ihn geschehen ist.

Zunächst ist klar, dass das Zählen unsere *eigene Ordnungsthätigkeit* ist, und das arithmetische Sätze nichts anderes enthalten, als Erfahrungen über unsere eigene Ordnungsthätigkeit, da dieselben nur die *Aequivalenz einer* Ordnungsthätigkeit mit einer *andern* ausdrücken. Dass es sich hier um *Erfahrungen* handelt, wie in jedem andern Fall, ist zweifellos, um Erfahrungen jedoc! welche von *physikalischen* ganz unabhängig sind, und die ebe deshalb auch über *Physikalisches* gar nichts aussagen. Darui ist es auch kaum zu verstehen, wie man zuweilen auf de wunderlichen Gedanken hat kommen können, zu glauben, da: die („a priori entwickelte") Arithmetik *der Welt Gesetze vor schreibe.* Von den Objekten, auf welche wir die Arithmetik ar wenden, setzen wir *nur* voraus, dass sich dieselben gleich bleibe

Die einfachsten arithmetischen Sätze — und alle compl cirteren lassen sich auf solche einfache zurückführen — habe allerdings noch eine besondere Eigenschaft. Denke ich, da: $2 \times 2 = 4$, so ist die Vorstellung 2×2 *ein* psychischer Ak 4 ein *anderer*, die Gleichsetzung beider ein *dritter*. Allein ic bemerke, dass ich mit dem sinnlichen oder mit dem Vorstellung: bild von 2×2 Punkten zugleich 4 Punkte schon *mit vorge stellt habe.* Ein *anderes* Verhältniss, oder wenn man lieber so sagt: das *Gegentheil*, ist unvorstellbar.[1]) Ebenso kann ich mir den Winkel einer Dreieckes *wachsend* denken, und in einem *besondern* Aufmerksamkeitsakt bemerken, dass zugleich die gegenüberliegende Seite wächst. Ich finde aber, dass in dem Bilde des wachsenden Winkels die wachsende Seite schon mit enthalten war. *Physikalische* Erfahrungen verhalten sich anders. Ein *glühender* (leuchtender) Körper ist auch *heiss*. Ich muss aber *beide* Eigenschaften nicht in *einem* sinnlichen Akt wahrnehmen, oder vorstellen, wie in den obigen Fällen. Ich kann auch Körper finden, die heiss sind ohne zu leuchten, und umgekehrt. Zwei materielle Punkte kann ich wahrnehmen. Dass sie sich aber anziehen, lehrt mich erst ein besonderer Wahrnehmungsakt. Die *Untrennbarkeit* und *Einfachheit* des sinnlichen Erfahrungsaktes, welcher gewissen mathematischen Erfahrungen zu Grunde liegt, neben der Leichtigkeit die Erfahrung zu wiederholen, begründet ein besonderes Gefühl der Sicherheit.

In Bezug auf Geometrie sind die Verhältnisse etwas complicirter als in Bezug auf Arithmetik. Unser Sehraum ist mit dem geometrischen nicht identisch. Doch entspricht der erstere dem letzteren so, dass jedem Punkt des einen ein Punkt des andern zugeordnet ist, und dass einer continuirlichen Verschiebung in dem einen eine eben solche in dem andern entspricht. Alle Ordnungsfragen (oder topologischen Fragen) werden also ohne Hülfe der physikalischen Erfahrung in der Phantasie erledigt werden können. Ein guter Theil unserer Geometrie ist aber eine wirkliche *Physik* des Raumes. Ohne den Gebrauch eines starren Maassstabes vorauszusetzen, können die Congruenzsätze nicht aufgestellt werden.

Gegen die Auffassung der Geometrie als Physik des Raumes hat man vielfach in wunderlicher Weise geltend gemacht, dass die geometrischen Begriffe nirgends in der physikalischen Welt exakt repräsentirt seien, dass aber die geometrischen Sätze dennoch vollkommen genau gelten. Dagegen ist zu bemerken, dass die Geometrie ihre Objekte ganz ebenso *idealisirt* wie die Physik, und dass die Folgerungen eben in derselben Annäherung gelten, wie die Voraussetzungen. Wenn ich einen krummen,

[1]) Vgl. Zindler, Beiträge zur Theorie der mathemat. Erkenntniss. Wien 1889. — Meinong, Hume-Studien. Wien. 1877.

dünnen, starren Draht um zwei seiner festgehaltenen Punkte drehe, so verlassen die übrigen ihren Ort. Je schwächer die Krümmung wird, desto weniger ändern sie ihre Lage. Sofern ich von der Krümmung *ganz absehen will oder kann, will oder kann ich* auch von der Lagenänderung bei der Drehung *absehen.* Der gerade Draht, die gerade Linie, ist ein *Ideal*, so wie das vollkommene Gas. *Sofern* ich das Ideal als *erreicht* ansehe, sofern ist die Gerade durch 2 Punkte *bestimmt.* Mit derselben Annäherung als ich die Winkel an der Grundlinie des Dreieckes als gleich ansehen kann oder will, kann oder will ich auch die gegenüber liegenden Seiten als gleich ansehen. Einen *andern* Sinn haben die geometrischen Sätze nicht. Bei Anwendungen erlaube ich mir dieselbe Freiheit, die ich mir bei Anwendungen der Arithmetik erlaube, indem ich die physischen Einheiten als *gleich* ansehe.

11. Man kann wegen der zuvor betrachteten Unterschiede wirklich zu der Frage kommen, ob die Aufstellung von *Axiomen* im Gebiete der Physik dieselbe Berechtigung hat wie in der Geometrie[1]). Betrachtet man aber die quantitative Seite der Sache, und bedenkt, dass ohne die *Erfahrungsakte* der *Zählung* und *Messung* auch in der Geometrie nichts anzufangen ist, so erscheinen die Grundlagen beider Gebiete in so fern wieder verwandter, als in *beiden* von eigentlichen Axiomen nicht die Rede sein kann.

Wenn ich finde, dass eine physikalische Thatsache sich so verhält wie meine Rechnung oder meine Construktion, so kann ich nicht zugleich das Gegentheil annehmen. Ich muss also *den physikalischen Erfolg mit derselben Sicherheit erwarten, mit welcher ich das Ergebniss der Rechnung oder Construktion als richtig ansehe.* Diese *logische Nothwendigkeit* ist aber selbstredend wohl zu unterscheiden von der Nothwendigkeit der *Voraussetzung des Parallelismus* zwischen der physikalischen Thatsache und der Rechnung, welche letztere stets auf einer gewöhnlichen sinnlichen Erfahrung ruht. Auf der *Uebung*, die Vorstellung der Thatsachen mit jener ihres allseitigen Verhaltens fest zu verbinden, beruht die starke Erwartung eines bekannten Erfolges, der dem Naturforscher wie eine Nothwendigkeit er-

[1]) P. Volkmann, Hat die Physik Axiome? Physikal. ökonom. Gess. Königsberg i. Pr. 5. April 1894.

scheint. Das Verhältniss, welches in den geometrischen Anschauungen *von selbst* besteht, wird hier allmälig *künstlich* hergestellt. So bildet sich das heraus, was man gewöhnlich als Gefühl für die *Causalität* bezeichnet.

12. Es ist schon bemerkt worden, dass *quantitative* wissenschaftliche Aufstellungen als *einfachere* und zugleich *umfassendere* Specialfälle *qualitativer* Aufstellungen anzusehen sind. Zink giebt in verdünnter Schwefelsäure eine farblose, Eisen eine blassblaugrüne, Kupfer eine blaue Lösung, Platin gar keine. Für jeden Fall habe ich eine *besondere* Aufstellung nöthig. Ist ein Gas in einem mit Manometer und Thermometer versehenen Gefäss eingeschlossen, so finde ich für verschiedene Thermometeranzeigen verschiedene Manometerstände. Auch hier habe ich zunächst eine Reihe *verschiedener* Fälle, die jedoch untereinander grosse *Aehnlichkeit* haben, und sich nur durch die *Zahl* der Thermometergrade und die Zahl der Längeneinheiten der Manometersäule unterscheiden. Trage ich in einer Tabelle zu jedem Thermometerstand den Manometerstand ein, so folge ich eigentlich zunächst nur dem Schema bei obiger chemischer Aufstellung. Allein ich habe schon den Vortheil, dass die Thermometer- und Manometerstände je eine *Reihe* bilden, deren Glieder ich durch Anwendung des Zahlensystems ohne neue Erfindung in *beliebig feiner Weise unterscheiden kann.* Ein weiterer Blick lehrt mich, dass die einzelnen in der Tabelle dargestellten Fälle untereinander die grosse Aehnlichkeit zeigen, dass jeder Manometerstand aus dem Thermometerstand durch eine einfache Zähloperation gewonnen werden kann, dass diese Operation für *alle* Fälle in der Art übereinstimmt, dass demnach die ganze Tabelle durch eine zusammenfassende *Herstellungsregel* derselben:

$$p = p_0 \left(\frac{1+t}{273}\right)$$

ersetzt und *überflüssig* gemacht werden kann. Wenn ein Strahl aus Luft in Glas übergeht wird er gebrochen. Ein anderer Strahl von grösserem Einfallswinkel wird stärker gebrochen. Ich kann für viele Fälle die Einfallswinkel α mit den Brechungswinkeln β in eine Tabelle zusammenstellen, welche sich beliebig *verfeinern* und *bereichern* lässt. Kann ich aber das Verhalten des Strahles durch die (Snell'sche) Construktion oder die Descartes'sche Formel $\sin \alpha / \sin \beta = n$ *nachahmen*, so ersetzen mir diese Mittel in sehr einfacher Weise die Tabelle. Gewöhne ich mich, auf den einfallenden Strahl die Construktion oder die Formel gleich mit angewendet zu denken, so ist hiermit der gebrochene mit ganz anderer Geläufigkeit und Sicherheit mit gegeben, als wenn ich denselben erst in der Tabelle oder gar in dem Gedächtnissbild suchen sollte. Die Sicherheit wird noch grösser und das Bedürfniss nach einer weitern Motivirung dieses Processes wird noch mehr befriedigt, wenn es mir gelingt, die Construktion oder die Formel selbst noch einfacher als den blossen Ausdruck des Lichtgeschwindigkeitsverhältnisses $\frac{v}{v'} = n$ in beiden Medien zu erkennen. Die *beliebige Verfeinerung*, die leichte *Uebersicht* und Handhabung eines ganzen *Continuums* von Fällen, von dessen *Vollständigkeit* wir zugleich überzeugt sind[1]), begründet den Vorzug solcher *quantitativer* Aufstellungen. Es ist natürlich, dass dieselben als ein *Ideal* angestrebt werden, überall wo man sich demselben nähern kann, und dass man eine Wissenschaft als vollendet ansieht, welche dasselbe erreicht hat. Ein anderer Unterschied zwischen quantitativen und qualitativen Aufstellungen, als der hier bezeichnete, besteht jedoch nicht.

13. Sehr verschiedenartig sind die Vorgänge, durch welche sich die Wissenschaft entwickelt, und verschiedenartig auch die Mitwirkung der Forscher bei deren Ausbau, wie dies nur an einigen hervorragenden Beispielen erläutert werden mag. Bei Newton finden wir alle Fähigkeiten, welche sonst an verschiedene Forscher in ungleichem Maasse vertheilt sind, in höchstem Grade vereinigt. In den *optischen* Arbeiten sehen wir ihn eine Reihe der merkwürdigsten Thatsachen unmittelbar *erschauen:* Die ungleiche Brechung verschiedenfarbigen Lichtes, dessen Periodicität, die Polarisation. Indem er die einmal erkannten Thatsachen frei von störenden Umständen darzustellen weiss, bewährt er sich als hervorragender *Techniker*. Seine *deduktive* Kraft zeigt sich vorwiegend in den astronomisch-mechanischen Arbeiten. Für die Kepler'schen Bewegungen findet er die *Bedingung*, die *erklärende* Vorstellung in der modificirten An-

---

1) In dem chemischen Beispiel können wir uns keine Gewissheit verschaffen, ob die möglichen Fälle erschöpft sind.

nähme der Schwere, und die entferntesten Folgen dieses Gedankens weiss er mit den Thatsachen zu vergleichen und an denselben zu bestätigen. *Schematisirt* er einmal den Planeten als einen Punkt, so nimmt er doch keinen Anstand, das Schema wieder fallen zu lassen, wo es sich um Einzelheiten handelt, die jenes Schema nicht enthalten kann, um das Fluthphänomen, ebenso wie er das herkömmliche *Schema* des *einen* Lichtstrahles fallen lässt, um durch feinere Unterscheidung der Einzelheiten die Dispersion zu erschauen.

14. Vielleicht in noch reicherer Bethätigung als bei Newton tritt uns bei Faraday die *induktive* Kraft entgegen, um einen herkömmlichen Ausdruck zu gebrauchen. Man denke nur an die Menge von Thatsachen, die er zuerst *gesehen* hat, und wie er mit *einem* schlagenden Wort den Strom als eine Achse von Kraft zu bezeichnen weiss. Und wenn die Fähigkeit der *Deduktion* bei ihm weniger auffällt, so mag das mehr an seiner durch die Erziehung bedingten Form liegen. Denn Maxwell, der ihn am besten zu lesen verstand, ist diese Fähigkeit nicht entgangen.

Aber auch eine mehr *einseitige* Begabung kann sehr fruchtbringend wirken. So haben wir in Lambert und Dalton zwei Männer kennen gelernt, deren Beobachtungsgabe hinter ihrer Fähigkeit zu deduciren, zu construiren und zu schematisiren weit zurücksteht. Eine besondere Eigenart tritt uns in Fraunhofer und Foucault entgegen; sie sind vorwiegend geniale Techniker. Auch sie wussten ja merkwürdige sich darbietende Thatsachen festzuhalten, benutzten dieselben aber vorzugsweise zur Verfolgung ihnen klar vorschwebender, bestimmter, theilweise rein praktischer Ziele.

Das Ziel der Forschung.

1. Wenn man eine *vollständige Theorie* als das Endziel der Forschung bezeichnen wollte, dürfte man den Ausdruck „Theorie“ nicht in dem Sinne nehmen, in welchem derselbe an einer früheren Stelle (S. 398) gebraucht worden ist, und in welchem derselbe meist gebraucht wird, nicht als eine Parallelisirung eines Thatsachengebietes mit einem *andern geläufigeren*. Wir müssten unter diesem Namen vielmehr eine *vollständige systematische Darstellung der Thatsachen* begreifen. So lange jedoch dieses Endziel noch nicht erreicht ist, bedeutet die Theorie im erstern Sinne immer einen Fortschritt, eine Annäherung an das letztere, indem sie ein vollständigeres Bild der Thatsachen giebt, als dies ohne deren Hülfe möglich wäre. So lange eine Darstellung noch nicht vollendet ist, wird also die Theorie im erstern Sinne als selbstthätiges, ordnendes, construirendes, *speculatives* Element eine gewisse Berechtigung haben.

2. Das Ideal aber, dem jede wissenschaftliche Darstellung, wenn auch sozusagen asymptotisch zustrebt, enthält in der vollständigen Beschreibung der Thatsachen mehr als alle Speculationen zu geben vermögen, und es fehlt demselben dafür das Fremde, Ueberflüssige, Irreführende, das jede Speculation einführt. Dieses Ideal ist ein *vollständiges, übersichtliches Inventar der Thatsachen eines Gebietes.* Dasselbe soll für den Gebrauch einfach, handlich, ökonomisch geordnet und in der Anlage so durchsichtig sein, dass es womöglich ohne weitere Hülfsmittel im Kopfe behalten werden kann. Was wir gegenwärtig zur Erläuterung heranziehen können, sind nur Versuche und Bruchstücke einer derartigen künftigen Darstellung, wie z. B. die d'Alembert'schen (oder Lagrange'schen) Gleichungen, welche alle möglichen dynamischen Thatsachen, die

Fourier'schen Gleichungen, welche alle denkbaren Wärmeleitungsthatsachen umfassen. Wer sich die leicht im Kopfe zu behaltenden Fourier'schen Gleichungen angeeignet hat, wird eine *Uebersicht* der Leitungsthatsachen haben, und die *Sicherheit*, dass das Gebiet so *erschöpfend* dargestellt ist, wie etwa chemische Thatsachen durch eine vollständige analytische Tabelle. Letztere Tabelle kann aber durch eine einzige neu aufgefundene Thatsache gestört werden, während Fourier's Gleichungen keine explicite Beschreibung, sondern die Herstellungsregel derselben für jeden möglichen Fall, für eine unendliche Anzahl, für ein Continuum von Fällen enthalten. Durch die Zerlegung in Volum- und Zeitelemente, und die Kenntniss der einfachen Vorgänge in denselben, von welchen jene Gleichungen ausgehen, sind wir in den Stand gesetzt, *jede* vorkommende Thatsache mit *genügender Genauigkeit* aus solchen Elementarvorgängen zusammenzusetzen, und den Verlauf derselben dann schrittweise in Gedanken (rechnend und construirend) aufzubauen. Das hat wohl Riemann gemeint, mit dem Worte: dass wahre (überall anwendbare) Naturgesetze nur im unendlich Kleinen zu erwarten seien (nicht in dem zufälligen zu speciellen und individuellen Integralfall). Die Gleichungen sind also viel einfacher zu handhaben als jene Tabelle, und die Wiederholung derselben wenigen einfachen Motive, welche in jeder Anwendung auftritt, bringt einen *logisch-ästhetischen* Eindruck hervor, verwandt demjenigen, welchen die mannigfaltige Anwendung derselben Motive in einem Kunstwerk erzeugt.[1])

[1]) In Bezug auf die ästhetische Seite der Wissenschaft vgl.: Popper, Die technischen Fortschritte nach ihrer ästhetischen und culturellen Bedeutung. Leipzig. 1888.

Anhang.

Premier Essai

pour déterminer les variations de température qu'éprouvent les gaz en changeant de densité, et considérations sur leur capacité pour le calorique.

Par Mr. Gay-Lussac.[1])

(Mém. d'Arcueil I. 1807.)

Lu à l'Institut le 15. Septembre 1806.

Dans les recherches que nous avons publiées, Mr. Humboldt et moi, sur les moyens eudiométriques et l'analyse de l'air atmosphérique[2]), nous avions reconnu que l'inflammation d'un mélange de gaz oxigène et de gaz hydrogène par l'étincelle électrique, ne produisait point une inflammation complète, lorsque les deux gaz étaient entre eux comme 10 est à 1. Dans cette expérience, en remplaçant par de l'azote l'excédant du gaz oxigène nécessaire à la saturation du gaz hydrogène, la combustion s'arrêtait encore à très peu près au même point. Guidés par des considérations particulières, nous avions été conduits à penser que ce phénomène dépendait de ce que le calorique, dégagé dans la combinaison, se trouvant absorbé par les parties de chaque gaz qui n'y étaient pas entrées, la température se trouvait abaissée au dessous du point nécessaire à la combustion; d'où il résultait conséquemment que l'inflammation devait s'arrêter. Et comme nous avions vu le gaz azote produire, sous ce rapport, des effets presque identiques avec ceux que produisait le gaz oxygène, nous avions présumé que ces deux gaz n'arrêtaient la combustion au même point que parce qu'ils avaient surement une capacité

[1]) Diese Abhandlung, welche den berühmten Versuch Gay-Lussac's betreffend die Wärmeerscheinungen bei Volumänderungen der Gase enthält, der erst 39 Jahre später von Joule zu einem Leben erweckt und allgemeiner bekannt gemacht wurde, erschien in den Mém. d'Arcueil 1807. Dieses Journal existirt nur in sehr wenigen Exemplaren. Herr J. Joubert, Inspecteur général de l'Instruction publique in Paris, hatte die besondere Güte den Text mitzutheilen und die Correctur nach seinem Exemplar zu revidiren, wofür ich ihm hier herzlich danke. Mach.

[2]) Journal de Physique. Tom. 60.

égale pour le calorique. Nous n'avions pu alors vérifier nos soupçons sur les autres gaz; mais comme on est naturellement porté à généraliser, nous avions conservé l'opinion, moi en particulier, qu'il était très possible que tous les gaz eussent la même capacité pour le calorique. De retour à Paris, du voyage que j'avais fait, avec Mr. Humboldt, en Italie et en Allemagne, j'ai été très impatient de faire des expériences plus directes pour voir jusqu'à quel point nos premières conjectures étaient fondées, persuadé que, quelqu'en fut le résultat, je n'aurais pas fait un travail inutile. J'ai communiqué mon projet à Mr. Berthollet, qui m'a beaucoup engagé à l'exécuter, et il y a pris lui-même, ainsi que Mr. Laplace, le plus vif intérêt. S'il est flatteur pour moi de pouvoir citer ici ces deux illustres savants, qui m'honorent de leur estime, je dois déclarer en même temps que je dois beaucoup à leurs conseils éclairés. C'est à Arcueil, dans le cabinet de physique de Mr. Berthollet que mes expériences ont été faites. Elles m'ont conduit, sur la capacité des gaz, à des résultats inattendus, contraires à ceux que j'avais soupconnés, et m'ont fait connaître plusieurs phénomènes nouveaux qui paraissent devoir être très importants pour la théorie de la chaleur.

En partant de ces deux faits, que les gaz se dilatent tous également par la chaleur, et qu'ils occupent des espaces qui sont entre eux en raison inverse des poids qui les compriment; j'ai pensé avec Mr. Dalton[1]) qu'en les mettant tous dans les mêmes circonstances, et en diminuant également la pression qui leur serait commune, on pourrait voir, par les changements de température que produiraient les augmentations de volume, s'ils avaient ou non des capacités égales pour le calorique. C'est dans ce but que j'ai employé l'appareil suivant.

J'ai pris deux ballons à deux tubulures, chacun de douze litres de capacité. A l'une des tubulures de chaque ballon était adapté un robinet, et à l'autre un thermomètre à alcool très sensible, dont les degrés centigrades pouvaient être divisés facilement en centièmes. Je me suis d'abord servi du thermomètre à air, construit d'après les principes de Mr. le comte de Rumford, ou d'après ceux de Mr. Leslie; mais quoique infiniment

---

[1]) Journal des Mines. Tom. 13 p. 257.

plus sensible que celui à alcool, plusieurs inconvenients aux quels je puis remédier maintenant, m'avaient fait préférer ce dernier, par ce qu'il me donnait des résultats plus comparables. Pour éviter les effets de l'humidité, j'ai mis dans chaque ballon du muriate de chaux desséché. Voici maintenant la disposition de l'appareil pour chaque expérience. Le vide étant fait dans les deux ballons, et m'étant assuré qu'ils le retenaient exactement, je remplissais l'un deux avec le gaz sur lequel je voulais opérer. Environ douze heures après, j'établissais entre eux une communication au moyen d'un tuyau de plomb, et en ouvrant les robinets, le gaz se précipitait alors dans le ballon vide jusqu'à ce que l'équîlibre de pression fut retabli de part et d'autre. Pendant ce temps le thermomètre éprouvait des variations que je notais avec soin.

J'ai commencé mes expériences avec cet appareil sur l'air atmosphérique, et j'ai pu observer, avec M. M. Laplace et Berthollet, que l'air en entrant du ballon plein dans le ballon vide, a fait monter le thermomètre, comme plusieurs physiciens l'ont deja annoncé. On savait que l'air en se dilatant, lorsqu' on diminue la pression qu'il éprouve, absorbe du calorique, et reciproquement qu'en se condensant il en dégage. De là quelques physiciens avaient conclu que la capacité de l'air dilaté pour le calorique, est plus grande que celle de l'air condensé, et qu'un espace vide doit renfermer plus de calorique que le même espace occupé par de l'air. En considérant des poids égaux de ce fluide, sous des pressions differentes et à des températures égales, il n'y a pas de doute qu'il ne renferme d'autant plus de calorique qu'il est plus dilaté, puis qu'en se dilatant il en absorbe continuellement. Mais quand on considère des volumes égaux, rien n'autorise à croire que la même chose doit avoir lieu. Si en effet, dans notre expérience, l'air dilaté qui reste dans le ballon plein a absorbé du calorique, celui qui en est sorti en a emporté et il n'est pas prouvé que la quantité de celui qui est absorbé soit plus grande que celle qui a été emportée. Par conséquent, l'opinion de ceux qui croient qu'un espace vide contient plus de calorique qu'un espace plein d'air, et qui n'est appuyée que sur ces considérations, est absolument sans fondement. On ne peut croire, avec Mr. Leslie, que c'est l'air resté dans le récipient, à cause du vide imparfait, qui, venant a éprouver une grande réduction de volume par l'effet de celui qu'on y fait entrer, donne naissance à toute cette chaleur. S'il en était ainsi, il faudrait qu'en en introduisant un très petit volume dans un récipient vide, il y eut une quantité de calorique absorbée, égale à peu près à celle dégagée lorsque le récipient est vide à cette même quantité d'air près, et qu'on le laisse remplir entièrement. Mais, bien loin delà, il se dégage toujours de la chaleur. Il peut paraître indifférent au premier abord que ce soit d'un espace vide ou occupé par de l'air très dilaté, que soit dégagé le calorique lorsque l'air pénètre dans cet espace: mais il me semble que pour la theorie de la chaleur il est de la plus grande importance d'en connaître la source. Pour moi, malgré le vide le plus parfait que j'aie pu produire dans un de mes récipients, j'ai toujours vu le thermomètre s'élever d'une manière très marquée lorsque l'air de l'autre s'y est précipité, et je ne puis m'empêcher de conclure que la chaleur ne vient point de celui qui pouvait y être resté.

M'étant assuré de ce fait important, que plus un espace est vide, et plus il s'en dégage de chaleur lorsque l'air exterieur y pénètre, j'ai cherché à déterminer, par des expériences exactes, quelle relation il y avait entre le calorique absorbé dans l'un des récipients et celui dégagé dans l'autre, et comment ces variations de température dépendaient de celles de la densité de l'air. Pour abréger, j'appelerai N^ro. 1 le ballon où est enfermé le gaz qui fait le sujet de l'expérience, et N^ro. 2 celui qui est vide. C'est dans le premier qu'il se produit du froid, et dans le second de la chaleur. A chaque expérience j'ai noté exactement le thermomètre extérieur et le baromètre; mais l'un n'ayant varié qu'entre 19 et 21 degrés centigrades, et l'autre qu'entre 0^m, 755 et 0^m, 765, les corrections qu'il y aurait à faire dans les résultats sont très peu considérables, et peuvent être négligées. Pour voir quel rapport il y avait entre les densités de l'air et les variations de température qui leur sont dues, j'ai opéré successivement sur de l'air dont les densités décroissaient comme les nombres 1, $^1/_2$, $^1/_4$, etc. Pour cela, après avoir fait passer l'air du récipient N^ro. 1 dans le récipient vide N^ro. 2, j'ai fait de nouveau le vide dans ce dernier, et j'ai attendu que l'équilibre de température fut parfaitement rétabli de part et d'autre. A cause de l'égalité de capacité des deux récipients, la densité de l'air se trouvait alors réduite à moitié. En ouvrant les robinets, l'air s'est encore partagé entre les deux ballons, et sa densité a été réduite au quart. J'aurais pu la porter ainsi successivement au huitième, au seizième etc; mais je me suis borné à la réduire au huitième; car au delà les variations de température, qui vont sans cesse en diminuant, auraient pu difficilement être observées avec exactitude. Le tableau suivant renferme les résultats moyens de six expériences que j'ai faites sur l'air atmosphérique.

Densité de l'air exprimée par le baromètre.	Froid produit dans le Ballon Nro. 1	Chaleur produite dans le Ballon Nro. 2
0^m, 76...	0°, 61	0°, 58
0^m, 38...	0°, 34	0°, 34
0^m, 19...	0°, 20	0°, 20.

Je ne rapporte dans ce tableau que la moyenne des résultats, parceque les plus grands écarts au-dessus ou au-dessous de cette moyenne n'ont été que de 0,05, la densité de l'air étant exprimée par 0^m, 76: quand les densités etaient exprimées par 0^m, 38 et 0^m, 19, ils ont été beaucoup plus petits.

En comparant maintenant les résultats, nous voyons que le calorique absorbé par l'air du ballon Nro. 1, dans la première expérience, est 0°, 61, tandis que celui qui est degagé dans le récipient Nro. 2 est seulement 0°, 58. La différence entre ces deux nombres est déja assez petite pour que l'on pût l'attribuer à quelques circonstance dont ou peut entrevoir l'influence, ou même aux erreurs de l'observation; mais si on considère les résultats qui sont compris dans la deuxième et la troisième colonnes horizontales, on voit que les variations de température sont parfaitement égales entre elles. Je me crois donc suffisamment autorisé à conclure que lorsqu'on fait passer un volume donné d'air d'un récipient dans un autre qui soit vide et de même capacité, les variations de températures sont égales de part et d'autre dans chaque récipient.

Les nombres 0,61, 0,34 et 0,20 qui expriment ces variations de température ne suivent pas exactement le rapport des densités de l'air; ils diminuent suivant une loi moins rapide. Mais si nous considérons que dans chaque expérience le temps nécessaire, pour que tout l'effet fût produit, a été d'envrion deux minutes, et que les refroidissements ou les échauffements sont d'autant plus grands dans le même temps, que la différence de température des milieux est plus grande, nous concevrons pourquoi le nombre 0,20 s'écarte plus d'être le quart de 0,61, que 0,34 d'en être la moitié. Et si nous voulons admettre cette cause comme celle qui produit ces différences, nous conclurons qu'il est probable que lorsqu'on condense ou dilate l'air, les variations de température qu'il éprouve sont proportionnelles à ses variations de densité.

Si donc le nombre 0,20 a été moins influencé par les causes d'erreur que les deux autres, il doit être plus exact qu'eux; et par conséquent, d'après le rapport que nous venons d'établir, le nombre 0,61, qui exprime les variations de température de l'air quand sa densité est 0^{m}, 76, est trop faible, et il devrait être porté au moins à 0,80.

Toutefois ce dernier nombre n'exprime pas encore exactement tout le calorique qui a été absorbé ou dégagé. Pour avoir une idée de sa quantité, il faudrait avoir égard aux masses des récipients et du thermomètre, qui sont très considerables par rapport à celle de l'air. Un thermomètre à air, placé dans les mêmes circonstances que le thermomètre à alcool, a indiqué 5^{0}, 0, au lieu de 0^{0}, 61 qu'a indiqué ce dernier.

Comme je dois revenir par la suite sur cet objet, d'après les expériences qui auront été dirigées uniquement sur ce but, je ne m'y arrêterai pas plus longtemps; je remarquerai seulement que la chaleur dégagée ou absorbée est très grande, comparée à la masse de l'air.

Pour éviter les effet de l'humidité j'ai été obligé de me servir de deux récipiens, dans l'un desquels était du muriate de chaux pour déssécher l'air. Mais quand j'ai fait entrer directement l'air extérieur dans le récipient vide, les effets thermomètriques ont été presque doublés; ce qui s'accorde encore avec la loi que nous venons d'établir.

Cette loi, que les effets thermométriques suivent le même rapport que les densités de l'air, nous conduit à conclure qu'en diminuant ou en augmentant subitement un espace parfaitement vide, il ne s'y produira aucune variation de température. J'ai ainsi diminué l'espace vide d'un large tube barométrique, dans lequel j'avais placé une des boules d'un thermomètre à air très sensible, et soit en inclinant le baromètre, soit en le redressant, je n'ai aperçu aucun changement de température.

Après ces expériences, il était extrêmement intéressant de savoir ce qui arriverait avec le gaz hydrogène, dont la pesanteur spécifique est si différente de celle de l'air atmosphérique. J'ai rempli le récipient Nro. 1 de ce gaz, et après l'avoir laissé douze heures en contact avec le muriate de chaux, pendant lesquelles j'ai eu soin de remplacer, par de nouveau gaz, le vide que laissait la vapeur à mesure qu'elle était absorbée, j'ai ouvert la communication avec le récipient vide Nro. 2. L'écoulement du gaz hydrogène a été instantané, comparativement à celui de l'air atmosphérique, et les variations de température ont été beaucoup plus considérables. L'ouverture de communication entre les deux ballons était restée la même pour les deux gaz, et en faisant attention à la grande différence de leurs pesanteurs spécifiques, il n'était pas difficile d'y reconnaître la vraie cause de l'inégalité des temps des écoulements. Lorsqu'en effet deux fluides également comprimés s'échappent par deux petits orifices égaux, leurs vitesses sont en raison inverse de la racine carrée de leurs densités. Si donc on veut, dans nos expériences, que les temps des écoulements soient égaux il faudra que les orifices soient entre eux comme les racines carrées des densités.

Mr. Leslie, fondé sur ces considérations, en avait conclu une méthode très élégante pour déterminer les pesanteurs specifiques des fluides élastiques. Qu'on conçoive une vessie pleine d'un gaz, et pouvant communiquer au moyen d'un robinet à très petite ouverture, avec une cloche pleine d'eau et reposant sur un bain très large du même liquide. En ouvrant le robinet, le gaz passe de la vessie dans le récipient, parcequ'il n'y a plus équilibre de pression, et il lui faut un certain temps pour déprimer l'eau et la faire parvenir à un point donné. En notant le temps qu'il faut à chaque gaz pour que l'eau arrive au même point, les pesanteurs specifiques seront en raison directe des carres des temps employés.[1])

Pour pouvoir comparer les effets des différents gaz par rapport aux variations de température qu'ils peuvent produire

[1]) An experimental inquiry into the nature and propagation of heat. By J. Leslie. p. 534.

en changeant de volume, il était nécessaire de rendre les circonstances égales pour tous, et de modifier par conséquent mes appareils. Il fallait d'abord avoir un moyen de mesurer le temps de l'écoulement pour une ouverture donnée, et d'en avoir ensuite un autre pour varier les ouvertures, afin d'avoir le temps de l'écoulement constant.

Pour remplir le premier objet, j'ai placé un petit disque de papier de deux centimètrès de diamètre sous l'ouverture du robinet du ballon vide. Ce disque est supporté par un anneau de fil de fer, portant un petit prolongement pour lui servir de levier et soutenir un contrepoids. Deux fils de soie servent d'axe au levier et tendent, par une legère torsion qu'on leur a fait éprouver, à ramener le disque à une position horizontale qu'un arrêt l'empêche de dépasser dans un sens. Quand un gaz entre dans le ballon, il frappe le disque, lui fait prendre une position verticale qu'un second arrêt l'empêche aussi de dépasser, et le temps de l'écoulement du gaz se mesure par celui qu'emploie le disque pour revenir à l'horizontalité.

Pour varier l'ouverture à volonté, j'avais prié Mr. Fortin de me construire un petit appareil dont voici une courte description. C'est un disque métallique dans lequel est une ouverture terminée par deux cercles concentriques et par deux rayons faisant un angle un peu moindre que 180°. Un second disque demi circulaire tourne à frottement sur le premier, et dans ses diverses positions intercepte plus ou moins de l'ouverture. Au moyen de cette disposition et de divisions gravées sur le contour de chaque disque, il est facile de la faire varier à volonté, et d'une quantité parfaitement déterminée.

Comme je n'avais pas tenu compte du temps de mes expériences sur l'air atmosphérique, je les ai recommencées sous ce point de vue, et j'ai trouvé constamment que le temps de l'écoulemement était de 11″. Ce temps n'a pas varié avec la densité de l'air et cela devait être, mais il n'en est pas moins curieux de voir la théorie si bien confirmée par l'expérience.

Pour le gaz hydrogène, j'ai donc diminué l'ouverture jusqu'à ce que le temps de l'écoulement fut égal à celui de l'air atmosphérique. Malgré cette égalité de circonstances, les variations de température ont été très différentes comme on va le voir par les résultats moyens de quatre expériences.

Densité du gaz hydrogène exprimée par le baromètre	Froid produit dans le Ballon Nro. 1	Chaleur produite dans le Ballon Nro. 2
0m,76 ...	0°,92	0°,77
0m,38 ...	0°,54	0°,54

Le froid produit dans le ballon où était le gaz hydrogène, au lieu d'être 0°, 61 comme pour l'air atmosphérique, a été 0°,92, et la chaleur au lieu d'être 0°,58, s'est trouvée de 0°, 77. La différence qu'il y a entre 0,92 et 0,77 est beaucoup plus grande que celle de 0,61 à 0,58; mais comme il n'est pourtant pas probable que les variations de température qui sont dues au gaz hydrogène, suivent entre elles un autre rapport que celles qui sont dues à l'air atmosphérique, je suis porté a croire que la différence de 0,77 à 0,92 tient uniquement à quelque circonstance de l'expérience. On va voir en effet, que lorsque les températures s'éloignent moins en dessus on en dessous de celles du milieu ambiant, il y a une plus grande égalité dans leur intensité.

La densité du gaz hydrogène se trouvant reduite à moitié, dans les deux ballons, j'ai fait le vide dans le Nro. 2, et après rétablissement d'une température uniforme, je l'ai fait communiquer de nouveau avec le Nro. 1. Je suppose ici que je n'ai fait qu'une expérience, mais c'est effectivement le résultat moyen de quatre expériences que je considère. La chaleur absorbée a été 0°,54 et celle dégagée également 0°,54. Le nombre est au dessus de la moitié de celui 0,92 qu'à donné la première expérience, et leur differencc est plus grande que celle qu'ont présentéc les deux nombres correspondants 0°,34 et 0°,61 dans les expériences sur l'air atmosphérique; ce qui me semble confirmer encore que c'est lorsque les variations de température sont très grandes, que les erreurs sont aussi les plus fortes. Il me semble donc que lorsque le gaz hydrogène éprouve des variations de volume, par un accroissement ou par une diminution des poids qui le compriment, les variations de température qui en résultent suivent la même loi que celles dues à l'air atmosphérique, mais qu'elles sont beaucoup plus considérables.

Je ferai remarquer à cette occasion que Mr. Leslie, dont l'ouvrage sur la chaleur renferme de très belles expériences et beaucoup de vues nouvelles, a été induit en erreur par quelque cause particulière lorsqu'il a vu le gaz hydrogène qu'il faisait entrer dans un récipient vide à un dixième près d'air atmosphérique, produire le même effet que ce dernier quand il le lui substituait. Nous venons de voir que les variations de température que produisent ces deux fluides élastiques sont très différentes, et que par conséquent la conclusion qu'il avait tirée, qu'ils contiennent sous le même volume la même quantité de calorique tombe d'elle même.[1])

M'étant assuré, autant qu'il était en moi, des variations de température qui accompagnent celles des densités du gaz hydrogène, je me suis occupé du gaz acide carbonique.

Après avoir déterminé, par quelques essais, l'ouverture convenable pour que le temps de l'écoulement fût de 11″, comme pour ceux de l'air atmosphérique et du gaz hydrogène, j'ai opéré comme pour ces derniers gaz, et j'ai formé de la même manière le tableau suivant, qui renferme les résultats moyens de cinq expériences. Il est à remarquer que lorsque le gaz acide carbonique se précipitait dans le ballon vide, il faisait entendre un grand sifflement. Il est en général d'autant plus grand, que les gaz ont plus de pesanteur spécifique.

Densité du gaz Acide Carbonique exprimée par le baromètre	Froid produit dans les ballon Nro. 1	Chaleur produite dans le Ballon Nro. 2
$0^m,76$ ...	$0^0,56$ ...	$0^0,50$ ...
$0^m,38$ ...	$0^0,30$ ...	$0^0,31$ ...

Les variations de température, soit positives, soit négatives, approchent beaucoup, comme on voit, d'être égales et de suivre la loi des densités; mais elles sont plus petites que celles de l'air atmosphérique, et, à plus forte raison, que celles du gaz hydrogène.

De même le gaz oxigène a donné, dans une seule expérience, il est vrai, mais faite avec beaucoup de soins, les résultats suivants:

---

[1]) An Experimental inquiry, etc. pag. 533.

Densité du gaz oxygène exprimée par le baromètre	Froid produit dans le Ballon Nro. 1	Chaleur produite dans le Ballon Nro. 2
$0^m,76$ ...	$0^o,58$ ...	$0^o,56$ ...
$0^m,38$ ...	$0^o,31$ ...	$0^o,32$ ...

Jusqu'à présent je n'ai pu donner plus d'étendue à mes expériences. Si nous comparons cependant les résultats que nous avons obtenus, nous serons en état d'en tirer de nouvelles conséquences à la suite de celles que nous avons déjà énoncées.

Toutes circonstances égales d'ailleurs, nous reconnaîtrons en effet que les variations de température produites par les changements de volume des gaz sont d'autant plus grandes, que les pesanteurs spécifiques de ces derniers sont plus petites. Ces variations sont moindres pour le gaz acide carbonique que pour le gaz oxygène; moindres pour le gaz oxygène que pour l'air atmosphérique; et beaucoup moindres enfin pour ce dernier que pour le gaz hydrogène, qui est le plus léger de tous. De plus, si nous remarquons que tous les gaz se dilatent également par la chaleur, et que, dans nos expériences, en occupant des volumes plus grands, mais égaux, ils ont absorbé des quantités de calorique d'autant plus grandes qu'ils ont moins de pesanteur spécifique, nous tirerons cette conséquence importante, savoir, que les capacités des gaz pour le calorique, sous des volumes égaux, suivent un rapport croissant quand leurs pesanteurs spécifiques diminuent.

Mes expériences ne m'ont point encore appris quelle est la nature de ce rapport. Je regarde cependant comme possible de le déterminer, et j'espère en faire un sujet d'expériences particulier.

Le gaz hydrogène serait donc celui de tous les gaz connus qui aurait le plus de capacité pour le calorique, si toutefois je ne me fais point illusion sur les résultats de mes expériences. Et puisque les gaz oxygène et azote diffèrent peu en pesanteur spécifique, il en résulterait, qu'ils auraient à très peu prés la même capacité pour le calorique. Voilà pourquoi dans le Mémoire déja cité, sur l'analyse de l'air, nous avions trouvé que ces deux gaz arrêtaient à très peu près au même point la combustion du gaz hydrogène. Voilà encore pourquoi j'ai trouvé récemment que le gaz hydrogène l'arrête plutôt que l'oxygène et l'azote. Il serait curieux de connaître exactement l'influence de chaque gaz pour arrêter la combustion du gaz hydrogène et je compte aussi faire à ce sujet de nouvelles recherches.

En rapprochant les divers resultats que j'ai fait connaître dans ce mémoire, je crois pouvoir présenter comme très probables les conséquences suivantes qui en découlent naturellement.

1° Lorsqu'un espace vide vient a être occupé par un gaz, le calorique qui se dégage n'est point dû au peu d'air qu'on pourrait supposer y être resté.

2° Si l'on fait communiquer deux espaces déterminés, dont l'un soit vide et l'autre plein d'un gaz, les variations thermométriques qui ont lieu dans chaque espace sont égales entre elles.

3° Pour le même gaz, ces variations thermomètriques sont proportionnelles aux changement de densité qu'il éprouve.

4° Les variations de température ne sont pas les mêmes pour tous les gaz. Elles sont d'autant plus grandes, que leurs pesanteurs spécifiques sont plus petites.

5° Les capacités d'un même gaz pour le calorique diminuent sous le mêm olume avec sa densité.

6° Les capacités des gaz pour le calorique, sous des volumes égaux, sont d'autant plus grandes, que leurs pesanteurs spécifiques sont plus petites.

Je crois pouvoir rappeler encore que je ne présente ces conséquences qu'avec la plus grande réserve, sentant moi-même combien j'ai encore besoin de varier mes expériences, et combien il est facile de s'égarer dans l'interprétation des résultats: mais quoique les nouvelles recherches dans lesquelles elles m'ont engagé soient immênses je ne me laisserai point rebuter par leur difficulté.